수

매씽

MATHING

중학 수학 3·2

506 ③	507 ③	508 21개	509 ④	510 ④
511 ②, ⑤	512 24점	513 ①	514 16점	515 우진
516 ⑤	517 116	518 ④	519 4 kg	520 ①
521 ②	522 ③	523 $\sqrt{11.6}$	524 3.2	525 ③
526 ⑤	527 −25	528 ③	529 70	530 92
531 ⑤	532 ③	533 16	534 4점	535 3
536 ③	537 ④	538 ⑤	539 ②	540 ㄱ, ㄷ

541 C, A, B

542 ③	543 ⑤	544 4 : 5	545 7	546 8.5초
547 6	548 ③	549 8	550 ④	551 144
552 ③	553 ④	554 54	555 ①	556 5
557 ③	558 $a=22$, $b=25$ 또는 $a=24$, $b=22$		559 10살	
560 ⑤				

06 산점도와 상관관계　　105~114쪽

561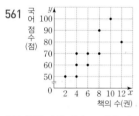

562 TV 시청 시간 : 2시간, 수면 시간 : 8시간

563 0.5시간	564 2명	565 6명	566 ㄴ, ㄹ	567 ㄷ, ㅂ
568 ㄱ, ㅁ	569 ㄹ	570 양	571 없다.	572 음
573 ①	574 5명	575 12	576 5명	577 8명
578 35 %	579 40 m	580 6명	581 3명	582 20 %
583 40 %	584 1.7	585 ②	586 2명	587 ④
588 2점	589 20 %	590 ③	591 ④	592 ㄹ, ㅂ
593 ③	594 ②			

595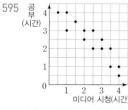

미디어 시청 시간이 늘어날수록 공부 시간은 대체로 줄어들므로 두 변량 사이
에는 음의 상관관계가 있다.

596 ①, ③	597 ④	598 ㉡, ㉯, ㉰		599 수연
600 ②	601 ⑤	602 ④	603 ⑤	
604 40 %	605 ③	606 ⑤	607 14	608 ⑤
609 ④	610 8명	611 ⑤		
612 음의 상관관계		613 ㄱ, ㄴ	614 2명	615 2가지

수
매씽
MATHING
ㅇ

유형북

중학 수학 3·2

유형북의 구성과 특징

유형북 4단계 집중 학습 System

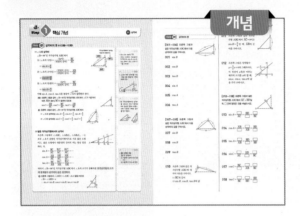

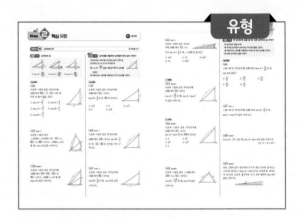

Step 1 핵심 개념

각 THEME별로 반드시 알아야 할 모든 핵심 개념과 원리를 자세한 예시와 함께 수록하였습니다. 핵심을 짚어주는 예, 참고, 주의, 비법 Note 등 차별화된 설명을 통해 정확하고 빠르게 개념을 이해할 수 있습니다. 또, THEME별로 반드시 학습해야 하는 기본 문제를 수록하여 기본기를 다질 수 있습니다.

Step 2 핵심 유형

전국의 중학교 기출문제를 분석하여 THEME별 유형으로 세분화하고 각 유형의 전략과 대표 문제를 제시하였습니다. 또, 시험에 자주 등장하는 유형, 서술형, 신경향 실전 문제를 분석하여 실은 신유형 등 엄선된 문제를 통해 수학 실력이 집중적으로 향상됩니다.

워크북 3단계 반복 학습 System

한번 더 핵심 유형

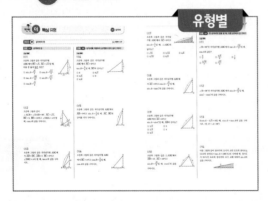

유형모아 Theme 연습하기

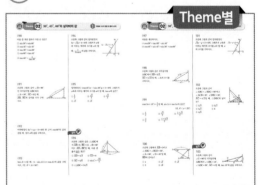

수매씽은 전국 1000개 중학교 기출문제를 체계적으로 분석하여 새로운 수학 학습의 방향을 제시합니다.
꼭 필요한 유형만 모은 유형북과 3단계 반복 학습으로 구성한 워크북의 2권으로 구성된 최고의 문제 기본서!
수매씽을 통해 꼭 필요한 유형과 반복 학습으로 수학의 자신감을 키우세요.

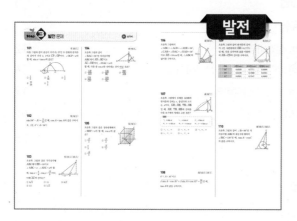

Step ③ 발전 문제

학교 시험에 잘 나오는 선별된 발전 문제들을 통해 실력을 향상할 수 있습니다.

교과서 속 창의력 UP!

교과서 속 창의력 문제를 재구성한 문제로 마지막 한 문제까지 해결할 수 있는 힘을 키울 수 있습니다.

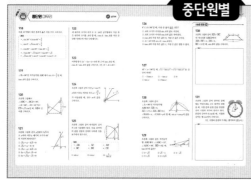

내신과 등업을 위한 강력한 한 권! 수매씽

유형북의 차례

III
통계

삼각비

I

Theme 01 삼각비의 뜻 유형 01 ~ 유형 06

(1) ∠A의 삼각비

∠B=90°인 직각삼각형 ABC에서

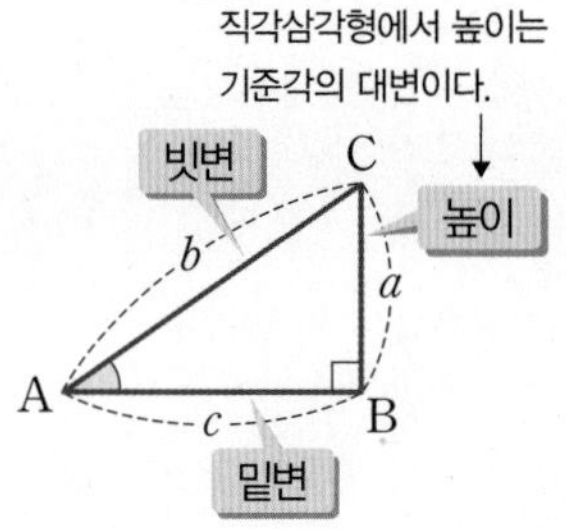

① (∠A의 사인) $=\dfrac{(높이)}{(빗변의 길이)}=\dfrac{\overline{BC}}{\overline{AC}}$

⇨ $\sin A=\dfrac{a}{b}$

② (∠A의 코사인) $=\dfrac{(밑변의 길이)}{(빗변의 길이)}=\dfrac{\overline{AB}}{\overline{AC}}$

⇨ $\cos A=\dfrac{c}{b}$

③ (∠A의 탄젠트) $=\dfrac{(높이)}{(밑변의 길이)}=\dfrac{\overline{BC}}{\overline{AB}}$

⇨ $\tan A=\dfrac{a}{c}$

이때 $\sin A$, $\cos A$, $\tan A$를 통틀어 ∠A(기준각)의 삼각비라 한다.

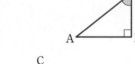

직각삼각형에서 높이는 기준각의 대변이다.

빗변 / 높이 / 밑변

(주의) 오른쪽 그림과 같이 ∠B=90°인 직각삼각형 ABC에서 ∠C가 기준각이 되면 $\overline{AB}$가 높이, $\overline{BC}$가 밑변이 되므로

$\sin C=\dfrac{\overline{AB}}{\overline{AC}}$, $\cos C=\dfrac{\overline{BC}}{\overline{AC}}$, $\tan C=\dfrac{\overline{AB}}{\overline{BC}}$

(예) 오른쪽 그림과 같이 ∠B=90°인 직각삼각형 ABC에서

(1) ∠A의 삼각비는 $\sin A=\dfrac{4}{5}$, $\cos A=\dfrac{3}{5}$, $\tan A=\dfrac{4}{3}$

(2) ∠C의 삼각비는 $\sin C=\dfrac{3}{5}$, $\cos C=\dfrac{4}{5}$, $\tan C=\dfrac{3}{4}$

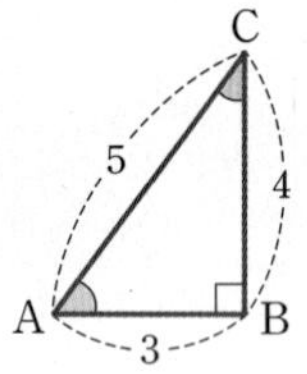

(2) 닮은 직각삼각형에서의 삼각비

오른쪽 그림에서 △ABC, △AB₁C₁, △AB₂C₂, …는 모두 ∠A가 공통인 직각삼각형이므로 서로 닮은 도형이고, 닮은 도형에서 대응변의 길이의 비는 항상 일정하다. 즉,

$\sin A=\dfrac{\overline{BC}}{\overline{AC}}=\dfrac{\overline{B_1C_1}}{\overline{AC_1}}=\dfrac{\overline{B_2C_2}}{\overline{AC_2}}=\cdots$

$\cos A=\dfrac{\overline{AB}}{\overline{AC}}=\dfrac{\overline{AB_1}}{\overline{AC_1}}=\dfrac{\overline{AB_2}}{\overline{AC_2}}=\cdots$

$\tan A=\dfrac{\overline{BC}}{\overline{AB}}=\dfrac{\overline{B_1C_1}}{\overline{AB_1}}=\dfrac{\overline{B_2C_2}}{\overline{AB_2}}=\cdots$

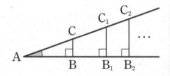

따라서 ∠B=90°인 직각삼각형 ABC에서 ∠A의 크기가 정해지면 직각삼각형의 크기에 관계없이 삼각비의 값은 일정하다.

(예) 오른쪽 그림에서 △AED∽△ABC (AA 닮음)이므로

∠B=∠AED=x

∴ $\sin x=\sin B$, $\cos x=\cos B$, $\tan x=\tan B$

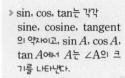

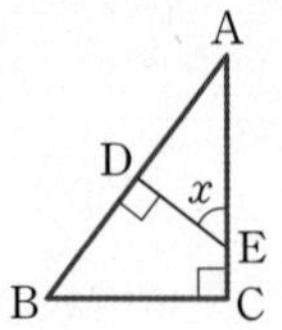

> sin, cos, tan은 각각 sine, cosine, tangent의 약자이고, $\sin A$, $\cos A$, $\tan A$에서 A는 ∠A의 크기를 나타낸다.

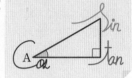

> ∠A에 대한 삼각비를 다음 그림과 같은 방법으로 기억해 보도록 한다.

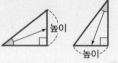

> 한 직각삼각형에서도 삼각비를 구하고자 하는 기준각에 따라 높이와 밑변이 바뀐다. 이때 기준각의 대변인 높이를 먼저 찾는다.

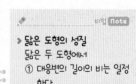

> 닮은 도형의 성질
> 닮은 두 도형에서
> ① 대응변의 길이의 비는 일정하다.
> ② 대응각의 크기는 서로 같다.

Theme 01 삼각비의 뜻

[001~006] 오른쪽 그림과 같은 직각삼각형 ABC에서 다음 삼각비의 값을 구하시오.

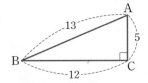

001 $\sin B$

002 $\cos B$

003 $\tan B$

004 $\sin A$

005 $\cos A$

006 $\tan A$

[007~009] 오른쪽 그림과 같은 직각삼각형 ABC에서 다음 삼각비의 값을 구하시오.

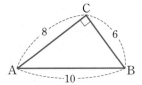

007 $\sin B$

008 $\cos B$

009 $\tan B$

010 오른쪽 그림과 같은 직각삼각형 ABC에 대하여 다음을 구하시오.

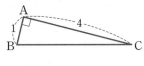

(1) $\overline{BC}$의 길이

(2) $\sin B$, $\cos B$, $\tan B$의 값

011 오른쪽 그림과 같은 직각삼각형 ABC에서 $\overline{AC}=9$이고 $\sin B = \dfrac{3}{4}$일 때, $\overline{AB}$의 길이를 구하시오.

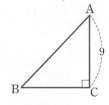

012 오른쪽 그림은 일차함수 $y=\dfrac{3}{4}x+6$의 그래프이다. 이 직선이 x축과 이루는 예각의 크기를 a라 할 때, $\sin a$, $\cos a$, $\tan a$의 값을 각각 구하시오.

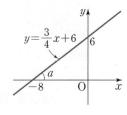

[013~018] 오른쪽 그림과 같은 직각삼각형 ABC에서 $\overline{AC} \perp \overline{BD}$일 때, □ 안에 알맞은 것을 써넣으시오.

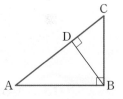

013 $\sin A = \dfrac{\boxed{}}{\overline{AC}} = \dfrac{\overline{BD}}{\boxed{}} = \dfrac{\boxed{}}{\overline{BC}}$

014 $\cos A = \dfrac{\overline{AB}}{\boxed{}} = \dfrac{\boxed{}}{\overline{AB}} = \dfrac{\overline{BD}}{\boxed{}}$

015 $\tan A = \dfrac{\boxed{}}{\overline{AB}} = \dfrac{\overline{BD}}{\boxed{}} = \dfrac{\boxed{}}{\overline{BD}}$

016 $\sin C = \dfrac{\boxed{}}{\overline{AC}} = \dfrac{\overline{AD}}{\boxed{}} = \dfrac{\boxed{}}{\overline{BC}}$

017 $\cos C = \dfrac{\overline{BC}}{\boxed{}} = \dfrac{\boxed{}}{\overline{AB}} = \dfrac{\boxed{}}{\overline{BC}}$

018 $\tan C = \dfrac{\boxed{}}{\overline{BC}} = \dfrac{\boxed{}}{\overline{BD}} = \dfrac{\overline{BD}}{\boxed{}}$

Theme 02 30°, 45°, 60°의 삼각비의 값 ⓒ 유형 07 ~ 유형 11

A 삼각비	30°	45°	60°	
$\sin A$	$\dfrac{1}{2}$	$\dfrac{\sqrt{2}}{2}$	$\dfrac{\sqrt{3}}{2}$	→ 증가한다.
$\cos A$	$\dfrac{\sqrt{3}}{2}$	$\dfrac{\sqrt{2}}{2}$	$\dfrac{1}{2}$	→ 감소한다.
$\tan A$	$\dfrac{\sqrt{3}}{3}$	1	$\sqrt{3}$	→ 증가한다.

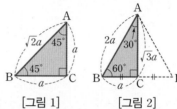

참고 (1) [그림 1]의 직각이등변삼각형 ABC에서

$$\overline{AB} = \sqrt{a^2 + a^2} = \sqrt{2}a$$

$$\Rightarrow \overline{AB} : \overline{BC} : \overline{CA} = \sqrt{2} : 1 : 1$$

(2) [그림 2]의 정삼각형 ABD에서

$$\overline{AC} = \sqrt{(2a)^2 - a^2} = \sqrt{3}a$$

$$\Rightarrow \overline{AB} : \overline{BC} : \overline{CA} = 2 : 1 : \sqrt{3}$$

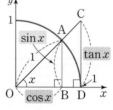

[그림 1] [그림 2]

비법 Note

▶ $\sin 30° = \cos 60°$
$\sin 45° = \cos 45°$
$\sin 60° = \cos 30°$

비법 Note

▶ 한 변의 길이가 a인 정사각형의 대각선의 길이 ⇨ $\sqrt{2}a$
▶ 한 변의 길이가 $2a$인 정삼각형의 높이 ⇨ $\sqrt{3}a$

Theme 03 예각의 삼각비의 값 ⓒ 유형 12 ~ 유형 16

(1) 예각의 삼각비의 값

오른쪽 그림과 같이 반지름의 길이가 1인 사분원에서

① $\sin x = \dfrac{\overline{AB}}{\overline{OA}} = \dfrac{\overline{AB}}{1} = \overline{AB}$

② $\cos x = \dfrac{\overline{OB}}{\overline{OA}} = \dfrac{\overline{OB}}{1} = \overline{OB}$

③ $\tan x = \dfrac{\overline{CD}}{\overline{OD}} = \dfrac{\overline{CD}}{1} = \overline{CD}$

(2) 0°, 90°의 삼각비의 값

A 삼각비	$\sin A$	$\cos A$	$\tan A$
0°	0	1	0
90°	1	0	정할 수 없다.

(3) 삼각비의 표

① 0°에서 90°까지 1° 단위로 삼각비의 값을 반올림하여 소수점 아래 넷째 자리까지 나타낸 표이다.

② 삼각비의 표 읽는 방법
삼각비의 표에서 가로줄과 세로줄이 만나는 곳의 수가 삼각비의 값이다.

각도	사인(sin)	코사인(cos)	탄젠트(tan)
⋮	⋮	⋮	⋮
34°	0.5592	0.8290	0.6745
35°	0.5736	0.8192	0.7002
36°	0.5878	0.8090	0.7265
⋮	⋮	⋮	⋮

예 $\sin 35° = 0.5736$, $\cos 34° = 0.8290$, $\tan 36° = 0.7265$

비법 Note

▶ $0° \leq x \leq 90°$인 범위에서 x의 크기가 증가하면
① $\sin x$의 값은 0에서 1까지 증가한다.
② $\cos x$의 값은 1에서 0까지 감소한다.
③ $\tan x$의 값은 0에서 무한히 증가한다. ($x \neq 90°$)

비법 Note

▶ 각의 크기에 따른 삼각비의 값
① $0° \leq x < 45°$이면
$\sin x < \cos x$
② $x = 45°$이면
$\sin x = \cos x < \tan x$
③ $45° < x < 90°$이면
$\cos x < \sin x < \tan x$

Theme 02 30°, 45°, 60°의 삼각비의 값

[019~023] 다음을 계산하시오.

019 $\cos 60° - \sin 30°$

020 $\sin 30° + \cos 45°$

021 $\tan 45° + \cos 30° \times \tan 60°$

022 $\sin 60° \times \cos 30° + \tan 45°$

023 $\cos 60° + \sin 45° \times \cos 45°$

024 $0° < x < 90°$일 때, $\sin x = \dfrac{\sqrt{2}}{2}$를 만족시키는 x의 크기를 구하시오.

025 $0° < x < 30°$일 때, $\cos 3x = \dfrac{1}{2}$을 만족시키는 x의 크기를 구하시오.

[026~027] 다음 그림과 같은 직각삼각형에서 x, y의 값을 각각 구하시오.

026

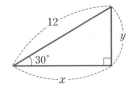

027

Theme 03 예각의 삼각비의 값

[028~030] 오른쪽 그림과 같이 반지름의 길이가 1인 사분원에서 44°에 대한 삼각비의 값을 구하려고 한다. □ 안에 알맞은 것을 써넣고, 그 삼각비의 값을 구하시오.

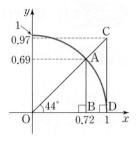

028 $\sin 44° = \dfrac{\square}{\overline{\text{OA}}}$

029 $\cos 44° = \dfrac{\square}{\overline{\text{OA}}}$

030 $\tan 44° = \dfrac{\square}{\overline{\text{OD}}}$

[031~032] 다음을 계산하시오.

031 $\sin 0° + \cos 90° \times \tan 0°$

032 $\sin 90° \times \cos 0° + \sin 0° \times \cos 90°$

[033~035] 다음 삼각비의 표를 보고 x의 값을 구하시오.

각도	사인(sin)	코사인(cos)	탄젠트(tan)
41°	0.6561	0.7547	0.8693
42°	0.6691	0.7431	0.9004
43°	0.6820	0.7314	0.9325

033 $\sin 43° = x$

034 $\cos x° = 0.7314$

035 $\tan x° = 0.9004$

Theme 01 삼각비의 뜻

워크북 4쪽

유형 01 삼각비의 값

  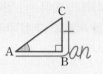

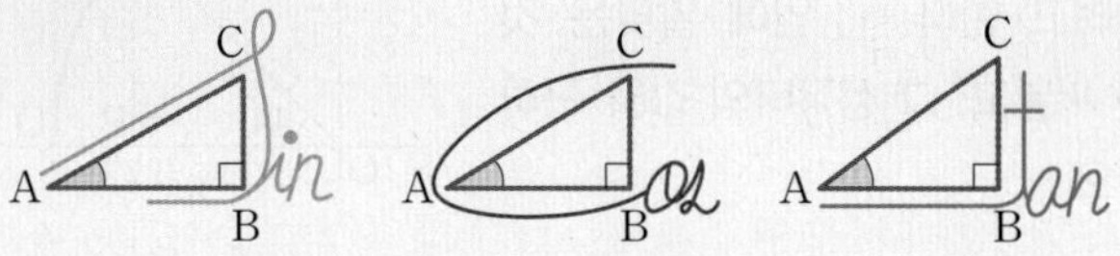

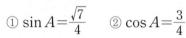 (1) $\sin A = \dfrac{\overline{BC}}{\overline{AC}}$ (2) $\cos A = \dfrac{\overline{AB}}{\overline{AC}}$ (3) $\tan A = \dfrac{\overline{BC}}{\overline{AB}}$

대표 문제

036

오른쪽 그림과 같은 직각삼각형 ABC에서 $\overline{BC}=\sqrt{7}$, $\overline{AC}=3$일 때, 다음 중 옳지 <u>않은</u> 것은?

① $\sin A = \dfrac{\sqrt{7}}{4}$ ② $\cos A = \dfrac{3}{4}$

③ $\tan A = \dfrac{\sqrt{7}}{4}$ ④ $\sin B = \dfrac{3}{4}$

⑤ $\cos B = \dfrac{\sqrt{7}}{4}$

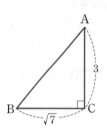

037 ●●●○

오른쪽 그림과 같이 $\angle ACB = \angle DAB = 90°$, $\overline{AC}=3$, $\overline{BC}=4$, $\overline{BD}=6$이고 $\angle DBA = x$라 할 때, $\cos x$의 값을 구하시오.

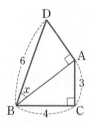

038 ●●●○

오른쪽 그림과 같은 직각삼각형 ABC에서 $\overline{AD}=\overline{DC}$, $\overline{AB}=6$, $\overline{BC}=4$이고 $\angle DBC = x$라 할 때, $\tan x$의 값을 구하시오.

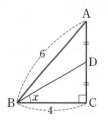

유형 02 삼각비를 이용하여 삼각형의 변의 길이 구하기

직각삼각형 ABC에서 한 변의 길이($\overline{AB}$)와 삼각비의 값($\cos B$)이 주어질 때

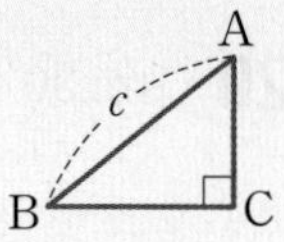

❶ $\cos B = \dfrac{\overline{BC}}{c}$ 임을 이용하여 $\overline{BC}$의 길이를 구한다.

❷ 피타고라스 정리를 이용하여 $\overline{AC}$의 길이를 구한다.

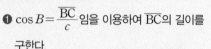

대표 문제

039

오른쪽 그림과 같은 직각삼각형 ABC에서 $\overline{AC}=4$이고 $\tan B = \dfrac{2}{3}$일 때, $\overline{BC}$의 길이는?

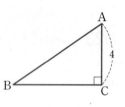

① $4\sqrt{2}$ ② 6 ③ $4\sqrt{3}$

④ 8 ⑤ $4\sqrt{6}$

040 ●●●○

오른쪽 그림과 같은 직각삼각형 ABC에서 $\overline{AB}=6$이고 $\sin B = \dfrac{2}{3}$일 때, $\overline{AC}$, $\overline{BC}$의 길이를 각각 구하시오.

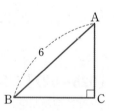

041 ●●●○

오른쪽 그림과 같은 직각삼각형 ABC에서 $\overline{BC}=5$이고 $\cos B = \dfrac{5}{6}$일 때, $\cos A$의 값을 구하시오.

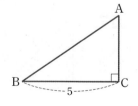

042 ●●●●

오른쪽 그림과 같은 직각삼각형 ABC에서 $\overline{AC}=10$ 이고 $\sin A=\dfrac{1}{5}$일 때, $\triangle ABC$의 넓이는?

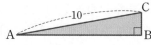

① $4\sqrt{6}$ ② 10 ③ $6\sqrt{6}$
④ 15 ⑤ $8\sqrt{6}$

✏ 서술형

043 ●●●●

오른쪽 그림과 같은 직각삼각형 ABC에서 $\overline{AC}=9$이고 $\cos A=\dfrac{\sqrt{5}}{3}$일 때, $\sin A+\tan C$ 의 값을 구하시오.

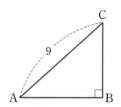

💡 신유형

044 ●●●●

오른쪽 그림과 같은 직각삼각형 ABC에서 $\overline{AC}=4$이고 $\sin A=\sin C$일 때, $\overline{AB}$의 길이는?

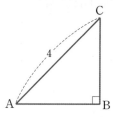

① 2 ② $\sqrt{5}$
③ $\sqrt{6}$ ④ $2\sqrt{2}$
⑤ 3

045 ●●●●

오른쪽 그림과 같은 $\triangle ABC$에서 $\overline{AB}=14$, $\overline{AC}=12$이고 $\cos B=\dfrac{2\sqrt{6}}{7}$일 때, $\sin C$의 값을 구하시오.

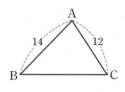

유형 03 한 삼각비의 값을 알 때, 다른 삼각비의 값 구하기

한 삼각비의 값을 알 때
❶ 주어진 삼각비의 값에 맞는 직각삼각형을 그린다.
❷ 피타고라스 정리를 이용하여 나머지 한 변의 길이를 구한다.
❸ 다른 삼각비의 값을 구한다.

[대표 문제]

046

$\angle B=90°$인 직각삼각형 ABC에서 $\tan A=\dfrac{8}{15}$일 때, $\cos A$의 값은?

① $\dfrac{8}{17}$ ② $\dfrac{15}{17}$ ③ $\dfrac{17}{15}$
④ $\dfrac{15}{8}$ ⑤ $\dfrac{17}{8}$

047 ●●●●

$\angle B=90°$인 직각삼각형 ABC에서 $\sin A=\dfrac{2}{3}$일 때, $\sin C+\cos C$의 값을 구하시오.

048 ●●●●

$5\cos A-\sqrt{5}=0$일 때, $\sin A\times\tan A$의 값을 구하시오.
（단, $0°<A<90°$）

049 ●●●●

다음 그림과 같이 경사각의 크기가 A인 도로의 경사도는 （도로의 경사도）$=\tan A\times100(\%)$로 나타낼 때, 경사도 가 10%인 도로의 경사각의 크기 A에 대하여 $\sin A$의 값을 구하시오.

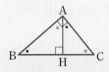
유형 04 직각삼각형의 닮음과 삼각비

∠A=90°인 직각삼각형 ABC에서
(1) $\overline{AH}\perp\overline{BC}$일 때 (2) $\overline{DE}\perp\overline{BC}$일 때

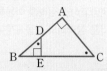

△ABC∽△HBA∽△HAC
⇨ ∠ABC=∠HAC → AA 닮음
∠ACB=∠HAB

△ABC∽△EBD
⇨ ∠ACB=∠EDB → AA 닮음

참고 닮음인 두 직각삼각형에서 대응각에 대한 삼각비의 값은 일정함을 이용한다.

대표 문제
050
오른쪽 그림과 같이 ∠A=90°인 직각삼각형 ABC에서 $\overline{AH}\perp\overline{BC}$이고 $\overline{AB}=6$, $\overline{AC}=8$이다. ∠BAH=x, ∠CAH=y라 할 때, $\sin x+\cos y$의 값을 구하시오.

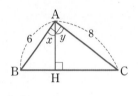

051 ●●●○
오른쪽 그림과 같이 ∠B=90°인 직각삼각형 ABC에서 $\overline{AC}\perp\overline{DE}$이고 $\overline{AB}=12$, $\overline{AC}=15$이다. ∠ADE=x라 할 때, $\sin x$의 값을 구하시오.

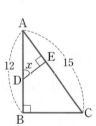

052 ●●●●
오른쪽 그림과 같이 ∠A=90°인 직각삼각형 ABC에서 $\overline{DE}\perp\overline{BC}$이고 $\overline{BD}=10$, $\overline{BE}=8$이다. ∠C=x라 할 때, $\cos x$의 값을 구하시오.

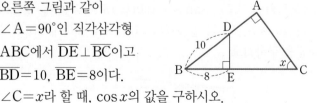

053 ●●●○
오른쪽 그림과 같이 ∠C=90°인 직각삼각형 ABC에서 $\overline{AB}\perp\overline{CH}$이고 $\overline{BC}=4$이다. ∠ACH=x라 하면 $\tan x=\dfrac{\sqrt5}{2}$일 때, $\overline{AB}$의 길이는?

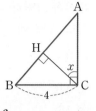

① $2\sqrt5$ ② 5 ③ 6
④ $3\sqrt5$ ⑤ 8

서술형
054 ●●●●
오른쪽 그림과 같이 $\overline{BC}=10$, $\overline{CD}=5$인 직사각형 ABCD에서 $\overline{AH}\perp\overline{BD}$이다. ∠BAH=$x$라 할 때, 다음을 구하시오.

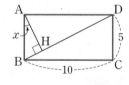

(1) $\sin x$의 값
(2) $\overline{BH}$의 길이

신유형
055 ●●●●
오른쪽 그림과 같이 ∠C=90°인 직각삼각형 ABC에서 $\overline{AB}\perp\overline{CD}$, $\overline{BC}\perp\overline{DE}$이고 $\overline{CD}=10$, $\overline{DE}=6$이다. $\sin A+\sin B$의 값을 구하시오.

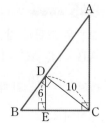

유형 05 직선의 방정식과 삼각비

직선 $y=mx+n$이 x축과 이루는 예각의 크기를 a라 할 때
❶ 직선과 x축, y축과의 교점 A, B의 좌표를 각각 구한다. ➞ $y=0$, $x=0$을 각각 대입해서 구한다.
❷ 직각삼각형 AOB에서

$$\sin a=\frac{\overline{BO}}{\overline{AB}},\ \cos a=\frac{\overline{AO}}{\overline{AB}},\ \tan a=\frac{\overline{BO}}{\overline{AO}}$$

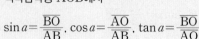

대표 문제

056

오른쪽 그림과 같이 직선 $y=\dfrac{5}{12}x+5$가 x축과 이루는 예각의 크기를 a라 할 때, $\tan a$ 의 값을 구하시오.

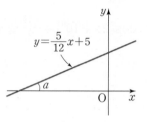

057 ●●●●

오른쪽 그림과 같이 일차방정식 $2x-3y+6=0$의 그래프와 x축, y축과의 교점을 각각 A, B라 하고 이 그래프가 x축과 이루는 예각의 크기를 a라 할 때, $\sin a+\cos a$의 값은?

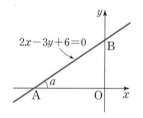

① $\dfrac{3\sqrt{13}}{13}$ ② $\dfrac{4\sqrt{13}}{13}$ ③ $\dfrac{5\sqrt{13}}{13}$

④ $\dfrac{6\sqrt{13}}{13}$ ⑤ $\dfrac{7\sqrt{13}}{13}$

058 ●●●●

오른쪽 그림과 같이 일차방정식 $2x+y-4=0$의 그래프가 x축과 이루는 예각의 크기를 a라 할 때, $\sin a-\cos a$의 값을 구하시오.

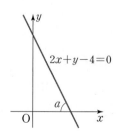

유형 06 입체도형과 삼각비

❶ 입체도형의 내부에서 필요한 직각삼각형을 찾는다.
❷ 피타고라스 정리를 이용하여 변의 길이를 구한다.
❸ 삼각비의 값을 구한다.

대표 문제

059

오른쪽 그림과 같이 한 모서리의 길이가 5 cm인 정육면체에서 $\angle BHF=x$라 할 때, $\sin x$의 값을 구하시오.

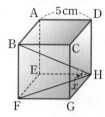

060 ●●●●

오른쪽 그림과 같은 직육면체에서 $\angle AGE=x$라 할 때, $\cos x$의 값은?

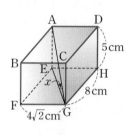

① $\dfrac{\sqrt{6}}{11}$ ② $\dfrac{2\sqrt{2}}{11}$

③ $\dfrac{3\sqrt{6}}{11}$ ④ $\dfrac{4\sqrt{6}}{11}$

⑤ $\dfrac{7\sqrt{2}}{11}$

061 ●●●●

오른쪽 그림과 같이 한 모서리의 길이가 6 cm인 정사면체에서 $\overline{BM}=\overline{CM}$이고 $\angle AMD=x$라 할 때, $\tan x$의 값을 구하시오.

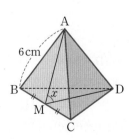

Theme 02 30°, 45°, 60°의 삼각비의 값

▌워크북 8쪽

유형 07 30°, 45°, 60°의 삼각비의 값

A 삼각비	30°	45°	60°	
$\sin A$	$\dfrac{1}{2}$	$\dfrac{\sqrt{2}}{2}$	$\dfrac{\sqrt{3}}{2}$	→ 증가한다.
$\cos A$	$\dfrac{\sqrt{3}}{2}$	$\dfrac{\sqrt{2}}{2}$	$\dfrac{1}{2}$	→ 감소한다.
$\tan A$	$\dfrac{\sqrt{3}}{3}$	1	$\sqrt{3}$	→ 증가한다.

대표 문제

062

다음 중 옳은 것을 모두 고르면? (정답 2개)

① $\sin 30° + \cos 60° = 1$

② $\tan 30° - \sin 45° = 0$

③ $\cos 30° \times \tan 60° = \dfrac{1}{2}$

④ $\sin 60° \times \cos 30° = 1$

⑤ $\tan 45° \div \cos 45° = \sqrt{2}$

063 ●●●●●

다음을 계산하시오.

$$\sqrt{3}\tan 60° - \dfrac{\sin 60°}{4\cos 30°}$$

064 ●●●●

오른쪽 그림과 같이 ∠A=90°인 직각삼각형 ABC에서 점 M은 빗변 BC의 중점이고 ∠AMC=60°일 때, $\dfrac{\overline{AB}}{\overline{BC}}$의 값을 구하시오.

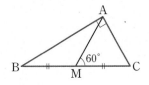

065 ●●●●

세 내각의 크기의 비가 2 : 3 : 7인 삼각형에서 두 번째로 작은 내각의 크기를 A라 할 때, $(\sin A + \cos A) \times \tan A$의 값을 구하시오.

유형 08 삼각비를 이용하여 각의 크기 구하기

예각에 대한 삼각비의 값이 30°, 45°, 60°의 삼각비의 값으로 주어지면 이를 만족시키는 예각의 크기를 구할 수 있다.

예 0°<x<90°일 때, $\sin x = \dfrac{\sqrt{2}}{2}$이면

$\sin x = \sin 45°$ ∴ $x = 45°$

대표 문제

066

$\cos(2x + 10°) = \dfrac{\sqrt{3}}{2}$을 만족시키는 x의 크기를 구하시오.

(단, 0°<x<40°)

067 ●●●●

오른쪽 그림과 같은 직각삼각형 ABC에서 $\overline{BC} = 2\sqrt{3}$, $\overline{AC} = 6$일 때, ∠B의 크기를 구하시오.

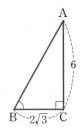

068 ●●●●

$\sin(3x + 15°) = \dfrac{\sqrt{3}}{2}$일 때, $\cos 2x$의 값을 구하시오.

(단, 0°<x<25°)

069 ●●●●

$\cos 3x = \dfrac{\tan 45°}{2}$를 만족시키는 x의 크기를 구하시오.

(단, 0°<x<30°)

빈출 ★★
유형 09 특수한 각의 삼각비를 이용하여 변의 길이 구하기

(1) 특수한 각의 삼각비와 주어진 변의 길이를 이용하여 다른 한 변의 길이를 구한다.
(2) 피타고라스 정리를 이용하여 다른 변의 길이를 구할 수도 있다.

대표 문제

070

오른쪽 그림과 같은 △ABC에서
$\overline{AH} \perp \overline{BC}$이고 ∠B=60°,
∠C=45°, $\overline{BH}$=2일 때, x, y의
값은?

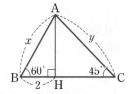

① $x=\sqrt{6}$, $y=2\sqrt{3}$

② $x=2\sqrt{3}$, $y=\sqrt{6}$

③ $x=4$, $y=2\sqrt{3}$

④ $x=4$, $y=2\sqrt{6}$

⑤ $x=2\sqrt{6}$, $y=3\sqrt{3}$

071 ●●●●

오른쪽 그림에서 $\overline{AB}=\sqrt{3}$이고
∠ABC=∠BCD=90°,
∠A=60°, ∠D=45°일 때, $\overline{BD}$의
길이를 구하시오.

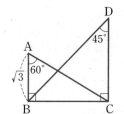

072 ●●●●

오른쪽 그림과 같은 □ABCD에서
$\overline{BC}$=8이고
∠BAC=∠ADC=90°,
∠ACB=30°, ∠DAC=45°
일 때, $\overline{CD}$의 길이는?

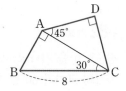

① $\sqrt{6}$ ② $2\sqrt{3}$ ③ $2\sqrt{6}$

④ $3\sqrt{3}$ ⑤ $3\sqrt{6}$

073 ●●●●

오른쪽 그림과 같이 ∠B=90°,
∠C=60°인 직각삼각형 ABC와
∠ADE=90°, ∠E=45°인 직각삼
각형 ADE가 겹쳐져 있다.
$\overline{AE}$=10 cm이고 $\overline{AC}$와 $\overline{DE}$의 교점
을 F라 할 때, △ADF의 넓이를 구
하시오. (단, 세 점 A, D, B는 한 직선 위에 있다.)

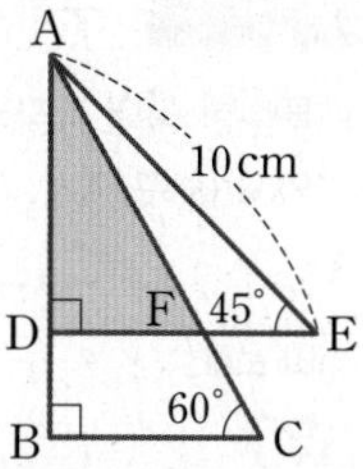

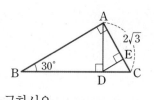

074 ●●●●

오른쪽 그림과 같이
∠A=90°인 직각삼각형
ABC에서 $\overline{AD} \perp \overline{BC}$,
$\overline{DE} \perp \overline{AC}$이고 ∠B=30°,
$\overline{AC}=2\sqrt{3}$일 때, $\overline{DE}$의 길이를 구하시오.

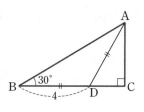

서술형

075 ●●●●

오른쪽 그림과 같이 ∠C=90°
인 직각삼각형 ABC에서
∠B=30°이고 선분 BC 위의
점 D에 대하여 $\overline{BD}=\overline{AD}=4$
일 때, $\overline{AB}$의 길이를 구하시오.

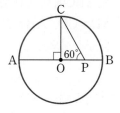

076 ●●●●

오른쪽 그림의 원 O에서 $\overline{AB}$는 지
름이고 $\overline{CO} \perp \overline{AB}$이다.
∠CPO=60°일 때, $\dfrac{\overline{PO}}{\overline{AO}}$의 값을
구하시오.

유형 10 특수한 각의 삼각비를 이용하여 다른 삼각비의 값 구하기

특수한 각의 삼각비를 이용하여 변의 길이를 구한 후 다른 삼각비의 값을 구한다.

대표 문제

077

오른쪽 그림과 같이 $\angle C = 90°$인 직각삼각형 ABC에서 $\angle ABC = 15°$, $\angle ADC = 30°$, $\overline{BD} = 6$일 때, $\tan 15°$의 값은?

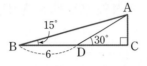

① $1 - \dfrac{\sqrt{3}}{2}$ ② $2 - \sqrt{3}$ ③ $2\sqrt{3} - 3$

④ $4 - 2\sqrt{3}$ ⑤ $\sqrt{3} - 1$

078 ●●●●

오른쪽 그림과 같은 $\triangle ABC$에서 $\overline{AD} \perp \overline{BC}$, $\angle CAD = 30°$이고 $\overline{AB} = 9$, $\overline{AC} = 8$이다. $\angle BAD = x$라 할 때, $\tan x$의 값은?

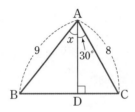

① $\dfrac{\sqrt{10}}{4}$ ② $\dfrac{\sqrt{11}}{4}$ ③ $\dfrac{\sqrt{11}}{3}$

④ $\dfrac{\sqrt{10}}{2}$ ⑤ $\dfrac{\sqrt{11}}{2}$

✏ 서술형

079 ●●●●

오른쪽 그림과 같이 $\angle B = 90°$인 직각삼각형 ABC에서 $\angle BAD = 45°$이고 $\overline{AD} = \overline{CD}$, $\overline{AB} = 2$일 때, $\tan 67.5°$의 값을 구하시오.

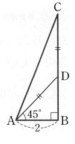

유형 11 직선의 기울기와 삼각비

직선 $y = mx + n$이 x축과 이루는 예각의 크기를 a라 할 때,

(직선의 기울기)$= m$

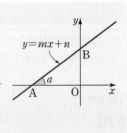

$= \dfrac{(y \text{의 값의 증가량})}{(x \text{의 값의 증가량})}$

$= \dfrac{\overline{BO}}{\overline{AO}} = \tan a$

대표 문제

080

오른쪽 그림과 같이 x절편이 -2이고 x축과 이루는 예각의 크기가 $45°$인 직선의 방정식은?

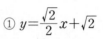

① $y = \dfrac{\sqrt{2}}{2}x + \sqrt{2}$

② $y = \dfrac{1}{2}x + 1$

③ $y = x + 2$

④ $y = \sqrt{2}x + 2\sqrt{2}$

⑤ $y = 2x + 4$

081 ●●●●

직선 $y = \dfrac{\sqrt{3}}{3}x + \sqrt{3}$이 x축과 이루는 예각의 크기는?

① $30°$ ② $45°$ ③ $60°$

④ $65°$ ⑤ $80°$

082 ●●●●

점 $(3, 0)$을 지나고 기울기가 양수인 직선이 x축과 이루는 예각의 크기가 $60°$일 때, 이 직선의 y절편은?

① $-3\sqrt{3}$ ② $-2\sqrt{3}$ ③ $-\sqrt{3}$

④ $-\dfrac{\sqrt{3}}{2}$ ⑤ $-\dfrac{\sqrt{3}}{3}$

Theme 03 예각의 삼각비의 값

워크북 11쪽

유형 12 사분원에서 예각의 삼각비의 값

반지름의 길이가 1인 사분원에서

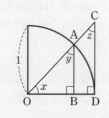

(1) $\sin x = \dfrac{\overline{AB}}{\overline{OA}} = \dfrac{\overline{AB}}{1} = \overline{AB}$

$\cos x = \dfrac{\overline{OB}}{\overline{OA}} = \dfrac{\overline{OB}}{1} = \overline{OB}$

$\tan x = \dfrac{\overline{CD}}{\overline{OD}} = \dfrac{\overline{CD}}{1} = \overline{CD}$

(2) $\overline{AB} /\!/ \overline{CD}$이므로 $y = z$ (동위각)

$\sin z = \sin y = \dfrac{\overline{OB}}{\overline{OA}} = \dfrac{\overline{OB}}{1} = \overline{OB}$

$\cos z = \cos y = \dfrac{\overline{AB}}{\overline{OA}} = \dfrac{\overline{AB}}{1} = \overline{AB}$

[대표 문제]

083

오른쪽 그림과 같이 반지름의 길이가 1인 사분원에서 다음 중 옳지 <u>않은</u> 것은?

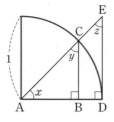

① $\sin x = \overline{BC}$

② $\sin z = \overline{AB}$

③ $\cos y = \overline{BC}$

④ $\cos x = \overline{AD}$

⑤ $\tan x = \overline{DE}$

084 ●●●●

오른쪽 그림과 같이 좌표평면 위의 원점 O를 중심으로 하고 반지름의 길이가 1인 사분원에서 $\sin 41°$의 값은?

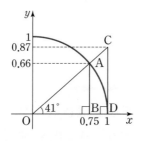

① 0.66 　　② 0.75

③ 0.87 　　④ 0.93

⑤ 1

085 ●●●●

오른쪽 그림과 같이 반지름의 길이가 1인 사분원에서 $\sin x$의 값과 그 길이가 같은 선분은?

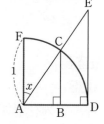

① $\overline{AB}$ 　　② $\overline{AC}$

③ $\overline{BC}$ 　　④ $\overline{AD}$

⑤ $\overline{DE}$

086 ●●●●

오른쪽 그림과 같이 좌표평면 위의 원점 O를 중심으로 하고 반지름의 길이가 1인 사분원에서 다음 중 옳은 것은?

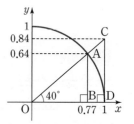

① $\sin 40° = 0.77$

② $\cos 40° = 0.84$

③ $\sin 50° = 0.64$

④ $\cos 50° = 0.77$

⑤ $\tan 40° = 0.84$

087 ●●●●

오른쪽 그림에서 □GOFE는 직사각형이고 부채꼴 GOD는 반지름의 길이가 1인 사분원이다. $\angle OEF = x$라 할 때, $\tan x - \sin x$의 값을 한 선분의 길이로 나타내면?

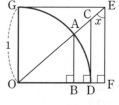

① $\overline{OB}$ 　　② $\overline{BD}$ 　　③ $\overline{DF}$

④ $\overline{BF}$ 　　⑤ $\overline{AC}$

유형 13 0°, 90°의 삼각비의 값

삼각비 A	$\sin A$	$\cos A$	$\tan A$
0°	0	1	0
90°	1	0	정할 수 없다.

대표 문제

088

다음 중 계산 결과가 가장 큰 것은?

① $\sin 0° + \cos 90°$

② $\tan 45° - \sin 90°$

③ $\sin 30° + \cos 45° \times \sin 0°$

④ $\sin 90° \times \cos 0° + \tan 0° \times \cos 90°$

⑤ $\sin 45° \times \cos 45° + \tan 45° \times \cos 0°$

089 ●●●●

다음 중 옳은 것은?

① $\sin 0° = \cos 90° = \tan 90°$

② $\sin 0° = \cos 0° = \tan 0°$

③ $\sin 90° = \cos 0° = \tan 45°$

④ $\sin 45° = \cos 45° = \tan 45°$

⑤ $\sin 90° = \cos 90° = \tan 90°$

090 ●●●●

$\dfrac{\tan 45° \times \sin 90° + \cos 45° \times \sin 0°}{\cos 0° \times \sin 45°}$ 의 값을 구하시오.

서술형

091 ●●●●

$\sin(x + 30°) = 1$일 때, $\sin x + \cos \dfrac{x}{2}$의 값을 구하시오.

(단, $0° \le x \le 60°$)

유형 14 각의 크기에 따른 삼각비의 값의 대소 관계

(1) $0° \le x \le 90°$인 범위에서 x의 크기가 증가하면

　① $\sin x$의 값은 0에서 1까지 증가한다. → $0 \le \sin x \le 1$

　② $\cos x$의 값은 1에서 0까지 감소한다. → $0 \le \cos x \le 1$

　③ $\tan x$의 값은 0에서 무한히 증가한다. ($x \ne 90°$) → $0 \le \tan x$

(2) $\sin x$, $\cos x$, $\tan x$의 값의 대소 관계는

　① $0° \le x < 45°$ ⇨ $\sin x < \cos x$

　② $x = 45°$ ⇨ $\sin x = \cos x < \tan x$

　③ $45° < x < 90°$ ⇨ $\cos x < \sin x < \tan x$

대표 문제

092

다음 중 대소 관계가 옳은 것은?

① $\sin 37° > \cos 37°$　　② $\sin 80° < \cos 80°$

③ $\sin 72° < \sin 50°$　　④ $\tan 40° < \tan 10°$

⑤ $\tan 70° > \cos 80°$

093 ●●●●

다음 보기의 삼각비의 값을 작은 것부터 차례로 나열하시오.

보기

ㄱ. $\sin 4°$　　ㄴ. $\sin 35°$　　ㄷ. $\cos 45°$

ㄹ. $\tan 45°$　　ㅁ. $\sin 80°$　　ㅂ. $\cos 90°$

094 ●●●●

다음 중 옳은 것을 모두 고르면? (정답 2개)

① $0° < A < 45°$일 때, $\sin A > \cos A$

② $A = 45°$일 때, $\sin A = \cos A$

③ $45° < A < 90°$일 때, $\sin A < \cos A < \tan A$

④ $0° \le A \le 90°$일 때, $0 \le \cos A \le 1$

⑤ $0° \le A < 90°$일 때, $\tan A \le 1$

유형 15 삼각비의 값의 대소 관계를 이용한 식의 계산

삼각비의 값의 대소를 비교한 후, 제곱근의 성질을 이용하여 주어
진 식을 정리한다.

$$\Rightarrow \sqrt{a^2}=\begin{cases} a & (a\geq 0) \\ -a & (a<0) \end{cases}$$

예 $0°<x<90°$일 때

① $\sqrt{(\sin x+1)^2}=\sin x+1$
   $\hookrightarrow$ $0<\sin x<1$이므로 $\sin x+1>0$

② $\sqrt{(\sin x-1)^2}=-(\sin x-1)=1-\sin x$
   $\hookrightarrow$ $0<\sin x<1$이므로 $\sin x-1<0$

대표 문제

095

$45°<A<90°$일 때,

$\sqrt{(\sin A+\cos A)^2}-\sqrt{(\cos A-\sin A)^2}$ 을 간단히 하면?

① -1 ② 0 ③ 1

④ $2\sin A$ ⑤ $2\cos A$

096 ●●●●

$0°<A<45°$일 때, $\sqrt{(1+\tan A)^2}+\sqrt{(\tan A-\tan 45°)^2}$
을 간단히 하면?

① 0 ② 1 ③ 2

④ $\tan A-1$ ⑤ $2\tan A$

097 ●●●●

$\sqrt{(\cos x-\tan x)^2}-\sqrt{(\cos x-1)^2}=2$일 때, $\tan x$의 값
을 구하시오. (단, $45°<x<90°$)

유형 16 삼각비의 표를 이용하여 각의 크기와 변의 길이 구하기

각도의 가로줄과 삼각비의 세로줄이 만나는 칸에 적혀 있는 수를
읽는다.

예

각도	사인(sin)	코사인(cos)	탄젠트(tan)
36°	0.5878	0.8090	0.7265
37°	0.6018	0.7986	0.7536
38°	0.6157	0.7880	0.7813
39°	0.6293	0.7771	0.8098

$\Rightarrow \sin 39°=0.6293,\ \cos 38°=0.7880,\ \tan 37°=0.7536$

대표 문제

098

다음 삼각비의 표를 이용하여 $\tan 47°-\sin 49°+\cos 48°$
의 값을 구하시오.

각도	사인(sin)	코사인(cos)	탄젠트(tan)
47°	0.7314	0.6820	1.0724
48°	0.7431	0.6691	1.1106
49°	0.7547	0.6561	1.1504

099 ●●●●

$\sin x=0.5592$, $\cos y=0.8387$, $\tan z=0.7002$일 때,
다음 삼각비의 표를 이용하여 $x-y+z$의 크기를 구하시오.

각도	사인(sin)	코사인(cos)	탄젠트(tan)
33°	0.5446	0.8387	0.6494
34°	0.5592	0.8290	0.6745
35°	0.5736	0.8192	0.7002

100 ●●●●

오른쪽 그림과 같은 직각삼각형
ABC에서 다음 삼각비의 표를 이용
하여 x의 값을 구하시오.

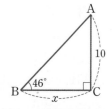

각도	사인(sin)	코사인(cos)	탄젠트(tan)
42°	0.6691	0.7431	0.9004
43°	0.6820	0.7314	0.9325
44°	0.6947	0.7193	0.9657

101

유형 01

다음 그림과 같이 중심이 각각 O, O′인 두 반원의 반지름의 길이가 각각 3, 1이고 $\overline{CP}\perp\overline{OP}$이다. $\angle OCP=x$라 할 때, $\sin x \times \tan x$의 값은?

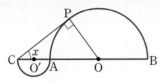

① $\dfrac{2}{5}$ ② $\dfrac{9}{20}$ ③ $\dfrac{1}{2}$

④ $\dfrac{11}{20}$ ⑤ $\dfrac{3}{5}$

102

유형 03

$\sin(90°-A)=\dfrac{5}{13}$일 때, $\cos A \times \tan A$의 값을 구하시오. (단, $0°<A<90°$)

103

유형 02 + 유형 03

오른쪽 그림과 같은 직각삼각형 ABC에서 $\overline{BD}=10$이고 $\angle ABC=x$, $\angle ADC=y$라 할 때, $\tan x=\dfrac{3}{4}$, $\cos y=\dfrac{\sqrt{5}}{5}$이다. 이때 $\overline{AC}$의 길이는?

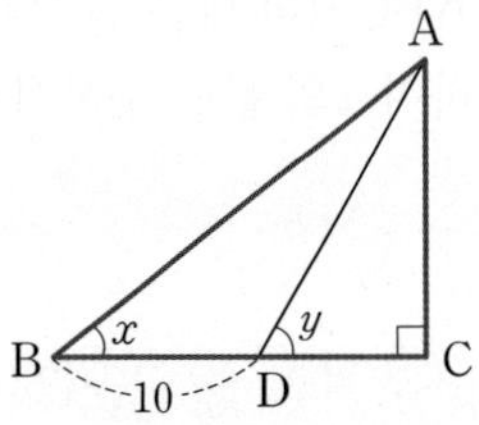

① $6\sqrt{3}$ ② 11 ③ $8\sqrt{2}$

④ 12 ⑤ $7\sqrt{3}$

104

유형 04

오른쪽 그림과 같이 $\angle BAC=90°$인 직각삼각형 ABC에서 $\overline{AD}\perp\overline{BC}$이고 $\overline{AC}\perp\overline{DE}$이다. $\angle DAC=x$라 할 때, 다음 중 $\cos x$를 나타내는 것이 아닌 것은?

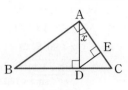

① $\dfrac{\overline{AE}}{\overline{AD}}$ ② $\dfrac{\overline{AB}}{\overline{BC}}$ ③ $\dfrac{\overline{BD}}{\overline{AB}}$

④ $\dfrac{\overline{CE}}{\overline{CD}}$ ⑤ $\dfrac{\overline{AD}}{\overline{AC}}$

105

유형 06

오른쪽 그림과 같은 정육면체에서 $\angle BHF=x$라 할 때, $\cos x$의 값은?

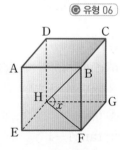

① $\dfrac{\sqrt{2}}{3}$ ② $\dfrac{\sqrt{3}}{3}$

③ $\dfrac{2}{3}$ ④ $\dfrac{\sqrt{5}}{3}$

⑤ $\dfrac{\sqrt{6}}{3}$

106

유형 09

오른쪽 그림에서
$\angle ABC = \angle ACD = \angle ADE = 90°$,
$\angle CAB = \angle DAC = \angle EAD = 30°$
이고 $\overline{AE} = 16\ cm$일 때, $\triangle ABC$의
넓이를 구하시오.

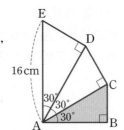

107

유형 12

오른쪽 그림에서 부채꼴 AOB의
반지름의 길이는 r, 중심각의 크기
는 x이다. $\overline{AH} \perp \overline{OB}$, $\overline{TB} \perp \overline{OB}$
일 때, $\overline{AH}$, $\overline{TB}$, $\overline{HB}$의 길이를
다음 보기에서 차례로 고른 것은?

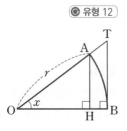

보기

ㄱ. $r \sin x$	ㄴ. $r \cos x$	ㄷ. $r \tan x$
ㄹ. $r - r \sin x$	ㅁ. $r - r \cos x$	ㅂ. $r - r \tan x$

① ㄱ, ㄴ, ㄹ   ② ㄱ, ㄷ, ㄹ   ③ ㄱ, ㄷ, ㅁ
④ ㄴ, ㄷ, ㅁ   ⑤ ㄴ, ㄷ, ㅂ

108

유형 03 + 유형 15

$0° < A < 45°$이고

$\sqrt{(\sin A - \cos A)^2} + \sqrt{(\sin A + \cos A)^2} = \dfrac{30}{17}$일 때,

$\tan A$의 값을 구하시오.

109

유형 16

오른쪽 그림과 같이 반지름의 길이
가 1인 사분원에서 $\overline{OB} = 0.7771$
일 때, 다음 삼각비의 표를 이용하
여 $\overline{AB} + \overline{CD}$의 길이를 구하시오.

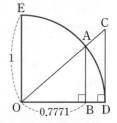

각도	사인($\sin$)	코사인($\cos$)	탄젠트($\tan$)
39°	0.6293	0.7771	0.8098
40°	0.6428	0.7660	0.8391
41°	0.6561	0.7547	0.8693

110

유형 01 + 유형 07

오른쪽 그림과 같이 $\angle B = 90°$인 직
각삼각형 ABC의 내심 I에 대하여
$\angle BIC = 120°$일 때, $\tan A - \cos C$
의 값을 구하시오.

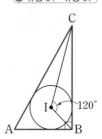

111

ⓒ 유형 02 + 유형 03

오른쪽 그림과 같이 ∠C=90°인 직각삼각형 ABC에서 $\overline{BD}:\overline{DC}=2:1$이고 $\tan x=\dfrac{1}{4}$일 때, $\sin y$의 값을 구하시오.

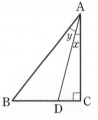

113

ⓒ 유형 10

오른쪽 그림에서 △ABC는 ∠A=30°이고 $\overline{AB}=\overline{AC}=6$인 이등변삼각형일 때, $\tan 75°$의 값을 구하시오.

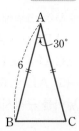

112

ⓒ 유형 09

오른쪽 그림과 같은 △ABC에서 두 점 D, E는 각각 $\overline{AB}$, $\overline{AC}$의 중점이다. ∠A=45°, ∠AED=60°, $\overline{BC}=24$일 때, $\overline{AD}$의 길이는?

① $3\sqrt{6}$ ② $4\sqrt{6}$
③ $5\sqrt{6}$ ④ $6\sqrt{6}$
⑤ $7\sqrt{6}$

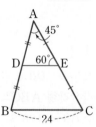

114

ⓒ 유형 11

오른쪽 그림과 같이 일차방정식 $\sqrt{3}x-y+3=0$의 그래프와 x축, y축과의 교점을 각각 A, B라 할 때, 점 A를 지나고 ∠OAB를 이등분하는 직선의 방정식을 구하시오.

(단, O는 원점이다.)

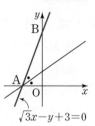

115

ⓒ 유형 12

오른쪽 그림과 같이 반지름의 길이가 8인 사분원에서 $\cos a=\dfrac{3}{4}$일 때, □BDEC의 넓이를 구하시오.

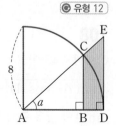

116

유형 01

오른쪽 그림은 $\overline{AB}=1$, $\overline{BC}=\sqrt{3}$ 인 직사각형 ABCD를 오른쪽으로 90°만큼 회전시켜 □FGCE를 만든 것이다. ∠FAD=x라 할 때, $\cos x$의 값을 구하시오.

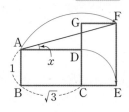

118

유형 09

[그림 1]과 같이 직각삼각형을 붙여 만든 오각형을 이어 붙이면 [그림 2]와 같이 빈틈없이 평면을 채울 수 있음을 발견하였다. [그림 1]에서 $\overline{ED}$의 길이를 구하시오.

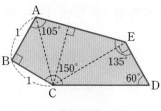
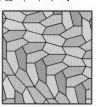

[그림 1]　　　　[그림 2]

117

유형 01

다음 그림과 같이 직사각형 모양의 종이 ABCD를 점 A와 점 C가 겹치도록 접었다. $\overline{AB}=3$, $\overline{AP}=6$이고 ∠QPC=x라 할 때, $\tan x$의 값을 구하시오.

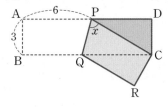

119

유형 09

오른쪽 그림과 같이 ∠B=90°인 직각삼각형 ABC에서 $\overline{AB}=\overline{BD}=\overline{CD}$이고 $\overline{AD}=2\sqrt{2}$이다. ∠CAD=x라 할 때, $\cos x$의 값은?

① $\dfrac{1}{5}$

② $\dfrac{\sqrt{5}}{10}$

③ $\dfrac{\sqrt{10}}{5}$

④ $\dfrac{3\sqrt{10}}{10}$

⑤ $\dfrac{3\sqrt{5}}{7}$

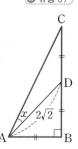

Theme 04 삼각형의 변의 길이　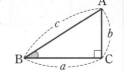 유형 01 ~ 유형 05

(1) 직각삼각형의 변의 길이

∠C＝90°인 직각삼각형 ABC에서 ∠B의 크기가 주어지고 다음과 같이 세 변 중 한 변의 길이를 알면 나머지 두 변의 길이를 구할 수 있다.

① 빗변의 길이 c를 알 때 ⇨ $a=c\cos B,\ b=c\sin B$

② 밑변의 길이 a를 알 때 ⇨ $b=a\tan B,\ c=\dfrac{a}{\cos B}$

③ 높이 b를 알 때 ⇨ $a=\dfrac{b}{\tan B},\ c=\dfrac{b}{\sin B}$

예 오른쪽 그림과 같은 직각삼각형 ABC에서

$\sin 30°=\dfrac{b}{4}$이므로 $b=4\sin 30°=4\times\dfrac{1}{2}=2$

$\cos 30°=\dfrac{a}{4}$이므로 $a=4\cos 30°=4\times\dfrac{\sqrt{3}}{2}=2\sqrt{3}$

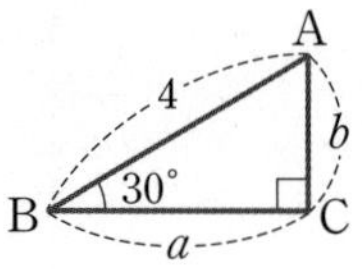

> **비법 note**
> ▶ 삼각비를 이용하면 실생활에서 직접 잴 수 없는 높이, 거리 등을 구할 수 있다.
> 삼각비의 값을 이용할 때는 반드시 직각삼각형에서만 생각해야 한다.

(2) 일반 삼각형의 변의 길이

① 두 변의 길이와 그 끼인각의 크기를 알 때

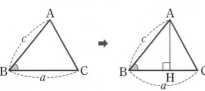

수선을 그어 구하는 변을 빗변으로 하는 직각삼각형을 만든다.

△ABH에서

$\overline{AH}=c\sin B,\ \overline{BH}=c\cos B$이므로

$\overline{CH}=\overline{BC}-\overline{BH}=a-c\cos B$

$\therefore \overline{AC}=\sqrt{\overline{AH}^2+\overline{CH}^2}$

$\qquad\quad =\sqrt{(c\sin B)^2+(a-c\cos B)^2}$

> **비법 note**
> ▶ 일반 삼각형에서 변의 길이를 구할 때, 직각삼각형이 생기도록 적절한 수선을 그은 후 삼각비의 값을 이용한다.

② 한 변의 길이와 그 양 끝 각의 크기를 알 때

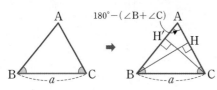

수선을 그어 구하는 변을 빗변으로 하고, 특수한 각(30°, 45°, 60°)의 삼각비의 값을 이용할 수 있도록 직각삼각형을 만든다.

△ABH에서 $\overline{AB}=\dfrac{\overline{BH}}{\sin A}$이고

△CBH에서 $\overline{BH}=a\sin C$이므로

$\overline{AB}=\dfrac{a\sin C}{\sin A}$

또, △AH′C에서 $\overline{AC}=\dfrac{\overline{H'C}}{\sin A}$이고

△H′BC에서 $\overline{H'C}=a\sin B$이므로

$\overline{AC}=\dfrac{a\sin B}{\sin A}$

> **비법 note**
> ▶ 일반 삼각형의 변의 길이를 구하는 공식은 외우는 것보다 문제를 해결하는 과정을 이해하는 것이 중요하다.

Theme 04 삼각형의 변의 길이

[120~121] 오른쪽 그림과 같은 직각삼각형 ABC에 대하여 다음 □ 안에 알맞은 수를 써넣으시오.
(단, $\sin 35° = 0.57$, $\cos 35° = 0.82$, $\tan 35° = 0.7$로 계산한다.)

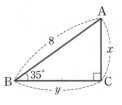

120 $\sin 35° = \dfrac{x}{\square}$ 이므로

$x = \square \times 0.57 = \square$

121 $\cos 35° = \dfrac{y}{\square}$ 이므로

$y = \square \times 0.82 = \square$

[122~123] 오른쪽 그림과 같은 직각삼각형 ABC에 대하여 다음 □ 안에 알맞은 수를 써넣으시오.

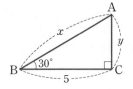

122 $\cos 30° = \dfrac{\square}{x}$ 이므로

$x = \square \times \dfrac{1}{\cos 30°} = \square$

123 $\tan 30° = \dfrac{y}{\square}$ 이므로

$y = \square \times \tan 30° = \square$

[124~125] 다음 그림과 같은 직각삼각형 ABC에서 ∠B의 삼각비를 이용하여 x의 값을 구하는 식을 쓰시오.

124

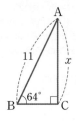

125

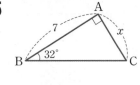

126 다음 그림은 △ABC에서 $\overline{AC}$의 길이를 구하기 위해 꼭짓점 A에서 $\overline{BC}$에 수선을 그은 것이다. □ 안에 알맞은 수를 써넣으시오.

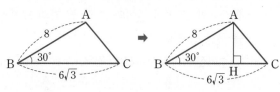

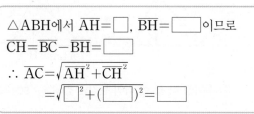

△ABH에서 $\overline{AH} = \square$, $\overline{BH} = \square$ 이므로

$\overline{CH} = \overline{BC} - \overline{BH} = \square$

∴ $\overline{AC} = \sqrt{\overline{AH}^2 + \overline{CH}^2}$

$= \sqrt{\square^2 + (\square)^2} = \square$

[127~130] 오른쪽 그림과 같은 △ABC에서 다음을 구하시오.

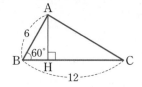

127 $\overline{AH}$의 길이

128 $\overline{BH}$의 길이

129 $\overline{CH}$의 길이

130 $\overline{AC}$의 길이

131 다음 그림은 △ABC에서 $\overline{AC}$의 길이를 구하기 위해 꼭짓점 C에서 $\overline{AB}$에 수선을 그은 것이다. □ 안에 알맞은 수를 써넣으시오.

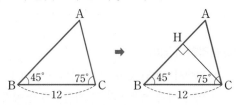

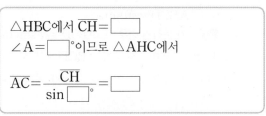

△HBC에서 $\overline{CH} = \square$

∠A = $\square$°이므로 △AHC에서

$\overline{AC} = \dfrac{\overline{CH}}{\sin \square°} = \square$

Theme 05 삼각형과 사각형의 넓이 ⊘ 유형 06 ~ 유형 12

(1) 삼각형의 높이

삼각형의 한 변의 길이와 그 양 끝 각의 크기를 알면 삼각비를 이용하여 삼각형의 높이를 구할 수 있다.

▶ 삼각형의 높이를 구하는 공식은 외우는 것보다 문제를 해결하는 과정을 이해하는 것이 중요하다.

① 주어진 각이 모두 예각인 경우 ← $\overline{BC}=\overline{BH}+\overline{CH}$임을 이용하여 h의 값을 구한다.

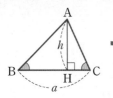 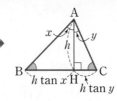

$a = h\tan x + h\tan y$

$\Rightarrow h = \dfrac{a}{\tan x + \tan y}$

② 주어진 각 중 한 각이 둔각인 경우 ← $\overline{BC}=\overline{BH}-\overline{CH}$임을 이용하여 h의 값을 구한다.

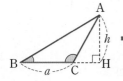 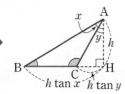

$a = h\tan x - h\tan y$

$\Rightarrow h = \dfrac{a}{\tan x - \tan y}$

(2) 삼각형의 넓이

삼각형의 두 변의 길이와 그 끼인각의 크기를 알면 삼각비를 이용하여 삼각형의 넓이를 구할 수 있다.

① ∠B가 예각인 경우

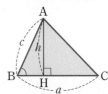

△ABH에서 $h = c\sin B$이므로

$\triangle ABC = \dfrac{1}{2}ac\sin B$

② ∠B가 둔각인 경우

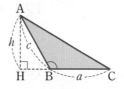

△AHB에서 $h = c\sin(180° - B)$이므로

$\triangle ABC = \dfrac{1}{2}ac\sin(180° - B)$

▶ ∠B=90°이면
$\triangle ABC = \dfrac{1}{2}ac\sin 90°$
$= \dfrac{1}{2}ac$

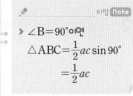

(3) 사각형의 넓이

① 평행사변형의 넓이 : 평행사변형 ABCD에서 이웃하는 두 변의 길이가 a, b이고 그 끼인각 x가 예각일 때

$\Rightarrow \square ABCD = ab\sin x$

참고 x가 둔각인 경우 : $\square ABCD = ab\sin(180° - x)$

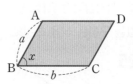

② 사각형의 넓이 : 사각형 ABCD에서 두 대각선의 길이가 a, b이고 두 대각선이 이루는 각 x가 예각일 때

$\Rightarrow \square ABCD = \dfrac{1}{2}ab\sin x$

참고 x가 둔각인 경우 : $\square ABCD = \dfrac{1}{2}ab\sin(180° - x)$

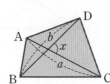

Theme 05 삼각형과 사각형의 넓이

132 다음은 ∠B=30°, ∠C=45°이고 $\overline{BC}=8$인 △ABC의 높이를 구하는 과정이다. □ 안에 알맞은 수를 써넣으시오.

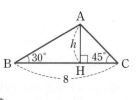

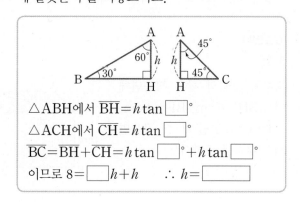

△ABH에서 $\overline{BH}=h\tan\square°$

△ACH에서 $\overline{CH}=h\tan\square°$

$\overline{BC}=\overline{BH}+\overline{CH}=h\tan\square°+h\tan\square°$

이므로 $8=\square h+h$ ∴ $h=\square$

133 다음은 ∠B=30°, ∠ACB=120°이고 $\overline{BC}=8$인 △ABC의 높이를 구하는 과정이다. □ 안에 알맞은 수를 써넣으시오.

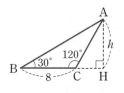

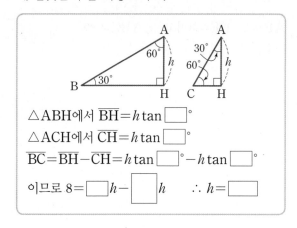

△ABH에서 $\overline{BH}=h\tan\square°$

△ACH에서 $\overline{CH}=h\tan\square°$

$\overline{BC}=\overline{BH}-\overline{CH}=h\tan\square°-h\tan\square°$

이므로 $8=\square h-\square h$ ∴ $h=\square$

[134~135] 다음 그림과 같은 △ABC의 넓이를 구하시오.

134

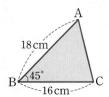

135

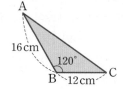

136 다음은 이웃하는 두 변의 길이가 a, b이고 그 끼인각 x가 예각인 평행사변형의 넓이를 구하는 과정이다. □ 안에 알맞은 식을 써넣으시오.

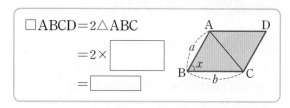

$\square ABCD=2\triangle ABC$

$=2\times\boxed{}$

$=\boxed{}$

[137~138] 다음 그림과 같은 평행사변형 ABCD의 넓이를 구하시오.

137

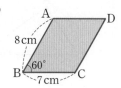

138

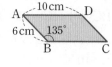

139 다음은 두 대각선의 길이가 a, b이고 두 대각선이 이루는 각 x가 예각인 사각형의 넓이를 구하는 과정이다. □ 안에 알맞은 식을 써넣으시오.

□ABCD의 각 꼭짓점을 지나고 두 대각선에 각각 평행한 직선을 그어 □EFGH를 만들면

$\square ABCD=\dfrac{1}{2}\square EFGH$

$=\dfrac{1}{2}\times\boxed{}$

$=\boxed{}$

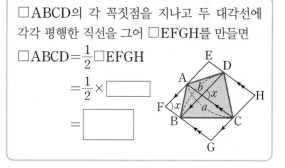

[140~141] 다음 그림과 같은 □ABCD의 넓이를 구하시오.

140

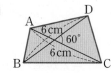

141

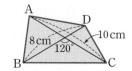

Theme 04 삼각형의 변의 길이 ■ 워크북 24쪽

유형 01 직각삼각형의 변의 길이

직각삼각형에서 한 예각의 크기와 한 변의 길이를 알면 삼각비를 이용하여 나머지 두 변의 길이를 구할 수 있다.

참고 (1) 빗변과 높이의 관계 ⇨ sin 이용
(2) 빗변과 밑변의 관계 ⇨ cos 이용
(3) 밑변과 높이의 관계 ⇨ tan 이용

대표 문제

142

오른쪽 그림과 같은 직각삼각형 ABC에서 ∠C=35°, $\overline{BC}$=4일 때, $y-x$의 값을 구하시오.
(단, sin 35°=0.57, cos 35°=0.82로 계산한다.)

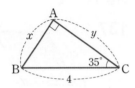

143 ●●●○

오른쪽 그림과 같은 직각삼각형 ABC에서 ∠A=56°, $\overline{BC}$=7일 때, 다음 중 $\overline{AB}$의 길이를 나타내는 것을 모두 고르면? (정답 2개)

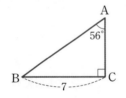

① 7 cos 34°   ② 7 tan 56°
③ $\dfrac{7}{\sin 34°}$ ④ $\dfrac{7}{\cos 34°}$
⑤ $\dfrac{7}{\sin 56°}$

144 ●●●○

오른쪽 그림과 같은 직각삼각형 ABC에서 ∠B=25°, $\overline{AC}$=10일 때, $\overline{BC}$의 길이를 구하시오.
(단, tan 65°=2.14로 계산한다.)

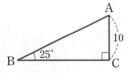

유형 02 입체도형에서 직각삼각형의 변의 길이의 활용

❶ 입체도형에서 직각삼각형을 찾는다.
❷ 삼각비, 피타고라스 정리 등을 이용하여 변의 길이를 구한다.

대표 문제

145

오른쪽 그림과 같은 직육면체에서 $\overline{BD}$=6 cm, $\overline{BF}$=4 cm, ∠DBC=30°일 때, 이 직육면체의 부피를 구하시오.

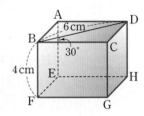

146 ●●●○

오른쪽 그림과 같은 삼각기둥에서 $\overline{AB}$=2, $\overline{BE}$=3이고 ∠ABC=30°, ∠BAC=90°일 때, 이 삼각기둥의 부피를 구하시오.

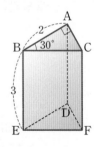

147 ●●●○

오른쪽 그림과 같은 원뿔에서 $\overline{BH}$는 밑면의 반지름이고 $\overline{AH}$는 높이이다. 모선 AB와 $\overline{BH}$가 이루는 각의 크기가 60°일 때, 이 원뿔의 부피를 구하시오.

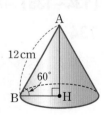

03 실생활에서 직각삼각형의 변의 길이의 활용

❶ 주어진 그림에서 구하는 것과 관련된 직각삼각형을 찾는다.
❷ 삼각비를 이용하여 높이, 거리 등을 구한다.

대표 문제

148

오른쪽 그림과 같이 태환이의 손에서 연까지의 거리가 60 m이고, 손의 위치에서 연을 올려본각의 크기가 52°이다. 지면에서 태환이의 손까지의 높이가 1.5 m일 때, 지면에서 연까지의 높이는 몇 m인가?

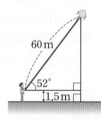

(단, sin 52°=0.79로 계산한다.)

① 48.8 m　　② 48.9 m　　③ 50 m
④ 50.1 m　　⑤ 50.2 m

149 ●●○○

오른쪽 그림과 같이 폭포를 구경하기 위해 배의 위치인 A 지점에서 50 m 떨어진 폭포의 꼭대기를 올려본각의 크기가 55°일 때, 폭포의 높이를 구하시오.
(단, sin 55°=0.82로 계산한다.)

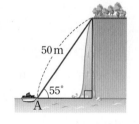

150 ●●●○

오른쪽 그림과 같이 높이가 20 m인 건물의 A 지점에서 타워의 C 지점을 올려본각의 크기가 45°이고, 타워의 B 지점을 내려본각의 크기가 30°이다. 이때 타워의 높이 $\overline{BC}$의 길이를 구하시오.

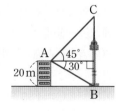

151 ●●●○

오른쪽 그림과 같이 건물 맨 아래의 C 지점에서 10 m 떨어진 B 지점이 있다. B 지점에서 건물 위의 광고판의 양 끝 지점 A, D를 올려본각의 크기가 각각 45°, 30°일 때, 광고판의 높이 $\overline{AD}$의 길이를 구하시오.

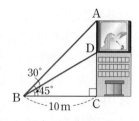

서술형

152 ●●●○

오른쪽 그림과 같이 높이가 15 m인 송전탑을 A 지점에서 올려본각의 크기가 30°, B 지점에서 올려본각의 크기가 60°일 때, 두 지점 A, B 사이의 거리를 구하시오.

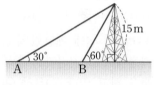

신유형

153 ●●●○

오른쪽 그림과 같이 새가 나무 위의 P 지점에서 출발하여 지면 위인 C 지점에서 먹이를 잡고 지면으로부터의 높이가 8 m인 Q 지점으로 날아갔다. C 지점에서 두 지점 P, Q를 올려본각의 크기는 각각 60°, 30°이었고 $\overline{AB}$=10$\sqrt{3}$ m일 때, 새가 P 지점을 출발하여 Q 지점까지 날아간 총거리를 구하시오.

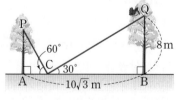

(단, 새는 직선으로 날아간다.)

154 ●●●●

오른쪽 그림과 같이 과속 단속 카메라의 P 지점에서 도로와 평행한 선을 기준으로 두 자동차의 A, B 지점을 내려본각의 크기는 각각 60°, 30°이었다. 과속 단속 카메라의 높이가 9 m일 때, 두 지점 A, B 사이의 거리는?

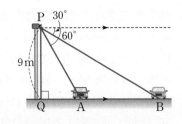

① $(9-\sqrt{3})$ m ② $(9-\sqrt{2})$ m ③ $6\sqrt{2}$ m
④ 9 m ⑤ $6\sqrt{3}$ m

155 ●●●●

오른쪽 그림과 같이 길이가 40 cm인 실에 매달린 추가 A 지점에서 C 지점까지 왕복 운동을 하고 있다. $\overline{OB}$와 $\overline{OC}$가 이루는 각의 크기가 60°인 C 지점에 추가 있을 때, 이 추는 B 지점을 기준으로 몇 cm 더 높은 곳에 있는가? (단, 추의 크기는 생각하지 않는다.)

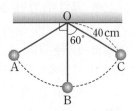

① 16 cm ② 17 cm ③ 18 cm
④ 19 cm ⑤ 20 cm

156 ●●●●

오른쪽 그림과 같이 지면으로부터 3000 m 높이의 상공을 지면과 수평이 되게 날고 있는 비행기가 A 지점에서 14°의 각을 이루면서 지면 위의 C 지점에 초속 100 m로 착륙하려고 한다. 이 비행기는 몇 초 후에 지면에 닿게 되는가?

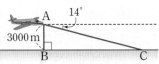

(단, sin 14°=0.24로 계산한다.)

① 60초 ② 95초 ③ 115초
④ 125초 ⑤ 130초

유형 04 **두 변의 길이와 그 끼인각의 크기를 알 때, 나머지 한 변의 길이 구하기**

❶ 한 꼭짓점에서 수선을 그어 구하는 변을 빗변으로 하는 직각삼각형을 만든다.
  ⇨ $\overline{AH}$ 긋기
❷ 필요한 선분의 길이를 구한다.
  ⇨ $\overline{AH}=c\sin B$, $\overline{CH}=a-c\cos B$
❸ 피타고라스 정리를 이용한다.
  ⇨ $\overline{AC}=\sqrt{(c\sin B)^2+(a-c\cos B)^2}$

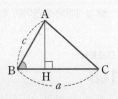

대표 문제

157

오른쪽 그림과 같은 △ABC에서 $\overline{AB}=2\sqrt{2}$, $\overline{BC}=3$, ∠B=45°일 때, $\overline{AC}$의 길이는?

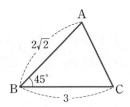

① 1 ② $\sqrt{2}$
③ $\sqrt{3}$ ④ 2
⑤ $\sqrt{5}$

158 ●●●●

오른쪽 그림과 같은 △ABC에서 $\overline{AC}=5$, $\overline{BC}=6$이고 $\cos C=\dfrac{3}{5}$일 때, $\overline{AB}$의 길이를 구하시오.

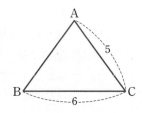

159 ●●●●

오른쪽 그림과 같이 C 지점에 있는 집에서 어느 지하철 역의 두 출구 A, B까지의 거리가 각각 $40\sqrt{2}$ m, 40 m이다. ∠C=135°일 때, 두 출구 A, B 사이의 거리를 구하시오.

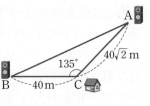

유형 05 한 변의 길이와 그 양 끝 각의 크기를 알 때, 다른 한 변의 길이 구하기

❶ 한 꼭짓점에서 수선을 그어 구하는 변을 빗변으로 하는 직각삼각형을 만든다.
⇨ $\overline{AH}$ 긋기

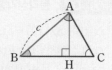

❷ 필요한 선분의 길이와 각의 크기를 구한다.
⇨ $\overline{AH}=c\sin B$, $\angle C=180°-(\angle A+\angle B)$

❸ 삼각비를 이용한다.
⇨ $\overline{AC}=\dfrac{\overline{AH}}{\sin C}=\dfrac{c\sin B}{\sin C}$

참고 (1) 주어진 두 각 중 한 각이 특수한 각이 아닌 경우 한 각을 두 개의 특수한 각으로 나누어 두 직각삼각형을 만든다.
(2) 주어진 두 각이 특수한 각인 경우 나머지 한 꼭짓점에서 길이가 주어진 한 변에 수선을 긋는다.

대표 문제
160

오른쪽 그림과 같은 △ABC에서 $\angle B=45°$, $\angle C=75°$, $\overline{BC}=9\sqrt{2}$ 일 때, $\overline{AB}$의 길이는?

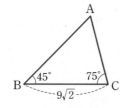

① 9
② $6\sqrt{3}$
③ $9+\sqrt{3}$
④ $9\sqrt{2}$
⑤ $9+3\sqrt{3}$

161 ●●●○

오른쪽 그림과 같은 △ABC에서 $\angle B=30°$, $\angle C=105°$, $\overline{BC}=10$일 때, $\overline{AC}$의 길이를 구하시오.

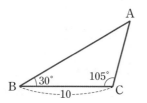

 서술형
162 ●●●○

오른쪽 그림과 같은 △ABC에서 $\angle B=60°$, $\angle C=75°$, $\overline{AC}=2\sqrt{6}$일 때, $\overline{BC}$의 길이를 구하시오.

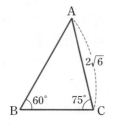

163 ●●●○

오른쪽 그림과 같은 △ABC에서 $\angle B=105°$, $\angle C=45°$, $\overline{AB}=2$일 때, $\overline{AC}$의 길이를 구하시오.

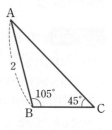

164 ●●●○

오른쪽 그림은 강 양쪽에 있는 두 지점 A, C 사이의 거리를 구하기 위하여 측량한 결과를 나타낸 것이다. 두 지점 A, C 사이의 거리는 몇 m인가?

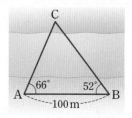

(단, $\cos 28°=0.9$, $\cos 38°=0.8$로 계산한다.)

① $\dfrac{700}{9}$ m
② 80 m
③ $\dfrac{250}{3}$ m
④ $\dfrac{800}{9}$ m
⑤ 90 m

165 ●●●○

오른쪽 그림과 같은 △ABC에서 $\angle B=45°$, $\angle C=60°$, $\overline{BC}=6$ cm일 때, $\overline{AC}$의 길이는?

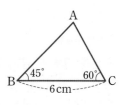

① $(\sqrt{3}-1)$ cm
② $(\sqrt{3}+1)$ cm
③ $6(\sqrt{3}-1)$ cm
④ $2(\sqrt{3}+1)$ cm
⑤ $9(\sqrt{3}-1)$ cm

Theme 05 삼각형과 사각형의 넓이 　　　　　　　　　　　　　　　　 워크북 28쪽

유형 06 예각삼각형의 높이 구하기

$\triangle$ABH에서 $\overline{BH}=h\tan x$
$\triangle$AHC에서 $\overline{CH}=h\tan y$
$a=\overline{BH}+\overline{CH}=h(\tan x+\tan y)$
$\therefore h=\dfrac{a}{\tan x+\tan y}$

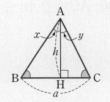

대표문제

166

오른쪽 그림과 같은 $\triangle$ABC에서 $\overline{AH}\perp\overline{BC}$이고 $\overline{BC}=10$, $\angle$B$=60\degree$, $\angle$C$=45\degree$일 때, $\overline{AH}$의 길이를 구하시오.

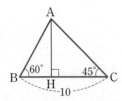

167 ●●●●

오른쪽 그림과 같은 $\triangle$ABC에서 $\overline{AH}\perp\overline{BC}$이고 $\overline{BC}=7$, $\angle$B$=65\degree$, $\angle$C$=40\degree$일 때, 다음 중 $\overline{AH}$의 길이를 나타내는 것은?

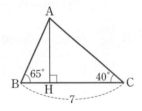

① $\dfrac{7}{\tan 65\degree+\tan 50\degree}$　② $\dfrac{7}{\tan 25\degree+\tan 50\degree}$

③ $\dfrac{7}{\tan 65\degree-\tan 50\degree}$　④ $\dfrac{7}{\tan 50\degree-\tan 25\degree}$

⑤ $7(\tan 65\degree+\tan 50\degree)$

서술형

168 ●●●●

오른쪽 그림과 같이 17 m 떨어진 두 지점 A, B에서 나무 꼭대기인 C 지점을 올려본각의 크기가 각각 48\degree, 50\degree일 때, 나무의 높이를 구하시오.
(단, $\tan 40\degree=0.8$, $\tan 42\degree=0.9$로 계산한다.)

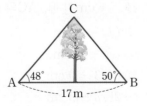

유형 07 둔각삼각형의 높이 구하기

$\triangle$ABH에서 $\overline{BH}=h\tan x$
$\triangle$ACH에서 $\overline{CH}=h\tan y$
$a=\overline{BH}-\overline{CH}=h(\tan x-\tan y)$
$\therefore h=\dfrac{a}{\tan x-\tan y}$

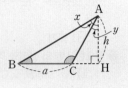

대표문제

169

오른쪽 그림과 같은 $\triangle$ABC에서 $\overline{BC}=12$, $\angle$B$=30\degree$, $\angle$ACB$=120\degree$일 때, $\overline{AH}$의 길이는?

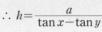

① $5\sqrt{3}$　　　② $6\sqrt{3}$

③ $7\sqrt{3}$　　　④ $8\sqrt{3}$

⑤ $9\sqrt{3}$

170 ●●●●

오른쪽 그림과 같은 $\triangle$ABC에서 $\overline{CD}=10$ cm, $\angle$ADC$=135\degree$이고 $\tan C=\dfrac{4}{9}$일 때, $\overline{AB}$의 길이를 구하시오.

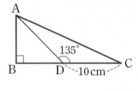

171 ●●●●

어느 로켓은 발사 직후 C 지점에 도달할 때까지 초속 500 m로 수직 상승한다고 한다. 이 로켓이 오른쪽 그림과 같이 C 지점에 도달하였을 때, 3 km 떨어진 A 지점과 B 지점에서 로켓을 올려본각의 크기가 각각 33\degree, 47\degree이었다. 이 로켓이 C 지점에 도달하는 데 걸린 시간은 몇 초인가?
(단, $\tan 43\degree=0.9$, $\tan 57\degree=1.5$로 계산한다.)

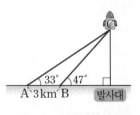

① 10초　　② 20초　　③ 30초

④ 40초　　⑤ 50초

유형 08 예각삼각형의 넓이

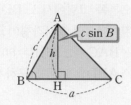

$$\triangle ABC = \frac{1}{2} \times a \times h$$
$$= \frac{1}{2} \times a \times c \sin B$$
$$= \frac{1}{2} ac \sin B$$

대표문제

172

오른쪽 그림과 같이 $\overline{AB}=5$, $\overline{AC}=8$, $\angle A=60°$인 $\triangle ABC$의 넓이는?

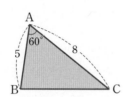

① 10 　② $10\sqrt{2}$
③ $10\sqrt{3}$ 　④ $20\sqrt{2}$
⑤ $20\sqrt{3}$

173 ●●●●

오른쪽 그림과 같이 $\overline{AB}=\overline{AC}$이고 $\angle B=75°$인 $\triangle ABC$의 넓이가 $4\,cm^2$일 때, $\overline{AB}$의 길이는?

① 2 cm 　② $\frac{5}{2}$ cm
③ 3 cm 　④ $\frac{7}{2}$ cm
⑤ 4 cm

174 ●●●●

오른쪽 그림과 같이 $\overline{AB}=4$, $\overline{BC}=2\sqrt{5}$인 $\triangle ABC$에서 $\cos B=\frac{1}{2}$일 때, $\triangle ABC$의 넓이는? (단, $0°<\angle B<90°$)

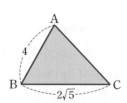

① $2\sqrt{5}$ 　② 5 　③ 6
④ $2\sqrt{10}$ 　⑤ $2\sqrt{15}$

175 ●●●●

오른쪽 그림과 같이 $\overline{AB}=10\,cm$, $\overline{BC}=12\,cm$, $\angle B=45°$인 $\triangle ABC$에서 점 G가 $\triangle ABC$의 무게중심일 때, $\triangle AGC$의 넓이를 구하시오.

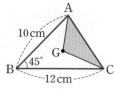

176 ●●●●

오른쪽 그림에서 $\overline{AC}\,/\!/\,\overline{DE}$이고 $\overline{AB}=8\,cm$, $\overline{BC}=6\,cm$, $\overline{CE}=4\,cm$, $\angle B=60°$일 때, $\square ABCD$의 넓이는?

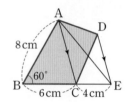

① $20\,cm^2$ 　② $15\sqrt{2}\,cm^2$
③ $15\sqrt{3}\,cm^2$ 　④ $20\sqrt{2}\,cm^2$
⑤ $20\sqrt{3}\,cm^2$

177 ●●●●

오른쪽 그림의 평행사변형 ABCD에서 두 점 M, N은 각각 $\overline{BC}$, $\overline{CD}$의 중점이다. $\overline{AP}=4$, $\overline{AQ}=5$, $\angle MAN=45°$일 때, $\triangle AMN$의 넓이는?

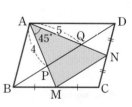

① $11\sqrt{2}$ 　② $\frac{45\sqrt{2}}{4}$ 　③ $\frac{23\sqrt{2}}{2}$
④ $\frac{47\sqrt{2}}{4}$ 　⑤ $12\sqrt{2}$

유형 09 둔각삼각형의 넓이

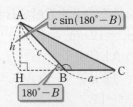

$$\triangle ABC = \frac{1}{2} \times a \times h$$
$$= \frac{1}{2} \times a \times c \sin(180° - B)$$
$$= \frac{1}{2} ac \sin(180° - B)$$

대표 문제

178

오른쪽 그림과 같이
∠B=120°이고 $\overline{AB}$=9 cm,
$\overline{BC}$=8 cm인 △ABC의 넓이는?

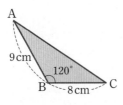

① $17\sqrt{3}$ cm²　　② $18\sqrt{3}$ cm²

③ $19\sqrt{3}$ cm²　　④ $20\sqrt{3}$ cm²

⑤ $21\sqrt{3}$ cm²

179 ●●●●

오른쪽 그림과 같이
$\overline{BC}$=10 cm, ∠C=135°인
△ABC의 넓이가 $15\sqrt{2}$ cm²일
때, $\overline{AC}$의 길이를 구하시오.

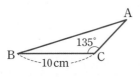

180 ●●●●

오른쪽 그림과 같이
$\overline{AB}$=16 cm, $\overline{BC}$=12 cm인
△ABC의 넓이가 48 cm²일 때,
∠B의 크기를 구하시오.
　　　　　　　(단, ∠B>90°)

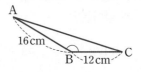

💡 신유형

181 ●●●●

오른쪽 그림에서 □BDEC는 한 변의
길이가 4인 정사각형이고
∠BAC=∠ACB=60°일 때,
△ABD의 넓이를 구하시오.

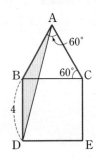

182 ●●●●

오른쪽 그림과 같이 지름의 길이가
12 cm인 반원 O에서
∠PAB=15°일 때, 색칠한 부분
의 넓이는?

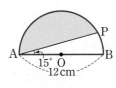

① $(10\pi+2)$ cm²　　② $(15\pi-9)$ cm²

③ $(15\pi-5)$ cm²　　④ $(15\pi-3)$ cm²

⑤ $(15\pi+1)$ cm²

183 ●●●●

오른쪽 그림과 같이 반지름의 길이가
4 cm인 원 O에서
$\overset{\frown}{AB}:\overset{\frown}{BC}:\overset{\frown}{CA}$=3 : 4 : 5일 때,
△ABC의 넓이를 구하시오.

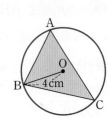

유형 10 다각형의 넓이

다각형 내부에 보조선을 그어 여러 개의 삼각형으로 나눈 후 삼각형의 넓이의 합을 구한다.

대표 문제

184

오른쪽 그림과 같은 □ABCD의 넓이를 구하시오.

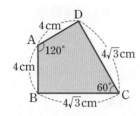

185 ●●●●

오른쪽 그림과 같은 □ABCD의 넓이가 7 cm²일 때, $\overline{\text{AD}}$의 길이는?

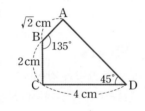

① $3\sqrt{2}$ cm　　② 5 cm

③ $4\sqrt{2}$ cm　　④ 6 cm

⑤ $5\sqrt{2}$ cm

서술형

186 ●●●●

오른쪽 그림과 같은 □ABCD에서 $\overline{\text{AC}}=\overline{\text{DC}}$이고 $\overline{\text{AB}}=10$ cm, $\overline{\text{BC}}=20$ cm이다.

$\angle\text{BAC}=\angle\text{BCD}=90°$,

$\angle\text{B}=60°$일 때, □ABCD의 넓이를 구하시오.

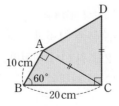

187 ●●●●

오른쪽 그림과 같이 반지름의 길이가 2 cm인 반원 O에 내접하는 □ABCD에서 $\angle\text{COD}=120°$이고, $\overparen{\text{AD}}=\overparen{\text{BC}}$일 때, □ABCD의 넓이를 구하시오.

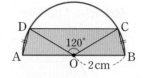

신유형

188 ●●●●

오른쪽 그림과 같이 $\angle\text{B}=90°$, $\angle\text{C}=75°$이고 $\overline{\text{AB}}=2$, $\overline{\text{BC}}=2\sqrt{3}$, $\overline{\text{CD}}=3$인 □ABCD가 있다. □ABCD의 넓이가 $a\sqrt{2}+b\sqrt{3}$일 때, 유리수 a, b에 대하여 $a-b$의 값은?

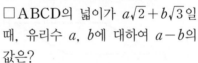

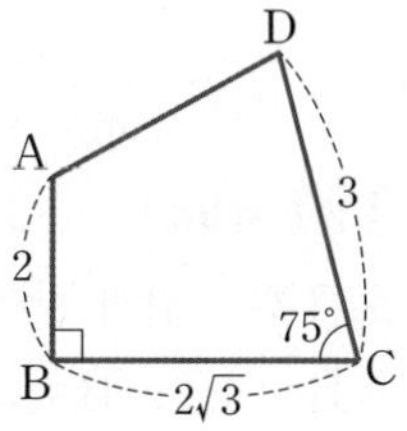

① -2　　　② -1　　　③ 0

④ 1　　　　⑤ 2

189 ●●●●

오른쪽 그림과 같은 □ABCD의 넓이는?

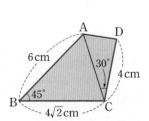

① $(6+2\sqrt{5})$ cm²

② $(6+4\sqrt{3})$ cm²

③ $(12+2\sqrt{5})$ cm²

④ $(12+4\sqrt{3})$ cm²

⑤ $(16+2\sqrt{5})$ cm²

02

삼각비의 활용

Theme

04

05

유형 11 평행사변형의 넓이

평행사변형 ABCD에서

(1) ∠B가 예각일 때

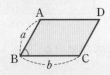

$\Rightarrow \square ABCD$
$= ab \sin B$

(2) ∠B가 둔각일 때

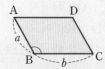

$\Rightarrow \square ABCD$
$= ab \sin(180° - B)$

대표 문제

190

오른쪽 그림과 같이
$\overline{AB} = 10\,\text{cm}$, $\angle A = 135°$인
마름모 ABCD의 넓이를 구
하시오.

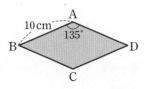

191 ●●●●

오른쪽 그림과 같이
$\overline{AB} = 4$, $\angle B = 30°$인
평행사변형 ABCD의 넓
이가 12일 때, $\overline{BC}$의 길이를 구하시오.

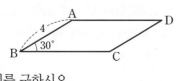

192 ●●●●

오른쪽 그림과 같은 평행사변
형 ABCD에서 $\overline{BC}$의 중점을
M이라 하자. $\overline{AB} = 6\,\text{cm}$,
$\overline{AD} = 8\,\text{cm}$이고 $\angle D = 60°$일
때, $\triangle AMC$의 넓이를 구하시오.

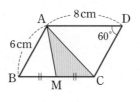

193 ●●●●

오른쪽 그림은 6개의 합동인 마름모
로 이루어진 도형이다. 마름모의 한
변의 길이가 6 cm일 때, 이 도형의
넓이를 구하시오.

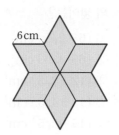

유형 12 사각형의 넓이

(1) ∠x가 예각일 때

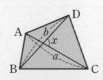

$\Rightarrow \square ABCD$
$= \dfrac{1}{2} ab \sin x$

(2) ∠x가 둔각일 때

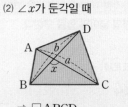

$\Rightarrow \square ABCD$
$= \dfrac{1}{2} ab \sin(180° - x)$

대표 문제

194

오른쪽 그림과 같은 □ABCD의
넓이를 구하시오.

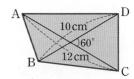

195 ●●●●

오른쪽 그림과 같이
$\overline{AB} = \overline{DC}$인 등변사다리꼴
ABCD에서 $\overline{AC} = 6$,
$\angle DBC = 30°$일 때, 등변사다
리꼴 ABCD의 넓이를 구하시오.

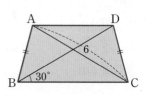

신유형

196 ●●●●

오른쪽 그림과 같이 반지름의 길이가
2인 원 O에 내접하는 □ABCD의 넓
이가 최대일 때, 그 넓이를 구하시오.

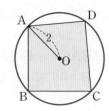

Step 3 발전 문제

197

유형 05

오른쪽 그림과 같은 △ABC에서 ∠B=45°, ∠C=105°, $\overline{BC}$=4일 때, △ABC의 둘레의 길이를 구하시오.

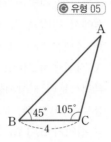

198

유형 05

오른쪽 그림과 같은 △ABC에서 $\overline{AB}$=8, ∠B=75°, ∠C=45°일 때, △ABC의 넓이를 구하시오.

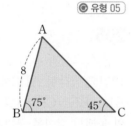

199

유형 08

다음 그림과 같이 폭이 6 cm로 일정한 직사각형 모양의 종이를 $\overline{AC}$를 접는 선으로 하여 접었다. ∠ABC=30°일 때, △ABC의 넓이를 구하시오.

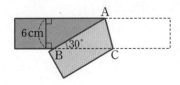

200

유형 09

오른쪽 그림에서 점 I는 ∠A=90°인 직각삼각형 ABC의 내심이다. $\overline{IB}$=6 cm, $\overline{IC}$=8 cm일 때, △IBC의 넓이를 구하시오.

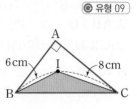

201

유형 02

오른쪽 그림과 같은 △ABC를 직선 l을 회전축으로 하여 1회전 시킬 때 생기는 입체도형의 부피는?

① $216\pi - 72\sqrt{3}\pi$

② $36\pi + 36\sqrt{3}\pi$

③ $108\pi + 36\sqrt{3}\pi$

④ $72\pi + 72\sqrt{3}\pi$

⑤ $216\pi + 72\sqrt{3}\pi$

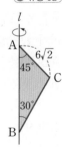

202

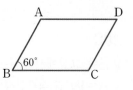

오른쪽 그림과 같은 평행사변형 ABCD의 넓이가 $12\sqrt{3}$ cm²이고 $\overline{AB} : \overline{BC} = 2 : 3$일 때, □ABCD의 둘레의 길이는?

① 12 cm   ② 14 cm   ③ 16 cm

④ 18 cm   ⑤ 20 cm

203

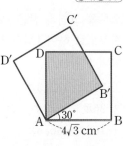

오른쪽 그림과 같이 한 변의 길이가 $4\sqrt{3}$ cm인 정사각형 ABCD를 점 A를 중심으로 30°만큼 회전시켜 □AB′C′D′을 만들었다. 이때 두 정사각형이 겹쳐지는 부분의 넓이를 구하시오.

204

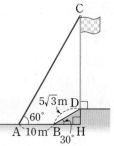

오른쪽 그림과 같이 어느 공설 운동장에 깃발이 서 있다. A 지점에서 깃발의 꼭대기인 C 지점을 올려본각의 크기는 60°이고, A 지점에서 10 m 떨어진 B 지점에서부터 시작되는 오르막길의 경사는 30°이다. 오르막길인 $\overline{BD}$의 길이가 $5\sqrt{3}$ m일 때, 깃발의 높이 $\overline{CD}$의 길이를 구하시오.

205

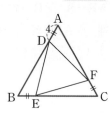

오른쪽 그림과 같이 한 변의 길이가 12인 정삼각형 ABC에서 $\overline{AD} = \overline{BE} = \overline{CF} = 4$일 때, △DEF의 둘레의 길이를 구하시오.

206

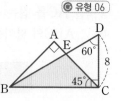

오른쪽 그림과 같이 겹쳐진 두 직각삼각형 ABC, DBC에서 $\angle ACB = 45°$, $\angle D = 60°$, $\overline{CD} = 8$일 때, △EBC의 넓이를 구하시오.

207

유형 02

오른쪽 그림과 같은 직육면체에서
∠AFE=45°, ∠CFG=60°이고
∠ACF=x라 할 때,

$\sin\dfrac{x}{2}+\cos\dfrac{x}{2}$의 값을 구하시오.

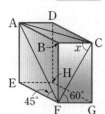

208

유형 08

오른쪽 그림과 같은 △ABC에서
$\overline{AB}$의 길이는 20 % 줄이고 $\overline{BC}$
의 길이는 10 % 늘여서 새로운
△A′BC′을 만들 때, △A′BC′의
넓이는 △ABC의 넓이에서 몇 %
줄어드는가?

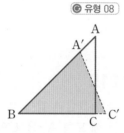

① 9 %　　　② 10 %　　　③ 11 %

④ 12 %　　　⑤ 13 %

209

유형 08

오른쪽 그림과 같은 정사각형
ABCD에서 $\overline{AD}$, $\overline{DC}$의 중점을 각
각 M, N이라 하자. ∠MBN=x라
할 때, $\sin x$의 값을 구하시오.

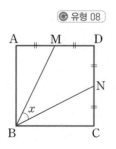

210

유형 08 + 유형 09

다음 그림과 같은 △ABC에서 $\overline{AC}=6$ cm, $\overline{BC}=4\sqrt{3}$ cm
이고 ∠ACD=120°, ∠BCD=30°일 때, △ADC의 넓
이를 구하시오.

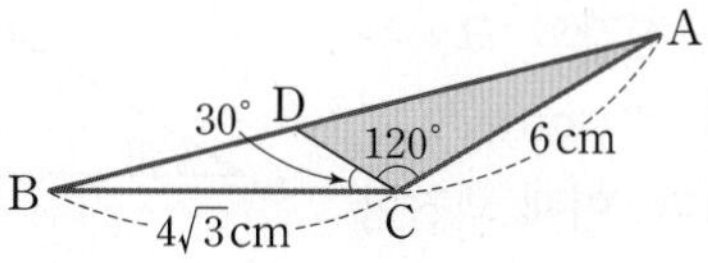

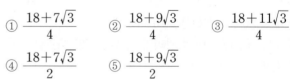

211

유형 10

오른쪽 그림과 같이 반지름의 길이
가 3인 원 O에 내접하는 □ABCD
에 대하여 ∠CBA=30°,
$\overparen{AD}=\overparen{DC}$일 때, □ABCD의 넓
이는?

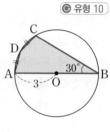

① $\dfrac{18+7\sqrt{3}}{4}$　　　② $\dfrac{18+9\sqrt{3}}{4}$　　　③ $\dfrac{18+11\sqrt{3}}{4}$

④ $\dfrac{18+7\sqrt{3}}{2}$　　　⑤ $\dfrac{18+9\sqrt{3}}{2}$

212

유형 01

오른쪽 그림과 같은 부채꼴 OAB에서 중심각의 크기는 30°이고 $\overarc{AB}=2\pi$ cm, $\overline{AH}\perp\overline{OB}$이다. 이때 색칠한 부분의 넓이를 구하시오.

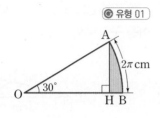

213

유형 04

오른쪽 그림과 같이 두 사람이 자전거를 타고 같은 지점 O에서 오후 2시에 동시에 출발하여 같은 시간 동안 서로 다른 방향으로 각각 시속 20 km, 시속 24 km로 달려서 두 지점 P, Q에 도착했다. $\angle ROP=20°$, $\angle ROQ=40°$이고 두 지점 P, Q 사이의 거리가 $6\sqrt{31}$ km일 때, 두 사람이 P, Q에 도착한 시각을 구하시오.

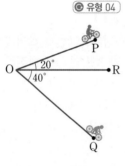

214

유형 08

오른쪽 그림에서 △ABC의 넓이가 36이고 $\overline{AL}=2\overline{BL}$, $\overline{BM}=\overline{CM}$, $\overline{CN}=2\overline{AN}$일 때, △LMN의 넓이를 구하시오.

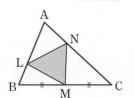

215

유형 08 + 유형 09 + 유형 11

다음 그림과 같이 세 변 a, b, c 중 두 개를 사용하여 만든 세 도형 A, B, C의 넓이가 모두 같을 때, $a:b:c$는?

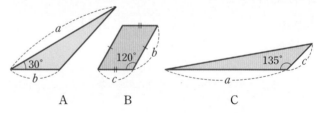

① $\sqrt{2}:\sqrt{3}:1$ ② $\sqrt{2}:2\sqrt{3}:1$

③ $2\sqrt{3}:\sqrt{2}:1$ ④ $2\sqrt{3}:1:\sqrt{2}$

⑤ $3:2\sqrt{2}:\sqrt{3}$

고대 그리스 시대에 만들어진 터널

지중해의 사모스섬에는 약 2600년 전 고대 그리스 시대에 만들어진 에우팔리노스 터널
(Eupalinos tunnel)이 있다. 그런데 이 터널은 산의 한쪽에서 뚫어 만든 것이 아니라
산의 양쪽에서 동시에 뚫기 시작하여 중간에서 만나 직선 터널이 되도록 만든 것이다. 그
리스 시대의 사람들이 어떤 방법을 이용하여 이렇게 터널을 뚫을 수 있었을까?

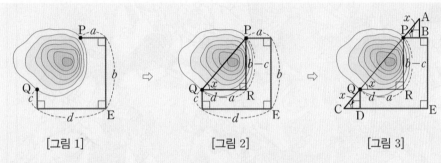

[그림 1]   [그림 2]   [그림 3]

위의 그림처럼 산을 사이에 두고 해발 고도가 같은 두 지점 P와 Q가 있다.

[그림 1] P 지점에서 정동쪽으로 a만큼 이동한 후 정남쪽으로 b만큼 이동하고, Q 지점에서 정남쪽으로
c만큼 이동한 후 정동쪽으로 d만큼 이동하여 한 지점 E에서 만났다고 하자.

[그림 2] P 지점과 Q 지점 사이의 동서 방향의 거리의 차 $d-a$를 밑변의 길이로 하고, 남북 방향의 거리
의 차 $b-c$를 높이로 하는 직각삼각형 PQR를 그린다.

이때 $\angle \mathrm{PQR} = x$라 하면 $\tan x = \dfrac{b-c}{d-a}$임을 알 수 있다.

[그림 3] 구한 $\tan x$의 값을 이용하여 P 지점과 Q 지점에 변의 길이가 실제로 측정 가능한 직각삼각형

APB와 QCD를 $\dfrac{\overline{\mathrm{AB}}}{\overline{\mathrm{PB}}} = \dfrac{\overline{\mathrm{QD}}}{\overline{\mathrm{CD}}} = \tan x$가 되도록 그린다.

이와 같이 하면 직선 AC 위에 두 지점 P, Q가 있게 되므로 P 지점에서는 $\overrightarrow{\mathrm{AP}}$의 방향으
로, Q 지점에서는 $\overrightarrow{\mathrm{CQ}}$의 방향으로 동시에 터널을 뚫다 보면 한 곳에서 만나게 된다.

쉬어가기

정답 및 풀이 19쪽

다른 그림 찾기

 다른 곳은 10군데야!

원의 성질

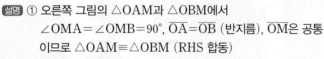

(1) 현의 수직이등분선

① 원의 중심에서 현에 내린 수선은 그 현을 이등분한다.
⇨ $\overline{AB} \perp \overline{OM}$이면 $\overline{AM} = \overline{BM}$

② 현의 수직이등분선은 그 원의 중심을 지난다.

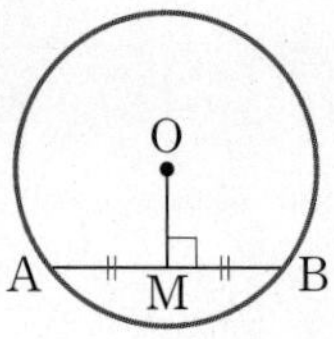

> **설명** ① 오른쪽 그림의 △OAM과 △OBM에서
> ∠OMA = ∠OMB = 90°, $\overline{OA} = \overline{OB}$ (반지름), $\overline{OM}$은 공통
> 이므로 △OAM ≡ △OBM (RHS 합동)
> ∴ $\overline{AM} = \overline{BM}$

> ② 오른쪽 그림과 같이 현 AB의 양 끝 점 A, B로부터 같은 거리에 있는
> 점들은 모두 현 AB의 수직이등분선 위에 있다.
> 이때 원의 중심은 두 점 A, B로부터 같은 거리에 있으므로 현 AB의
> 수직이등분선 위에 있다.
> 따라서 현의 수직이등분선은 그 원의 중심을 지난다.

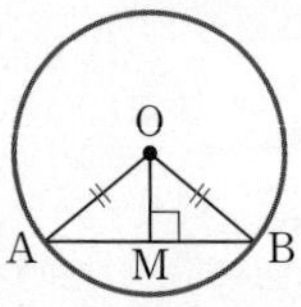

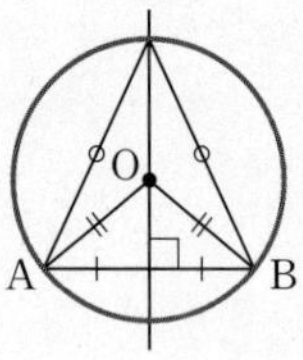

(2) 현의 길이

한 원 또는 합동인 두 원에서

① 원의 중심으로부터 같은 거리에 있는 두 현의 길이는 서로 같다.
⇨ $\overline{OM} = \overline{ON}$이면 $\overline{AB} = \overline{CD}$

② 길이가 같은 두 현은 원의 중심으로부터 같은 거리에 있다.
⇨ $\overline{AB} = \overline{CD}$이면 $\overline{OM} = \overline{ON}$

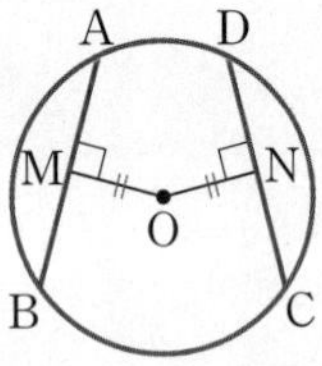

> **설명** ① 오른쪽 그림의 △OAM과 △OCN에서
> ∠OMA = ∠ONC = 90°, $\overline{OA} = \overline{OC}$ (반지름), $\overline{OM} = \overline{ON}$
> 이므로 △OAM ≡ △OCN (RHS 합동)
> ∴ $\overline{AM} = \overline{CN}$
> 이때 $\overline{AB} = 2\overline{AM}$, $\overline{CD} = 2\overline{CN}$이므로 $\overline{AB} = \overline{CD}$

> ② 오른쪽 그림에서 $\overline{AB} \perp \overline{OM}$, $\overline{CD} \perp \overline{ON}$이므로
> $\overline{AM} = \overline{BM}$, $\overline{CN} = \overline{DN}$
> 이때 $\overline{AB} = \overline{CD}$이므로 $\overline{AM} = \overline{CN}$
> △OAM과 △OCN에서
> ∠OMA = ∠ONC = 90°, $\overline{OA} = \overline{OC}$ (반지름), $\overline{AM} = \overline{CN}$
> 이므로 △OAM ≡ △OCN (RHS 합동)
> ∴ $\overline{OM} = \overline{ON}$

> **참고** 한 원 또는 합동인 두 원에서
> (1) 크기가 같은 두 중심각에 대한 호의 길이는 서로 같다.
> (2) 길이가 같은 두 호에 대한 중심각의 크기는 서로 같다.
> (3) 호의 길이와 중심각의 크기는 정비례한다.

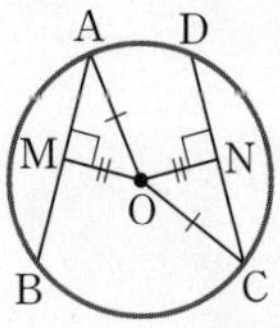

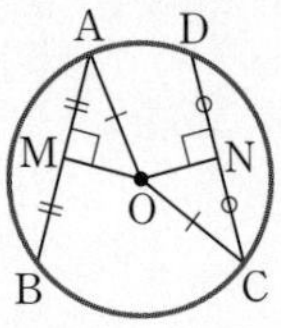

비법 **Note**

> **직각삼각형의 합동 조건**
> 빗변의 길이와 한 예각의 크기가 각각 같은 두 직각삼각형은 합동이다.
> (RHA 합동)
> 빗변의 길이와 다른 한 변의 길이가 각각 같은 두 직각삼각형은 합동이다.
> (RHS 합동)

비법 **Note**

> ②에서 $\overline{AB}$의 중점을 M, 직선 l 위의 임의의 점을 P라 하면

> △PAM과 △PBM에서
> ∠PMA = ∠PMB = 90°,
> $\overline{AM} = \overline{BM}$, $\overline{PM}$은 공통
> 이므로
> △PAM ≡ △PBM
> (SAS 합동)
> ∴ $\overline{PA} = \overline{PB}$
> 따라서 두 점 A, B로부터 같은 거리에 있는 점들은 모두 직선 l 위에 있다.

비법 **Note**

> ①의 직각삼각형 OAM에서 피타고라스 정리와 현의 수직이등분선의 성질을 이용하여 $\overline{AB}$의 길이를 구할 수 있다.
> ⇨ $\overline{AM} = \sqrt{\overline{OA}^2 - \overline{OM}^2}$
> ⇨ $\overline{AM} = \overline{BM}$이므로 $\overline{AB} = 2\overline{AM}$

Theme 06 원의 현

[216~218] 한 원 또는 합동인 두 원에 대한 다음 설명 중 옳은 것에 ○표, 옳지 않은 것에 ×표 하시오.

216 중심각의 크기가 같은 두 부채꼴의 현의 길이는 서로 같다. (   )

217 현의 길이는 중심각의 크기에 정비례한다. (   )

218 원의 중심으로부터 같은 거리에 있는 두 현의 길이는 서로 같다. (   )

219 다음은 원의 중심에서 현에 내린 수선은 그 현을 이등분함을 설명하는 과정이다. ㈎~㈐에 알맞은 것을 구하시오.

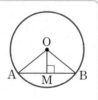

원 O의 중심에서 현 AB에 내린 수선의 발을 M이라 하면 △OAM과 △OBM에서 ∠OMA=∠OMB=90°, $\overline{OA}$= ㈎ , ㈏ 은 공통 이므로 △OAM≡△OBM (㈐ 합동) ∴ $\overline{AM}$= ㈑

[220~221] 다음 그림의 원 O에서 x의 값을 구하시오.

220
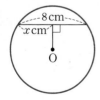

221
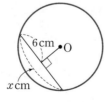

[222~225] 다음 그림의 원 O에서 x의 값을 구하시오.

222
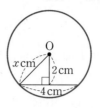

223

224
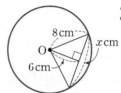

225
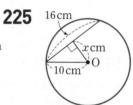

[226~229] 다음 그림의 원 O에서 x의 값을 구하시오.

226
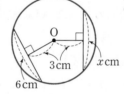

227
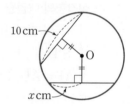

228
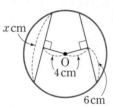

229
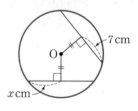

[230~231] 다음 그림의 원 O에서 x의 값을 구하시오.

230
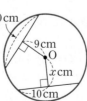

231
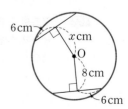

Theme 07 원의 접선 ⊘ 유형 07 ~ 유형 16

(1) 원의 접선의 길이

① 원 O 밖의 한 점 P에서 원 O에 그을 수 있는 접선은 2개이다.

② 점 P에서 두 접점 A, B까지의 거리를 각각 점 P에서 원 O에 그은 접선의 길이라 한다.

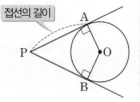
접선의 길이

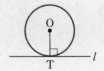
> 원의 접선은 그 접점을 지나는 반지름에 수직이다.
⇨ $\overline{OT} \perp l$

(2) 원의 접선의 성질

원 밖의 한 점에서 그 원에 그은 두 접선의 길이는 서로 같다.
⇨ $\overline{PA} = \overline{PB}$

설명 △PAO와 △PBO에서
∠PAO = ∠PBO = 90°, $\overline{PO}$는 공통, $\overline{OA} = \overline{OB}$ (반지름)
이므로 △PAO ≡ △PBO (RHS 합동)
∴ $\overline{PA} = \overline{PB}$

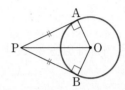

(3) 삼각형의 내접원

반지름의 길이가 r인 원 O가 삼각형 ABC에 내접하고 세 점 D, F, F가 접점일 때

① $\overline{AF} = \overline{AD}$, $\overline{BD} = \overline{BE}$, $\overline{CE} = \overline{CF}$

② (△ABC의 둘레의 길이) $= a + b + c = 2(x + y + z)$

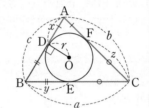

설명 ② $\overline{AF} = \overline{AD} = x$, $\overline{BD} = \overline{BE} = y$, $\overline{CE} = \overline{CF} = z$이므로
$$a + b + c = (y + z) + (z + x) + (x + y) = 2(x + y + z)$$

참고 △ABC = △ABO + △BCO + △CAO
$$= \frac{1}{2}cr + \frac{1}{2}ar + \frac{1}{2}br = \frac{1}{2}r(a + b + c)$$

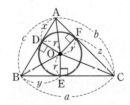

> **직각삼각형의 내접원**

□OECF는 한 변의 길이가 r인 정사각형이다.

(4) 외접사각형의 성질

① 원의 외접사각형에서 두 쌍의 대변의 길이의 합은 서로 같다.
⇨ $\overline{AB} + \overline{DC} = \overline{AD} + \overline{BC}$

② 두 쌍의 대변의 길이의 합이 서로 같은 사각형은 원에 외접한다.

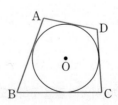

> **외접사각형** : 원의 바깥에 접하는 사각형

설명 ① 오른쪽 그림과 같이 원과 그 외접사각형의 네 접점을 각각 P, Q, R, S라 하면
$\overline{AP} = \overline{AS}$, $\overline{BP} = \overline{BQ}$, $\overline{CQ} = \overline{CR}$, $\overline{DR} = \overline{DS}$이므로
$$\begin{aligned} \overline{AB} + \overline{DC} &= (\overline{AP} + \overline{BP}) + (\overline{DR} + \overline{CR}) \\ &= (\overline{AS} + \overline{BQ}) + (\overline{DS} + \overline{CQ}) \\ &= (\overline{AS} + \overline{DS}) + (\overline{BQ} + \overline{CQ}) \\ &= \overline{AD} + \overline{BC} \end{aligned}$$

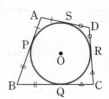

Theme 07 원의 접선

[232~233] 다음 그림에서 $\overrightarrow{PA}$, $\overrightarrow{PB}$가 원 O의 접선이고 두 점 A, B는 접점일 때, $\angle x$의 크기를 구하시오.

232

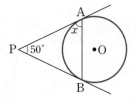

233

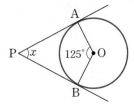

[234~236] 다음 그림에서 $\overrightarrow{PA}$, $\overrightarrow{PB}$가 원 O의 접선이고 두 점 A, B는 접점일 때, x의 값을 구하시오.

234

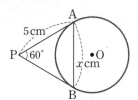

235

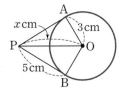

236

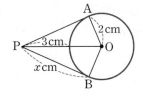

[237~238] 다음 그림에서 원 O는 △ABC의 내접원이고 세 점 D, E, F는 접점일 때, x, y의 값을 각각 구하시오.

237

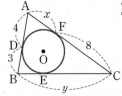

238

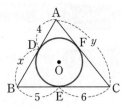

[239~240] 다음 그림에서 원 O는 △ABC의 내접원이고 세 점 D, E, F는 접점일 때, x의 값을 구하시오.

239

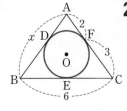

240

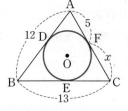

[241~242] 다음 그림에서 □ABCD는 원 O에 외접하고 네 점 P, Q, R, S는 접점일 때, x, y의 값을 각각 구하시오.

241

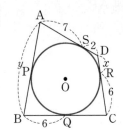

242

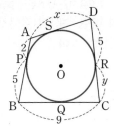

[243~244] 다음 그림에서 □ABCD가 원 O에 외접할 때, x의 값을 구하시오.

243

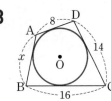

244

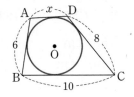

03

원과 직선

Theme 06 원의 현

🔖 워크북 42쪽

유형 01 현의 수직이등분선 (1)

원의 중심에서 현에 내린 수선은 그 현을 이등분한다.

대표 문제

245

오른쪽 그림의 원 O에서 $\overline{AB} \perp \overline{OM}$
이고 $\overline{AB} = 8$ cm, $\overline{OM} = 3$ cm일 때,
원 O의 반지름의 길이는?

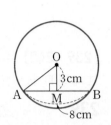

① 5 cm   ② $4\sqrt{2}$ cm

③ $4\sqrt{3}$ cm   ④ $5\sqrt{2}$ cm

⑤ $5\sqrt{3}$ cm

246 ●●●●

오른쪽 그림과 같이 반지름의 길이
가 7 cm인 원 O의 중심에서 현 AB
에 내린 수선의 길이가 3 cm일 때,
$\overline{AB}$의 길이를 구하시오.

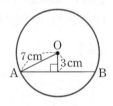

247 ●●●●

오른쪽 그림과 같이 반지름의 길이가
10 cm인 원 O에서 $\overline{AB} \perp \overline{OC}$이고
$\overline{OM} = \overline{CM}$일 때, $\overline{AB}$의 길이는?

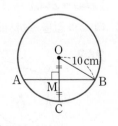

① $5\sqrt{3}$ cm   ② $5\sqrt{6}$ cm

③ $10\sqrt{2}$ cm   ④ $10\sqrt{3}$ cm

⑤ $10\sqrt{6}$ cm

248 ●●●●

오른쪽 그림과 같이 반지름의 길이가
5 cm인 원 O에서 $\overline{AB} \perp \overline{OP}$이고
$\overline{AB} = 8$ cm일 때, $\overline{MP}$의 길이는?

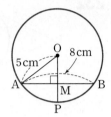

① 1 cm   ② $\dfrac{3}{2}$ cm

③ 2 cm   ④ $\dfrac{5}{2}$ cm

⑤ 3 cm

249 ●●●●

오른쪽 그림에서 △ABC는 원 O에
내접하는 정삼각형이다. $\overline{BC} \perp \overline{OM}$
이고 $\overline{AB} = 6$ cm, $\overline{OM} = \sqrt{3}$ cm일
때, 원 O의 넓이는?

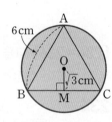

① 9π cm²   ② 10π cm²

③ 11π cm²   ④ 12π cm²

⑤ 13π cm²

✎ 서술형

250 ●●●●

오른쪽 그림의 원 O에서 $\overline{AB} \perp \overline{OC}$
이고 $\overline{AM} = 4$ cm, $\overline{CM} = 2$ cm일 때,
원 O의 둘레의 길이를 구하시오.

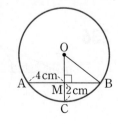

유형 02 현의 수직이등분선 (2)
– 원의 일부분이 주어진 경우

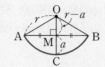

❶ 현 AB의 수직이등분선은 그 원의 중심을 지남을 이용하여 원의 중심 O를 찾는다.

❷ 직각삼각형 OAM에서 피타고라스 정리를 이용하여 변의 길이를 구한다.

대표 문제

251

오른쪽 그림에서 $\overparen{AB}$는 원의 일부분이다. $\overline{CM}$이 $\overline{AB}$를 수직이등분하고 $\overline{AB}=16$ cm, $\overline{CM}=4$ cm일 때, 이 원의 반지름의 길이를 구하시오.

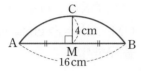

252 ●●●○

오른쪽 그림에서 $\overparen{AB}$는 반지름의 길이가 5 cm인 원의 일부분이다. $\overline{CD}$가 $\overline{AB}$를 수직이등분하고 $\overline{AB}=6$ cm일 때, $\overline{CD}$의 길이를 구하시오.

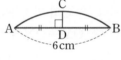

💡**신유형**

253 ●●●●

깨진 원 모양의 접시를 측정하였더니 오른쪽 그림과 같았다. △ABC는 $\overline{AB}=\overline{AC}=5$ cm, $\overline{BC}=8$ cm인 이등변삼각형일 때, 원래 접시의 둘레의 길이를 구하시오.

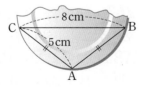

유형 03 현의 수직이등분선 (3)
– 원의 일부분을 접은 경우

원주 위의 한 점 C가 원의 중심에 오도록 원 모양의 종이를 접으면

(1) $\overline{AM}=\overline{BM}$

(2) $\overline{OM}=\overline{MC}=\dfrac{1}{2}\overline{OC}$

(3) 직각삼각형 OAM에서 $\overline{OA}^2=\overline{AM}^2+\overline{OM}^2$

대표 문제

254

오른쪽 그림과 같이 반지름의 길이가 4 cm인 원 모양의 종이를 원주 위의 한 점이 원의 중심 O에 오도록 접었을 때, $\overline{AB}$의 길이를 구하시오.

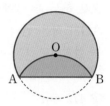

255 ●●●○

오른쪽 그림과 같이 원 모양의 종이를 원주 위의 한 점이 원의 중심 O에 오도록 접었다. $\overline{AB}=9$ cm일 때, 원 O의 반지름의 길이를 구하시오.

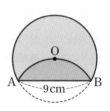

256 ●●●●

오른쪽 그림과 같이 원 모양의 종이를 원주 위의 한 점이 원의 중심 O에 오도록 접었다. $\overline{AB}=10\sqrt{3}$ cm일 때, △OAB의 넓이를 구하시오.

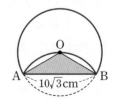

03

원과 직선

Theme
06
07

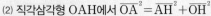 **유형 04** 현의 수직이등분선 (4) – 중심이 같은 두 원

중심이 O로 같고 반지름의 길이가 다른 두 원에서 큰 원의 현 AB가 작은 원의 접선일 때
(1) $\overline{AB} \perp \overline{OH}$, $\overline{AH} = \overline{BH}$
(2) 직각삼각형 OAH에서 $\overline{OA}^2 = \overline{AH}^2 + \overline{OH}^2$

대표문제

257

오른쪽 그림과 같이 점 O를 중심으로 하는 두 원에서 큰 원의 현 AB가 작은 원의 접선이고 점 C는 접점이다. $\overline{OC} = 5\,cm$, $\overline{CD} = 2\,cm$일 때, $\overline{AB}$의 길이는?

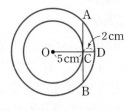

① $4\sqrt{2}\,cm$ ② $6\,cm$ ③ $4\sqrt{3}\,cm$
④ $8\,cm$ ⑤ $4\sqrt{6}\,cm$

신유형

258 ●●●●

오른쪽 그림과 같이 점 O를 중심으로 하는 두 원에서 큰 원의 현 AB가 작은 원의 접선이고 점 C는 접점이다. $\overline{AB} = 12\,cm$일 때, 색칠한 부분의 넓이를 구하시오.

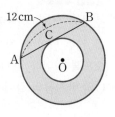

259 ●●●●

오른쪽 그림과 같이 점 O를 중심으로 하는 두 원에서 큰 원의 현 AB가 작은 원과 만나는 두 점을 각각 C, D라 하자. $\overline{AC} = \overline{CD} = \overline{DB}$, $\overline{AB} = 12\sqrt{3}$이고 작은 원의 반지름의 길이가 4일 때, 큰 원의 반지름의 길이를 구하시오.

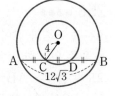

유형 05 현의 길이

한 원 또는 합동인 두 원에서
(1) $\overline{OM} = \overline{ON}$이면 $\overline{AB} = \overline{CD}$
(2) $\overline{AB} = \overline{CD}$이면 $\overline{OM} = \overline{ON}$

대표문제

260

오른쪽 그림의 원 O에서 $\overline{AB} \perp \overline{OM}$, $\overline{CD} \perp \overline{ON}$이고 $\overline{OA} = 4\,cm$, $\overline{OM} = \overline{ON} = \sqrt{7}\,cm$일 때, $\overline{CD}$의 길이를 구하시오.

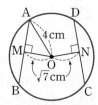

261 ●●●●

오른쪽 그림의 원 O에서 $\overline{AB} \perp \overline{OM}$, $\overline{CD} \perp \overline{ON}$이고 $\overline{AB} = \overline{CD} = 4\sqrt{5}\,cm$이다. 원 O의 반지름의 길이가 $6\,cm$일 때, $\overline{OM} + \overline{ON}$의 길이는?

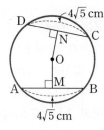

① $7\,cm$ ② $8\,cm$
③ $9\,cm$ ④ $10\,cm$
⑤ $11\,cm$

262 ●●●●

오른쪽 그림의 원 O에서 $\overline{AB} \perp \overline{OM}$이고 $\overline{AB} = \overline{CD}$, $\overline{OD} = 10\,cm$, $\overline{OM} = 8\,cm$일 때, $\triangle OCD$의 넓이를 구하시오.

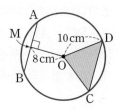

유형 06 길이가 같은 두 현이 만드는 삼각형

원 O에서 $\overline{OM}=\overline{ON}$이면 $\overline{AB}=\overline{AC}$
⇨ △ABC는 $\overline{AB}=\overline{AC}$인 이등변삼각형이
므로 ∠ABC=∠ACB

대표 문제

263

오른쪽 그림의 원 O에서 $\overline{AB}\perp\overline{OM}$,
$\overline{AC}\perp\overline{ON}$이고 $\overline{OM}=\overline{ON}$이다.
∠BAC=40°일 때, ∠ABC의 크기
를 구하시오.

264

오른쪽 그림의 원 O에서 $\overline{AB}\perp\overline{OM}$,
$\overline{AC}\perp\overline{ON}$, $\overline{BC}\perp\overline{OH}$이고
$\overline{OM}=\overline{ON}$이다. ∠NOH=115°일 때,
∠BAC의 크기는?

① 45°　　　　② 50°
③ 55°　　　　④ 60°
⑤ 65°

265

오른쪽 그림의 원 O에서
$\overline{AB}\perp\overline{OM}$, $\overline{AC}\perp\overline{ON}$이고
$\overline{OM}=\overline{ON}$이다. $\overline{AM}=4$ cm,
∠MON=120°일 때, $\overline{BC}$의 길이는?

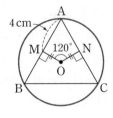

① 6 cm　　　　② 7 cm
③ 8 cm　　　　④ 9 cm
⑤ 10 cm

266

오른쪽 그림의 원 O에서 $\overline{AB}\perp\overline{OM}$,
$\overline{AC}\perp\overline{ON}$이고 $\overline{OM}=\overline{ON}$이다.
$\overline{AB}=10$ cm, $\overline{BC}=8$ cm일 때,
△AMN의 둘레의 길이를 구하시오.

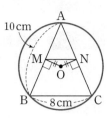

267

오른쪽 그림과 같이 △ABC의 외접
원의 중심 O에서 세 변 AB, BC,
CA에 내린 수선의 발을 각각 D, E,
F라 하자. $\overline{OD}=\overline{OE}=\overline{OF}=4$ cm
일 때, 다음 중 옳지 <u>않은</u> 것은?

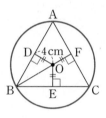

① $\overline{AF}=4\sqrt{3}$ cm
② $\overline{BO}=4\sqrt{6}$ cm
③ $\overline{AB}=8\sqrt{3}$ cm
④ ∠OBE=30°
⑤ △ABC는 정삼각형이다.

서술형

268

오른쪽 그림과 같이 △ABC의
외접원의 중심 O에서 세 변 AB,
BC, CA에 내린 수선의 발을 각
각 D, E, F라 하자.
$\overline{OD}=\overline{OE}=\overline{OF}$이고
$\overline{AB}=6\sqrt{3}$ cm일 때, 원 O의 넓이를 구하시오.

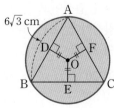

유형 07 원의 접선의 성질 (1)

원 밖의 한 점에서 그 원에 그은 두 접선의 길이는 서로 같다.

대표 문제

269

오른쪽 그림에서 $\overline{PA}$, $\overline{PB}$는 원 O의 접선이고 두 점 A, B는 접점이다. ∠P=52°일 때, ∠x의 크기는?

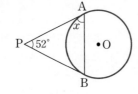

① 62°　　② 63°
③ 64°　　④ 65°
⑤ 66°

270 ●●●●

오른쪽 그림에서 $\overline{PA}$, $\overline{PB}$는 원 O의 접선이고 두 점 A, B는 접점이다. ∠PAB=68°일 때, ∠x의 크기를 구하시오.

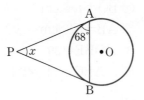

271 ●●●●

오른쪽 그림에서 $\overline{PA}$, $\overline{PB}$는 원 O의 접선이고 두 점 A, B는 접점이다. ∠P=50°일 때, ∠x의 크기는?

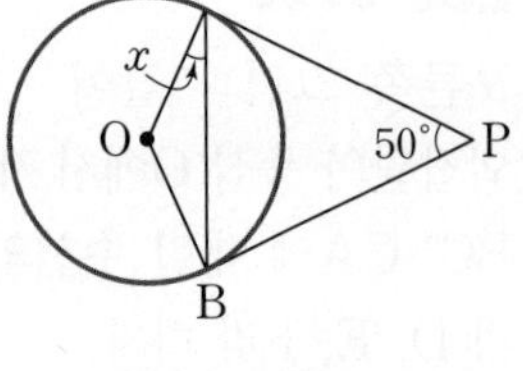

① 20°　　② 25°
③ 30°　　④ 35°
⑤ 40°

272 ●●●●

오른쪽 그림에서 $\overrightarrow{PA}$, $\overrightarrow{PB}$는 원 O의 접선이고 두 점 A, B는 접점이다. $\overline{AC}$가 원 O의 지름이고 ∠BAC=20°일 때, ∠P의 크기를 구하시오.

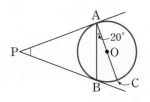

신유형

273 ●●●●

오른쪽 그림에서 $\overline{PA}$, $\overline{PC}$는 각각 두 원 O, O′의 접선이고 $\overline{PB}$는 두 원 O, O′의 공통인 접선일 때, x의 값을 구하시오.

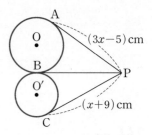

274 ●●●●

오른쪽 그림에서 $\overrightarrow{PA}$, $\overrightarrow{PB}$는 원 O의 접선이고 두 점 A, B는 접점이다. $\overline{PA}$=8 cm, ∠P=60°일 때, △PAB의 넓이를 구하시오.

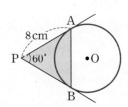

275 ●●●●

오른쪽 그림에서 $\overline{PA}$, $\overline{PB}$는 원 O의 접선이고 두 점 A, B는 접점이다. 원 위의 한 점 C에 대하여 $\overline{AC}=\overline{BC}$이고 ∠PAC=30°, ∠ACB=120°일 때, ∠P의 크기를 구하시오.

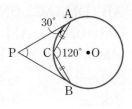

유형 08 원의 접선의 성질 (2)

$\overrightarrow{PA}$는 원 O의 접선이고 점 A는 접점일 때, ∠OAP=90°이므로 △PAO는 직각삼각형이다.

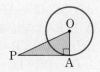

대표 문제

276
오른쪽 그림에서 $\overrightarrow{PA}$, $\overrightarrow{PB}$는 원 O의 접선이고 두 점 A, B는 접점이다. $\overline{PO}=12$ cm, $\overline{AO}=4$ cm일 때, $\overline{PB}$의 길이를 구하시오.

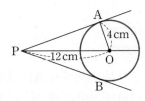

277 ●●●●
오른쪽 그림에서 $\overrightarrow{PT}$는 원 O의 접선이고 점 T는 접점이다. 원 O의 반지름의 길이가 6 cm이고 $\overline{PT}=8$ cm일 때, $\overline{PA}$의 길이는?

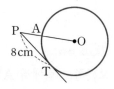

① 3 cm ② $\dfrac{10}{3}$ cm ③ $\dfrac{7}{2}$ cm

④ $\dfrac{11}{3}$ cm ⑤ 4 cm

서술형

278 ●●●●
오른쪽 그림에서 $\overrightarrow{PT}$는 원 O의 접선이고 점 T는 접점이다. ∠P=30°, $\overline{PA}=5$ cm일 때, $\overline{PT}$의 길이를 구하시오.

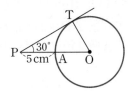

유형 09 원의 접선의 성질 (3)

원 밖의 한 점 P에서 원 O에 그은 두 접선의 접점을 각각 A, B라 하면
(1) ∠APB+∠AOB=180°
(2) △PAO≡△PBO (RHS 합동)
⇨ ∠APO=∠BPO

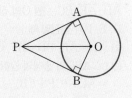

대표 문제

279
오른쪽 그림에서 $\overline{PA}$, $\overline{PB}$는 원 O의 접선이고 두 점 A, B는 접점이다. ∠P=45°, $\overline{OB}=10$ cm일 때, 색칠한 부채꼴의 넓이를 구하시오.

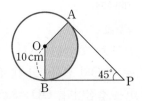

280 ●●●●
오른쪽 그림에서 $\overline{PA}$, $\overline{PB}$는 원 O의 접선이고 두 점 A, B는 접점이다. ∠AOB=120°, $\overline{PB}=3\sqrt{3}$ cm일 때, 다음 중 옳은 것은?

① $\overline{PA}=3$ cm
② $\overline{OA}=2$ cm
③ $\widehat{AB}=3\pi$ cm
④ $\overline{OP}=6\sqrt{3}$ cm
⑤ □PAOB=$9\sqrt{3}$ cm²

281 ●●●●
오른쪽 그림에서 $\overline{PA}$, $\overline{PB}$는 원 O의 접선이고 두 점 A, B는 접점이다. ∠P=60°, $\overline{PA}=18$ cm일 때, $\overline{OH}$의 길이는?

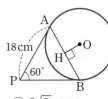

① 2 cm ② $2\sqrt{2}$ cm ③ $2\sqrt{3}$ cm
④ 4 cm ⑤ $3\sqrt{3}$ cm

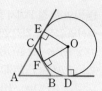

유형 10 원의 접선의 활용

$\overrightarrow{AD}$, $\overrightarrow{AE}$, $\overrightarrow{BC}$는 원 O의 접선이고 세 점
D, E, F가 접점일 때
(1) $\overline{AD}=\overline{AE}$, $\overline{BD}=\overline{BF}$, $\overline{CE}=\overline{CF}$
(2) (△ABC의 둘레의 길이)
$=\overline{AC}+(\overline{CF}+\overline{FB})+\overline{AB}$
$=(\overline{AC}+\overline{CE})+(\overline{BD}+\overline{AB})$
$=\overline{AE}+\overline{AD}=2\overline{AD}$

유형 11 반원에서의 접선의 길이

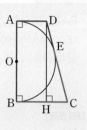

$\overline{AD}$, $\overline{BC}$, $\overline{CD}$는 반원 O의 접선이고 세 점
A, B, E가 접점일 때
(1) $\overline{DA}=\overline{DE}$, $\overline{CB}=\overline{CE}$이므로
$\overline{DC}=\overline{DE}+\overline{EC}=\overline{AD}+\overline{BC}$
(2) 점 D에서 $\overline{BC}$에 내린 수선의 발을 H라
하면
$\overline{AB}=\overline{DH}=\sqrt{\overline{DC}^2-\overline{HC}^2}$

대표 문제

282

오른쪽 그림에서 $\overrightarrow{AD}$, $\overrightarrow{AF}$, $\overline{BC}$
는 원 O의 접선이고 세 점 D, F,
E는 접점이다. $\overline{OD}=8$ cm,
$\overline{AO}=17$ cm일 때, △ABC의 둘
레의 길이는?

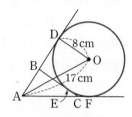

① 23 cm ② 25 cm ③ 27 cm
④ 30 cm ⑤ 32 cm

대표 문제

285

오른쪽 그림에서 $\overline{AD}$, $\overline{BC}$, $\overline{CD}$는 반원
O의 접선이고 세 점 A, B, P는 접점이
다. $\overline{AD}=5$ cm, $\overline{BC}=8$ cm일 때, 반원
O의 반지름의 길이는?

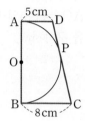

① 5 cm ② $3\sqrt{3}$ cm
③ $4\sqrt{2}$ cm ④ 6 cm
⑤ $2\sqrt{10}$ cm

283 ●●●●

오른쪽 그림에서 $\overrightarrow{AD}$, $\overrightarrow{AF}$,
$\overline{BC}$는 원 O의 접선이고 세 점
D, F, E는 접점이다.
$\overline{AB}=10$ cm, $\overline{AC}=8$ cm,
$\overline{BC}=7$ cm일 때, $\overline{CF}$의 길이
를 구하시오.

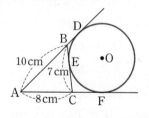

286 ●●●●

오른쪽 그림에서 $\overline{AD}$, $\overline{BC}$, $\overline{CD}$는
반원 O의 접선이고 세 점 A, B, P
는 접점이다. 반원 O의 반지름의
길이가 4 cm이고 $\overline{CD}=9$ cm일 때,
□ABCD의 둘레의 길이를 구하시오.

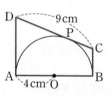

284 ●●●●

오른쪽 그림에서 $\overrightarrow{PA}$, $\overrightarrow{PB}$, $\overline{DE}$
는 원 O의 접선이고 세 점 A, B,
C는 접점이다. ∠P=60°이고 원
O의 반지름의 길이가 $2\sqrt{3}$ cm일
때, △PDE의 둘레의 길이를 구
하시오.

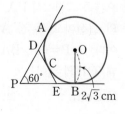

서술형

287 ●●●●

오른쪽 그림에서 $\overline{AD}$, $\overline{BC}$, $\overline{CD}$는 반
원 O의 접선이고 세 점 A, B, E는 접
점이다. $\overline{AD}=8$ cm, $\overline{BC}=4$ cm일 때,
□ABCD의 넓이를 구하시오.

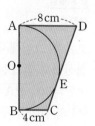

유형 12 삼각형의 내접원

원 O가 △ABC의 내접원이고 세 점 D, E, F가 접점일 때, 원의 외부의 한 점에서 그 원에 그은 접선의 길이는 서로 같으므로

$\overline{AD}=\overline{AF}$, $\overline{BD}=\overline{BE}$, $\overline{CE}=\overline{CF}$

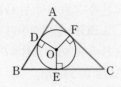

대표 문제

288

오른쪽 그림에서 원 O는 △ABC의 내접원이고 세 점 D, E, F는 접점이다. $\overline{AB}=5$ cm, $\overline{BC}=8$ cm, $\overline{CA}=7$ cm일 때, $\overline{BD}$의 길이를 구하시오.

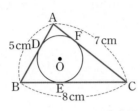

289 ●●●●

오른쪽 그림에서 원 O는 △ABC의 내접원이고 세 점 D, E, F는 접점이다. $\overline{AB}=10$ cm, $\overline{BC}=11$ cm, $\overline{CA}=9$ cm일 때, $\overline{AD}+\overline{BE}+\overline{CF}$의 길이를 구하시오.

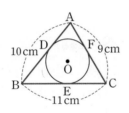

290 ●●●●

오른쪽 그림에서 원 O는 △ABC의 내접원이고 세 점 D, E, F는 접점이다. $\overline{BE}=6$ cm, $\overline{AF}=8$ cm이고 △ABC의 둘레의 길이가 50 cm일 때, $\overline{AC}$의 길이를 구하시오.

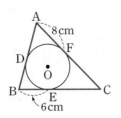

유형 13 직각삼각형의 내접원

∠B=90°인 직각삼각형 ABC의 내접원 O와 $\overline{AB}$, $\overline{BC}$의 접점을 각각 D, E라 하면 □ODBE는 정사각형이다.

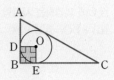

대표 문제

291

오른쪽 그림에서 원 O는 ∠B=90°인 직각삼각형 ABC의 내접원이고 세 점 D, E, F는 접점이다. $\overline{AB}=5$ cm, $\overline{AC}=13$ cm일 때, 원 O의 반지름의 길이는?

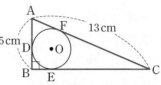

① 1 cm   ② 1.5 cm   ③ 2 cm
④ 2.5 cm   ⑤ 3 cm

292 ●●●●

오른쪽 그림에서 원 O는 ∠C=90°인 직각삼각형 ABC의 내접원이고 세 점 D, E, F는 접점이다. 원 O의 반지름의 길이가 2 cm이고 $\overline{BE}=4$ cm일 때, △ABC의 넓이를 구하시오.

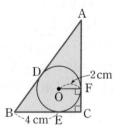

293 ●●●●

오른쪽 그림에서 원 O는 ∠A=90°인 직각삼각형 ABC의 내접원이고 세 점 D, E, F는 접점이다. $\overline{BE}=6$ cm, $\overline{CE}=9$ cm일 때, 원 O의 넓이는?

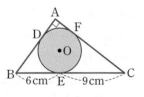

① 8π cm²   ② 9π cm²   ③ 10π cm²
④ 11π cm²   ⑤ 12π cm²

03 원과 직선

Theme

유형 14 외접사각형의 성질

원 O에 외접하는 사각형 ABCD에서
$\overline{AB}+\overline{DC}=\overline{AD}+\overline{BC}$

대표 문제

294

오른쪽 그림에서 원 O는 □ABCD에 내접하고 네 점 E, F, G, H는 접점이다. $\overline{AB}=8$ cm, $\overline{CG}=4$ cm, $\overline{DH}=3$ cm일 때, □ABCD의 둘레의 길이를 구하시오.

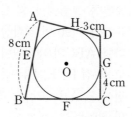

295 ●●●○

오른쪽 그림에서 원 O는 □ABCD에 내접하고 네 점 P, Q, R, S는 접점이다. $\overline{AD}=7$ cm, $\overline{AP}=4$ cm, $\overline{BC}=16$ cm, $\overline{CR}=7$ cm일 때, $\overline{BP}+\overline{DR}$의 길이는?

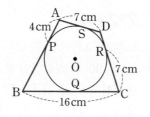

① 9 cm   ② 10 cm   ③ 11 cm
④ 12 cm   ⑤ 13 cm

296 ●●●○

오른쪽 그림에서 원 O는 □ABCD에 내접한다. $\overline{AB}=6$ cm, $\overline{AD}=4$ cm이고 □ABCD의 둘레의 길이가 28 cm일 때, $\overline{BC}$의 길이는?

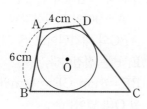

① 8 cm   ② 9 cm   ③ 10 cm
④ 11 cm   ⑤ 12 cm

297 ●●●●

오른쪽 그림에서 원 O는 □ABCD에 내접한다. $\angle B=90°$이고 $\overline{AB}=6$ cm, $\overline{AC}=2\sqrt{34}$ cm, $\overline{AD}=4$ cm일 때, $\overline{DC}$의 길이는?

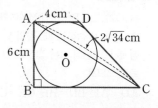

① 7.5 cm   ② 8 cm   ③ 8.5 cm
④ 9 cm   ⑤ 9.5 cm

298 ●●●●

오른쪽 그림에서 원 O는 □ABCD에 내접한다. $\overline{AB}=7$ cm, $\overline{DC}=8$ cm이고 $\overline{AD}:\overline{BC}=2:3$일 때, $\overline{AD}$의 길이를 구하시오.

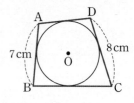

299 ●●●●

오른쪽 그림에서 원 O는 $\angle C=\angle D=90°$인 사다리꼴 ABCD에 내접한다. 원 O의 반지름의 길이가 3 cm이고 $\overline{AB}=8$ cm일 때, □ABCD의 넓이를 구하시오.

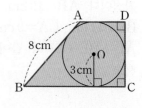

서술형

300 ●●●●

오른쪽 그림에서 원 O는 $\angle A=\angle B=90°$인 사다리꼴 ABCD에 내접한다. $\overline{AD}=3$ cm, $\overline{BC}=6$ cm일 때, 원 O의 둘레의 길이를 구하시오.

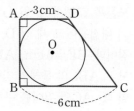

유형 15 외접사각형의 성질의 활용

원 O가 직사각형 ABCD의 세 변과 $\overline{DE}$에 접하고 네 점 P, Q, R, S가 접점일 때
(1) $\overline{DE} = \overline{DR} + \overline{ER} = \overline{DS} + \overline{EQ}$
(2) $\overline{AB} + \overline{DE} = \overline{AD} + \overline{BE}$
(3) 직각삼각형 DEC에서
$\overline{CE}^2 + \overline{CD}^2 = \overline{DE}^2$

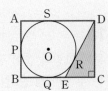

대표 문제

301

오른쪽 그림에서 원 O는 직사각형 ABCD의 세 변과 접하고 $\overline{BE}$는 원 O의 접선이다. 점 F는 접점이고 $\overline{AB} = 6\,\text{cm}$, $\overline{BC} = 7\,\text{cm}$일 때, $\overline{BF}$의 길이를 구하시오.

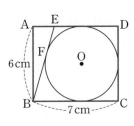

302 ●●●●

오른쪽 그림에서 원 O는 직사각형 ABCD의 세 변과 접하고 $\overline{DE}$는 원 O의 접선이다. 점 P, Q, R, S는 접점이고 $\overline{AB} = 8\,\text{cm}$, $\overline{AD} = 12\,\text{cm}$일 때, △DEC의 둘레의 길이는?

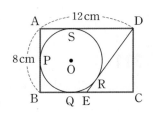

① 20 cm ② 21 cm ③ 22 cm
④ 23 cm ⑤ 24 cm

303 ●●●●

오른쪽 그림에서 원 O는 직사각형 ABCD의 세 변과 접하고 $\overline{AE}$는 원 O의 접선이다. $\overline{AB} = 4\,\text{cm}$, $\overline{EC} = 3\,\text{cm}$일 때, $\overline{AD}$의 길이를 구하시오.

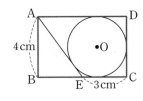

유형 16 접하는 원에서의 활용

직사각형 ABCD의 변에 접하면서 동시에 서로 외접하는 두 원 O, O′의 반지름의 길이를 각각 $r, r'\,(r > r')$이라 하면
$\Rightarrow \overline{OO'} = r + r'$, $\overline{OH} = r - r'$,
$\overline{HO'} = \overline{AD} - (r + r')$

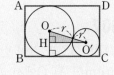

대표 문제

304

오른쪽 그림과 같이 반원 O에 내접하는 원 Q와 반원 P가 서로 외접한다. 원 Q의 지름의 길이가 6 cm일 때, 반원 P의 반지름의 길이를 구하시오.

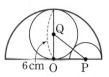

305 ●●●●

오른쪽 그림과 같이 직사각형 ABCD의 세 변과 접하는 원 O와 두 변과 접하는 원 O′이 서로 외접한다. $\overline{AB} = 8\,\text{cm}$, $\overline{AD} = 9\,\text{cm}$일 때, 원 O′의 반지름의 길이는?

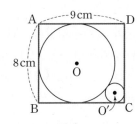

① $\dfrac{2}{3}$ cm ② $\dfrac{3}{4}$ cm ③ 1 cm
④ $\dfrac{5}{4}$ cm ⑤ $\dfrac{4}{3}$ cm

306 ●●●●

오른쪽 그림에서 원 O′은 반지름의 길이가 18 cm인 부채꼴 AOB에 내접한다. 부채꼴 AOB의 넓이가 $54\pi\,\text{cm}^2$일 때, 원 O′의 넓이를 구하시오.

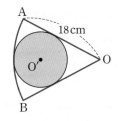

307

오른쪽 그림과 같이 반지름의 길이가
10 cm인 원 O에서 $\overline{AB} \perp \overline{OC}$이고
$\overline{OH} = 2$ cm일 때, $\overline{BC}$의 길이는?

① $4\sqrt{3}$ cm ② 8 cm
③ $4\sqrt{6}$ cm ④ 12 cm
⑤ $4\sqrt{10}$ cm

ⓒ 유형 01

308

놀이터에서 찾은 원 모양의 타이
어의 일부분을 측정하였더니 오
른쪽 그림과 같았다. $\overline{AB}$의 중점
H에 대하여 $\overline{AB} \perp \overline{CH}$이고
$\overline{AB} = 40$ cm, $\overline{CH} = 60$ cm일
때, 타이어 안쪽 원의 반지름의 길이를 구하시오.

ⓒ 유형 02

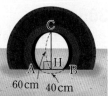

309

오른쪽 그림과 같이 원의 중심 O
에서 두 현 AB, CD에 이르는 거
리가 같고 ∠OCD=30°,
$\overline{AB} = 6$ cm일 때, 원 O의 둘레의
길이는?

① 4π cm ② $4\sqrt{3}\pi$ cm ③ 8π cm
④ 12π cm ⑤ $8\sqrt{3}\pi$ cm

ⓒ 유형 05

310

오른쪽 그림과 같이 점 O를 중심으로
하는 두 원에서 큰 원의 현 AB가 작
은 원과 만나는 두 점을 각각 C, D라
하자. $\overline{AB} = 14$ cm, $\overline{CD} = 8$ cm이고
작은 원의 반지름의 길이가 6 cm일
때, 큰 원의 넓이는?

ⓒ 유형 04

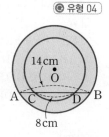

① 66π cm^2 ② 67π cm^2 ③ 68π cm^2
④ 69π cm^2 ⑤ 70π cm^2

311

오른쪽 그림에서 두 원 O, O′
은 서로 다른 원의 중심을 지
나고 $\overline{AB}$는 두 원의 공통인 현
이다. $\overline{AB} = 4\sqrt{3}$ cm일 때, 색
칠한 부분의 넓이를 구하시오.

ⓒ 유형 02

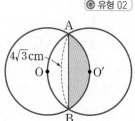

312

유형 06

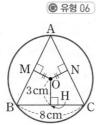

오른쪽 그림의 원 O에서 $\overline{AB}\perp\overline{OM}$, $\overline{AC}\perp\overline{ON}$이고 $\overline{OM}=\overline{ON}$이다. $\overline{OH}=3\,\text{cm}$, $\overline{BC}=8\,\text{cm}$일 때, $\overline{ON}$의 길이를 구하시오.

313

유형 08

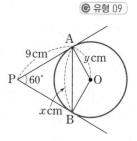

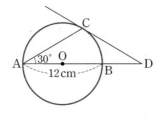

오른쪽 그림과 같이 $\overline{AB}$를 지름으로 하는 원 O 위의 한 점 C에서의 접선과 $\overline{AB}$의 연장선의 교점을 D라 하자. $\overline{AB}=12\,\text{cm}$, $\angle CAD=30°$일 때, $\overline{BD}$의 길이를 구하시오.

314

유형 08+유형 09

오른쪽 그림에서 $\overrightarrow{PA}$, $\overrightarrow{PB}$는 반지름의 길이가 5 cm인 원 O의 접선이고 두 점 A, B는 접점이다. $\overline{PA}=10\,\text{cm}$일 때, $\overline{AB}$의 길이는?

① 6 cm ② $4\sqrt{3}$ cm ③ 8 cm
④ $4\sqrt{5}$ cm ⑤ 9 cm

315

유형 09

오른쪽 그림에서 $\overrightarrow{PA}$, $\overrightarrow{PB}$는 원 O의 접선이고 두 점 A, B는 접점이다. $\overline{PA}=9\,\text{cm}$, $\angle P=60°$일 때, x, y의 값을 각각 구하시오.

316

유형 12

오른쪽 그림에서 원 O는 $\triangle ABC$의 내접원이고 세 점 D, E, F는 접점이다.
$\overline{AD}:\overline{DB}=3:2$,
$\overline{AF}:\overline{FC}=2:3$일 때,
$\overline{BE}:\overline{EC}$를 가장 간단한 자연수의 비로 나타내시오.

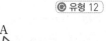

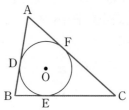

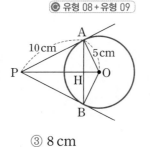

317

유형 12

오른쪽 그림에서 원 O는 육
각형 ABCDEF의 내접원
이고 6개의 점 G, H, I, J,
K, L은 접점이다. 이때
$\overline{AB}$의 길이를 구하시오.

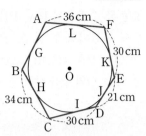

318

유형 13

오른쪽 그림에서 원 O는
∠C=90°인 직각삼각형 ABC의
내접원이고 세 점 D, E, F는 접
점이다. $\overline{AD}$=4 cm,
$\overline{BD}$=6 cm일 때, 색칠한 부분의
넓이를 구하시오.

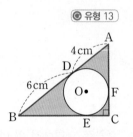

319

유형 14

오른쪽 그림에서 원 O는 등변사다
리꼴 ABCD에 내접한다.
$\overline{AD}$=4 cm, $\overline{BC}$=6 cm일 때, 원
O의 반지름의 길이는?

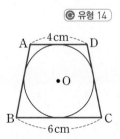

① $\sqrt{5}$ cm   ② $\sqrt{6}$ cm
③ $\sqrt{7}$ cm   ④ $2\sqrt{2}$ cm
⑤ 3 cm

320

유형 15

다음 그림과 같이 $\overline{AB}$=8 cm, $\overline{BC}$=10 cm인 직사각형
ABCD에서 점 B를 중심으로 점 A를 지나는 사분원을
그린 후 점 C에서 이 원에 접선을 그었을 때, 접점을 E,
접선이 $\overline{AD}$와 만나는 점을 F라 하자. 이때 $\overline{AF}$의 길이를
구하시오.

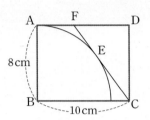

321

유형 16

다음 그림과 같이 반지름의 길이가 같고 서로 외접하는
세 원 O, N, P가 있다. 세 원의 중심을 지나는 $\overline{OP}$의 연
장선이 두 원 O, P와 만나는 점을 각각 A, B라 하고 점
A에서 원 P에 그은 접선 AT가 원 N과 만나는 두 점을
각각 E, F라 하자. $\overline{AB}$=60일 때, $\overline{EF}$의 길이는?

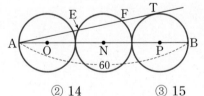

① 13   ② 14   ③ 15
④ 16   ⑤ 17

322

ⓒ 유형 14

다음 그림과 같이 두 원 O_1, O_2가 각각 □ABCD와
□DCEF에 내접할 때, $b-a$의 값은?

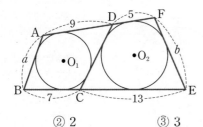

① 1　　　② 2　　　③ 3

④ 4　　　⑤ 5

323

ⓒ 유형 12

다음 그림에서 서로 외접하는 4개의 원 O_1, O_2, O_3, O_4는
각각 △ABC, △ACD, △ADE, △AEF의 내접원이다.
$\overline{AB}=20$ cm, $\overline{BC}=15$ cm, $\overline{CD}=11$ cm, $\overline{DE}=7$ cm,
$\overline{EF}=3$ cm일 때, $\overline{AF}$의 길이를 구하시오.

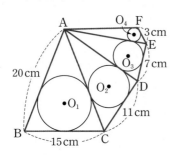

324

ⓒ 유형 01＋유형 04

오른쪽 그림과 같이 반지름의 길이
가 6 cm인 원 O에서 현 AB의 길
이는 $6\sqrt{2}$ cm이다. 원 O 위를 움직
이는 점 P에 대하여 △ABP의 넓
이의 최댓값을 구하시오.

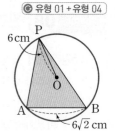

325

ⓒ 유형 16

오른쪽 그림에서 가장 작은 원의 반
지름의 길이가 1일 때, 색칠한 부분
의 넓이는?

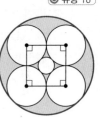

① $3\pi(\sqrt{2}-1)$　　② $3\pi(\sqrt{2}+1)$

③ $4\pi(\sqrt{2}-1)$　　④ $4\pi(\sqrt{2}+1)$

⑤ $5\pi(\sqrt{2}+1)$

Theme 08 원주각과 중심각 ⓒ 유형 01 ~ 유형 10

(1) 원주각과 중심각

① 원주각 : 원 O에서 호 AB 위에 있지 않은 원 위의 한 점 P에 대하여 ∠APB를 호 AB에 대한 원주각이라 한다.

② 원주각과 중심각의 크기 : 원에서 한 호에 대한 원주각의 크기는 그 호에 대한 중심각의 크기의 $\frac{1}{2}$이다.

    ⇨ $\angle APB = \frac{1}{2}\angle AOB$

(2) 원주각의 성질

① 원에서 한 호에 대한 원주각의 크기는 점 P의 위치와 관계없이 모두 같다.

    ⇨ $\angle AP_1B = \angle AP_2B = \angle AP_3B$

    참고 $\angle AP_1B$, $\angle AP_2B$, $\angle AP_3B$는 모두 $\overparen{AB}$에 대한 원주각이므로

        $\angle AP_1B = \angle AP_2B = \angle AP_3B = \frac{1}{2}\angle AOB$

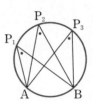

▸ $\overparen{AB}$에 대한 중심각은 $\angle AOB$ 하나이므로 $\overparen{AB}$에 대한 원주각의 크기는 모두 같다.

② 반원에 대한 원주각의 크기는 90°이다.

    ⇨ $\overline{AB}$가 원 O의 지름이면 ∠APB = 90°

    설명 반원에 대한 중심각의 크기는 180°이므로

        $\angle APB = \frac{1}{2}\times 180° = 90°$ → ∠AOB=180°

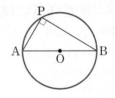

▸ $\overline{AB}$가 원 O의 지름이므로 $\overparen{AB}$에 대한 중심각인 ∠AOB는 평각(180°)이다.

(3) 원주각의 크기와 호의 길이

한 원 또는 합동인 두 원에서

① 길이가 같은 호에 대한 원주각의 크기는 서로 같다.

    ⇨ $\overparen{AB}=\overparen{CD}$이면 ∠APB = ∠CQD

② 크기가 같은 원주각에 대한 호의 길이는 서로 같다.

    ⇨ ∠APB = ∠CQD이면 $\overparen{AB}=\overparen{CD}$

③ 호의 길이는 그 호에 대한 원주각의 크기에 정비례한다.

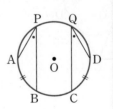

▸ 호의 길이는 그 호에 대한 중심각의 크기에 정비례하므로 호의 길이는 그 호에 대한 원주각의 크기에 정비례한다.

(4) 네 점이 한 원 위에 있을 조건

두 점 C, D가 직선 AB에 대하여 같은 쪽에 있을 때,

    ∠ACB = ∠ADB

이면 네 점 A, B, C, D는 한 원 위에 있다.

▸ 원에서 한 호에 대한 원주각의 크기는 모두 같으므로 ∠ACB=∠ADB이면 ∠ACB, ∠ADB는 $\overparen{AB}$에 대한 원주각이 된다. 즉, 네 점 A, B, C, D는 한 원 위에 있다.

Theme 08 원주각과 중심각

[326~329] 다음 그림의 원 O에서 ∠x의 크기를 구하시오.

326
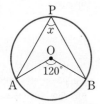

327
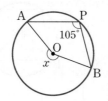

328
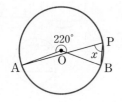

329
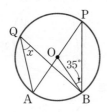

330 다음은 원에서 한 호에 대한 원주각의 크기는 그 호에 대한 중심각의 크기의 $\frac{1}{2}$임을 설명하는 과정이다. ㈎~㈐에 알맞은 것을 구하시오.

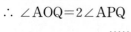

△OPA에서 $\overline{OP}=\overline{OA}$이므로
∠OPA = [㈎]
∴ ∠AOQ=2∠APQ
...... ㉠
또, △OPB에서
$\overline{OP}=\overline{OB}$이므로 ∠OPB = [㈏]
∴ ∠BOQ=2∠BPQ ...... ㉡
㉠, ㉡에서
2(∠APQ+∠BPQ)=∠AOQ+∠BOQ
∴ ∠APB=$\frac{1}{2}$ [㈐]

[331~332] 다음 그림에서 ∠x의 크기를 구하시오.

331
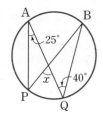

332
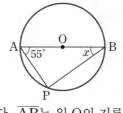

(단, $\overline{AB}$는 원 O의 지름)

[333~336] 다음 그림에서 ∠x의 크기를 구하시오.

333
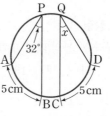

334
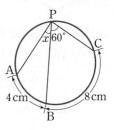

335

336
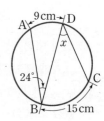

[337~338] 다음 그림에서 x의 값을 구하시오.

337
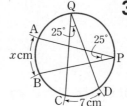

338
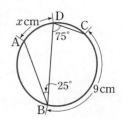

[339~340] 다음 그림에서 네 점 A, B, C, D가 한 원 위에 있도록 하는 ∠x의 크기를 구하시오.

339
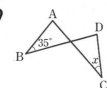

340
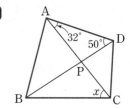

Theme **09** 원에 내접하는 사각형 ⓒ 유형 **11** ~ 유형 **16**

(1) 원에 내접하는 사각형의 성질

① 원에 내접하는 사각형의 한 쌍의 대각의 크기의 합은 180°이다.

⇨ $\angle A + \angle C = 180°$, $\angle B + \angle D = 180°$

설명 $\angle A = \frac{1}{2} \angle a$, $\angle C = \frac{1}{2} \angle c$이므로

$\angle A + \angle C = \frac{1}{2} \angle a + \frac{1}{2} \angle c = \frac{1}{2}(\angle a + \angle c)$

$= \frac{1}{2} \times 360° = 180°$

② 원에 내접하는 사각형의 한 외각의 크기는 그 외각에 이웃한 내각에 대한 대각의 크기와 같다.

⇨ $\angle DCE = \angle A$

설명 $\angle BCD + \angle DCE = 180°$

원에 내접하는 사각형의 한 쌍의 대각의 크기의 합은 180°이므로

$\angle A + \angle BCD = 180°$ ∴ $\angle DCE = \angle A$

(2) 사각형이 원에 내접하기 위한 조건

① 한 쌍의 대각의 크기의 합이 180°인 사각형은 원에 내접한다.

② 한 외각의 크기가 그 외각에 이웃한 내각에 대한 대각의 크기와 같은 사각형은 원에 내접한다.

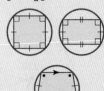

Theme **10** 접선과 현이 이루는 각 ⓒ 유형 **17** ~ 유형 **21**

원의 접선과 그 접점을 지나는 현이 이루는 각의 크기는 그 각의 내부에 있는 호에 대한 원주각의 크기와 같다.

⇨ $\overrightarrow{AT}$가 원 O의 접선이면 $\angle BAT = \angle BCA$

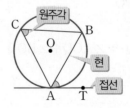

참고 $\overleftrightarrow{PQ}$가 두 원의 공통인 접선이고 점 T가 접점일 때, 다음의 각 경우에 대하여 $\overline{AB} /\!/ \overline{CD}$가 성립한다.

(1)
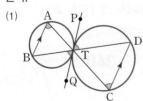

$\angle BAT = \angle BTQ$
$= \angle DTP$
$= \angle DCT$
⇨ 엇각의 크기가 같으므로 $\overline{AB} /\!/ \overline{CD}$

(2)
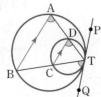

$\angle BAT = \angle BTQ$
$= \angle CDT$
⇨ 동위각의 크기가 같으므로 $\overline{AB} /\!/ \overline{CD}$

Theme 09 원에 내접하는 사각형

[341~342] 다음 그림에서 □ABCD가 원에 내접할 때, ∠x의 크기를 구하시오.

341

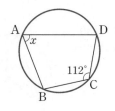

342

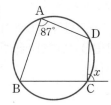

[343~346] 다음 그림에서 □ABCD가 원에 내접할 때, ∠x, ∠y의 크기를 구하시오.

343

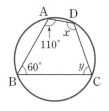

344

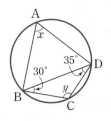

345

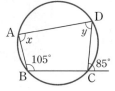

346

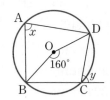

[347~350] 다음 그림에서 □ABCD가 원에 내접하는지 원에 내접하지 않는지 말하시오.

347

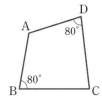

348

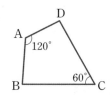

349

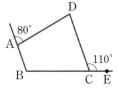

350

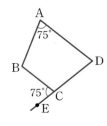

Theme 10 접선과 현이 이루는 각

[351~354] 다음 그림에서 직선 AT가 원 O의 접선일 때, ∠x의 크기를 구하시오.

351

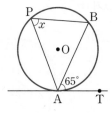

352

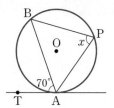

353

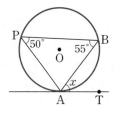

354

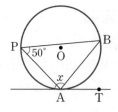

[355~356] 다음 그림에서 직선 PT가 원 O의 접선일 때, ∠x의 크기를 구하시오.

355

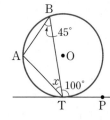

356

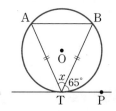

357 다음은 오른쪽 그림과 같이 직선 AT가 원 O의 접선일 때, ∠BCA＝∠BAT임을 설명하는 과정이다. ㈎, ㈏에 알맞은 것을 구하시오.

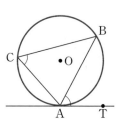

원의 중심 O를 지나도록 원주 위의 한 점 P를 잡으면

∠PCA＝∠PAT

　＝ ㈎ °,

∠PCB＝ ㈏ 이므로

∠BCA＝ ㈎ °－∠PCB

　＝ ㈎ °－ ㈏ ＝∠BAT

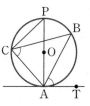

Theme 08 원주각과 중심각

워크북 60쪽

빈출 ★★
유형 01 원주각과 중심각의 크기 (1)

(원주각의 크기)$=\dfrac{1}{2}\times$(중심각의 크기)

$\Rightarrow \angle APB=\dfrac{1}{2}\angle AOB$

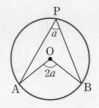

대표 문제
358

오른쪽 그림의 원 O에서 $\angle AOC=78°$, $\angle BDC=18°$일 때, $\angle x$의 크기는?

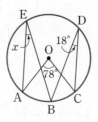

① 20°　　　② 21°

③ 22°　　　④ 23°

⑤ 24°

359 ●●●○

오른쪽 그림에서 △ABC는 원 O에 내접한다. $\angle OBC=50°$일 때, $\angle BAC$의 크기를 구하시오.

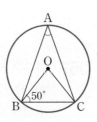

360 ●●●●

오른쪽 그림과 같이 반지름의 길이가 6 cm인 원 O에서 $\angle BAC=45°$일 때, 색칠한 부분의 넓이를 구하시오.

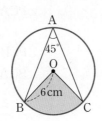

361 ●●●●

오른쪽 그림의 원 O에서 $\angle PAO=30°$, $\angle PBO=20°$일 때, $\angle x$의 크기를 구하시오.

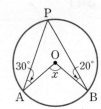

362 ●●●●

오른쪽 그림의 원 O에서 $\angle APB=30°$, $\overset{\frown}{AB}=6\pi$ cm일 때, 원 O의 넓이는?

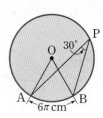

① 196π cm^2　　　② 225π cm^2

③ 256π cm^2　　　④ 289π cm^2

⑤ 324π cm^2

363 ●●●●

오른쪽 그림에서 $\overline{AD}$가 원 O의 지름이고 $\angle ADB=25°$, $\angle CAD=30°$일 때, $\angle x$의 크기는?

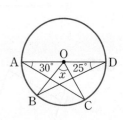

① 70°　　　② 73°

③ 75°　　　④ 78°

⑤ 80°

유형 02 원주각과 중심각의 크기 (2)

원 O의 두 반지름과 두 현으로 이루어진 □APBO에서 $\overset{\frown}{ACB}$에 대한 원주각의 크기는

$\angle APB = \dfrac{1}{2} \times (360° - \angle AOB)$

$\overset{\hookrightarrow}{\overset{\frown}{ACB}에 대한 중심각의 크기}$

유형 03 두 접선이 주어졌을 때, 원주각과 중심각의 크기

$\overrightarrow{PA}$, $\overrightarrow{PB}$가 원 O의 접선일 때, $\angle PAO = \angle PBO = 90°$ 이므로

(1) $\angle P + \angle AOB = 180°$

(2) $\angle ACB = \dfrac{1}{2} \angle AOB$

$= \dfrac{1}{2} \times (180° - \angle P)$

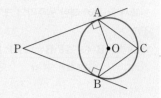

대표 문제

364

오른쪽 그림의 원 O에서 $\angle BCD = 100°$일 때, $\angle x + \angle y$의 크기를 구하시오.

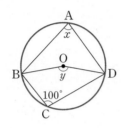

대표 문제

367

오른쪽 그림에서 $\overrightarrow{PA}$, $\overrightarrow{PB}$는 원 O의 접선이고 두 점 A, B는 접점이다. $\angle P = 50°$일 때, $\angle x$의 크기를 구하시오.

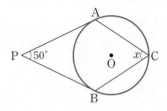

365 ●●●○○

오른쪽 그림의 원 O에서 $\angle BCD = 110°$일 때, $\angle x - \angle y$의 크기는?

① 110°   ② 120°
③ 130°   ④ 140°
⑤ 150°

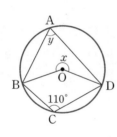

서술형

368 ●●●●○

오른쪽 그림에서 $\overrightarrow{PA}$, $\overrightarrow{PB}$는 원 O의 접선이고 두 점 A, B는 접점이다. $\angle P = 30°$일 때, $\angle ACB$의 크기를 구하시오.

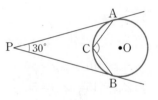

366 ●●●●○

오른쪽 그림의 원 O에서 $\angle AOC = 110°$, $\angle OCB = 55°$일 때, $\angle x$의 크기는?

① 65°   ② 70°
③ 75°   ④ 80°
⑤ 85°

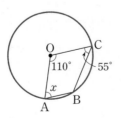

369 ●●●●○

오른쪽 그림과 같이 △ABC가 원 O에 내접하고 $\overrightarrow{PA}$, $\overrightarrow{PB}$는 원 O의 접선이다. $\angle APB = 58°$일 때, 다음 중 옳지 <u>않은</u> 것은?

① $\angle PAO = 90°$
② $\angle AOB = 122°$
③ $\angle ACB = 61°$
④ $\angle ABO = 29°$
⑤ $\angle PAB = 64°$

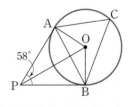

유형 04 한 호에 대한 원주각의 크기

원에서 한 호에 대한 원주각의 크기는 모두 같다.

$\Rightarrow \underbrace{\angle AP_1B = \angle AP_2B = \angle AP_3B}_{\widehat{AB}에 대한 원주각}$

대표 문제

370

오른쪽 그림에서 $\angle AFB = 22°$, $\angle BDC = 26°$일 때, $\angle x$의 크기는?

① 44° ② 46°
③ 48° ④ 50°
⑤ 52°

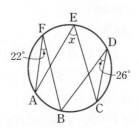

371 ●●●○

오른쪽 그림에서 $\angle x$, $\angle y$의 크기는?

① $\angle x = 40°$, $\angle y = 50°$
② $\angle x = 45°$, $\angle y = 50°$
③ $\angle x = 45°$, $\angle y = 55°$
④ $\angle x = 50°$, $\angle y = 45°$
⑤ $\angle x = 50°$, $\angle y = 55°$

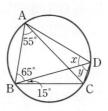

372 ●●●○

오른쪽 그림에서 $\angle x$의 크기는?

① 65° ② 70°
③ 75° ④ 80°
⑤ 85°

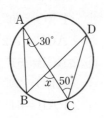

373 ●●●●

오른쪽 그림에서 $\angle x + \angle y$의 크기는?

① 80° ② 83°
③ 85° ④ 87°
⑤ 90°

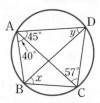

374 ●●●●

오른쪽 그림과 같이 두 현 AB, CD의 연장선의 교점을 P라 하자. $\angle ABD = 60°$, $\angle P = 35°$일 때, $\angle x$의 크기는?

① 20° ② 25° ③ 30°
④ 35° ⑤ 40°

375 ●●●●

오른쪽 그림에서 $\angle a + \angle b + \angle c + \angle d + \angle e$의 크기를 구하시오.

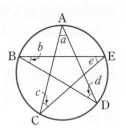

유형 05 반원에 대한 원주각의 크기

반원에 대한 원주각의 크기는 90°이다.
⇨ $\overline{AB}$가 원 O의 지름이면
$\angle AP_1B = \angle AP_2B = \angle AP_3B = 90°$

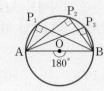

대표 문제

376

오른쪽 그림에서 $\overline{AB}$는 원 O의 지름이고 $\angle CDB = 65°$일 때, $\angle x$의 크기를 구하시오.

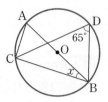

서술형

377 ●●●●

오른쪽 그림에서 $\overline{AB}$는 원 O의 지름이고 $\angle ADC = 30°$일 때, $\angle x$의 크기를 구하시오.

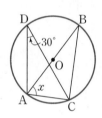

378 ●●●●

오른쪽 그림에서 $\overline{AB}$는 원 O의 지름이고 $\angle DCB = 24°$, $\angle CDB = 30°$일 때, $\angle x - \angle y$의 크기를 구하시오.

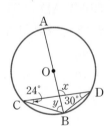

379 ●●●●

오른쪽 그림에서 $\overline{AB}$는 원 O의 지름이고 점 P는 두 현 AC, BD의 연장선의 교점이다. $\angle COD = 40°$일 때, $\angle P$의 크기는?

① 65°　　② 70°
③ 75°　　④ 80°
⑤ 85°

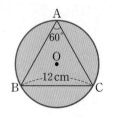

유형 06 원주각의 성질과 삼각비

$\triangle ABC$가 원 O에 내접할 때, 원의 지름인 $\overline{A'B}$를 그어 원에 내접하는 직각삼각형 $A'BC$를 그리면 $\angle BAC = \angle BA'C$이므로

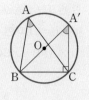

(1) $\sin A = \sin A' = \dfrac{\overline{BC}}{\overline{A'B}}$

(2) $\cos A = \cos A' = \dfrac{\overline{A'C}}{\overline{A'B}}$

(3) $\tan A = \tan A' = \dfrac{\overline{BC}}{\overline{A'C}}$

대표문제

380

오른쪽 그림과 같이 반지름의 길이가 5인 원 O에 내접하는 $\triangle ABC$에서 $\overline{BC} = 6$일 때, $\tan A$의 값은?

① $\dfrac{1}{5}$　　② $\dfrac{1}{3}$

③ $\dfrac{1}{2}$　　④ $\dfrac{3}{4}$

⑤ $\dfrac{6}{7}$

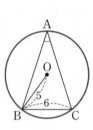

381 ●●●●

오른쪽 그림과 같이 $\triangle ABC$는 $\overline{AB}$가 지름이고 반지름의 길이가 3 cm인 원 O에 내접한다. $\angle ABC = 30°$일 때, $\triangle ABC$의 넓이를 구하시오.

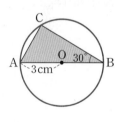

382 ●●●●

오른쪽 그림과 같이 원 O에 내접하는 $\triangle ABC$에서 $\angle BAC = 60°$, $\overline{BC} = 12$ cm일 때, 원 O의 넓이를 구하시오.

빈출★★
유형 **07** 원주각의 크기와 호의 길이 (1)

한 원 또는 합동인 두 원에서

(1) $\overarc{AB}=\overarc{CD}$이면 $\angle APB=\angle CQD$

(2) $\angle APB=\angle CQD$이면 $\overarc{AB}=\overarc{CD}$

대표 문제

383

오른쪽 그림에서 $\overarc{AB}=\overarc{CD}$이고 $\angle ACB=25°$일 때, $\angle APB$의 크기를 구하시오.

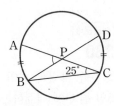

384 ●●○○

오른쪽 그림에서 $\overline{AD}$는 원 O의 지름이고 $\angle BAC=32°$, $\overarc{BC}=\overarc{CD}=6\,cm$일 때, $\angle x$의 크기를 구하시오.

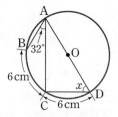

385 ●●●○

오른쪽 그림에서 $\overarc{BC}=\overarc{CD}$이고 $\angle BAC=28°$일 때, $\angle x-\angle y$의 크기는?

① 76° ② 78°
③ 80° ④ 82°
⑤ 84°

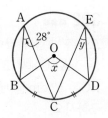

386 ●●●○

오른쪽 그림에서 $\overarc{AB}=\overarc{BC}$이고 $\angle ABC=140°$일 때, $\angle x$의 크기는?

① 16° ② 17°
③ 18° ④ 19°
⑤ 20°

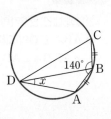

387 ●●●○

오른쪽 그림에서 $\overarc{AB}=\overarc{BC}$이고 $\angle ABD=55°$, $\angle BDC=35°$일 때, $\angle CAD$의 크기는?

① 35° ② 40°
③ 45° ④ 50°
⑤ 55°

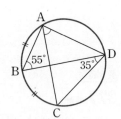

388 ●●●○

오른쪽 그림에서 $\overline{AB}$는 원 O의 지름이고 $\overarc{AD}=\overarc{CD}$, $\angle BAC=20°$일 때, $\angle x$의 크기는?

① 20° ② 25°
③ 30° ④ 35°
⑤ 40°

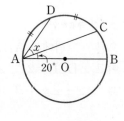

389 ●●●○

오른쪽 그림에서 $\overline{AD}$, $\overline{BE}$는 원 O의 지름이고 $\overarc{BC}=\overarc{CD}$, $\angle CAD=23°$일 때, $\angle x+\angle y$의 크기는?

① 161° ② 165°
③ 169° ④ 173°
⑤ 177°

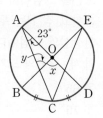

유형 08 원주각의 크기와 호의 길이 (2)

한 원 또는 합동인 두 원에서 호의 길이는
그 호에 대한 원주각의 크기에 정비례한다.
⇨ $\angle x : \angle y = \overset{\frown}{AB} : \overset{\frown}{BC}$

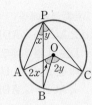

대표문제

390

오른쪽 그림의 원 O에서
$\angle DAC = 20°$이고 $\overset{\frown}{AB} = 9 \text{ cm}$,
$\overset{\frown}{CD} = 3 \text{ cm}$일 때, $\angle APB$의 크기를
구하시오.

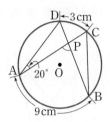

391

오른쪽 그림의 원 O에서
$\overset{\frown}{AB} = 4 \text{ cm}$, $\overset{\frown}{CD} = 8 \text{ cm}$이고
$\angle AEB = 30°$일 때, $\angle x$의 크
기는?

① 100°   ② 110°
③ 120°   ④ 130°
⑤ 140°

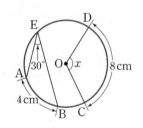

서술형

392

오른쪽 그림과 같이 두 현 AD,
BC의 연장선의 교점을 P라 하
자. $\overset{\frown}{AB} : \overset{\frown}{CD} = 3 : 1$이고
$\angle P = 48°$일 때, $\angle x$의 크기를
구하시오.

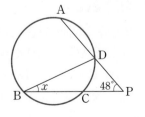

393

오른쪽 그림의 원 O에서
$\overset{\frown}{PA} : \overset{\frown}{PB} = 1 : 2$일 때, $\angle PBA$의
크기를 구하시오.

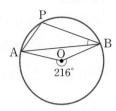

394

오른쪽 그림과 같이 원 O의 중
심에서 두 현 AB, AC까지의 거
리가 서로 같고 $\angle ABC = 75°$,
$\overset{\frown}{AC} = 15\pi \text{ cm}$일 때, $\overset{\frown}{BC}$의 길
이를 구하시오.

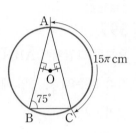

395

오른쪽 그림에서 $\overline{AB}$는 원 O의 지
름이고 $\overset{\frown}{AC} : \overset{\frown}{CB} = 3 : 2$이다.
$\overset{\frown}{AD} = \overset{\frown}{DE} = \overset{\frown}{EB}$일 때, $\angle x$의 크
기를 구하시오.

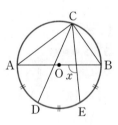

신유형

396

오른쪽 그림에서 두 점 A, B는 원주
를 2 : 1로 나누고, 두 점 C, D는
$\overset{\frown}{AB}$ 중 큰 호의 삼등분점일 때, $\angle x$
의 크기는?

① 76°   ② 78°
③ 80°   ④ 82°
⑤ 84°

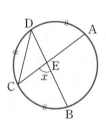

유형 09 원주각의 크기와 호의 길이 (3)

오른쪽 그림의 원 O에서

(1) 호 AB의 길이가 원주의 $\frac{1}{k}$이면

$\angle ACB = \frac{1}{k} \times 180°$

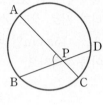

(2) $\overset{\frown}{AB} : \overset{\frown}{BC} : \overset{\frown}{CA} = a : b : c$이면

$\angle ACB : \angle BAC : \angle CBA = a : b : c$

⇨ $\angle ACB = \dfrac{a}{a+b+c} \times 180°$, $\angle BAC = \dfrac{b}{a+b+c} \times 180°$,

$\angle CBA = \dfrac{c}{a+b+c} \times 180°$

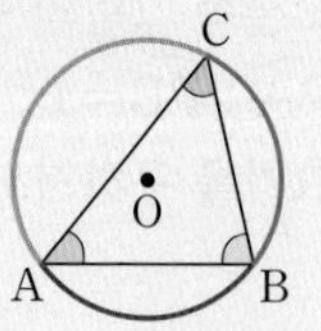

대표 문제

397

오른쪽 그림에서 $\overset{\frown}{AB}$, $\overset{\frown}{CD}$의 길이가 각각 원주의 $\frac{1}{4}$, $\frac{1}{9}$일 때, $\angle APB$의 크기는?

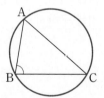

① 64°   ② 65°

③ 66°   ④ 67°

⑤ 68°

 서술형

398 ●●●●

오른쪽 그림에서
$\overset{\frown}{AB} : \overset{\frown}{BC} : \overset{\frown}{CA} = 2 : 3 : 4$일 때, $\angle ABC$의 크기를 구하시오.

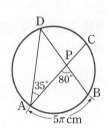

399 ●●●●

오른쪽 그림에서 $\overset{\frown}{AB} = 5\pi$ cm, $\angle DAP = 35°$, $\angle APB = 80°$일 때, 이 원의 둘레의 길이를 구하시오.

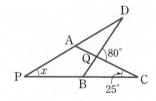
5π cm

유형 10 네 점이 한 원 위에 있을 조건

오른쪽 그림에서

(1) $\angle ACB = \angle ADB$이면 네 점 A, B, C, D는 한 원 위에 있다.

(2) 네 점 A, B, C, D가 한 원 위에 있으면
$\angle ACB = \angle ADB$

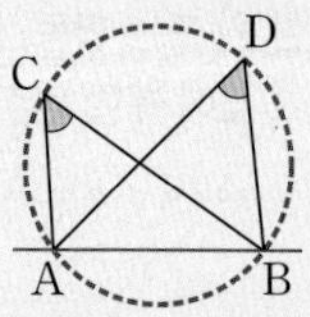

대표 문제

400

다음 중 네 점 A, B, C, D가 한 원 위에 있지 <u>않은</u> 것은?

①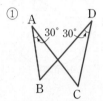

②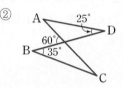

③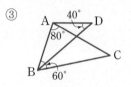

④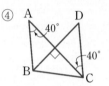

⑤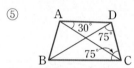

401 ●●●●

오른쪽 그림에서 네 점 A, B, C, D가 한 원 위에 있도록 하는 $\angle x$의 크기를 구하시오.

402 ●●●●

오른쪽 그림과 같은 □ABCD에서 $\angle BAC = \angle BDC = 60°$이고 $\angle ACB = 40°$, $\angle DEC = 75°$일 때, $\angle x$의 크기를 구하시오.

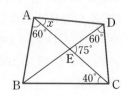

Theme 09 원에 내접하는 사각형

유형 11 원에 내접하는 사각형의 성질 (1)

□ABCD가 원에 내접하면
∠A+∠C=∠B+∠D=180°
└─ 대각의 크기의 합 ─┘

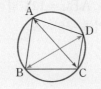

대표 문제

403

오른쪽 그림과 같이 □ABCD가
원 O에 내접하고 $\overline{AB}$는 원 O의
지름이다. ∠CAB=25°일 때,
∠x-∠y의 크기를 구하시오.

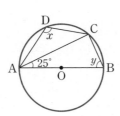

404 ●●●○

오른쪽 그림과 같이 □ABCD가
원 O에 내접하고 ∠BCD=110°일
때, ∠x+∠y의 크기는?

① 200°　　② 205°
③ 210°　　④ 215°
⑤ 220°

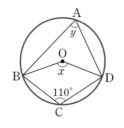

405 ●●●○

오른쪽 그림과 같이 □ABCD가 원
에 내접하고 $\overline{AB}=\overline{AC}$이다.
∠BAC=40°일 때, ∠x의 크기는?

① 102°　　② 104°
③ 106°　　④ 108°
⑤ 110°

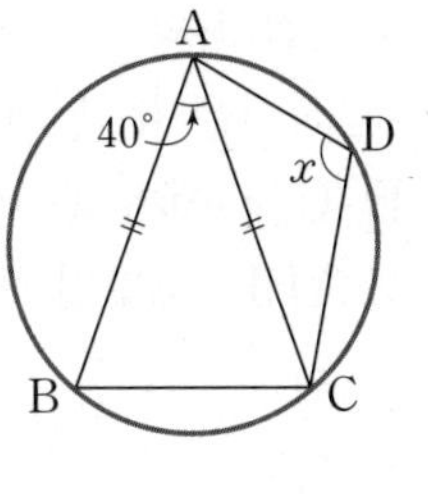

406 ●●●○

오른쪽 그림과 같이 □ABDE,
□ACDE가 각각 원에 내접하고
∠AED=100°, ∠BDC=20°일
때, ∠x+∠y의 크기를 구하시오.

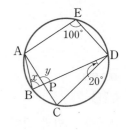

407 ●●●○

오른쪽 그림과 같이 □ABCD가
원 O에 내접하고 $\overline{BC}$는 원 O의
지름이다. ∠ADC=120°,
$\overline{AC}$=3일 때, 원 O의 넓이를 구
하시오.

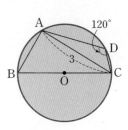

신유형

408 ●●●○

오른쪽 그림의 원 O에서
∠APB=130°일 때 ∠x의 크기는?

① 90°　　② 100°
③ 110°　　④ 120°
⑤ 130°

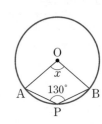

409 ●●●○

오른쪽 그림과 같이 □ABCD가 원
에 내접하고 $\overline{AB}=\overline{AD}$이다.
∠BCD=82°일 때, ∠AED의 크기
를 구하시오.

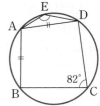

유형 12 원에 내접하는 사각형의 성질 (2)

□ABCD가 원에 내접하면
∠DCE=∠A

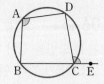

대표 문제

410

오른쪽 그림과 같이 □ABCD가
원에 내접하고 ∠DAC=40°,
∠ADB=30°, ∠BCD=105°일
때, ∠x+∠y의 크기를 구하시오.

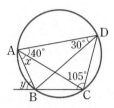

411 ●●●●

오른쪽 그림과 같이 □ABCD가
원에 내접하고 ∠ABD=50°,
∠ADB=45°일 때, ∠x의 크기
를 구하시오.

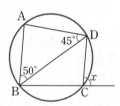

412 ●●●●

오른쪽 그림과 같이 □ABCD
가 원에 내접하고
∠ADB=48°, ∠CBD=35°,
∠DCE=80°일 때, ∠BAC
의 크기는?

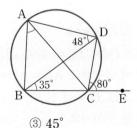

① 35°　　② 40°　　③ 45°
④ 50°　　⑤ 55°

413 ●●●●

오른쪽 그림과 같이 □ABCD가
원에 내접하고 ∠P=48°,
∠ABC=121°일 때, ∠x의 크
기를 구하시오.

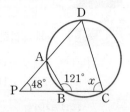

414 ●●●●

오른쪽 그림과 같이 □ABCD,
□BCDE가 각각 원에 내접하고
∠ADE=35°, ∠EBC=75°일
때, ∠x의 크기는?

① 65°　　　② 70°
③ 75°　　　④ 80°
⑤ 85°

415 ●●●●

오른쪽 그림에서 두 원 O,
O′은 두 점 P, Q에서 만나
고, 점 P와 점 Q를 지나는
두 직선은 두 원과 네 점 A,
B, C, D에서 만난다.
∠ABP=53°일 때, ∠PDC의 크기는?

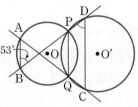

① 51°　　② 53°　　③ 55°
④ 57°　　⑤ 59°

유형 13 원에 내접하는 다각형

원에 내접하는 다각형에서 각의 크기를 구할 때는 보조선을 그어 원에 내접하는 사각형을 만든다.

(1) ∠ABD+∠AED=180°
(2) ∠COD=2∠CBD → □ABDE가 원 O에 내접한다.

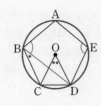

대표 문제

416

오른쪽 그림과 같이 오각형 ABCDE가 원 O에 내접하고 ∠EAB=85°, ∠EDC=125°일 때, ∠x의 크기를 구하시오.

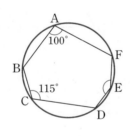

417 ●●●●

오른쪽 그림과 같이 육각형 ABCDEF가 원에 내접하고 ∠BAF=100°, ∠BCD=115°일 때, ∠DEF의 크기는?

① 130°　② 135°
③ 140°　④ 145°
⑤ 150°

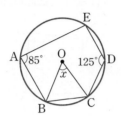

418 ●●●●

오른쪽 그림과 같이 육각형 ABCDEF가 원에 내접할 때, ∠x+∠y+∠z의 크기를 구하시오.

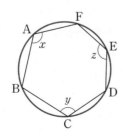

유형 14 원에 내접하는 사각형의 성질의 활용

□ABCD가 원에 내접할 때,
∠CDQ=∠x이므로 △DCQ에서
∠x+(∠x+∠a)+∠b=180°

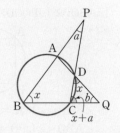

대표 문제

419

오른쪽 그림과 같이 □ABCD가 원에 내접하고 ∠E=26°, ∠F=34°일 때, ∠ABC의 크기는?

① 60°　② 61°
③ 62°　④ 63°
⑤ 64°

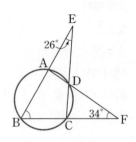

서술형

420 ●●●●

오른쪽 그림과 같이 □ABCD가 원에 내접하고 ∠ABC=60°, ∠E=25°일 때, ∠F의 크기를 구하시오.

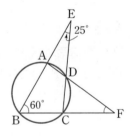

421 ●●●●

오른쪽 그림과 같이 □ABCD가 원에 내접하고 ∠P=45°, ∠Q=35°일 때, ∠BAD의 크기는?

① 110°　② 115°
③ 120°　④ 125°
⑤ 130°

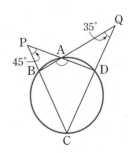

유형 15 두 원에서 내접하는 사각형의 성질의 활용

□ABQP와 □PQCD가 각각 원에 내접할 때

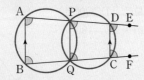

(1) ∠BAP=∠PQC=∠CDE
∠ABQ=∠QPD=∠DCF
(2) 동위각의 크기가 같으므로 $\overline{AB} /\!/ \overline{DC}$

대표문제

422

오른쪽 그림과 같이 두 점 P, Q
에서 만나는 두 원 O, O′에 대
하여 다음 중 옳은 것을 모두
고르면? (정답 2개)

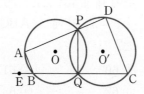

① ∠BAP=∠QPD
② ∠APQ=∠QCD
③ ∠ABQ=∠PDC
④ $\overline{AB} /\!/ \overline{DC}$
⑤ $\overline{AB} /\!/ \overline{PQ}$

423 ●●●●

오른쪽 그림과 같이 두 원 O,
O′이 두 점 P, Q에서 만나고
∠BAP=98°일 때, ∠x의 크
기는?

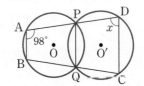

① 80°
② 82°
③ 84°
④ 86°
⑤ 88°

서술형
424 ●●●●

오른쪽 그림과 같이 두 원 O,
O′이 두 점 P, Q에서 만나고
∠PDC=96°일 때, ∠x의 크기
를 구하시오.

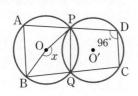

유형 16 사각형이 원에 내접하기 위한 조건

(1) ∠x+∠y=180°이면
□ABCD는 원에 내접한다.
(2) ∠x=∠z이면
□ABCD는 원에 내접한다.

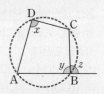

대표문제
425

다음 중 □ABCD가 원에 내접하지 않는 것은?

①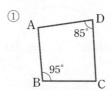
②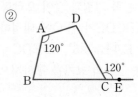

③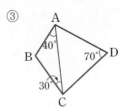
④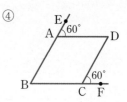

⑤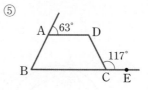

426 ●●●●

오른쪽 그림과 같이 $\overline{AD}$와 $\overline{BC}$
의 연장선의 교점을 P라 하자.
∠A=100°, ∠P=35°이고
□ABCD가 원에 내접할 때,
∠PDC의 크기를 구하시오.

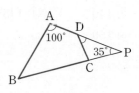

427 ●●●●

오른쪽 그림에서 □ABCD가
원에 내접할 때, ∠y−∠x의 크
기는?

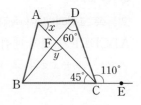

① 35°
② 40°
③ 45°
④ 50°
⑤ 55°

Theme 10 접선과 현이 이루는 각

워크북 71쪽

유형 17 접선과 현이 이루는 각 – 삼각형

$\overleftrightarrow{TT'}$이 원 O의 접선이고 점 P가 접점일 때
(1) ∠APT=∠ABP
(2) ∠BPT'=∠BAP

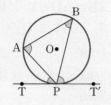

대표 문제

428

오른쪽 그림에서 $\overleftrightarrow{BD}$는 원 O의 접선
이고 점 B는 접점이다.
∠CBD=55°일 때, ∠OCB의 크기
를 구하시오.

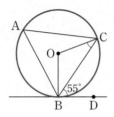

429 ●●●●

오른쪽 그림에서 $\overrightarrow{TA}$는 원 O
의 접선이고 점 A는 접점이
다. ∠T=35°, ∠CBA=75°
일 때, ∠ACB의 크기를 구
하시오.

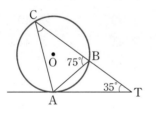

430 ●●●●

오른쪽 그림에서 $\overrightarrow{AT}$는 원 O의 접
선이고 점 A는 접점이다.
$\overarc{AB}=\overarc{BC}$이고 ∠BAT=50°일
때, ∠x의 크기를 구하시오.

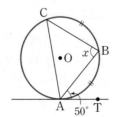

431 ●●●●

오른쪽 그림에서 $\overrightarrow{TA}$는 원 O의
접선이고 점 A는 접점이다.
$\overline{CT}=\overline{CA}$이고 ∠T=32°일 때,
∠CAB의 크기를 구하시오.

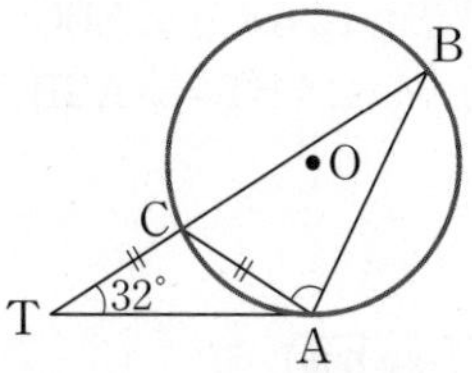

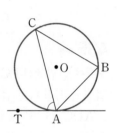

서술형

432 ●●●●

오른쪽 그림에서 $\overrightarrow{AT}$는 원 O의 접
선이고 점 A는 접점이다.
$\overarc{AB}:\overarc{BC}:\overarc{CA}=3:4:5$일 때,
∠CAT의 크기를 구하시오.

433 ●●●●

오른쪽 그림에서 $\overleftrightarrow{TT'}$은 원 O
의 접선이고 점 C는 접점이다.
$\overline{BD}$는 원 O의 지름이고
∠ACT=75°, ∠BDC=30°
일 때, ∠ACD의 크기는?

① 40°   ② 45°   ③ 50°
④ 55°   ⑤ 60°

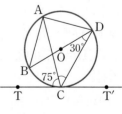

유형 18 접선과 현이 이루는 각 – 사각형

원에 내접하는 □ABCD에서

(1) ∠DAB+∠DCB=180°
　　∠ADC+∠ABC=180°

(2) ∠ABT=∠ACB

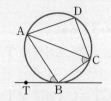

대표 문제

434

오른쪽 그림에서 $\overline{PT}$는 원 O의
접선이고 점 T는 접점이다.
∠P=45°, ∠BAT=40°일 때,
∠ACT의 크기를 구하시오.

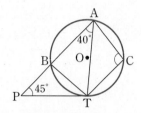

435 ●●○○

오른쪽 그림에서 $\overline{PC}$는 원의
접선이고 점 C는 접점이다.
∠ADC=125°, ∠P=20°
일 때, ∠x의 크기는?

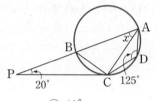

① 30°　　　② 35°　　　③ 40°
④ 45°　　　⑤ 50°

436 ●●●○

오른쪽 그림에서 □ABCD는 원에
내접하고 두 직선 l, m은 각각 두
점 B, D에서 원에 접한다.
∠BCD=79°일 때, ∠x+∠y의 크
기는?

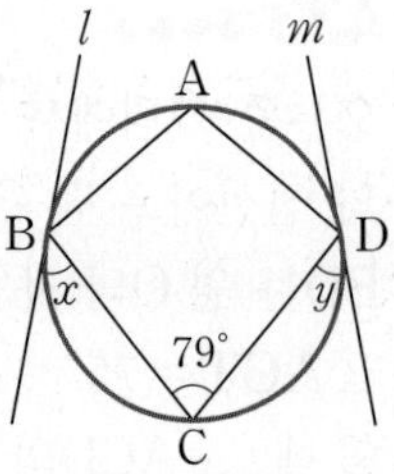

① 100°　　　② 101°
③ 102°　　　④ 103°
⑤ 104°

437 ●●●○

오른쪽 그림에서 $\overleftrightarrow{AT}$는 원 O의
접선이고 점 A는 접점이다.
$\overline{AB}=\overline{AD}$이고 ∠BAT=42°일
때, ∠x의 크기는?

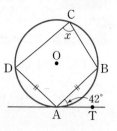

① 78°　　　② 80°
③ 82°　　　④ 84°
⑤ 86°

438 ●●●●

오른쪽 그림과 같이 원에 내접하는
오각형 ABCDE에서
∠AED=107°, ∠BCD=114°
이다. $\overleftrightarrow{AT}$가 원의 접선이고 점 A
는 접점일 때, ∠BAT의 크기는?

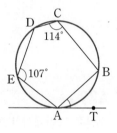

① 39°　　　② 40°
③ 41°　　　④ 42°
⑤ 43°

439 ●●●●

오른쪽 그림에서 $\overline{PT}$는 원의
접선이고 점 T는 접점이다.
$\overline{BA}=\overline{BT}$이고 ∠P=30°일 때,
∠x의 크기를 구하시오.

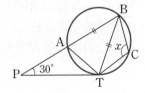

유형 19 접선과 현이 이루는 각의 응용 (1)

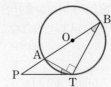

할선이 원의 중심을 지날 때
⇨ 보조선을 그어 크기가 같은 각을 찾는다.
(1) ∠ATB=90°
(2) ∠ATP=∠ABT

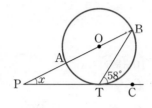

대표 문제

440

오른쪽 그림에서 $\overrightarrow{PT}$는 원 O의 접선이고 점 T는 접점이다. $\overline{AB}$는 원 O의 지름이고 ∠BTC=58°일 때, ∠x의 크기를 구하시오.

441 ●●●●

오른쪽 그림에서 $\overrightarrow{BT}$는 원 O의 접선이고 점 B는 접점이다. $\overline{AD}$는 원 O의 지름이고 ∠BCD=120°일 때, ∠ABT의 크기를 구하시오.

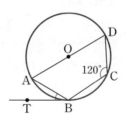

442 ●●●●

오른쪽 그림에서 $\overrightarrow{AT}$는 원 O의 접선이고 점 A는 접점이다. $\overline{CD}$가 원 O의 지름이고 ∠DAT=28°일 때, ∠ABC의 크기를 구하시오.

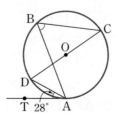

443 ●●●●

오른쪽 그림에서 $\overrightarrow{CT}$는 원 O의 접선이고 점 C는 접점이다. $\overline{BD}$는 원 O의 지름이고 ∠ACT=80°, ∠BDC=32°일 때, ∠ACD의 크기는?

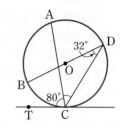

① 40° ② 41°
③ 42° ④ 43°
⑤ 44°

444 ●●●●

오른쪽 그림에서 $\overrightarrow{PT}$는 원 O의 접선이고 점 P는 접점이다. $\overline{AB}$는 원 O의 지름이고 ∠APQ=65°일 때, ∠ATP의 크기는?

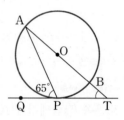

① 30° ② 35°
③ 40° ④ 45°
⑤ 50°

✎ 서술형

445 ●●●●

오른쪽 그림에서 $\overrightarrow{CD}$는 원 O의 접선이고 점 C는 접점이다. $\overline{AB}$는 원 O의 지름이고 ∠BAC=30°, $\overline{AB}$=8 cm일 때, $\overline{BD}$의 길이를 구하시오.

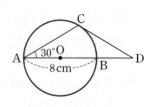

유형 20 접선과 현이 이루는 각의 응용 (2)

$\overrightarrow{PA}$, $\overrightarrow{PB}$가 원의 접선일 때

(1) △PAB는 $\overline{PA}=\overline{PB}$인 이등변 삼각형이다.

(2) ∠PAB=∠PBA=∠ACB

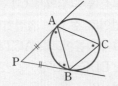

대표 문제

446

오른쪽 그림에서 원 O는 △ABC의 내접원이면서 △DEF의 외접원이다. ∠B=40°, ∠DEF=50°일 때, ∠EDF의 크기는?

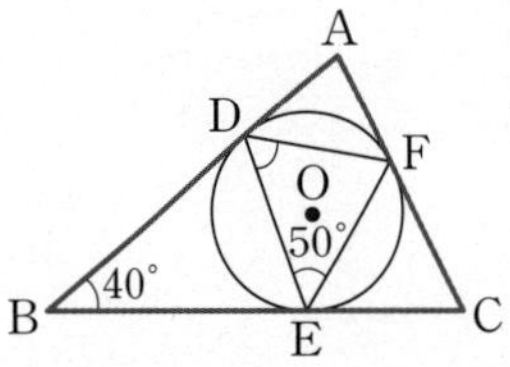

① 50°   ② 55°   ③ 60°

④ 65°   ⑤ 70°

서술형

447 ●●●○

오른쪽 그림에서 $\overrightarrow{PA}$, $\overrightarrow{PB}$는 원의 접선이고 두 점 A, B는 접점이다. $\overset{\frown}{AC}:\overset{\frown}{CB}=4:3$이고 ∠P=30°일 때, ∠ABC의 크기를 구하시오.

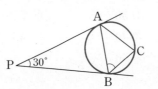

448 ●●●●

오른쪽 그림에서 원 O는 △ABC의 내접원이면서 △DEF의 외접원이다. ∠B=34°, ∠FDE=46°일 때, ∠A의 크기를 구하시오.

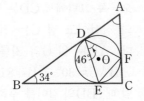

유형 21 두 원에서 접선과 현이 이루는 각

$\overleftrightarrow{PQ}$가 두 원의 공통인 접선이고, 점 T는 접점일 때

(1) ∠BAT=∠BTQ
        =∠DTP
        =∠DCT
이므로 $\overline{AB}\,/\!/\,\overline{DC}$

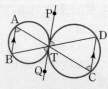

(2) ∠BAT=∠BTQ
        =∠CDT
이므로 $\overline{AB}\,/\!/\,\overline{DC}$

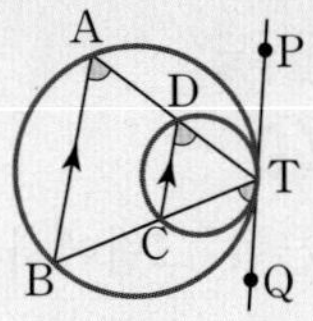

대표 문제

449

오른쪽 그림에서 $\overleftrightarrow{PQ}$는 두 원의 공통인 접선이고 점 T는 접점이다. ∠TAB=50°, ∠TDC=70°일 때, ∠ATB의 크기를 구하시오.

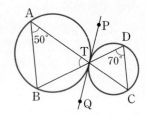

450 ●●●●

오른쪽 그림에서 $\overleftrightarrow{TT'}$은 두 원의 공통인 접선이고 점 P는 접점이다. ∠PDC=55°, ∠DPC=50°일 때, ∠A의 크기를 구하시오.

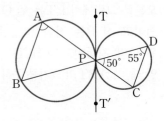

451 ●●●●

오른쪽 그림에서 $\overleftrightarrow{TT'}$은 두 원의 공통인 접선이고 점 P는 접점이다. ∠BAP=50°, ∠DCP=65°일 때, 다음 중 옳지 않은 것은?

① ∠ABP=65°

② ∠CDP=50°

③ $\overline{AB}\,/\!/\,\overline{DC}$

④ △ABP∽△DCP

⑤ $\overline{AB}:\overline{DC}=\overline{AD}:\overline{DP}$

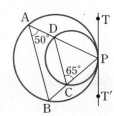

Step 3 발전 문제

452
유형 01

오른쪽 그림과 같이 반지름의 길이가 8 cm인 원 O에 △ABC가 내접할 때, 색칠한 부분의 넓이를 구하시오.

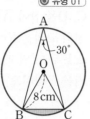

453
유형 04

오른쪽 그림에서 5개의 점 A, B, C, D, Q는 모두 원 위의 점이다. ∠ABQ=45°, ∠DCQ=19°일 때, ∠P와 ∠BQC의 크기의 합을 구하시오.

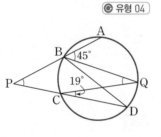

454
유형 09

오른쪽 그림에서 점 P는 원 O의 두 현 AB, CD의 연장선의 교점이다. $\widehat{AC}$, $\widehat{BD}$의 길이가 각각 원주의 $\dfrac{1}{5}$, $\dfrac{1}{12}$일 때, ∠P의 크기는?

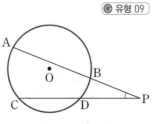

① 21°　　　② 26°　　　③ 31°
④ 36°　　　⑤ 41°

455
유형 18

오른쪽 그림에서 $\overleftrightarrow{PT}$는 원의 접선이고 점 T는 접점이다. $\widehat{TC}=\widehat{CB}$이고 ∠P=32°, ∠BTC=28°일 때, ∠ABT의 크기는?

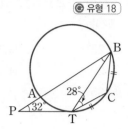

① 21°　　　② 24°
③ 28°　　　④ 34°
⑤ 36°

456
유형 21

오른쪽 그림에서 $\overleftrightarrow{PT}$는 점 T를 접점으로 하는 원 O′의 접선이고 두 점 C, D는 원 O와 원 O′이 만나는 점이다. ∠BAT=62°, ∠BTP=57°일 때, ∠CTD의 크기는?

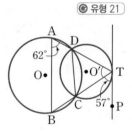

① 53°　　　② 55°　　　③ 57°
④ 59°　　　⑤ 61°

457

유형 01 + 유형 05

오른쪽 그림에서 $\overline{AB}$는 원 O의
지름이고 $\angle P = 77°$일 때, $\angle x$의
크기는?

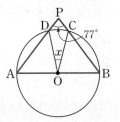

① 23°　　② 26°

③ 29°　　④ 32°

⑤ 35°

458

유형 04 + 유형 05

오른쪽 그림과 같이 $\overline{AB}$를 지름으
로 하는 반원 O에서 $\overline{OC} \perp \overline{AB}$이
다. $\overparen{BC}$ 위의 한 점 P에 대하여
$\angle PBO : \angle PCO = 5 : 4$일 때,
$\angle PAB$의 크기를 구하시오.

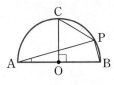

459

유형 07

오른쪽 그림과 같은 원 O에서
$\overparen{BD} = \overparen{CE}$이고 $\angle APC = 36°$일 때,
$\angle AOE$의 크기는?

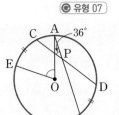

① 70°　　② 72°

③ 74°　　④ 76°

⑤ 78°

460

유형 04 + 유형 07

오른쪽 그림과 같이 원 O 위에
$\overparen{AB} = \overparen{BC} = \overparen{CD}$인 네 점 A, B,
C, D를 잡아 $\overline{AB}$와 $\overline{CD}$의 연장
선의 교점을 E라 하자.
$\angle E = 36°$일 때, $\angle ACD$의 크
기를 구하시오.

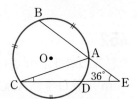

461

유형 01 + 유형 07

오른쪽 그림에서 $\overline{AB}$는 원 O의
지름이고 $\overparen{BC} = \overparen{CD}$이다. 점 B에
서 $\overline{OC}$에 내린 수선의 발을 E라
하고 $\overline{BE} = 6$, $\overline{EC} = 3$일 때, $\overline{AD}$
의 길이를 구하시오.

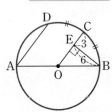

462

유형 01 + 유형 02 + 유형 07

오른쪽 그림에서 원 위의 세 점 P, Q, R는 각각 $\overarc{AB}$, $\overarc{BC}$, $\overarc{CA}$의 중점 이다. $\angle BAC = 70°$일 때, $\angle PQR$ 의 크기를 구하시오.

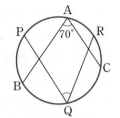

463

유형 10 + 유형 16

오른쪽 그림과 같이 △ABC의 세 꼭짓점 A, B, C에서 그 대변에 내린 수선의 발을 각각 D, E, F라 할 때, 세 수선은 점 G에서 만난다. 7개의 점 A, B, C, D, E, F, G 중에서 네 점을 꼭짓점으로 하는 사각형을 만들 때, 원에 내접하는 것은 모두 몇 개인가?

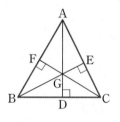

① 2개 　　　 ② 3개 　　　 ③ 4개
④ 5개 　　　 ⑤ 6개

464

유형 05 + 유형 17

오른쪽 그림에서 $\overline{AC}$는 원 O 의 접선이고 점 A는 접점이다. $\angle BAC = 120°$일 때, $\overline{CD} : \overline{DB}$를 가장 간단한 자연 수의 비로 나타내시오.

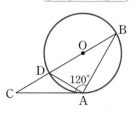

465

유형 01 + 유형 17

오른쪽 그림에서 $\overrightarrow{PB}$는 원 O의 접 선이고 점 B는 접점이다. $\overline{AB} = 12\,cm$, $\angle ABP = 60°$일 때, 원 O의 넓이는?

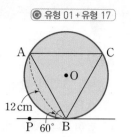

① $40\pi\,cm^2$ 　　　 ② $44\pi\,cm^2$
③ $48\pi\,cm^2$ 　　　 ④ $52\pi\,cm^2$
⑤ $56\pi\,cm^2$

466

유형 19

오른쪽 그림에서 $\overline{PT}$는 원 O의 접선이고 점 T는 접점이다. $\overline{AB}$가 원 O의 지름이고 $\overline{PT} = \overline{TB} = 6\,cm$일 때, $\overarc{PB}$의 길이를 구하시오.

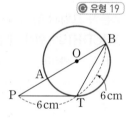

467

ⓒ 유형 01

오른쪽 그림과 같이 원 모양의 종이를 $\overline{AB}$를 접는 선으로 하여 접었더니 접힌 부분의 호가 원 O의 중심을 지나게 되었다. 접힌 부분이 아닌 원 O 위의 한 점을 P라 할 때, $\angle x$의 크기를 구하시오.

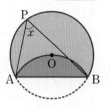

469

ⓒ 유형 12

오른쪽 그림과 같이 원에 내접하는 □ABCD의 내부에 한 점 P가 있고 $\angle PAB = \angle BCD$, $\angle PBA = \angle ADC$이다. $\overline{AP} = 4$, $\overline{AD} = 5$, $\overline{BC} = 9$일 때, $\overline{BP}$의 길이를 구하시오.

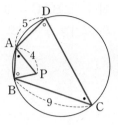

468

ⓒ 유형 13

오른쪽 그림과 같이 육각형 ABCDEF가 원에 내접하고 $\angle BAF = 100°$, $\angle CDE = 120°$일 때, $\angle x + \angle y$의 크기를 구하시오.

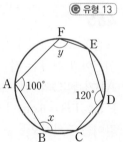

470

ⓒ 유형 19

오른쪽 그림에서 $\overleftrightarrow{DE}$는 점 T를 접점으로 하는 원 O의 접선이고 $\overline{AC}$는 원 O의 지름이다. $\overline{AB} /\!/ \overline{DE}$이고 $\angle CTE = 20°$일 때, $\angle x$의 크기는?

① 115°　　② 120°
③ 125°　　④ 130°
⑤ 135°

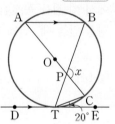

창의·융합

수성과 태양 사이의 거리

폴란드의 천문학자인 코페르니쿠스는 수성과 태양 사이의 거리를 원의 접선의 성질과 삼각비의 값을 이용하여 구하였다. 코페르니쿠스는 지구에서 수성의 공전 궤도에 그은 접선과 수성의 공전 궤도가 만나는 점, 즉 접점의 위치에 수성이 있을 때, 지구에서 태양과 수성을 바라본 각의 크기가 22.3°임을 알아냈고, 이를 이용하여 다음과 같이 수성과 태양 사이의 거리를 구하였다.

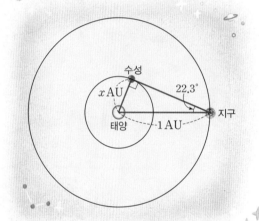

원의 접선은 그 접점을 지나는 반지름에 수직이므로 수성이 접점의 위치에 있을 때, 오른쪽 그림과 같이 태양, 수성, 지구가 이루는 삼각형은 직각삼각형이다. 지구와 태양 사이의 거리를 천문 단위로 1 AU라 하는데 수성과 태양 사이의 거리를 x AU라 하면 $\sin 22.3°$의 값은 약 0.3794이므로

$$\sin 22.3° = \frac{(\text{수성과 태양 사이의 거리})}{(\text{지구와 태양 사이의 거리})}$$
$$= \frac{x}{1} = 0.3794$$

이때 1 AU는 약 150,000,000 km이므로 0.3794 AU는 약 56,910,000 km이다.

즉, 수성과 태양 사이의 거리는 약 5천7백만 km임을 알 수 있다.

쉬어가기

정답 및 풀이 39쪽

숨은 그림 찾기

연필, 식칼, 삼각자, 바나나, 장화, 두더지, 뱀, 책, 손전등, 반바지

통계

Theme 11 대푯값 ⓒ 유형 01 ~ 유형 06

(1) 대푯값

자료 전체의 특징을 하나의 수로 나타낸 값

(2) 평균

변량의 총합을 변량의 개수로 나눈 값 ⇨ $(평균) = \dfrac{(변량)의\ 총합}{(변량)의\ 개수}$

┗ 자료를 수량으로 나타낸 것

예 자료가 2, 4, 6, 8, 10, 12인 경우 평균은 $\dfrac{2+4+6+8+10+12}{6} = \dfrac{42}{6} = 7$

(3) 중앙값

자료를 작은 값부터 크기순으로 나열하였을 때, 한가운데 있는 값

① 자료의 개수가 홀수일 때 : 한가운데 있는 값이 중앙값이다.

② 자료의 개수가 짝수일 때 : 한가운데 있는 두 값의 평균이 중앙값이다.

예 • 자료가 2, 4, 5, 7, 8, 9, 15의 7개인 경우 중앙값은 7

• 자료가 2, 3, 3, 6, 7, 9의 6개인 경우 중앙값은 $\dfrac{3+6}{2} = 4.5$

(4) 최빈값

자료의 값 중에서 가장 많이 나타난 값

예 • 자료가 2, 3, 5, 5, 7인 경우 최빈값은 5

• 자료가 6, 6, 7, 8, 9, 9, 10인 경우 최빈값은 6, 9

비법 Note

▶ 대푯값에는 평균, 중앙값, 최빈값 등이 있으며 평균을 대푯값으로 가장 많이 사용한다.

비법 Note

▶ 자료에 매우 크거나 매우 작은 값이 있는 경우 평균은 그 극단적인 값의 영향을 많이 받으므로 중앙값이 대푯값으로 더 적절하다.

비법 Note

▶ 최빈값의 특징
① 자료의 수가 많고, 자료에 같은 값이 여러 번 나타나는 경우에 최빈값을 대푯값으로 많이 사용한다.
② 자료를 수로 나타내지 못하는 경우에도 최빈값을 구할 수 있다.
③ 최빈값은 자료에 따라 2개 이상일 수도 있다.

Theme 12 분산과 표준편차 ⓒ 유형 07 ~ 유형 12

(1) 산포도

자료들이 대푯값 주위에 흩어져 있는 정도를 하나의 수로 나타낸 값

(2) 편차

각 변량에서 평균을 뺀 값 ⇨ $(편차) = (변량) - (평균)$

① 편차의 총합은 항상 0이다.

② 편차의 절댓값이 클수록 그 변량은 평균에서 멀리 떨어져 있고, ← 편차는 각각의 변량이 평균으로부터 떨어진 정도를 나타낸다.
편차의 절댓값이 작을수록 그 변량은 평균에 가까이 있다.

③ 평균보다 큰 변량의 편차는 양수이고, 평균보다 작은 변량의 편차는 음수이다.

(3) 분산

각 편차의 제곱의 평균 ⇨ $(분산) = \dfrac{(편차)^2의\ 총합}{(변량)의\ 개수}$

(4) 표준편차

분산의 음이 아닌 제곱근 ⇨ $(표준편차) = \sqrt{(분산)}$

주의 분산은 단위를 갖지 않고, 표준편차는 주어진 변량과 같은 단위를 갖는다.

비법 Note

▶ 각 변량들이 대푯값 주위에 모여 있으면 산포도가 작다.
⇨ 분포 상태가 고르다.
▶ 각 변량들이 대푯값에서 멀리 흩어져 있으면 산포도가 크다.
⇨ 분포 상태가 고르지 않다.

비법 Note

▶ 평균 ⇨ 편차 ⇨ 분산
⇨ 표준편차의 순서로 구한다.

Theme 11 대푯값

[471~475] 다음 중 옳은 것에 ○표, 옳지 <u>않은</u> 것에 ×표를 하시오.

471 자료의 특징을 하나의 수로 나타내어 전체 자료를 대표하는 값을 대푯값이라 한다.　(　)

472 평균은 자료의 개수가 많을수록 커진다. (　)

473 최빈값은 반드시 1개이다.　(　)

474 중앙값은 반드시 1개이다.　(　)

475 자료의 특징을 가장 잘 나타내는 대푯값은 항상 평균이다.　(　)

[476~477] 다음 자료의 평균을 구하시오.

476 1, 2, 3, 4, 5

477 6, 7, 7, 8, 8, 12

[478~481] 다음 자료의 중앙값을 구하시오.

478 2, 3, 5, 7, 9

479 1, 3, 6, 6, 8, 9

480 2, 4, 1, 6, 6, 2, 7

481 5, 10, 8, 6, 7, 8, 12, 7

[482~484] 다음 자료의 최빈값을 구하시오.

482 5, 4, 8, 5, 3, 8, 5, 3, 5

483 2, 4, 1, 6, 6, 2, 10

484 2, 3, 11, 5, 21, 7, 11

Theme 12 분산과 표준편차

[485~488] 다음 중 옳은 것에 ○표, 옳지 <u>않은</u> 것에 ×표를 하시오.

485 편차의 총합은 항상 1이다.　(　)

486 분산이 작을수록 변량들이 평균 주위에 모여 있다.　(　)

487 표준편차가 클수록 그 자료의 분포 상태는 평균을 중심으로 흩어져 있는 정도가 크다고 할 수 있다.　(　)

488 평균보다 큰 변량의 편차는 음수이다.　(　)

[489~491] 다음 자료의 평균, 분산, 표준편차를 각각 구하시오.

489 2, 4, 6, 8

490 3, 4, 5, 7, 11

491 7, 9, 13, 10, 11

05 대푯값과 산포도

유형 01   평균의 뜻과 성질

$$(\text{평균}) = \frac{(\text{변량})의\ 총합}{(\text{변량})의\ 개수}$$

참고 대푯값에는 평균, 중앙값, 최빈값 등이 있으며, 평균을 대푯값으로 가장 많이 사용한다.

대표 문제

492

다음 표는 영진이가 1월부터 5월까지 매달 읽은 책 수를 조사하여 나타낸 것이다. 한 달 동안 읽은 책 수의 평균을 구하시오.

월	1	2	3	4	5
책 수(권)	5	8	2	9	6

493 ●●●●

다음 표는 지수의 5회에 걸친 음악 실기 점수를 조사하여 나타낸 것이다. 5회에 걸친 음악 실기 점수의 평균이 73점일 때, 3회의 음악 실기 점수를 구하시오.

회	1	2	3	4	5
점수(점)	72	70		78	75

494 ●●●●

세 수 a, b, 5의 평균이 7이고, 세 수 c, d, 9의 평균이 15일 때, 네 수 a, b, c, d의 평균을 구하시오.

495 ●●●●

세 수 a, b, c의 평균이 10일 때, 네 수 $3a-3$, $3b+1$, $3c$, 8의 평균을 구하시오.

유형 02   중앙값의 뜻과 성질

(1) 중앙값 : 자료를 작은 값부터 크기순으로 나열하였을 때, 한가운데 있는 값

(2) n개의 자료를 작은 값부터 크기순으로 나열하였을 때, 중앙값은

  ① n이 홀수이면 ⇨ $\dfrac{n+1}{2}$ 번째 자료의 값

  ② n이 짝수이면 ⇨ $\dfrac{n}{2}$ 번째 자료와 $\left(\dfrac{n}{2}+1\right)$ 번째 자료의 값의 평균

대표 문제

496

다음 자료는 학생 12명이 하루 동안 받은 문자 메시지의 수를 조사하여 나타낸 것이다. 이 자료의 중앙값을 구하시오.

(단위 : 통)

5, 3, 1, 6, 4, 8, 3, 5, 4, 9, 5, 4

497 ●●●●

오른쪽 줄기와 잎 그림은 어느 학급 학생 13명의 일주일 동안의 스마트폰 사용 시간을 조사하여 나타낸 것이다. 이 학급 학생들의 스마트폰 사용 시간의 중앙값은?

(2|1은 21시간)

줄기	잎
0	5 7 8
1	0 1 4 5 9
2	1 2 2 4 5

① 10시간   ② 11시간   ③ 14시간
④ 15시간   ⑤ 19시간

498 ●●●●

다음 자료는 A, B 두 모둠 학생들이 지난 학기 동안 한 봉사 활동 시간을 조사하여 나타낸 것이다. A, B 두 모둠 학생들의 봉사 활동 시간의 중앙값을 각각 a시간, b시간이라 할 때, $a+b$의 값을 구하시오.

(단위 : 시간)

[A 모둠]	23, 32, 25, 20, 47
[B 모둠]	8, 11, 9, 20, 15, 24

05

유형 03 최빈값의 뜻과 성질

(1) 최빈값 : 자료의 값 중에서 가장 많이 나타난 값
(2) 자료의 값 중에서 도수가 가장 큰 값이 2개 이상이면 그 값이
모두 최빈값이다. ← 최빈값은 자료에 따라 2개 이상일 수도 있다.

대표 문제

499

다음 표는 민수가 친구들의 취미 활동을 조사하여 나타낸 것이다. 친구들의 취미 활동의 최빈값은?

취미 활동	영화 감상	게임	음악 감상	춤	독서
학생 수(명)	9	6	3	4	2

① 영화 감상　　② 게임　　　③ 음악 감상
④ 춤　　　　　⑤ 독서

500 ●●●●

6개의 변량 15, 12, 11, a, 17, 13의 최빈값이 15일 때, a의 값은?

① 11　　　　　② 12　　　　　③ 13
④ 15　　　　　⑤ 17

501 ●●●●

다음 자료 중 중앙값과 최빈값이 서로 같은 것은?

① 1, 1, 1, 2, 2, 2, 3
② 1, 2, 3, 4, 5, 6, 6
③ 1, 1, 1, 1, 2, 2, 2
④ 2, 2, 2, 3, 3, 4, 5, 5
⑤ -1, -1, 0, 1, 2, 2

신유형

502 ●●●●

다음 자료는 명인이네 학교 바둑반 학생 8명의 바둑 급수를 조사하여 나타낸 것이다. 바둑 급수가 최빈값인 학생을 모두 구하시오.

(단위 : 급)

명인 : 8	현영 : 4	경희 : 9	장훈 : 9
진수 : 8	성일 : 3	지영 : 7	태희 : 8

유형 04 대푯값 비교하기

평균	중앙값	최빈값
(평균)=$\dfrac{(변량)의 총합}{(변량)의 개수}$	자료를 작은 값부터 크기순으로 나열하였을 때, 한가운데 있는 값	자료의 값 중에서 가장 많이 나타난 값

대표 문제

503

오른쪽 줄기와 잎 그림은 경섭이네 반 학생 10명의 제기차기 횟수를 조사하여 나타낸 것이다. 제기차기 횟수의 평균, 중앙값, 최빈값 중 그 값이 가장 큰 것을 말하시오.

(3|4는 34회)

줄기	잎
0	6　6
1	4　4　4　6
2	0　2　4
3	4

서술형

504 ●●●●

오른쪽 막대그래프는 다은이네 반 남학생 15명의 턱걸이 횟수를 조사하여 나타낸 것이다. 턱걸이 횟수의 평균, 중앙값, 최빈값 중 그 값이 가장 작은 것을 말하시오.

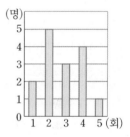

505 ●●●●

오른쪽 꺾은선그래프는 1반, 2반, 3반 학생들의 수학 수행평가 점수를 각각 조사하여 나타낸 것이다. 다음 보기에서 옳은 것을 모두 고르시오.

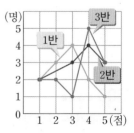

보기

ㄱ. 중앙값이 가장 작은 반은 1반이다.
ㄴ. 평균이 가장 큰 반은 3반이다.
ㄷ. 3반 학생들의 최빈값은 4점이다.

대푯값과 산포도

Theme
11
12

 유형 05 대푯값이 주어질 때 변량 구하기

(1) 평균이 주어질 때 ⇨ (평균) = $\dfrac{(변량)의 \ 총합}{(변량)의 \ 개수}$ 임을 이용한다.

(2) 중앙값이 주어질 때 ⇨ 자료를 작은 값부터 크기순으로 나열한 후, 미지수인 변량이 몇 번째 위치에 놓이는지 파악한다.

(3) 최빈값이 주어질 때 ⇨ 미지수인 변량이 최빈값이 되는 경우를 모두 확인한다.

대표 문제

506

학생 5명의 발표 횟수가 각각 8회, 5회, 9회, x회, 10회이고 그 평균이 8회일 때, 중앙값은?

① 6회   ② 7회   ③ 8회
④ 9회   ⑤ 10회

507 ●●●●

다음 자료는 학생 7명의 일주일 동안의 운동 시간을 조사하여 나타낸 것이다. 운동 시간의 평균과 최빈값이 서로 같을 때, x의 값은?

(단위 : 시간)

| 6, 8, 1, x, 7, 6, 6 |

① 6   ② 7   ③ 8
④ 9   ⑤ 10

508 ●●●●

다음 조건을 만족시키는 자연수 a는 모두 몇 개인지 구하시오.

(가) 5, 10, 15, 20, a의 중앙값은 15이다.
(나) 11, 35, 41, 48, 52, a의 중앙값은 38이다.

유형 06 대푯값으로 적절한 값 찾기

(1) 여러 대푯값 중에서 일반적으로 평균을 가장 많이 사용한다.

(2) 자료의 값 중에서 매우 크거나 매우 작은 값, 즉 극단적인 값이 있는 경우에 대푯값은 평균보다 중앙값이 더 적절하다.

(3) 자료의 수가 많고, 자료에 같은 값이 여러 번 나타나는 경우에는 최빈값을 대푯값으로 많이 사용한다.

대표 문제

509

다음 중 대푯값에 대한 설명으로 옳지 <u>않은</u> 것은?

① 평균은 극단적인 값의 영향을 받는다.
② 평균은 변량을 모두 더한 후, 그 변량의 개수로 나눈 값이다.
③ 자료 중에서 가장 많이 나오는 값을 최빈값이라 한다.
④ 중앙값은 항상 주어진 자료 중에 존재한다.
⑤ 최빈값은 자료에 따라 2개 이상일 수도 있다.

510 ●●●●

다음 자료 중 평균을 대푯값으로 하기에 가장 적절하지 <u>않은</u> 것은?

① 2, 3, 5, 6, 8
② 50, 51, 51, 53, 58
③ 1, 3, 5, 7, 10
④ 1, 1, 1, 1, 100
⑤ 80, 80, 80, 80, 80

511 ●●●●

아래 자료는 어느 항공사의 제주도 노선에 대한 비행기 출발 지연 시간을 조사하여 나타낸 것이다. 다음 중 이 자료에 대한 설명으로 옳은 것을 모두 고르면? (정답 2개)

(단위 : 분)

| 7, 2, 5, 24, 1, 7, 4, 6 |

① 평균을 대푯값으로 하는 것이 가장 적절하다.
② 중앙값을 대푯값으로 하는 것이 가장 적절하다.
③ 최빈값을 대표값으로 하는 것이 가장 적절하다.
④ 평균이 중앙값보다 작다.
⑤ 자료의 값 중 24분은 극단적으로 큰 값이라 할 수 있다.

Theme 12 분산과 표준편차

워크북 89쪽

유형 07 편차의 뜻과 성질

(1) (편차)＝(변량)－(평균)
(2) 편차의 총합은 항상 0이다.
(3) 편차의 절댓값이 클수록 그 변량은 평균에서 멀리 떨어져 있다.

대표 문제

512

다음 표는 학생 5명의 미술 실기 점수에 대한 편차를 조사하여 나타낸 것이다. 미술 실기 점수의 평균이 25점일 때, 학생 A의 미술 실기 점수를 구하시오.

학생	A	B	C	D	E
편차(점)		3	−2	1	−1

513 ●●●●

아래 자료는 다율이가 다트 게임에서 다트를 6번 던져 얻은 점수를 조사하여 나타낸 것이다. 다음 중 이 자료의 편차가 아닌 것은?

(단위 : 점)

> 8, 1, 6, 9, 5, 7

① −2점 ② −1점 ③ 0점
④ 1점 ⑤ 2점

신유형

514 ●●●●

다음 표는 준우네 모둠 5명의 국어 점수에 대한 편차를 조사하여 나타낸 것이다. 준우와 다영이의 국어 점수의 차를 구하시오.

학생	준우	다영	승열	서연	미리
편차(점)	x	7	−5	2	5

515 ●●●●

다음 표는 나연이네 모둠 5명의 과학 탐구 보고서 점수를 조사하여 나타낸 것이다. 편차의 절댓값이 가장 큰 학생을 구하시오.

학생	나연	자윤	예나	우진	은아
점수(점)	37	31	38	29	35

516 ●●●●

아래 표는 학생 6명의 영어 점수에 대한 편차를 조사하여 나타낸 것이다. 다음 설명 중 옳지 않은 것은?

학생	A	B	C	D	E	F
편차(점)	−5	0	4	x	1	−3

① x의 값은 3이다.
② 학생 A의 영어 점수가 가장 낮다.
③ 학생 B의 영어 점수는 평균과 같다.
④ 학생 C와 학생 F의 영어 점수의 차는 7점이다.
⑤ 평균보다 영어 점수가 높은 학생은 2명이다.

서술형

517 ●●●●

다음 표는 지홍이네 모둠 5명의 수학 점수와 편차를 조사하여 나타낸 것이다. 이때 $a+b+c$의 값을 구하시오.

학생	지홍	은지	윤수	서연	예린
점수(점)	55	58	a	b	67
편차(점)	−5	−2	4	c	7

518 ●●●●

다음 표는 학생 5명의 체육 점수에 대한 편차를 조사하여 나타낸 것이다. 체육 점수의 평균이 72점일 때, 학생 B와 학생 E의 체육 점수의 평균은?

학생	A	B	C	D	E
편차(점)	−4	x	−2	2	$-2x+1$

① 71점 ② 72점 ③ 73점
④ 74점 ⑤ 75점

유형 08 분산과 표준편차 구하기

(1) (분산) = $\dfrac{(편차)^2의 \; 총합}{(변량)의 \; 개수}$

(2) (표준편차) = $\sqrt{(분산)}$

주의 분산은 단위를 갖지 않고, 표준편차는 주어진 변량과 같은 단위를 갖는다.

대표 문제

519

다음 자료는 학생 5명의 몸무게의 편차를 조사하여 나타낸 것이다. 이때 몸무게의 표준편차를 구하시오.

(단위 : kg)

$$-6, \quad x, \quad 1, \quad -3, \quad 5$$

520 ●●●●

다음 표는 4명의 학생이 일주일 동안 컴퓨터 게임을 한 시간을 조사하여 나타낸 것이다. 이때 분산은?

학생	지성	연아	청용	연재
게임 시간(시간)	11	6	9	10

① 3.5   ② 4   ③ 4.5

④ 5   ⑤ 5.5

521 ●●●●

다음 자료는 시현이가 5번 실시한 다이빙에서 받은 점수를 조사하여 나타낸 것이다. 시현이의 다이빙 점수의 표준편차는?

(단위 : 점)

$$26, \quad 29, \quad 27, \quad 30, \quad 28$$

① 1점   ② $\sqrt{2}$점   ③ $\sqrt{3}$점

④ 2점   ⑤ $\sqrt{5}$점

신유형

522 ●●●●

아래 표는 학생 5명의 사회 점수에 대한 편차를 조사하여 나타낸 것이다. 다음 보기에서 옳은 것을 모두 고른 것은?

학생	A	B	C	D	E
편차(점)	6	3	x	-4	-2

보기

ㄱ. 학생 A와 학생 D의 사회 점수의 차는 2점이다.

ㄴ. x의 값은 -3이다.

ㄷ. 분산은 15이다.

ㄹ. 학생 D의 사회 점수가 가장 낮다.

① ㄱ, ㄴ   ② ㄱ, ㄷ   ③ ㄴ, ㄹ

④ ㄱ, ㄴ, ㄷ   ⑤ ㄴ, ㄷ, ㄹ

서술형

523 ●●●●

5개의 변량 7, 10, x, $x+3$, $x+10$의 평균이 9일 때, 표준편차를 구하시오.

524 ●●●●

다음 표는 어느 반 학생들이 가지고 있는 문제집의 권수에 대한 편차와 학생 수를 조사하여 나타낸 것이다. 문제집의 권수의 분산을 구하시오.

편차(권)	-3	-2	-1	0	1	2
학생 수(명)	1	x	1	1	2	3

유형 09 평균과 분산이 주어질 때, 식의 값 구하기

5개의 변량 a, b, c, d, e의 평균이 m이고, 분산이 v이면

(1) $\dfrac{a+b+c+d+e}{5}=m$

(2) $\dfrac{(a-m)^2+(b-m)^2+(c-m)^2+(d-m)^2+(e-m)^2}{5}=v$

임을 이용하여 식의 값을 구할 수 있다.

대표 문제

525

5개의 변량 $4, x, 8, y, 5$의 평균이 6이고 분산이 3일 때, x^2+y^2의 값은?

① 72   ② 81   ③ 90

④ 96   ⑤ 100

526 ●●●●

4개의 변량 a, b, c, d의 평균이 5이고 표준편차가 $2\sqrt{2}$일 때, $(a-5)^2+(b-5)^2+(c-5)^2+(d-5)^2$의 값은?

① 28   ② 29   ③ 30

④ 31   ⑤ 32

서술형

527 ●●●●

5개의 변량에 대하여 그 편차가 각각 $x, -3, -2, 1, y$ 이고 분산이 16일 때, xy의 값을 구하시오.

528 ●●●●

다음 표는 육상 선수 5명의 멀리뛰기 기록에 대한 편차를 조사하여 나타낸 것이다. 멀리뛰기 기록의 표준편차가 $\sqrt{7.2}$ cm일 때, ab의 값은?

선수	A	B	C	D	E
편차(cm)	-4	a	-1	3	b

① -4 ② -3.5 ③ -3

④ 3   ⑤ 3.5

529 ●●●●

세 수 x_1, x_2, x_3의 평균이 8이고 표준편차가 $\sqrt{6}$일 때, 세 수 $x_1{}^2, x_2{}^2, x_3{}^2$의 평균을 구하시오.

530 ●●●●

오른쪽 그림과 같이 모서리의 길이가 각각 $4, a, b$인 직육면체가 있다. 모서리 12개 의 길이의 평균이 4, 분산이 $\dfrac{4}{3}$일 때, 이 직육면체의 겉넓이를 구하시오.

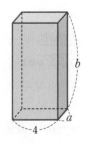

05

대푯값과 산포도

Theme

11

12

 **10** 변화된 변량에 대한 평균, 분산, 표준편차

(1) 모든 변량에 일정한 수를 더하거나 빼어도 분산과 표준편차는 변하지 않는다.

(2) 모든 변량에 일정한 수를 곱하는 경우에는 곱한 수에 따라 다음과 같이 분산과 표준편차가 변한다.

n개의 변량	평균	분산	표준편차
$x_1, x_2, \cdots, x_n$	m	s^2	s
$ax_1+b, ax_2+b, \cdots, ax_n+b$	$am+b$	a^2s^2	$|a|s$

대표 문제

531

10개의 변량을 각각 2배씩 하면 평균과 분산은 어떻게 변하는가?

① 평균과 분산 모두 변함없다.

② 평균은 변함없고 분산은 2배가 된다.

③ 평균은 2배가 되고 분산은 변함없다.

④ 평균과 분산 모두 2배가 된다.

⑤ 평균은 2배가 되고 분산은 4배가 된다.

532 ●●●●

3개의 변량 a, b, c의 평균을 m이라 할 때, 3개의 변량 $4a-1$, $4b-1$, $4c-1$의 평균은?

① m　　　② $2m-1$　　　③ $4m-1$

④ $2m+1$　　　⑤ $4m$

서술형

533 ●●●●

3개의 변량 a, b, c의 평균이 10이고 분산이 9일 때, 3개의 변량 $2a$, $2b$, $2c$의 평균은 m, 분산은 n이다. 이때 $n-m$의 값을 구하시오.

유형 **11** 두 집단 전체의 분산과 표준편차

평균이 같은 두 집단 A, B의 도수와 표준편차가 오른쪽 표와 같을 때, (두 집단 전체의 표준편차)

$$= \sqrt{\dfrac{(편차)^2의\ 총합}{자료의\ 총\ 개수}}$$

$$= \sqrt{\dfrac{ax^2+by^2}{a+b}}$$

	A	B
도수	a	b
표준편차	x	y

대표 문제

534

다음 표는 현수네 반과 유진이네 반의 과학 점수의 평균과 분산을 조사하여 나타낸 것이다. 두 반 전체 40명의 과학 점수의 표준편차를 구하시오.

	현수네 반	유진이네 반
학생 수(명)	20	20
평균(점)	70	70
분산	20	12

535 ●●●●

다음 표는 A, B 두 모둠 학생들의 하루 동안의 수면 시간의 평균과 표준편차를 조사하여 나타낸 것이다. 두 모둠 전체 30명의 수면 시간의 분산이 7.6일 때, a의 값을 구하시오.

	A 모둠	B 모둠
학생 수(명)	14	16
평균(시간)	7	7
표준편차(시간)	$\sqrt{6}$	a

536 ●●●●

학생 6명의 몸무게의 평균은 68 kg이고 분산은 10이다. 6명 중에서 몸무게가 68 kg인 학생이 한 명 빠졌을 때, 나머지 학생 5명의 몸무게의 분산은?

① 8　　　② 10　　　③ 12

④ 14　　　⑤ 16

유형 12 자료의 분석

(1) 산포도가 작다.
⇨ 변량이 평균 주위에 모여 있다.
⇨ 변량 간의 격차가 작다.
⇨ 자료의 분포 상태가 고르다.
(2) 산포도가 크다.
⇨ 변량이 평균에서 멀리 흩어져 있다.
⇨ 변량 간의 격차가 크다.
⇨ 자료의 분포 상태가 고르지 않다.

대표 문제

537

아래 표는 어느 중학교 3학년 5개 반의 수학 성적의 평균과 표준편차를 조사하여 나타낸 것이다. 다음 중 옳은 것은?

	1반	2반	3반	4반	5반
평균(점)	88	88	85	78	90
표준편차(점)	5.5	7.8	3.2	6.7	5.2

① 1반과 2반의 학생 수는 같다.
② 수학 성적이 가장 우수한 반은 4반이다.
③ 수학 성적이 80점 이상인 학생 수는 5반이 4반보다 더 많다.
④ 5반의 수학 성적이 1반의 수학 성적보다 고르다.
⑤ 수학 성적에 대한 편차의 제곱의 총합이 가장 작은 반은 3반이다.

538 ●●●●

다음 표는 어느 중학교 3학년 5개 반의 도덕 점수의 평균과 표준편차를 조사하여 나타낸 것이다. 5개 반 중 도덕 점수가 가장 고른 반은?

(단, 각 반의 학생 수는 모두 같다.)

	1반	2반	3반	4반	5반
평균(점)	64	65	67	64	66
표준편차(점)	7.9	7.5	8.9	9.5	6.1

① 1반   ② 2반   ③ 3반
④ 4반   ⑤ 5반

신유형

539 ●●●●

아래 표는 4차에 걸친 A, B, C 세 학생의 줄넘기 기록을 조사하여 나타낸 것이다. A, B, C 세 학생의 줄넘기 기록의 표준편차를 각각 a회, b회, c회라 할 때, 다음 중 a, b, c의 대소 관계로 옳은 것은?

(단위 : 회)

	1차	2차	3차	4차
A	67	67	67	67
B	69	64	65	70
C	68	66	66	68

① $a<b<c$ ② $a<c<b$ ③ $b<a<c$
④ $b<c<a$ ⑤ $c<a<b$

540 ●●●●

아래 표는 태환이와 지원이의 4차에 걸친 농구 시합의 자유투 성공 횟수를 조사하여 나타낸 것이다. 다음 보기에서 옳은 것을 모두 고르시오.

(단위 : 회)

	1차	2차	3차	4차
태환	7	5	6	6
지원	10	2	9	3

보기

ㄱ. 태환이와 지원이의 평균은 같다.
ㄴ. 태환이와 지원이의 표준편차는 같다.
ㄷ. 태환이의 자유투 성공 횟수가 더 고르다.

541 ●●●●

오른쪽 그림과 같이 점수가 표시된 과녁이 있다. A, B, C 세 사람이 각각 5개의 화살을 쏘아 과녁을 맞힌 결과가 다음과 같을 때, 5개의 화살로 맞힌 과녁의 점수가 고른 사람부터 차례로 나열하시오.

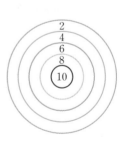

    A   B   C

542

유형 01

은지, 영지, 유진이가 주말에 TV를 시청한 시간을 조사해 보았더니 은지와 영지의 TV 시청 시간의 평균은 6시간, 영지와 유진이의 TV 시청 시간의 평균은 8시간, 은지와 유진이의 TV 시청 시간의 평균은 10시간이었다. 세 사람의 TV 시청 시간의 평균은?

① 6시간   ② 7시간   ③ 8시간
④ 9시간   ⑤ 10시간

543

유형 01

어느 중학교 수학 경시 대회에 1학년 15명, 2학년 35명, 3학년 50명이 참가한 결과 3학년 학생들의 성적의 평균은 1학년 학생들의 성적의 평균보다 6점 높았고, 1학년과 2학년 학생들의 성적의 평균은 서로 같았다. 3개 학년 전체 학생들의 성적의 평균은 50점일 때, 3학년 학생들의 성적의 평균은?

① 49점   ② 50점   ③ 51점
④ 52점   ⑤ 53점

544

유형 01

민혁이네 반의 남학생과 여학생 전체의 역사 점수의 평균은 78점이다. 남학생의 역사 점수의 평균은 82점, 여학생의 역사 점수의 평균은 74.8점일 때, 남학생 수와 여학생 수의 비를 가장 간단한 자연수의 비로 나타내시오.

545

유형 02

9개의 정수 6, 7, 2, 2, 9, 3, p, q, r의 중앙값이 될 수 있는 가장 큰 수를 구하시오.

546

유형 05

다음 자료는 예빈이네 반 학생 6명의 오래 매달리기 기록을 조사하여 나타낸 것이다. 이 자료의 최빈값이 9초이고 $a+b=17$일 때, 중앙값을 구하시오. (단, $a<b$)

(단위 : 초)

9, a,   7,   12,   6, b

547

유형 05

다음 자료는 어느 축구부 학생들이 올해 넣은 골의 수를 조사하여 나타낸 것이다. 올해 넣은 골의 수의 평균이 6골이고 중앙값이 4골일 때, $b-a$의 값을 구하시오.

(단, $a<b$)

(단위 : 골)

> $1, \quad 2, \quad 3, \quad 8, \quad 14, \quad a, \quad b$

548

유형 05

7개의 변량 x, y, z, 6, 7, 7, 10의 중앙값이 9, 최빈값이 10일 때, $x+y+z$의 값은? (단, x의 값이 가장 작다.)

① 24   ② 26   ③ 29
④ 30   ⑤ 32

549

유형 05

평균이 12이고 중앙값이 15인 서로 다른 세 자연수가 있다. 이 세 자연수 중 가장 작은 수를 a, 가장 큰 수를 b라 할 때, $b-a$의 가장 큰 값과 가장 작은 값의 차를 구하시오.

550

유형 10

아래 두 자료 A, B의 분산을 각각 a, b라 할 때, 다음 중 a와 b 사이의 관계로 옳은 것은?

(단, 두 자료 A, B의 변량의 개수는 서로 같다.)

> [자료 A] 1, 2, 3, …, 50
> [자료 B] 4, 8, 12, …, 200

① $a=b$ ② $4a=b$ ③ $4a+1=b$
④ $16a=b$ ⑤ $16a+1=b$

551

유형 01

길이가 a cm, b cm, 4 cm, 16 cm인 4개의 끈으로 각각 정사각형을 만들면 정사각형의 넓이의 평균이 6 cm^{2}이다. 4개의 끈의 길이의 평균이 10 cm일 때, ab의 값을 구하시오. (단, 매듭의 길이는 생각하지 않는다.)

552

유형 04

다음 줄기와 잎 그림은 지은이네 반 학생 19명의 팔 굽혀 펴기 횟수를 조사하여 나타낸 것이다. 잎은 크기순으로 나열되어 있고 중앙값이 최빈값보다 4만큼 클 때, $x+y$의 값은?

(2|2는 22회)

줄기	잎
0	1 6 6 7
1	0 1 2 2 x y 6 8 8
2	2 3 6 6 7 7

① 6   ② 7   ③ 8
④ 9   ⑤ 10

553

유형 05 + 유형 08

두 자료 A, B에 대하여 자료 A의 중앙값은 8이고, 두 자료 A, B를 섞은 전체 자료의 중앙값이 9일 때, 자료 A의 분산은? (단, a, b는 자연수이고, $a < b$이다.)

[자료 A] a, 7, 12, b, 3
[자료 B] 15, $a-2$, $b+1$, 11, 7

① 7.4   ② 8   ③ 8.6
④ 9.2   ⑤ 9.8

554

유형 09

3개의 변량 8, 10, 12에 2개의 변량을 추가하였더니 5개의 변량의 평균이 9이고 분산이 4이었다. 추가한 2개의 변량의 곱을 구하시오.

555

유형 09

5개의 수 a, b, c, d, e의 평균이 5이고 표준편차가 3일 때, 5개의 수 a^2, b^2, c^2, d^2, e^2의 평균은?

① 34   ② 36   ③ 38
④ 40   ⑤ 42

556

유형 11

네 수 a, b, c, d에 대하여 a, b와 c, d의 평균과 분산이 다음 표와 같을 때, a, b, c, d의 분산을 구하시오.

	a, b	c, d
평균	5	3
분산	2	6

557
© 유형 04

아래 자료에 한 개의 변량을 추가하였을 때, 다음 보기에서 옳은 것을 모두 고른 것은?

> 2, 4, 5, 5, 5, 7, 8, 9

보기
ㄱ. 이 자료의 중앙값은 변하지 않는다.
ㄴ. 이 자료의 최빈값은 변하지 않는다.
ㄷ. 이 자료의 평균은 변하지 않는다.

① ㄱ ② ㄴ ③ ㄱ, ㄴ
④ ㄴ, ㄷ ⑤ ㄱ, ㄴ, ㄷ

558
© 유형 05

아래 두 자료 A, B에 대하여 다음 조건을 만족시키는 a, b의 값을 모두 구하시오.

자료 A	17, b, 25, a, 15
자료 B	26, 20, a, 25, $b-1$

㈎ 자료 A의 중앙값은 22이다.
㈏ 두 자료 A, B를 섞은 전체 자료의 중앙값은 23이다.

559
© 유형 05

다음은 어느 동아리 회원 5명의 나이를 변량으로 한 자료에 대한 설명이다. 이때 나머지 한 회원의 나이를 구하시오.

㈎ 회원들의 나이의 평균은 14살이다.
㈏ 한 회원의 나이는 15살이다.
㈐ 가장 어린 회원의 나이는 9살이다.
㈑ 최빈값은 18살로 2명이 있다.

560
© 유형 11

학생 5명의 수행평가를 채점한 결과 수행평가 점수의 평균이 8점, 분산이 6이었다. 그런데 나중에 조사해 보았더니 수행평가 점수가 9점, 6점인 두 학생의 수행평가 점수를 각각 8점, 7점으로 잘못 채점한 것이 발견되었다. 5명의 수행평가를 제대로 채점했을 때의 점수의 분산은?

① 5.6 ② 5.8 ③ 6.2
④ 6.4 ⑤ 6.8

Theme 13 산점도와 상관관계 ⓒ 유형 01 ~ 유형 04

(1) 산점도

두 변량 x, y의 순서쌍 (x, y)를 좌표로 하는 점을 좌표평면 위에 나타낸 그림을 두 변량 x, y에 대한 산점도라 한다.

⑩ 5명의 학생들의 수행평가 수학 점수와 과학 점수가 다음 표와 같을 때, 수학 점수를 x점, 과학 점수를 y점이라 하고 산점도로 나타내면 오른쪽 그림과 같다.

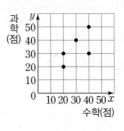

학생	A	B	C	D	E
수학(점)	40	20	40	20	30
과학(점)	30	30	50	20	40

참고 산점도를 주어진 조건에 따라 해석할 때는 다음과 같이 보조선을 그어 생각한다.

두 변량의 비교	이상, 이하	두 변량의 합	두 변량의 차
$y=x$ $x<y$ $x>y$	$x\le a$ $y\ge b$ | $x\ge a$ $y\ge b$ $x\le a$ $y\le b$ | $x\ge a$ $y\le b$		$y=x$
		x와 y의 합이 $2a$ 이상	x와 y의 차가 a 이상

(2) 상관관계

두 변량 x와 y 중 한쪽의 값이 증가함에 따라 다른 한쪽의 값이 대체로 증가 또는 감소할 때, x와 y 사이에 상관관계가 있다고 한다.

① 양의 상관관계 : x의 값이 증가함에 따라 y의 값도 대체로 증가할 때, x와 y 사이에는 양의 상관관계가 있다고 한다.

   ⑩ 키와 발 크기, 도시의 인구수와 학교 수

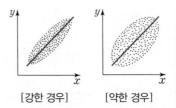

[강한 경우]   [약한 경우]

② 음의 상관관계 : x의 값이 증가함에 따라 y의 값이 대체로 감소할 때, x와 y 사이에는 음의 상관관계가 있다고 한다.

   ⑩ 운동량과 비만도, 해발 고도와 기온

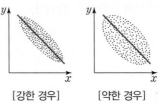

[강한 경우]   [약한 경우]

③ 상관관계가 없다 : x의 값이 증가함에 따라 y의 값이 증가하는 경향이 있는지 감소하는 경향이 있는지 분명하지 않을 때, x와 y 사이에는 상관관계가 없다고 한다.

   ⑩ 시력과 앉은키, 영어 점수와 출석 번호

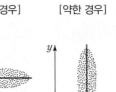

비법 note
▶ 산점도(흩을 散, 점 點, 그림 圖) : 흩어져 있는 점으로 나타낸 그림

비법 note
▶ 산점도를 통해 두 변량 사이의 관계를 파악할 수 있다.

비법 note
▶ 양 또는 음의 상관관계가 있을 때, 통틀어 상관관계가 있다고 한다.

비법 note
▶ 양 또는 음의 상관관계가 있는 산점도에서 점들이 한 직선 주위에 가까이 모여 있을수록 상관관계가 강하다고 하고, 한 직선으로부터 멀리 흩어져 있을수록 상관관계가 약하다고 한다.
▶ 상관관계가 강하다.
  ⇨ 경향이 뚜렷하다.
  ⇨ 특색이 잘 나타난다.

Theme 13 산점도와 상관관계

561 다음 표는 지홍이네 반 학생 10명이 일 년 동안 읽은 책의 수와 국어 점수를 조사하여 나타낸 것이다. 일 년 동안 읽은 책의 수를 x권, 국어 점수를 y점이라 할 때, x와 y에 대한 산점도를 그리시오.

학생	A	B	C	D	E	F	G	H	I	J
책의 수(권)	2	6	10	4	4	8	6	4	12	8
국어 점수(점)	50	70	100	50	70	90	60	60	80	70

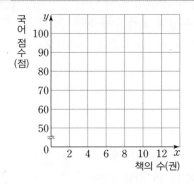

[562~563] 오른쪽 그림은 서연이네 반 학생 10명의 하루 동안의 TV 시청 시간과 수면 시간을 조사하여 나타낸 산점도이다. 다음 물음에 답하시오.

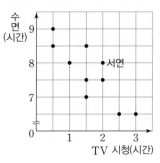

562 서연이의 TV 시청 시간과 수면 시간을 각각 구하시오.

563 수면 시간이 가장 긴 학생의 TV 시청 시간을 구하시오.

[564~565] 오른쪽 그림은 윤진이네 반 학생 10명의 영어 듣기 점수와 영어 말하기 점수를 조사하여 나타낸 산점도이다. 다음 물음에 답하시오.

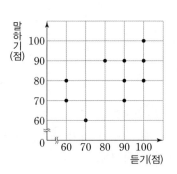

564 듣기 점수와 말하기 점수가 같은 학생은 몇 명인지 구하시오.

565 듣기 점수가 90점 이상인 학생은 몇 명인지 구하시오.

[566~569] 다음 보기의 산점도에 대하여 물음에 답하시오.

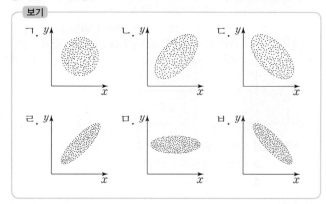

566 양의 상관관계가 있는 것을 모두 고르시오.

567 음의 상관관계가 있는 것을 모두 고르시오.

568 상관관계가 없는 것을 모두 고르시오.

569 x의 값이 증가함에 따라 y의 값도 대체로 증가하는 경향이 가장 뚜렷한 것을 고르시오.

[570~572] 다음 두 변량 사이에 양의 상관관계가 있으면 '양', 음의 상관관계가 있으면 '음', 상관관계가 없으면 '없다.'를 ( ) 안에 써넣으시오.

570 여름철 기온과 냉방비 ( )

571 키와 청력 ( )

572 고구마의 생산량과 고구마의 가격 ( )

06
산점도와 상관관계

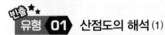
빈출★★
유형 **01** 산점도의 해석 (1)

(1) 두 변량의 비교에 관한 문제 ⇨ 대각선 긋기

① x와 y가 같다. ⇨ 직선 $y=x$ 위의 점
② x가 y보다 크다.
 ⇨ 직선 $y=x$의 아래쪽에 있는 점
③ x가 y보다 작다.
 ⇨ 직선 $y=x$의 위쪽에 있는 점

(2) 이상, 이하에 관한 문제 ⇨ x축 또는 y축에 평행한 선 긋기

참고 이상, 이하 ⇨ 경계선을 포함한다.
 초과, 미만 ⇨ 경계선을 제외한다.

대표 문제
573

오른쪽 그림은 학생 10명의 영어 쓰기 점수와 영어 읽기 점수를 조사하여 나타낸 산점도이다. 다음 중 옳지 <u>않은</u> 것은?

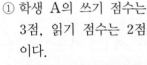

① 학생 A의 쓰기 점수는 3점, 읽기 점수는 2점이다.
② 학생 B는 읽기 점수가 쓰기 점수보다 9점 더 높다.
③ 학생 C보다 쓰기 점수가 높은 학생은 2명이다.
④ 학생 D와 읽기 점수가 같은 학생은 1명이다.
⑤ 쓰기 점수와 읽기 점수가 같은 학생은 없다.

574 ●●●●

오른쪽 그림은 준희네 모둠 학생 10명이 체육 수행 평가에서 받은 실기 점수와 태도 점수를 조사하여 나타낸 산점도이다. 실기 점수가 준희보다 높은 학생은 몇 명인지 구하시오.

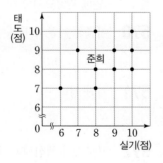

575 ●●●●

오른쪽 그림은 어느 인터넷 쇼핑몰에서 고객 12명이 평가한 배송 평점과 가격 평점을 조사하여 나타낸 산점도이다. 배송 평점이 4점 미만인 고객 수를 a명, 가격 평점이 4점 이상인 고객 수를 b명이라 할 때, $a+b$의 값을 구하시오.

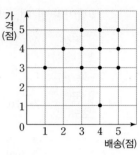

[576~578] 오른쪽 그림은 시아네 반 학생 20명의 수학 점수와 과학 점수를 조사하여 나타낸 산점도이다. 다음 물음에 답하시오.

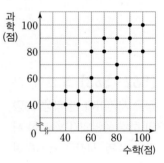

576 ●●●●

수학 점수와 과학 점수가 같은 학생은 몇 명인지 구하시오.

577 ●●●●

수학 점수가 과학 점수보다 높은 학생은 몇 명인지 구하시오.

578 ●●●●

수학 점수가 과학 점수보다 낮은 학생은 전체의 몇 %인지 구하시오.

[579~581] 오른쪽 그림은 멀리 던지기 대회에서 아람이네 반 학생 16명의 1차 기록과 2차 기록을 조사하여 나타낸 산점도이다. 다음 물음에 답하시오.

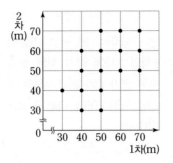

579 ●●●●

1차 기록이 가장 낮은 학생의 2차 기록을 구하시오.

580 ●●●●

2차 기록이 1차 기록보다 높은 학생은 몇 명인지 구하시오.

581 ●●●●

1차 기록과 2차 기록이 모두 40 m 이하인 학생은 몇 명인지 구하시오.

✏ 서술형
582 ●●●●

오른쪽 그림은 어느 핸드볼 선수 15명이 1차와 2차 두 번의 경기에서 얻은 점수를 조사하여 나타낸 산점도이다. 두 번의 경기에서 모두 8점 이상을 얻은 선수에게 상을 준다고 할 때, 상을 받는 선수는 전체의 몇 %인지 구하시오.

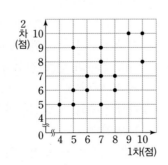

[583~584] 오른쪽 그림은 정후네 반 학생 15명의 좌우 시력을 조사하여 나타낸 산점도이다. 다음 물음에 답하시오.

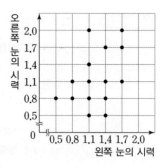

583 ●●●●

왼쪽 눈의 시력이 오른쪽 눈의 시력보다 좋은 학생은 전체의 몇 %인지 구하시오.

584 ●●●●

좌우 시력이 같은 학생 중 좌우 시력의 합이 가장 큰 학생의 한쪽 눈의 시력을 구하시오.

585 ●●●●

오른쪽 그림은 주완이네 반 학생 16명이 미술 수행 평가에서 받은 만들기 점수와 그리기 점수를 조사하여 나타낸 산점도이다. 다음 보기에서 옳은 것을 모두 고른 것은?

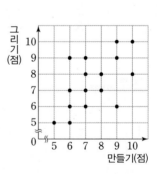

보기

ㄱ. 만들기 점수의 최빈값은 6점과 7점이다.
ㄴ. 그리기 점수가 9점 이상인 학생은 2명이다.
ㄷ. 만들기 점수가 8점 이상이고 그리기 점수가 8점 이하인 학생은 전체의 25 %이다.
ㄹ. 그리기 점수가 6점 이하인 학생들의 만들기 점수의 평균은 5.7점이다.

① ㄱ, ㄴ   ② ㄱ, ㄷ   ③ ㄱ, ㄹ
④ ㄷ, ㄹ   ⑤ ㄱ, ㄷ, ㄹ

06

산점도와 상관관계

Theme
13

유형 02 산점도의 해석 (2)

두 변량의 합 또는 평균, 두 변량의 차에 관한 문제는 다음과 같이 보조선을 그어 본다.

(1) 합 또는 평균에 관한 문제

두 변량의 합이 $2a$ 이상
(두 변량의 평균이 a 이상)

(2) 차에 관한 문제

두 변량의 차가 a 이상

대표 문제

586

오른쪽 그림은 학생 18명의 국어 점수와 영어 점수를 조사하여 나타낸 산점도이다. 국어 점수와 영어 점수의 평균이 70점인 학생은 몇 명인지 구하시오.

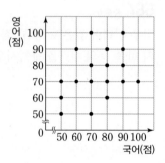

587 ●●●●

오른쪽 그림은 어느 농구 동아리 학생 20명이 두 차례에 걸쳐 10회씩 자유투를 던져 얻은 1차 점수와 2차 점수를 조사하여 나타낸 산점도이다. 1차 점수와 2차 점수의 평균이 정민이보다 높은 학생은 몇 명인가?

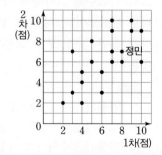

① 3명   ② 4명   ③ 5명
④ 6명   ⑤ 7명

[588~589] 오른쪽 그림은 찬솔이네 반 학생 15명이 1차와 2차에 걸쳐 치른 수학 수행 평가 점수를 조사하여 나타낸 산점도이다. 다음 물음에 답하시오.

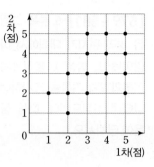

588 ●●●●

1차 점수와 2차 점수의 합이 5점 이하인 학생들의 2차 점수의 평균을 구하시오.

서술형

589 ●●●●

1차 점수와 2차 점수의 차가 2점 이상인 학생은 전체의 몇 %인지 구하시오.

신유형

590 ●●●●

오른쪽 그림은 어느 오디션에 참가한 지원자 20명의 가창 점수와 댄스 점수를 조사하여 나타낸 산점도이다. 다음 중 옳은 것은?

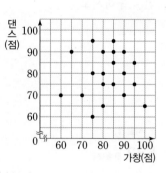

① 가창 점수와 댄스 점수가 같은 지원자는 3명이다.

② 가창 점수가 댄스 점수보다 높은 지원자는 7명이다.

③ 가창 점수와 댄스 점수의 차가 10점인 지원자는 전체의 30 %이다.

④ 가창 점수와 댄스 점수의 합이 160점 이상인 지원자는 10명이다.

⑤ 가창 점수와 댄스 점수의 차가 가장 큰 지원자의 두 점수의 차는 40점이다.

유형 03 상관관계

(1) 상관관계 : 두 변량 x와 y 중 한쪽의 값이 증가함에 따라 다른 한쪽의 값이 대체로 증가 또는 감소할 때, 이 두 변량 x와 y 사이의 관계
(2) 상관관계의 종류
　① 양의 상관관계 : x의 값이 증가함에 따라 y의 값도 대체로 증가하는 관계

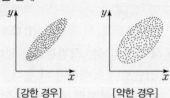

[강한 경우]　　[약한 경우]

　② 음의 상관관계 : x의 값이 증가함에 따라 y의 값은 대체로 감소하는 관계

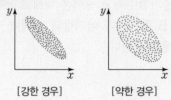

[강한 경우]　　[약한 경우]

　③ 상관관계가 없다 : x의 값이 증가함에 따라 y의 값이 증가하는 경향이 있는지 감소하는 경향이 있는지 분명하지 않은 관계

대표 문제

591

다음 중 두 변량 x, y에 대한 산점도가 오른쪽 그림과 같이 나타나는 것은?

	x	y
①	손의 크기	지능 지수
②	수학 점수	식사량
③	곡물의 수확량	곡물의 가격
④	도시의 인구수	교통량
⑤	운동량	비만도

592

다음 보기에서 두 변량 사이에 음의 상관관계가 있는 것을 모두 고르시오.

보기
ㄱ. 예금액과 이자
ㄴ. 스마트폰 사용 시간과 충치의 개수
ㄷ. 책의 두께와 책의 무게
ㄹ. 배추의 생산량과 배추의 판매 가격
ㅁ. 신발의 크기와 윗몸 일으키기 횟수
ㅂ. 겨울철 기온과 난방비

593

다음 중 두 변량 사이의 상관관계가 나머지 넷과 다른 하나는?

① 키와 앉은키
② 흡연량과 폐암 발생률
③ 신발의 크기와 통학 거리
④ 폭염 일수와 냉방비
⑤ 영화관 관객 수와 입장료 총액

594

다음은 5개의 집단을 대상으로 조사한 겨울철 기온과 어묵 판매량에 대한 산점도이다. 겨울철 기온이 높을수록 어묵 판매량이 적어지는 경향이 가장 뚜렷한 집단의 산점도는? (단, x는 겨울철 기온, y는 어묵 판매량이다.)

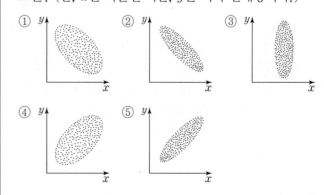

서술형

595 ●●●●

다음 표는 학생 14명의 하루 동안 미디어 시청 시간과 공부 시간을 조사하여 나타낸 것이다.

(단위 : 시간)

학생	미디어 시청	공부	학생	미디어 시청	공부
A	2.5	3	H	4	1
B	3.5	2	I	1	3
C	1.5	3.5	J	3	2.5
D	2	2.5	K	1	4
E	4	0.5	L	3.5	1
F	2	3	M	0.5	4
G	3	2	N	2.5	2

미디어 시청 시간과 공부 시간에 대한 산점도를 그리고, 미디어 시청 시간과 공부 시간 사이의 상관관계를 말하시오.

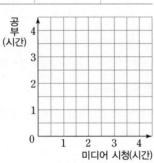

596 ●●●●

다음 중 산점도와 상관관계에 대한 설명으로 옳은 것을 모두 고르면? (정답 2개)

① 산점도는 두 변량의 순서쌍을 좌표평면 위에 점으로 나타낸 그림이다.
② 모든 자료는 양의 상관관계 또는 음의 상관관계로 나타난다.
③ 양 또는 음의 상관관계가 있는 산점도에서 점들이 한 직선으로부터 멀리 흩어져 있을수록 상관관계는 약하다.
④ 산점도에서 점들이 왼쪽 아래로 향하는 경향이 있으면 음의 상관관계가 있다.
⑤ 음의 상관관계를 나타내는 산점도는 점들이 기울기가 양인 직선 주위에 모여 있다.

신유형

597 ●●●●

아래 그림은 A, B 두 집단의 영어 어휘량과 영어 독해력에 대한 산점도이다. 다음 설명 중 옳은 것은?

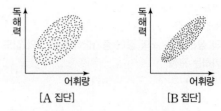

[A 집단] [B 집단]

① 어휘량과 독해력 사이에는 상관관계가 없다.
② B 집단이 A 집단보다 독해력이 더 높다.
③ A 집단은 어휘량과 독해력 사이에 음의 상관관계가 나타난다.
④ 어휘량이 증가할수록 독해력은 대체로 높다.
⑤ A 집단이 B 집단보다 어휘량과 독해력 사이에 더 강한 상관관계를 보인다.

598 ●●●●

다음은 지구 온난화에 대한 내용이다. ㉠~㉧ 중에서 지구의 온도와 양의 상관관계가 있지 <u>않은</u> 것을 모두 고르시오.

지구 온난화는 공기 중에 있는 ㉠ 온실가스 농도가 높아지면서 지구의 평균 기온이 높아지는 현상이다. 지구가 따뜻해지면 빙하가 녹아 ㉡ 빙하의 두께가 얇아지고 ㉢ 해수면의 높이는 올라가게 된다. 해수면이 높아지면서 ㉣ 태풍 발생 빈도가 더 빈번해지고 태풍의 위력도 더욱 세지고 있다.
지구 온난화의 가장 큰 요인은 ㉤ 화석 연료의 사용량이 많기 때문인데, 이때 ㉥ 이산화탄소의 배출량이 많아지면서 지구를 감싸고 지구 온도를 점점 높인다. 한편, 지구 온난화로 인해 ㉦ 식물 재배 면적은 줄어들고, ㉧ 농작물 수확량도 크게 줄어들게 된다.

유형 04 산점도의 분석

오른쪽 산점도에서
(1) A는 x의 값에 비해 y의 값이 크다.
(2) B는 y의 값에 비해 x의 값이 크다.
(3) C는 x와 y의 값이 모두 작은 편이다.
(4) D는 x와 y의 값이 모두 큰 편이다.

대표 문제
599

오른쪽 그림은 수연이네 학교 학생들의 수학 점수와 영어 점수를 조사하여 나타낸 산점도이다. 수연, 주윤, 승수, 민건, 지훈 5명의 학생 중 수학 점수에 비해 영어 점수가 좋은 학생을 말하시오.

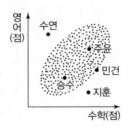

[600~601] 오른쪽 그림은 어느 학교 학생들의 중간고사 성적과 기말고사 성적을 조사하여 나타낸 산점도이다. 다음 물음에 답하시오.

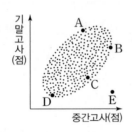

600 ●●●●

다음 중 옳지 <u>않은</u> 것은?

① 중간고사 성적과 기말고사 성적 사이에는 양의 상관관계가 있다.
② A, B, C, D, E 5명의 학생 중 기말고사 성적이 가장 우수한 학생은 학생 B이다.
③ 학생 A는 학생 C보다 기말고사 성적이 우수하다.
④ 학생 D는 중간고사 성적과 기말고사 성적이 모두 낮은 편이다.
⑤ 학생 E는 중간고사 성적이 기말고사 성적에 비해 높다.

601 ●●●●

5명의 학생 중 중간고사 성적과 기말고사 성적의 차가 가장 큰 학생은?

① 학생 A ② 학생 B ③ 학생 C
④ 학생 D ⑤ 학생 E

602 ●●●●

오른쪽 그림은 어느 학교 학생들의 공부 시간과 학업 성적을 조사하여 나타낸 산점도이다. 다음 보기에서 옳은 것을 모두 고른 것은?

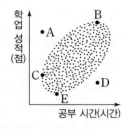

보기

ㄱ. 공부 시간과 학업 성적 사이에는 음의 상관관계가 있다.
ㄴ. A, B, C, D, E 5명의 학생 중 학업 성적이 가장 낮은 학생은 학생 E이다.
ㄷ. 학생 A는 공부 시간에 비해 학업 성적이 우수한 편이다.
ㄹ. 학생 D는 학생 C보다 학업 성적이 우수하다.
ㅁ. 학생 B는 공부 시간이 긴 편이고, 학업 성적도 우수한 편이다.

① ㄱ, ㄹ ② ㄴ, ㄷ ③ ㄱ, ㄷ, ㄹ
④ ㄴ, ㄷ, ㅁ ⑤ ㄴ, ㄷ, ㄹ, ㅁ

603 ●●●●

오른쪽 그림은 어느 학교 학생들의 용돈과 저축액을 조사하여 나타낸 산점도이다. 다음 중 옳지 <u>않은</u> 것은?

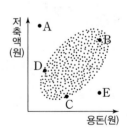

① 용돈을 많이 받는 학생이 대체로 저축도 많이 하는 편이다.
② 학생 C는 학생 D보다 용돈이 많다.
③ 학생 B는 용돈과 저축액이 모두 많은 편이다.
④ 학생 E는 용돈이 비슷한 다른 학생들과 비교하여 저축액이 적은 편이다.
⑤ 학생 A는 용돈에 비해 저축액이 적은 편이다.

06

산점도와 상관관계

Theme

13

[604~605] 오른쪽 그림은 시현이네 반 학생 15명의 국어 점수와 수학 점수를 조사하여 나타낸 산점도이다. 다음 물음에 답하시오.

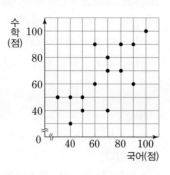

604

⑥ 유형 01

적어도 한 과목의 점수가 50점 이하인 학생은 추가 과제를 받는다고 할 때, 추가 과제를 받는 학생은 전체의 몇 %인지 구하시오.

605

⑥ 유형 02

국어 점수를 a점, 수학 점수를 b점이라 할 때, $|a-b| \leq 20$을 만족시키는 학생은 몇 명인가?

① 10명   ② 11명   ③ 12명
④ 13명   ⑤ 14명

606

⑥ 유형 01

다음 그림은 어느 날 17개 지역의 미세 먼지 농도와 그 지역에 있는 호흡기 질환 환자 수를 조사하여 나타낸 산점도이다. 미세 먼지 상태가 '나쁨'인 지역에 있는 호흡기 질환 환자 수의 평균은?

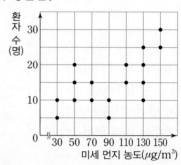

미세 먼지 상태	좋음	보통	나쁨	매우 나쁨
미세 먼지 농도 (μg/m³)	0 이상 30 미만	30 이상 80 미만	80 이상 150 미만	150 이상

① 11명   ② 12명   ③ 13명
④ 14명   ⑤ 15명

607

⑥ 유형 02

오른쪽 그림은 사격 선수 12명의 1차와 2차 사격 점수를 조사하여 나타낸 산점도이다. 1차 점수와 2차 점수의 차가 가장 큰 선수의 1차 점수는 a점, 1차 점수와 2차 점수의 합이 세 번째로 높은 선수의 2차 점수는 b점일 때, $a+b$의 값을 구하시오.

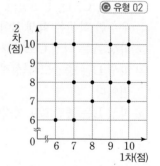

[608~609] 오른쪽 그림은 수지네 반 학생 20명의 수학 점수와 과학 점수를 조사하여 나타낸 산점도이다. 다음 물음에 답하시오.

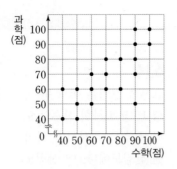

608

ⓒ 유형 01

수학 점수가 과학 점수보다 높거나 같으면서 수학 점수가 90점 이상인 학생들의 과학 점수의 평균은?

① 72점   ② 74점   ③ 76점

④ 78점   ⑤ 80점

609

ⓒ 유형 02

수학 점수와 과학 점수의 합이 높은 순으로 등수를 정할 때, 상위 25 % 이내에 드는 학생들의 수학 점수와 과학 점수의 합의 평균은?

① 180점   ② 182점   ③ 184점

④ 186점   ⑤ 188점

610

ⓒ 유형 02

아래 그림은 학생 26명의 1회와 2회 두 차례의 과학 실험 점수를 조사하여 나타낸 산점도이다. 이 산점도에서 다음 조건을 만족시키는 학생은 몇 명인지 구하시오.

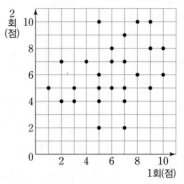

㈎ 1회와 2회 점수의 차가 2점 이상이다.
㈏ 1회와 2회 점수의 합이 13점 이상이다.

611

ⓒ 유형 04

오른쪽 그림은 찬이네 학교 학생들의 팔 굽혀 펴기 횟수와 턱걸이 횟수를 조사하여 나타낸 산점도이다. 다음 보기에서 옳은 것을 모두 고른 것은?

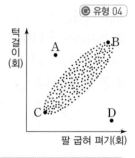

보기

ㄱ. 팔 굽혀 펴기 횟수가 많은 학생은 대체로 턱걸이 횟수도 많은 편이다.

ㄴ. 학생 A는 팔 굽혀 펴기 횟수에 비해 턱걸이 횟수가 많은 편이다.

ㄷ. 학생 C는 팔 굽혀 펴기 횟수에 비해 턱걸이 횟수가 적은 편이다.

ㄹ. 팔 굽혀 펴기 횟수와 턱걸이 횟수의 차가 가장 큰 학생은 학생 D이다.

① ㄱ, ㄴ   ② ㄱ, ㄷ   ③ ㄷ, ㄹ

④ ㄱ, ㄴ, ㄷ   ⑤ ㄱ, ㄴ, ㄹ

612

ⓒ 유형 03

오른쪽 그림은 현아네 반 학생 15명의 하루 동안의 스마트폰 사용 시간과 수면 시간을 조사하여 나타낸 산점도인데 일부가 찢어져 보이지 않는다. 찢어진 부분의 자료가 다음 표와 같을 때, 스마트폰 사용 시간과 수면 시간 사이의 상관관계를 말하시오.

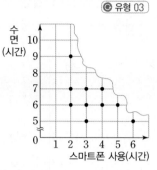

스마트폰 사용 시간(시간)	3	3	4	5	6
수면 시간(시간)	10	9	8	7	6

613

ⓒ 유형 04

다음 그림은 어느 해에 개봉한 영화의 제작비와 관객 수를 조사하여 나타낸 산점도이다. 세 점 A, B, C는 그해 3월에 개봉한 영화를 나타낼 때, 다음 보기에서 옳은 것을 모두 고르시오.

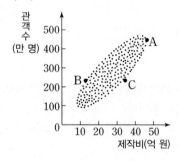

보기
ㄱ. 영화 C는 영화 B보다 제작비가 많다.
ㄴ. 제작비와 관객 수 사이에는 양의 상관관계가 있다.
ㄷ. 세 영화 A, B, C 중에서 $\dfrac{\text{(관객 수)}}{\text{(제작비)}}$ 의 값이 가장 큰 영화는 영화 C이다.

614

ⓒ 유형 01 + 유형 02

오른쪽 그림은 어느 반 학생 15명의 사회 점수와 도덕 점수를 조사하여 나타낸 산점도이다. 이 산점도에서 다음 조건을 만족시키는 학생은 몇 명인지 구하시오.

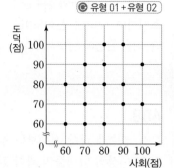

㉮ 사회 점수가 도덕 점수보다 높다.
㉯ 사회 점수와 도덕 점수의 차가 20점 이상이다.
㉰ 사회 점수와 도덕 점수의 평균이 80점 이상이다.

615

ⓒ 유형 01

다음 그림은 리틀 야구단 20명의 지난 시즌 홈런 수와 이번 시즌 홈런 수를 조사하여 나타낸 산점도인데 일부가 찢어져 보이지 않는다. 지난 시즌보다 이번 시즌 홈런 수가 많은 선수들의 지난 시즌 홈런 수의 평균이 5개이고, 이번 시즌 홈런 수의 평균이 7개일 때, 찢어진 부분의 자료는 몇 가지로 나올 수 있는지 구하시오.

(단, 기록이 겹치는 경우는 없다.)

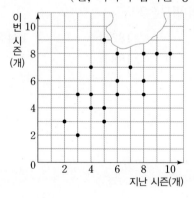

상관관계와 인과관계

우리가 살고 있는 세상은 복잡하기 때문에 눈앞에 보이는 것들만 가지고 섣불리 어떤 현상을 판단하면 안 된다. 왜냐하면 통계적으로는 설명이 되지만 진실을 왜곡하는 사례가 무수히 많기 때문이다. 인과관계는 어떤 현상이 다른 현상의 원인이 되고, 이 다른 현상은 앞선 어떤 현상의 결과가 되는 관계를 말한다. 일반적으로 상관관계는 인과관계와는 별개의 개념이지만 다음과 같이 상관관계를 인과관계로 잘못 생각하는 경우가 종종 있다.

[사례 1] 소방차가 많이 출동한 지역에 가지 마라?

조사에 의하면 지역별 소방차 출동 횟수와 화재 발생 횟수 사이에 강한 양의 상관관계가 있다고 한다. 이로 인해 소방차의 출동이 화재가 발생하는 원인이라고 잘못 생각할 수 있다. 실제로는 화재가 자주 발생하기 때문에 소방차의 출동 횟수가 많은 것이다.

[사례 2] 아이스크림이 물놀이 익사의 원인?

조사에 의하면 아이스크림 판매량과 물놀이 익사자 수 사이에 양의 상관관계가 있다고 한다. 이로 인해 아이스크림이 물놀이 익사의 원인이라고 잘못 생각할 수 있다. 실제로는 여름철 평균 기온이 높아질수록 아이스크림 판매량도 늘어나고 물놀이하는 사람도 늘어나기 때문에 익사자 수도 늘어나는 것이다.

이렇듯 두 변량 사이의 상관관계를 그대로 인과관계로 받아들여 잘못된 판단을 하지 않아야 한다.

각	사인(sin)	코사인(cos)	탄젠트(tan)
0°	0.0000	1.0000	0.0000
1°	0.0175	0.9998	0.0175
2°	0.0349	0.9994	0.0349
3°	0.0523	0.9986	0.0524
4°	0.0698	0.9976	0.0699
5°	0.0872	0.9962	0.0875
6°	0.1045	0.9945	0.1051
7°	0.1219	0.9925	0.1228
8°	0.1392	0.9903	0.1405
9°	0.1564	0.9877	0.1584
10°	0.1736	0.9848	0.1763
11°	0.1908	0.9816	0.1944
12°	0.2079	0.9781	0.2126
13°	0.2250	0.9744	0.2309
14°	0.2419	0.9703	0.2493
15°	0.2588	0.9659	0.2679
16°	0.2756	0.9613	0.2867
17°	0.2924	0.9563	0.3057
18°	0.3090	0.9511	0.3249
19°	0.3256	0.9455	0.3443
20°	0.3420	0.9397	0.3640
21°	0.3584	0.9336	0.3839
22°	0.3746	0.9272	0.4040
23°	0.3907	0.9205	0.4245
24°	0.4067	0.9135	0.4452
25°	0.4226	0.9063	0.4663
26°	0.4384	0.8988	0.4877
27°	0.4540	0.8910	0.5095
28°	0.4695	0.8829	0.5317
29°	0.4848	0.8746	0.5543
30°	0.5000	0.8660	0.5774
31°	0.5150	0.8572	0.6009
32°	0.5299	0.8480	0.6249
33°	0.5446	0.8387	0.6494
34°	0.5592	0.8290	0.6745
35°	0.5736	0.8192	0.7002
36°	0.5878	0.8090	0.7265
37°	0.6018	0.7986	0.7536
38°	0.6157	0.7880	0.7813
39°	0.6293	0.7771	0.8098
40°	0.6428	0.7660	0.8391
41°	0.6561	0.7547	0.8693
42°	0.6691	0.7431	0.9004
43°	0.6820	0.7314	0.9325
44°	0.6947	0.7193	0.9657
45°	0.7071	0.7071	1.0000

각	사인(sin)	코사인(cos)	탄젠트(tan)
45°	0.7071	0.7071	1.0000
46°	0.7193	0.6947	1.0355
47°	0.7314	0.6820	1.0724
48°	0.7431	0.6691	1.1106
49°	0.7547	0.6561	1.1504
50°	0.7660	0.6428	1.1918
51°	0.7771	0.6293	1.2349
52°	0.7880	0.6157	1.2799
53°	0.7986	0.6018	1.3270
54°	0.8090	0.5878	1.3764
55°	0.8192	0.5736	1.4281
56°	0.8290	0.5592	1.4826
57°	0.8387	0.5446	1.5399
58°	0.8480	0.5299	1.6003
59°	0.8572	0.5150	1.6643
60°	0.8660	0.5000	1.7321
61°	0.8746	0.4848	1.8040
62°	0.8829	0.4695	1.8807
63°	0.8910	0.4540	1.9626
64°	0.8988	0.4384	2.0503
65°	0.9063	0.4226	2.1445
66°	0.9135	0.4067	2.2460
67°	0.9205	0.3907	2.3559
68°	0.9272	0.3746	2.4751
69°	0.9336	0.3584	2.6051
70°	0.9397	0.3420	2.7475
71°	0.9455	0.3256	2.9042
72°	0.9511	0.3090	3.0777
73°	0.9563	0.2924	3.2709
74°	0.9613	0.2756	3.4874
75°	0.9659	0.2588	3.7321
76°	0.9703	0.2419	4.0108
77°	0.9744	0.2250	4.3315
78°	0.9781	0.2079	4.7046
79°	0.9816	0.1908	5.1446
80°	0.9848	0.1736	5.6713
81°	0.9877	0.1564	6.3138
82°	0.9903	0.1392	7.1154
83°	0.9925	0.1219	8.1443
84°	0.9945	0.1045	9.5144
85°	0.9962	0.0872	11.4301
86°	0.9976	0.0698	14.3007
87°	0.9986	0.0523	19.0811
88°	0.9994	0.0349	28.6363
89°	0.9998	0.0175	57.2900
90°	1.0000	0.0000	

586 ② 587 $\dfrac{49}{6}$ 588 ③ 589 ⑤ 590 ③

591 ② 592 $\sqrt{7}$회 593 10 594 ③ 595 32

596 ③ 597 ㄱ, ㄹ 598 ② 599 ⑤ 600 ①

601 0 602 ④ 603 ② 604 8 605 ①

606 12 607 ④ 608 $\sqrt{3}$ 609 169

610 평균 : 3, 표준편차 : $\sqrt{3}$ 611 ②

612 학생 A의 분산 : $\dfrac{4}{9}$, 학생 B의 분산 : $\dfrac{20}{9}$, 학생 B

613 ⑴ 90 g ⑵ 상자 E, 상자 F

06 산점도와 상관관계 102~113쪽

614 ⑤ 615 ③ 616 30 617 4명 618 5명

619 40 % 620 60점 621 3명 622 4명 623 15 %

624 35 % 625 6회 626 ㄴ, ㄹ 627 ② 628 ①

629 55점 630 50 % 631 ④ 632 ② 633 ④

634 ④ 635 ③

636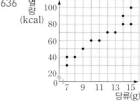

당류의 양이 증가할수록 열량은 대체로 증가하므로 두 변량 사이에는 양의 상관관계가 있다.

637 ③ 638 ③ 639 ㉡ 640 ① 641 ③

642 ① 643 ㄴ, ㄹ 644 ②

645 ⑤ 646 6명 647 20 % 648 50점 649 ②

650 10명 651 ④ 652 ② 653 ④ 654 ④

655 ③ 656 20개 657 ② 658 40 % 659 ④

660 ②, ⑤ 661 ② 662 ③ 663 ㄴ, ㄹ 664 3시간

665 ②, ⑤ 666 25 % 667 182점

668 ① 669 ③ 670 58점 671 10점 672 ④

673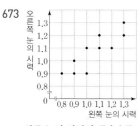

왼쪽 눈의 시력이 좋을수록 대체로 오른쪽 눈의 시력도 좋으므로 두 변량 사이에는 양의 상관관계가 있다.

674 ㄴ, ㄹ 675 ②, ③ 676 ⑤ 677 7 678 130점

수

매

MATHING

씽

ㅇ

워크북

중학 수학 3·2

워크북의 구성과 특징

수매씽은 전국 1000개 중학교 기출문제를 체계적으로 분석하여 새로운 수학 학습의 방향을 제시합니다.

꼭 필요한 유형만 모은 유형북과 3단계 반복 학습으로 구성한 워크북의 2권으로 구성된 최고의 문제 기본서!

수매씽을 통해 꼭 필요한 유형과 반복 학습으로 수학의 자신감을 키우세요.

워크북 3단계 반복 학습 System

유형별

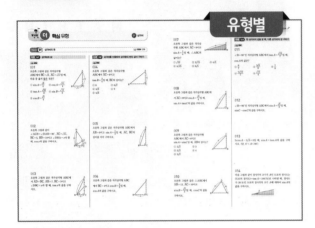

한번 더 핵심 유형

유형북 Step 2 핵심 유형 쌍둥이 문제로 구성하였습니다. 숫자 및 표현을 바꾼 쌍둥이 문제로 유형별 반복 학습을 통해 수학 실력을 향상할 수 있습니다.

Theme별

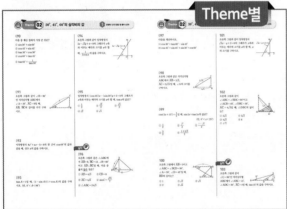

유형모아 Theme 연습하기

Theme별 연습 문제를 2회씩 구성하였습니다. 유형을 모아 Theme별로 기본 문제부터 실력 UP 문제까지 풀면서 자신감 을 향상하고, 실전 감각을 완성할 수 있습니다.

중단원별

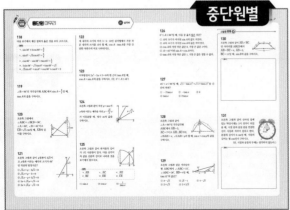

Theme모아 중단원 마무리

실전에 나오는 문제만을 선별하여 구성하였습니다. Theme를 모아 중단원별로 실제 시험에 출제되는 다양한 문제를 연습하 고, 서술형 코너를 통해 보다 집중적으로 학교 시험에 대비할 수 있습니다.

Theme 01 삼각비의 뜻

📖 유형북 12쪽

유형 01 삼각비의 값

대표 문제

001

오른쪽 그림과 같은 직각삼각형
ABC에서 $\overline{BC}=\sqrt{5}$, $\overline{AC}=\sqrt{11}$일 때,
다음 중 옳지 않은 것은?

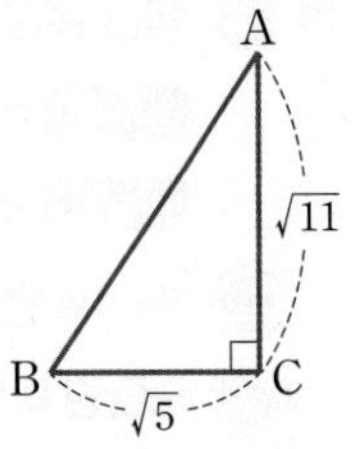

① $\sin A=\dfrac{\sqrt{5}}{4}$ ② $\cos A=\dfrac{\sqrt{11}}{4}$

③ $\tan A=\dfrac{\sqrt{55}}{11}$ ④ $\sin B=\dfrac{\sqrt{11}}{5}$

⑤ $\cos B=\dfrac{\sqrt{5}}{4}$

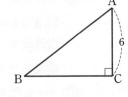

002

오른쪽 그림과 같이
$\angle ACB=\angle DAB=90°$, $\overline{AC}=\sqrt{11}$,
$\overline{BC}=5$, $\overline{BD}=10$이고 $\angle DBA=x$라 할
때, $\cos x$의 값을 구하시오.

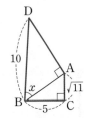

003

오른쪽 그림과 같은 직각삼각형 ABC에
서 $\overline{AD}=\overline{DC}$, $\overline{AB}=7$, $\overline{BC}=3$이고
$\angle DBC=x$라 할 때, $\tan x$의 값을 구하
시오.

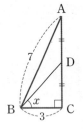

유형 02 삼각비를 이용하여 삼각형의 변의 길이 구하기

대표 문제

004

오른쪽 그림과 같은 직각삼각형
ABC에서 $\overline{AC}=6$이고
$\tan B=\dfrac{3}{4}$일 때, $\overline{BC}$의 길이는?

① 8   ② $6\sqrt{2}$

③ $4\sqrt{5}$ ④ 9

⑤ $4\sqrt{6}$

005

오른쪽 그림과 같은 직각삼각형 ABC에서
$\overline{AB}=9$이고 $\sin A=\dfrac{1}{3}$일 때, $\overline{AC}$, $\overline{BC}$의
길이를 각각 구하시오.

006

오른쪽 그림과 같은 직각삼각형 ABC
에서 $\overline{BC}=4$이고 $\cos B=\dfrac{2}{3}$일 때,
$\cos A$의 값을 구하시오.

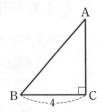

007

오른쪽 그림과 같은 직각삼각형 ABC에서 $\overline{AC}=8$이고 $\sin A=\dfrac{1}{4}$일 때, $\triangle ABC$의 넓이는?

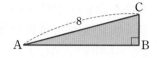

① $\sqrt{15}$ ② $2\sqrt{15}$ ③ $4\sqrt{5}$
④ $4\sqrt{15}$ ⑤ $8\sqrt{5}$

008

오른쪽 그림과 같은 직각삼각형 ABC에서 $\overline{AC}=8$이고 $\cos A=\dfrac{\sqrt{5}}{4}$일 때, $\sin A+\tan C$의 값을 구하시오.

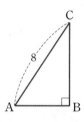

009

오른쪽 그림과 같은 직각삼각형 ABC에서 $\overline{AC}=6$이고 $\sin A=\sin C$일 때, $\overline{AB}$의 길이는?

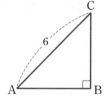

① $2\sqrt{2}$ ② 3
③ $2\sqrt{3}$ ④ 4
⑤ $3\sqrt{2}$

010

오른쪽 그림과 같은 $\triangle ABC$에서 $\overline{AB}=12$, $\overline{AC}=10$이고 $\sin B=\dfrac{\sqrt{5}}{3}$일 때, $\cos C$의 값을 구하시오.

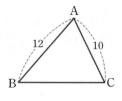

유형 03 한 삼각비의 값을 알 때, 다른 삼각비의 값 구하기

대표 문제

011

$\angle B=90°$인 직각삼각형 ABC에서 $\tan A=\dfrac{\sqrt{15}}{7}$일 때, $\cos A$의 값은?

① $\dfrac{6}{7}$ ② $\dfrac{3\sqrt{5}}{8}$ ③ $\dfrac{7}{8}$
④ $\dfrac{2\sqrt{10}}{7}$ ⑤ $\dfrac{\sqrt{15}}{4}$

012

$\angle B=90°$인 직각삼각형 ABC에서 $\sin A=\dfrac{\sqrt{5}}{3}$일 때, $\sin C-\cos C$의 값을 구하시오.

013

$5\cos A-2\sqrt{5}=0$일 때, $\sin A \times \tan A$의 값을 구하시오. (단, $0° < A < 90°$)

014

다음 그림과 같이 경사각의 크기가 A인 도로의 경사도는 (도로의 경사도)$=\tan A \times 100(\%)$로 나타낼 때, 경사도가 20%인 도로의 경사각의 크기 A에 대하여 $\sin A$의 값을 구하시오.

유형 **04** 직각삼각형의 닮음과 삼각비

대표 문제

015

오른쪽 그림과 같이 ∠A=90°
인 직각삼각형 ABC에서
$\overline{AH} \perp \overline{BC}$이고 $\overline{AB}=\sqrt{7}$,
$\overline{AC}=3$이다. ∠BAH=x,
∠CAH=y라 할 때, $\sin x + \cos y$의 값을 구하시오.

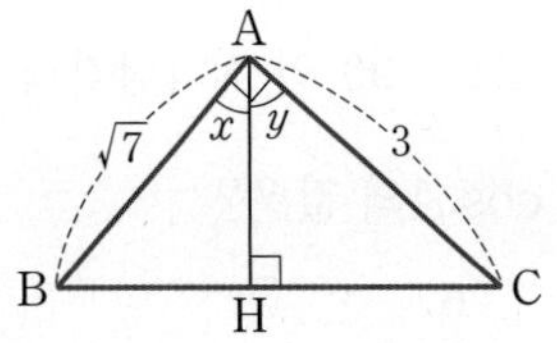

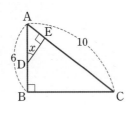

016

오른쪽 그림과 같이 ∠B=90°인
직각삼각형 ABC에서 $\overline{AC} \perp \overline{DE}$
이고 $\overline{AB}=6$, $\overline{AC}=10$이다.
∠ADE=x라 할 때, $\sin x$의 값
을 구하시오.

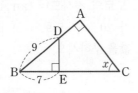

017

오른쪽 그림과 같이 ∠A=90°
인 직각삼각형 ABC에서
$\overline{DE} \perp \overline{BC}$이고 $\overline{BD}=9$, $\overline{BE}=7$
이다. ∠C=x라 할 때, $\cos x$의
값을 구하시오.

018

오른쪽 그림과 같이 ∠C=90°인 직각
삼각형 ABC에서 $\overline{AB} \perp \overline{CH}$이고
$\overline{BC}=6$이다. ∠ACH=x라 하면
$\tan x = \dfrac{2\sqrt{3}}{3}$일 때, $\overline{AB}$의 길이는?

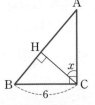

① $6\sqrt{2}$ ② $2\sqrt{19}$
③ $4\sqrt{5}$ ④ 9
⑤ $2\sqrt{21}$

019

오른쪽 그림과 같이 $\overline{BC}=2\sqrt{14}$,
$\overline{CD}=5$인 직사각형 ABCD에서
$\overline{AH} \perp \overline{BD}$이다. ∠BAH=$x$라
할 때, 다음을 구하시오.

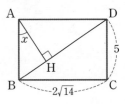

(1) $\sin x$의 값
(2) $\overline{BH}$의 길이

020

오른쪽 그림과 같이 ∠C=90°인 직
각삼각형 ABC에서 $\overline{AB} \perp \overline{CD}$,
$\overline{BC} \perp \overline{DE}$이고 $\overline{CD}=4$, $\overline{DE}=\sqrt{7}$이
다. $\sin A + \sin B$의 값을 구하시오.

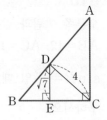

유형 05 직선의 방정식과 삼각비

대표 문제

021

오른쪽 그림과 같이 직선 $y=\dfrac{4}{17}x+4$가 x축과 이루는 예각의 크기를 a라 할 때, $\tan a$의 값을 구하시오.

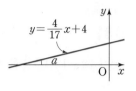

022

오른쪽 그림과 같이 일차방정식 $x-2y+4=0$의 그래프와 x축, y축과의 교점을 각각 A, B라 하고 이 그래프가 x축과 이루는 예각의 크기를 a라 할 때, $\sin a+\cos a$의 값은?

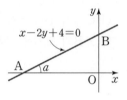

① $\dfrac{\sqrt{5}}{5}$ ② $\dfrac{2\sqrt{5}}{5}$ ③ $\dfrac{3\sqrt{5}}{5}$

④ $\dfrac{4\sqrt{5}}{5}$ ⑤ $\sqrt{5}$

023

오른쪽 그림과 같이 일차방정식 $3x+y-3=0$의 그래프가 x축과 이루는 예각의 크기를 a라 할 때, $\sin a-\cos a$의 값을 구하시오.

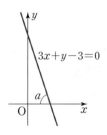

유형 06 입체도형과 삼각비

대표 문제

024

오른쪽 그림과 같이 한 모서리의 길이가 6 cm인 정육면체에서 $\angle BHF=x$라 할 때, $\sin x$의 값을 구하시오.

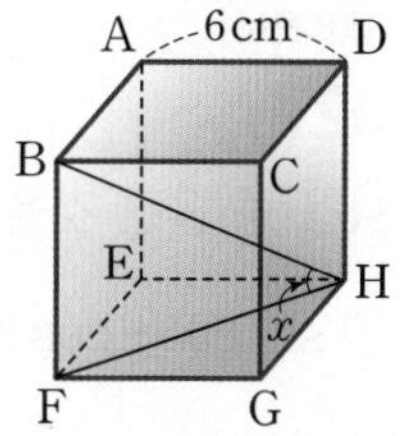

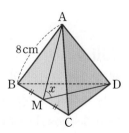

025

오른쪽 그림과 같은 직육면체에서 $\angle AGE=x$라 할 때, $\cos x$의 값은?

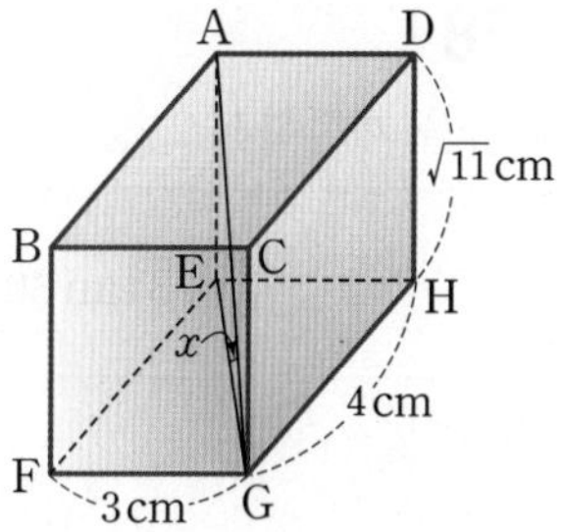

① $\dfrac{3}{5}$ ② $\dfrac{2}{3}$

③ $\dfrac{3}{4}$ ④ $\dfrac{4}{5}$

⑤ $\dfrac{5}{6}$

026

오른쪽 그림과 같이 한 모서리의 길이가 8 cm인 정사면체에서 $\overline{BM}=\overline{CM}$이고 $\angle AMD=x$라 할 때, $\tan x$의 값을 구하시오.

Theme 02 30°, 45°, 60°의 삼각비의 값

유형북 16쪽

유형 07 30°, 45°, 60°의 삼각비의 값

대표 문제

027

다음 중 옳은 것을 모두 고르면? (정답 2개)

① $\sin 60° + \cos 30° = \frac{\sqrt{3}+1}{2}$

② $\tan 45° - \sin 30° = \frac{1}{2}$

③ $\cos 60° \times \tan 30° = \frac{\sqrt{3}}{6}$

④ $\sin 45° \times \cos 45° = \frac{\sqrt{2}}{4}$

⑤ $\tan 60° \div \cos 30° = \frac{2}{3}$

028

다음을 계산하시오.

$$\sqrt{3}\tan 30° + \frac{\sin 45°}{\sqrt{2}\cos 60°}$$

029

오른쪽 그림과 같이 $\angle A = 90°$인 직각삼각형 ABC에서 점 M은 빗변 BC의 중점이고 $\angle AMC = 60°$일 때, $\frac{\overline{AC}}{\overline{BC}}$의 값을 구하시오.

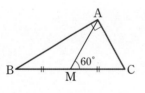

030

세 내각의 크기의 비가 3 : 4 : 5인 삼각형에서 두 번째로 작은 내각의 크기를 A라 할 때, $(\sin A + \cos A) \times \tan A$의 값을 구하시오.

유형 08 삼각비를 이용하여 각의 크기 구하기

대표 문제

031

$\cos(3x+15°) = \frac{1}{2}$을 만족시키는 x의 크기를 구하시오.

(단, $0° < x < 25°$)

032

오른쪽 그림과 같은 직각삼각형 ABC에서 $\overline{BC} = 3\sqrt{3}$, $\overline{AC} = 3$일 때, $\angle B$의 크기를 구하시오.

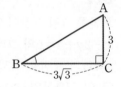

033

$\sin(2x+10°) = \frac{1}{2}$일 때, $\tan 3x$의 값을 구하시오.

(단, $0° < x < 40°$)

034

$\sin 3x = \cos 60°$를 만족시키는 x의 크기를 구하시오.

(단, $0° < x < 30°$)

유형 09 특수한 각의 삼각비를 이용하여 변의 길이 구하기

대표문제

035

오른쪽 그림과 같은 △ABC에서 $\overline{AH}\perp\overline{BC}$이고 ∠B=60°, ∠C=45°, $\overline{BH}=3\sqrt{2}$일 때, x, y의 값은?

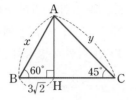

① $x=3\sqrt{6}$, $y=6\sqrt{3}$

② $x=3\sqrt{6}$, $y=6\sqrt{6}$

③ $x=6\sqrt{2}$, $y=6\sqrt{3}$

④ $x=6\sqrt{2}$, $y=6\sqrt{6}$

⑤ $x=6\sqrt{2}$, $y=12\sqrt{2}$

036

오른쪽 그림에서 $\overline{AB}=5\sqrt{3}$이고 ∠ABC=∠BCD=90°, ∠A=45°, ∠D=60°일 때, $\overline{BD}$의 길이를 구하시오.

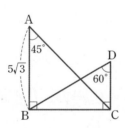

037

오른쪽 그림과 같은 □ABCD에서 $\overline{BC}=6$이고 ∠BAC=∠ADC=90°, ∠ACB=30°, ∠DAC=45°일 때, $\overline{CD}$의 길이는?

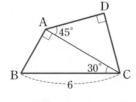

① $\sqrt{6}$

② $\dfrac{3\sqrt{6}}{2}$

③ $4\sqrt{3}$

④ $4\sqrt{6}$

⑤ $\dfrac{9\sqrt{3}}{2}$

038

오른쪽 그림과 같이 ∠B=90°, ∠C=60°인 직각삼각형 ABC와 ∠ADE=90°, ∠E=45°인 직각삼각형 ADE가 겹쳐져 있다. $\overline{AE}=12\,cm$이고 $\overline{AC}$와 $\overline{DE}$의 교점을 F라 할 때, △ADF의 넓이를 구하시오. (단, 세 점 A, D, B는 한 직선 위에 있다.)

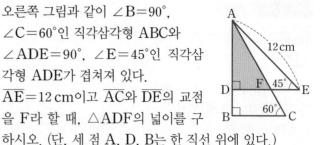

039

오른쪽 그림과 같이 ∠A=90°인 직각삼각형 ABC에서 $\overline{AD}\perp\overline{BC}$, $\overline{DE}\perp\overline{AC}$이고 ∠B=60°, $\overline{AC}=4\sqrt{3}$일 때, $\overline{DE}$의 길이를 구하시오.

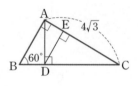

040

오른쪽 그림과 같이 ∠C=90°인 직각삼각형 ABC에서 ∠B=30°이고 선분 BC 위의 점 D에 대하여 $\overline{BD}=\overline{AD}=3\sqrt{3}$일 때, $\overline{AB}$의 길이를 구하시오.

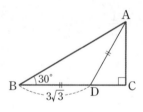

041

오른쪽 그림의 원 O에서 $\overline{AB}$는 지름이고 $\overline{CO}\perp\overline{AB}$이다. $\overline{AB}$의 연장선 위의 한 점 P에 대하여 ∠CPO=30°일 때, $\dfrac{\overline{PO}}{\overline{AO}}$의 값을 구하시오.

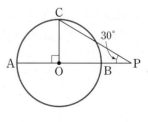

유형 10 특수한 각의 삼각비를 이용하여 다른 삼각비의 값 구하기

대표 문제

042

오른쪽 그림과 같이 ∠C=90°인 직각삼각형 ABC에서 ∠ABC=22.5°, ∠ADC=45°, $\overline{BD}$=4일 때, tan 22.5°의 값은?

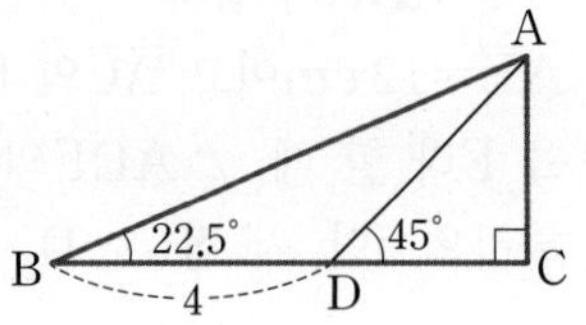

① $2-\sqrt{3}$ ② $\sqrt{2}-1$ ③ $4-2\sqrt{3}$
④ $\sqrt{3}-1$ ⑤ $2\sqrt{2}-2$

043

오른쪽 그림과 같은 △ABC에서 $\overline{AD}\perp\overline{BC}$, ∠CAD=30°이고 $\overline{AB}=2\sqrt{7}$, $\overline{AC}=4$이다. ∠BAD=x라 할 때, tan x의 값은?

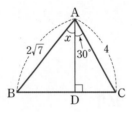

① $\dfrac{1}{3}$ ② $\dfrac{\sqrt{3}}{3}$ ③ $\dfrac{2\sqrt{3}}{3}$
④ $\sqrt{3}$ ⑤ $\dfrac{3\sqrt{3}}{2}$

044

오른쪽 그림과 같이 ∠B=90°인 직각삼각형 ABC에서 ∠BAD=60°이고 $\overline{AD}=\overline{CD}$, $\overline{AB}=3$일 때, tan 75°의 값을 구하시오.

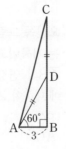

유형 11 직선의 기울기와 삼각비

대표 문제

045

오른쪽 그림과 같이 x절편이 $-\sqrt{3}$이고 x축과 이루는 예각의 크기가 30°인 직선의 방정식은?

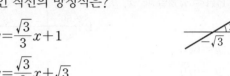

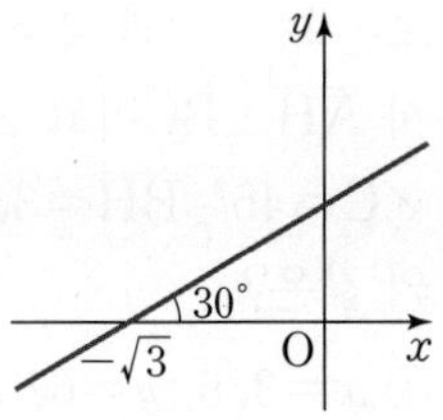

① $y=\dfrac{\sqrt{3}}{3}x+1$

② $y=\dfrac{\sqrt{3}}{3}x+\sqrt{3}$

③ $y=\sqrt{3}x+1$

④ $y=\sqrt{3}x+\sqrt{3}$

⑤ $y=\sqrt{3}x+3$

046

직선 $y=\sqrt{3}x-1$이 x축과 이루는 예각의 크기는?

① 15° ② 30° ③ 45°
④ 60° ⑤ 75°

047

점 (4, 0)을 지나고 기울기가 양수인 직선이 x축과 이루는 예각의 크기가 45°일 때, 이 직선의 y절편은?

① -5 ② -4 ③ -3
④ -2 ⑤ -1

Theme 03 예각의 삼각비의 값　　　　　📖 유형북 19쪽

유형 12 사분원에서 예각의 삼각비의 값

대표 문제

048

오른쪽 그림과 같이 반지름의 길이가 1인 사분원에서 다음 중 옳은 것은?

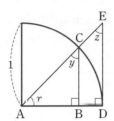

① $\sin x = \overline{AB}$

② $\sin z = \overline{DE}$

③ $\cos y = \overline{BC}$

④ $\tan y = \overline{AB}$

⑤ $\tan z = \overline{BD}$

049

오른쪽 그림과 같이 좌표평면 위의 원점 O를 중심으로 하고 반지름의 길이가 1인 사분원에서 $\cos 43°$의 값은?

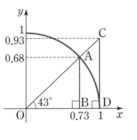

① 0.68　　② 0.73

③ 0.93　　④ 1

⑤ 1.3

050

오른쪽 그림과 같이 반지름의 길이가 1인 사분원에서 $\cos x$의 값과 그 길이가 같은 선분은?

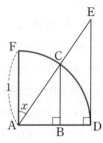

① $\overline{AB}$　　② $\overline{AC}$

③ $\overline{BC}$　　④ $\overline{AD}$

⑤ $\overline{DE}$

051

오른쪽 그림과 같이 좌표평면 위의 원점 O를 중심으로 하고 반지름의 길이가 1인 사분원에서 다음 중 옳은 것은?

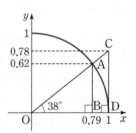

① $\sin 38° = 0.78$

② $\cos 38° = 0.78$

③ $\sin 52° = 0.62$

④ $\cos 52° = 0.62$

⑤ $\tan 38° = 0.79$

052

오른쪽 그림에서 □GOFE는 직사각형이고 부채꼴 GOD는 반지름의 길이가 1인 사분원이다.

$\angle OEF = x$라 할 때, $\dfrac{1}{\tan x}$의 값을 한 선분의 길이로 나타내면?

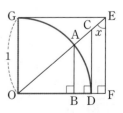

① $\overline{OB}$　　　② $\overline{OF}$　　　③ $\overline{AB}$

④ $\overline{CD}$　　　⑤ $\overline{EF}$

유형 13 0°, 90°의 삼각비의 값

[대표 문제]

053

다음 중 계산 결과가 가장 큰 것은?

① $\sin 30° + \cos 0°$

② $\tan 60° - \sin 90°$

③ $\sin 60° - \cos 90° \times \sin 30°$

④ $\sin 0° \times \cos 90° + \tan 0° \times \sin 90°$

⑤ $\sin 60° \times \cos 30° + \tan 60° \times \cos 90°$

054

다음 중 옳은 것은?

① $\sin 0° = \cos 0° = \tan 90°$

② $\sin 90° = \cos 90° = \tan 0°$

③ $\sin 90° = \cos 60° = \tan 90°$

④ $\sin 60° = \cos 0° = \tan 0°$

⑤ $\sin 0° = \cos 90° = \tan 0°$

055

$\dfrac{\tan 60° \times \sin 0° + \cos 60° \times \tan 0°}{\cos 0° \times \tan 45°}$의 값을 구하시오.

056

$\cos(x + 30°) = 0$일 때, $\sin x + \tan \dfrac{x}{2}$의 값을 구하시오.

(단, $0° \leq x \leq 60°$)

유형 14 각의 크기에 따른 삼각비의 값의 대소 관계

[대표 문제]

057

다음 중 대소 관계가 옳은 것은?

① $\sin 25° > \cos 25°$　　② $\sin 66° < \cos 66°$

③ $\sin 40° < \sin 55°$　　④ $\tan 25° > \tan 56°$

⑤ $\tan 46° < \cos 0°$

058

다음 보기의 삼각비의 값을 작은 것부터 차례로 나열하시오.

[보기]

| ㄱ. $\sin 0°$ | ㄴ. $\cos 1°$ | ㄷ. $\cos 25°$ |
| ㄹ. $\sin 45°$ | ㅁ. $\tan 45°$ | ㅂ. $\cos 75°$ |

059

다음 중 옳은 것을 모두 고르면? (정답 2개)

① $0° < A < 45°$일 때, $\cos A < \tan A$

② $A = 45°$일 때, $\sin A = \tan A$

③ $45° < A < 90°$일 때, $\cos A < \sin A < \tan A$

④ $0° \leq A \leq 90°$일 때, $0 \leq \sin A \leq 1$

⑤ $0° \leq A \leq 90°$일 때, $\tan A \geq 1$

유형 15 삼각비의 값의 대소 관계를 이용한 식의 계산

【대표 문제】

060

$0°<A<45°$일 때,

$\sqrt{(\sin A-\cos A)^2}-\sqrt{(\sin A+\cos A)^2}$ 을 간단히 하면?

① $-2\sin A$ ② $-2\cos A$ ③ $-\sin A$

④ $\cos A$ ⑤ $2\sin A$

061

$45°<A<90°$일 때,

$\sqrt{(1-\tan A)^2}-\sqrt{(\tan A-\tan 45°)^2}$ 을 간단히 하면?

① $-2\tan A$ ② -2 ③ 0

④ 2 ⑤ $2\tan A$

062

$\sqrt{(\sin x+1)^2}+\sqrt{(\sin x-\tan x)^2}=3$ 일 때, $\tan x$ 의 값을 구하시오. (단, $45°<x<90°$)

유형 16 삼각비의 표를 이용하여 각의 크기와 변의 길이 구하기

【대표 문제】

063

다음 삼각비의 표를 이용하여 $\tan 72°-\sin 74°-\cos 73°$ 의 값을 구하시오.

각도	사인(sin)	코사인(cos)	탄젠트(tan)
72°	0.9511	0.3090	3.0777
73°	0.9563	0.2924	3.2709
74°	0.9613	0.2756	3.4874

064

$\sin x=0.5446,\ \cos y=0.8480,\ \tan z=0.6009$ 일 때, 다음 삼각비의 표를 이용하여 $x+y-z$ 의 크기를 구하시오.

각도	사인(sin)	코사인(cos)	탄젠트(tan)
31°	0.5150	0.8572	0.6009
32°	0.5299	0.8480	0.6249
33°	0.5446	0.8387	0.6494

065

오른쪽 그림과 같은 직각삼각형 ABC에서 다음 삼각비의 표를 이용하여 x의 값을 구하시오.

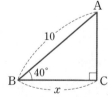

각도	사인(sin)	코사인(cos)	탄젠트(tan)
50°	0.7660	0.6428	1.1918
51°	0.7771	0.6293	1.2349
52°	0.7880	0.6157	1.2799

066

오른쪽 그림과 같은 직각삼각형 ABC에서 $\overline{AC}=7$, $\overline{BC}=3$ 일 때, 다음 중 옳지 <u>않은</u> 것은?

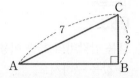

① $\sin A = \dfrac{3}{7}$ ② $\cos A = \dfrac{3}{7}$

③ $\sin C = \dfrac{2\sqrt{10}}{7}$ ④ $\cos C = \dfrac{3}{7}$

⑤ $\tan C = \dfrac{2\sqrt{10}}{3}$

067

오른쪽 그림과 같은 직각삼각형 ABC에서 $\overline{AB}$는 원 O의 지름이다. $\overline{AO}=13$, $\overline{BC}=10$일 때, $\tan A$의 값은?

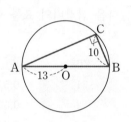

① $\dfrac{1}{12}$ ② $\dfrac{1}{6}$

③ $\dfrac{1}{4}$ ④ $\dfrac{1}{3}$

⑤ $\dfrac{5}{12}$

068

오른쪽 그림과 같은 직각삼각형 ABC에서 $\overline{AC}=8$이고 $\sin B = \dfrac{4}{5}$ 일 때, $\overline{BC}$의 길이를 구하시오.

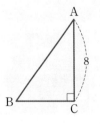

069

오른쪽 그림과 같은 직각삼각형 ABC에서 $\overline{AB}=12$이고 $\sin B = \dfrac{\sqrt{3}}{6}$일 때, $\tan A$의 값을 구하시오.

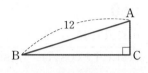

070

$\angle B = 90°$인 직각삼각형 ABC에서 $\cos A = \dfrac{1}{3}$일 때, $6\sin A \times \tan A$의 값은?

① $2\sqrt{2}$ ② $2\sqrt{3}$ ③ $4\sqrt{3}$

④ 8   ⑤ 16

071

오른쪽 그림과 같이 $\angle B = 90°$인 직각삼각형 ABC에서 $c=3a$일 때, $\sin A + \cos A$의 값을 구하시오.

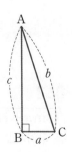

072

오른쪽 그림과 같이 $\overline{AD}=6$,
$\overline{DC}=2\sqrt{3}$인 직사각형
ABCD에서 $\overline{CE}\perp\overline{BD}$이다.
∠BCE=x라 할 때, $\cos x$의
값을 구하시오.

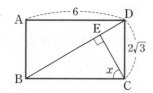

073

오른쪽 그림과 같은 직사각형
ABCD에서 $\overline{AP}\perp\overline{DP}$이고
$\overline{DC}=5$, $\overline{PC}=2\sqrt{6}$이다.
∠DAP=x라 할 때,
$\sin x\times\tan x$의 값을 구하시오.

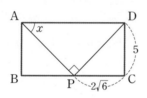

074

점 $(0, 2)$를 지나고 기울기가 양수인 직선이 x축과 이루는
예각의 크기를 a라 할 때, $\sin a=\dfrac{\sqrt{5}}{5}$이다. 이 직선의 x
절편을 구하시오. (단, $0°<a<90°$)

075

오른쪽 그림과 같이 한 모서리의 길
이가 3 cm인 정육면체에서
∠CEG=x라 할 때, $\cos x$의 값은?

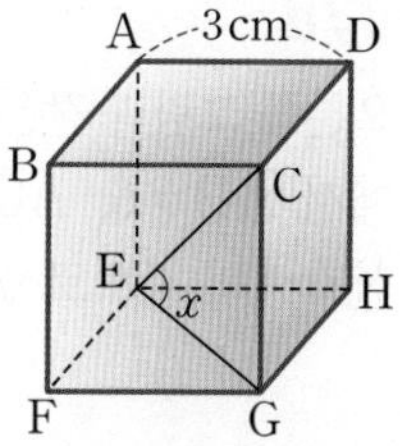

① $\dfrac{\sqrt{6}}{5}$ ② $\dfrac{\sqrt{5}}{4}$

③ $\dfrac{\sqrt{6}}{3}$ ④ $\dfrac{2\sqrt{5}}{5}$

⑤ $\dfrac{2\sqrt{6}}{5}$

076

오른쪽 그림과 같이 한 모서리의
길이가 2 cm인 정사면체에서 점 M
은 $\overline{BC}$의 중점이다. ∠ADM=x
라 할 때, $\sin x$의 값을 구하시오.

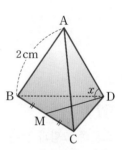

실력 **UP**

077

오른쪽 그림과 같이 ∠A=90°
인 직각삼각형 ABC에서
$\overline{AD}\perp\overline{BC}$, $\overline{EF}\perp\overline{BC}$이고
$\overline{AD}=6$이다. ∠BAD=x,
∠CEF=y이고 $\tan x=\dfrac{\sqrt{2}}{2}$일 때, $3\sin x+\sqrt{6}\tan y$의
값을 구하시오.

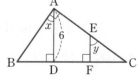

078

오른쪽 그림과 같은 직각삼각형 ABC에서 $\overline{AB}=6$, $\overline{AC}=4$일 때, ∠B의 삼각비의 값으로 옳은 것은?

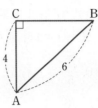

① $\sin B=\dfrac{2}{3}$, $\cos B=\dfrac{\sqrt{5}}{3}$, $\tan B=\dfrac{\sqrt{5}}{5}$

② $\sin B=\dfrac{2}{3}$, $\cos B=\dfrac{\sqrt{5}}{3}$, $\tan B=\dfrac{2\sqrt{5}}{5}$

③ $\sin B=\dfrac{2}{3}$, $\cos B=\dfrac{2\sqrt{5}}{5}$, $\tan B=\dfrac{2\sqrt{5}}{5}$

④ $\sin B=\dfrac{\sqrt{5}}{3}$, $\cos B=\dfrac{2}{3}$, $\tan B=\dfrac{\sqrt{5}}{5}$

⑤ $\sin B=\dfrac{\sqrt{5}}{3}$, $\cos B=\dfrac{2\sqrt{5}}{5}$, $\tan B=\dfrac{2}{3}$

079

오른쪽 그림과 같은 △ABC에서 $\overline{AH}\perp\overline{BC}$이고 $\overline{BH}=7$, $\overline{CH}=3$일 때, $\dfrac{\tan C}{\tan B}$의 값을 구하시오.

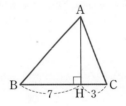

080

오른쪽 그림과 같은 직각삼각형 ABC에서 $\overline{AC}=8$이고 $\cos A=\dfrac{3}{4}$일 때, △ABC의 넓이는?

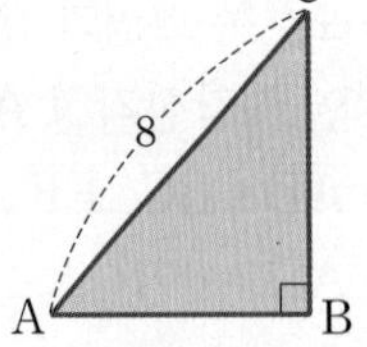

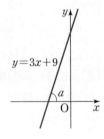

① $6\sqrt{6}$ ② 15

③ $9\sqrt{3}$ ④ $6\sqrt{7}$

⑤ 16

081

∠B=90°인 직각삼각형 ABC에서 $\sin A=\dfrac{2}{5}$일 때, $\tan A$의 값은?

① $\dfrac{1}{5}$ ② $\dfrac{2\sqrt{21}}{21}$ ③ $\dfrac{\sqrt{21}}{7}$

④ $\dfrac{4\sqrt{21}}{21}$ ⑤ $\dfrac{\sqrt{21}}{5}$

082

오른쪽 그림과 같이 직선 $y=3x+9$가 x축과 이루는 예각의 크기를 a라 할 때, $\sin a\times\cos a$의 값을 구하시오.

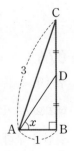

083

오른쪽 그림과 같은 직각삼각형 ABC에서 $\overline{AB}=1$, $\overline{AC}=3$, $\overline{BD}=\overline{CD}$이고 ∠DAB=$x$라 할 때, $\cos x$의 값을 구하시오.

084

오른쪽 그림과 같은 직각삼각형 ABC에서 $\overline{AD}=\overline{BD}=9$, $\overline{AC}=6$일 때, $\tan B$의 값을 구하시오.

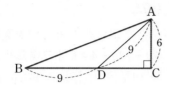

085

오른쪽 그림과 같은 직각삼각형 ABC에서 $\overline{BD}=\overline{DE}=\overline{EC}=2$이다. $\angle BAE=x$, $\angle EAC=y$라 하면 $\tan y=\dfrac{2}{3}$일 때, $\sin(x+y)$의 값을 구하시오.

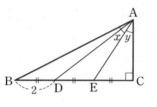

086

$13\cos B-12=0$일 때, $\dfrac{\sin B}{\tan B}$의 값을 구하시오.

(단, $0°<B<90°$)

087

오른쪽 그림과 같이 $\angle A=90°$인 직각삼각형 ABC에서 $\overline{AH}\perp\overline{BC}$이고 $\overline{AB}=12$, $\overline{AC}=5$이다. $\angle BAH=x$라 할 때, $\cos x$의 값을 구하시오.

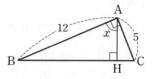

088

오른쪽 그림과 같이 $\angle A=90°$인 직각삼각형 ABC에서 $\overline{AE}=3$, $\overline{DE}=6$이고 $\angle ADE=\angle C$일 때, $\sin B$의 값은?

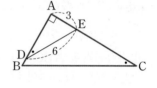

① $\dfrac{1}{2}$ ② $\dfrac{\sqrt{3}}{3}$ ③ $\dfrac{\sqrt{2}}{2}$

④ $\dfrac{\sqrt{3}}{2}$ ⑤ $\dfrac{\sqrt{5}}{3}$

실력 **UP**

089

오른쪽 그림과 같이 대각선의 길이가 $2\sqrt{3}$ cm인 정육면체에서 $\angle CEG=x$라 할 때, $3\sin x-2\tan x$의 값을 구하시오.

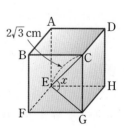

090

다음 중 계산 결과가 가장 큰 것은?

① $\sin 30° + \sin 60°$

② $\cos 45° + \sin 45°$

③ $\tan 30° \times \cos 30°$

④ $\cos 60° + \tan 45°$

⑤ $\tan 60° \times \dfrac{1}{\tan 30°}$

091

오른쪽 그림과 같이 $\angle B = 90°$
인 직각삼각형 ABC에서
$\angle A = 30°$, $\overline{AC} = 8$일 때,
$\overline{AB}$, $\overline{BC}$의 길이를 각각 구하
시오.

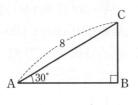

092

이차방정식 $8x^2 + ax - 5 = 0$의 한 근이 $\cos 60°$의 값과
같을 때, 상수 a의 값을 구하시오.

093

$\tan A = 1$일 때, $(1 - \sin A)(1 + \cos A)$의 값을 구하
시오. (단, $0° < A < 90°$)

094

오른쪽 그림과 같이 일차방정식
$3x - \sqrt{3}y + 4 = 0$의 그래프가 x축
과 이루는 예각의 크기를 a라 할
때, $\dfrac{1}{3\cos a}$의 값을 구하시오.

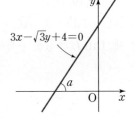

095

일차방정식 $(\cos 45°)x - (\sin 30°)y + 2 = 0$의 그래프가
x축과 이루는 예각의 크기를 a라 할 때, $\tan a$의 값은?

① $\dfrac{1}{2}$ ② $\dfrac{\sqrt{2}}{2}$ ③ $\dfrac{\sqrt{3}}{2}$

④ $\sqrt{2}$ ⑤ $\sqrt{3}$

실력 UP

096

오른쪽 그림과 같은 △ABC에
서 $\overline{AB} = 8$, $\overline{BC} = 12$, $\angle B = 60°$
이고 $\overline{AD} \perp \overline{BC}$일 때, 다음 중
옳지 않은 것은?

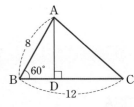

① $\overline{AD} = 4\sqrt{3}$ ② $\overline{CD} = 8$

③ $\overline{AC} = 4\sqrt{6}$ ④ $\sin C = \dfrac{\sqrt{21}}{7}$

⑤ $\triangle ABC = 24\sqrt{3}$

30°, 45°, 60°의 삼각비의 값

2회 유형북 16쪽 | 정답 및 풀이 60쪽

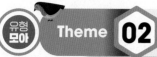

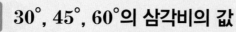

097

다음을 계산하시오.

(1) $\cos 30° \times \tan 60° - \sin 45°$

(2) $\cos 45° \times \sin 45° + \sin 30° \times \cos 60°$

098

오른쪽 그림과 같은 직각삼각형 ABC에서 $\overline{AB}=3\sqrt{5}$, $\overline{AC}=2\sqrt{15}$일 때, $\angle A$의 크기를 구하시오.

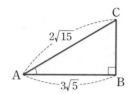

099

$\cos(3x+15°)=\frac{1}{2}$일 때, $\sin 2x+\tan 3x$의 값은?

(단, $0°<x<25°$)

① $\frac{1}{2}$　② $\frac{\sqrt{3}}{2}$　③ $\frac{1+\sqrt{3}}{2}$

④ $\frac{3}{2}$　⑤ $\frac{1+2\sqrt{3}}{2}$

100

오른쪽 그림에서 $\overline{AB}=3$이고 $\angle ABC=\angle BCD=90°$, $\angle A=30°$, $\angle D=45°$일 때, $\overline{BD}$의 길이는?

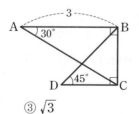

① 1　② $\sqrt{2}$　③ $\sqrt{3}$

④ 2　⑤ $\sqrt{6}$

101

오른쪽 그림과 같이 일차방정식 $\sqrt{3}x-y+2=0$의 그래프가 x축과 이루는 예각의 크기를 a라 할 때, a의 크기를 구하시오.

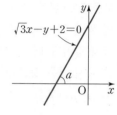

102

오른쪽 그림과 같이 $\angle ABC=\angle BDC=90°$이고 $\angle ACB=45°$, $\angle DBC=30°$, $\overline{AC}=4\sqrt{2}$일 때, $\triangle DBC$의 넓이는?

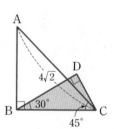

① $2\sqrt{3}$　② $3\sqrt{2}$

③ $4\sqrt{2}$　④ 6

⑤ $4\sqrt{3}$

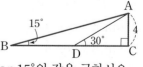

실력 UP

103

오른쪽 그림과 같이 $\angle C=90°$인 직각삼각형 ABC에서 $\angle ABC=15°$, $\angle ADC=30°$, $\overline{AC}=4$일 때, $\tan 15°$의 값을 구하시오.

104

오른쪽 그림과 같이 좌표평면 위의 원점 O를 중심으로 하고 반지름의 길이가 1인 사분원에서 다음 중 옳지 <u>않은</u> 것은?

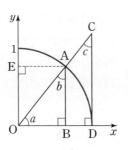

① $\sin a = \overline{AB}$

② $\cos b = \overline{AB}$

③ $\tan c = \overline{AE}$

④ $\cos c = \overline{AB}$

⑤ $\tan a = \overline{CD}$

105

다음 중 삼각비의 값이 1인 것을 모두 고르면? (정답 2개)

① $\sin 0°$ ② $\cos 0°$ ③ $\tan 0°$

④ $\sin 90°$ ⑤ $\cos 90°$

106

$4 \sin 30° \times \cos 0° + \dfrac{1}{2} \tan 45° \times \sin 90°$의 값을 구하시오.

107

$45° < A < 90°$일 때, 다음 중 대소 관계가 옳은 것은?

① $\sin A = \cos A$ ② $\sin A < \cos A$

③ $\sin A > \cos A$ ④ $\cos A > \tan A$

⑤ $\sin A > \tan A$

108

오른쪽 그림과 같이 반지름의 길이가 1이고 중심각의 크기가 48°인 부채꼴 OAB에서 $\overline{BD}$의 길이를 바르게 나타낸 것은?

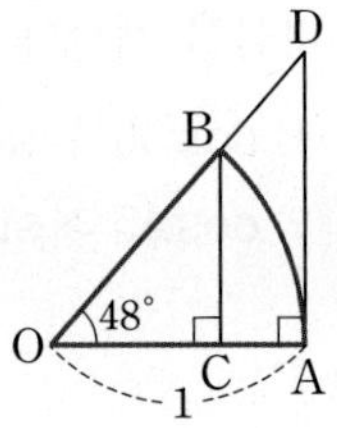

① $\dfrac{1 + \cos 48°}{\sin 48°}$ ② $\dfrac{1 - \sin 48°}{\sin 48°}$

③ $\dfrac{1 + \sin 48°}{\cos 48°}$ ④ $\dfrac{1 - \cos 48°}{\cos 48°}$

⑤ $\dfrac{1 + \tan 48°}{\tan 48°}$

109

오른쪽 그림과 같은 직각삼각형 ABC에서 다음 삼각비의 표를 이용하여 $\overline{BC}$의 길이를 구하시오.

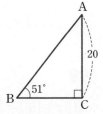

각도	사인(sin)	코사인(cos)	탄젠트(tan)
38°	0.6157	0.7880	0.7813
39°	0.6293	0.7771	0.8098
40°	0.6428	0.7660	0.8391

실력 UP

110

$0° < x < 45°$이고

$\sqrt{(\sin x - \cos x)^2} - \sqrt{(\sin x + \cos x)^2} = -\dfrac{6}{5}$일 때, $\tan x$의 값은?

① $\dfrac{2}{3}$ ② $\dfrac{3}{4}$ ③ $\dfrac{4}{5}$

④ $\dfrac{5}{6}$ ⑤ $\dfrac{6}{7}$

111

오른쪽 그림과 같이 좌표평면 위의 원점 O를 중심으로 하고 반지름의 길이가 1인 사분원에서 점 A의 좌표는?

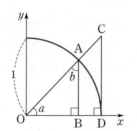

① $(\sin a, \sin b)$

② $(\sin b, \cos b)$

③ $(\cos a, \sin b)$

④ $(\cos a, \tan a)$

⑤ $(\cos b, \sin b)$

112

$\cos 0° \times \tan 60° - \sin 0° \times \tan 45°$의 값을 구하시오.

113

오른쪽 그림과 같이 반지름의 길이가 1이고 중심각의 크기가 40°인 부채꼴 OAB에서 $\overline{AH} \perp \overline{OB}$일 때, 다음 중 옳지 <u>않은</u> 것은?

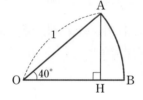

① $\overline{AH} = \sin 40°$

② $\overline{OH} = \cos 40°$

③ $\overline{AH} = \tan 40°$

④ $\overline{OH} = \sin 50°$

⑤ $\overline{BH} = 1 - \cos 40°$

114

$0° \le A \le 90°$일 때, 다음 중 옳지 <u>않은</u> 것은?

① A의 크기가 커지면 $\cos A$의 값은 작아진다.

② A의 크기가 커지면 $\tan A$의 값은 커진다.

③ $\sin A$의 가장 작은 값은 0이고, 가장 큰 값은 1이다.

④ $\cos A$의 가장 작은 값은 0이고, 가장 큰 값은 1이다.

⑤ $\tan A$의 가장 작은 값은 0이고, 가장 큰 값은 100이다.

115

$\cos(2x + 30°) = 0$일 때, $\sin 3x$의 값을 구하시오.

(단, $0° \le x \le 30°$)

116

오른쪽 그림과 같은 직각삼각형 ABC에서 다음 삼각비의 표를 이용하여 x의 크기를 구하시오.

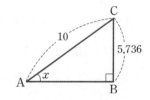

각도	사인(sin)	코사인(cos)	탄젠트(tan)
34°	0.5592	0.8290	0.6745
35°	0.5736	0.8192	0.7002
36°	0.5878	0.8090	0.7265

실력 **UP**

117

$45° < x < 90°$이고

$\sqrt{(\sin x - \tan x)^2} + \sqrt{(\sin x + \tan x)^2} = 2\sqrt{3}$일 때,

$\tan\left(\dfrac{x}{2} + 15°\right)$의 값을 구하시오.

118

다음 보기에서 계산 결과가 옳은 것을 모두 고르시오.

ㄱ. $\sin 30° + 2\cos 60° = \dfrac{3}{2}$

ㄴ. $\sin 0° - \sqrt{2}\cos 45° = \dfrac{3}{4}$

ㄷ. $\cos 60° - \sin 90° \times \tan 45° = \dfrac{1}{2}$

ㄹ. $2\sin 60° - \sqrt{3}\tan 0° \times \tan 60° = \sqrt{3}$

ㅁ. $\sqrt{2}\sin 45° + \sin 0° \times \cos 90° + \cos 0° = 2$

119

$\angle B = 90°$인 직각삼각형 ABC에서 $\sin A = \dfrac{2}{7}$일 때, $\tan A$의 값을 구하시오.

120

오른쪽 그림에서
$\angle ABC = \angle BCD = 90°$,
$\angle A = 60°$, $\angle D = 45°$이고
$\overline{CD} = \sqrt{2}$ cm일 때, $\overline{AB}$의 길
이를 구하시오.

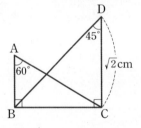

121

오른쪽 그림과 같이 y절편이 $3\sqrt{3}$이
고 x축과 이루는 예각의 크기가 60°
인 직선의 방정식은?

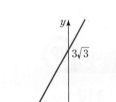

① $\sqrt{3}x + y - 3\sqrt{3} = 0$

② $\sqrt{3}x + y - 3 = 0$

③ $\sqrt{3}x - y + 3\sqrt{3} = 0$

④ $3x + \sqrt{3}y + \sqrt{3} = 0$

⑤ $3x + \sqrt{3}y - \sqrt{3} = 0$

122

세 내각의 크기의 비가 $3 : 5 : 10$인 삼각형에서 가장 작은 내각의 크기를 A라 할 때, $\cos A : \tan A$를 가장 간단한 자연수의 비로 나타내시오.

123

이차방정식 $2x^2 - 5x + 3 = 0$의 한 근이 $\tan A$일 때, $\cos A \times \sin A$의 값을 구하시오. (단, $0° < A \le 45°$)

124

오른쪽 그림과 같이 직선 $y = mx$가
x축과 이루는 예각을 직선 $y = \dfrac{\sqrt{3}}{3}x$
가 이등분할 때, 양수 m의 값을
구하시오.

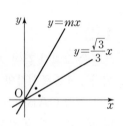

125

오른쪽 그림과 같이 반지름의 길이
가 1인 사분원이 있다. 다음 삼각비
의 값을 선분의 길이로 나타낸 것을
보기에서 찾으시오.

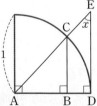

ㄱ. $\overline{AB}$ ㄴ. $\overline{AC}$ ㄷ. $\overline{AE}$

ㄹ. $\overline{BC}$ ㅁ. $\overline{DE}$ ㅂ. $\overline{CE}$

(1) $\sin x$ (2) $\cos x$ (3) $\dfrac{1}{\tan x}$

126

$0° \leq A \leq 90°$일 때, 다음 중 옳지 <u>않은</u> 것은?

① A의 크기가 커지면 $\sin A$의 값도 커진다.

② A의 크기가 커지면 $\cos A$의 값은 작아진다.

③ $\cos A$의 가장 작은 값은 0, 가장 큰 값은 1이다.

④ $A=45°$이면 $\sin A=\cos A$이다.

⑤ $\tan A$의 가장 작은 값은 1, 가장 큰 값은 정할 수 없다.

127

$45° < x < 90°$일 때, $\sqrt{(1-\tan x)^2}+\sqrt{(1+\tan x)^2}$을 간단히 하면?

① $-2\tan x$ ② $-\tan x$ ③ 0

④ $\tan x$ ⑤ $2\tan x$

128

오른쪽 그림과 같이 $\angle A=90°$인 직각삼각형 ABC에서 $\overline{AB}=5$, $\overline{AC}=7$이고 $\overline{AH} \perp \overline{BC}$이다. $\angle BAH=x$, $\angle CAH=y$라 할 때, $\sin x \times \cos y$의 값을 구하시오.

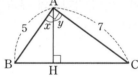

129

오른쪽 그림과 같은 직각삼각형 ABC에서 $\angle ABC=15°$, $\angle ADC=30°$, $\overline{BD}=4$일 때, $\tan 15°$의 값은?

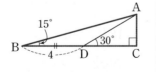

① $2-\sqrt{3}$ ② $\sqrt{3}-1$ ③ $4-\sqrt{3}$

④ $2+\sqrt{3}$ ⑤ $2+2\sqrt{3}$

서술형 문제

130

오른쪽 그림과 같이 $\overline{AD} /\!/ \overline{BC}$인 사다리꼴 ABCD에서 $\overline{AB}=\overline{DC}=4$, $\overline{AD}=5$, $\overline{BC}=11$일 때, $\sin B$의 값을 구하시오.

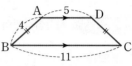

〈풀이〉

131

오른쪽 그림과 같이 선아네 집에 있는 탁상시계는 2시 정각이 되었을 때, 시침 끝과 분침 끝을 연결한 선이 시침과 직각이 된다고 한다. 분침의 길이가 6 cm일 때, 시침의 길이는 몇 cm인지 구하시오.

(단, 시침과 분침의 두께는 생각하지 않는다.)

〈풀이〉

Theme 04 삼각형의 변의 길이

📖 유형북 30쪽

유형 01 직각삼각형의 변의 길이

대표 문제
132

오른쪽 그림과 같은 직각삼각형 ABC에서 ∠C=40°, $\overline{BC}$=5 일 때, $x+y$의 값을 구하시오. (단, sin 40°=0.64, cos 40°=0.77로 계산한다.)

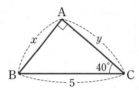

133

오른쪽 그림과 같은 직각삼각형 ABC 에서 ∠A=42°, $\overline{BC}$=10일 때, 다음 중 $\overline{AC}$의 길이를 나타내는 것을 모두 고르면? (정답 2개)

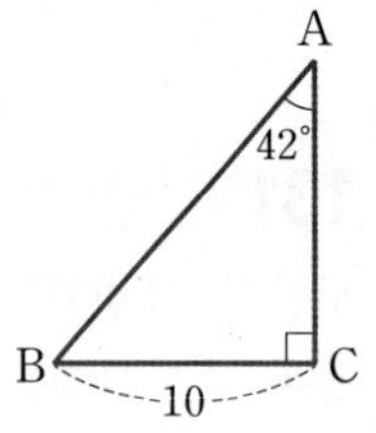

① $10\cos 42°$ ② $10\tan 42°$

③ $10\tan 48°$ ④ $\dfrac{10}{\sin 48°}$

⑤ $\dfrac{10}{\tan 42°}$

134

오른쪽 그림과 같은 직각삼각형 ABC에서 ∠B=35°, $\overline{AC}$=20 일 때, $\overline{BC}$의 길이를 구하시오. (단, tan 55°=1.43으로 계산한다.)

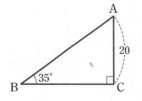

유형 02 입체도형에서 직각삼각형의 변의 길이의 활용

대표 문제
135

오른쪽 그림과 같은 직육면체에서 $\overline{BD}$=$4\sqrt{2}$ cm, $\overline{BF}$=5 cm, ∠DBC=45°일 때, 이 직육면체의 부피는?

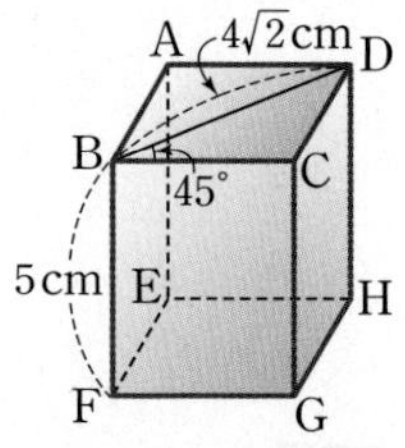

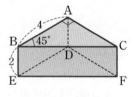

① 40 cm³ ② $20\sqrt{6}$ cm³

③ $40\sqrt{2}$ cm³ ④ 80 cm³

⑤ $80\sqrt{2}$ cm³

136

오른쪽 그림과 같은 삼각기둥에 서 $\overline{AB}$=4, $\overline{BE}$=2이고 ∠ABC=45°, ∠BAC=90°일 때, 이 삼각기둥의 부피를 구하 시오.

137

오른쪽 그림과 같은 원뿔에서 $\overline{BH}$는 밑면의 반지름이고 $\overline{AH}$는 높이이다. 모선 AB와 $\overline{AH}$가 이루는 각의 크기 가 30°일 때, 이 원뿔의 부피는?

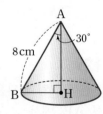

① $18\sqrt{3}\pi$ cm³ ② $\dfrac{55\sqrt{3}}{3}\pi$ cm³

③ $\dfrac{56\sqrt{3}}{3}\pi$ cm³ ④ $19\sqrt{3}\pi$ cm³

⑤ $\dfrac{64\sqrt{3}}{3}\pi$ cm³

유형 03 실생활에서 직각삼각형의 변의 길이의 활용

대표문제

138

오른쪽 그림과 같이 승현이의 손에서 드론까지의 거리가 50 m이고, 손의 위치에서 드론을 올려본각의 크기가 50°이다. 지면에서 승현이의 손까지의 높이가 1.7 m일 때, 지면에서 드론까지의 높이는 몇 m인가?

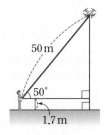

(단, sin 50°=0.77로 계산한다.)

① 39.8 m   ② 40 m   ③ 40.2 m

④ 40.4 m   ⑤ 40.6 m

139

오른쪽 그림과 같이 절벽을 구경하기 위해 자동차의 위치인 A 지점에서 30 m 떨어진 절벽의 꼭대기를 올려본각의 크기가 57°일 때, 절벽의 높이를 구하시오.
(단, sin 57°=0.84로 계산한다.)

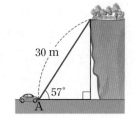

140

오른쪽 그림과 같이 높이가 $15\sqrt{3}$ m인 건물의 A 지점에서 타워의 C 지점을 올려본각의 크기가 60°이고, 타워의 B 지점을 내려본각의 크기가 30°이다. 이때 타워의 높이 $\overline{BC}$의 길이를 구하시오.

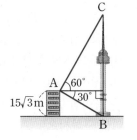

141

오른쪽 그림과 같이 산 맨 아래의 C 지점에서 150 m 떨어진 B 지점이 있다. B 지점에서 산꼭대기 위의 송신탑의 양 끝 지점 A, D를 올려본각의 크기가 각각 60°, 45°일 때, 송신탑의 높이 $\overline{AD}$의 길이를 구하시오.

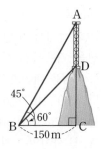

142

오른쪽 그림과 같이 높이가 30 m인 건물을 A 지점에서 올려본각의 크기가 45°, B 지점에서 올려본각의 크기가 60°일 때, 두 지점 A, B 사이의 거리를 구하시오.

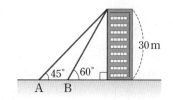

143

다음 그림과 같이 새가 나무 위의 P 지점에서 출발하여 지면 위인 C 지점에서 먹이를 잡고 지면으로부터의 높이가 10 m인 Q 지점으로 날아갔다. C 지점에서 두 지점 P, Q를 올려본각의 크기는 각각 45°, 30°이었고 $\overline{AB}=12\sqrt{3}$ m일 때, 새가 P 지점을 출발하여 Q 지점까지 날아간 총거리를 구하시오. (단, 새는 직선으로 날아간다.)

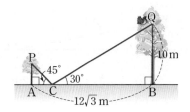

144

오른쪽 그림과 같이 등대의 P 지점에서 수면과 평행한 선을 기준으로 두 배의 A, B 지점을 내려본각의 크기는 각각 60°, 45°이었다. 등대의 높이가 30 m일 때, 두 지점 A, B 사이의 거리는?

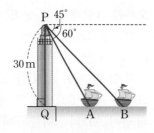

(단, 세 점 Q, A, B는 일직선 위에 있다.)

① $(30-10\sqrt{5})$ m ② 10 m
③ $(30-10\sqrt{3})$ m ④ $(30-10\sqrt{2})$ m
⑤ $10\sqrt{3}$ m

145

오른쪽 그림과 같이 길이가 30 cm인 실에 매달린 추가 A 지점에서 C 지점까지 왕복 운동을 하고 있다. $\overline{\mathrm{OB}}$와 $\overline{\mathrm{OC}}$가 이루는 각의 크기가 45°인 C 지점에 추가 있을 때, 이 추는 B 지점을 기준으로 몇 cm 더 높은 곳에 있는지 구하시오.

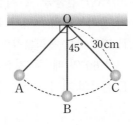

(단, 추의 크기는 생각하지 않는다.)

146

다음 그림과 같이 지면으로부터 3400 m 높이의 상공을 지면과 수평이 되게 날고 있는 헬리콥터가 A 지점에서 10°의 각을 이루면서 지면 위의 C 지점에 초속 100 m로 착륙하려고 한다. 이 헬리콥터는 몇 초 후에 지면에 닿게 되는가? (단, sin 10°=0.17로 계산한다.)

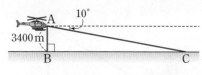

① 150초 ② 175초 ③ 200초
④ 225초 ⑤ 250초

대표 문제

147

오른쪽 그림과 같은 △ABC에서 $\overline{\mathrm{AB}}=2\sqrt{3}$, $\overline{\mathrm{BC}}=4\sqrt{3}$, ∠B=60°일 때, $\overline{\mathrm{AC}}$의 길이는?

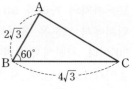

① 2 ② $2\sqrt{3}$ ③ $3\sqrt{3}$
④ 6 ⑤ $4\sqrt{3}$

148

오른쪽 그림과 같은 △ABC에서 $\overline{\mathrm{AC}}=6$, $\overline{\mathrm{BC}}=9$, $\cos C=\dfrac{1}{2}$일 때, $\overline{\mathrm{AB}}$의 길이를 구하시오.

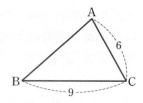

149

오른쪽 그림과 같이 C 지점에 있는 집에서 두 음식점 A, B까지의 거리가 각각 60 m, 50 m이다. ∠C=120°일 때, 두 음식점 A, B 사이의 거리를 구하시오.

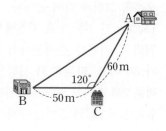

유형 05 한 변의 길이와 그 양 끝 각의 크기를 알 때, 다른 한 변의 길이 구하기

대표 문제

150

오른쪽 그림과 같은 △ABC에서
∠B=60°, ∠C=75°, $\overline{BC}$=8일 때,
$\overline{AB}$의 길이는?

① $4+4\sqrt{2}$ ② $4+4\sqrt{3}$
③ $4+4\sqrt{6}$ ④ $6+6\sqrt{2}$
⑤ $6+6\sqrt{3}$

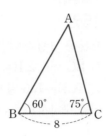

151

오른쪽 그림과 같은 △ABC에서
∠B=45°, ∠C=105°, $\overline{BC}$=6일
때, $\overline{AC}$의 길이는?

① $2\sqrt{6}$ ② 5
③ 6 ④ $4\sqrt{3}$
⑤ $6\sqrt{2}$

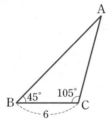

152

오른쪽 그림과 같은 △ABC에서
∠B=45°, ∠C=75°, $\overline{AC}$=$4\sqrt{2}$
일 때, $\overline{BC}$의 길이를 구하시오.

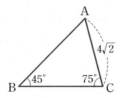

153

오른쪽 그림과 같은 △ABC에서
∠B=105°, ∠C=30°, $\overline{AB}$=4
일 때, $\overline{AC}$의 길이를 구하시오.

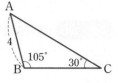

154

오른쪽 그림은 강 양쪽에 있는
두 지점 A, C 사이의 거리를 구
하기 위하여 측량한 결과를 나타
낸 것이다. 두 지점 A, C 사이
의 거리는 몇 m인가?

(단, cos20°=0.9, cos42°=0.7로 계산한다.)

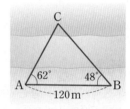

① $\dfrac{280}{3}$ m ② 100 m ③ $\dfrac{920}{9}$ m
④ $\dfrac{320}{3}$ m ⑤ $\dfrac{980}{9}$ m

155

오른쪽 그림과 같은 △ABC에서
∠B=45°, ∠C=30°,
$\overline{BC}$=4 cm일 때, $\overline{AC}$의 길이는?

① $(\sqrt{3}-1)$ cm
② $(\sqrt{3}+1)$ cm
③ $2(\sqrt{3}-1)$ cm
④ $4(\sqrt{3}-1)$ cm
⑤ $4(\sqrt{3}+1)$ cm

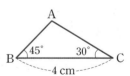

Theme 05 삼각형과 사각형의 넓이　　　　　📖 유형북 34쪽

유형 06 예각삼각형의 높이 구하기

대표 문제

156

오른쪽 그림과 같은 △ABC에
서 $\overline{AH}\perp\overline{BC}$이고 $\overline{BC}=6$,
∠B=30°, ∠C=60°일 때,
$\overline{AH}$의 길이는?

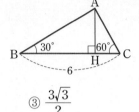

① $1+\dfrac{\sqrt{3}}{2}$　　② 2　　③ $\dfrac{3\sqrt{3}}{2}$

④ $2+\sqrt{3}$　　⑤ $1+\dfrac{3\sqrt{3}}{2}$

157

오른쪽 그림과 같은 △ABC에서
$\overline{AH}\perp\overline{BC}$이고 $\overline{BC}=9$,
∠B=70°, ∠C=50°일 때, 다음
중 $\overline{AH}$의 길이를 나타내는 것은?

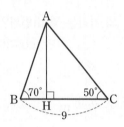

① $\dfrac{9}{\tan 70°+\tan 40°}$

② $\dfrac{9\tan 20°}{\tan 20°+\tan 40°}$

③ $\dfrac{9\tan 70°}{\tan 70°+\tan 40°}$

④ $\dfrac{9}{\tan 20°+\tan 40°}$

⑤ $9(\tan 20°+\tan 40°)$

158

오른쪽 그림과 같이 15 m 떨
어진 두 지점 A, B에서 나무
꼭대기인 C 지점을 올려본각
의 크기가 각각 50°, 54°일 때,
나무의 높이를 구하시오.
（단, $\tan 36°=0.7$, $\tan 40°=0.8$로 계산한다.）

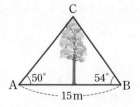

유형 07 둔각삼각형의 높이 구하기

대표 문제

159

오른쪽 그림과 같은 △ABC에
서 $\overline{BC}=6$, ∠B=30°,
∠ACB=135°일 때, $\overline{AH}$의 길
이를 구하시오.

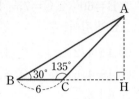

160

오른쪽 그림과 같은 △ABC에서
$\overline{CD}=3$ cm, ∠ADC=120°이고
$\tan C=\dfrac{1}{2}$일 때, $\overline{AB}$의 길이를
구하시오.

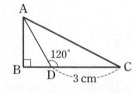

161

어느 로켓은 발사 직후 C
지점에 도달할 때까지 초속
500 m로 수직 상승한다고
한다. 이 로켓이 오른쪽 그
림과 같이 C 지점에 도달

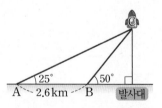

하였을 때, 2.6 km 떨어진 A 지점과 B 지점에서 로켓을
올려본각의 크기가 각각 25°, 50°이었다. 이 로켓이 C 지
점에 도달하는 데 걸린 시간은 몇 초인가?
（단, $\tan 40°=0.8$, $\tan 65°=2.1$로 계산한다.）

① 2초　　② 4초　　③ 6초

④ 8초　　⑤ 10초

대표 문제

162

오른쪽 그림과 같이 $\overline{AB}=4$, $\overline{AC}=9$, $\angle A=30°$인 △ABC의 넓이는?

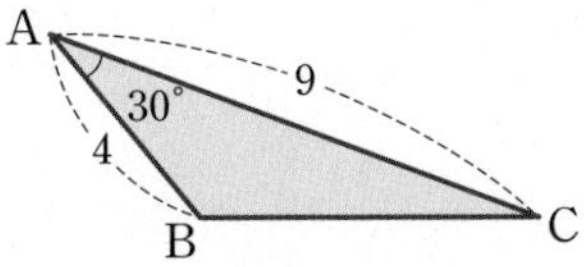

① 9
② $9\sqrt{2}$
③ $9\sqrt{3}$
④ $12\sqrt{2}$
⑤ $12\sqrt{3}$

163

오른쪽 그림과 같이 $\overline{AB}=\overline{AC}$이고 $\angle B=60°$인 △ABC의 넓이가 $16\sqrt{3}$ cm²일 때, $\overline{AB}$의 길이는?

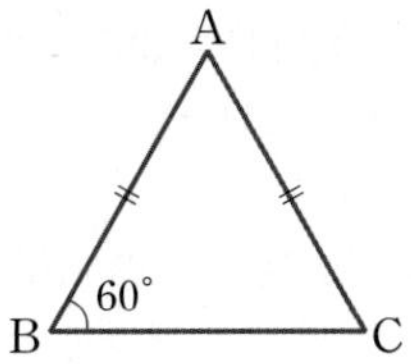

① 7 cm
② 8 cm
③ 9 cm
④ 10 cm
⑤ 11 cm

164

오른쪽 그림과 같이 $\overline{AB}=4$, $\overline{BC}=6$인 △ABC에서 $\cos B=\dfrac{\sqrt{2}}{2}$일 때, △ABC의 넓이는? (단, $0°<\angle B<90°$)

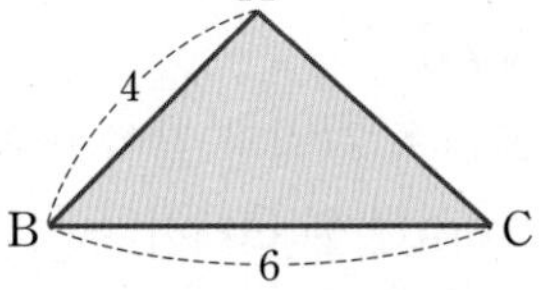

① $4\sqrt{2}$
② $6\sqrt{2}$
③ $8\sqrt{2}$
④ $10\sqrt{2}$
⑤ $12\sqrt{2}$

165

오른쪽 그림과 같이 $\overline{AB}=8$ cm, $\overline{BC}=10$ cm, $\angle B=60°$인 △ABC에서 점 G가 △ABC의 무게중심일 때, △AGC의 넓이를 구하시오.

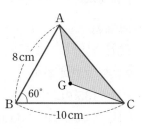

166

오른쪽 그림에서 $\overline{AC}\,/\!/\,\overline{DE}$이고 $\overline{AB}=6$ cm, $\overline{BC}=4$ cm, $\overline{CE}=4$ cm, $\angle B=45°$일 때, □ABCD의 넓이는?

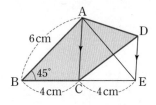

① $8\sqrt{3}$ cm²
② $10\sqrt{2}$ cm²
③ $12\sqrt{2}$ cm²
④ $12\sqrt{6}$ cm²
⑤ $16\sqrt{3}$ cm²

167

오른쪽 그림의 평행사변형 ABCD에서 두 점 M, N은 각각 $\overline{BC}$, $\overline{CD}$의 중점이다. $\overline{AP}=2\sqrt{3}$, $\overline{AQ}=4$, $\angle MAN=30°$일 때, △AMN의 넓이는?

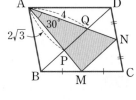

① $4\sqrt{3}$
② $\dfrac{17\sqrt{3}}{4}$
③ $\dfrac{9\sqrt{3}}{2}$
④ $\dfrac{19\sqrt{3}}{4}$
⑤ $5\sqrt{3}$

유형 09 둔각삼각형의 넓이

대표 문제

168

오른쪽 그림과 같이
∠B=135°이고
$\overline{AB}$=5 cm, $\overline{BC}$=4 cm인
△ABC의 넓이는?

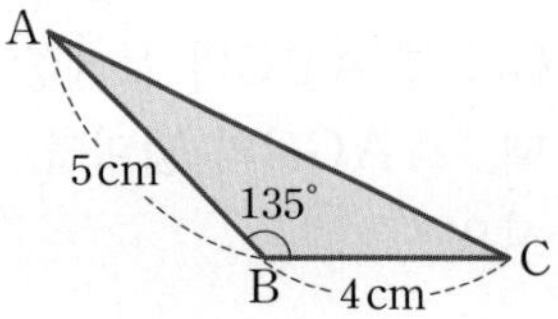

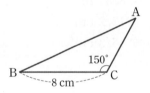

① $4\sqrt{2}$ cm²   ② 6 cm²   ③ $4\sqrt{3}$ cm²

④ $5\sqrt{2}$ cm²   ⑤ $5\sqrt{3}$ cm²

169

오른쪽 그림과 같이
$\overline{BC}$=8 cm, ∠C=150°인
△ABC의 넓이가 11 cm²일
때, $\overline{AC}$의 길이를 구하시오.

170

오른쪽 그림과 같이
$\overline{AB}$=12 cm, $\overline{BC}$=7 cm인
△ABC의 넓이가 $21\sqrt{2}$ cm²일
때, ∠B의 크기를 구하시오.
(단, ∠B>90°)

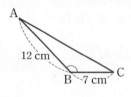

171

오른쪽 그림에서 □BDEC는 정사각형
이고 $\overline{AB}$=2, ∠BAC=∠ACB=60°
일 때, △ABD의 넓이를 구하시오.

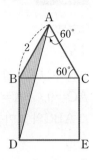

172

오른쪽 그림과 같이 지름의 길이
가 6 cm인 반원 O에서
∠PAB=30°일 때, 색칠한 부분
의 넓이는?

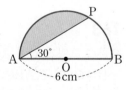

① $(3\pi-3\sqrt{3})$ cm²   ② $\left(3\pi-\dfrac{9\sqrt{3}}{4}\right)$ cm²

③ $\left(3\pi-\dfrac{\sqrt{3}}{2}\right)$ cm²   ④ $(2\pi-\sqrt{3})$ cm²

⑤ $\left(2\pi-\dfrac{\sqrt{3}}{4}\right)$ cm²

173

오른쪽 그림과 같이 반지름의 길이가
2 cm인 원 O에서
$\overparen{AB}:\overparen{BC}:\overparen{CA}$=3 : 2 : 3일 때,
△ABC의 넓이를 구하시오.

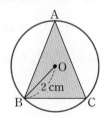

유형 10 다각형의 넓이

대표문제
174

오른쪽 그림과 같은 □ABCD
의 넓이를 구하시오.

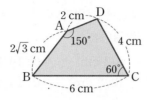

175

오른쪽 그림과 같은 □ABCD
의 넓이가 $48\sqrt{3}$ cm²일 때,
$\overline{AD}$의 길이는?

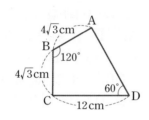

① 10 cm   ② $6\sqrt{3}$ cm
③ 12 cm   ④ $8\sqrt{3}$ cm
⑤ $10\sqrt{3}$ cm

176

오른쪽 그림과 같은 □ABCD에서
$\overline{AC}=\overline{DC}$이고 $\overline{AB}=5$ cm,
$\overline{BC}=10$ cm이다.
∠BAC=∠BCD=90°,
∠B=60°일 때, □ABCD의 넓이
를 구하시오.

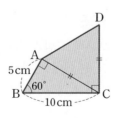

177

오른쪽 그림과 같이 반지름의
길이가 4 cm인 반원 O에 내접
하는 □ABCD에서
∠COD=90°이고, $\overset{\frown}{AD}=\overset{\frown}{BC}$
일 때, □ABCD의 넓이를 구하시오.

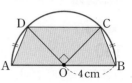

178

오른쪽 그림과 같이 ∠B=90°,
∠C=75°이고 $\overline{AB}=\overline{BC}=3\sqrt{3}$,
$\overline{CD}=4$인 □ABCD가 있다.
□ABCD의 넓이가 $a+b\sqrt{6}$일 때,
유리수 a, b에 대하여 $2a-3b$의
값은?

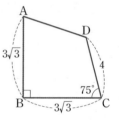

① 6   ② 9   ③ 15
④ 18   ⑤ $3\sqrt{3}$

179

오른쪽 그림과 같은 □ABCD
의 넓이는?

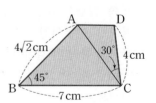

① 17 cm²   ② 18 cm²
③ 19 cm²   ④ 20 cm²
⑤ 21 cm²

유형 11 평행사변형의 넓이

대표 문제

180

오른쪽 그림과 같이 $\overline{AB}=6\,cm$, $\angle A=120°$인 마름모 ABCD의 넓이를 구하시오.

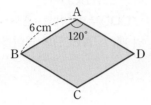

181

오른쪽 그림과 같이 $\overline{AB}=2\sqrt{2}$, $\angle B=45°$인 평행사변형 ABCD의 넓이가 8일 때, $\overline{BC}$의 길이를 구하시오.

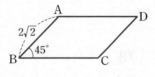

182

오른쪽 그림과 같은 평행사변형 ABCD에서 $\overline{BC}$의 중점을 M이라 하자. $\overline{AB}=5\,cm$, $\overline{AD}=6\,cm$이고 $\angle D=60°$일 때, $\triangle AMC$의 넓이를 구하시오.

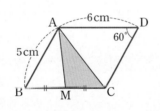

183

오른쪽 그림은 8개의 합동인 마름모로 이루어진 도형이다. 마름모의 한 변의 길이가 $\sqrt{2}\,cm$일 때, 이 도형의 넓이를 구하시오.

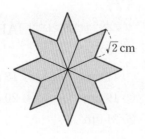

유형 12 사각형의 넓이

대표 문제

184

오른쪽 그림과 같이 $\square ABCD$의 넓이는?

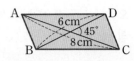

① $8\sqrt{2}\,cm^2$ ② $10\sqrt{2}\,cm^2$
③ $12\sqrt{2}\,cm^2$ ④ $14\sqrt{2}\,cm^2$
⑤ $16\sqrt{2}\,cm^2$

185

오른쪽 그림과 같이 $\overline{AB}=\overline{DC}$인 등변사다리꼴 ABCD에서 $\overline{BD}=4$, $\angle DBC=30°$일 때, 등변사다리꼴 ABCD의 넓이는?

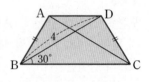

① $4\sqrt{3}$ ② $\dfrac{9\sqrt{2}}{2}$ ③ $5\sqrt{3}$

④ $\dfrac{11\sqrt{2}}{2}$ ⑤ $6\sqrt{3}$

186

오른쪽 그림과 같이 지름의 길이가 8인 원 O에 내접하는 $\square ABCD$의 넓이가 최대일 때, 그 넓이를 구하시오.

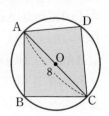

187

오른쪽 그림과 같은 직각삼각형 ABC에서 $\overline{AB}$의 길이를 바르게 나타낸 것은?

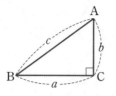

① $c = \dfrac{a}{\sin B}$ ② $c = \dfrac{a}{\cos B}$

③ $c = a \sin B$ ④ $c = a \cos B$

⑤ $c = a \tan B$

188

오른쪽 그림과 같은 직각삼각형 ABC에서 $\angle C = 62°$, $\overline{AC} = 8$일 때, 다음 중 $\overline{BC}$의 길이를 나타내는 것을 모두 고르면?

(정답 2개)

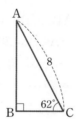

① $8 \sin 28°$ ② $8 \sin 62°$

③ $8 \cos 28°$ ④ $8 \cos 62°$

⑤ $\dfrac{8}{\tan 62°}$

189

오른쪽 그림과 같은 삼각뿔에서 $\angle AHC = \angle BHC = \angle AHB = 90°$이고 $\angle CAH = 45°$, $\angle ABH = 60°$, $\overline{AB} = 200$일 때, $\overline{CH}$의 길이는?

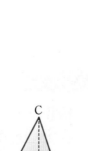

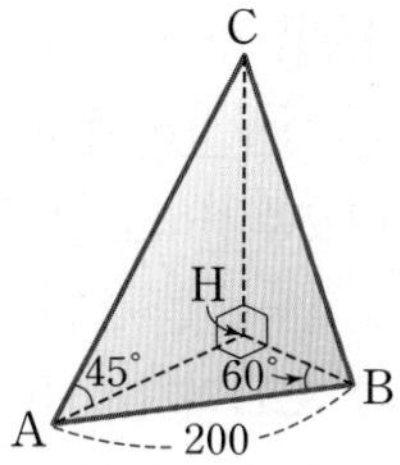

① $50\sqrt{2}$ ② $50\sqrt{3}$

③ $100\sqrt{2}$ ④ $100\sqrt{3}$

⑤ $200\sqrt{2}$

190

오른쪽 그림과 같이 주현이가 나무로부터 20 m 떨어진 A 지점에 서서 나무의 꼭대기인 B 지점을 올려본각의 크기가 35°이다. 주현이의 눈높이가 1.6 m일 때, 이 나무의 높이 $\overline{BD}$의 길이를 구하시오. (단, $\tan 35° = 0.7$로 계산한다.)

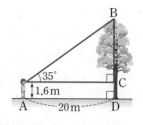

191

오른쪽 그림과 같은 △ABC에서 $\overline{AH} \perp \overline{BC}$이고 $\overline{AB} = 6$ cm, $\angle B = 60°$, $\angle CAH = 45°$이다. 이때 $\overline{AC}$의 길이를 구하시오.

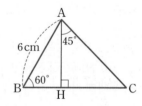

192

오른쪽 그림과 같은 직육면체에서 $\overline{AB} = 3$ cm, $\overline{CF} = 4$ cm, $\angle CFG = 30°$일 때, 이 직육면체의 겉넓이를 구하시오.

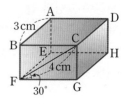

193

오른쪽 그림은 연못의 양 끝 지점인 B, C 사이의 거리를 구하기 위하여 측량한 결과를 나타낸 것이다. 다음 중 두 지점 B, C 사이의 거리를 나타내는 것은?

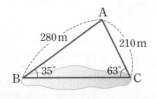

① $(280\sin 35°+210\sin 63°)$ m

② $(280\cos 35°+210\cos 63°)$ m

③ $(280\cos 63°+210\sin 35°)$ m

④ $(280\tan 35°+210\tan 63°)$ m

⑤ $(280\tan 55°+210\cos 27°)$ m

194

오른쪽 그림과 같이 B 지점에서 전망대 A 지점을 올려본각의 크기는 60°이고 지면에서 전망대까지 움직이는 두 종류의 케이블카를

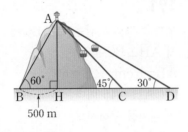

연결하는 선이 지면과 이루는 각은 각각 45°, 30°이다. 이때 케이블카를 연결하는 선 $\overline{AC}$, $\overline{AD}$의 길이를 각각 구하시오.

195

오른쪽 그림과 같은 △ABC에서 $\overline{AC}=6$, $\overline{BC}=2\sqrt{2}$, $\angle C=135°$일 때, $\overline{AB}$의 길이를 구하시오.

196

오른쪽 그림과 같은 △ABC에서 $\angle A=60°$, $\angle C=45°$, $\overline{BC}=6$일 때, $\overline{AB}$의 길이는?

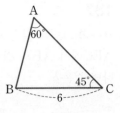

① 3
② 4

③ $2\sqrt{6}$
④ $3\sqrt{3}$

⑤ $4\sqrt{3}$

197

오른쪽 그림과 같은 △ABC에서 $\overline{AB}\perp\overline{CD}$이고 $\angle B=30°$, $\angle ACB=105°$, $\overline{BC}=4$일 때, $\overline{AC}+\overline{CD}$의 길이는?

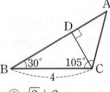

① $\sqrt{2}$
② $\sqrt{2}+1$
③ $\sqrt{2}+2$

④ $2\sqrt{2}$
⑤ $2\sqrt{2}+2$

실력 **UP**

198

오른쪽 그림에서 $\overline{BE}$는 $\angle ABC$의 이등분선이고 $\overline{AC}\perp\overline{BD}$, $\angle A=30°$, $\angle D=40°$, $\overline{AE}=8$일 때, $\overline{CD}$의 길이를 구하시오.
(단, $\tan 50°=1.2$로 계산한다.)

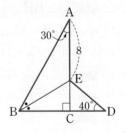

199

오른쪽 그림과 같은 직각삼각형 ABC에서 ∠B=40°, $\overline{BC}$=6일 때, 다음 중 $\overline{AB}$의 길이를 나타내는 것은?

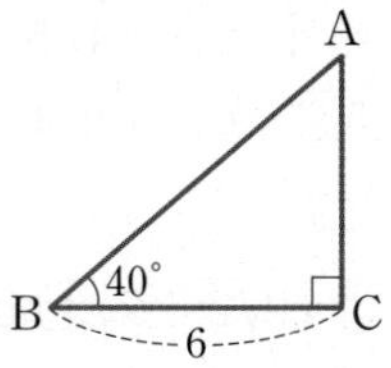

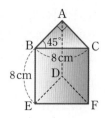

① $6\sin 40°$ ② $6\cos 40°$

③ $6\sin 50°$ ④ $\dfrac{6}{\cos 40°}$

⑤ $\dfrac{6}{\tan 50°}$

200

유정이네 집 마당에 서 있던 곧은 나무가 번개를 맞고 다음 그림과 같이 직각으로 부러졌다. 이 나무의 원래 높이는? (단, sin57°=0.8로 계산한다.)

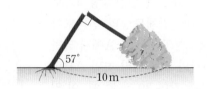

① 14 m   ② 15 m   ③ 16 m
④ 17 m   ⑤ 18 m

201

오른쪽 그림과 같이 반지름의 길이가 6인 부채꼴 OAB에서 ∠AOC=45°, ∠AOE=30°이고 $\overline{CD}\perp\overline{OA}$, $\overline{EF}\perp\overline{OA}$이다. $\overline{CD}$와 $\overline{OE}$의 교점 G에 대하여 △ODG의 넓이를 구하시오.

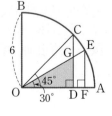

202

오른쪽 그림과 같은 삼각기둥에서 $\overline{BC}=\overline{BE}=8\,\text{cm}$이고 ∠ABC=45°, ∠BAC=90°일 때, 이 삼각기둥의 부피를 구하시오.

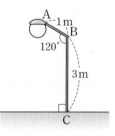

203

오른쪽 그림과 같이 $\overline{AB}=1\,\text{m}$, $\overline{BC}=3\,\text{m}$, ∠ABC=120°인 가로등의 높이를 구하시오. (단, 가로등의 높이는 지면에서 A 지점까지의 거리이다.)

204

오른쪽 그림과 같이 30 m 떨어진 두 건물 ㈎, ㈏가 있다. ㈎ 건물 옥상에서 ㈏ 건물을 올려본각의 크기는 30°이고 내려본각의 크기는 45°일 때, ㈏ 건물의 높이를 구하시오.

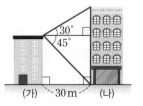

205

오른쪽 그림은 연못의 두 지점 A, B 사이의 거리를 구하기 위해 측량한 결과를 나타낸 것이다. $\overline{AB}$의 길이는?

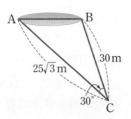

① $\sqrt{21}$ m   ② $2\sqrt{21}$ m

③ $3\sqrt{21}$ m   ④ $4\sqrt{21}$ m

⑤ $5\sqrt{21}$ m

206

오른쪽 그림과 같이 $\overline{AB}=10$ cm, $\overline{BC}=14$ cm, $\angle A=120°$인 평행사변형 ABCD에서 대각선 BD의 길이를 구하시오.

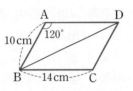

207

강의 양쪽에 있는 A 지점과 B 지점을 연결하는 다리를 건설하기 위하여 각의 크기와 거리를 측량하였더니 오른쪽 그림과 같았다.

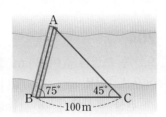

$\angle B=75°$, $\angle C=45°$이고 B 지점과 C 지점 사이의 거리가 100 m일 때, 건설한 다리 $\overline{AB}$의 길이를 구하시오. (단, 다리의 폭은 무시한다.)

208

오른쪽 그림과 같은 $\triangle ABC$에서 $\angle A=105°$, $\angle B=45°$, $\overline{AB}=6$ cm일 때, $\overline{BC}$의 길이는?

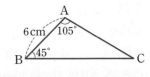

① $(2\sqrt{2}+2\sqrt{3})$ cm   ② $(2\sqrt{2}+2\sqrt{6})$ cm

③ $(3\sqrt{2}+3\sqrt{3})$ cm   ④ $(3\sqrt{2}+3\sqrt{6})$ cm

⑤ $(3\sqrt{3}+3\sqrt{6})$ cm

209

오른쪽 그림은 한 변의 길이가 1 cm인 정사각형 1개와 이등변삼각형 4개로 이루어진 어떤 입체도형의 전개도이다. 이 입체도형의 꼭짓점 A에서 밑면에 내린 수선의 발을 H라 하면 $\overline{AH}$와 $\overline{AE}$가 이루는 각이 30°가 될 때, 이 입체도형의 겉넓이를 구하시오.

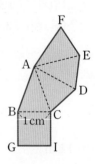

210

오른쪽 그림과 같이 $\overline{AB}=\overline{AC}$인 이등변삼각형 ABC에서 $\angle A=30°$, $\overline{BC}=2\sqrt{6}$일 때, $\overline{AB}$의 길이를 구하시오.

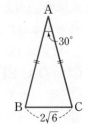

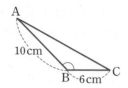
211

오른쪽 그림과 같이
$\overline{AB}=10\,cm$, $\overline{BC}=6\,cm$인
△ABC의 넓이가 $15\sqrt{2}\,cm^2$일 때,
∠B의 크기를 구하시오.

(단, ∠B>90°)

212

오른쪽 그림과 같은 평행사
변형 ABCD에서 $\overline{BC}$의 중
점을 M이라 하자.
$\overline{AB}=12\,cm$, $\overline{AD}=16\,cm$
이고 ∠B=45°일 때, △AMC의 넓이는?

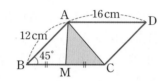

① $22\sqrt{2}\,cm^2$ ② $24\sqrt{2}\,cm^2$ ③ $26\sqrt{2}\,cm^2$
④ $28\sqrt{2}\,cm^2$ ⑤ $30\sqrt{2}\,cm^2$

213

어떤 전망대의 높이를 측정
하기 위해 A, B 두 지점에
서 전망대의 꼭대기인 C 지
점을 올려본각의 크기가 각
각 30°, 60°이었다.
$\overline{AB}=100\,m$일 때, 이 전망대의 높이 $\overline{CH}$의 길이는?

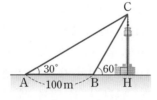

① $(25\sqrt{3}-25)\,m$ ② $(50\sqrt{3}-50)\,m$
③ $25\sqrt{3}\,m$ ④ $(25\sqrt{3}+25)\,m$
⑤ $50\sqrt{3}\,m$

214

오른쪽 그림에서 $\overline{AC}\,/\!/\,\overline{DE}$이고
$\overline{AB}=3\,cm$, $\overline{BE}=8\,cm$,
∠B=60°일 때, □ABCD의
넓이를 구하시오.

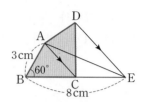

215

오른쪽 그림과 같은 □ABCD에
서 $\overline{AB}=15\,cm$, $\overline{AD}=5\,cm$이
고 ∠BAC=∠CAD이다.
△ABC의 넓이가 $90\,cm^2$일 때,
△ACD의 넓이를 구하시오.

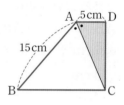

216

오른쪽 그림과 같이
∠BPC=120°이고 $\overline{AB}=\overline{DC}$
인 등변사다리꼴 ABCD의 넓
이가 $6\sqrt{3}$일 때, x의 값을 구하
시오.

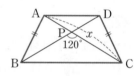

실력 **UP**

217

오른쪽 그림과 같은 △ABC에
서 $\overline{CH}\perp\overline{AB}$이고 ∠A=60°,
$\overline{AB}=65$이다. $\cos B=\dfrac{4}{5}$일
때, $\overline{CH}$의 길이는?

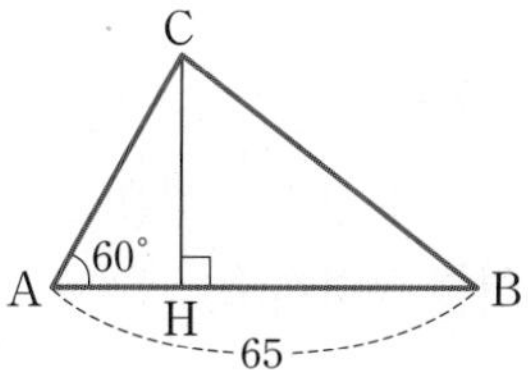

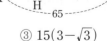

① $20(2-\sqrt{2})$ ② $10(3-\sqrt{3})$ ③ $15(3-\sqrt{3})$
④ $15(4-\sqrt{3})$ ⑤ $20(4-\sqrt{2})$

02

삼각비의 활용

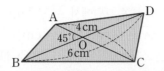

218

오른쪽 그림과 같은
□ABCD의 넓이를 구하
시오.

219

오른쪽 그림과 같이 ∠B=45°,
$\overline{AB}$=6 cm인 △ABC의 넓이가
$6\sqrt{6}$ cm²일 때, $\overline{BC}$의 길이는?

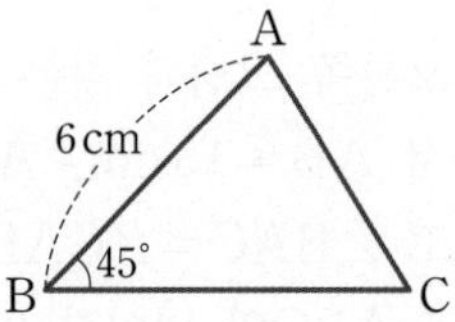

① 4 cm　　② $4\sqrt{2}$ cm
③ $4\sqrt{3}$ cm　　④ 8 cm
⑤ $8\sqrt{2}$ cm

220

오른쪽 그림과 같이
$\overline{AB}$=13 cm, $\overline{AD}$=16 cm,
∠ABC=60°인 평행사변형
ABCD에서 두 대각선의 교
점을 P라 할 때, △APD의 넓이는?

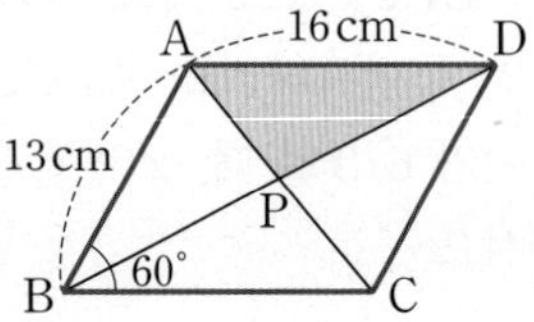

① $20\sqrt{3}$ cm²　　② $22\sqrt{3}$ cm²　　③ $24\sqrt{3}$ cm²
④ $26\sqrt{3}$ cm²　　⑤ $28\sqrt{3}$ cm²

221

오른쪽 그림과 같은 □ABCD의 넓
이를 구하시오.

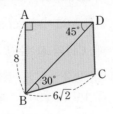

222

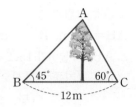

오른쪽 그림과 같이 12 m 떨어
진 두 지점 B, C에서 나무 꼭대
기인 A 지점을 올려본각의 크기
가 각각 45°, 60°일 때, 나무의
높이를 구하시오.

223

오른쪽 그림과 같은 △ABC에서
$\overline{BC}$=10, ∠A=15°, ∠B=30°
일 때, △ABC의 넓이를 구하
시오.

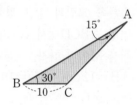

실력 **UP**

224

오른쪽 그림과 같은 평행사변형
ABCD에서 $\overline{AB}$의 길이는
20 % 늘이고, $\overline{BC}$의 길이는
10 % 줄여서 새로운 평행사변
형 AB′C′D′을 만들 때, 이 평
행사변형의 넓이는 어떻게 변화하는가?

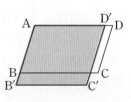

① 6 % 감소한다.　　② 8 % 감소한다.
③ 6 % 증가한다.　　④ 8 % 증가한다.
⑤ 변화가 없다.

중단원 마무리

225

오른쪽 그림과 같은 직육면체에서 $\overline{FG}=2\,cm$, $\overline{GH}=3\,cm$, $\angle BGF=60°$ 일 때, 이 직육면체의 부피를 구하시오.

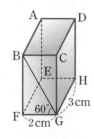

226

오른쪽 그림과 같은 $\triangle ABC$에서 $\overline{BC}=5$, $\angle B=42°$, $\angle ACH=68°$ 일 때, 다음 중 $\overline{AH}$의 길이를 나타 내는 것은?

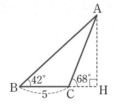

① $5\tan 48°+5\tan 22°$

② $\dfrac{5}{\tan 48°+\tan 22°}$

③ $\dfrac{5}{\tan 48°-\tan 22°}$

④ $\dfrac{\sin 48°-\sin 22°}{5}$

⑤ $\dfrac{\tan 48°-\tan 22°}{5}$

227

오른쪽 그림과 같은 □ABCD에서 두 대각선이 이루는 각 중 예각의 크기는 30°이고 $\overline{AC}=\overline{BD}$이다. □ABCD의 넓이가 $16\,cm^2$일 때, $\overline{AC}$의 길이를 구하시오.

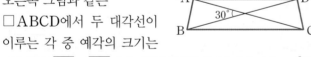

228

오른쪽 그림과 같은 직각삼각형 ABC 에서 $\angle B$의 이등분선과 $\overline{AC}$의 교점을 D 라 하자. $\angle BAC=\angle ABD=\angle DBC$ 이고 $\overline{AD}=4\,cm$일 때, $\triangle ABC$의 넓 이는?

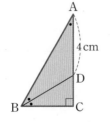

① $5\sqrt{3}\ cm^2$ ② $6\sqrt{3}\ cm^2$

③ $7\sqrt{3}\ cm^2$ ④ $8\sqrt{3}\ cm^2$

⑤ $9\sqrt{3}\ cm^2$

229

오른쪽 그림은 어느 바닷가의 일 부를 나타낸 지도이다. A 지점 으로부터 각각 $4\,km$, $4\sqrt{3}\,km$ 떨어진 두 지점 B, C를 연결하 는 방조제를 쌓으려고 한다. $\angle BAC=30°$일 때, $\overline{BC}$의 길이는?

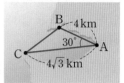

① $2\sqrt{2}\ km$ ② $2\sqrt{3}\ km$ ③ $4\ km$

④ $2\sqrt{5}\ km$ ⑤ $2\sqrt{6}\ km$

230

오른쪽 그림과 같은 연못의 두 지점 B, C 사이의 거리를 구하기 위하여 연못의 바깥쪽 A 지점에서 필요한 부분을 측정하였더니 $\overline{AB}=8\,m$, $\angle B=75°$, $\angle C=60°$이었다. $\overline{BC}$의 길이를 구하시오.

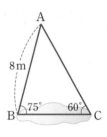

231

오른쪽 그림과 같은 $\triangle ABC$에서 $\overline{AH}\perp\overline{BC}$이고 $\overline{BC}=30\,cm$, $\angle B=30°$, $\angle C=60°$일 때, $\overline{AH}$의 길이를 구하시오.

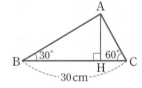

232

오른쪽 그림과 같이 한 변의 길이가 8 인 정사각형 ABCD의 한 변 AD를 빗변으로 하는 직각삼각형 ADE에서 $\angle EAD=60°$일 때, $\triangle CDE$의 넓이 를 구하시오.

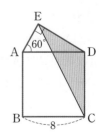

233

오른쪽 그림과 같이 반지름의 길이가
8 cm인 원 O에 내접하는 △ABC가
있다. ∠C=60°일 때, △ABO의 넓
이는?

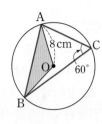

① $15\sqrt{3}$ cm²　　② $16\sqrt{3}$ cm²

③ $17\sqrt{3}$ cm²　　④ $18\sqrt{3}$ cm²

⑤ $19\sqrt{3}$ cm²

234

오른쪽 그림과 같이 원 O에 내접하는
정육각형의 넓이가 $54\sqrt{3}$ cm²일 때,
원 O의 반지름의 길이를 구하시오.

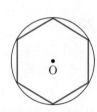

235

오른쪽 그림과 같은 삼각기둥에서
$\overline{BC}=12$cm, ∠ABC=105°,
∠BCA=30°이고, ∠ABD=a라
할 때, $\tan a=\sqrt{2}$이다. 이때 $\overline{DA}$의
길이를 구하시오.

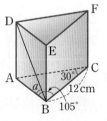

236

오른쪽 그림과 같이 한 변의 길이가
4인 정사각형 ABCD의 내부의 한 점
P에 대하여 △BCP가 정삼각형일
때, △PBD의 넓이를 구하시오.

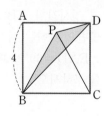

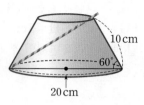

서술형 문제

237

물이 가득 찬 원뿔대 모양의 유
리병에 오른쪽 그림과 같이 빨
대가 꽂혀 있다. 유리병의 밑면
인 원의 지름의 길이는 20 cm,
유리병의 모선의 길이는
10 cm이고 유리병의 모선이 밑면인 원의 지름과 이루는
각의 크기가 60°일 때, 빨대에서 물에 잠긴 부분의 길이를
구하시오.
　(단, 빨대의 굵기와 유리병의 두께는 생각하지 않는다.)

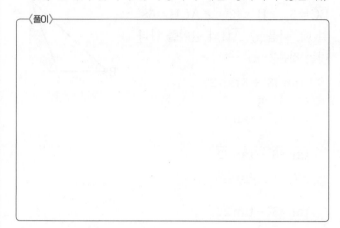

〈풀이〉

238

오른쪽 그림과 같이
$\overline{AB}=6$cm, $\overline{AD}=8$cm,
∠B=45°인 평행사변형
ABCD에서 $\overline{BC}$, $\overline{CD}$의 중점
을 각각 M, N이라 할 때, △AMN의 넓이를 구하시오.

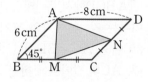

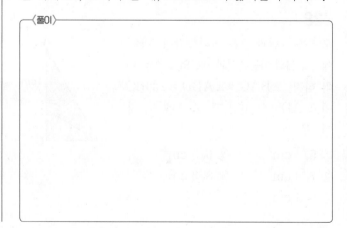

〈풀이〉

40 Ⅰ. 삼각비

존중

네 인생의 주인공은 너지.
하지만 다른 사람들이
널 위한 조연은 아니지.

나도 주인공이거든.

Theme 06 원의 현

📖 유형북 50쪽

 유형 01 현의 수직이등분선 (1)

대표 문제

239

오른쪽 그림의 원 O에서
$\overline{AB} \perp \overline{OM}$이고 $\overline{AB}=6$ cm,
$\overline{OM}=4$ cm일 때, 원 O의 반지름의
길이는?

① $2\sqrt{6}$ cm ② 5 cm

③ $4\sqrt{2}$ cm ④ $4\sqrt{3}$ cm

⑤ $5\sqrt{2}$ cm

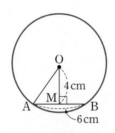

240

오른쪽 그림과 같이 반지름의 길이
가 10 cm인 원 O의 중심에서 현
AB에 내린 수선의 길이가 6 cm일
때, $\overline{AB}$의 길이를 구하시오.

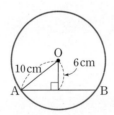

241

오른쪽 그림과 같이 반지름의 길이
가 8 cm인 원 O에서 $\overline{AB} \perp \overline{OC}$이
고 $\overline{OM}=\overline{CM}$일 때, $\overline{AB}$의 길이
는?

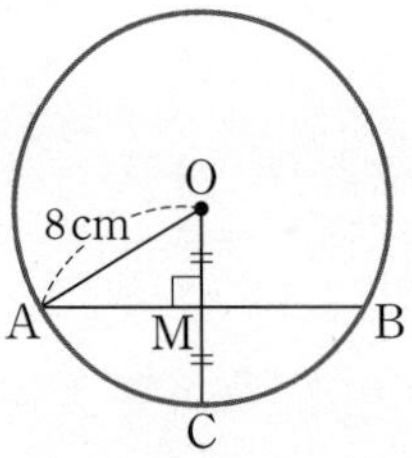

① 10 cm ② $8\sqrt{2}$ cm

③ $8\sqrt{3}$ cm ④ $10\sqrt{2}$ cm

⑤ 12 cm

242

오른쪽 그림과 같이 반지름의 길이
가 4 cm인 원 O에서 $\overline{AB} \perp \overline{OP}$
이고 $\overline{AB}=2\sqrt{7}$ cm일 때, $\overline{MP}$의
길이는?

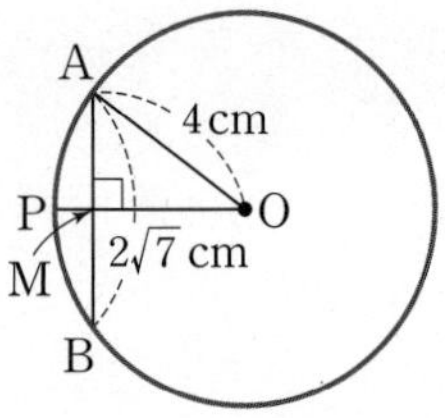

① $\dfrac{1}{3}$ cm ② $\dfrac{1}{2}$ cm

③ $\dfrac{2}{3}$ cm ④ 1 cm

⑤ $\dfrac{4}{3}$ cm

243

오른쪽 그림에서 △ABC는 원
O에 내접하는 정삼각형이다.
$\overline{BC} \perp \overline{OM}$이고 $\overline{AB}=4\sqrt{3}$ cm,
$\overline{OM}=2$ cm일 때, 원 O의 넓이
는?

① 12π cm² ② 13π cm²

③ 14π cm² ④ 15π cm²

⑤ 16π cm²

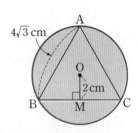

244

오른쪽 그림의 원 O에서
$\overline{AB} \perp \overline{OC}$이고 $\overline{AM}=6$ cm,
$\overline{CM}=4$ cm일 때, 원 O의 둘레
의 길이를 구하시오.

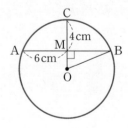

유형 **02** 현의 수직이등분선 (2)
－ 원의 일부분이 주어진 경우

대표 문제

245

오른쪽 그림에서 $\overparen{AB}$는 원의 일부분이다. $\overline{CM}$이 $\overline{AB}$를 수직이등분하고 $\overline{AB}=8\,\mathrm{cm}$, $\overline{CM}=2\,\mathrm{cm}$일 때, 이 원의 반지름의 길이는?

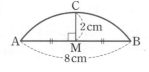

① 3 cm   ② 4 cm   ③ 5 cm

④ 6 cm   ⑤ 7 cm

246

오른쪽 그림에서 $\overparen{AB}$는 반지름의 길이가 10 cm인 원의 일부분이다. $\overline{CD}$가 $\overline{AB}$를 수직이등분하고 $\overline{AB}=12\,\mathrm{cm}$일 때, $\overline{CD}$의 길이는?

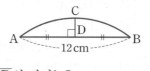

① 1 cm   ② $\dfrac{3}{2}$ cm   ③ 2 cm

④ $\dfrac{5}{2}$ cm   ⑤ 3 cm

247

깨진 원 모양의 접시를 측정하였더니 오른쪽 그림과 같았다. △ABC는 $\overline{AB}=\overline{AC}=\sqrt{13}\,\mathrm{cm}$, $\overline{BC}=6\,\mathrm{cm}$인 이등변삼각형일 때, 원래 접시의 둘레의 길이를 구하시오.

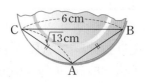

유형 **03** 현의 수직이등분선 (3)
－ 원의 일부분을 접은 경우

대표 문제

248

오른쪽 그림과 같이 반지름의 길이가 $2\sqrt{3}$ cm인 원 모양의 종이를 원주 위의 한 점이 원의 중심 O에 오도록 접었을 때, $\overline{AB}$의 길이는?

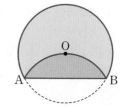

① 6 cm   ② $4\sqrt{3}$ cm

③ $6\sqrt{2}$ cm   ④ $4\sqrt{6}$ cm

⑤ $6\sqrt{3}$ cm

249

오른쪽 그림과 같이 원 모양의 종이를 원주 위의 한 점이 원의 중심 O에 오도록 접었다. $\overline{AB}=6\,\mathrm{cm}$일 때, 원 O의 반지름의 길이는?

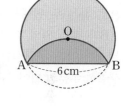

① $2\sqrt{2}$ cm   ② $2\sqrt{3}$ cm

③ 4 cm   ④ $2\sqrt{6}$ cm

⑤ $4\sqrt{2}$ cm

250

오른쪽 그림과 같이 원 모양의 종이를 원주 위의 한 점이 원의 중심 O에 오도록 접었다. $\overline{AB}=12\sqrt{3}\,\mathrm{cm}$일 때, △OAB의 넓이를 구하시오.

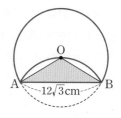

03
원과 직선

유형 **04** 현의 수직이등분선 ⑷ - 중심이 같은 두 원

대표 문제

251

오른쪽 그림과 같이 점 O를 중심으로 하는 두 원에서 큰 원의 현 AB가 작은 원의 접선이고 점 C는 접점이다. $\overline{OC}=5$ cm, $\overline{CD}=1$ cm일 때, $\overline{AB}$의 길이는?

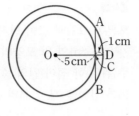

① $2\sqrt{6}$ cm   ② $2\sqrt{7}$ cm   ③ $4\sqrt{2}$ cm

④ $2\sqrt{10}$ cm   ⑤ $2\sqrt{11}$ cm

252

오른쪽 그림과 같이 점 O를 중심으로 하는 두 원에서 큰 원의 현 AB가 작은 원의 접선이고 점 C는 접점이다. $\overline{AB}=14$ cm일 때, 색칠한 부분의 넓이를 구하시오.

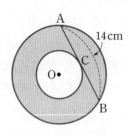

253

오른쪽 그림과 같이 점 O를 중심으로 하는 두 원에서 큰 원의 현 AB가 작은 원과 만나는 두 점을 각각 C, D라 하자. $\overline{AC}=\overline{CD}=\overline{DB}$, $\overline{AB}=6\sqrt{2}$이고 작은 원의 반지름의 길이가 3일 때, 큰 원의 반지름의 길이를 구하시오.

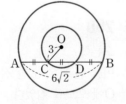

유형 **05** 현의 길이

대표 문제

254

오른쪽 그림의 원 O에서 $\overline{AB}\perp\overline{OM}$, $\overline{CD}\perp\overline{ON}$이고 $\overline{OA}=5$ cm, $\overline{OM}=\overline{ON}=\sqrt{5}$ cm 일 때, $\overline{CD}$의 길이를 구하시오.

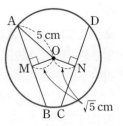

255

오른쪽 그림의 원 O에서 $\overline{AB}\perp\overline{OM}$, $\overline{CD}\perp\overline{ON}$이고 $\overline{AB}=\overline{CD}=10$ cm이다. 원 O의 반지름의 길이가 $5\sqrt{2}$ cm일 때, $\overline{OM}+\overline{ON}$의 길이는?

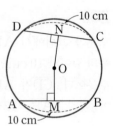

① 8 cm   ② 9 cm

③ 10 cm   ④ 11 cm

⑤ 12 cm

256

오른쪽 그림의 원 O에서 $\overline{CD}\perp\overline{ON}$이고 $\overline{AB}=\overline{CD}$, $\overline{OA}=8$ cm, $\overline{ON}=6$ cm일 때, △OAB의 넓이를 구하시오.

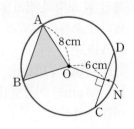

유형 06 길이가 같은 두 현이 만드는 삼각형

대표 문제

257

오른쪽 그림의 원 O에서 $\overline{AB} \perp \overline{OM}$, $\overline{AC} \perp \overline{ON}$이고 $\overline{OM} = \overline{ON}$이다. ∠BAC=50°일 때, ∠ABC의 크기를 구하시오.

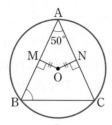

258

오른쪽 그림의 원 O에서 $\overline{AB} \perp \overline{OM}$, $\overline{AC} \perp \overline{ON}$, $\overline{BC} \perp \overline{OH}$이고 $\overline{OM} = \overline{ON}$이다. ∠MOH=110°일 때, ∠BAC의 크기는?

① 40° ② 45°
③ 50° ④ 55°
⑤ 60°

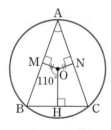

259

오른쪽 그림의 원 O에서 $\overline{AB} \perp \overline{OM}$, $\overline{AC} \perp \overline{ON}$이고 $\overline{OM} = \overline{ON}$이다. $\overline{AM} = 3\,cm$, ∠MON=120°일 때, $\overline{BC}$의 길이는?

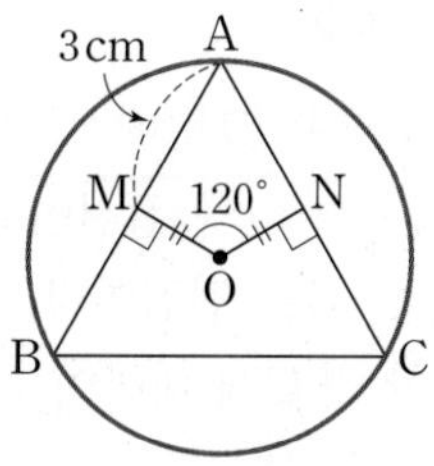

① 5 cm ② 6 cm
③ 7 cm ④ 8 cm
⑤ 9 cm

260

오른쪽 그림의 원 O에서 $\overline{AB} \perp \overline{OM}$, $\overline{AC} \perp \overline{ON}$이고 $\overline{OM} = \overline{ON}$이다. $\overline{AB} = 9\,cm$, $\overline{BC} = 6\,cm$일 때, △AMN의 둘레의 길이는?

① 9 cm ② 10 cm
③ 11 cm ④ 12 cm
⑤ 13 cm

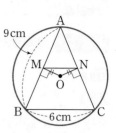

261

오른쪽 그림과 같이 △ABC의 외접원의 중심 O에서 세 변 AB, BC, CA에 내린 수선의 발을 각각 D, E, F라 하자. $\overline{OD} = \overline{OE} = \overline{OF} = \sqrt{3}\,cm$일 때, 다음 중 옳지 <u>않은</u> 것은?

① $\overline{AD} = 3\,cm$
② $\overline{CO} = 2\sqrt{3}\,cm$
③ $\overline{AC} = 2\sqrt{6}\,cm$
④ ∠OCE=30°
⑤ △ABC는 정삼각형이다.

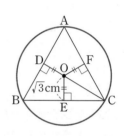

262

오른쪽 그림과 같이 △ABC의 외접원의 중심 O에서 세 변 AB, BC, CA에 내린 수선의 발을 각각 D, E, F라 하자. $\overline{OD} = \overline{OE} = \overline{OF}$이고 $\overline{AB} = 18\,cm$일 때, 원 O의 넓이를 구하시오.

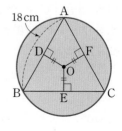

유형 07 원의 접선의 성질 (1)

대표 문제
263

오른쪽 그림에서 $\overrightarrow{PA}$, $\overrightarrow{PB}$는
원 O의 접선이고, 두 점 A, B
는 접점이다. ∠P=68°일 때,
∠x의 크기는?

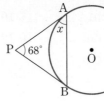

① 55°　　　② 56°

③ 57°　　　④ 58°

⑤ 59°

264

오른쪽 그림에서 $\overrightarrow{PA}$, $\overrightarrow{PB}$는 원
O의 접선이고 두 점 A, B는 접
점이다. ∠PBA=54°일 때,
∠x의 크기를 구하시오.

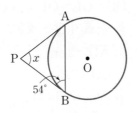

265

오른쪽 그림에서 $\overrightarrow{PA}$, $\overrightarrow{PB}$는 원
O의 접선이고 두 점 A, B는
접점이다. ∠P=70°일 때, ∠x
의 크기는?

① 20°　　　② 25°

③ 30°　　　④ 35°

⑤ 40°

266

오른쪽 그림에서 $\overrightarrow{PA}$, $\overrightarrow{PB}$는
원 O의 접선이고 두 점 A,
B는 접점이다. $\overline{AC}$가 원 O
의 지름이고 ∠BAC=24°일
때, ∠P의 크기를 구하시오.

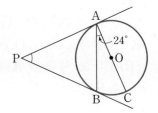

267

오른쪽 그림에서 $\overrightarrow{PA}$, $\overrightarrow{PC}$는
각각 두 원 O, O′의 접선이
고 $\overline{PB}$는 두 원 O, O′의 공
통인 접선일 때, x의 값을
구하시오.

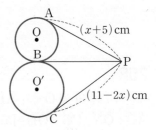

268

오른쪽 그림에서 $\overrightarrow{PA}$, $\overrightarrow{PB}$는 원
O의 접선이고 두 점 A, B는 접
점이다. $\overline{PA}$=6 cm,
∠P=60°일 때, △PAB의 넓
이를 구하시오.

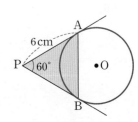

269

오른쪽 그림에서 $\overrightarrow{PA}$, $\overrightarrow{PB}$
는 원 O의 접선이고 두 점
A, B는 접점이다. 원 위의
한 점 C에 대하여
$\overline{AC}$=$\overline{BC}$이고 ∠PAC=25°,
∠ACB=106°일 때, ∠P
의 크기를 구하시오.

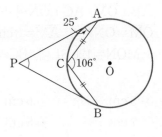

유형 08 원의 접선의 성질 (2)

대표문제

270

오른쪽 그림에서 $\overrightarrow{PA}$, $\overrightarrow{PB}$는 원 O의 접선이고 두 점 A, B는 접점이다. $\overline{PO}=13\,cm$, $\overline{AO}=5\,cm$일 때, $\overline{PB}$의 길이를 구하시오.

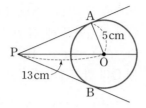

271

오른쪽 그림에서 $\overrightarrow{PT}$는 원 O의 접선이고 점 T는 접점이다. 원 O의 반지름의 길이가 5 cm이고 $\overline{PT}=2\sqrt{6}\,cm$일 때, $\overline{PA}$의 길이는?

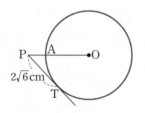

① 2 cm   ② $\dfrac{9}{4}$ cm   ③ $\dfrac{5}{2}$ cm

④ $\dfrac{11}{4}$ cm   ⑤ 3 cm

272

오른쪽 그림에서 $\overrightarrow{PT}$는 원 O의 접선이고 점 T는 접점이다. $\angle P=30°$, $\overline{PA}=4\,cm$일 때, $\overline{PT}$의 길이를 구하시오.

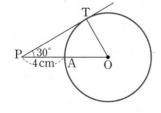

유형 09 원의 접선의 성질 (3)

대표문제

273

오른쪽 그림에서 $\overline{PA}$, $\overline{PB}$는 원 O의 접선이고 두 점 A, B는 접점이다. $\angle P=72°$, $\overline{OB}=5\,cm$일 때, 색칠한 부채꼴의 넓이를 구하시오.

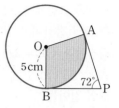

274

오른쪽 그림에서 $\overline{PA}$, $\overline{PB}$는 원 O의 접선이고 두 점 A, B는 접점이다. $\angle AOB=120°$, $\overline{PA}=12\,cm$일 때, 다음 중 옳은 것은?

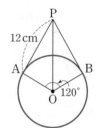

① $\overline{PB}=12\sqrt{2}\,cm$

② $\overline{OB}=6\,cm$

③ $\widehat{AB}=4\pi\,cm$

④ $\overline{OP}=8\sqrt{3}\,cm$

⑤ $\square PAOB=24\sqrt{3}\,cm^2$

275

오른쪽 그림에서 $\overline{PA}$, $\overline{PB}$는 원 O의 접선이고 두 점 A, B는 접점이다. $\angle P=60°$, $\overline{PA}=4\sqrt{3}\,cm$일 때, $\overline{OH}$의 길이는?

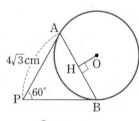

① $\sqrt{2}$ cm   ② $\sqrt{3}$ cm   ③ 2 cm

④ $\sqrt{5}$ cm   ⑤ $\sqrt{6}$ cm

유형 10 원의 접선의 활용

대표 문제

276

오른쪽 그림에서 $\overrightarrow{AD}$, $\overrightarrow{AF}$, $\overline{BC}$는 원 O의 접선이고 세 점 D, F, E는 접점이다. $\overline{OD}=2\sqrt{10}$ cm, $\overline{AO}=11$ cm일 때, △ABC의 둘레의 길이는?

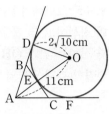

① 18 cm   ② 20 cm   ③ 22 cm
④ 24 cm   ⑤ 26 cm

277

오른쪽 그림에서 $\overrightarrow{AD}$, $\overrightarrow{AF}$, $\overline{BC}$는 원 O의 접선이고 세 점 D, F, E는 접점이다. $\overline{AB}=10$ cm, $\overline{AC}=8$ cm, $\overline{BC}=5$ cm일 때, $\overline{BD}$의 길이를 구하시오.

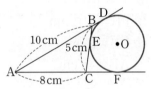

278

오른쪽 그림에서 $\overrightarrow{PA}$, $\overrightarrow{PB}$, $\overline{DE}$는 원 O의 접선이고 세 점 A, B, C는 접점이다. ∠P=60°이고 원 O의 반지름의 길이가 3 cm일 때, △PDE의 둘레의 길이를 구하시오.

유형 11 반원에서의 접선의 길이

대표 문제

279

오른쪽 그림에서 $\overline{AD}$, $\overline{BC}$, $\overline{CD}$는 반원 O의 접선이고 세 점 A, B, P는 접점이다. $\overline{AD}=6$ cm, $\overline{BC}=9$ cm일 때, 반원 O의 반지름의 길이는?

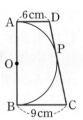

① 4 cm   ② $3\sqrt{3}$ cm
③ $4\sqrt{2}$ cm   ④ 6 cm
⑤ $3\sqrt{6}$ cm

280

오른쪽 그림에서 $\overline{AD}$, $\overline{BC}$, $\overline{CD}$는 반원 O의 접선이고 세 점 A, B, P는 접점이다. 반원 O의 반지름의 길이가 5 cm이고 $\overline{CD}=12$ cm일 때, □ABCD의 둘레의 길이를 구하시오.

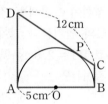

281

오른쪽 그림에서 $\overline{AD}$, $\overline{BC}$, $\overline{CD}$는 반원 O의 접선이고 세 점 A, B, E는 접점이다. $\overline{AD}=5$ cm, $\overline{BC}=3$ cm일 때, 사다리꼴 ABCD의 넓이는?

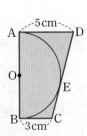

① $8\sqrt{10}$ cm^2 ② $16\sqrt{3}$ cm^2
③ $8\sqrt{15}$ cm^2 ④ 32 cm^2
⑤ $8\sqrt{17}$ cm^2

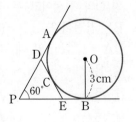

유형 12 삼각형의 내접원

대표 문제

282

오른쪽 그림에서 원 O는 △ABC의 내접원이고 세 점 D, E, F는 접점이다. $\overline{AB}=15$ cm, $\overline{BC}=16$ cm, $\overline{AC}=19$ cm일 때, $\overline{BD}$의 길이를 구하시오.

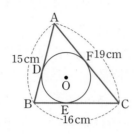

283

오른쪽 그림에서 원 O는 △ABC의 내접원이고 세 점 D, E, F는 접점이다. $\overline{AB}=11$ cm, $\overline{BC}=15$ cm, $\overline{AC}=8$ cm 일 때, $\overline{AF}+\overline{BD}+\overline{CE}$의 길이를 구하시오.

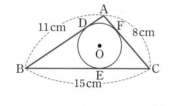

284

오른쪽 그림에서 원 O는 △ABC의 내접원이고 세 점 D, E, F는 접점이다. $\overline{BD}=7$ cm, $\overline{AF}=4$ cm이고 △ABC의 둘레의 길이가 32 cm 일 때, $\overline{AC}$의 길이를 구하시오.

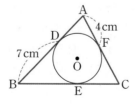

유형 13 직각삼각형의 내접원

대표 문제

285

오른쪽 그림에서 원 O는 ∠B=90°인 직각삼각형 ABC의 내접원이고 세 점 D, E, F는 접점이다. $\overline{AB}=8$ cm, $\overline{AC}=17$ cm일 때, 원 O의 반지름의 길이는?

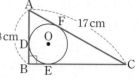

① 1 cm ② 1.5 cm ③ 2 cm
④ 2.5 cm ⑤ 3 cm

286

오른쪽 그림에서 원 O는 ∠C=90°인 직각삼각형 ABC의 내접원이고 세 점 D, E, F는 접점이다. 원 O의 반지름의 길이가 1 cm이고 $\overline{BE}=3$ cm일 때, △ABC의 넓이를 구하시오.

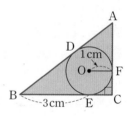

287

오른쪽 그림에서 원 O는 ∠A=90°인 직각삼각형 ABC의 내접원이고 세 점 D, E, F는 접점이다. $\overline{BE}=4$ cm, $\overline{CE}=6$ cm일 때, 원 O의 넓이는?

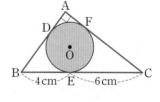

① 4π cm² ② 5π cm² ③ 6π cm²
④ 8π cm² ⑤ 9π cm²

유형 14 외접사각형의 성질

대표 문제

288

오른쪽 그림에서 원 O는
□ABCD에 내접하고 네 점
E, F, G, H는 접점이다.
$\overline{AB}$=4 cm, $\overline{CG}$=2 cm,
$\overline{DH}$=1 cm일 때, □ABCD
의 둘레의 길이를 구하시오.

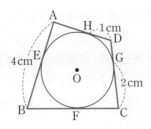

289

오른쪽 그림에서 원 O는
□ABCD에 내접하고 네 점
P, Q, R, S는 접점이다.
$\overline{AD}$=7 cm, $\overline{BC}$=15 cm,
$\overline{BP}$=8 cm, $\overline{DR}$=3 cm일 때,
$\overline{AP}+\overline{CR}$의 길이는?

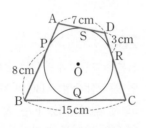

① 9 cm   ② 10 cm   ③ 11 cm
④ 12 cm   ⑤ 13 cm

290

오른쪽 그림에서 원 O는
□ABCD에 내접한다.
$\overline{AD}$=6 cm, $\overline{CD}$=12 cm
이고 □ABCD의 둘레의 길
이가 40 cm일 때, $\overline{BC}$의 길
이는?

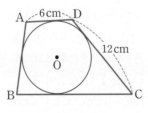

① 10 cm   ② 11 cm   ③ 12 cm
④ 13 cm   ⑤ 14 cm

291

오른쪽 그림에서 원 O는
□ABCD에 내접한다.
∠B=90°이고 $\overline{AB}$=4 cm,
$\overline{AC}$=2$\sqrt{13}$ cm,
$\overline{AD}$=3 cm일 때, $\overline{DC}$의 길
이는?

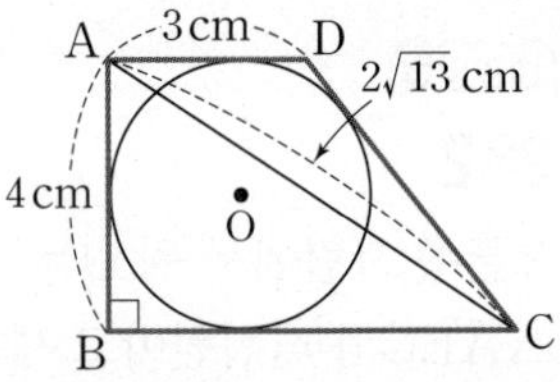

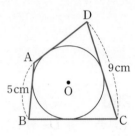

① 4.5 cm   ② 5 cm   ③ 5.5 cm
④ 6 cm   ⑤ 6.5 cm

292

오른쪽 그림에서 원 O는
□ABCD에 내접한다.
$\overline{AB}$=5 cm, $\overline{DC}$=9 cm이고
$\overline{AD}:\overline{BC}$=3 : 4일 때, $\overline{BC}$의
길이를 구하시오.

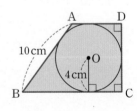

293

오른쪽 그림에서 원 O는
∠C=∠D=90°인 사다리꼴
ABCD에 내접한다. 원 O의 반
지름의 길이가 4 cm이고
$\overline{AB}$=10 cm일 때, □ABCD
의 넓이를 구하시오.

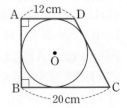

294

오른쪽 그림에서 원 O는
∠A=∠B=90°인 사다리꼴
ABCD에 내접한다.
$\overline{AD}$=12 cm, $\overline{BC}$=20 cm일 때,
원 O의 둘레의 길이를 구하시오.

대표 문제

295

오른쪽 그림에서 원 O는 직사각형 ABCD의 세 변과 접하고 $\overline{BE}$는 원 O의 접선이다. 점 F는 접점이고 $\overline{AB}=4\,cm$, $\overline{BC}=6\,cm$일 때, $\overline{BF}$의 길이를 구하시오.

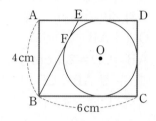

296

오른쪽 그림에서 원 O는 직사각형 ABCD의 세 변과 접하고 $\overline{DE}$는 원 O의 접선이다. 점 P, Q, R, S는 접점이고 $\overline{AB}=10\,cm$, $\overline{AD}=15\,cm$일 때, △DEC의 둘레의 길이는?

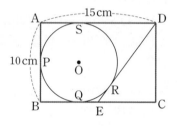

① 28 cm   ② 30 cm   ③ 32 cm
④ 34 cm   ⑤ 36 cm

297

오른쪽 그림에서 원 O는 직사각형 ABCD의 세 변과 접하고 $\overline{AE}$는 원 O의 접선이다. $\overline{AB}=12\,cm$, $\overline{EC}=10\,cm$일 때, $\overline{AD}$의 길이를 구하시오.

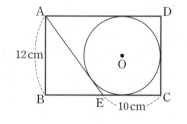

대표 문제

298

오른쪽 그림과 같이 반원 O에 내접하는 원 Q와 반원 P가 서로 외접한다. 원 Q의 지름의 길이가 4 cm일 때, 반원 P의 반지름의 길이를 구하시오.

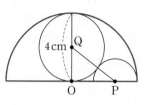

299

오른쪽 그림과 같이 직사각형 ABCD의 세 변과 접하는 원 O와 두 변과 접하는 원 O′이 서로 외접한다. $\overline{AB}=18\,cm$, $\overline{AD}=25\,cm$일 때, 원 O′의 반지름의 길이는?

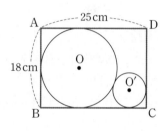

① $\dfrac{5}{2}$ cm   ② 3 cm   ③ $\dfrac{7}{2}$ cm
④ 4 cm   ⑤ $\dfrac{9}{2}$ cm

300

오른쪽 그림에서 원 O′은 반지름의 길이가 15 cm인 부채꼴 AOB에 내접한다. 부채꼴 AOB의 넓이가 $\dfrac{75}{2}\pi\,cm^2$일 때, 원 O′의 넓이를 구하시오.

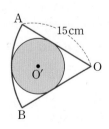

301

오른쪽 그림과 같이 지름의 길이가 30 cm인 원 O에서 $\overline{AB} \perp \overline{CD}$이고 $\overline{HB}=6$ cm일 때, $\overline{CD}$의 길이는?

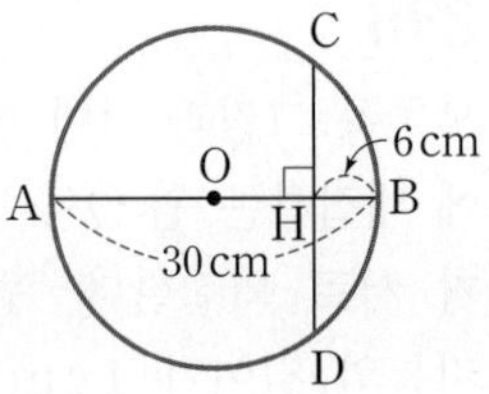

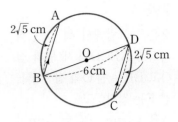

① 18 cm ② 20 cm
③ 22 cm ④ 24 cm
⑤ 26 cm

302

오른쪽 그림에서 $\overarc{AB}$는 원의 일부분이다. $\overline{CH}$가 $\overline{AB}$를 수직이등분하고 $\overline{AH}=15$ cm, $\overline{CH}=9$ cm일 때, 이 원의 반지름의 길이를 구하시오.

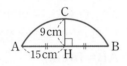

303

오른쪽 그림과 같이 반지름의 길이가 10 cm인 원 모양의 종이를 원주 위의 한 점이 원의 중심 O에 오도록 접었을 때, $\overline{AB}$의 길이는?

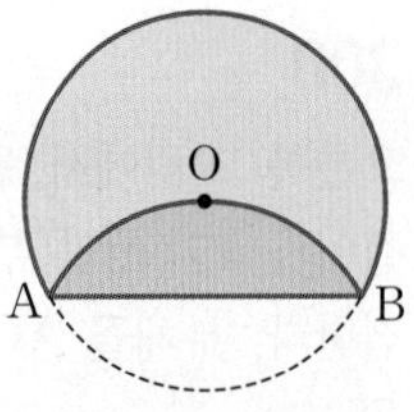

① $8\sqrt{3}$ cm ② $10\sqrt{2}$ cm
③ $10\sqrt{3}$ cm ④ $8\sqrt{5}$ cm
⑤ $10\sqrt{5}$ cm

304

오른쪽 그림과 같이 지름의 길이가 6 cm인 원 O에서 $\overline{AB} /\!/ \overline{CD}$이고 $\overline{AB}=\overline{CD}=2\sqrt{5}$ cm일 때, 두 현 AB와 CD 사이의 거리를 구하시오.

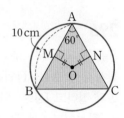

305

오른쪽 그림의 원 O에서 $\overline{AB} \perp \overline{OM}$, $\overline{AC} \perp \overline{ON}$이고 $\overline{OM}=\overline{ON}$이다. $\overline{AB}=10$ cm, $\angle BAC=60°$일 때, 다음 중 옳지 않은 것은?

① $\overline{AC}=10$ cm
② $\angle ABC=60°$
③ $\angle ACB=60°$
④ $\overline{BC}=10\sqrt{2}$ cm
⑤ $\triangle ABC=25\sqrt{3}$ cm²

실력 UP

306

오른쪽 그림과 같이 반지름의 길이가 5 cm인 원 O에서 현 AB의 길이가 6 cm이다. 원 O 위를 움직이는 점 P에 대하여 $\triangle ABP$의 넓이의 최댓값을 구하시오.

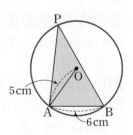

307

오른쪽 그림과 같이 반지름의 길이가 8 cm인 원 O에서 $\overline{AB}\perp\overline{OP}$이고 $\overline{HP}=3$ cm일 때, △APB의 넓이는?

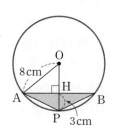

① $3\sqrt{39}$ cm²   ② $6\sqrt{10}$ cm²

③ $3\sqrt{42}$ cm²   ④ $6\sqrt{11}$ cm²

⑤ $9\sqrt{5}$ cm²

308

오른쪽 그림과 같이 점 O를 중심으로 하는 두 원에서 큰 원의 현 PQ가 작은 원의 접선이고 점 T는 접점이다. $\overline{OM}=6$ cm, $\overline{PM}=2$ cm일 때, $\overline{PQ}$의 길이를 구하시오.

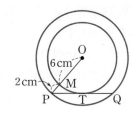

309

오른쪽 그림의 원 O에서 $\overline{AB}\perp\overline{OM}$, $\overline{CD}\perp\overline{ON}$이고 $\overline{OA}=8$ cm, $\overline{OM}=\overline{ON}=4$ cm일 때, $\overline{CD}$의 길이는?

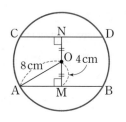

① 8 cm   ② $6\sqrt{2}$ cm

③ $6\sqrt{3}$ cm   ④ $4\sqrt{6}$ cm

⑤ $8\sqrt{3}$ cm

310

오른쪽 그림과 같이 원 O의 중심에서 두 현 AB, CD에 내린 수선의 발을 각각 M, N이라 하자. $\overline{AB}=\overline{CD}$일 때, 다음 중 옳지 <u>않은</u> 것은?

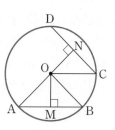

① $\overline{OM}=\overline{ON}$

② $\overline{AB}=2\overline{DN}$

③ $\overline{OB}=\overline{CD}$

④ ∠AOM＝∠CON

⑤ △OBM≡△OCN

311

오른쪽 그림의 원 O에서 $\overline{AB}\perp\overline{OD}$, $\overline{BC}\perp\overline{OE}$, $\overline{AC}\perp\overline{OF}$이고 $\overline{OD}=\overline{OE}=\overline{OF}$이다. $\overline{AB}=12$ cm일 때, 원 O의 넓이를 구하시오.

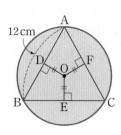

실력 **UP**

312

오른쪽 그림과 같이 반지름의 길이가 6 cm인 원 모양의 종이를 원주 위의 한 점이 원의 중심 O에 오도록 접었을 때, 색칠한 부분의 넓이를 구하시오.

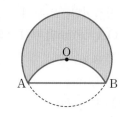

313

오른쪽 그림에서 $\overrightarrow{PA}$, $\overrightarrow{PB}$는 원 O
의 접선이고 두 점 A, B는 접점이
다. $\overline{PA}=4\,\mathrm{cm}$, $\angle P=60°$일 때,
$\triangle PAB$의 넓이를 구하시오.

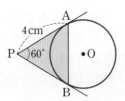

314

오른쪽 그림에서 $\overrightarrow{PA}$, $\overrightarrow{PB}$
는 원 O의 접선이고 두 점
A, B는 접점이다.
$\overline{OB}=3\,\mathrm{cm}$, $\overline{CP}=6\,\mathrm{cm}$일
때, $\overline{PB}$의 길이를 구하시오.

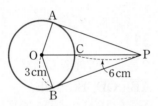

315

오른쪽 그림에서 $\overrightarrow{PA}$, $\overrightarrow{PB}$는 원
O의 접선이고 두 점 A, B는
접점이다. $\angle AOB=120°$,
$\overline{OA}=8\,\mathrm{cm}$일 때, $\overline{PA}$의 길이는?

① 8 cm   ② 10 cm
③ 12 cm   ④ $8\sqrt{3}$ cm
⑤ $10\sqrt{3}$ cm

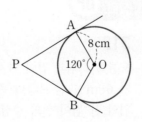

316

오른쪽 그림에서 $\overrightarrow{CP}$, $\overrightarrow{CQ}$, $\overleftrightarrow{AB}$
는 원 O의 접선이고 세 점 P, Q,
R는 접점이다. $\overline{AB}=5\,\mathrm{cm}$,
$\overline{AC}=7\,\mathrm{cm}$, $\overline{BC}=6\,\mathrm{cm}$일 때,
$\overline{BP}$의 길이를 구하시오.

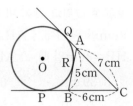

317

오른쪽 그림에서 원 O는 $\triangle ABC$
의 내접원이고 세 점 D, E, F는
접점이다. $\overline{DB}=4\,\mathrm{cm}$,
$\overline{EC}=6\,\mathrm{cm}$이고 $\triangle ABC$의 둘
레의 길이가 $30\,\mathrm{cm}$일 때, $\overline{AF}$의
길이는?

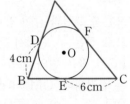

① 3 cm   ② 3.5 cm   ③ 4 cm
④ 4.5 cm   ⑤ 5 cm

318

오른쪽 그림에서 원 O가
□ABCD에 내접할 때, x의 값
은?

① 6   ② 7
③ 8   ④ 9
⑤ 10

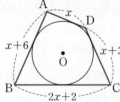

319

오른쪽 그림에서 $\overrightarrow{CT}$, $\overrightarrow{CT'}$, $\overline{AB}$가 원 O의 접선이고 세 점 T, T', D는 접점이다. $\overline{OT}=5\,cm$, $\overline{OC}=5\sqrt5\,cm$ 일 때, △ABC의 둘레의 길이는?

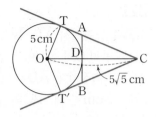

① 12 cm   ② 18 cm   ③ 20 cm

④ 24 cm   ⑤ 28 cm

320

오른쪽 그림에서 $\overline{AD}$, $\overline{BC}$, $\overline{CD}$는 반원 O의 접선이고 세 점 A, B, P는 접점이다. $\overline{AD}=7\,cm$, $\overline{BC}=3\,cm$일 때, $\overline{AC}$의 길이를 구하시오.

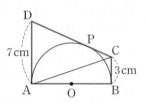

321

오른쪽 그림에서 $\overline{AD}$, $\overline{BC}$, $\overline{CD}$는 반원 O의 접선이고 두 점 A, B는 접점이다. 반원 O의 반지름의 길이가 4 cm이고 $\overline{CD}=10\,cm$일 때, □ABCD의 넓이는?

① 20 cm²   ② 30 cm²

③ 40 cm²   ④ 50 cm²

⑤ 60 cm²

322

오른쪽 그림에서 원 O는 ∠B=90° 인 직각삼각형 ABC의 내접원이고 세 점 D, E, F는 접점이다. $\overline{AC}=5\,cm$, $\overline{BC}=4\,cm$일 때, 원 O의 넓이를 구하시오.

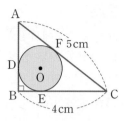

323

오른쪽 그림에서 원 O는 직사각형 ABCD의 세 변과 접하고 $\overline{DE}$는 원 O의 접선이다. 점 F는 접점이고 $\overline{AB}=8\,cm$, $\overline{AD}=10\,cm$일 때, $\overline{EF}$의 길이는?

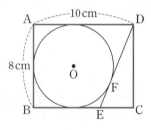

① $\dfrac{8}{3}$ cm   ② 3 cm   ③ $\dfrac{10}{3}$ cm

④ $\dfrac{11}{3}$ cm   ⑤ 4 cm

실력 **UP**

324

오른쪽 그림에서 $\overrightarrow{AP}$, $\overrightarrow{AQ}$, $\overline{BC}$ 는 원 O의 접선이고 세 점 P, Q, R는 접점이다. ∠QAP=60°, $\overline{AO}=10\,cm$일 때, △ABC의 둘레의 길이는?

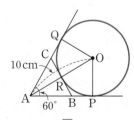

① $8\sqrt2$ cm   ② $8\sqrt3$ cm   ③ $10\sqrt2$ cm

④ $10\sqrt3$ cm   ⑤ $12\sqrt3$ cm

325

오른쪽 그림에서 $\overrightarrow{PA}$, $\overrightarrow{PB}$는 원 O
의 접선이고 두 점 A, B는 접점이
다. ∠P=70°일 때, ∠PAB의 크
기를 구하시오.

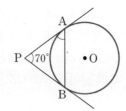

326

오른쪽 그림에서 $\overrightarrow{PA}$, $\overrightarrow{PB}$
는 원 O의 접선이고 두 점
A, B는 접점이다.
∠AOB=150°일 때, ∠P
의 크기를 구하시오.

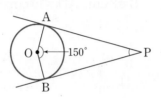

327

오른쪽 그림에서 $\overrightarrow{PA}$, $\overrightarrow{PB}$, $\overleftrightarrow{CD}$
는 원 O의 접선이고 세 점 A,
B, E는 접점이다. $\overline{PC}$=6 cm,
$\overline{PD}$=8 cm, $\overline{PB}$=10 cm일 때,
$\overline{CD}$의 길이를 구하시오.

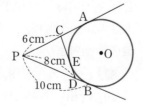

328

오른쪽 그림에서 $\overline{AD}$, $\overline{BC}$,
$\overline{CD}$는 반원 O의 접선이고 두 점
A, B는 접점이다. $\overline{AD}$=4 cm,
$\overline{CD}$=9 cm일 때, $\overline{BC}$의 길이
를 구하시오.

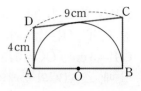

329

오른쪽 그림에서 원 O는 △ABC
의 내접원이고 세 점 P, Q, R는
접점이다. $\overline{AB}$=12 cm,
$\overline{AC}$=8 cm, $\overline{AP}$=5 cm일 때,
$\overline{BC}$의 길이는?

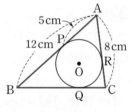

① 9 cm   ② 10 cm   ③ 11 cm

④ 12 cm   ⑤ 13 cm

330

오른쪽 그림에서 $\overline{PT}$는 원 O의 접선이
고 점 T는 접점이다. $\overline{PA}$=6, ∠P=30°
일 때, $\overline{PT}$의 길이는?

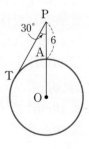

① 6   ② 7

③ 8   ④ $6\sqrt{3}$

⑤ $7\sqrt{3}$

331

오른쪽 그림에서 $\overrightarrow{CP}$, $\overrightarrow{CQ}$, $\overline{AB}$ 는 반지름의 길이가 6 cm인 원 O의 접선이고 세 점 P, Q, R는 접점이다. $\overline{OC}=12$ cm일 때, △ABC의 둘레의 길이는?

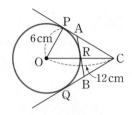

① $12\sqrt{2}$ cm   ② $12\sqrt{3}$ cm   ③ 24 cm

④ $12\sqrt{5}$ cm   ⑤ $12\sqrt{6}$ cm

332

오른쪽 그림에서 원 O는 ∠C=90°인 직각삼각형 ABC의 내접원이고 세 점 D, E, F는 접점이다. $\overline{AC}=6$ cm, $\overline{BC}=8$ cm일 때, 원 O의 둘레의 길이는?

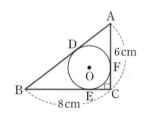

① $\sqrt{10}\,\pi$ cm   ② $\sqrt{11}\,\pi$ cm   ③ $\sqrt{13}\,\pi$ cm

④ 4π cm   ⑤ 5π cm

333

오른쪽 그림에서 $\overrightarrow{PA}$, $\overrightarrow{PB}$는 원 O의 접선이고 두 점 A, B는 접점이다. ∠AOB=120°, $\overline{PB}=4\sqrt{6}$일 때, 다음 중 옳지 <u>않은</u> 것은?

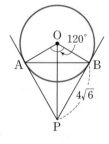

① $\overline{OP}=8\sqrt{2}$

② $\overline{OA}=4\sqrt{2}$

③ △APB=$24\sqrt{3}$

④ $\widehat{AB}=\dfrac{8\sqrt{2}}{3}\pi$

⑤ □OAPB=$32\sqrt{2}$

334

오른쪽 그림과 같이 원 O는 육각형 ABCDEF에 내접한다. $\overline{AF}=2$ cm, $\overline{BC}=3$ cm, $\overline{DE}=4$ cm일 때, 육각형 ABCDEF의 둘레의 길이를 구하시오.

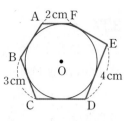

335

오른쪽 그림에서 원 O는 ∠C = ∠D=90°인 사다리꼴 ABCD에 내접한다. $\overline{AD}=2$ cm, $\overline{BC}=3$ cm일 때, □ABCD의 넓이를 구하시오.

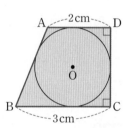

실력 **UP**

336

오른쪽 그림과 같이 서로 외접하는 두 원 P, Q가 반원 O에 내접한다. 반원 O의 반지름의 길이가 8 cm일 때, 원 Q의 반지름의 길이를 구하시오.

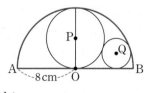

337

오른쪽 그림과 같이 반지름의 길이
가 4 cm인 원 O에서 $\overline{AB} \perp \overline{OM}$이
고 $\overline{OM}=2$ cm일 때, $\overline{AB}$의 길이는?

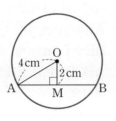

① $2\sqrt{3}$ cm   ② $2\sqrt{5}$ cm

③ $3\sqrt{3}$ cm   ④ $3\sqrt{5}$ cm

⑤ $4\sqrt{3}$ cm

338

오른쪽 그림에서 $\overline{PA}$, $\overline{PC}$는 각
각 두 원 O, O'의 접선이고 $\overline{PB}$
는 두 원 O, O'의 공통인 접선
일 때, x의 값을 구하시오.

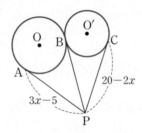

339

오른쪽 그림에서 원 O는
△ABC의 내접원이고 세 점 P,
Q, R는 접점이다.
$\overline{AB}=11$ cm, $\overline{BC}=9$ cm,
$\overline{AC}=10$ cm일 때, $x+y+z$의
값을 구하시오.

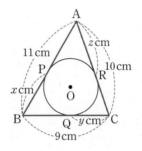

340

오른쪽 그림에서 원 O는
$\angle C = \angle D = 90°$인 사다리꼴
ABCD에 내접한다. 원 O의 반
지름의 길이가 4 cm이고
$\overline{AB}=10$ cm, $\overline{BC}=12$ cm일
때, $\overline{AD}$의 길이를 구하시오.

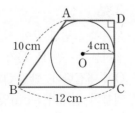

341

어느 고분에서 출토된 원 모양의
접시 파편을 측정하였더니 오른쪽
그림과 같았다. 원래 접시의 반지름
의 길이를 구하시오.

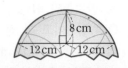

342

오른쪽 그림과 같이 반지름의 길이
가 8 cm인 원 모양의 종이를 원주
위의 한 점이 원의 중심 O에 오도
록 접었을 때, $\overline{AB}$의 길이를 구하
시오.

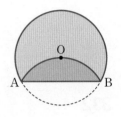

343

오른쪽 그림과 같이 지름의 길이
가 10 cm인 원 O에서
$\overline{AB} /\!/ \overline{CD}$이고 $\overline{AB}=\overline{CD}=8$ cm
일 때, 두 현 AB와 CD 사이의 거
리는?

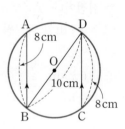

① $\dfrac{13}{2}$ cm   ② 6 cm

③ $\dfrac{11}{2}$ cm   ④ 5 cm

⑤ $\dfrac{9}{2}$ cm

344

오른쪽 그림에서 $\overline{PA}$, $\overline{PB}$는
원 O의 접선이고 두 점 A, B
는 접점이다. 원 O의 둘레의
길이가 8π cm이고
$\angle APB=45°$, $\overline{PO}=4\sqrt{5}$ cm
일 때, △PAB의 넓이는?

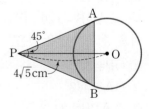

① $16\sqrt{2}$ cm²   ② $17\sqrt{2}$ cm²   ③ $18\sqrt{2}$ cm²

④ $16\sqrt{3}$ cm²   ⑤ $17\sqrt{3}$ cm²

345

오른쪽 그림에서 $\overline{PA}$, $\overline{PB}$, $\overline{QR}$는 원 O의 접선이고 세 점 A, B, C 는 접점이다. $\overline{PC}=4$, $\overline{CO}=6$일 때, $\triangle PQR$의 둘레의 길이를 구하시오.

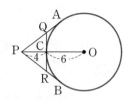

346

오른쪽 그림에서 $\overleftrightarrow{AC}$, $\overleftrightarrow{BD}$, $\overleftrightarrow{CD}$는 원 O의 접선이고 세 점 A, B, P 는 접점이다. $\overline{AB}$가 원 O의 지름 일 때, 다음 중 옳지 <u>않은</u> 것은?

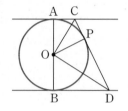

① $\angle ODB = \angle ODP$

② $\triangle AOC \equiv \triangle POC$

③ $\overline{AC}+\overline{BD}=\overline{CD}$

④ $\overline{OC}:\overline{DO}=\overline{CP}:\overline{PD}$

⑤ $\angle COD=90°$

347

오른쪽 그림에서 원 O는 $\angle C=90°$인 직각삼각형 ABC의 내접원이고 세 점 P, Q, R는 접 점이다. $\overline{AP}=2\,cm$, $\overline{BP}=3\,cm$ 일 때, 원 O의 반지름의 길이를 구하시오.

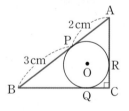

348

오른쪽 그림에서 원 O는 직사 각형 ABCD의 세 변과 접하 고 $\overline{AE}$는 원 O의 접선이다. $\overline{AD}=15\,cm$, $\overline{CD}=10\,cm$일 때, $\overline{AE}$의 길이를 구하시오.

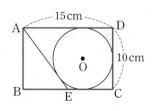

서술형 문제

349

오른쪽 그림과 같이 반지름의 길이가 r인 원 O에서 길이가 $2\sqrt{3}$인 현을 원 을 따라 한 바퀴 돌렸을 때, 현이 지 나간 색칠한 부분의 넓이를 구하시 오. (단, $r>\sqrt{3}$)

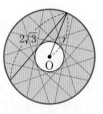

풀이

350

다음 그림과 같이 반지름의 길이가 각각 2 cm, 3 cm인 두 원 O, O'이 점 C에서 외접한다. 점 C를 지나는 두 원 의 공통인 접선과 $\overleftrightarrow{AB}$와의 교점을 D라 할 때, $\overline{CD}$의 길 이를 구하시오.

풀이

Theme 08 원주각과 중심각

📖 유형북 68쪽

유형 01 원주각과 중심각의 크기 (1)

대표 문제

351

오른쪽 그림의 원 O에서 ∠AOC=76°,
∠AEB=16°일 때, ∠x의 크기는?

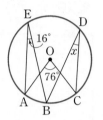

① 20° ② 21°
③ 22° ④ 23°
⑤ 24°

352

오른쪽 그림에서 △ABC는 원 O에
내접한다. ∠OBC=25°일 때,
∠BAC의 크기를 구하시오.

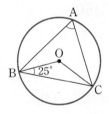

353

오른쪽 그림과 같이 반지름의 길이가
9 cm인 원 O에서 ∠BAC=60°일
때, 색칠한 부분의 넓이를 구하시오.

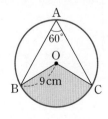

354

오른쪽 그림의 원 O에서
∠PAO=40°, ∠PBO=25°일 때,
∠x의 크기를 구하시오.

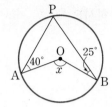

355

오른쪽 그림의 원 O에서
∠APB=45°, $\overset{\frown}{AB}$=7π cm일 때,
원 O의 넓이는?

① 100π cm² ② 121π cm²
③ 144π cm² ④ 169π cm²
⑤ 196π cm²

356

오른쪽 그림에서 $\overline{AD}$가 원 O의 지
름이고 ∠ADB=33°,
∠CAD=22°일 때, ∠x의 크기는?

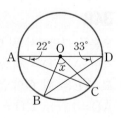

① 70° ② 71°
③ 72° ④ 73°
⑤ 74°

유형 02 원주각과 중심각의 크기 (2)

대표 문제

357

오른쪽 그림의 원 O에서
∠BCD=110°일 때, ∠x+∠y의
크기를 구하시오.

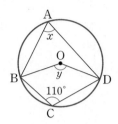

358

오른쪽 그림의 원 O에서
∠BCD=120°일 때, ∠x+∠y의
크기는?

① 260°　　　② 270°

③ 280°　　　④ 290°

⑤ 300°

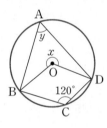

359

오른쪽 그림의 원 O에서
∠AOC=120°, ∠OAB=45°일 때,
∠x의 크기는?

① 65°　　　　② 70°

③ 75°　　　　④ 80°

⑤ 85°

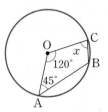

유형 03 두 접선이 주어졌을 때, 원주각과 중심각의 크기

대표 문제

360

오른쪽 그림에서 $\overrightarrow{PA}$, $\overrightarrow{PB}$는
원 O의 접선이고 두 점 A,
B는 접점이다. ∠P=40°일
때, ∠x의 크기는?

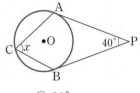

① 70°　　　　② 75°　　　　③ 80°

④ 85°　　　　⑤ 90°

361

오른쪽 그림에서 $\overrightarrow{PA}$, $\overrightarrow{PB}$는 원
O의 접선이고 두 점 A, B는 접
점이다. ∠P=50°일 때, ∠ACB
의 크기는?

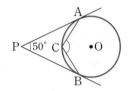

① 100°　　　② 105°

③ 110°　　　④ 115°

⑤ 120°

362

오른쪽 그림과 같이 △ABC가 원
O에 내접하고 $\overline{PA}$, $\overline{PB}$는 원 O의
접선이다. ∠APB=62°일 때, 다
음 중 옳지 <u>않은</u> 것은?

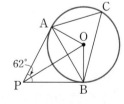

① ∠PBO=90°

② ∠AOB=118°

③ ∠ACB=59°

④ ∠ABO=27°

⑤ ∠PAB=59°

유형 04 한 호에 대한 원주각의 크기

대표 문제

363

오른쪽 그림에서 ∠AFB=20°,
∠BDC=26°일 때, ∠x의 크기
는?

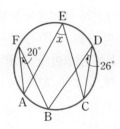

① 44°　　　② 46°

③ 48°　　　④ 50°

⑤ 52°

364

오른쪽 그림에서 ∠x, ∠y의 크기는?

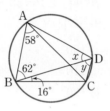

① ∠x=40°, ∠y=56°

② ∠x=40°, ∠y=58°

③ ∠x=44°, ∠y=52°

④ ∠x=44°, ∠y=56°

⑤ ∠x=44°, ∠y=58°

365

오른쪽 그림에서 ∠x의 크기는?

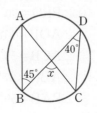

① 65°　　　② 70°

③ 75°　　　④ 80°

⑤ 85°

366

오른쪽 그림에서 ∠x+∠y의 크
기는?

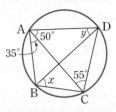

① 80°　　　② 83°

③ 85°　　　④ 87°

⑤ 90°

367

오른쪽 그림과 같이 두 현 AB,
CD의 연장선의 교점을 P라 하
자. ∠ACD=55°, ∠P=40°
일 때, ∠x의 크기는?

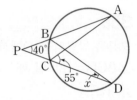

① 15°　　　② 20°

③ 25°　　　④ 30°

⑤ 35°

368

오른쪽 그림에서
∠a+∠b+∠c+∠d+∠e의 크
기를 구하시오.

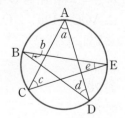

유형 05 반원에 대한 원주각의 크기

대표 문제

369

오른쪽 그림에서 $\overline{AB}$는 원 O의 지름이고 ∠CDB=60°일 때, ∠x의 크기를 구하시오.

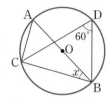

370

오른쪽 그림에서 $\overline{AB}$는 원 O의 지름이고 ∠ADC=35°일 때, ∠x의 크기를 구하시오.

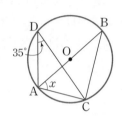

371

오른쪽 그림에서 $\overline{AB}$는 원 O의 지름이고 ∠DCB=22°, ∠CDB=32°일 때, ∠x−∠y의 크기를 구하시오.

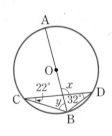

372

오른쪽 그림에서 $\overline{AB}$는 원 O의 지름이고 점 P는 두 현 AC, BD의 연장선의 교점이다. ∠COD=50°일 때, ∠P의 크기는?

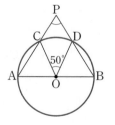

① 65° ② 70°
③ 75° ④ 80°
⑤ 85°

유형 06 원주각의 성질과 삼각비

대표 문제

373

오른쪽 그림과 같이 반지름의 길이가 5인 원 O에 내접하는 △ABC에서 $\overline{BC}$=8일 때, $\cos A$의 값은?

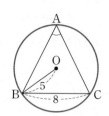

① $\dfrac{1}{5}$ ② $\dfrac{2}{5}$

③ $\dfrac{3}{5}$ ④ $\dfrac{4}{5}$

⑤ $\dfrac{5}{6}$

374

오른쪽 그림과 같이 △ABC는 $\overline{AB}$가 지름이고 반지름의 길이가 4 cm인 원 O에 내접한다. ∠ABC=60°일 때, △ABC의 넓이를 구하시오.

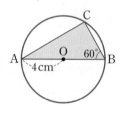

375

오른쪽 그림과 같이 원 O에 내접하는 △ABC에서 ∠BAC=45°, $\overline{BC}$=8 cm일 때, 원 O의 넓이를 구하시오.

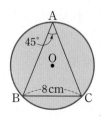

유형 07 원주각의 크기와 호의 길이 (1)

대표 문제

376

오른쪽 그림에서 $\overset{\frown}{AB}=\overset{\frown}{CD}$이고 ∠DBC=30°일 때, ∠APB의 크기는?

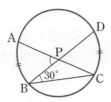

① 40°　　　　② 45°
③ 50°　　　　④ 55°
⑤ 60°

377

오른쪽 그림에서 $\overline{AD}$는 원 O의 지름이고 ∠BAC=35°, $\overset{\frown}{BC}=\overset{\frown}{CD}=4$ cm일 때, ∠x의 크기를 구하시오.

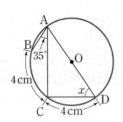

378

오른쪽 그림에서 $\overset{\frown}{BC}=\overset{\frown}{CD}$이고 ∠BAC=32°일 때, ∠$x$−∠$y$의 크기는?

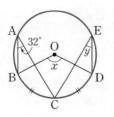

① 88°　　　　② 90°
③ 92°　　　　④ 94°
⑤ 96°

379

오른쪽 그림에서 $\overset{\frown}{AB}=\overset{\frown}{BC}$이고 ∠ABC=130°일 때, ∠$x$의 크기는?

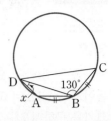

① 25°　　　　② 26°
③ 27°　　　　④ 28°
⑤ 29°

380

오른쪽 그림에서 $\overset{\frown}{AB}=\overset{\frown}{BC}$이고 ∠ABD=45°, ∠BDC=30°일 때, ∠CAD의 크기는?

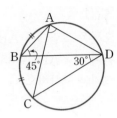

① 55°　　　　② 60°
③ 65°　　　　④ 70°
⑤ 75°

381

오른쪽 그림에서 $\overline{AD}$는 원 O의 지름이고 $\overset{\frown}{AB}=\overset{\frown}{BC}$, ∠CAD=30°일 때, ∠$x$의 크기는?

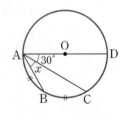

① 20°　　　　② 25°
③ 30°　　　　④ 35°
⑤ 40°

382

오른쪽 그림에서 $\overline{AD}$, $\overline{BE}$는 원 O의 지름이고 $\overset{\frown}{BC}=\overset{\frown}{CD}$, ∠CAD=25°일 때, ∠$x$+∠$y$의 크기는?

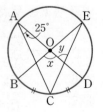

① 160°　　　　② 165°
③ 170°　　　　④ 175°
⑤ 180°

대표 문제

383

오른쪽 그림의 원 O에서
∠DAC=15°이고 $\widehat{AB}$=6 cm,
$\widehat{CD}$=2 cm일 때, ∠APB의 크기를
구하시오.

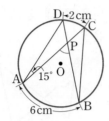

384

오른쪽 그림의 원 O에서
$\widehat{AB}$=3 cm, $\widehat{CD}$=9 cm이고
∠AEB=20°일 때, ∠x의 크
기는?

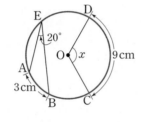

① 100° ② 110°
③ 120° ④ 130°
⑤ 140°

385

오른쪽 그림과 같이 두 현
AD, BC의 연장선의 교점
을 P라 하자.
$\widehat{AB}$: $\widehat{CD}$=2 : 1이고
∠P=50°일 때, ∠x의 크기
는?

① 49° ② 50° ③ 51°
④ 52° ⑤ 53°

386

오른쪽 그림의 원 O에서
$\widehat{PA}$: $\widehat{PB}$=1 : 3일 때, ∠PBA의
크기를 구하시오.

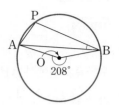

387

오른쪽 그림과 같이 원 O의 중
심에서 두 현 AB, AC까지의 거
리가 서로 같고 ∠ABC=65°,
$\widehat{AC}$=26π cm일 때, $\widehat{BC}$의 길
이를 구하시오.

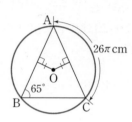

388

오른쪽 그림에서 $\overline{AB}$는 원 O의
지름이고 $\widehat{AC}$: $\widehat{CB}$ = 4 : 5이다.
$\widehat{AD}$=$\widehat{DE}$=$\widehat{EB}$일 때, ∠x의 크
기를 구하시오.

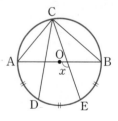

389

오른쪽 그림에서 두 점 A, B는 원주
를 3 : 2로 나누고, 두 점 C, D는
$\widehat{AB}$ 중 큰 호의 삼등분점일 때, ∠x
의 크기를 구하시오.

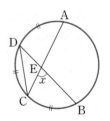

유형 09 원주각의 크기와 호의 길이 ⑶

대표 문제

390

오른쪽 그림에서 $\widehat{AB}$, $\widehat{CD}$의 길이가 각각 원주의 $\frac{1}{5}$, $\frac{1}{9}$일 때, ∠CPD의 크기는?

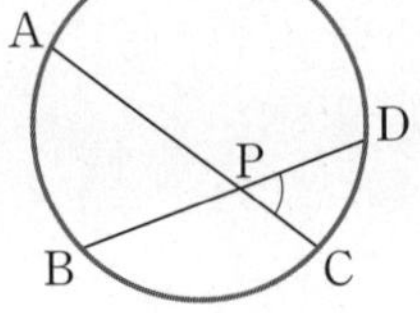

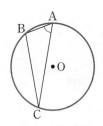

① 55° ② 56°
③ 57° ④ 58°
⑤ 59°

391

오른쪽 그림에서 $\widehat{AB} : \widehat{BC} : \widehat{CA} = 1 : 3 : 5$일 때, ∠BAC의 크기를 구하시오.

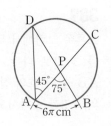

392

오른쪽 그림에서 $\widehat{AB} = 6\pi$ cm, ∠DAP=45°, ∠APB=75°일 때, 이 원의 둘레의 길이는?

① 18π cm ② 24π cm
③ 30π cm ④ 36π cm
⑤ 42π cm

유형 10 네 점이 한 원 위에 있을 조건

대표 문제

393

다음 중 네 점 A, B, C, D가 한 원 위에 있지 <u>않은</u> 것은?

①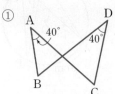

②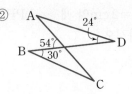

③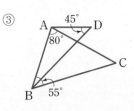

④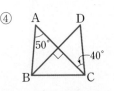

⑤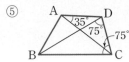

394

오른쪽 그림에서 네 점 A, B, C, D가 한 원 위에 있도록 하는 ∠x의 크기를 구하시오.

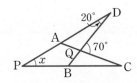

395

오른쪽 그림과 같은 □ABCD에서 ∠BAC=∠BDC=55°이고 ∠ACB=35°, ∠DEC=80°일 때, ∠x의 크기를 구하시오.

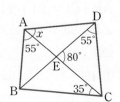

Theme 09 원에 내접하는 사각형

📖 유형북 75쪽

유형 11 원에 내접하는 사각형의 성질 (1)

대표 문제

396

오른쪽 그림과 같이 □ABCD가 원 O에 내접하고 $\overline{AB}$는 원 O의 지름이다. ∠CBA=60°일 때, ∠x−∠y의 크기를 구하시오.

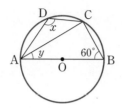

397

오른쪽 그림과 같이 □ABCD가 원 O에 내접하고 ∠BCD=100°일 때, ∠x+∠y의 크기는?

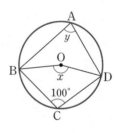

① 220° ② 230°
③ 240° ④ 250°
⑤ 260°

398

오른쪽 그림과 같이 □ABCD가 원에 내접하고 $\overline{AB}=\overline{AC}$이다. ∠BAC=50°일 때, ∠$x$의 크기는?

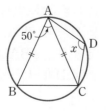

① 100° ② 105°
③ 110° ④ 115°
⑤ 120°

399

오른쪽 그림과 같이 □ABDE, □ACDE가 각각 원에 내접하고 ∠AED=110°, ∠BAC=25°일 때, ∠x+∠y의 크기를 구하시오.

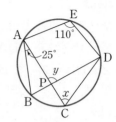

400

오른쪽 그림과 같이 □ABCD가 원 O에 내접하고 $\overline{BC}$는 원 O의 지름이다. ∠ADC=135°, $\overline{AC}=6$일 때, 원 O의 넓이는?

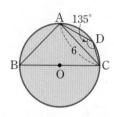

① 15π ② 16π
③ 17π ④ 18π
⑤ 19π

401

오른쪽 그림의 원 O에서 ∠APB=110°일 때, ∠x의 크기는?

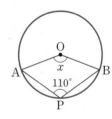

① 100° ② 110°
③ 120° ④ 130°
⑤ 140°

402

오른쪽 그림과 같이 □ABCD가 원에 내접하고 $\overline{AB}=\overline{AD}$이다. ∠BCD=70°일 때, ∠AED의 크기를 구하시오.

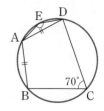

유형 **12** 원에 내접하는 사각형의 성질 (2)

대표 문제

403

오른쪽 그림과 같이 □ABCD가
원에 내접하고 ∠DAC=30°,
∠ADB=20°, ∠BCD=110°
일 때, ∠x+∠y의 크기를 구하
시오.

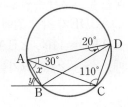

404

오른쪽 그림과 같이 □ABCD가 원
에 내접하고 ∠ABD=60°,
∠ADB=55°일 때, ∠x의 크기를
구하시오.

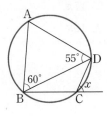

405

오른쪽 그림과 같이 □ABCD가
원에 내접하고 ∠ADB=45°,
∠CBD=40°, ∠DCE=75°일
때, ∠BAC의 크기는?

① 35°   ② 40°
③ 45°   ④ 50°
⑤ 55°

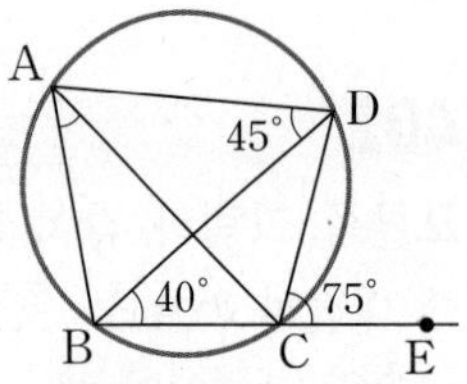

406

오른쪽 그림과 같이 □ABCD가
원에 내접하고 ∠P=70°,
∠ABC=120°일 때, ∠x의 크
기를 구하시오.

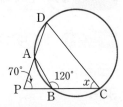

407

오른쪽 그림과 같이 □ABCD,
□BCDE가 각각 원에 내접하고
∠ADE=40°, ∠EBC=75°일
때, ∠x의 크기는?

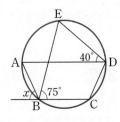

① 65°   ② 70°
③ 75°   ④ 80°
⑤ 85°

408

오른쪽 그림에서 두 원 O, O′
은 두 점 P, Q에서 만나고, 점
P와 점 Q를 지나는 두 직선은
두 원과 네 점 A, B, C, D에
서 만난다. ∠BAQ=55°일 때,
∠QCD의 크기는?

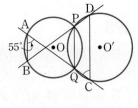

① 51°   ② 53°   ③ 55°
④ 57°   ⑤ 59°

유형 13 원에 내접하는 다각형

대표문제

409

오른쪽 그림과 같이 오각형
ABCDE가 원 O에 내접하고
∠EAB=95°, ∠EDC=120°일
때, ∠x의 크기를 구하시오.

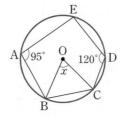

410

오른쪽 그림과 같이 육각형
ABCDEF가 원에 내접하고
∠ABC=120°, ∠CDE=110°일
때, ∠EFA의 크기는?

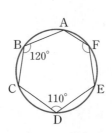

① 130° ② 135°
③ 140° ④ 145°
⑤ 150°

411

오른쪽 그림과 같이 육각형
ABCDEF가 원에 내접할 때,
∠x+∠y+∠z의 크기를 구하시오.

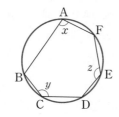

유형 14 원에 내접하는 사각형의 성질의 활용

대표문제

412

오른쪽 그림과 같이 □ABCD가
원에 내접하고 ∠E=22°,
∠F=30°일 때, ∠ABC의 크
기는?

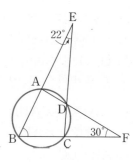

① 60° ② 61°
③ 62° ④ 63°
⑤ 64°

413

오른쪽 그림과 같이 □ABCD가
원에 내접하고 ∠ABC=65°,
∠E=20°일 때, ∠F의 크기를
구하시오.

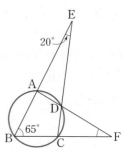

414

오른쪽 그림과 같이 □ABCD가 원
에 내접하고 ∠P=30°, ∠Q=40°
일 때, ∠BAD의 크기는?

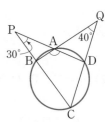

① 115° ② 120°
③ 125° ④ 130°
⑤ 135°

유형 15 두 원에서 내접하는 사각형의 성질의 활용

대표문제

415

오른쪽 그림과 같이 두 점 P, Q에서 만나는 두 원 O, O′에 대하여 다음 중 옳지 않은 것은?

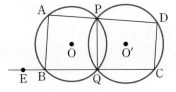

① ∠APQ=∠ABE
② ∠BAP=∠PQC
③ ∠CDP=∠APQ
④ ∠ABQ=∠DPQ
⑤ $\overline{AB}$∥$\overline{DC}$

416

오른쪽 그림과 같이 두 원 O, O′이 두 점 P, Q에서 만나고 ∠BAP=105°일 때, ∠x의 크기는?

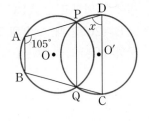

① 75°
② 76°
③ 77°
④ 78°
⑤ 79°

417

오른쪽 그림과 같이 두 원 O, O′이 두 점 P, Q에서 만나고 ∠PDC=100°일 때, ∠x의 크기를 구하시오.

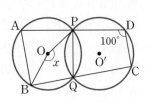

유형 16 사각형이 원에 내접하기 위한 조건

대표문제

418

다음 중 □ABCD가 원에 내접하지 <u>않는</u> 것은?

①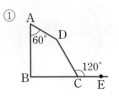
②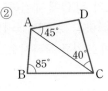
③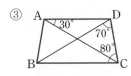
④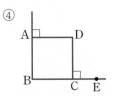
⑤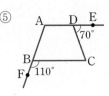

419

오른쪽 그림과 같이 $\overline{AD}$와 $\overline{BC}$의 연장선의 교점을 P라 하자. ∠A=110°, ∠P=30°이고 □ABCD가 원에 내접할 때, ∠PDC의 크기를 구하시오.

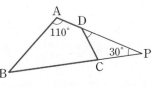

420

오른쪽 그림에서 □ABCD가 원에 내접할 때, ∠y−∠x의 크기는?

① 10°
② 15°
③ 20°
④ 25°
⑤ 30°

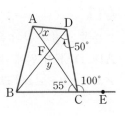

Theme 10 접선과 현이 이루는 각

유형북 79쪽

유형 17 접선과 현이 이루는 각 – 삼각형

대표 문제

421

오른쪽 그림에서 $\overleftrightarrow{BD}$는 원 O의 접선이고 점 B는 접점이다.
$\angle CBD=50°$일 때, $\angle OCB$의 크기를 구하시오.

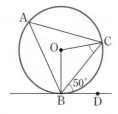

422

오른쪽 그림에서 $\overrightarrow{TA}$는 원 O의 접선이고 점 A는 접점이다. $\angle T=30°$, $\angle CBA=65°$일 때, $\angle ACB$의 크기를 구하시오.

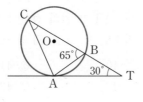

423

오른쪽 그림에서 $\overleftrightarrow{AT}$는 원 O의 접선이고 점 A는 접점이다. $\overset{\frown}{AB}=\overset{\frown}{BC}$이고 $\angle BAT=40°$일 때, $\angle x$의 크기를 구하시오.

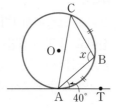

424

오른쪽 그림에서 $\overleftrightarrow{TA}$는 원 O의 접선이고 점 A는 접점이다. $\overline{CT}=\overline{CA}$이고 $\angle T=35°$일 때, $\angle CAB$의 크기를 구하시오.

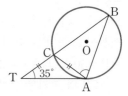

425

오른쪽 그림에서 $\overleftrightarrow{AT}$는 원 O의 접선이고 점 A는 접점이다. $\overset{\frown}{AB}:\overset{\frown}{BC}:\overset{\frown}{CA}=2:3:4$일 때, $\angle BAT$의 크기를 구하시오.

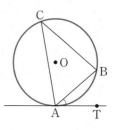

426

오른쪽 그림에서 $\overleftrightarrow{TT'}$은 원 O의 접선이고 점 C는 접점이다. $\overline{BD}$는 원 O의 지름이고 $\angle ACT=72°$, $\angle BDC=28°$일 때, $\angle ABD$의 크기는?

① 42°　　② 46°　　③ 50°
④ 54°　　⑤ 58°

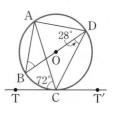

유형 18 접선과 현이 이루는 각 – 사각형

대표 문제

427

오른쪽 그림에서 $\overrightarrow{PT}$는 원 O의 접선이고 점 T는 접점이다. ∠P=50°, ∠BAT=35°일 때, ∠ACT의 크기를 구하시오.

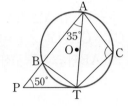

428

오른쪽 그림에서 $\overrightarrow{PC}$는 원의 접선이고 점 C는 접점이다. ∠ADC=120°, ∠P=25°일 때, ∠x의 크기는?

① 30°　　　② 35°　　　③ 40°

④ 45°　　　⑤ 50°

429

오른쪽 그림에서 □ABCD는 원에 내접하고 두 직선 l, m은 각각 두 점 B, D에서 원에 접한다. ∠BCD=70°일 때, ∠x+∠y의 크기는?

① 100°　　　② 105°　　　③ 110°

④ 115°　　　⑤ 120°

430

오른쪽 그림에서 $\overleftrightarrow{AT}$는 원 O의 접선이고 점 A는 접점이다. $\overline{AB}=\overline{AD}$이고 ∠BAT=40°일 때, ∠$x$의 크기는?

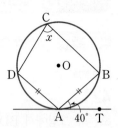

① 78°　　　② 80°

③ 82°　　　④ 84°

⑤ 86°

431

오른쪽 그림과 같이 원에 내접하는 오각형 ABCDE에서 ∠AED=108°, ∠BCD=116°이다. $\overrightarrow{AT}$가 원의 접선이고 점 A는 접점일 때, ∠BAT의 크기는?

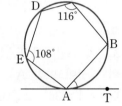

① 40°　　　② 41°

③ 42°　　　④ 43°

⑤ 44°

432

오른쪽 그림에서 $\overrightarrow{PT}$는 원의 접선이고 점 T는 접점이다. $\overline{BA}=\overline{BT}$이고 ∠P=33°일 때, ∠$x$의 크기를 구하시오.

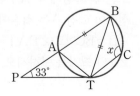

유형 19 접선과 현이 이루는 각의 응용 (1)

대표 문제

433

오른쪽 그림에서 $\overrightarrow{PT}$는 원 O의 접선이고 점 T는 접점이다. $\overline{AB}$는 원 O의 지름이고 $\angle BTC=55°$일 때, $\angle x$의 크기를 구하시오.

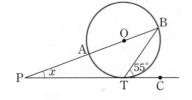

434

오른쪽 그림에서 $\overrightarrow{BT}$는 원 O의 접선이고 점 B는 접점이다. $\overline{AD}$는 원 O의 지름이고 $\angle BCD=110°$일 때, $\angle ABT$의 크기를 구하시오.

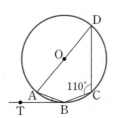

435

오른쪽 그림에서 $\overrightarrow{AT}$는 원 O의 접선이고 점 A는 접점이다. $\overline{CD}$가 원 O의 지름이고 $\angle DAT=35°$일 때, $\angle ABC$의 크기를 구하시오.

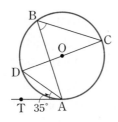

436

오른쪽 그림에서 $\overleftrightarrow{CT}$는 원 O의 접선이고 점 C는 접점이다. $\overline{BD}$는 원 O의 지름이고 $\angle ACT=75°$, $\angle BDC=25°$일 때, $\angle ACD$의 크기는?

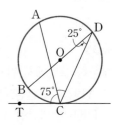

① 40°　　② 41°

③ 42°　　④ 43°

⑤ 44°

437

오른쪽 그림에서 $\overrightarrow{TP}$는 원 O의 접선이고 점 P는 접점이다. $\overline{AB}$는 원 O의 지름이고 $\angle APQ=58°$일 때, $\angle ATP$의 크기는?

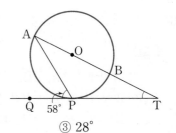

① 24°　　② 26°　　③ 28°

④ 30°　　⑤ 32°

438

오른쪽 그림에서 $\overleftrightarrow{CD}$는 원 O의 접선이고 점 C는 접점이다. $\overline{AB}$는 원 O의 지름이고 $\angle BAC=30°$, $\overline{AB}=10\,cm$일 때, $\overline{BD}$의 길이를 구하시오.

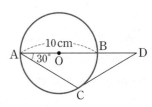

유형 20 접선과 현이 이루는 각의 응용 (2)

대표 문제
439

오른쪽 그림에서 원 O는
△ABC의 내접원이면서
△DEF의 외접원이다.
∠B=50°, ∠DEF=60°일 때,
∠EDF의 크기는?

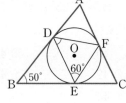

① 50°   ② 55°   ③ 60°
④ 65°   ⑤ 70°

440

오른쪽 그림에서 $\overrightarrow{PA}$, $\overrightarrow{PB}$는 원의
접선이고 두 점 A, B는 접점이다.
$\overarc{AC}$: $\overarc{CB}$=3 : 2이고 ∠P=40°일
때, ∠ABC의 크기를 구하시오.

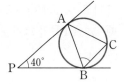

441

오른쪽 그림에서 원 O는
△ABC의 내접원이면서
△DEF의 외접원이다.
∠B=30°, ∠FDE=55°일
때, ∠A의 크기를 구하시오.

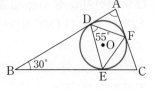

유형 21 두 원에서 접선과 현이 이루는 각

대표 문제
442

오른쪽 그림에서 $\overleftrightarrow{PQ}$는 두 원의
공통인 접선이고 점 T는 접점이
다. ∠TAB=80°, ∠TDC=45°
일 때, ∠ATB의 크기는?

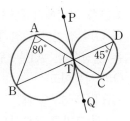

① 55°   ② 60°
③ 65°   ④ 70°
⑤ 75°

443

오른쪽 그림에서 $\overleftrightarrow{TT'}$은 두 원
의 공통인 접선이고 점 P는 접
점이다. ∠PDC=54°,
∠DPC=56°일 때, ∠A의 크
기는?

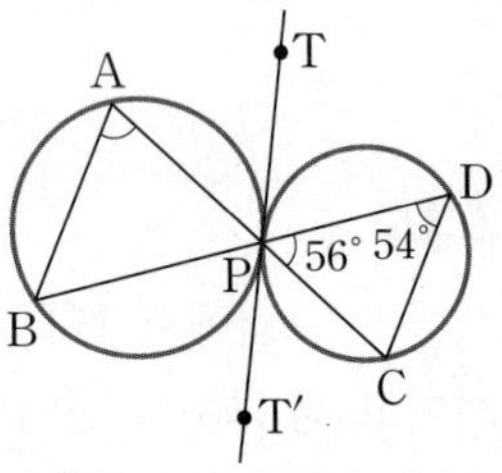

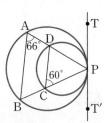

① 55°   ② 60°
③ 65°   ④ 70°
⑤ 75°

444

오른쪽 그림에서 $\overleftrightarrow{TT'}$은 두 원의 공
통인 접선이고 점 P는 접점이다.
∠BAP=66°, ∠DCP=60°일 때,
다음 중 옳은 것을 모두 고르면?

(정답 2개)

① ∠ABP=60°
② ∠CDP=54°
③ ∠APB=66°
④ ∠APT=66°
⑤ $\overline{AB}$: $\overline{DC}$=$\overline{AP}$: $\overline{DP}$

445

오른쪽 그림의 원 O에서
∠AOB=160°일 때, ∠x의 크기
는?

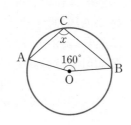

① 90°　　② 100°

③ 110°　　④ 120°

⑤ 130°

446

오른쪽 그림에서 점 P는 $\overline{AC}$와 $\overline{BD}$
의 교점이고 ∠BCA=25°,
∠DAC=20°일 때, ∠APB의 크
기는?

① 30°　　② 35°

③ 40°　　④ 45°

⑤ 50°

447

오른쪽 그림에서 $\overline{AB}$는 원 O의
지름이고 ∠DCB=55°일 때,
∠DBA의 크기를 구하시오.

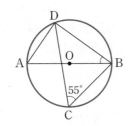

448

오른쪽 그림의 원 O에서
∠ADC=60°, ∠BOC=72°일 때,
∠AEB의 크기는?

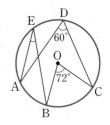

① 22°　　② 24°

③ 26°　　④ 28°

⑤ 30°

449

오른쪽 그림에서 ∠ADB=35°,
∠ACD=40°이고 $\widehat{AB}=\widehat{BC}$일 때,
∠x+∠y의 크기는?

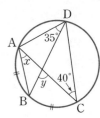

① 100°　　② 105°

③ 110°　　④ 115°

⑤ 120°

450

오른쪽 그림의 원 O에서 ∠x와
∠y의 크기를 각각 구하시오.

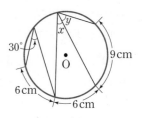

451

오른쪽 그림에서 $\overparen{AB}$, $\overparen{CD}$의 길이가 각각 원주의 $\dfrac{1}{5}$, $\dfrac{1}{12}$일 때, $\angle APB$의 크기를 구하시오.

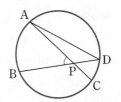

452

오른쪽 그림에서 $\angle ADC=70°$, $\angle DBC=50°$이고 네 점 A, B, C, D가 한 원 위에 있을 때, $\angle ACD$의 크기는?

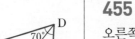

① 40° ② 45°
③ 50° ④ 55°
⑤ 60°

453

오른쪽 그림에서 $\overline{AB}$는 원 O의 지름이고 점 P는 두 현 AC, BD의 연장선의 교점이다. $\angle COD=48°$일 때, $\angle P$의 크기는?

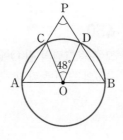

① 50° ② 54°
③ 58° ④ 62°
⑤ 66°

454

오른쪽 그림과 같이 원 O에 내접하는 △ABC에서 $\overline{BC}=4\sqrt{2}$이고, $\tan A=2\sqrt{2}$일 때, 원 O의 반지름의 길이를 구하시오.

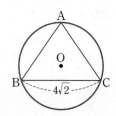

455

오른쪽 그림에서 $\overparen{AC}:\overparen{BD}=5:3$이고, $\overparen{BD}$의 길이가 원주의 $\dfrac{1}{12}$일 때, $\angle APC$의 크기를 구하시오.

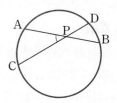

실력 **UP**

456

오른쪽 그림에서 $\overline{AB}$는 원 O의 지름이고 $\overline{AB}/\!/\overline{DC}$이다. $\angle CAB=15°$, $\overparen{BC}=6$ cm일 때, $\overparen{CD}$의 길이는?

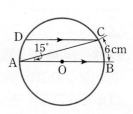

① 12 cm ② 18 cm
③ 24 cm ④ 30 cm
⑤ 36 cm

457

오른쪽 그림에서 $\overline{PA}$, $\overline{PB}$는
원 O의 접선이고 두 점 A, B
는 접점이다. ∠P=38°일 때,
∠x의 크기는?

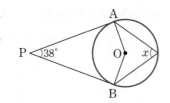

① 65°　　② 67°

③ 69°　　④ 71°

⑤ 73°

458

오른쪽 그림과 같이 반지름의 길이가
8cm인 원 O에 내접하는 △ABC에
서 ∠BAC=67.5°일 때, △OBC의
넓이를 구하시오.

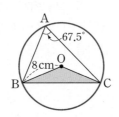

459

오른쪽 그림의 원 O에서
∠ACB=28°일 때, ∠x+∠y의 크기
는?

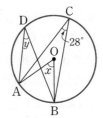

① 76°　　② 80°

③ 84°　　④ 88°

⑤ 92°

460

오른쪽 그림에서 $\overline{AB}$는 원 O의 지
름이고 ∠ACD=64°일 때,
∠DEB의 크기는?

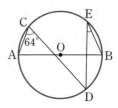

① 26°　　② 28°

③ 30°　　④ 32°

⑤ 34°

461

오른쪽 그림과 같이 ∠BAC=30°,
$\overline{BC}$=6cm인 △ABC가 원 O에 내접
한다. 이때 원 O의 둘레의 길이를 구
하시오.

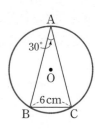

462

오른쪽 그림의 원 O에서
$\overarc{AB}$=$\overarc{BC}$이고 ∠APB=35°일 때,
∠x+∠y의 크기는?

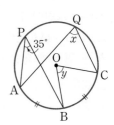

① 100°　　② 110°

③ 120°　　④ 130°

⑤ 140°

463

오른쪽 그림에서 $\angle CBA = 40°$, $\angle BPD = 70°$이고 $\overset{\frown}{AC} = 8\,cm$ 일 때, $\overset{\frown}{BD}$의 길이를 구하시오.

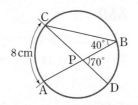

464

오른쪽 그림에서 $\overset{\frown}{AB} : \overset{\frown}{BC} : \overset{\frown}{CA} = 5 : 3 : 2$일 때, $\angle BAC$의 크기를 구하시오.

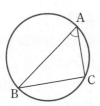

465

오른쪽 그림에서 $\angle P = 34°$, $\angle PDB = 111°$이다. 네 점 A, B, C, D 가 한 원 위에 있을 때, $\angle x$의 크기는?

① 33° ② 34°
③ 35° ④ 36°
⑤ 37°

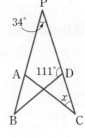

466

오른쪽 그림과 같이 반지름의 길이가 6인 원 O에 내접하는 $\triangle ABC$에서 $\overline{BC} = 8$일 때, $\dfrac{\sin A \times \cos A}{\tan A}$의 값은?

① $\dfrac{4}{9}$ ② $\dfrac{5}{9}$

③ $\dfrac{2}{3}$ ④ $\dfrac{4\sqrt{5}}{9}$

⑤ $\dfrac{2\sqrt{5}}{3}$

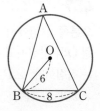

467

오른쪽 그림에서 $\angle APC = 60°$, $\overset{\frown}{AC} + \overset{\frown}{BD} = 4\pi\,cm$일 때, 이 원의 반지름의 길이를 구하시오.

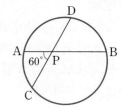

실력 UP

468

오른쪽 그림과 같이 원의 두 현 AB와 CD의 연장선의 교점을 E라 하자. $\overset{\frown}{AB} = \overset{\frown}{AC} = \overset{\frown}{CD}$이고 $\angle BCD = 24°$일 때, $\angle E$의 크기를 구하시오.

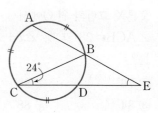

469

오른쪽 그림과 같이 □ABCD가 원
O에 내접하고 ∠BAD=65°,
∠OBC=50°일 때, ∠ODC의 크
기를 구하시오.

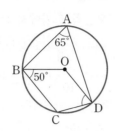

470

오른쪽 그림과 같이 □ABCD가 원
에 내접하고 ∠BAD=70°,
∠ABC=80°일 때, ∠x−∠y의 크
기는?

① 10° ② 20°
③ 30° ④ 40°
⑤ 50°

471

오른쪽 그림과 같이 □ABCD
가 원에 내접하고 ∠P=45°,
∠BCD=75°일 때, ∠PBA의
크기는?

① 45° ② 50°
③ 60° ④ 65°
⑤ 70°

472

오른쪽 그림과 같이 두 원이 두 점
P, Q에서 만나고 ∠ABQ=100°
일 때, ∠x의 크기는?

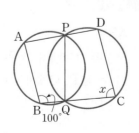

① 70° ② 75°
③ 80° ④ 85°
⑤ 90°

473

오른쪽 그림에서 □ABCD가 원
에 내접할 때, ∠x의 크기를 구하
시오.

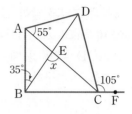

474

오른쪽 그림에서 $\overparen{ABC}$의 길이는
원주의 $\dfrac{4}{9}$이고, $\overparen{BCD}$의 길이는 원
주의 $\dfrac{7}{12}$일 때, ∠x+∠y의 크기
를 구하시오.

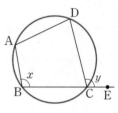

실력 UP

475

오른쪽 그림과 같이
□ABCD가 원에 내접하고
∠F=32°, ∠E=20°일 때,
∠ABC의 크기를 구하시오.

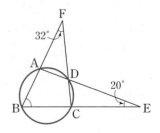

476

오른쪽 그림과 같이 □ABCD가 원에 내접하고 ∠CAD=50°, ∠ACD=70°일 때, ∠x, ∠y의 크기를 각각 구하시오.

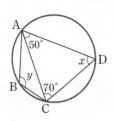

477

오른쪽 그림과 같이 □ABCD가 원 O에 내접하고 ∠BOD=150°일 때, ∠x의 크기를 구하시오.

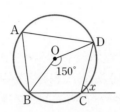

478

다음 중 □ABCD가 원에 내접하지 <u>않는</u> 것은?

①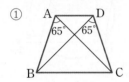
②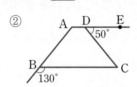
③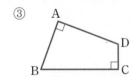
④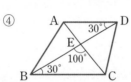
⑤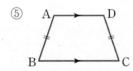

479

오른쪽 그림과 같이 □ABCD가 원에 내접하고 $\overline{BC}$는 원 O의 지름이다. $\overparen{AD}=\overparen{CD}$이고, ∠CBD=26°일 때, ∠ADB의 크기는?

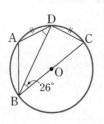

① 36°　　② 38°
③ 40°　　④ 42°
⑤ 44°

480

오른쪽 그림에서 $\overparen{BAD}$의 길이는 원주의 $\frac{3}{5}$이고 $\overparen{CDA}$의 길이는 원주의 $\frac{7}{10}$일 때, ∠x+∠y의 크기는?

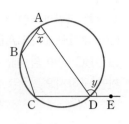

① 172°　　② 180°　　③ 187°
④ 192°　　⑤ 198°

481

오른쪽 그림과 같이 육각형 ABCDEF가 원에 내접하고 ∠ABC=105°, ∠EFA=125°일 때, ∠CDE의 크기를 구하시오.

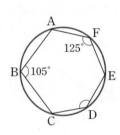

실력 UP

482

오른쪽 그림에서 두 원 O, O′이 두 점 P, Q에서 만나고 ∠PBD=100°일 때, ∠x+∠y의 크기를 구하시오.

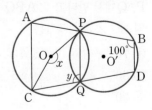

483

오른쪽 그림에서 $\overleftrightarrow{TS}$, $\overleftrightarrow{PQ}$는 원의 접선이고, 두 점 T, P는 접점이다. ∠ATS=80°, ∠APQ=150°일 때, ∠x의 크기를 구하시오.

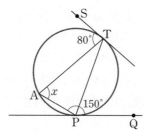

484

오른쪽 그림에서 $\overleftrightarrow{CT}$는 원의 접선이고 점 C는 접점이다. $\overparen{BC}=\overparen{CD}$이고 ∠BAD=56°일 때, ∠DCT의 크기를 구하시오.

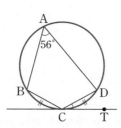

485

오른쪽 그림에서 $\overrightarrow{AT}$는 원 O의 접선이고 점 T는 접점이다. ∠BCT=32°, ∠CDT=100°일 때, ∠A의 크기를 구하시오.

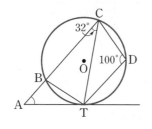

486

오른쪽 그림에서 원 O는 △ABC의 내접원이면서 △DEF의 외접원이다. ∠B=52°, ∠DEF=44°일 때, ∠EDF의 크기를 구하시오.

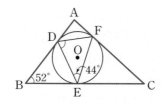

487

오른쪽 그림에서 $\overleftrightarrow{TT'}$은 두 원의 공통인 접선이고 점 P는 접점이다. ∠PBD=65°, ∠ACP=45°일 때, ∠APC의 크기는?

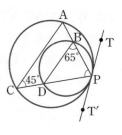

① 55° ② 60°
③ 65° ④ 70°
⑤ 75°

488

오른쪽 그림에서 $\overleftrightarrow{CT}$는 원 O의 접선이고 점 C는 접점이다. $\overparen{AB}:\overparen{BC}:\overparen{CA}=6:5:4$일 때, ∠BCT의 크기는?

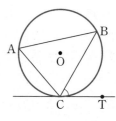

① 58° ② 59°
③ 60° ④ 61°
⑤ 62°

실력 **UP**

489

오른쪽 그림에서 $\overleftrightarrow{BT}$는 원 O의 접선이고 점 B는 접점이다. $\overparen{AB}:\overparen{BC}=2:3$이고 ∠ABT=30°일 때, ∠ABC의 크기는?

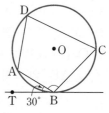

① 125° ② 120° ③ 115°
④ 110° ⑤ 105°

490

오른쪽 그림에서 $\overleftrightarrow{AT}$는 원 O의 접선이고 점 A는 접점이다. ∠CBA=30°, ∠BAT=70°일 때, ∠x의 크기를 구하시오.

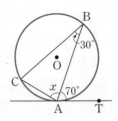

491

오른쪽 그림에서 $\overleftrightarrow{BT}$는 원 O의 접선이고 점 B는 접점이다. ∠ADC=110°, ∠CBT=75°일 때, ∠x의 크기는?

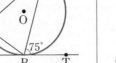

① 35°
② 40°
③ 45°
④ 50°
⑤ 55°

492

오른쪽 그림에서 $\overleftrightarrow{BT}$는 원 O의 접선이고 점 B는 접점이다. $\overline{AD}$는 원 O의 지름이고 ∠BCD=126°일 때, ∠ABT의 크기를 구하시오.

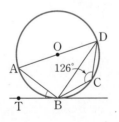

493

오른쪽 그림에서 $\overleftrightarrow{AT}$는 원 O의 접선이고 점 A는 접점이다. $\overline{CD}$는 원 O의 지름이고 ∠DAT=35°일 때, ∠ABC의 크기는?

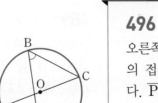

① 35°
② 40°
③ 45°
④ 50°
⑤ 55°

494

오른쪽 그림에서 원 O는 △ABC의 내접원이면서 △DEF의 외접원이다. ∠C=54°, ∠DEF=46°일 때, ∠DFE의 크기를 구하시오.

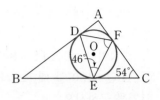

495

오른쪽 그림에서 $\overleftrightarrow{ST}$는 두 원의 공통인 접선이고 점 P는 접점이다. ∠PAC=60°, ∠PDB=50°일 때, ∠DPB의 크기를 구하시오.

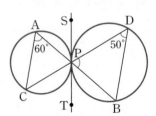

실력 **UP**

496

오른쪽 그림에서 $\overleftrightarrow{PT}$는 원 O의 접선이고 점 T는 접점이다. $\overline{PB}$는 원 O의 중심을 지나고 원 O의 반지름의 길이가 6 cm, ∠ATP=30°일 때, △ATB의 넓이를 구하시오.

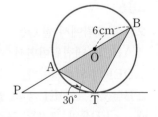

중단원 마무리

497

오른쪽 그림의 원 O에서
∠APB=40°일 때, ∠OAB의 크기
를 구하시오.

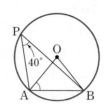

498

오른쪽 그림의 원 O에서 두 현 AD
와 BC의 교점을 P라 하자.
∠BAP=25°, ∠APB=85°일 때,
∠x의 크기는?

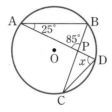

① 40°　　　② 50°
③ 60°　　　④ 70°
⑤ 80°

499

오른쪽 그림에서 $\overline{AB}$는 원 O의 지
름이고 ∠BED=44°일 때,
∠ACD의 크기는?

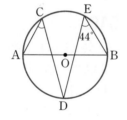

① 45°　　　② 46°
③ 47°　　　④ 48°
⑤ 49°

500

오른쪽 그림의 원 O에서
$\overset{\frown}{AD}+\overset{\frown}{BC}=6\pi$ cm이고
∠BPC=60°일 때, 원 O의 반지름
의 길이는?

① 6cm　　　② 9cm
③ 12cm　　④ 15cm
⑤ 18cm

501

오른쪽 그림에서 네 점 A, B,
C, D가 한 원 위에 있고, $\overline{AD}$
와 $\overline{BC}$의 연장선의 교점을 P라
하자. ∠DBP=15°,
∠APB=30°일 때, ∠ACB의 크기를 구하시오.

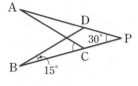

502

오른쪽 그림과 같이 오각형
ABCDE가 원 O에 내접하고
∠COD=32°일 때,
∠ABC+∠AED의 크기는?

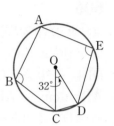

① 196°　　　② 212°
③ 228°　　　④ 244°
⑤ 260°

503

오른쪽 그림에서 □ABCD는 원에 내
접하고 $\overline{AB}$와 $\overline{CD}$의 연장선의 교점을
E라 하자. ∠ABF=110°,
∠BAD=90°일 때, ∠x−∠y의 크
기는?

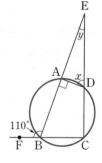

① 20°　　　② 30°
③ 40°　　　④ 50°
⑤ 60°

504

오른쪽 그림과 같이 두 원 O,
O′은 두 점 P, Q에서 만난다.
$\overset{\frown}{APQ}$: $\overset{\frown}{QCD}$=4 : 3이고 원
O의 반지름의 길이가 12cm
일 때, 원 O′의 반지름의 길이
를 구하시오.

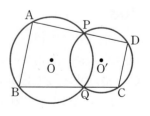

505

오른쪽 그림에서 $\overrightarrow{AT}$는 원 O의 접선이고 점 A는 접점이다. $\overline{AC}$는 ∠BAT의 이등분선이고 ∠ABC=55°일 때, ∠BDA의 크기를 구하시오.

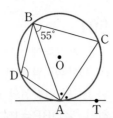

506

오른쪽 그림에서 $\overleftrightarrow{DC}$는 원 O의 접선이고 점 C는 접점이다. $\overline{DB}$는 원의 중심 O를 지나고 $\overline{AB}$=6cm, ∠ABC=30°일 때, $\overline{CD}$의 길이를 구하시오.

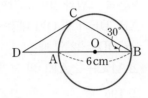

507

오른쪽 그림에서 원 O는 △ABC의 내접원이면서 △DEF의 외접원이다. ∠EDF=50°, ∠DEF=60°일 때, ∠B의 크기는?

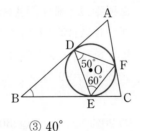

① 30°   ② 35°   ③ 40°

④ 45°   ⑤ 50°

508

오른쪽 그림에서 $\overleftrightarrow{PQ}$는 두 원 O, O'의 공통인 접선이고 점 C는 접점이다. ∠CED=65°일 때, ∠AOC의 크기를 구하시오.

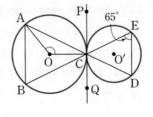

서술형 문제

509

오른쪽 그림에서 $\overleftrightarrow{PT}$는 원 O의 접선이고 점 T는 접점이다. $\overline{BA}$=$\overline{BT}$이고 ∠BCT=102°일 때, ∠x의 크기를 구하시오.

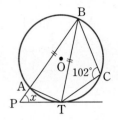

〈풀이〉

510

오른쪽 그림과 같은 원 O에서 ∠DAB=25°이고 $\overset{\frown}{BD}$=$\overset{\frown}{CD}$=10cm일 때, $\overset{\frown}{AC}$의 길이를 구하시오.

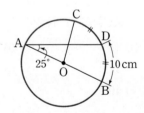

〈풀이〉

위로는 옆으로

'위로'는 생긴 것과 달리
위로도 아래도 아닌
옆으로 건네야 한다.

위로해 줄 땐
'너보다 잘나서'
'덜 아파서'
'더 행복해서'가 아닌

'너의 옆에 있어서'여야 한다.

Theme 11 대푯값

유형북 92쪽

유형 01 평균의 뜻과 성질

대표 문제

511

다음 표는 학생 5명의 1분 동안의 맥박 수를 조사하여 나타낸 것이다. 5명의 맥박 수의 평균을 구하시오.

학생	A	B	C	D	E
맥박 수(회)	82	76	80	84	78

512

다음 표는 지민이의 5회에 걸친 제자리멀리뛰기 기록을 조사하여 나타낸 것이다. 5회에 걸친 제자리멀리뛰기 기록의 평균이 178 cm일 때, 5회의 제자리멀리뛰기 기록을 구하시오.

회	1	2	3	4	5
기록(cm)	172	180	170	185	

513

세 수 a, b, 2의 평균이 8이고, 세 수 c, d, 10의 평균이 12일 때, 네 수 a, b, c, d의 평균을 구하시오.

514

세 수 a, b, c의 평균이 20일 때, 네 수 $4a+2$, $4b+6$, $4c-4$, 12의 평균은?

① 36 ② 42 ③ 48 ④ 56 ⑤ 64

유형 02 중앙값의 뜻과 성질

대표 문제

515

다음 자료는 학생 10명이 하루 동안 푼 수학 문제의 개수를 조사하여 나타낸 것이다. 이 자료의 중앙값을 구하시오.

(단위 : 개)

5, 1, 5, 35, 6, 7, 11, 7, 5, 35

516

오른쪽 줄기와 잎 그림은 어느 학급 학생 12명의 윗몸 일으키기 횟수를 조사하여 나타낸 것이다. 이 학급 학생들의 윗몸 일으키기 횟수의 중앙값은?

(2|3은 23회)

줄기	잎
0	6 7 8 9
1	0 3 5 5 8
2	3 7 9

① 10회 ② 11회 ③ 14회 ④ 16회 ⑤ 18회

517

다음 자료는 A, B 두 독서 동아리 학생들의 지난해 독서 시간을 조사하여 나타낸 것이다. A, B 두 독서 동아리의 독서 시간의 중앙값을 각각 a시간, b시간이라 할 때, $a+b$의 값을 구하시오.

(단위 : 시간)

[A 동아리] 22, 45, 32, 15, 23, 26, 18
[B 동아리] 24, 19, 20, 17, 35, 52, 34, 42

유형 03 최빈값의 뜻과 성질

대표 문제

518

다음 표는 지은이가 친구들이 좋아하는 운동을 조사하여 나타낸 것이다. 친구들이 좋아하는 운동의 최빈값은?

운동	축구	배구	농구	야구	배드민턴	탁구
학생 수(명)	5	3	10	8	4	6

① 축구　　　② 배구　　　③ 농구
④ 야구　　　⑤ 탁구

519

7개의 변량 16, 12, 10, a, 15, 13, 11의 최빈값이 13일 때, a의 값은?

① 10　　　② 11　　　③ 12
④ 13　　　⑤ 15

520

다음 자료 중 중앙값과 최빈값이 서로 같은 것은?

① 2, 2, 2, 3, 4, 4, 4
② 1, 1, 2, 3, 4, 5, 6
③ 2, 2, 2, 2, 4, 4, 4, 4
④ 3, 3, 4, 4, 5, 5, 6, 6
⑤ -2, -1, -1, -1, 0, 1, 2

521

다음 자료는 효인이네 반 학생 9명의 지난해 관람한 영화의 편수를 조사하여 나타낸 것이다. 지난해 관람한 영화의 편수가 최빈값인 학생을 모두 구하시오.

(단위 : 편)

효인 : 7	화정 : 4	영일 : 5
지민 : 5	혜빈 : 6	정태 : 7
현빈 : 8	해주 : 5	용진 : 8

유형 04 대푯값 비교하기

대표 문제

522

다음 자료는 은영이가 10회 동안 훌라후프를 한 횟수를 조사하여 나타낸 것이다. 훌라후프 횟수의 평균, 중앙값, 최빈값 중 그 값이 가장 작은 것을 말하시오.

(단위 : 회)

37, 27, 26, 37, 30,
30, 45, 40, 30, 33

523

다음 막대그래프는 학생 13명의 지난주 매점 이용 횟수를 조사하여 나타낸 것이다. 매점 이용 횟수의 평균, 중앙값, 최빈값 중 그 값이 가장 큰 것을 말하시오.

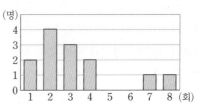

524

오른쪽 꺾은선그래프는 1반, 2반, 3반 학생들의 음악 수행평가 점수를 각각 조사하여 나타낸 것이다. 다음 보기에서 옳은 것을 모두 고르시오.

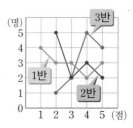

보기

ㄱ. 평균이 가장 작은 반은 1반이다.
ㄴ. 중앙값이 가장 큰 반은 3반이다.
ㄷ. 2반 학생들의 최빈값은 5점이다.

05
대푯값과 산포도

유형 **05** 대푯값이 주어질 때 변량 구하기

대표 문제

525

다음 자료는 학생 10명의 일주일 동안의 운동 시간을 조사하여 나타낸 것이다. 이 자료의 평균이 6시간일 때, 중앙값은?

(단위 : 시간)

> 4, 1, 12, 4, 3, 7, 8, 10, 2, x

① 5시간   ② 5.5시간   ③ 6시간
④ 6.5시간   ⑤ 7시간

526

다음 자료는 학생 7명의 턱걸이 횟수를 조사하여 나타낸 것이다. 턱걸이 횟수의 평균과 최빈값이 서로 같을 때, x 의 값을 구하시오.

(단위 : 회)

> 12, 9, x, 9, 7, 9, 8

527

다음 조건을 만족시키는 자연수 a는 모두 몇 개인지 구하시오.

> (가) 46, 52, 60, a의 중앙값은 49이다.
> (나) 20, 35, 40, 55, a의 중앙값은 40이다.

유형 **06** 대푯값으로 적절한 값 찾기

대표 문제

528

다음 중 대푯값에 대한 설명으로 옳지 않은 것은?

① 평균은 변량의 총합을 변량의 개수로 나눈 값이다.
② 중앙값은 자료를 작은 값부터 크기순으로 나열하였을 때, 한가운데 있는 값이다.
③ 최빈값은 자료가 수가 아닌 경우에도 구할 수 있다.
④ 대푯값에는 평균, 중앙값, 최빈값 등이 있다.
⑤ 최빈값은 매우 작거나 큰 값의 영향을 받는다.

529

다음 자료 중 평균을 대푯값으로 하기에 가장 적절하지 않은 것은?

① 1, 2, 4, 5, 6, 7
② 3, 5, 7, 9, 12
③ 62, 60, 62, 63, 65, 67
④ 93, 93, 93, 93, 93, 99
⑤ 2, 90, 90, 90, 90

530

아래 자료는 어느 옷 가게에서 하루 동안 판매된 티셔츠의 크기를 조사하여 나타낸 것이다. 공장에 가장 많이 주문해야 할 티셔츠의 크기를 정하려고 할 때, 다음 중 이 자료에 대한 설명으로 옳은 것은?

(단위 : 호)

> 90, 95, 85, 100, 100, 90,
> 85, 90, 95, 105, 95, 90

① 평균을 대푯값으로 하는 것이 가장 적절하다.
② 중앙값을 대푯값으로 하는 것이 가장 적절하다.
③ 최빈값을 대푯값으로 하는 것이 가장 적절하다.
④ 중앙값이 최빈값보다 작다.
⑤ 자료의 값 중 105호는 극단적으로 큰 값이라 할 수 있다.

Theme 12 분산과 표준편차 📖 유형북 95쪽

유형 07 편차의 뜻과 성질

대표 문제

531

다음 표는 학생 6명의 국어 점수에 대한 편차를 조사하여 나타낸 것이다. 국어 점수의 평균이 86점일 때, 은별이의 국어 점수를 구하시오.

학생	나영	세정	지현	은별	하진	현지
편차(점)	6	−5	−3		2	−3

532

아래 자료는 하은이가 볼링 공을 6번 던져 쓰러뜨린 볼링 핀의 개수를 조사하여 나타낸 것이다. 다음 중 이 자료의 편차가 아닌 것은?

(단위 : 개)

$$10, \quad 4, \quad 8, \quad 5, \quad 6, \quad 3$$

① −4개   ② −3개   ③ −2개
④ −1개   ⑤ 0개

533

다음 표는 원지네 모둠 5명의 영어 점수에 대한 편차를 조사하여 나타낸 것이다. 원지와 희영이의 영어 점수의 차를 구하시오.

학생	원지	희영	준석	이서	은수
편차(점)	x	−4	6	−2	3

534

다음 표는 윤선이네 모둠 5명의 몸무게를 조사하여 나타낸 것이다. 편차의 절댓값이 가장 작은 학생을 구하시오.

학생	윤선	은정	혜지	예서	연아
몸무게(kg)	52	48	51	45	44

535

아래 표는 학생 5명의 수학 점수에 대한 편차를 조사하여 나타낸 것이다. 다음 설명 중 옳지 않은 것은?

학생	A	B	C	D	E
편차(점)	2	−1	x	0	1

① x의 값은 −2이다.
② 학생 D의 수학 점수는 평균과 같다.
③ 학생 C의 수학 점수가 가장 낮다.
④ 학생 A의 수학 점수가 가장 높다.
⑤ 학생 A와 학생 B의 수학 점수의 차는 1점이다.

536

다음 표는 현준이네 모둠 5명의 역사 점수와 편차를 조사하여 나타낸 것이다. 이때 $a-b-c$의 값을 구하시오.

학생	현준	수현	현아	재연	미진
점수(점)	67	a	75	b	76
편차(점)	−3	−4	5	c	6

537

다음 표는 학생 5명의 미술 실기 점수에 대한 편차를 조사하여 나타낸 것이다. 미술 실기 점수의 평균이 83점일 때, 학생 C와 학생 D의 미술 실기 점수의 평균은?

학생	A	B	C	D	E
편차(점)	5	−3	x	$3x-1$	3

① 80점   ② 80.5점   ③ 81점
④ 81.5점   ⑤ 82점

05

대푯값과 산포도

유형 08 분산과 표준편차 구하기

대표 문제

538

다음 자료는 학생 5명의 통학 시간에 대한 편차를 조사하여 나타낸 것이다. 이때 통학 시간의 표준편차를 구하시오.

(단위 : 분)

$$4, \quad -5, \quad 0, \quad x, \quad 4$$

539

다음 표는 학생 5명의 일주일 동안의 라디오 청취 시간을 조사하여 나타낸 것이다. 이때 분산은?

학생	A	B	C	D	E
청취 시간(시간)	6	4	4	7	4

① 1.2 ② 1.4 ③ 1.6
④ 2.1 ⑤ 2.4

540

다음 자료는 유영이가 5번 실시한 탁구 수행평가에서 받은 점수를 조사하여 나타낸 것이다. 유영이의 탁구 점수의 표준편차는?

(단위 : 점)

$$28, \quad 32, \quad 26, \quad 25, \quad 29$$

① $\sqrt{2}$점 ② $\sqrt{3}$점 ③ 2점
④ $\sqrt{5}$점 ⑤ $\sqrt{6}$점

541

아래 표는 학생 5명의 과학 점수에 대한 편차를 조사하여 나타낸 것이다. 다음 보기에서 옳은 것을 모두 고른 것은?

학생	A	B	C	D	E
편차(점)	4	6	−3	x	−2

보기

ㄱ. 학생 A와 학생 C의 과학 점수의 차는 1점이다.
ㄴ. x의 값은 −5이다.
ㄷ. 분산은 18이다.
ㄹ. 학생 D의 과학 점수가 가장 낮다.

① ㄱ, ㄴ ② ㄱ, ㄷ ③ ㄴ, ㄹ
④ ㄱ, ㄴ, ㄷ ⑤ ㄴ, ㄷ, ㄹ

542

5개의 변량 2, 8, $x+1$, $x+3$, $x+6$의 평균이 10일 때, 표준편차를 구하시오.

543

다음 표는 승수네 반 학생들이 방학 동안 읽은 책의 권수에 대한 편차와 학생 수를 조사하여 나타낸 것이다. 읽은 책의 권수의 분산을 구하시오.

편차(권)	−3	a	0	1	2	8
학생 수(명)	2	4	16	2	2	1

유형 09 평균과 분산이 주어질 때, 식의 값 구하기

대표 문제

544
5개의 변량 x, y, 5, 6, 7의 평균이 5이고 분산이 2.4일 때, x^2+y^2의 값은?

① 18   ② 21   ③ 24
④ 27   ⑤ 30

545
5개의 변량 a, b, c, d, e의 평균이 4이고 표준편차가 $\sqrt{11}$일 때, $(a-4)^2+(b-4)^2+(c-4)^2+(d-4)^2+(e-4)^2$의 값은?

① 35   ② 40   ③ 45
④ 51   ⑤ 55

546
5개의 변량에 대하여 그 편차가 각각 -3, -5, x, y, 6이고 분산이 16일 때, xy의 값을 구하시오.

547
다음 표는 학생 5명의 앉은키에 대한 편차를 조사하여 나타낸 것이다. 앉은키의 표준편차가 $\sqrt{12.8}$ cm일 때, ab의 값은?

학생	A	B	C	D	E
편차(cm)	a	-4	-3	b	6

① -4 ② -2 ③ -1
④ 1   ⑤ 3

548
세 수 x_1, x_2, x_3의 평균이 10이고 표준편차가 $\sqrt{7}$일 때, 세 수 x_1^2, x_2^2, x_3^2의 평균을 구하시오.

549
오른쪽 그림과 같이 모서리의 길이가 각각 5, a, b인 직육면체가 있다. 모서리 12개의 길이의 평균이 6, 분산이 $\dfrac{5}{3}$일 때, 이 직육면체의 겉넓이를 구하시오.

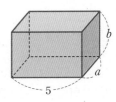

유형 10 변화된 변량에 대한 평균, 분산, 표준편차

대표 문제

550

10개의 변량을 각각 3배씩 하면 평균과 분산은 어떻게 변하는가?

① 평균과 분산 모두 변함없다.
② 평균은 변함없고 분산은 3배가 된다.
③ 평균은 3배가 되고 분산은 변함없다.
④ 평균과 분산 모두 3배가 된다.
⑤ 평균은 3배가 되고 분산은 9배가 된다.

551

3개의 변량 a, b, c의 평균을 m이라 할 때, 3개의 변량 $3a+1$, $3b+1$, $3c+1$의 평균은?

① m 　　 ② $2m-1$ 　　 ③ $3m-1$
④ $3m+1$ 　　 ⑤ $3m$

552

4개의 변량 a, b, c, d의 평균이 6이고 분산이 4일 때, 4개의 변량 $2a-3$, $2b-3$, $2c-3$, $2d-3$의 평균은 m, 분산은 n이다. 이때 $n-m$의 값을 구하시오.

유형 11 두 집단 전체의 분산과 표준편차

대표 문제

553

다음 표는 민지네 반과 세민이네 반의 도덕 점수의 평균과 분산을 조사하여 나타낸 것이다. 두 반 전체 60명의 도덕 점수의 표준편차를 구하시오.

	민지네 반	세민이네 반
학생 수(명)	30	30
평균(점)	80	80
분산	10	4

554

다음 표는 A, B 두 바구니에 들어 있는 귤의 무게의 평균과 표준편차를 조사하여 나타낸 것이다. 두 바구니에 들어 있는 귤 전체 30개의 무게의 분산이 5.6일 때, a의 값을 구하시오.

	바구니 A	바구니 B
귤의 개수(개)	12	18
평균(g)	68	68
표준편차(g)	a	$\sqrt{6}$

555

학생 8명의 몸무게의 평균은 72 kg이고 분산은 6이다. 8명 중에서 몸무게가 72 kg인 학생이 한 명 빠졌을 때, 나머지 학생 7명의 몸무게의 분산은?

① $\dfrac{48}{7}$ 　　 ② $\dfrac{50}{7}$ 　　 ③ $\dfrac{51}{7}$
④ $\dfrac{53}{7}$ 　　 ⑤ $\dfrac{55}{7}$

유형 12 자료의 분석

대표문제

556

아래 표는 어느 중학교 3학년 5개 반의 사회 성적의 평균과 표준편차를 조사하여 나타낸 것이다. 다음 중 옳은 것은?

	A 반	B 반	C 반	D 반	E 반
평균(점)	77	75	78	75	81
표준편차(점)	1.7	3.2	1.9	2.7	2.3

① 사회 성적이 가장 우수한 반은 C 반이다.
② B 반과 D 반의 학생 수는 같다.
③ 사회 성적에 대한 편차의 총합이 가장 작은 반은 A 반이다.
④ D 반의 사회 성적이 E 반의 사회 성적보다 고르다.
⑤ A 반의 사회 성적이 C 반의 사회 성적보다 고르다.

557

다음 표는 어느 중학교 5개 반 학생들의 영어 듣기 평가 점수의 평균과 표준편차를 조사하여 나타낸 것이다. 5개 반 중 점수가 가장 고른 반은?

(단, 각 반의 학생 수는 모두 같다.)

	1반	2반	3반	4반	5반
평균(점)	69	72	75	73	72
표준편차(점)	$\sqrt{2}$	4	$\sqrt{3}$	3	2

① 1반　　　② 2반　　　③ 3반
④ 4반　　　⑤ 5반

558

아래 표는 민석, 예리, 태희가 5회에 걸친 체육 수행평가에서 받은 점수를 조사하여 나타낸 것이다. 민석, 예리, 태희가 받은 점수의 표준편차를 각각 a점, b점, c점이라 할 때, a, b, c의 대소 관계로 옳은 것은?

(단위 : 점)

	1회	2회	3회	4회	5회
민석	5	7	7	7	9
예리	5	6	7	8	9
태희	5	5	7	9	9

① $a<b<c$　　② $a<c<b$　　③ $b<a<c$
④ $b<c<a$　　⑤ $c<a<b$

559

아래 표는 지현이와 재홍이의 4회에 걸친 성취도 평가에서 받은 점수를 조사하여 나타낸 것이다. 다음 보기에서 옳은 것을 고르시오.

(단위 : 점)

	1회	2회	3회	4회
지현	78	79	85	82
재홍	71	76	80	73

보기

ㄱ. 지현이와 재홍이의 평균은 같다.
ㄴ. 지현이와 재홍이의 표준편차는 같다.
ㄷ. 지현이의 성적이 재홍이의 성적보다 더 고르다.

560

다음 그림과 같이 2, 4, 6, 8, 10의 점수가 표시된 과녁이 있다. A, B 두 사람이 각각 7개의 다트를 던져 과녁을 맞힌 결과가 다음과 같을 때, 7개의 다트를 던져 맞힌 과녁의 점수가 더 고른 사람은 누구인지 말하시오.

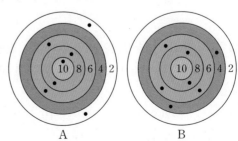

561

3개의 변량 a, b, c의 평균이 9일 때, 5개의 변량 6, a, b, c, 12의 평균을 구하시오.

562

다음 자료는 어느 야구팀의 최근 8경기에서 1경기당 안타 수를 조사하여 나타낸 것이다. 안타 수의 중앙값을 a개, 최빈값을 b개라 할 때, $a+b$의 값은?

(단위 : 개)

> 7, 10, 5, 13, 4, 9, 10, 8

① 17   ② 17.5   ③ 18
④ 18.5   ⑤ 19

563

다음 중 대푯값에 대한 설명으로 옳지 <u>않은</u> 것은?

① 자료 전체의 특징을 대표하는 값이 대푯값이다.
② 자료에 따라 평균, 중앙값, 최빈값이 모두 같을 수도 있다.
③ 평균은 자료의 일부를 이용하여 계산한다.
④ 자료에 극단적인 값이 있는 경우 중앙값이 대푯값으로 더 적절하다.
⑤ 최빈값은 숫자로 나타낼 수 없는 자료의 대푯값으로 사용할 수 있다.

564

3개의 변량 3, 8, a의 중앙값이 8이고 3개의 변량 11, 17, a의 중앙값이 11일 때, 다음 중 a의 값이 될 수 <u>없는</u> 것은?

① 8   ② 9   ③ 10
④ 11   ⑤ 12

565

다음 중 아래 3개의 자료에 대한 설명으로 옳은 것은?

자료 A	7, 10, 12, 14, 19, 200
자료 B	3, 4, 5, 6, 7, 7, 8
자료 C	1, 1, 2, 2, 3, 3, 3, 4

① 자료 A는 평균을 대푯값으로 정하는 것이 적절하다.
② 자료 B는 평균이 중앙값보다 크다.
③ 자료 B는 중앙값이 최빈값보다 크다.
④ 자료 C는 평균이 중앙값보다 작다.
⑤ 자료 C는 중앙값과 최빈값이 서로 같다.

566

오른쪽 꺾은선그래프는 1반, 2반, 3반 학생들이 일주일 동안 학교 홈페이지에 접속한 횟수를 조사하여 나타낸 것이다. 다음 보기에서 옳은 것을 모두 고른 것은?

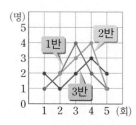

보기
ㄱ. 1반 학생들의 중앙값이 가장 크다.
ㄴ. 2반 학생들의 평균이 가장 작다.
ㄷ. 3반 학생들의 최빈값은 4회이다.

① ㄱ   ② ㄷ   ③ ㄱ, ㄴ
④ ㄱ, ㄷ   ⑤ ㄴ, ㄷ

실력 UP

567

다음 두 자료 A, B에 대하여 자료 A의 중앙값은 17이고, 두 자료 A, B를 섞은 전체 자료의 중앙값은 19일 때, $a-b$의 값을 구하시오. (단, $a>b$)

자료 A	11, 13, a, b, 22
자료 B	16, 22, 23, a, $b-1$

568

다음 자료의 평균을 a, 중앙값을 b, 최빈값을 c라 할 때, $a+b+c$의 값은?

> 7, 8, 3, 6, 8, 4

① 15.5 ② 16 ③ 17.5
④ 19 ⑤ 20.5

569

아래 표는 두 모둠 A, B의 학생들의 음악 실기 점수를 조사하여 나타낸 것이다. 다음 중 옳지 <u>않은</u> 것은?

	음악 실기 점수 (점)						
모둠 A	25,	30,	40,	40,	50,	65,	70, 80
모둠 B	15,	23,	35,	40,	45,	60,	90

① 모둠 A의 평균이 모둠 B의 평균보다 크다.
② 모둠 A의 최빈값은 40점이다.
③ 모둠 A의 중앙값과 최빈값은 서로 같다.
④ 모둠 B의 중앙값은 40점이다.
⑤ 모둠 B의 중앙값은 평균보다 작다.

570

다음 중 옳지 <u>않은</u> 것은?

① 어떤 학급의 수학 성적의 대푯값으로 평균을 사용하는 것이 적절하다.
② 4개의 변량 3, 4, 6, 27의 중앙값은 5이다.
③ 8개의 변량 9, 8, 15, 10, 12, 9, 15, 7의 최빈값은 9와 15이다.
④ 우리 반 학생들이 가장 좋아하는 운동을 정할 때, 대푯값으로 최빈값을 사용하는 것이 적절하다.
⑤ 6개의 변량 5, 7, 2, 9, 13, 97과 같이 극단적인 값이 있는 자료의 대푯값으로 평균이 적절하다.

571

4개의 변량 a, b, c, d의 평균이 5일 때, 다음 4개의 변량의 평균은?

> $2a-1$, $2b+2$, $2c+5$, $2d+6$

① 10 ② 11 ③ 12
④ 13 ⑤ 14

572

다음 7개의 변량의 평균이 0이고 $a-b=-7$일 때, 중앙값을 구하시오.

> -2, -3, a, b, 5, 3, 2

573

어느 모둠에 속한 학생 10명의 키를 작은 값부터 크기순으로 나열하였더니 5번째 자료의 값이 160 cm이고, 중앙값은 162 cm이었다. 이 모둠에 키가 164 cm인 학생이 들어올 때, 이 모둠 학생 11명의 키의 중앙값을 구하시오.

실력 UP

574

8개의 변량 a, b, c, 11, 6, 7, 6, 10의 중앙값이 9이고, 최빈값이 10일 때, $a+b+c$의 값을 구하시오. (단, $b=c$)

575

7개의 변량의 편차가 다음과 같을 때, $x+y$의 값은?

$$-2, \quad 0.3, \quad x, \quad 0.7, \quad y, \quad 4, \quad -6$$

① -1 ② 0 ③ 1
④ 2 ⑤ 3

576

다음 표는 학생 4명의 발표 횟수의 편차를 조사하여 나타낸 것이다. 이때 학생 4명의 발표 횟수의 분산을 구하시오.

학생	A	B	C	D
편차(회)	-3	-1	3	x

577

다음 중 산포도에 대한 설명으로 옳지 <u>않은</u> 것은?

① 편차의 합은 항상 0이다.
② 변량들이 평균 가까이에 분포되어 있을수록 분산은 작다.
③ 표준편차가 0이면 모든 변량의 값이 같다.
④ 자료의 개수가 많을수록 표준편차가 크다.
⑤ 편차는 각 변량에서 평균을 뺀 값이다.

578

다음 표는 5개 반의 체육 실기 점수에 대한 평균과 표준편차를 조사하여 나타낸 것이다. 체육 실기 점수의 분포가 두 번째로 고른 반은?

(단, 각 반의 학생 수는 모두 같다.)

	A 반	B 반	C 반	D 반	E 반
평균(점)	72	65	80	73	67
표준편차(점)	$\sqrt{6}$	2	4	$2\sqrt{2}$	3

① A 반   ② B 반   ③ C 반
④ D 반   ⑤ E 반

579

아래 표는 5개의 컵에 담긴 주스의 양과 주스의 양에 대한 편차를 조사하여 나타낸 것이다. 다음 중 $A \sim E$의 값으로 옳은 것은?

주스의 양(mL)	A	B	164	C	167
편차(mL)	-3	D	-2	2	E

① $A=169$ ② $B=168$ ③ $C=164$
④ $D=-2$ ⑤ $E=-1$

580

연속한 다섯 개의 자연수의 표준편차는?

① 1   ② $\sqrt{2}$ ③ $\sqrt{3}$
④ 2   ⑤ $\sqrt{5}$

581

5개의 변량 x, 5, y, 9, 10의 평균이 8이고 분산이 6.4일 때, x^2+y^2의 값을 구하시오.

582

3개의 변량 a, b, c의 중앙값이 10, 평균이 9, 분산이 14일 때, $a+b-c$의 값을 구하시오. (단, $a<b<c$)

583

3개의 변량 a, b, c의 평균이 1이고 분산이 2일 때, 3개의 변량 $3a$, $3b$, $3c$의 분산은?

① 9   ② 10   ③ 12

④ 15   ⑤ 18

584

5개의 변량 1, 3, a, b, c의 중앙값과 최빈값이 모두 6이고 평균이 5일 때, 분산을 구하시오.

585

5개의 변량 a, b, c, d, e의 평균이 7이고 표준편차가 3일 때, 5개의 변량 a^2, b^2, c^2, d^2, e^2의 평균은?

① 49   ② 52   ③ 55

④ 58   ⑤ 61

586

다음 표는 A, B 두 반의 국어 수행평가 점수에 대한 평균과 표준편차를 조사하여 나타낸 것이다. A, B 두 반 전체 학생 30명의 국어 수행평가 점수의 표준편차는?

	A 반	B 반
학생 수(명)	20	10
평균(점)	6	6
표준편차(점)	$\sqrt{3}$	$\sqrt{6}$

① $\sqrt{3}$점   ② 2점   ③ 3점

④ $\dfrac{\sqrt{3}+\sqrt{6}}{2}$점   ⑤ $\dfrac{2+\sqrt{6}}{3}$점

실력 UP

587

10개의 변량 x_1, x_2, x_3, $\cdots$, x_{10}의 평균이 4, 표준편차가 3이다. 이때 $x_{11}=2$, $x_{12}=6$을 추가한 12개의 변량 x_1, x_2, x_3, $\cdots$, x_{12}의 분산을 구하시오.

588

다음 중 주어진 자료의 분산의 대소를 비교한 것으로 옳은 것은?

자료 A	1부터 20까지의 홀수
자료 B	1부터 20까지의 짝수
자료 C	1부터 10까지의 자연수
자료 D	11부터 20까지의 자연수

① (자료 A의 분산)>(자료 B의 분산)

② (자료 A의 분산)<(자료 B의 분산)

③ (자료 B의 분산)>(자료 C의 분산)

④ (자료 C의 분산)<(자료 D의 분산)

⑤ (자료 C의 분산)>(자료 D의 분산)

589

다음 표는 학생 5명의 과학 수행평가 점수에 대한 편차를 조사하여 나타낸 것이다. 이때 x의 값은?

학생	A	B	C	D	E
편차(점)	2	-4	x	-2	$1-2x$

① 2   ② 1   ③ -1

④ -2 ⑤ -3

590

다음 표는 학생 5명의 국어 점수에 대한 편차를 조사하여 나타낸 것이다. 국어 점수의 평균이 62점일 때, 서영이의 국어 점수는?

학생	서영	세연	지연	민지	해린
편차(점)		-5	3	7	-1

① 52점   ② 55점   ③ 58점

④ 62점   ⑤ 66점

591

아래 표는 학생 5명의 영어 점수에 대한 편차를 조사하여 나타낸 것이다. 다음 보기에서 옳은 것을 모두 고른 것은?

학생	A	B	C	D	E
편차(점)	4	-3	0	-2	1

보기
ㄱ. 학생 A와 학생 D의 영어 점수의 차는 2점이다.
ㄴ. 학생 A의 영어 점수가 가장 높다.
ㄷ. 5명의 영어 점수의 평균은 학생 C의 영어 점수와 같다.
ㄹ. 학생 D는 학생 B보다 영어 점수가 낮다.

① ㄱ, ㄹ   ② ㄴ, ㄷ   ③ ㄷ, ㄹ

④ ㄱ, ㄴ, ㄷ   ⑤ ㄴ, ㄷ, ㄹ

592

다음 자료는 학생 6명의 턱걸이 횟수를 조사하여 나타낸 것이다. 이 자료의 표준편차를 구하시오.

(단위 : 회)

> 5, 11, 8, 13, 7, 10

593

5개의 변량 5, 7, x, $x+1$, $x+3$의 평균이 8이고 표준편차가 y일 때, $x+y$의 값을 구하시오.

594

다음 표는 학생 20명의 제기차기 횟수에 대한 편차를 조사하여 나타낸 것이다. 이 학생들의 제기차기 횟수의 분산은?

편차(회)	-3	-2	0	a	3	4
학생 수(명)	2	5	6	3	3	1

① $\sqrt{4.2}$ ② $\sqrt{7}$ ③ 4.2

④ 7   ⑤ 7.4

595

다음 표는 5명의 학생이 일주일 동안 SNS에 올린 게시물의 개수에 대한 편차를 조사하여 나타낸 것이다. 일주일 동안 SNS에 올린 게시물의 개수의 분산이 12일 때, x^2+y^2-x-y의 값을 구하시오.

학생	A	B	C	D	E
편차(개)	x	-4	3	y	-1

596

학생 350명의 체육 실기 점수의 평균은 65점이고 표준편차는 6점이다. 학생 350명의 체육 실기 점수를 각각 2점씩 올려 주었더니 평균은 m점, 표준편차는 s점이 되었다. m과 s의 값은?

① $m=65,\ s=6$
② $m=65,\ s=8$
③ $m=67,\ s=6$
④ $m=67,\ s=8$
⑤ $m=67,\ s=12$

597

아래 표는 어느 중학교의 학생 수가 같은 세 반의 수학 경시대회 점수에 대한 평균과 표준편차를 조사하여 나타낸 것이다. 다음 보기에서 옳은 것을 모두 고르시오.

	1반	2반	3반
평균(점)	65	63	67
표준편차(점)	5.6	4.1	4.7

보기
ㄱ. 1반 학생들의 점수 분포가 2반, 3반보다 더 넓게 퍼져 있다.
ㄴ. 점수가 70점 이상인 학생 수는 3반이 가장 많다.
ㄷ. 점수가 가장 높은 학생은 3반에 있다.
ㄹ. 점수가 가장 고른 반은 2반이다.

598

학생 8명의 몸무게를 측정한 결과 평균이 60 kg, 분산이 10이었다. 그런데 나중에 조사해 보니 몸무게가 60 kg, 58 kg인 두 학생의 몸무게가 각각 56 kg, 62 kg으로 잘못 기록된 것이 발견되었다. 이때 학생 8명의 실제 몸무게의 분산은?

① 6
② 8
③ 9
④ 10
⑤ 11

599

아래 표는 A, B 두 편의점의 하루 동안의 컵라면 판매량의 평균과 표준편차를 조사하여 나타낸 것이다. 다음 설명 중 옳은 것은?

	A 편의점	B 편의점
평균(개)	112	150
표준편차(개)	15.7	10.5

① 편차의 총합은 B 편의점이 더 작다.
② B 편의점이 A 편의점보다 항상 컵라면을 더 많이 판매하였다.
③ A 편의점은 하루에 컵라면을 최소 100개 이상 판매하였다.
④ 이 자료만으로는 어느 편의점의 분산이 더 큰지 알 수 없다.
⑤ A 편의점의 컵라면 판매량이 B 편의점의 컵라면 판매량보다 평균을 중심으로 더 많이 흩어져 있다.

실력 UP

600

아래 막대그래프는 A, B, C 세 모둠 학생들의 농구 시합에서 자유투 성공 횟수를 조사하여 나타낸 것이다. 다음 보기에서 옳은 것을 모두 고른 것은?

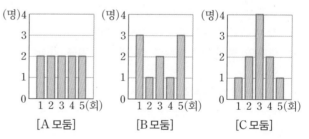

보기
ㄱ. A, B, C 세 모둠의 평균은 같다.
ㄴ. A, B, C 세 모둠의 중앙값은 같다.
ㄷ. B, C 두 모둠의 최빈값은 같다.
ㄹ. B 모둠의 표준편차가 가장 작다.
ㅁ. C 모둠의 분산이 가장 크다.

① ㄱ, ㄴ
② ㄱ, ㄷ
③ ㄱ, ㄷ, ㄹ
④ ㄴ, ㄷ, ㄹ
⑤ ㄴ, ㄹ, ㅁ

601

x가 -1, 0, 1, 2일 때, 이차함수 $f(x)=x^2-1$에 대하여 함숫값의 최빈값을 구하시오.

602

다음 표는 직원 수가 같은 5개의 회사 직원들의 임금에 대한 평균과 표준편차를 조사하여 나타낸 것이다. 회사 내 직원들 간의 임금 격차가 가장 작은 회사는?

회사	A	B	C	D	E
평균(만 원)	176	187	154	163	160
표준편차(만 원)	6	7	$\sqrt{35}$	$\sqrt{30}$	6.5

① A 회사   ② B 회사   ③ C 회사

④ D 회사   ⑤ E 회사

603

다음 보기에서 옳은 것을 모두 고른 것은?

보기
ㄱ. 편차의 평균은 분산이다.
ㄴ. 표준편차는 대푯값의 한 종류이다.
ㄷ. 각 변량의 편차의 총합은 항상 0이다.
ㄹ. 편차의 절댓값이 클수록 그 변량은 평균 가까이에 있다.
ㅁ. 산포도가 작을수록 자료의 분포 상태는 고르다.

① ㄴ, ㄹ   ② ㄷ, ㅁ   ③ ㄱ, ㄴ, ㅁ
④ ㄴ, ㄷ, ㄹ   ⑤ ㄴ, ㄷ, ㅁ

604

7개의 변량 a, b, -4, 6, 2, -3, 1의 평균과 최빈값이 모두 2일 때, $a-b$의 값을 구하시오. (단, $a>b$)

605

아래 표는 5명의 학생의 수학 점수에 대한 편차를 조사하여 나타낸 것이다. 다음 보기에서 옳은 것을 모두 고른 것은?

학생	A	B	C	D	E
편차(점)	2	1	0	-1	-2

보기
ㄱ. 학생 C의 수학 점수는 평균과 같다.
ㄴ. 학생 A와 학생 B의 수학 점수의 차는 1점이다.
ㄷ. 표준편차는 2점이다.
ㄹ. 학생 E의 수학 점수가 가장 높다.

① ㄱ, ㄴ   ② ㄱ, ㄷ   ③ ㄴ, ㄹ
④ ㄱ, ㄴ, ㄷ   ⑤ ㄴ, ㄷ, ㄹ

606

다음 자료는 지수의 5개 과목의 성적을 69점을 기준으로 하여 남고 모자람을 나타낸 것이다. 이 자료의 분산을 구하시오.

(단위 : 점)

$$-6, \quad 2, \quad -4, \quad 0, \quad 3$$

607

오른쪽 그래프는 A, B 두 학교 3학년 학생들의 기말고사 성적에 대한 분포를 조사하여 나타낸 것이다. 두 곡선은 점선에 대하여 각각 좌우 대칭일 때, 다음 설명 중 옳지 <u>않은</u> 것은?

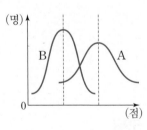

① 두 학교의 평균과 표준편차의 구체적인 값은 알 수 없다.
② A 학교보다 B 학교의 성적 분포가 더 고르다.
③ A 학교의 평균이 B 학교의 평균보다 높다.
④ A 학교의 표준편차가 B 학교의 표준편차보다 작다.
⑤ B 학교보다 A 학교 학생들의 성적이 대체로 더 좋다고 할 수 있다.

608

정육면체 모양의 3개의 주사위 A, B, C가 있다. 이 세 주사위의 겉넓이의 합은 126이고, 세 주사위의 모든 모서리의 길이의 합은 72이다. 이 세 주사위의 한 모서리의 길이를 각각 x_1, x_2, x_3이라 할 때, 세 수 x_1, x_2, x_3의 표준편차를 구하시오.

609

5개의 변량 x, y, 1, 5, 4의 평균이 5이고 표준편차가 $\sqrt{6}$일 때, x^2+xy+y^2의 값을 구하시오.

610

네 수 a, b, c, d에 대하여 a, b의 평균이 2, 표준편차가 1이고, c, d의 평균이 4, 표준편차가 $\sqrt{3}$일 때, 네 수 a, b, c, d의 평균과 표준편차를 각각 구하시오.

611

오른쪽 표는 남학생 6명과 여학생 4명의 하루 동안의 스마트폰 사용 시간에 대한 평균과 분산을 조사하여 나

	남학생	여학생
평균(분)	60	60
분산	4	8

타낸 것이다. 남학생과 여학생을 합친 전체 학생 10명의 스마트폰 사용 시간의 분산은?

① 5.2 ② 5.6 ③ 6
④ 6.4 ⑤ 7.2

정답 및 풀이 106쪽

612

다음 그림은 A, B 두 학생의 9회에 걸친 수행평가 점수를 조사하여 나타낸 막대그래프이다. 학생 A와 학생 B의 분산을 각각 구하고, 두 학생 중 누구의 성적이 더 고르지 않은지 말하시오.

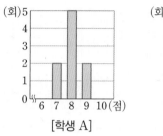
[학생 A]

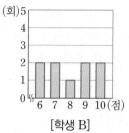
[학생 B]

풀이

613

아래 표와 같이 6개의 상자 A, B, C, D, E, F에 모두 다른 양의 모래가 들어 있다. 6개의 상자 중 2개의 상자의 모래를 합쳐 총 5개의 상자가 되게 할 때, 다음 물음에 답하시오.

상자	A	B	C	D	E	F
모래(g)	110	130	100	60	30	20

(1) 5개의 상자에 담긴 모래의 양의 평균을 구하시오.

(2) 5개의 상자에 담긴 모래의 양의 표준편차를 가능한 한 작게 하려면 어떤 두 상자의 모래를 합쳐야 하는지 말하시오.

풀이

Theme 13 산점도와 상관관계　　　　　📖 유형북 106쪽

유형 01 산점도의 해석 (1)

대표 문제
614

오른쪽 그림은 다은이네 반
학생 12명의 영어 점수와 국
어 점수를 조사하여 나타낸
산점도이다. 다음 중 옳지
않은 것은?

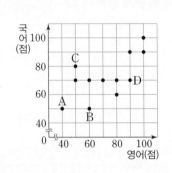

① 학생 A의 영어 점수는
　40점, 국어 점수는 50점
　이다.

② 학생 B는 영어 점수가 국어 점수보다 10점 더 높다.

③ 학생 C보다 영어 점수가 낮은 학생은 1명이다.

④ 학생 D와 국어 점수가 같은 학생은 4명이다.

⑤ 영어 점수와 국어 점수가 같은 학생은 없다.

615

오른쪽 그림은 지석이네 모
둠 학생 8명이 음악 수행 평
가에서 받은 필기 점수와 실
기 점수를 조사하여 나타낸
산점도이다. 실기 점수가 지
석이보다 낮은 학생은 몇 명
인가?

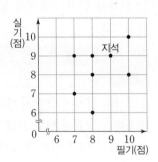

① 2명　　　　② 3명　　　　③ 4명

④ 5명　　　　⑤ 6명

616

오른쪽 그림은 어느 음식점
에서 손님 12명이 평가한 맛
평점과 가격 평점에 대한 산
점도이다. 맛 평점이 4점 이
상인 손님 수를 a명, 가격 평
점이 3점 이하인 손님 수를
b명이라 할 때, ab의 값을 구
하시오.

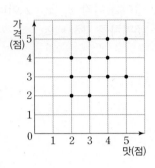

[617~619] 오른쪽 그림은
어느 중학교 학생 15명의 영어
회화 점수와 독해 점수를 조사
하여 나타낸 산점도이다. 다음
물음에 답하시오.

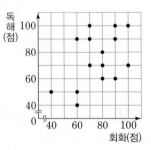

617

회화 점수와 독해 점수가 같은 학생은 몇 명인지 구하시오.

618

독해 점수가 회화 점수보다 높은 학생은 몇 명인지 구하
시오.

619

독해 점수가 회화 점수보다 낮은 학생은 전체의 몇 %
인지 구하시오.

[620~622] 오른쪽 그림은 지현이네 반 학생 12명의 과학 점수와 수학 점수를 조사하여 나타낸 산점도이다. 다음 물음에 답하시오.

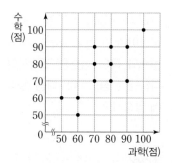

620

과학 점수가 가장 낮은 학생의 수학 점수를 구하시오.

621

과학 점수가 수학 점수보다 높은 학생은 몇 명인지 구하시오.

622

과학 점수와 수학 점수가 모두 80점 이상인 학생은 몇 명인지 구하시오.

623

아래 그림은 어느 공개 오디션 프로그램에 참가한 지원자 20명의 관객 점수와 심사위원 점수를 조사하여 나타낸 산점도이다. 관객 점수와 심사위원 점수에서 모두 90점 이상을 받은 지원자에게 데뷔 기회를 준다고 할 때, 데뷔할 수 있는 지원자는 전체의 몇 %인지 구하시오.

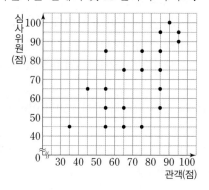

[624~625] 오른쪽 그림은 지난해 성준이네 반 학생 20명이 학교 도서관을 1학기와 2학기에 방문한 횟수를 조사하여 나타낸 산점도이다. 다음 물음에 답하시오.

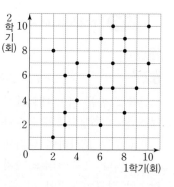

624

학교 도서관을 2학기에 방문한 횟수가 1학기에 방문한 횟수보다 많은 학생은 전체의 몇 %인지 구하시오.

625

학교 도서관을 1학기에 방문한 횟수와 2학기에 방문한 횟수가 같은 학생 중 방문 횟수가 가장 적은 학생이 지난해에 방문한 횟수는 몇 회인지 구하시오.

626

아래 그림은 은우네 반 학생 20명의 수면 시간과 TV 시청 시간을 조사하여 나타낸 산점도이다. 다음 보기에서 옳은 것을 모두 고르시오.

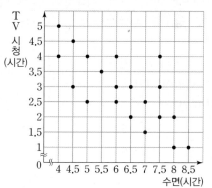

보기

ㄱ. TV 시청 시간의 최빈값은 6시간과 7.5시간이다.
ㄴ. 수면 시간이 5시간 미만인 학생은 4명이다.
ㄷ. TV 시청 시간이 3시간 이상인 학생은 전체의 50 % 이다.
ㄹ. TV 시청 시간이 1시간 30분 미만인 학생의 수면 시간의 평균은 8.25시간이다.

06

산점도와 상관관계

유형 02 산점도의 해석 (2)

627

오른쪽 그림은 어느 대회에서 체조 선수 15명의 1차 점수와 2차 점수를 조사하여 나타낸 산점도이다. 1차 점수와 2차 점수의 평균이 8점인 선수는 몇 명인가?

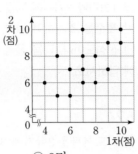

① 1명   ② 2명   ③ 3명
④ 4명   ⑤ 5명

628

오른쪽 그림은 재민이네 반 학생 16명이 1학기와 2학기의 봉사활동 횟수를 조사하여 나타낸 산점도이다. 1학기와 2학기의 봉사활동 횟수의 평균이 재민이보다 적은 학생은 몇 명인가?

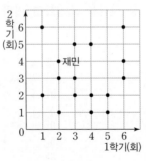

① 5명   ② 6명   ③ 7명
④ 8명   ⑤ 9명

[629~630] 오른쪽 그림은 성율이네 반 학생 18명의 사회 점수와 국어 점수를 조사하여 나타낸 산점도이다. 다음 물음에 답하시오.

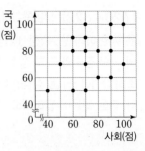

629

사회 점수와 국어 점수의 합이 120점 이하인 학생들의 사회 점수의 평균을 구하시오.

630

사회 점수와 국어 점수의 차가 10점 이하인 학생은 전체의 몇 %인지 구하시오.

631

오른쪽 그림은 어느 기능사 자격 시험의 응시자 25명의 필기 점수와 실기 점수를 조사하여 나타낸 산점도이다. 다음 중 옳지 **않은** 것은?

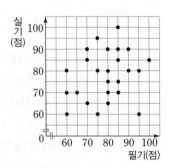

① 필기 점수와 실기 점수가 같은 응시자는 전체의 16 %이다.
② 실기 점수가 필기 점수보다 높은 응시자는 10명이다.
③ 필기 점수와 실기 점수의 차가 5점 이하인 응시자는 9명이다.
④ 필기 점수와 실기 점수의 합이 150점 이하인 응시자는 전체의 36 %이다.
⑤ 필기 점수와 실기 점수의 차가 가장 큰 응시자의 두 점수의 차는 35점이다.

유형 03 상관관계

대표 문제

632

다음 중 두 변량 x, y에 대한 산점도가 오른쪽 그림과 같이 나타나는 것은?

	x	y
①	공책의 두께	공책의 무게
②	중고 자동차의 사용 기간	중고 자동차의 가격
③	몸무게	허리둘레
④	통학 거리	통학 소요 시간
⑤	KTX의 이동 거리	KTX의 요금

633

다음 보기에서 두 변량 사이에 상관관계가 없는 것을 모두 고른 것은?

보기

ㄱ. 키와 시력
ㄴ. 양파의 수확량과 양파의 가격
ㄷ. 여름철 기온과 가정의 전기 소비량
ㄹ. 책의 쪽수와 시험 성적
ㅁ. 머리카락의 길이와 지능 지수
ㅂ. 하루 중 낮의 길이와 밤의 길이

① ㄱ, ㄹ   ② ㄴ, ㄷ   ③ ㄹ, ㅁ
④ ㄱ, ㄹ, ㅁ   ⑤ ㄴ, ㄷ, ㅂ

634

다음 중 두 변량 사이의 상관관계가 나머지 넷과 <u>다른</u> 하나는?

① 자동차 수와 연간 석유 소비량
② 전열기 사용 시간과 전기 요금
③ 공부 시간과 시험 성적
④ 산의 높이와 그 지점에서의 기온
⑤ 운동 시간과 열량 소모량

635

다음은 5개의 집단을 대상으로 조사한 여름철 폭염 일수와 아이스크림 판매량에 대한 산점도이다. 여름철 폭염 일수가 많을수록 아이스크림 판매량이 많아지는 경향이 가장 뚜렷한 집단의 산점도는?
(단, x는 여름철 폭염 일수, y는 아이스크림 판매량이다.)

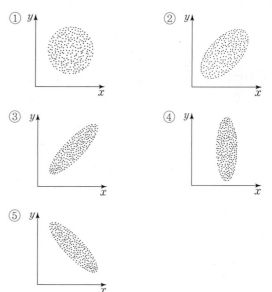

636

다음 표는 12개의 음료수 제품에 들어 있는 당류의 양과 열량을 조사하여 나타낸 것이다.

음료수	당류(g)	열량(kcal)	음료수	당류(g)	열량(kcal)
A	15	100	G	10	60
B	11	60	H	7	30
C	7	40	I	9	50
D	14	80	J	12	70
E	13	70	K	15	80
F	8	40	L	14	90

당류의 양과 열량 사이에 대한 산점도를 그리고, 당류의 양과 열량 사이의 상관관계를 말하시오.

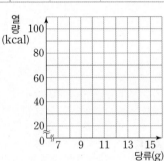

637

다음 중 산점도와 상관관계에 대한 설명으로 옳지 <u>않은</u> 것은?

① 산점도를 이용하면 두 변량 사이의 상관관계를 알 수 있다.

② 두 변량 사이에 양의 상관관계도 없고 음의 상관관계도 없으면 상관관계가 없다고 한다.

③ 산점도에서 점들이 한 직선에 가까이 분포되어 있을 때 상관관계가 있다고 한다.

④ 산점도에서 점들이 좌표축에 평행하게 분포되어 있으면 상관관계가 없다.

⑤ 산점도에서 점들이 오른쪽 아래로 향하는 경향이 있을 때, 음의 상관관계가 있다고 한다.

638

아래 그림은 A, B 두 집단의 운동량과 체지방률에 대한 산점도이다. 다음 설명 중 옳지 <u>않은</u> 것은?

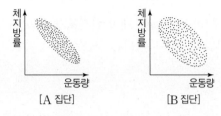

[A 집단] [B 집단]

① 운동량과 체지방률 사이에는 음의 상관관계가 있다.

② 운동량이 증가할수록 체지방률은 대체로 감소한다.

③ B 집단은 운동량과 체지방률 사이에 상관관계가 없다.

④ A 집단이 B 집단보다 운동량과 체지방률 사이에 강한 상관관계를 보인다.

⑤ B 집단은 A 집단보다 약한 음의 상관관계가 있다.

639

다음은 미세 먼지에 대한 내용이다. ㉠~㉣ 중에서 미세 먼지 농도와의 상관관계가 나머지 셋과 <u>다른</u> 하나를 고르시오.

미세 먼지는 ㉠ 자동차 배기가스, 공장 내 원자재, 소각장 연기 등에 의하여 발생하며 가정에서 가스레인지를 사용하여 조리를 할 때도 발생한다.

미세 먼지는 계절별 기후 변화에 영향을 받기도 한다. 봄에는 황사를 동반한 미세 먼지 농도가 높아질 수 있고, 여름에는 ㉡ 강수량이 많아 ㉢ 대기 오염 물질이 제거돼 미세 먼지 농도가 낮아질 수 있다. 가을에는 대기 순환이 원활해 미세 먼지 농도가 낮아질 수 있고, 겨울에는 ㉣ 난방 등 연료 사용량이 증가하면서 미세 먼지 농도가 높아질 수 있다.

유형 04 산점도의 분석

대표 문제

640

오른쪽 그림은 준수네 반 학생들의 국어 점수와 한 학기 동안 읽은 책의 수를 조사하여 나타낸 산점도이다. 5명의 학생 중 국어 점수에 비해 책을 비교적 많이 읽은 학생은?

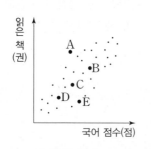

① 학생 A   ② 학생 B   ③ 학생 C
④ 학생 D   ⑤ 학생 E

[641~642] 오른쪽 그림은 선미네 반 학생들의 운동 시간과 소모된 열량을 조사하여 나타낸 산점도이다. 다음 물음에 답하시오.

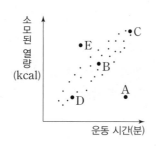

641

다음 중 옳지 <u>않은</u> 것은?

① 운동 시간과 소모된 열량 사이에는 양의 상관관계가 있다.
② 학생 B는 학생 E보다 운동 시간이 많다.
③ 학생 A는 학생 C보다 소모된 열량이 많다.
④ 학생 D는 운동 시간과 소모된 열량이 모두 적은 편이다.
⑤ 학생 E는 운동 시간에 비해 소모된 열량이 많은 편이다.

642

5명의 학생 중 운동 시간과 소모된 열량의 차가 가장 큰 학생은?

① 학생 A   ② 학생 B   ③ 학생 C
④ 학생 D   ⑤ 학생 E

643

아래 그림은 어느 중학교 3학년 학생들의 통학 거리와 통학 시간을 조사하여 나타낸 산점도이다. 다음 보기에서 옳은 것을 모두 고르시오.

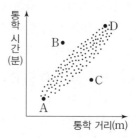

보기

ㄱ. 통학 거리와 통학 시간 사이에는 음의 상관관계가 있다.
ㄴ. A, B, C, D 4명의 학생 중 통학 시간이 가장 짧은 학생은 학생 A이다.
ㄷ. A, B, C, D 4명의 학생 중 통학 거리가 두 번째로 가까운 학생은 학생 C이다.
ㄹ. A, B, C, D 4명의 학생 중 통학 거리에 비해 통학 시간이 짧은 학생은 학생 C이다.

644

아래 그림은 어느 학교 학생들의 학습 시간과 시험 점수를 조사하여 나타낸 산점도이다. 다음 중 옳지 <u>않은</u> 것은?

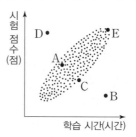

① 학습 시간이 많을수록 시험 점수도 높으므로 양의 상관관계가 있다.
② 학생 A는 학생 C보다 학습 시간이 많다.
③ 학생 B는 학습 시간에 비해 시험 점수가 낮은 편이다.
④ 학생 E는 학습 시간이 많고 시험 점수도 높은 편이다.
⑤ 학생 D는 학습 시간에 비해 시험 점수가 높은 편이다.

645

다음 표는 예주네 모둠 학생 8명이 음악 수행 평가에서 받은 필기 점수와 실기 점수를 조사하여 나타낸 것이다. 필기 점수를 x점, 실기 점수를 y점이라 할 때, 두 변량 x, y에 대한 산점도를 바르게 나타낸 것은?

학생	A	B	C	D	E	F	G	H
필기(점)	1	3	4	2	5	2	3	4
실기(점)	2	4	3	2	4	4	2	4

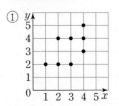
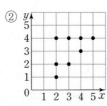
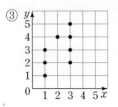
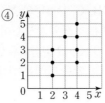
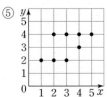

[646~647] 오른쪽 그림은 세민이네 반 학생 15명의 중간고사 성적과 기말고사 성적을 조사하여 나타낸 산점도이다. 다음 물음에 답하시오.

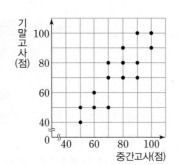

646

중간고사 성적과 기말고사 성적이 모두 80점 이상인 학생은 몇 명인지 구하시오.

647

기말고사 성적이 중간고사 성적보다 향상된 학생은 전체의 몇 %인지 구하시오.

[648~650] 오른쪽 그림은 지수네 반 학생 20명의 영어 점수와 수학 점수를 조사하여 나타낸 산점도이다. 다음 물음에 답하시오.

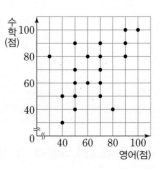

648

영어 점수가 가장 낮은 학생의 영어 점수와 수학 점수의 차를 구하시오.

649

영어 점수가 수학 점수보다 높은 학생들의 수학 점수의 평균은?

① 48점 ② 50점 ③ 52점
④ 54점 ⑤ 56점

650

영어 점수와 수학 점수의 합이 120점 이하인 학생은 몇 명인지 구하시오.

651

다음 중 사과 생산량과 사과 가격 사이의 상관관계와 같은 상관관계가 있는 것은?

① 여름철 기온과 전기 요금
② 몸무게와 통학 시간
③ 시력과 수학 점수
④ 한 달 생활비에서 지출액과 저축액
⑤ 자동차가 이동한 거리와 사용한 연료의 양

652

오른쪽 그림은 민욱이네 학교 학생들의 하루 평균 게임 시간과 시험 점수를 조사하여 나타낸 산점도이다. 5명의 학생 중 게임 시간이 긴 것에 비해 시험 점수가 높은 학생은?

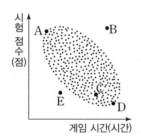

① 학생 A　　　② 학생 B　　　③ 학생 C
④ 학생 D　　　⑤ 학생 E

653

오른쪽 그림은 20개의 과일 주스 100 mL에 들어 있는 당류의 양과 열량을 조사하여 나타낸 산점도이다. 열량이 40 kcal보다 높은 과일 주스의 당류의 양의 평균은?

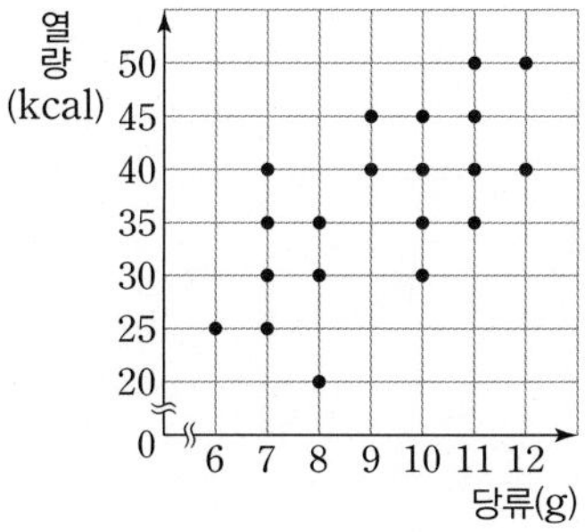

① 10 g　　　② 10.2 g　　　③ 10.4 g
④ 10.6 g　　　⑤ 10.8 g

654

다음 그림은 주연이네 반 학생 20명의 콘서트 관람 횟수와 영화 관람 횟수를 조사하여 나타낸 산점도이다. 콘서트 관람 횟수를 x회, 영화 관람 횟수를 y회라 할 때, $x+y \geq 12$를 만족시키는 학생은 전체의 몇 %인가?

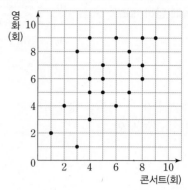

① 15 %　　　② 25 %　　　③ 30 %
④ 50 %　　　⑤ 65 %

실력 UP

655

아래 그림은 어느 지역의 7월 한 달 동안의 일평균 습도와 그날의 최고 기온을 조사하여 나타낸 산점도이다. 다음 중 옳은 것은?

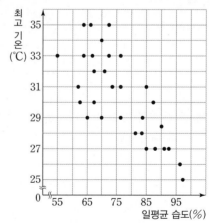

① 최고 기온이 34 ℃인 날의 일평균 습도는 75 %이다.
② 일평균 습도가 95 % 이상인 날은 없다.
③ 일평균 습도가 높을수록 최고 기온은 대체로 낮아진다.
④ 일평균 습도가 60 % 이상 80 % 미만일 때, 일평균 습도와 최고 기온 사이에는 양의 상관관계가 있다.
⑤ 7월 한 달 중 최고 기온이 30 ℃를 넘은 날수는 18일이다.

[656~659] 오른쪽 그림은 프로 야구 선수 15명이 작년과 올해 친 홈런의 개수를 조사하여 나타낸 산점도이다. 다음 물음에 답하시오.

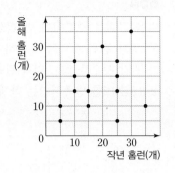

656

올해 홈런의 개수가 두 번째로 많은 선수가 작년에 친 홈런은 몇 개인지 구하시오.

657

작년에 홈런을 25개 친 선수들의 올해 홈런의 개수의 평균은?

① 16개   ② 16.25개   ③ 16.5개
④ 16.75개   ⑤ 17개

658

작년과 올해 친 홈런의 개수의 차가 10개 이상인 선수는 전체의 몇 %인지 구하시오.

659

작년과 올해 친 홈런의 개수의 차가 가장 큰 선수가 작년과 올해 친 홈런의 개수의 합은?

① 30개   ② 35개   ③ 40개
④ 45개   ⑤ 50개

660

다음 중 두 변량에 대한 산점도가 오른쪽 그림과 같이 나타나는 것을 모두 고르면? (정답 2개)

① 가방의 무게와 시험 성적
② 발의 길이와 신발의 크기
③ 지능 지수와 머리 둘레
④ 자동차의 이동 거리와 남은 연료의 양
⑤ 집에서 학교까지의 거리와 통학 시간

661

다음 보기에서 두 변량 사이에 양의 상관관계가 있는 것을 모두 고르면?

보기
ㄱ. 미세 먼지 농도와 마스크 판매량
ㄴ. 겨울철 기온과 도시가스 사용량
ㄷ. 수학 점수와 팔의 길이
ㄹ. 해발 고도와 산소량
ㅁ. 풍속과 파도의 높이

① ㄱ, ㄴ   ② ㄱ, ㅁ   ③ ㄹ, ㅁ
④ ㄴ, ㄷ, ㄹ   ⑤ ㄱ, ㄹ, ㅁ

[662~663] 오른쪽 그림은 시윤이네 학교 학생들의 중간고사 성적과 기말고사 성적을 조사하여 나타낸 산점도이다. 다음 물음에 답하시오.

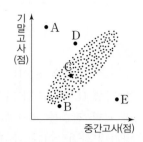

662

5명의 학생 중 중간고사 성적과 기말고사 성적의 차가 가장 작은 학생은?

① 학생 A   ② 학생 B   ③ 학생 C

④ 학생 D   ⑤ 학생 E

663

다음 보기에서 옳은 것을 모두 고르시오.

> 보기
>
> ㄱ. 학생 A는 학생 D보다 성적의 변화가 작다.
> ㄴ. 학생 B는 중간고사와 기말고사 성적이 모두 낮은 편이다.
> ㄷ. 학생 D는 중간고사 성적이 기말고사 성적보다 좋다.
> ㄹ. 학생 E는 기말고사 성적이 중간고사 성적에 비해 좋지 않다.

664

오른쪽 그림은 한별이네 반 학생 15명의 주말 동안 스마트폰 사용 시간과 독서 시간을 조사하여 나타낸 산점도이다. 스마트폰 사용 시간과 독서 시간 중 적어도 하나가 2시간 이하인 학생들의 독서 시간의 평균을 구하시오.

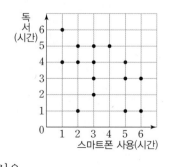

665

아래 그림은 재인이네 반 학생 20명의 이틀 동안의 게임 시간과 학습 시간을 조사하여 나타낸 산점도이다. 다음 설명 중 옳은 것을 모두 고르면? (정답 2개)

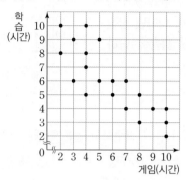

① 게임 시간이 9시간 초과인 학생은 4명이다.

② 학습 시간이 8시간 이상인 학생은 전체의 30 %이다.

③ 게임 시간이 3시간 이하인 학생들의 학습 시간의 평균은 8시간이다.

④ 학습 시간이 5시간 미만인 학생들의 게임 시간의 평균은 8시간이다.

⑤ 게임 시간이 길수록 대체로 학습 시간은 줄어든다.

실력 UP

[666~667] 오른쪽 그림은 어느 반 학생 20명의 1학기와 2학기 수학 점수를 조사하여 나타낸 산점도이다. 다음 물음에 답하시오.

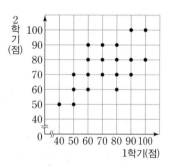

666

1학기와 2학기 수학 점수의 총점이 120점 이하인 학생은 전체의 몇 %인지 구하시오.

667

1학기와 2학기 수학 점수의 총점이 높은 순으로 25 % 이내에 드는 학생들을 뽑아 수학 경시 대회에 출전시키려고 한다. 수학 경시 대회에 출전하는 학생들의 총점의 평균을 구하시오.

06

산점도와 상관관계

[668~671] 오른쪽 그림은 규진이네 반 학생 15명의 영어 말하기 점수와 듣기 점수를 조사하여 나타낸 산점도이다. 다음 물음에 답하시오.

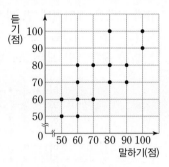

668

말하기 점수가 듣기 점수보다 높은 학생은 몇 명인가?

① 6명   ② 7명   ③ 8명
④ 9명   ⑤ 10명

669

말하기 점수가 70점 이상인 학생은 전체의 몇 %인가?

① 40%   ② 50%   ③ 60%
④ 70%   ⑤ 80%

670

듣기 점수가 60점 이하인 학생들의 말하기 점수의 평균을 구하시오.

671

말하기 점수와 듣기 점수의 합이 4번째로 높은 학생의 말하기 점수와 듣기 점수의 차를 구하시오.

672

오른쪽 그림은 혜인이네 반 학생 16명의 수학 점수와 과학 점수를 조사하여 나타낸 산점도이다. 두 과목의 점수의 평균이 80점 이상인 학생은 전체의 몇 %인가?

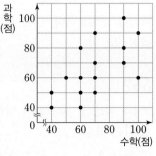

① 30%   ② 32.5%   ③ 35%
④ 37.5%   ⑤ 40%

673

다음 표는 어느 반 학생 10명의 좌우 시력을 조사하여 나타낸 것이다. 왼쪽 눈의 시력과 오른쪽 눈의 시력에 대한 산점도를 그리고, 그 상관관계를 말하시오.

학생	왼쪽	오른쪽	학생	왼쪽	오른쪽
A	0.8	0.9	F	1.1	1.1
B	1.2	1.1	G	1.0	0.9
C	1.0	1.1	H	1.3	1.3
D	0.9	0.9	I	1.1	1.2
E	1.3	1.2	J	0.9	1.0

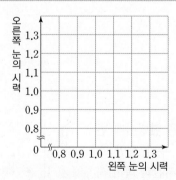

674

다음 보기에서 두 변량 사이에 양의 상관관계가 있는 것을 모두 고르시오.

보기

ㄱ. 눈의 크기와 시력
ㄴ. 택시 운행 거리와 택시 요금
ㄷ. 팔 길이와 턱걸이 횟수
ㄹ. 여름철 기온과 아이스크림 판매량
ㅁ. 석유 생산량과 석유 가격

675

다음 중 산점도와 상관관계에 대한 설명으로 옳은 것을 모두 고르면? (정답 2개)

① 산점도는 산포도를 그래프로 나타낸 것이다.

② 양의 상관관계를 나타내는 산점도는 점들이 기울기가 양인 한 직선 주위에 가까이 모여 있다.

③ 두 변량 사이에 양의 상관관계도 없고 음의 상관관계도 없으면 상관관계가 없다고 한다.

④ 산점도의 점들이 한 직선 가까이에 모여 있으면 양의 상관관계 또는 음의 상관관계가 있다고 한다.

⑤ 두 변량 사이에 상관관계가 약할수록 산점도에서 점들이 기울기가 양 또는 음인 직선 주위에 모여 있는 경향이 뚜렷하다.

676

오른쪽 그림은 어느 학교 학생들의 키와 앉은키를 조사하여 나타낸 산점도이다. 다음 중 옳지 않은 것은?

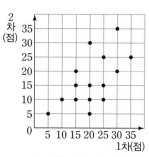

① 학생 A는 키에 비해 앉은키가 큰 편이다.

② 학생 B는 학생 C보다 키와 앉은키가 모두 크다.

③ 학생 D는 키에 비해 앉은키가 작다.

④ 학생 E는 키와 앉은키가 모두 큰 편이다.

⑤ 키와 앉은키 사이에는 음의 상관관계가 있다.

서술형 문제

677

오른쪽 그림은 정인이네 반 학생 15명이 두 차례에 걸쳐 실시한 체육 수행 평가 점수를 조사하여 나타낸 산점도이다. 1차 점수와 2차 점수가 모두 15점 이하인 학생 수를 a명, 1차 점수와 2차 점수가 모두 25점 이상인 학생 수를 b명이라 할 때, $a+b$의 값을 구하시오.

풀이

678

오른쪽 그림은 지호네 반 학생 20명의 두 차례에 걸쳐 실시한 수학 형성 평가 점수를 조사하여 나타낸 산점도이다. 두 점수의 총점이 하위 30 % 이내에 드는 학생은 보충 수업을 받아야 한다. 보충 수업을 받지 않으려면 총점이 최소한 몇 점보다 높아야 하는지 구하시오.

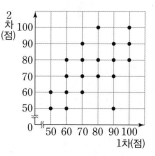

풀이

남들이 정해둔 루트에
나를 대입시키는 건

내 잠재력에 루트를 씌우는 걸지도.

—

잠재력

MEMO

수매씽 MATHING

중학 수학
3·2

내신과 등업을 위한 강력한 한 권!

수매씽 시리즈

중등 1~3학년 1·2학기

고등 수학(상), 수학(하), 수학Ⅰ, 수학Ⅱ,
확률과 통계, 미적분

【동아출판 】

📞 **Telephone** 1644-0600
🏠 **Homepage** www.bookdonga.com
✉ **Address** 서울시 영등포구 은행로 30 (우 07242)

수매씽 빠른 정답 안내

QR 코드를 찍으면 정답을 쉽고 빠르게 확인할 수 있습니다.

01. 삼각비

Step 1 핵심 개념   9, 11쪽

001 $\sin B = \dfrac{\overline{AC}}{\overline{AB}} = \dfrac{5}{13}$ 답 $\dfrac{5}{13}$

002 $\cos B = \dfrac{\overline{BC}}{\overline{AB}} = \dfrac{12}{13}$ 답 $\dfrac{12}{13}$

003 $\tan B = \dfrac{\overline{AC}}{\overline{BC}} = \dfrac{5}{12}$ 답 $\dfrac{5}{12}$

004 $\sin A = \dfrac{\overline{BC}}{\overline{AB}} = \dfrac{12}{13}$ 답 $\dfrac{12}{13}$

005 $\cos A = \dfrac{\overline{AC}}{\overline{AB}} = \dfrac{5}{13}$ 답 $\dfrac{5}{13}$

006 $\tan A = \dfrac{\overline{BC}}{\overline{AC}} = \dfrac{12}{5}$ 답 $\dfrac{12}{5}$

007 $\sin B = \dfrac{\overline{AC}}{\overline{AB}} = \dfrac{8}{10} = \dfrac{4}{5}$ 답 $\dfrac{4}{5}$

008 $\cos B = \dfrac{\overline{BC}}{\overline{AB}} = \dfrac{6}{10} = \dfrac{3}{5}$ 답 $\dfrac{3}{5}$

009 $\tan B = \dfrac{\overline{AC}}{\overline{BC}} = \dfrac{8}{6} = \dfrac{4}{3}$ 답 $\dfrac{4}{3}$

010 (1) 직각삼각형 ABC에서 $\overline{BC}^2 = 1^2 + 4^2 = 17$

이때 $\overline{BC} > 0$이므로 $\overline{BC} = \sqrt{17}$

(2) $\sin B = \dfrac{\overline{AC}}{\overline{BC}} = \dfrac{4}{\sqrt{17}} = \dfrac{4\sqrt{17}}{17}$

$\cos B = \dfrac{\overline{AB}}{\overline{BC}} = \dfrac{1}{\sqrt{17}} = \dfrac{\sqrt{17}}{17}$

$\tan B = \dfrac{\overline{AC}}{\overline{AB}} = \dfrac{4}{1} = 4$

답 (1) $\sqrt{17}$ (2) $\sin B = \dfrac{4\sqrt{17}}{17}$, $\cos B = \dfrac{\sqrt{17}}{17}$, $\tan B = 4$

011 $\sin B = \dfrac{\overline{AC}}{\overline{AB}}$에서 $\dfrac{3}{4} = \dfrac{9}{\overline{AB}}$ $\therefore \overline{AB} = 12$ 답 12

012 오른쪽 그림과 같이 직선이 x축, y축과 만나는 점을 각각 A, B라 하면 직각삼각형 ABO에서

$\overline{AB} = \sqrt{8^2 + 6^2} = \sqrt{100} = 10$이므로

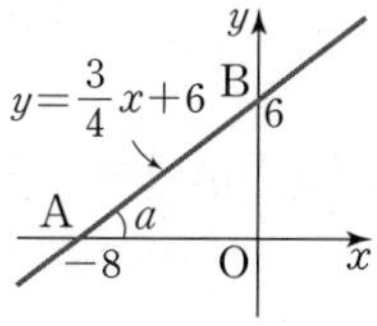

$\sin a = \dfrac{6}{10} = \dfrac{3}{5}$

$\cos a = \dfrac{8}{10} = \dfrac{4}{5}$

$\tan a = \dfrac{6}{8} = \dfrac{3}{4}$ 답 $\sin a = \dfrac{3}{5}$, $\cos a = \dfrac{4}{5}$, $\tan a = \dfrac{3}{4}$

013 $\angle DAB = 90° - \angle ABD = \angle DBC$

$\angle BCD = 90° - \angle DBC = \angle ABD$ 답 $\overline{BC}, \overline{AB}, \overline{CD}$

014 답 $\overline{AC}, \overline{AD}, \overline{BC}$

015 답 $\overline{BC}, \overline{AD}, \overline{CD}$

016 답 $\overline{AB}, \overline{AB}, \overline{BD}$

017 답 $\overline{AC}, \overline{BD}, \overline{CD}$

018 답 $\overline{AB}, \overline{AD}, \overline{CD}$

019 $\cos 60° - \sin 30° = \dfrac{1}{2} - \dfrac{1}{2} = 0$ 답 0

020 $\sin 30° + \cos 45° = \dfrac{1}{2} + \dfrac{\sqrt{2}}{2} = \dfrac{1 + \sqrt{2}}{2}$ 답 $\dfrac{1 + \sqrt{2}}{2}$

021 $\tan 45° + \cos 30° \times \tan 60° = 1 + \dfrac{\sqrt{3}}{2} \times \sqrt{3}$

$= 1 + \dfrac{3}{2}$

$= \dfrac{5}{2}$ 답 $\dfrac{5}{2}$

022 $\sin 60° \times \cos 30° + \tan 45° = \dfrac{\sqrt{3}}{2} \times \dfrac{\sqrt{3}}{2} + 1$

$= \dfrac{3}{4} + 1$

$= \dfrac{7}{4}$ 답 $\dfrac{7}{4}$

023 $\cos 60° + \sin 45° \times \cos 45° = \dfrac{1}{2} + \dfrac{\sqrt{2}}{2} \times \dfrac{\sqrt{2}}{2}$

$= \dfrac{1}{2} + \dfrac{1}{2}$

$= 1$ 답 1

024 $\sin 45° = \dfrac{\sqrt{2}}{2}$이므로 $x = 45°$ 답 $45°$

025 $\cos 3x = \dfrac{1}{2}$에서 $3x = 60°$

$\therefore x = 20°$ 답 $20°$

026 $\cos 30° = \dfrac{x}{12}$이므로 $\dfrac{\sqrt{3}}{2} = \dfrac{x}{12}$에서

$2x = 12\sqrt{3}$ $\therefore x = 6\sqrt{3}$

$\sin 30° = \dfrac{y}{12}$이므로 $\dfrac{1}{2} = \dfrac{y}{12}$에서

$2y = 12$ $\therefore y = 6$ 답 $x = 6\sqrt{3}$, $y = 6$

027 $\sin 45° = \dfrac{x}{12}$이므로 $\dfrac{\sqrt{2}}{2} = \dfrac{x}{12}$에서

$2x = 12\sqrt{2}$ $\therefore x = 6\sqrt{2}$

$\cos 45° = \dfrac{y}{12}$이므로 $\dfrac{\sqrt{2}}{2} = \dfrac{y}{12}$에서

$2y = 12\sqrt{2}$ $\therefore y = 6\sqrt{2}$ 답 $x = 6\sqrt{2}$, $y = 6\sqrt{2}$

028 $\sin 44° = \dfrac{\overline{AB}}{\overline{OA}} = \dfrac{0.69}{1} = 0.69$ 답 $\overline{AB}$, 0.69

029 $\cos 44° = \dfrac{\overline{OB}}{\overline{OA}} = \dfrac{0.72}{1} = 0.72$ 　　　　답 $\overline{OB}$, 0.72

030 $\tan 44° = \dfrac{\overline{CD}}{\overline{OD}} = \dfrac{0.97}{1} = 0.97$ 　　　　답 $\overline{CD}$, 0.97

031 $\sin 0° + \cos 90° \times \tan 0° = 0 + 0 \times 0 = 0$ 　　　답 0

032 $\sin 90° \times \cos 0° + \sin 0° \times \cos 90° = 1 \times 1 + 0 \times 0 = 1$
　　　　　　　　　　　　　　　　　　　　　답 1

033 답 0.6820

034 답 43

035 답 42

Step 2 핵심 유형 　　　　12~21쪽

Theme 01 삼각비의 뜻 　　　　12~15쪽

036 $\overline{AB} = \sqrt{(\sqrt{7})^2 + 3^2} = \sqrt{16} = 4$
　③ $\tan A = \dfrac{\overline{BC}}{\overline{AC}} = \dfrac{\sqrt{7}}{3}$ 　　　　답 ③

037 △ABC에서
$\overline{AB} = \sqrt{3^2 + 4^2} = \sqrt{25} = 5$
따라서 △DBA에서
$\cos x = \dfrac{\overline{AB}}{\overline{DB}} = \dfrac{5}{6}$ 　　　　답 $\dfrac{5}{6}$

038 △ABC에서
$\overline{AC} = \sqrt{6^2 - 4^2} = \sqrt{20} = 2\sqrt{5}$
$\overline{DC} = \dfrac{1}{2}\overline{AC} = \dfrac{1}{2} \times 2\sqrt{5} = \sqrt{5}$
따라서 △DBC에서
$\tan x = \dfrac{\overline{DC}}{\overline{BC}} = \dfrac{\sqrt{5}}{4}$ 　　　답 $\dfrac{\sqrt{5}}{4}$

　참고 오른쪽 그림의 직각삼각형에서
　$a^2 = c^2 - b^2$, $b^2 = c^2 - a^2$이고
　$a > 0$, $b > 0$이므로
　$a = \sqrt{c^2 - b^2}$, $b = \sqrt{c^2 - a^2}$

039 $\tan B = \dfrac{\overline{AC}}{\overline{BC}}$에서 $\dfrac{2}{3} = \dfrac{4}{\overline{BC}}$이므로
$2\overline{BC} = 12$ 　∴ $\overline{BC} = 6$ 　　　답 ②

040 $\sin B = \dfrac{\overline{AC}}{\overline{AB}}$에서 $\dfrac{2}{3} = \dfrac{\overline{AC}}{6}$이므로
$3\overline{AC} = 12$ 　∴ $\overline{AC} = 4$
∴ $\overline{BC} = \sqrt{6^2 - 4^2} = \sqrt{20} = 2\sqrt{5}$ 　답 $\overline{AC} = 4$, $\overline{BC} = 2\sqrt{5}$

041 $\cos B = \dfrac{\overline{BC}}{\overline{AB}}$에서 $\dfrac{5}{6} = \dfrac{5}{\overline{AB}}$이므로
$5\overline{AB} = 30$ 　∴ $\overline{AB} = 6$
$\overline{AC} = \sqrt{6^2 - 5^2} = \sqrt{11}$
∴ $\cos A = \dfrac{\overline{AC}}{\overline{AB}} = \dfrac{\sqrt{11}}{6}$ 　　　답 $\dfrac{\sqrt{11}}{6}$

042 $\sin A = \dfrac{\overline{BC}}{\overline{AC}}$에서 $\dfrac{1}{5} = \dfrac{\overline{BC}}{10}$이므로
$5\overline{BC} = 10$ 　∴ $\overline{BC} = 2$
$\overline{AB} = \sqrt{10^2 - 2^2} = \sqrt{96} = 4\sqrt{6}$
∴ △ABC $= \dfrac{1}{2} \times 4\sqrt{6} \times 2 = 4\sqrt{6}$ 　　답 ①

043 $\cos A = \dfrac{\overline{AB}}{\overline{AC}}$에서 $\dfrac{\sqrt{5}}{3} = \dfrac{\overline{AB}}{9}$이므로
$3\overline{AB} = 9\sqrt{5}$ 　∴ $\overline{AB} = 3\sqrt{5}$ 　　　…❶
$\overline{BC} = \sqrt{9^2 - (3\sqrt{5})^2} = \sqrt{36} = 6$이므로
$\sin A = \dfrac{6}{9} = \dfrac{2}{3}$ 　　　…❷
$\tan C = \dfrac{3\sqrt{5}}{6} = \dfrac{\sqrt{5}}{2}$ 　　　…❸
∴ $\sin A + \tan C = \dfrac{2}{3} + \dfrac{\sqrt{5}}{2} = \dfrac{4 + 3\sqrt{5}}{6}$ 　　…❹
　　　　　　　　　　　　　답 $\dfrac{4 + 3\sqrt{5}}{6}$

채점 기준	배점
❶ $\overline{AB}$의 길이 구하기	30 %
❷ $\sin A$의 값 구하기	30 %
❸ $\tan C$의 값 구하기	30 %
❹ $\sin A + \tan C$의 값 구하기	10 %

044 $\sin A = \dfrac{\overline{BC}}{4}$, $\sin C = \dfrac{\overline{AB}}{4}$에서
$\dfrac{\overline{BC}}{4} = \dfrac{\overline{AB}}{4}$ 　∴ $\overline{AB} = \overline{BC}$
$\overline{AB} = \overline{BC} = k$ $(k > 0)$라 하면
$k^2 + k^2 = 4^2$, $2k^2 = 16$, $k^2 = 8$
∴ $k = 2\sqrt{2}$ $(∵ k > 0)$
∴ $\overline{AB} = 2\sqrt{2}$ 　　　답 ④

045 오른쪽 그림과 같이 꼭짓점 A에서
$\overline{BC}$에 내린 수선의 발을 H라 하면
△ABH에서
$\cos B = \dfrac{\overline{BH}}{14} = \dfrac{2\sqrt{6}}{7}$
∴ $\overline{BH} = 4\sqrt{6}$
∴ $\overline{AH} = \sqrt{14^2 - (4\sqrt{6})^2} = \sqrt{100} = 10$
따라서 △AHC에서
$\sin C = \dfrac{\overline{AH}}{\overline{AC}} = \dfrac{10}{12} = \dfrac{5}{6}$ 　　답 $\dfrac{5}{6}$

046 $\tan A = \dfrac{8}{15}$이므로 오른쪽 그림과 같은
직각삼각형 ABC에서 $\overline{AB} = 15k$,
$\overline{BC} = 8k$ $(k > 0)$라 하면
$\overline{AC} = \sqrt{(15k)^2 + (8k)^2}$
$= \sqrt{289k^2} = 17k$
∴ $\cos A = \dfrac{15k}{17k} = \dfrac{15}{17}$ 　　　답 ②

047 $\sin A=\dfrac{2}{3}$이므로 오른쪽 그림과 같은

직각삼각형 ABC에서 $\overline{AC}=3k$,

$\overline{BC}=2k\,(k>0)$라 하면

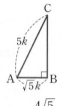

$\overline{AB}=\sqrt{(3k)^2-(2k)^2}=\sqrt{5}k$

$\sin C=\dfrac{\sqrt{5}k}{3k}=\dfrac{\sqrt{5}}{3}$, $\cos C=\dfrac{2k}{3k}=\dfrac{2}{3}$

$\therefore \sin C+\cos C=\dfrac{\sqrt{5}}{3}+\dfrac{2}{3}=\dfrac{2+\sqrt{5}}{3}$ 　답 $\dfrac{2+\sqrt{5}}{3}$

048 $5\cos A-\sqrt{5}=0$에서 $5\cos A=\sqrt{5}$

$\therefore \cos A=\dfrac{\sqrt{5}}{5}$

오른쪽 그림과 같은 직각삼각형 ABC에서

$\overline{AC}=5k$, $\overline{AB}=\sqrt{5}k\,(k>0)$라 하면

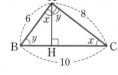

$\overline{BC}=\sqrt{(5k)^2-(\sqrt{5}k)^2}=\sqrt{20k^2}=2\sqrt{5}k$

$\sin A=\dfrac{2\sqrt{5}k}{5k}=\dfrac{2\sqrt{5}}{5}$, $\tan A=\dfrac{2\sqrt{5}k}{\sqrt{5}k}=2$

$\therefore \sin A\times\tan A=\dfrac{2\sqrt{5}}{5}\times2=\dfrac{4\sqrt{5}}{5}$ 　답 $\dfrac{4\sqrt{5}}{5}$

049 도로의 경사도가 $10\,\%$이므로

$\tan A\times100=10$ 　 $\therefore \tan A=\dfrac{1}{10}$

오른쪽 그림과 같은

직각삼각형 ABC에서

$\overline{AB}=10k$, $\overline{BC}=k\,(k>0)$라 하면

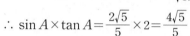

$\overline{AC}=\sqrt{(10k)^2+k^2}=\sqrt{101}k$

$\therefore \sin A=\dfrac{k}{\sqrt{101}k}=\dfrac{\sqrt{101}}{101}$ 　답 $\dfrac{\sqrt{101}}{101}$

050 $\triangle ABC\backsim\triangle HBA\backsim\triangle HAC$

(AA 닮음)이므로

$\angle BCA=\angle BAH=x$,

$\angle CBA=\angle CAH=y$

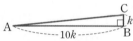

$\triangle ABC$에서

$\overline{BC}=\sqrt{6^2+8^2}=\sqrt{100}=10$이므로

$\sin x=\dfrac{\overline{AB}}{\overline{BC}}=\dfrac{6}{10}=\dfrac{3}{5}$, $\cos y=\dfrac{\overline{AB}}{\overline{BC}}=\dfrac{6}{10}=\dfrac{3}{5}$

$\therefore \sin x+\cos y=\dfrac{3}{5}+\dfrac{3}{5}=\dfrac{6}{5}$ 　답 $\dfrac{6}{5}$

051 $\triangle ABC\backsim\triangle AED$ (AA 닮음)이므로

$\angle ACB=\angle ADE=x$

$\therefore \sin x=\dfrac{\overline{AB}}{\overline{AC}}=\dfrac{12}{15}=\dfrac{4}{5}$

답 $\dfrac{4}{5}$

052 $\triangle ABC\backsim\triangle EBD$ (AA 닮음)

이므로 $\angle BDE=\angle BCA=x$

$\triangle DBE$에서

$\overline{DE}=\sqrt{10^2-8^2}=\sqrt{36}=6$

$\therefore \cos x=\dfrac{\overline{DE}}{\overline{BD}}=\dfrac{6}{10}=\dfrac{3}{5}$ 　답 $\dfrac{3}{5}$

053 $\triangle ABC\backsim\triangle ACH$ (AA 닮음)이므로

$\angle ABC=\angle ACH=x$

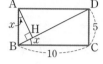

$\triangle ABC$에서 $\tan x=\dfrac{\overline{AC}}{\overline{BC}}$이므로

$\dfrac{\sqrt{5}}{2}=\dfrac{\overline{AC}}{4}$, $2\overline{AC}=4\sqrt{5}$

$\therefore \overline{AC}=2\sqrt{5}$

$\therefore \overline{AB}=\sqrt{4^2+(2\sqrt{5})^2}=\sqrt{36}=6$ 　답 ③

054 (1) $\triangle DBC\backsim\triangle BAH$ (AA 닮음)

이므로 $\angle DBC=\angle BAH=x$

$\triangle DBC$에서

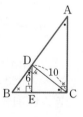

$\overline{BD}=\sqrt{10^2+5^2}=\sqrt{125}=5\sqrt{5}$

$\therefore \sin x=\dfrac{\overline{DC}}{\overline{BD}}=\dfrac{5}{5\sqrt{5}}=\dfrac{\sqrt{5}}{5}$ 　…❶

(2) $\triangle BAH$에서 $\sin x=\dfrac{\overline{BH}}{\overline{AB}}$이므로 $\dfrac{\sqrt{5}}{5}=\dfrac{\overline{BH}}{5}$

$5\overline{BH}=5\sqrt{5}$ 　 $\therefore \overline{BH}=\sqrt{5}$ 　…❷

답 (1) $\dfrac{\sqrt{5}}{5}$ (2) $\sqrt{5}$

채점 기준	배점
❶ $\sin x$의 값 구하기	60 %
❷ $\overline{BH}$의 길이 구하기	40 %

055 $\triangle ABC\backsim\triangle CBD\backsim\triangle CDE$ (AA 닮음)이므로

$\angle A=\angle DCE$, $\angle B=\angle CDE$

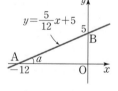

$\triangle DEC$에서 $\overline{EC}=\sqrt{10^2-6^2}=\sqrt{64}=8$

$\sin A=\sin(\angle DCE)=\dfrac{6}{10}=\dfrac{3}{5}$

$\sin B=\sin(\angle CDE)=\dfrac{8}{10}=\dfrac{4}{5}$

$\therefore \sin A+\sin B=\dfrac{3}{5}+\dfrac{4}{5}=\dfrac{7}{5}$ 　답 $\dfrac{7}{5}$

참고 $\triangle ABC\backsim\triangle ACD\backsim\triangle CBD\backsim\triangle CDE\backsim\triangle DBE$ (AA 닮음)

056 오른쪽 그림과 같이 직선

$y=\dfrac{5}{12}x+5$가 x축, y축과 만나

는 점을 각각 A, B라 하자.

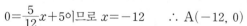

$y=\dfrac{5}{12}x+5$에 $y=0$을 대입하면

$0=\dfrac{5}{12}x+5$이므로 $x=-12$ 　 $\therefore A(-12,\ 0)$

$x=0$을 대입하면 $y=5$ 　 $\therefore B(0,\ 5)$

따라서 직각삼각형 AOB에서 $\overline{AO}=12$, $\overline{BO}=5$이므로

$\tan a=\dfrac{\overline{BO}}{\overline{AO}}=\dfrac{5}{12}$ 　답 $\dfrac{5}{12}$

057 일차방정식 $2x-3y+6=0$에

$y=0$을 대입하면 $2x+6=0$이므로 $x=-3$

$\therefore A(-3,\ 0)$

$x=0$을 대입하면 $-3y+6=0$이므로 $y=2$

$\therefore B(0,\ 2)$

직각삼각형 AOB에서
$\overline{AO}=3$, $\overline{BO}=2$이므로
$\overline{AB}=\sqrt{3^2+2^2}=\sqrt{13}$

$\sin a=\dfrac{2}{\sqrt{13}}=\dfrac{2\sqrt{13}}{13}$

$\cos a=\dfrac{3}{\sqrt{13}}=\dfrac{3\sqrt{13}}{13}$

$\therefore \sin a+\cos a=\dfrac{2\sqrt{13}}{13}+\dfrac{3\sqrt{13}}{13}=\dfrac{5\sqrt{13}}{13}$ 　　답 ③

058 오른쪽 그림과 같이 일차방정식
$2x+y-4=0$의 그래프가 x축, y축
과 만나는 점을 각각 A, B라 하자.
$2x+y-4=0$에
$y=0$을 대입하면 $2x-4=0$이므로
$x=2$
$\therefore A(2, 0)$
$x=0$을 대입하면 $y-4=0$이므로 $y=4$
$\therefore B(0, 4)$
직각삼각형 AOB에서
$\overline{OA}=2$, $\overline{BO}=4$이므로
$\overline{AB}=\sqrt{2^2+4^2}=\sqrt{20}=2\sqrt{5}$

$\sin a=\dfrac{4}{2\sqrt{5}}=\dfrac{2}{\sqrt{5}}=\dfrac{2\sqrt{5}}{5}$

$\cos a=\dfrac{2}{2\sqrt{5}}=\dfrac{1}{\sqrt{5}}=\dfrac{\sqrt{5}}{5}$

$\therefore \sin a-\cos a=\dfrac{2\sqrt{5}}{5}-\dfrac{\sqrt{5}}{5}=\dfrac{\sqrt{5}}{5}$ 　　답 $\dfrac{\sqrt{5}}{5}$

059 △FGH에서
$\overline{FH}=\sqrt{5^2+5^2}=\sqrt{50}=5\sqrt{2}$ (cm)
△BFH에서
$\overline{BH}=\sqrt{(5\sqrt{2})^2+5^2}=\sqrt{75}=5\sqrt{3}$ (cm)

$\therefore \sin x=\dfrac{\overline{BF}}{\overline{BH}}=\dfrac{5}{5\sqrt{3}}=\dfrac{\sqrt{3}}{3}$ 　　답 $\dfrac{\sqrt{3}}{3}$

060 △EFG에서
$\overline{EG}=\sqrt{(4\sqrt{2})^2+8^2}=\sqrt{96}=4\sqrt{6}$ (cm)
△AEG에서
$\overline{AG}=\sqrt{(4\sqrt{6})^2+5^2}=\sqrt{121}=11$ (cm)

$\therefore \cos x=\dfrac{\overline{EG}}{\overline{AG}}=\dfrac{4\sqrt{6}}{11}$ 　　답 ④

061 $\overline{BM}=3$ cm이므로 △ABM에서
$\overline{AM}=\overline{DM}=\sqrt{6^2-3^2}=\sqrt{27}=3\sqrt{3}$ (cm)
오른쪽 그림과 같이 점 A에서 $\overline{DM}$
에 내린 수선의 발을 H라 하면 점
H는 삼각형 BCD의 무게중심이다.
$\therefore \overline{MH}=\dfrac{1}{3}\overline{DM}=\dfrac{1}{3}\times3\sqrt{3}$
　　$=\sqrt{3}$ (cm)

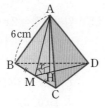

△AMH에서
$\overline{AH}=\sqrt{(3\sqrt{3})^2-(\sqrt{3})^2}=\sqrt{24}=2\sqrt{6}$ (cm)

$\therefore \tan x=\dfrac{\overline{AH}}{\overline{MH}}=\dfrac{2\sqrt{6}}{\sqrt{3}}=2\sqrt{2}$ 　　답 $2\sqrt{2}$

참고 △ABC의 무게중심을 H라 하면
$\overline{AH}:\overline{HM}=2:1$

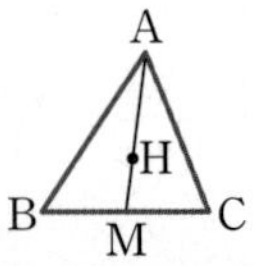

Theme 02 **30°, 45°, 60°의 삼각비의 값** 16~18쪽

062 ① $\sin 30°+\cos 60°=\dfrac{1}{2}+\dfrac{1}{2}=1$

② $\tan 30°-\sin 45°=\dfrac{\sqrt{3}}{3}-\dfrac{\sqrt{2}}{2}=\dfrac{2\sqrt{3}-3\sqrt{2}}{6}$

③ $\cos 30°\times\tan 60°=\dfrac{\sqrt{3}}{2}\times\sqrt{3}=\dfrac{3}{2}$

④ $\sin 60°\times\cos 30°=\dfrac{\sqrt{3}}{2}\times\dfrac{\sqrt{3}}{2}=\dfrac{3}{4}$

⑤ $\tan 45°\div\cos 45°=1\div\dfrac{\sqrt{2}}{2}$
　　　　　　　　　$=1\times\dfrac{2}{\sqrt{2}}=\sqrt{2}$

따라서 옳은 것은 ①, ⑤이다. 　　답 ①, ⑤

063 $\sqrt{3}\tan 60°-\dfrac{\sin 60°}{4\cos 30°}=\sqrt{3}\times\sqrt{3}-\dfrac{\sqrt{3}}{2}\div\left(4\times\dfrac{\sqrt{3}}{2}\right)$
　　　　　　　　　　　　$=3-\dfrac{1}{4}=\dfrac{11}{4}$ 　　답 $\dfrac{11}{4}$

064 점 M이 빗변 BC의 중점이므로
점 M은 직각삼각형 ABC의 외
심이다. 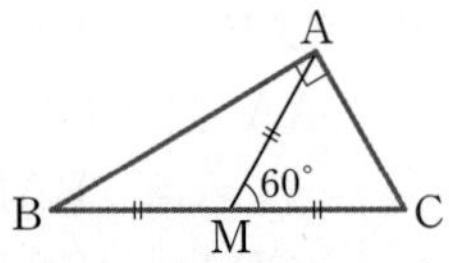
따라서 $\overline{MA}=\overline{MB}=\overline{MC}$이므로
$\angle C=\dfrac{1}{2}\times(180°-60°)=60°$

$\therefore \dfrac{\overline{AB}}{\overline{BC}}=\sin C=\sin 60°=\dfrac{\sqrt{3}}{2}$ 　　답 $\dfrac{\sqrt{3}}{2}$

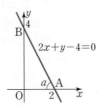

065 $A=180°\times\dfrac{3}{2+3+7}=45°$

$\therefore (\sin A+\cos A)\times\tan A$
　$=(\sin 45°+\cos 45°)\times\tan 45°$
　$=\left(\dfrac{\sqrt{2}}{2}+\dfrac{\sqrt{2}}{2}\right)\times1=\sqrt{2}$ 　　답 $\sqrt{2}$

066 $0°<x<40°$에서 $0°<2x<80°$
$\therefore 10°<2x+10°<90°$

$\cos 30°=\dfrac{\sqrt{3}}{2}$이므로 $2x+10°=30°$

$2x=20°$ 　　$\therefore x=10°$ 　　답 $10°$

067 $\tan B=\dfrac{6}{2\sqrt{3}}=\sqrt{3}$

$\therefore \angle B=60°$ 　　답 $60°$

068 $0° < x < 25°$에서 $0° < 3x < 75°$

$\therefore\ 15° < 3x + 15° < 90°$

$\sin 60° = \frac{\sqrt{3}}{2}$이므로 $3x + 15° = 60°$

$3x = 45° \quad \therefore\ x = 15°$

$\therefore\ \cos 2x = \cos 30° = \frac{\sqrt{3}}{2}$ 답 $\frac{\sqrt{3}}{2}$

069 $\tan 45° = 1$이므로 $\cos 3x = \frac{1}{2}$

$0° < x < 30°$에서 $0° < 3x < 90°$

$\cos 60° = \frac{1}{2}$이므로

$3x = 60° \quad \therefore\ x = 20°$ 답 $20°$

070 $\triangle$ABH에서

$\cos 60° = \frac{\overline{BH}}{\overline{AB}},\ \frac{1}{2} = \frac{2}{x} \quad \therefore\ x = 4$

$\sin 60° = \frac{\overline{AH}}{\overline{AB}},\ \frac{\sqrt{3}}{2} = \frac{\overline{AH}}{4} \quad \therefore\ \overline{AH} = 2\sqrt{3}$

$\triangle$AHC에서

$\sin 45° = \frac{\overline{AH}}{\overline{AC}},\ \frac{\sqrt{2}}{2} = \frac{2\sqrt{3}}{y} \quad \therefore\ y = 2\sqrt{6}$ 답 ④

071 $\triangle$ABC에서

$\tan 60° = \frac{\overline{BC}}{\overline{AB}},\ \sqrt{3} = \frac{\overline{BC}}{\sqrt{3}} \quad \therefore\ \overline{BC} = 3$

$\triangle$BCD에서

$\sin 45° = \frac{\overline{BC}}{\overline{BD}},\ \frac{\sqrt{2}}{2} = \frac{3}{\overline{BD}} \quad \therefore\ \overline{BD} = 3\sqrt{2}$ 답 $3\sqrt{2}$

072 $\triangle$ABC에서

$\cos 30° = \frac{\overline{AC}}{\overline{BC}},\ \frac{\sqrt{3}}{2} = \frac{\overline{AC}}{8} \quad \therefore\ \overline{AC} = 4\sqrt{3}$

$\triangle$ACD에서

$\sin 45° = \frac{\overline{CD}}{\overline{AC}},\ \frac{\sqrt{2}}{2} = \frac{\overline{CD}}{4\sqrt{3}} \quad \therefore\ \overline{CD} = 2\sqrt{6}$ 답 ③

073 $\triangle$ADE에서

$\sin 45° = \frac{\overline{AD}}{\overline{AE}},\ \frac{\sqrt{2}}{2} = \frac{\overline{AD}}{10} \quad \therefore\ \overline{AD} = 5\sqrt{2}$ (cm)

$\triangle$ADF에서 $\angle AFD = \angle ACB = 60°$ (동위각)이므로

$\tan 60° = \frac{\overline{AD}}{\overline{DF}},\ \sqrt{3} = \frac{5\sqrt{2}}{\overline{DF}} \quad \therefore\ \overline{DF} = \frac{5\sqrt{6}}{3}$ (cm)

$\therefore\ \triangle ADF = \frac{1}{2} \times \frac{5\sqrt{6}}{3} \times 5\sqrt{2} = \frac{25\sqrt{3}}{3}$ (cm^2)

답 $\frac{25\sqrt{3}}{3}\ \text{cm}^2$

074 $\triangle$ADC에서 $\angle CAD = 30°$이므로

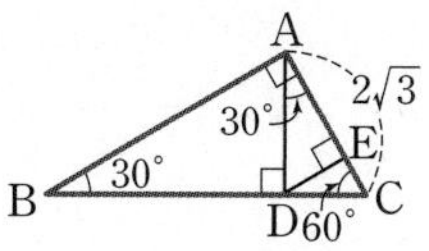

$\cos 30° = \frac{\overline{AD}}{\overline{AC}},\ \frac{\sqrt{3}}{2} = \frac{\overline{AD}}{2\sqrt{3}}$

$\therefore\ \overline{AD} = 3$

$\triangle$ADE에서

$\sin 30° = \frac{\overline{DE}}{\overline{AD}},\ \frac{1}{2} = \frac{\overline{DE}}{3} \quad \therefore\ \overline{DE} = \frac{3}{2}$ 답 $\frac{3}{2}$

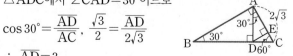

075 $\overline{BD} = \overline{AD}$이므로 $\triangle$BDA는 이등변삼각형이다.

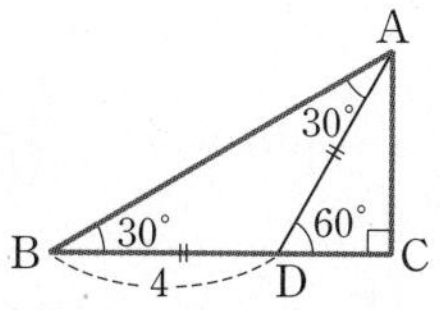

즉, $\angle BAD = \angle ABD = 30°$

$\therefore\ \angle ADC = \angle ABD + \angle BAD$

$= 30° + 30° = 60°$ …❶

$\triangle$ADC에서

$\sin 60° = \frac{\overline{AC}}{\overline{AD}},\ \frac{\sqrt{3}}{2} = \frac{\overline{AC}}{4} \quad \therefore\ \overline{AC} = 2\sqrt{3}$ …❷

$\triangle$ABC에서

$\sin 30° = \frac{\overline{AC}}{\overline{AB}},\ \frac{1}{2} = \frac{2\sqrt{3}}{\overline{AB}} \quad \therefore\ \overline{AB} = 4\sqrt{3}$ …❸

답 $4\sqrt{3}$

채점 기준	배점
❶ $\angle$ADC의 크기 구하기	30 %
❷ $\overline{AC}$의 길이 구하기	35 %
❸ $\overline{AB}$의 길이 구하기	35 %

076 $\triangle$COP에서 $\angle OCP = 180° - (90° + 60°) = 30°$이고

$\overline{AO} = \overline{CO}$이므로

$\frac{\overline{PO}}{\overline{AO}} = \frac{\overline{PO}}{\overline{CO}} = \tan 30° = \frac{\sqrt{3}}{3}$ 답 $\frac{\sqrt{3}}{3}$

077 $\triangle$ABD에서 $\angle BAD = 30° - 15° = 15°$이므로

$\overline{AD} = \overline{BD} = 6$

$\triangle$ADC에서

$\cos 30° = \frac{\overline{DC}}{\overline{AD}},\ \frac{\sqrt{3}}{2} = \frac{\overline{DC}}{6} \quad \therefore\ \overline{DC} = 3\sqrt{3}$

$\sin 30° = \frac{\overline{AC}}{\overline{AD}},\ \frac{1}{2} = \frac{\overline{AC}}{6} \quad \therefore\ \overline{AC} = 3$

따라서 $\triangle$ABC에서

$\tan 15° = \frac{\overline{AC}}{\overline{BC}} = \frac{3}{6 + 3\sqrt{3}} = \frac{1}{2 + \sqrt{3}} = 2 - \sqrt{3}$ 답 ②

078 $\triangle$ADC에서

$\cos 30° = \frac{\overline{AD}}{\overline{AC}},\ \frac{\sqrt{3}}{2} = \frac{\overline{AD}}{8} \quad \therefore\ \overline{AD} = 4\sqrt{3}$

$\triangle$ABD에서

$\overline{BD} = \sqrt{9^2 - (4\sqrt{3})^2} = \sqrt{33}$

$\therefore\ \tan x = \frac{\overline{BD}}{\overline{AD}} = \frac{\sqrt{33}}{4\sqrt{3}} = \frac{\sqrt{11}}{4}$ 답 ②

079 $\triangle$ABD에서

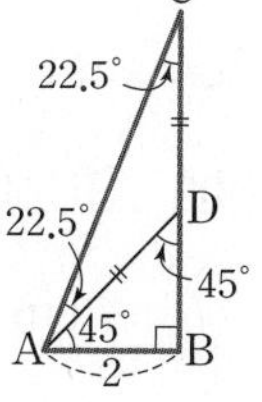

$\tan 45° = \frac{\overline{BD}}{\overline{AB}},\ 1 = \frac{\overline{BD}}{2}$

$\therefore\ \overline{BD} = 2$

$\cos 45° = \frac{\overline{AB}}{\overline{AD}},\ \frac{\sqrt{2}}{2} = \frac{2}{\overline{AD}}$

$\therefore\ \overline{AD} = 2\sqrt{2}$ …❶

$\overline{CD} = \overline{AD} = 2\sqrt{2}$이고

$\angle DAC = \angle DCA = \frac{1}{2}\angle ADB = 22.5°$이므로

$\angle CAB = 22.5° + 45° = 67.5°$ …❷

따라서 △ABC에서

$$\tan 67.5° = \frac{\overline{BC}}{\overline{AB}} = \frac{2+2\sqrt{2}}{2} = 1+\sqrt{2}$$ ···❸

답 $1+\sqrt{2}$

채점 기준	배점
❶ $\overline{BD}$, $\overline{AD}$의 길이 각각 구하기	40 %
❷ ∠CAB의 크기 구하기	30 %
❸ $\tan 67.5°$의 값 구하기	30 %

080 구하는 직선의 방정식을 $y=ax+b$라 하면

$a=$(직선의 기울기)$=\tan 45°=1$

직선 $y=x+b$가 점 $(-2,\,0)$을 지나므로

$0=-2+b$ ∴ $b=2$

따라서 구하는 직선의 방정식은 $y=x+2$이다. 답 ③

081 구하는 예각의 크기를 a라 하면

$$\tan a = (직선의 기울기) = \frac{\sqrt{3}}{3}$$

$\tan 30° = \dfrac{\sqrt{3}}{3}$이므로 $a=30°$ 답 ①

082 구하는 직선의 방정식을 $y=ax+b$라 하면

$a=$(직선의 기울기)$=\tan 60°=\sqrt{3}$

직선 $y=\sqrt{3}x+b$가 점 $(3,\,0)$을 지나므로

$0=3\sqrt{3}+b$ ∴ $b=-3\sqrt{3}$

따라서 직선 $y=\sqrt{3}x-3\sqrt{3}$의 y절편은 $-3\sqrt{3}$이다. 답 ①

Theme 03 예각의 삼각비의 값 19~21쪽

083 $\overline{BC} /\!/ \overline{DE}$이므로 $y=z$ (동위각)

① $\sin x = \dfrac{\overline{BC}}{\overline{AC}} = \dfrac{\overline{BC}}{1} = \overline{BC}$

② $\sin z = \sin y = \dfrac{\overline{AB}}{\overline{AC}} = \dfrac{\overline{AB}}{1} = \overline{AB}$

③ $\cos y = \dfrac{\overline{BC}}{\overline{AC}} = \dfrac{\overline{BC}}{1} = \overline{BC}$

④ $\cos x = \dfrac{\overline{AB}}{\overline{AC}} = \dfrac{\overline{AB}}{1} = \overline{AB}$

⑤ $\tan x = \dfrac{\overline{DE}}{\overline{AD}} = \dfrac{\overline{DE}}{1} = \overline{DE}$

따라서 옳지 않은 것은 ④이다. 답 ④

084 $\sin 41° = \dfrac{\overline{AB}}{\overline{OA}} = \dfrac{0.66}{1} = 0.66$ 답 ①

085 $\overline{AF} /\!/ \overline{BC}$이므로 ∠ACB$=x$ (엇각)

∴ $\sin x = \dfrac{\overline{AB}}{\overline{AC}} = \dfrac{\overline{AB}}{1} = \overline{AB}$ 답 ①

086 ∠OAB$=180°-(40°+90°)=50°$

① $\sin 40° = \dfrac{\overline{AB}}{\overline{OA}} = \dfrac{0.64}{1} = 0.64$

② $\cos 40° = \dfrac{\overline{OB}}{\overline{OA}} = \dfrac{0.77}{1} = 0.77$

③ $\sin 50° = \dfrac{\overline{OB}}{\overline{OA}} = \dfrac{0.77}{1} = 0.77$

④ $\cos 50° = \dfrac{\overline{AB}}{\overline{OA}} = \dfrac{0.64}{1} = 0.64$

⑤ $\tan 40° = \dfrac{\overline{CD}}{\overline{OD}} = \dfrac{0.84}{1} = 0.84$

따라서 옳은 것은 ⑤이다. 답 ⑤

087 $\tan x = \dfrac{\overline{OF}}{\overline{EF}} = \dfrac{\overline{OF}}{1} = \overline{OF}$

$\overline{AB} /\!/ \overline{EF}$에서

∠OAB$=$∠OEF$=x$ (동위각)이므로

$\sin x = \dfrac{\overline{OB}}{\overline{OA}} = \dfrac{\overline{OB}}{1} = \overline{OB}$

∴ $\tan x - \sin x = \overline{OF} - \overline{OB} = \overline{BF}$ 답 ④

088 ① $\sin 0° + \cos 90° = 0+0 = 0$

② $\tan 45° - \sin 90° = 1-1 = 0$

③ $\sin 30° + \cos 45° \times \sin 0° = \dfrac{1}{2} + \dfrac{\sqrt{2}}{2} \times 0 = \dfrac{1}{2}$

④ $\sin 90° \times \cos 0° + \tan 0° \times \cos 90°$
$= 1 \times 1 + 0 \times 0 = 1$

⑤ $\sin 45° \times \cos 45° + \tan 45° \times \cos 0°$
$= \dfrac{\sqrt{2}}{2} \times \dfrac{\sqrt{2}}{2} + 1 \times 1 = \dfrac{3}{2}$

따라서 계산 결과가 가장 큰 것은 ⑤이다. 답 ⑤

089 ① $\sin 0° = 0$, $\cos 90° = 0$, $\tan 90°$의 값은 정할 수 없다.

② $\sin 0° = 0$, $\cos 0° = 1$, $\tan 0° = 0$

③ $\sin 90° = \cos 0° = \tan 45° = 1$

④ $\sin 45° = \dfrac{\sqrt{2}}{2}$, $\cos 45° = \dfrac{\sqrt{2}}{2}$, $\tan 45° = 1$

⑤ $\sin 90° = 1$, $\cos 90° = 0$, $\tan 90°$의 값은 정할 수 없다.

따라서 옳은 것은 ③이다. 답 ③

090

$$\frac{\tan 45° \times \sin 90° + \cos 45° \times \sin 0°}{\cos 0° \times \sin 45°}$$

$$= \frac{1 \times 1 + \dfrac{\sqrt{2}}{2} \times 0}{1 \times \dfrac{\sqrt{2}}{2}} = \sqrt{2}$$ 답 $\sqrt{2}$

091 $0° \le x \le 60°$에서 $30° \le x+30° \le 90°$

$\sin(x+30°)=1$이므로

$x+30°=90°$ ∴ $x=60°$ ···❶

∴ $\sin x + \cos \dfrac{x}{2} = \sin 60° + \cos 30°$

$$= \frac{\sqrt{3}}{2} + \frac{\sqrt{3}}{2}$$

$$= \sqrt{3}$$ ···❷

답 $\sqrt{3}$

채점 기준	배점
❶ x의 크기 구하기	50 %
❷ $\sin x + \cos \dfrac{x}{2}$의 값 구하기	50 %

092 ① $0° \le x < 45°$일 때, $\sin x < \cos x$이므로

$\sin 37° < \cos 37°$

② $45° < x < 90°$일 때, $\sin x > \cos x$이므로

$\sin 80° > \cos 80°$

③, ④ $0° < x < 90°$일 때, x의 크기가 증가하면

$\sin x$, $\tan x$의 값은 각각 증가하므로

$\sin 72° > \sin 50°$, $\tan 40° > \tan 10°$

⑤ $\tan 70° > 1$, $0 < \cos 80° < 1$이므로

$\tan 70° > \cos 80°$

따라서 옳은 것은 ⑤이다. **답** ⑤

093 $\tan 45° = 1$, $\cos 90° = 0$이고

$0 < \sin 4° < \sin 35° < \sin 45° = \cos 45° < \sin 80° < 1$

이므로

$\cos 90° < \sin 4° < \sin 35° < \cos 45° < \sin 80° < \tan 45°$

따라서 크기가 작은 것부터 차례로 나열하면 ㅂ, ㄱ, ㄴ, ㄷ, ㅁ, ㄹ이다.

답 ㅂ, ㄱ, ㄴ, ㄷ, ㅁ, ㄹ

094 ① $0° < A < 45°$일 때, $\sin A < \cos A$

③ $45° < A < 90°$일 때, $\cos A < \sin A < \tan A$

⑤ $0° \le A < 90°$일 때, $\tan A \ge 0$

따라서 옳은 것은 ②, ④이다. **답** ②, ④

095 $45° < A < 90°$일 때, $0 < \cos A < \sin A$이므로

$\sin A + \cos A > 0$, $\cos A - \sin A < 0$

$\therefore \sqrt{(\sin A + \cos A)^2} - \sqrt{(\cos A - \sin A)^2}$

$= (\sin A + \cos A) - \{-(\cos A - \sin A)\}$

$= \sin A + \cos A + \cos A - \sin A$

$= 2\cos A$ **답** ⑤

096 $0° < A < 45°$일 때, $0 < \tan A < 1$이므로

$1 + \tan A > 0$, $\tan A - \tan 45° = \tan A - 1 < 0$

$\therefore \sqrt{(1 + \tan A)^2} + \sqrt{(\tan A - \tan 45°)^2}$

$= (1 + \tan A) - (\tan A - 1)$

$= 2$ **답** ③

097 $45° < x < 90°$일 때, $0 < \cos x < 1 < \tan x$이므로

$\cos x - \tan x < 0$, $\cos x - 1 < 0$

$\therefore \sqrt{(\cos x - \tan x)^2} - \sqrt{(\cos x - 1)^2}$

$= -(\cos x - \tan x) - \{-(\cos x - 1)\}$

$= -\cos x + \tan x + \cos x - 1$

$= \tan x - 1 = 2$

$\therefore \tan x = 3$ **답** 3

098 $\tan 47° - \sin 49° + \cos 48°$

$= 1.0724 - 0.7547 + 0.6691$

$= 0.9868$ **답** 0.9868

099 $\sin 34° = 0.5592$이므로 $x = 34°$

$\cos 33° = 0.8387$이므로 $y = 33°$

$\tan 35° = 0.7002$이므로 $z = 35°$

$\therefore x - y + z = 34° - 33° + 35° = 36°$ **답** 36°

100 $\angle A = 180° - (46° + 90°) = 44°$이므로

$\tan 44° = \dfrac{\overline{BC}}{\overline{AC}} = \dfrac{x}{10} = 0.9657$

$\therefore x = 10 \times 0.9657 = 9.657$ **답** 9.657

 **Step 3 발전 문제** 22~24쪽

101 $\overline{CO} = \overline{CA} + \overline{AO} = 2 \times 1 + 3 = 5$, $\overline{OP} = 3$

$\triangle PCO$에서 $\overline{PC} = \sqrt{5^2 - 3^2} = \sqrt{16} = 4$

$\therefore \sin x \times \tan x = \dfrac{3}{5} \times \dfrac{3}{4} = \dfrac{9}{20}$ **답** ②

102 $\sin(90° - A) = \dfrac{5}{13}$이므로

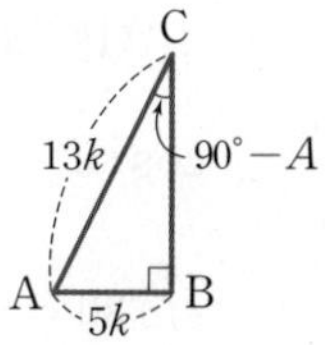

오른쪽 그림과 같은 직각삼각형

ABC에서 $\overline{AB} = 5k$,

$\overline{AC} = 13k\,(k > 0)$라 하면

$\overline{BC} = \sqrt{(13k)^2 - (5k)^2} = 12k$이므로

$\cos A = \dfrac{5k}{13k} = \dfrac{5}{13}$, $\tan A = \dfrac{12k}{5k} = \dfrac{12}{5}$

$\therefore \cos A \times \tan A = \dfrac{5}{13} \times \dfrac{12}{5} = \dfrac{12}{13}$ **답** $\dfrac{12}{13}$

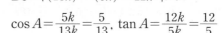

103 $\triangle ADC$에서 $\cos y = \dfrac{\overline{DC}}{\overline{AD}} = \dfrac{\sqrt{5}}{5}$이므로

$\overline{AD} = 5a$, $\overline{DC} = \sqrt{5}a\,(a > 0)$라 하면

$\overline{AC} = \sqrt{(5a)^2 - (\sqrt{5}a)^2} = 2\sqrt{5}a$

$\triangle ABC$에서 $\tan x = \dfrac{\overline{AC}}{\overline{BC}} = \dfrac{3}{4}$이므로

$\dfrac{2\sqrt{5}a}{10 + \sqrt{5}a} = \dfrac{3}{4}$, $3(10 + \sqrt{5}a) = 8\sqrt{5}a$

$5\sqrt{5}a = 30$ $\therefore a = \dfrac{30}{5\sqrt{5}} = \dfrac{6\sqrt{5}}{5}$

$\therefore \overline{AC} = 2\sqrt{5}a = 2\sqrt{5} \times \dfrac{6\sqrt{5}}{5} = 12$ **답** ④

104 $\angle B = 90° - \angle BAD$

$\quad = \angle DAC = x$

$\angle CDE = 90° - \angle ADE$

$\quad = \angle DAC = x$

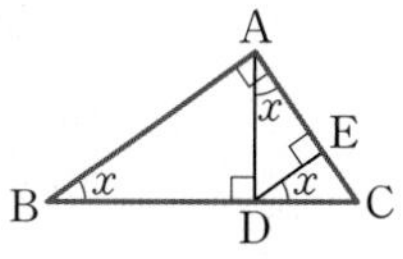

① $\triangle ADE$에서 $\cos x = \dfrac{\overline{AE}}{\overline{AD}}$

② $\triangle ABC$에서 $\cos x = \dfrac{\overline{AB}}{\overline{BC}}$

③ $\triangle ABD$에서 $\cos x = \dfrac{\overline{BD}}{\overline{AB}}$

④ $\triangle DCE$에서 $\cos x = \dfrac{\overline{DE}}{\overline{CD}}$

⑤ $\triangle ADC$에서 $\cos x = \dfrac{\overline{AD}}{\overline{AC}}$

따라서 $\cos x$를 나타내는 것이 아닌 것은 ④이다. **답** ④

105 정육면체의 한 모서리의 길이를 a라 하면

$\triangle$HEF에서

$\overline{HF}=\sqrt{a^2+a^2}=\sqrt{2}a$

$\triangle$BHF에서

$\overline{BH}=\sqrt{(\sqrt{2}a)^2+a^2}=\sqrt{3}a$

$\therefore \cos x=\dfrac{\overline{HF}}{\overline{BH}}=\dfrac{\sqrt{2}a}{\sqrt{3}a}=\dfrac{\sqrt{6}}{3}$

目 ⑤

106 $\triangle$ADE에서

$\cos 30°=\dfrac{\overline{AD}}{\overline{AE}}$, $\dfrac{\sqrt{3}}{2}=\dfrac{\overline{AD}}{16}$ $\therefore \overline{AD}=8\sqrt{3}$ (cm)

$\triangle$ACD에서

$\cos 30°=\dfrac{\overline{AC}}{\overline{AD}}$, $\dfrac{\sqrt{3}}{2}=\dfrac{\overline{AC}}{8\sqrt{3}}$ $\therefore \overline{AC}=12$(cm)

$\triangle$ABC에서

$\cos 30°=\dfrac{\overline{AB}}{\overline{AC}}$, $\dfrac{\sqrt{3}}{2}=\dfrac{\overline{AB}}{12}$ $\therefore \overline{AB}=6\sqrt{3}$ (cm)

$\sin 30°=\dfrac{\overline{BC}}{\overline{AC}}$, $\dfrac{1}{2}=\dfrac{\overline{BC}}{12}$ $\therefore \overline{BC}=6$(cm)

$\therefore \triangle$ABC$=\dfrac{1}{2}\times 6\sqrt{3}\times 6=18\sqrt{3}$ (cm²)

目 $18\sqrt{3}$ cm²

107 $\sin x=\dfrac{\overline{AH}}{\overline{OA}}=\dfrac{\overline{AH}}{r}$ $\therefore \overline{AH}=r\sin x$

$\tan x=\dfrac{\overline{TB}}{\overline{OB}}=\dfrac{\overline{TB}}{r}$ $\therefore \overline{TB}=r\tan x$

$\cos x=\dfrac{\overline{OH}}{\overline{OA}}=\dfrac{\overline{OH}}{r}$ $\therefore \overline{OH}=r\cos x$

$\therefore \overline{HB}=\overline{OB}-\overline{OH}=r-r\cos x$

따라서 차례로 고른 것은 ③이다.

目 ③

108 $0°<A<45°$일 때, $0<\sin A<\cos A$이므로

$\sin A-\cos A<0$, $\sin A+\cos A>0$

$\therefore \sqrt{(\sin A-\cos A)^2}+\sqrt{(\sin A+\cos A)^2}$

$=-(\sin A-\cos A)+(\sin A+\cos A)$

$=2\cos A$

즉, $2\cos A=\dfrac{30}{17}$ $\therefore \cos A=\dfrac{15}{17}$

$\cos A=\dfrac{15}{17}$이므로 오른쪽 그림과

같은 직각삼각형 ABC에서

$\overline{AB}=15k$, $\overline{AC}=17k$ ($k>0$)라

하면

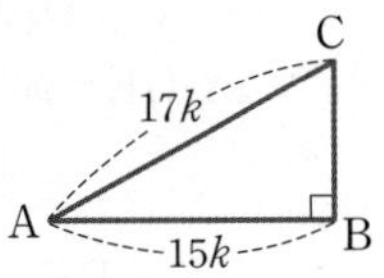

$\overline{BC}=\sqrt{(17k)^2-(15k)^2}=8k$

$\therefore \tan A=\dfrac{\overline{BC}}{\overline{AB}}=\dfrac{8k}{15k}=\dfrac{8}{15}$

目 $\dfrac{8}{15}$

109 $\angle$AOB$=x$라 하면

$\overline{OB}=\cos x=0.7771$

이때 $\cos 39°=0.7771$이므로 $x=39°$

$\overline{AB}=\sin 39°=0.6293$, $\overline{CD}=\tan 39°=0.8098$

$\therefore \overline{AB}+\overline{CD}=0.6293+0.8098=1.4391$

目 1.4391

110 점 I가 $\triangle$ABC의 내심이므로

$\angle$BIC$=90°+\dfrac{1}{2}\angle$A에서 $120°=90°+\dfrac{1}{2}\angle$A

$\dfrac{1}{2}\angle$A$=30°$ $\therefore \angle$A$=60°$

$\angle$ACB$=180°-(60°+90°)=30°$

$\therefore \tan A-\cos C=\tan 60°-\cos 30°$

$=\sqrt{3}-\dfrac{\sqrt{3}}{2}=\dfrac{\sqrt{3}}{2}$

目 $\dfrac{\sqrt{3}}{2}$

111 $\overline{BD}:\overline{DC}=2:1$이므로 $\overline{DC}=k$, $\overline{BD}=2k$ ($k>0$)라 하면

$\tan x=\dfrac{\overline{DC}}{\overline{AC}}$, $\dfrac{1}{4}=\dfrac{k}{\overline{AC}}$ $\therefore \overline{AC}=4k$

$\triangle$ADC에서

$\overline{AD}=\sqrt{k^2+(4k)^2}=\sqrt{17}k$

$\triangle$ABC에서

$\overline{AB}=\sqrt{(3k)^2+(4k)^2}=5k$

$\triangle$ABD$=\dfrac{1}{2}\times 2k\times 4k=4k^2$

오른쪽 그림과 같이 점 D에서 $\overline{AB}$에 내

린 수선의 발을 H라 하면

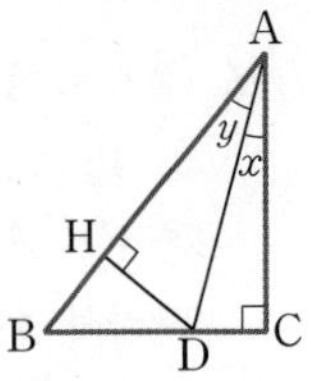

$\triangle$ABD$=\dfrac{1}{2}\times 5k\times \overline{DH}=4k^2$

$\therefore \overline{DH}=\dfrac{8}{5}k$

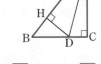

$\therefore \sin y=\dfrac{\overline{DH}}{\overline{AD}}=\dfrac{\dfrac{8}{5}k}{\sqrt{17}k}=\dfrac{8}{5\sqrt{17}}=\dfrac{8\sqrt{17}}{85}$

目 $\dfrac{8\sqrt{17}}{85}$

112 $\triangle$ABC$\backsim\triangle$ADE (SAS 닮음)이고 $\triangle$ABC와 $\triangle$ADE

의 닮음비가 $2:1$이므로

$\overline{DE}=\dfrac{1}{2}\overline{BC}=\dfrac{1}{2}\times 24=12$

오른쪽 그림과 같이 점 D에서 $\overline{AE}$에 내

린 수선의 발을 H라 하면

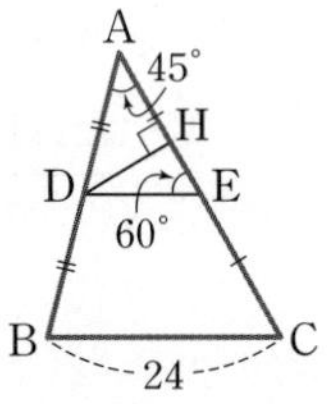

$\triangle$DEH에서

$\sin 60°=\dfrac{\overline{DH}}{\overline{DE}}$, $\dfrac{\sqrt{3}}{2}=\dfrac{\overline{DH}}{12}$

$\therefore \overline{DH}=6\sqrt{3}$

$\triangle$ADH에서

$\sin 45°=\dfrac{\overline{DH}}{\overline{AD}}$, $\dfrac{\sqrt{2}}{2}=\dfrac{6\sqrt{3}}{\overline{AD}}$ $\therefore \overline{AD}=6\sqrt{6}$

目 ④

113 $\triangle$ABC는 $\overline{AB}=\overline{AC}$인 이등변삼각형이므로

$\angle$B$=\angle$C$=\dfrac{1}{2}\times(180°-30°)=75°$

오른쪽 그림과 같이 점 B에서 $\overline{AC}$에 내린

수선의 발을 H라 하면 $\triangle$ABH에서

$\sin 30°=\dfrac{\overline{BH}}{\overline{AB}}$, $\dfrac{1}{2}=\dfrac{\overline{BH}}{6}$

$\therefore \overline{BH}=3$

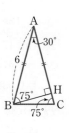

$\cos 30°=\dfrac{\overline{AH}}{\overline{AB}}$, $\dfrac{\sqrt{3}}{2}=\dfrac{\overline{AH}}{6}$

$\therefore \overline{AH}=3\sqrt{3}$

$\overline{CH}=\overline{AC}-\overline{AH}=6-3\sqrt{3}$이므로

△BCH에서

$$\tan 75° = \dfrac{\overline{BH}}{\overline{CH}} = \dfrac{3}{6-3\sqrt{3}} = \dfrac{1}{2-\sqrt{3}} = 2+\sqrt{3}$$

답 $2+\sqrt{3}$

114 $\sqrt{3}x - y + 3 = 0$에서 $y = \sqrt{3}x + 3$

$y = 0$일 때, $0 = \sqrt{3}x + 3$이므로 $x = -\sqrt{3}$

$\therefore A(-\sqrt{3},\ 0)$

직선 $y = \sqrt{3}x + 3$이 x축과 이루는 예각의 크기를 a라 하면

$\tan a = \sqrt{3}$ $\therefore a = 60°$

구하는 직선의 방정식을 $y = mx + n$이라 하면

$m = (\text{직선의 기울기}) = \tan 30° = \dfrac{\sqrt{3}}{3}$

직선 $y = \dfrac{\sqrt{3}}{3}x + n$이 점 $A(-\sqrt{3},\ 0)$을 지나므로

$0 = -1 + n$에서 $n = 1$

$\therefore y = \dfrac{\sqrt{3}}{3}x + 1$

답 $y = \dfrac{\sqrt{3}}{3}x + 1$

115 △ABC에서

$\cos a = \dfrac{\overline{AB}}{\overline{AC}},\ \dfrac{3}{4} = \dfrac{\overline{AB}}{8}$ $\therefore \overline{AB} = 6$

$\therefore \overline{BC} = \sqrt{8^2 - 6^2} = \sqrt{28} = 2\sqrt{7}$

△ADE에서

$\overline{BD} = \overline{AD} - \overline{AB} = 8 - 6 = 2$

$\tan a = \dfrac{\overline{BC}}{\overline{AB}} = \dfrac{\overline{DE}}{\overline{AD}},\ \dfrac{2\sqrt{7}}{6} = \dfrac{\overline{DE}}{8}$ $\therefore \overline{DE} = \dfrac{8\sqrt{7}}{3}$

$\therefore \square BDEC = \dfrac{1}{2} \times \left(2\sqrt{7} + \dfrac{8\sqrt{7}}{3}\right) \times 2 = \dfrac{14\sqrt{7}}{3}$

답 $\dfrac{14\sqrt{7}}{3}$

교과서 속 **창의력 UP!**   25쪽

116 오른쪽 그림과 같이 $\overline{AD}$의 연장선과 $\overline{EF}$의 교점을 H라 하면

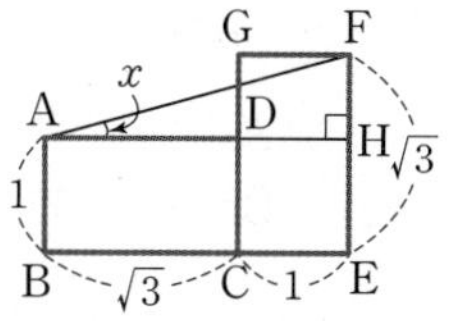

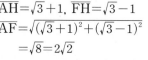

△AHF에서

$\overline{AH} = \sqrt{3} + 1,\ \overline{FH} = \sqrt{3} - 1$

$\overline{AF} = \sqrt{(\sqrt{3}+1)^2 + (\sqrt{3}-1)^2}$
$\quad = \sqrt{8} = 2\sqrt{2}$

$\therefore \cos x = \dfrac{\overline{AH}}{\overline{AF}} = \dfrac{\sqrt{3}+1}{2\sqrt{2}} = \dfrac{\sqrt{2}+\sqrt{6}}{4}$

답 $\dfrac{\sqrt{2}+\sqrt{6}}{4}$

117 $\angle APQ = x$ (접은 각), $\angle PQC = \angle APQ = x$ (엇각)이므로 △CPQ는 이등변삼각형이다.

$\therefore \overline{PC} = \overline{QC} = \overline{AP} = 6$

$\overline{CR} = \overline{AB} = 3$이므로

△QRC에서

$\overline{QR} = \sqrt{6^2 - 3^2} = 3\sqrt{3}$

오른쪽 그림과 같이 점 Q에서 $\overline{PC}$에 내린 수선의 발을 H라 할 때, $\overline{HQ} = \overline{CR} = 3$이고

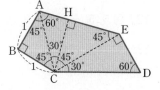

$\overline{HC} = \overline{QR} = 3\sqrt{3}$이므로

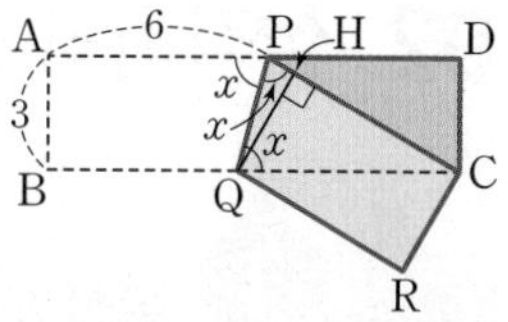

$\overline{PH} = \overline{PC} - \overline{HC} = 6 - 3\sqrt{3}$

따라서 △PQH에서

$\tan x = \dfrac{\overline{HQ}}{\overline{PH}} = \dfrac{3}{6-3\sqrt{3}} = \dfrac{1}{2-\sqrt{3}} = 2+\sqrt{3}$ 답 $2+\sqrt{3}$

118 오른쪽 그림과 같이 점 C에서 $\overline{AE}$에 내린 수선의 발을 H라 하면

△ABC에서

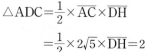

$\sin 45° = \dfrac{\overline{AB}}{\overline{AC}},$

$\dfrac{\sqrt{2}}{2} = \dfrac{1}{\overline{AC}}$ $\therefore \overline{AC} = \sqrt{2}$

△ACH에서

$\cos 30° = \dfrac{\overline{CH}}{\overline{AC}},\ \dfrac{\sqrt{3}}{2} = \dfrac{\overline{CH}}{\sqrt{2}}$ $\therefore \overline{CH} = \dfrac{\sqrt{6}}{2}$

△CEH에서

$\sin 45° = \dfrac{\overline{CH}}{\overline{CE}},\ \dfrac{\sqrt{2}}{2} = \dfrac{\dfrac{\sqrt{6}}{2}}{\overline{CE}}$ $\therefore \overline{CE} = \sqrt{3}$

△CDE에서

$\tan 30° = \dfrac{\overline{ED}}{\overline{CE}},\ \dfrac{\sqrt{3}}{3} = \dfrac{\overline{ED}}{\sqrt{3}}$ $\therefore \overline{ED} = 1$ 답 1

119 △ABD에서

$\overline{AB} = \overline{BD}$이므로 $\angle DAB = 45°$

$\cos 45° = \dfrac{\overline{AB}}{\overline{AD}},\ \dfrac{\sqrt{2}}{2} = \dfrac{\overline{AB}}{2\sqrt{2}}$ $\therefore \overline{AB} = 2$

$\therefore \overline{BD} = \overline{CD} = \overline{AB} = 2$

△ABC에서

$\overline{AC} = \sqrt{2^2 + 4^2} = \sqrt{20} = 2\sqrt{5}$

$\triangle ADC = \dfrac{1}{2} \times \overline{DC} \times \overline{AB} = \dfrac{1}{2} \times 2 \times 2 = 2$

오른쪽 그림과 같이 점 D에서 $\overline{AC}$에 내린 수선의 발을 H라 하면

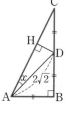

$\triangle ADC = \dfrac{1}{2} \times \overline{AC} \times \overline{DH}$

$\quad = \dfrac{1}{2} \times 2\sqrt{5} \times \overline{DH} = 2$

$\therefore \overline{DH} = \dfrac{2}{\sqrt{5}} = \dfrac{2\sqrt{5}}{5}$

△ADH에서

$\overline{AH} = \sqrt{(2\sqrt{2})^2 - \left(\dfrac{2\sqrt{5}}{5}\right)^2} = \dfrac{6\sqrt{5}}{5}$

$\therefore \cos x = \dfrac{\overline{AH}}{\overline{AD}} = \dfrac{6\sqrt{5}}{5} \times \dfrac{1}{2\sqrt{2}} = \dfrac{3\sqrt{10}}{10}$ 답 ④

02. 삼각비의 활용

120 답 8, 8, 4.56

121 답 8, 8, 6.56

122 답 5, 5, $\dfrac{10\sqrt{3}}{3}$

123 답 5, 5, $\dfrac{5\sqrt{3}}{3}$

124 답 $11\sin 64°$

125 답 $7\tan 32°$

126 △ABH에서

$\overline{AH}=8\sin 30°=8\times\dfrac{1}{2}=4$

$\overline{BH}=8\cos 30°=8\times\dfrac{\sqrt{3}}{2}=4\sqrt{3}$이므로

$\overline{CH}=\overline{BC}-\overline{BH}=6\sqrt{3}-4\sqrt{3}=2\sqrt{3}$

따라서 △AHC에서

$\overline{AC}=\sqrt{\overline{AH}^2+\overline{CH}^2}=\sqrt{4^2+(2\sqrt{3})^2}=\sqrt{28}=2\sqrt{7}$

답 4, $4\sqrt{3}$, $2\sqrt{3}$, 4, $2\sqrt{3}$, $2\sqrt{7}$

127 △ABH에서

$\overline{AH}=6\sin 60°=6\times\dfrac{\sqrt{3}}{2}=3\sqrt{3}$ 답 $3\sqrt{3}$

128 △ABH에서

$\overline{BH}=6\cos 60°=6\times\dfrac{1}{2}=3$ 답 3

129 $\overline{CH}=\overline{BC}-\overline{BH}=12-3=9$ 답 9

130 △AHC에서

$\overline{AC}=\sqrt{\overline{AH}^2+\overline{CH}^2}=\sqrt{(3\sqrt{3})^2+9^2}=\sqrt{108}=6\sqrt{3}$

답 $6\sqrt{3}$

131 △HBC에서

$\overline{CH}=12\sin 45°=12\times\dfrac{\sqrt{2}}{2}=6\sqrt{2}$

이때 △ABC에서 ∠A=$180°-(45°+75°)=60°$이므로

△AHC에서

$\overline{AC}=\dfrac{\overline{CH}}{\sin 60°}=6\sqrt{2}\div\dfrac{\sqrt{3}}{2}=6\sqrt{2}\times\dfrac{2}{\sqrt{3}}=4\sqrt{6}$

답 $6\sqrt{2}$, 60, 60, $4\sqrt{6}$

132 답 60, 45, 60, 45, $\sqrt{3}$, $4(\sqrt{3}-1)$

133 답 60, 30, 60, 30, $\sqrt{3}$, $\dfrac{\sqrt{3}}{3}$, $4\sqrt{3}$

134 △ABC=$\dfrac{1}{2}\times18\times16\times\sin 45°$

$=\dfrac{1}{2}\times18\times16\times\dfrac{\sqrt{2}}{2}$

$=72\sqrt{2}\,(\text{cm}^2)$ 답 $72\sqrt{2}$ cm²

135 △ABC=$\dfrac{1}{2}\times16\times12\times\sin(180°-120°)$

$=\dfrac{1}{2}\times16\times12\times\dfrac{\sqrt{3}}{2}$

$=48\sqrt{3}\,(\text{cm}^2)$ 답 $48\sqrt{3}$ cm²

136 답 $\dfrac{1}{2}ab\sin x$, $ab\sin x$

137 □ABCD=$8\times7\times\sin 60°$

$=8\times7\times\dfrac{\sqrt{3}}{2}$

$=28\sqrt{3}\,(\text{cm}^2)$ 답 $28\sqrt{3}$ cm²

138 □ABCD=$6\times10\times\sin(180°-135°)$

$=6\times10\times\dfrac{\sqrt{2}}{2}$

$=30\sqrt{2}\,(\text{cm}^2)$ 답 $30\sqrt{2}$ cm²

139 답 $ab\sin x$, $\dfrac{1}{2}ab\sin x$

140 □ABCD=$\dfrac{1}{2}\times6\times6\times\sin 60°$

$=\dfrac{1}{2}\times6\times6\times\dfrac{\sqrt{3}}{2}$

$=9\sqrt{3}\,(\text{cm}^2)$ 답 $9\sqrt{3}$ cm²

141 □ABCD=$\dfrac{1}{2}\times8\times10\times\sin(180°-120°)$

$=\dfrac{1}{2}\times8\times10\times\dfrac{\sqrt{3}}{2}$

$=20\sqrt{3}\,(\text{cm}^2)$ 답 $20\sqrt{3}$ cm²

Theme 04 삼각형의 변의 길이   30~33쪽

142 $x=4\sin 35°=4\times0.57=2.28$

$y=4\cos 35°=4\times0.82=3.28$

∴ $y-x=3.28-2.28=1$ 답 1

143 ∠B=$90°-56°=34°$

$\cos 34°=\dfrac{7}{\overline{AB}}$에서 $\overline{AB}=\dfrac{7}{\cos 34°}$

$\sin 56°=\dfrac{7}{\overline{AB}}$에서 $\overline{AB}=\dfrac{7}{\sin 56°}$

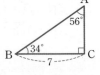

따라서 $\overline{AB}$의 길이를 나타내는 것은 ④, ⑤이다.

답 ④, ⑤

144 ∠A=$90°-25°=65°$이므로

$\overline{BC}=10\tan 65°=10\times2.14=21.4$ 답 21.4

145 △BCD에서

$\overline{BC}=6\cos 30°=6\times\dfrac{\sqrt{3}}{2}=3\sqrt{3}\,(\text{cm})$

$\overline{CD}=6\sin 30°=6\times\dfrac{1}{2}=3(cm)$

따라서 직육면체의 부피는

$3\sqrt{3}\times 3\times 4=36\sqrt{3}(cm^3)$ 🅰 $36\sqrt{3}\ cm^3$

146 △ABC에서

$\overline{AC}=2\tan 30°=2\times\dfrac{\sqrt{3}}{3}=\dfrac{2\sqrt{3}}{3}$

따라서 삼각기둥의 부피는

$\left(\dfrac{1}{2}\times 2\times\dfrac{2\sqrt{3}}{3}\right)\times 3=2\sqrt{3}$ 🅰 $2\sqrt{3}$

147 △ABH에서

$\overline{AH}=12\sin 60°=12\times\dfrac{\sqrt{3}}{2}=6\sqrt{3}(cm)$

$\overline{BH}=12\cos 60°=12\times\dfrac{1}{2}=6(cm)$

따라서 원뿔의 부피는

$\dfrac{1}{3}\times\pi\times 6^2\times 6\sqrt{3}=72\sqrt{3}\pi(cm^3)$ 🅰 $72\sqrt{3}\pi\ cm^3$

148 $\overline{BC}=60\sin 52°$

$=60\times 0.79=47.4(m)$

따라서 지면에서 연까지의 높이는

$\overline{BD}=\overline{BC}+\overline{CD}$

$=47.4+1.5=48.9(m)$

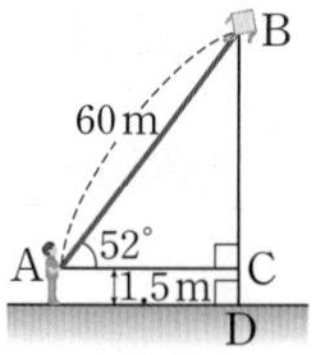

🅰 ②

149 $\overline{BC}=50\sin 55°=50\times 0.82$

$=41(m)$

따라서 폭포의 높이는 41 m이다.

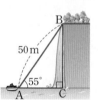

🅰 41 m

150 오른쪽 그림과 같이 점 A에서 $\overline{BC}$에 내린 수선의 발을 H라 하면

$\overline{BH}=20\ m$이므로

△ABH에서

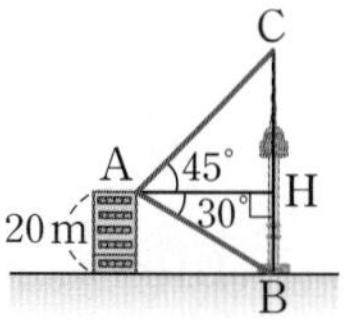

$\overline{AH}=\dfrac{20}{\tan 30°}=20\times\dfrac{3}{\sqrt{3}}$

$=20\sqrt{3}(m)$

△CAH에서

$\overline{CH}=20\sqrt{3}\tan 45°=20\sqrt{3}\times 1=20\sqrt{3}(m)$

$\therefore\ \overline{BC}=\overline{BH}+\overline{CH}=20+20\sqrt{3}(m)$

🅰 $(20+20\sqrt{3})$ m

151 △ABC에서

$\overline{AC}=10\tan 45°=10\times 1=10(m)$

△DBC에서

$\overline{CD}=10\tan 30°=10\times\dfrac{\sqrt{3}}{3}=\dfrac{10\sqrt{3}}{3}(m)$

$\therefore\ \overline{AD}=\overline{AC}-\overline{CD}=10-\dfrac{10\sqrt{3}}{3}(m)$

🅰 $\left(10-\dfrac{10\sqrt{3}}{3}\right)$ m

152 △DAC에서

$\overline{AC}=\dfrac{15}{\tan 30°}=15\times\dfrac{3}{\sqrt{3}}$

$=15\sqrt{3}(m)$ ···❶

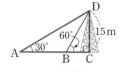

△DBC에서

$\overline{BC}=\dfrac{15}{\tan 60°}=15\times\dfrac{1}{\sqrt{3}}=5\sqrt{3}(m)$ ···❷

따라서 두 지점 A, B 사이의 거리는

$\overline{AB}=\overline{AC}-\overline{BC}=15\sqrt{3}-5\sqrt{3}$

$=10\sqrt{3}(m)$ ···❸

🅰 $10\sqrt{3}$ m

채점 기준	배점
❶ $\overline{AC}$의 길이 구하기	40 %
❷ $\overline{BC}$의 길이 구하기	40 %
❸ 두 지점 A, B 사이의 거리 구하기	20 %

153 △QCB에서

$\overline{CQ}=\dfrac{8}{\sin 30°}=8\times\dfrac{2}{1}=16(m)$

$\overline{CB}=\dfrac{8}{\tan 30°}=8\times\dfrac{3}{\sqrt{3}}=8\sqrt{3}(m)$

$\overline{AC}=\overline{AB}-\overline{CB}=10\sqrt{3}-8\sqrt{3}=2\sqrt{3}(m)$이므로

△PAC에서

$\overline{PC}=\dfrac{2\sqrt{3}}{\cos 60°}=2\sqrt{3}\times\dfrac{2}{1}=4\sqrt{3}(m)$

따라서 구하는 거리는

$\overline{PC}+\overline{CQ}=4\sqrt{3}+16(m)$ 🅰 $(4\sqrt{3}+16)$ m

154 $\angle BPQ=90°-30°=60°$, $\angle APQ=90°-60°=30°$이므로

△PQB에서

$\overline{QB}=9\tan 60°=9\times\sqrt{3}=9\sqrt{3}(m)$

△PQA에서

$\overline{QA}=9\tan 30°=9\times\dfrac{\sqrt{3}}{3}=3\sqrt{3}(m)$

따라서 두 지점 A, B 사이의 거리는

$\overline{AB}=\overline{QB}-\overline{QA}=9\sqrt{3}-3\sqrt{3}=6\sqrt{3}(m)$ 🅰 ⑤

155 오른쪽 그림과 같이 점 C에서 $\overline{OB}$에 내린 수선의 발을 H라 하면

△OHC에서

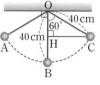

$\overline{OH}=40\cos 60°=40\times\dfrac{1}{2}$

$=20(cm)$

$\therefore\ \overline{BH}=\overline{OB}-\overline{OH}=40-20=20(cm)$

따라서 추는 B 지점을 기준으로 20 cm 더 높은 곳에 있다.

🅰 ⑤

156 오른쪽 그림에서 $\overline{AD}\ /\!/\ \overline{BC}$이므로

$\angle ACB=\angle DAC=14°$ (엇각)

△ABC에서

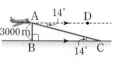

$\overline{AC}=\dfrac{3000}{\sin 14°}=\dfrac{3000}{0.24}=12500(m)$

따라서 이 비행기는 $\dfrac{12500}{100}=125$(초) 후에 지면에 닿게 된다.

답 ④

참고 (시간)$=\dfrac{(거리)}{(속력)}$ 임을 이용한다.

157 오른쪽 그림과 같이 점 A에서 $\overline{BC}$에 내린 수선의 발을 H라 하면 △ABH에서

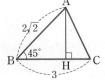

$\overline{AH}=2\sqrt{2}\sin45°=2\sqrt{2}\times\dfrac{\sqrt{2}}{2}=2$

$\overline{BH}=2\sqrt{2}\cos45°=2\sqrt{2}\times\dfrac{\sqrt{2}}{2}=2$

$\overline{CH}=\overline{BC}-\overline{BH}=3-2=1$이므로 △AHC에서

$\overline{AC}=\sqrt{1^2+2^2}=\sqrt{5}$

답 ⑤

158 오른쪽 그림과 같이 점 A에서 $\overline{BC}$에 내린 수선의 발을 H라 하면 △AHC에서

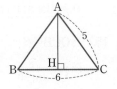

$\overline{CH}=5\cos C=5\times\dfrac{3}{5}=3$

$\therefore \overline{AH}=\sqrt{5^2-3^2}=\sqrt{16}=4$

$\overline{BH}=\overline{BC}-\overline{CH}=6-3=3$이므로 △ABH에서

$\overline{AB}=\sqrt{3^2+4^2}=\sqrt{25}=5$

답 5

159 오른쪽 그림과 같이 점 A에서 $\overline{BC}$의 연장선에 내린 수선의 발을 H라 하면

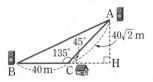

∠ACH$=180°-135°$
$\qquad\quad=45°$

이므로 △ACH에서

$\overline{AH}=40\sqrt{2}\sin45°=40\sqrt{2}\times\dfrac{\sqrt{2}}{2}=40$(m)

$\overline{CH}=40\sqrt{2}\cos45°=40\sqrt{2}\times\dfrac{\sqrt{2}}{2}=40$(m)

$\overline{BH}=\overline{BC}+\overline{CH}=40+40=80$(m)이므로 △ABH에서

$\overline{AB}=\sqrt{80^2+40^2}=\sqrt{8000}=40\sqrt{5}$(m)

따라서 두 출구 A, B 사이의 거리는 $40\sqrt{5}$ m이다.

답 $40\sqrt{5}$ m

160 오른쪽 그림과 같이 점 C에서 $\overline{AB}$에 내린 수선의 발을 H라 하면 △HBC에서

$\overline{BH}=9\sqrt{2}\cos45°=9\sqrt{2}\times\dfrac{\sqrt{2}}{2}=9$

$\overline{CH}=9\sqrt{2}\sin45°=9\sqrt{2}\times\dfrac{\sqrt{2}}{2}=9$

∠A$=180°-(45°+75°)=60°$이므로 △AHC에서

$\overline{AH}=\dfrac{9}{\tan60°}=9\times\dfrac{1}{\sqrt{3}}=3\sqrt{3}$

$\therefore \overline{AB}=\overline{BH}+\overline{AH}=9+3\sqrt{3}$

답 ⑤

161 오른쪽 그림과 같이 점 C에서 $\overline{AB}$에 내린 수선의 발을 H라 하면 △HBC에서

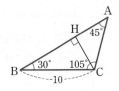

$\overline{CH}=10\sin30°=10\times\dfrac{1}{2}=5$

∠A$=180°-(30°+105°)=45°$이므로 △AHC에서

$\overline{AC}=\dfrac{5}{\sin45°}=5\times\dfrac{2}{\sqrt{2}}=5\sqrt{2}$

답 $5\sqrt{2}$

162 오른쪽 그림과 같이 점 C에서 $\overline{AB}$에 내린 수선의 발을 H라 하면

∠A$=180°-(60°+75°)=45°$ 이므로 ···❶

△AHC에서

$\overline{CH}=2\sqrt{6}\sin45°=2\sqrt{6}\times\dfrac{\sqrt{2}}{2}$
$\qquad=2\sqrt{3}$ ···❷

따라서 △HBC에서

$\overline{BC}=\dfrac{2\sqrt{3}}{\sin60°}=2\sqrt{3}\times\dfrac{2}{\sqrt{3}}=4$ ···❸

답 4

채점 기준	배점
❶ ∠A의 크기 구하기	20 %
❷ $\overline{CH}$의 길이 구하기	40 %
❸ $\overline{BC}$의 길이 구하기	40 %

163 오른쪽 그림과 같이 점 B에서 $\overline{AC}$에 내린 수선의 발을 H라 하면

∠A$=180°-(105°+45°)=30°$ 이므로 △ABH에서

$\overline{AH}=2\cos30°=2\times\dfrac{\sqrt{3}}{2}=\sqrt{3}$

$\overline{BH}=2\sin30°=2\times\dfrac{1}{2}=1$

△HBC에서 $\overline{CH}=\dfrac{1}{\tan45°}=1$

$\therefore \overline{AC}=\overline{AH}+\overline{CH}=\sqrt{3}+1$

답 $\sqrt{3}+1$

164 오른쪽 그림과 같이 점 A에서 $\overline{BC}$에 내린 수선의 발을 H라 하면

∠BAH$=90°-52°=38°$이므로 △HAB에서

$\overline{AH}=100\cos38°=100\times0.8$
$\qquad=80$(m)

∠CAH$=66°-38°=28°$이므로 △CAH에서

$\overline{AC}=\dfrac{80}{\cos28°}=\dfrac{80}{0.9}=\dfrac{800}{9}$(m)

따라서 두 지점 A, C 사이의 거리는 $\dfrac{800}{9}$ m이다. 답 ④

165 오른쪽 그림과 같이 점 A에서 $\overline{BC}$에 내린 수선의 발을 H라 하고 $\overline{AC}=x$ cm라 하면 △AHC에서

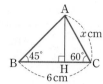

$\overline{AH}=x\sin 60°=x\times\dfrac{\sqrt{3}}{2}$

$\qquad=\dfrac{\sqrt{3}}{2}x$ (cm)

$\overline{CH}=x\cos 60°=x\times\dfrac{1}{2}=\dfrac{1}{2}x$ (cm)

△ABH에서

$\overline{BH}=\dfrac{\overline{AH}}{\tan 45°}=\dfrac{\sqrt{3}}{2}x$ (cm)

$\overline{BC}=\overline{BH}+\overline{CH}$이므로

$6=\dfrac{\sqrt{3}}{2}x+\dfrac{1}{2}x,\ (\sqrt{3}+1)x=12$

$\therefore x=\dfrac{12}{\sqrt{3}+1}=6(\sqrt{3}-1)$

따라서 $\overline{AC}$의 길이는 $6(\sqrt{3}-1)$ cm이다. **탑** ③

Theme 05 삼각형과 사각형의 넓이 34~38쪽

166 오른쪽 그림과 같이 $\overline{AH}=h$라 하면
∠BAH=90°-60°=30°,
∠CAH=90°-45°=45°이므로
△ABH에서

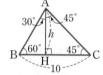

$\overline{BH}=h\tan 30°=\dfrac{\sqrt{3}}{3}h$

△AHC에서

$\overline{CH}=h\tan 45°=h$

$\overline{BC}=\overline{BH}+\overline{CH}$이므로

$10=\dfrac{\sqrt{3}}{3}h+h,\ \dfrac{3+\sqrt{3}}{3}h=10$

$\therefore h=\dfrac{30}{3+\sqrt{3}}=5(3-\sqrt{3})$

따라서 $\overline{AH}$의 길이는 $5(3-\sqrt{3})$이다. **탑** $5(3-\sqrt{3})$

167 오른쪽 그림과 같이 $\overline{AH}=h$라 하면
∠BAH=90°-65°=25°,
∠CAH=90°-40°=50°
이므로
△ABH에서 $\overline{BH}=h\tan 25°$

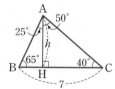

△AHC에서 $\overline{CH}=h\tan 50°$

$\overline{BC}=\overline{BH}+\overline{CH}$이므로

$7=h\tan 25°+h\tan 50°,\ (\tan 25°+\tan 50°)h=7$

$\therefore h=\dfrac{7}{\tan 25°+\tan 50°}$

따라서 $\overline{AH}$의 길이를 나타내는 것은 ②이다. **탑** ②

---

168 오른쪽 그림과 같이 점 C에서 $\overline{AB}$에 내린 수선의 발을 H라 하고 $\overline{CH}=h$ m라 하면 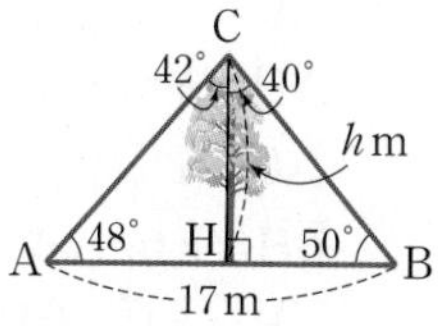
∠ACH=90°-48°=42°,
∠BCH=90°-50°=40°
이므로
△CAH에서

$\overline{AH}=h\tan 42°=0.9h$ (m)

△CHB에서

$\overline{BH}=h\tan 40°=0.8h$ (m) …❶

$\overline{AB}=\overline{AH}+\overline{BH}$이므로

$17=0.9h+0.8h,\ 1.7h=17$

$\therefore h=\dfrac{17}{1.7}=10$ …❷

따라서 나무의 높이는 10 m이다. …❸

탑 10 m

채점 기준	배점
❶ $\overline{AH}$, $\overline{BH}$의 길이를 $\overline{CH}$의 길이를 사용하여 각각 나타내기	50 %
❷ $\overline{CH}$의 길이 구하기	40 %
❸ 나무의 높이 구하기	10 %

169 오른쪽 그림과 같이 $\overline{AH}=h$라 하면 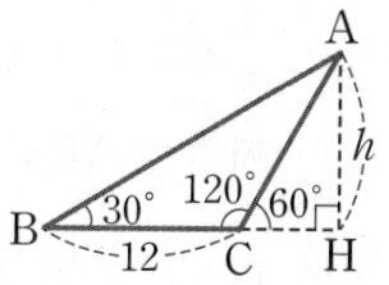
△ABH에서

$\overline{BH}=\dfrac{h}{\tan 30°}=\sqrt{3}h$

∠ACH=180°-120°=60°이므로
△ACH에서

$\overline{CH}=\dfrac{h}{\tan 60°}=\dfrac{\sqrt{3}}{3}h$

$\overline{BC}=\overline{BH}-\overline{CH}$이므로

$12=\sqrt{3}h-\dfrac{\sqrt{3}}{3}h,\ \dfrac{2\sqrt{3}}{3}h=12$

$\therefore h=12\times\dfrac{3}{2\sqrt{3}}=6\sqrt{3}$

따라서 $\overline{AH}$의 길이는 $6\sqrt{3}$이다. **탑** ②

170 $\overline{AB}=h$ cm라 하면
∠BAD=135°-90°=45°이므로
△ABD에서 $\overline{BD}=h\tan 45°=h$ (cm)
△ABC에서 $\overline{AB}=\overline{BC}\tan C$이므로

$h=(h+10)\times\dfrac{4}{9},\ 9h=4h+40$

$5h=40\qquad\therefore h=8$

따라서 $\overline{AB}$의 길이는 8 cm이다. **탑** 8 cm

171 오른쪽 그림과 같이 $\overline{CH}=h$ km라 하면
∠ACH=90°-33°=57°,
∠BCH=90°-47°=43°
이므로

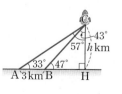

$\triangle$CAH에서

$\overline{AH}=h\tan57°=1.5h(km)$

$\triangle$CBH에서

$\overline{BH}=h\tan43°=0.9h(km)$

$\overline{AB}=\overline{AH}-\overline{BH}$이므로

$3=1.5h-0.9h$, $0.6h=3$ $\therefore h=5$

따라서 이 로켓이 C 지점에 도달하는 데 걸린 시간은

$\dfrac{5000}{500}=10$(초) **답 ①**

주의 (시간)$=\dfrac{(거리)}{(속력)}$ 를 이용할 때는 반드시 단위를 통일한다.

172 $\triangle ABC=\dfrac{1}{2}\times5\times8\times\sin60°$

$=\dfrac{1}{2}\times5\times8\times\dfrac{\sqrt{3}}{2}$

$=10\sqrt{3}$ **답 ③**

173 $\overline{AB}=\overline{AC}=x$ cm라 하면

$\angle A=180°-2\times75°=30°$이므로

$\triangle ABC=\dfrac{1}{2}\times x\times x\times\sin30°$

$=\dfrac{1}{2}\times x\times x\times\dfrac{1}{2}=\dfrac{1}{4}x^2$

이때 $\triangle ABC$의 넓이가 4 cm²이므로

$\dfrac{1}{4}x^2=4$, $x^2=16$ $\therefore x=4 (\because x>0)$

따라서 $\overline{AB}$의 길이는 4 cm이다. **답 ⑤**

174 $\cos B=\dfrac{1}{2}$이므로 $\angle B=60° (\because 0°<\angle B<90°)$

$\therefore \triangle ABC=\dfrac{1}{2}\times4\times2\sqrt{5}\times\sin60°$

$=\dfrac{1}{2}\times4\times2\sqrt{5}\times\dfrac{\sqrt{3}}{2}=2\sqrt{15}$ **답 ⑤**

175 $\triangle ABC=\dfrac{1}{2}\times10\times12\times\sin45°$

$=\dfrac{1}{2}\times10\times12\times\dfrac{\sqrt{2}}{2}=30\sqrt{2}(cm^2)$

$\therefore \triangle AGC=\dfrac{1}{3}\triangle ABC=\dfrac{1}{3}\times30\sqrt{2}$

$=10\sqrt{2}(cm^2)$ **답 $10\sqrt{2}$ cm²**

참고 점 G가 $\triangle ABC$의 무게중심일 때

(1) $\overline{AG}:\overline{GD}=\overline{BG}:\overline{GE}$

$=\overline{CG}:\overline{GF}=2:1$

(2) $\triangle GAB=\triangle GBC=\triangle GCA$

$=\dfrac{1}{3}\triangle ABC$

176 $\overline{AC}\parallel\overline{DE}$이므로 $\triangle ACD=\triangle ACE$

$\therefore \square ABCD=\triangle ABC+\triangle ACD$

$=\triangle ABC+\triangle ACE$

$=\triangle ABE$

$=\dfrac{1}{2}\times8\times(6+4)\times\sin60°$

$=\dfrac{1}{2}\times8\times10\times\dfrac{\sqrt{3}}{2}$

$=20\sqrt{3}(cm^2)$ **답 ⑤**

참고 $l\parallel m$일 때, $\triangle ABC$와 $\triangle DBC$는 밑변과 높이가 같다.

$\Rightarrow \triangle ABC=\triangle DBC$

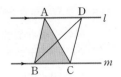

177 오른쪽 그림과 같이 $\overline{AC}$를 그으면 점 P는 $\triangle ABC$의 무게중심이므로

$\overline{PM}=\dfrac{1}{2}\overline{AP}=\dfrac{1}{2}\times4=2$

점 Q는 $\triangle ACD$의 무게중심이므로

$\overline{QN}=\dfrac{1}{2}\overline{AQ}=\dfrac{1}{2}\times5=\dfrac{5}{2}$

$\therefore \triangle AMN=\dfrac{1}{2}\times(4+2)\times\left(5+\dfrac{5}{2}\right)\times\sin45°$

$=\dfrac{1}{2}\times6\times\dfrac{15}{2}\times\dfrac{\sqrt{2}}{2}$

$=\dfrac{45\sqrt{2}}{4}$ **답 ②**

178 $\triangle ABC=\dfrac{1}{2}\times9\times8\times\sin(180°-120°)$

$=\dfrac{1}{2}\times9\times8\times\dfrac{\sqrt{3}}{2}$

$=18\sqrt{3}(cm^2)$ **답 ②**

179 $\triangle ABC=\dfrac{1}{2}\times10\times\overline{AC}\times\sin(180°-135°)$

$=\dfrac{1}{2}\times10\times\overline{AC}\times\dfrac{\sqrt{2}}{2}$

$=\dfrac{5\sqrt{2}}{2}\overline{AC}$

이때 $\triangle ABC$의 넓이가 $15\sqrt{2}$ cm²이므로

$\dfrac{5\sqrt{2}}{2}\overline{AC}=15\sqrt{2}$ $\therefore \overline{AC}=6(cm)$ **답 6 cm**

180 $\angle B>90°$이므로

$\triangle ABC=\dfrac{1}{2}\times16\times12\times\sin(180°-B)$

$=96\sin(180°-B)$

이때 $\triangle ABC$의 넓이가 48 cm²이므로

$96\sin(180°-B)=48$ $\therefore \sin(180°-B)=\dfrac{1}{2}$

따라서 $180°-\angle B=30°$이므로

$\angle B=150°$ **답 150°**

181 $\angle BAC=\angle ACB$이므로

$\overline{AB}=\overline{BC}=\overline{BD}=4$

$\angle ABC=180°-2\times60°=60°$이므로

$\angle ABD=60°+90°=150°$

$\therefore \triangle ABD=\dfrac{1}{2}\times4\times4\times\sin(180°-150°)$

$=\dfrac{1}{2}\times4\times4\times\dfrac{1}{2}$

$=4$ **답 4**

182 오른쪽 그림과 같이 $\overline{OP}$를 그으면 $\triangle AOP$에서 $\overline{OA}=\overline{OP}$이므로

$\angle OPA=\angle OAP=15°$

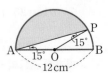

$\therefore \angle AOP = 180° - 2 \times 15° = 150°$

이때 $\overline{OA} = \overline{OP} = \dfrac{1}{2} \times 12 = 6$(cm)이므로

(색칠한 부분의 넓이)

$=$(부채꼴 AOP의 넓이)$- \triangle AOP$

$= \pi \times 6^2 \times \dfrac{150}{360} - \dfrac{1}{2} \times 6 \times 6 \times \sin(180° - 150°)$

$= 15\pi - \dfrac{1}{2} \times 6 \times 6 \times \dfrac{1}{2}$

$= 15\pi - 9 \,(\text{cm}^2)$ ▤ ②

183 오른쪽 그림과 같이 $\overline{OA}$, $\overline{OC}$를 그으면

$\angle AOB = \dfrac{3}{3+4+5} \times 360° = 90°$

$\angle BOC = \dfrac{4}{3+4+5} \times 360° = 120°$

$\angle COA = \dfrac{5}{3+4+5} \times 360° = 150°$

$\therefore \triangle ABC = \triangle OAB + \triangle OBC + \triangle OCA$

$\qquad = \dfrac{1}{2} \times 4 \times 4 + \dfrac{1}{2} \times 4 \times 4 \times \sin(180° - 120°)$

$\qquad\qquad + \dfrac{1}{2} \times 4 \times 4 \times \sin(180° - 150°)$

$\qquad = 8 + \dfrac{1}{2} \times 4 \times 4 \times \dfrac{\sqrt{3}}{2} + \dfrac{1}{2} \times 4 \times 4 \times \dfrac{1}{2}$

$\qquad = 8 + 4\sqrt{3} + 4 = 12 + 4\sqrt{3} \,(\text{cm}^2)$

▤ $(12 + 4\sqrt{3})\,\text{cm}^2$

184 오른쪽 그림과 같이 $\overline{BD}$를 그으면

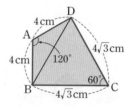

$\triangle ABD$

$= \dfrac{1}{2} \times 4 \times 4 \times \sin(180° - 120°)$

$= \dfrac{1}{2} \times 4 \times 4 \times \dfrac{\sqrt{3}}{2}$

$= 4\sqrt{3} \,(\text{cm}^2)$

$\triangle BCD = \dfrac{1}{2} \times 4\sqrt{3} \times 4\sqrt{3} \times \sin 60°$

$\qquad = \dfrac{1}{2} \times 4\sqrt{3} \times 4\sqrt{3} \times \dfrac{\sqrt{3}}{2}$

$\qquad = 12\sqrt{3} \,(\text{cm}^2)$

$\therefore \square ABCD = \triangle ABD + \triangle BCD$

$\qquad\qquad = 4\sqrt{3} + 12\sqrt{3}$

$\qquad\qquad = 16\sqrt{3} \,(\text{cm}^2)$ ▤ $16\sqrt{3}\,\text{cm}^2$

185 오른쪽 그림과 같이 $\overline{AC}$를 긋고

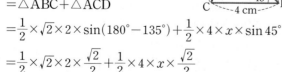

$\overline{AD} = x$ cm라 하면

$\square ABCD$

$= \triangle ABC + \triangle ACD$

$= \dfrac{1}{2} \times \sqrt{2} \times 2 \times \sin(180° - 135°) + \dfrac{1}{2} \times 4 \times x \times \sin 45°$

$= \dfrac{1}{2} \times \sqrt{2} \times 2 \times \dfrac{\sqrt{2}}{2} + \dfrac{1}{2} \times 4 \times x \times \dfrac{\sqrt{2}}{2}$

$= 1 + \sqrt{2}x$

이때 $\square ABCD$의 넓이가 $7\,\text{cm}^2$이므로

$1 + \sqrt{2}x = 7$, $\sqrt{2}x = 6$

$\therefore x = 3\sqrt{2}$

따라서 $\overline{AD}$의 길이는 $3\sqrt{2}$ cm이다. ▤ ①

186 $\triangle ABC$에서

$\overline{AC} = 20 \sin 60° = 20 \times \dfrac{\sqrt{3}}{2} = 10\sqrt{3}\,(\text{cm})$ ···❶

$\therefore \triangle ABC = \dfrac{1}{2} \times 10 \times 10\sqrt{3} = 50\sqrt{3}\,(\text{cm}^2)$ ···❷

이때 $\angle ACB = 90° - 60° = 30°$이므로

$\angle ACD = 90° - 30° = 60°$

$\therefore \triangle ACD = \dfrac{1}{2} \times 10\sqrt{3} \times 10\sqrt{3} \times \sin 60°$

$\qquad\qquad = \dfrac{1}{2} \times 10\sqrt{3} \times 10\sqrt{3} \times \dfrac{\sqrt{3}}{2}$

$\qquad\qquad = 75\sqrt{3}\,(\text{cm}^2)$ ···❸

$\therefore \square ABCD = \triangle ABC + \triangle ACD$

$\qquad\qquad = 50\sqrt{3} + 75\sqrt{3}$

$\qquad\qquad = 125\sqrt{3}\,(\text{cm}^2)$ ···❹

▤ $125\sqrt{3}\,\text{cm}^2$

채점 기준	배점
❶ $\overline{AC}$의 길이 구하기	20 %
❷ $\triangle ABC$의 넓이 구하기	20 %
❸ $\triangle ACD$의 넓이 구하기	40 %
❹ $\square ABCD$의 넓이 구하기	20 %

187 $\overset{\frown}{AD} = \overset{\frown}{BC}$이므로

$\angle AOD = \angle BOC = \dfrac{1}{2} \times (180° - 120°) = 30°$

$\therefore \square ABCD$

$= 2\triangle OAD + \triangle OCD$

$= 2 \times \left(\dfrac{1}{2} \times 2 \times 2 \times \sin 30°\right) + \dfrac{1}{2} \times 2 \times 2 \times \sin(180° - 120°)$

$= 2 \times \left(\dfrac{1}{2} \times 2 \times 2 \times \dfrac{1}{2}\right) + \dfrac{1}{2} \times 2 \times 2 \times \dfrac{\sqrt{3}}{2}$

$= 2 + \sqrt{3}\,(\text{cm}^2)$ ▤ $(2 + \sqrt{3})\,\text{cm}^2$

188 오른쪽 그림과 같이 $\overline{AC}$를 그으면

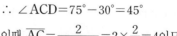

$\triangle ABC$에서

$\tan(\angle ACB) = \dfrac{2}{2\sqrt{3}} = \dfrac{\sqrt{3}}{3}$이므로

$\angle ACB = 30°$ $(\because 0° < \angle ACB < 75°)$

$\therefore \angle ACD = 75° - 30° = 45°$

이때 $\overline{AC} = \dfrac{2}{\sin 30°} = 2 \times \dfrac{2}{1} = 4$이므로

$\square ABCD = \triangle ABC + \triangle ACD$

$\qquad\qquad = \dfrac{1}{2} \times 2\sqrt{3} \times 2 + \dfrac{1}{2} \times 4 \times 3 \times \sin 45°$

$\qquad\qquad = 2\sqrt{3} + \dfrac{1}{2} \times 4 \times 3 \times \dfrac{\sqrt{2}}{2}$

$\qquad\qquad = 2\sqrt{3} + 3\sqrt{2}$

따라서 $a = 3$, $b = 2$이므로 $a - b = 3 - 2 = 1$ ▤ ④

189 오른쪽 그림과 같이 점 A에서 $\overline{BC}$ 에 내린 수선의 발을 H라 하면 △ABH에서

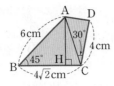

$$\overline{AH}=6\sin 45°$$

$$=6\times\frac{\sqrt{2}}{2}=3\sqrt{2}\,(\text{cm})$$

$$\overline{BH}=6\cos 45°=6\times\frac{\sqrt{2}}{2}=3\sqrt{2}\,(\text{cm})$$

$$\overline{CH}=\overline{BC}-\overline{BH}=4\sqrt{2}-3\sqrt{2}=\sqrt{2}\,(\text{cm})\text{이므로}$$

△AHC에서

$$\overline{AC}=\sqrt{(3\sqrt{2})^2+(\sqrt{2})^2}=\sqrt{20}=2\sqrt{5}\,(\text{cm})$$

$$\therefore \square ABCD$$

$$=\triangle ABC+\triangle ACD$$

$$=\frac{1}{2}\times 4\sqrt{2}\times 3\sqrt{2}+\frac{1}{2}\times 2\sqrt{5}\times 4\times\sin 30°$$

$$=12+\frac{1}{2}\times 2\sqrt{5}\times 4\times\frac{1}{2}$$

$$=12+2\sqrt{5}\,(\text{cm}^2)$$
🅐 ③

190 $\overline{AD}=\overline{AB}=10$ cm이므로

$$\square ABCD=10\times 10\times\sin(180°-135°)$$

$$=10\times 10\times\frac{\sqrt{2}}{2}$$

$$=50\sqrt{2}\,(\text{cm}^2)$$
🅐 $50\sqrt{2}$ cm²

191 $\overline{BC}=x$라 하면

$$\square ABCD=4\times x\times\sin 30°=4\times x\times\frac{1}{2}=2x$$

이때 □ABCD의 넓이가 12이므로

$$2x=12 \quad \therefore x=6$$

따라서 $\overline{BC}$의 길이는 6이다.
🅐 6

192 $\overline{DC}=\overline{AB}=6$ cm이므로

$$\square ABCD=6\times 8\times\sin 60°$$

$$=6\times 8\times\frac{\sqrt{3}}{2}=24\sqrt{3}\,(\text{cm}^2)$$

$\overline{BM}=\overline{CM}$이므로 △ABM=△AMC

$$\therefore \triangle AMC=\frac{1}{2}\triangle ABC$$

$$=\frac{1}{2}\times\frac{1}{2}\square ABCD$$

$$=\frac{1}{4}\square ABCD$$

$$=\frac{1}{4}\times 24\sqrt{3}$$

$$=6\sqrt{3}\,(\text{cm}^2)$$
🅐 $6\sqrt{3}$ cm²

193 합동인 마름모의 한 예각 6개가 모여 360°를 이루고 있으므로 마름모의 내각 중 한 예각의 크기는

$$\frac{360°}{6}=60°$$

따라서 구하는 도형의 넓이는

$$6\times(6\times 6\times\sin 60°)=6\times\left(6\times 6\times\frac{\sqrt{3}}{2}\right)$$

$$=108\sqrt{3}\,(\text{cm}^2)$$
🅐 $108\sqrt{3}$ cm²

194 $$\square ABCD=\frac{1}{2}\times 10\times 12\times\sin 60°$$

$$=\frac{1}{2}\times 10\times 12\times\frac{\sqrt{3}}{2}$$

$$=30\sqrt{3}\,(\text{cm}^2)$$
🅐 $30\sqrt{3}$ cm²

195 등변사다리꼴의 두 대각선의 길이는 서로 같으므로 $\overline{DB}=\overline{AC}=6$, $\angle ACB=\angle DBC=30°$ 오른쪽 그림과 같이 $\overline{AC}$와 $\overline{BD}$ 의 교점을 E라 하면

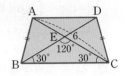

$$\angle BEC=180°-2\times 30°$$

$$=120°$$

$$\therefore \square ABCD$$

$$=\frac{1}{2}\times 6\times 6\times\sin(180°-120°)$$

$$=\frac{1}{2}\times 6\times 6\times\frac{\sqrt{3}}{2}=9\sqrt{3}$$
🅐 $9\sqrt{3}$

196 □ABCD의 두 대각선이 이루는 각의 크기를 x ($0°<x\leq 90°$)라 하면

$$\square ABCD=\frac{1}{2}\times\overline{AC}\times\overline{BD}\times\sin x$$

두 대각선 $\overline{AC}$, $\overline{BD}$는 각각 원 O의 지름일 때 그 길이가 최대이고 $\sin x$는 $x=90°$일 때 최대이므로 $\overline{AC}=\overline{BD}=2\times 2=4$, $x=90°$일 때, □ABCD의 넓이가 최대가 된다.

$$\therefore \square ABCD=\frac{1}{2}\times\overline{AC}\times\overline{BD}\times\sin 90°$$

$$=\frac{1}{2}\times 4\times 4\times 1=8$$
🅐 8

Step 3 발전 문제
39~41쪽

197 오른쪽 그림과 같이 점 C에서 $\overline{AB}$에 내린 수선의 발을 H라 하면 △HBC에서

$$\overline{BH}=4\cos 45°=4\times\frac{\sqrt{2}}{2}=2\sqrt{2}$$

$$\overline{CH}=4\sin 45°=4\times\frac{\sqrt{2}}{2}=2\sqrt{2}$$

$\angle A=180°-(45°+105°)=30°$이므로 △AHC에서

$$\overline{AC}=\frac{2\sqrt{2}}{\sin 30°}=2\sqrt{2}\times\frac{2}{1}=4\sqrt{2}$$

$$\overline{AH}=\frac{2\sqrt{2}}{\tan 30°}=2\sqrt{2}\times\frac{3}{\sqrt{3}}=2\sqrt{6}$$

$\overline{AB}=\overline{AH}+\overline{BH}=2\sqrt{6}+2\sqrt{2}$이므로 △ABC의 둘레의 길이는

$$\overline{AB}+\overline{BC}+\overline{CA}=(2\sqrt{6}+2\sqrt{2})+4+4\sqrt{2}$$

$$=4+6\sqrt{2}+2\sqrt{6}$$
🅐 $4+6\sqrt{2}+2\sqrt{6}$

198 오른쪽 그림과 같이 점 B에서 $\overline{AC}$에 내린 수선의 발을 H라 하면
$$\angle A = 180° - (75° + 45°) = 60°$$
이므로

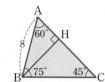

$\triangle ABH$에서
$$\overline{AH} = 8\cos 60° = 8 \times \frac{1}{2} = 4$$
$$\overline{BH} = 8\sin 60° = 8 \times \frac{\sqrt{3}}{2} = 4\sqrt{3}$$
$\triangle BCH$에서 $\overline{CH} = \dfrac{4\sqrt{3}}{\tan 45°} = 4\sqrt{3}$
$\overline{AC} = \overline{AH} + \overline{CH} = 4 + 4\sqrt{3}$이므로
$$\triangle ABC = \frac{1}{2} \times (4 + 4\sqrt{3}) \times 4\sqrt{3}$$
$$= 24 + 8\sqrt{3}$$

🔘 $24 + 8\sqrt{3}$

199 오른쪽 그림과 같이 점 A에서 $\overline{BC}$에 내린 수선의 발을 H라 하면
$$\overline{AH} = 6 \text{ cm}$$이므로

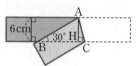

$\triangle ABH$에서
$$\overline{AB} = \frac{6}{\sin 30°} = 6 \times \frac{2}{1} = 12(\text{cm})$$
이때 $\triangle ABC$는 $\overline{AB} = \overline{BC}$인 이등변삼각형이므로
$$\overline{BC} = \overline{AB} = 12 \text{ cm}$$
$$\therefore \triangle ABC = \frac{1}{2} \times 12 \times 12 \times \sin 30°$$
$$= \frac{1}{2} \times 12 \times 12 \times \frac{1}{2} = 36(\text{cm}^2)$$

🔘 36 cm²

참고 오른쪽 그림과 같은 폭이 일정한 직사각형 모양의 종이에서
$\angle DAC = \angle BAC$ (접은 각)
$\angle DAC = \angle ACB$ (엇각)
이므로 $\angle BAC = \angle ACB$
따라서 $\triangle ABC$는 $\overline{AB} = \overline{BC}$인 이등변삼각형이다.

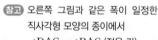

200 점 I가 $\triangle ABC$의 내심이므로
$$\angle BIC = 90° + \frac{1}{2}\angle A = 90° + \frac{1}{2} \times 90° = 135°$$
$$\therefore \triangle IBC = \frac{1}{2} \times 6 \times 8 \times \sin(180° - 135°)$$
$$= \frac{1}{2} \times 6 \times 8 \times \frac{\sqrt{2}}{2} = 12\sqrt{2}(\text{cm}^2)$$

🔘 $12\sqrt{2}$ cm²

참고 점 I가 $\triangle ABC$의 내심일 때,
$$\angle BIC = 90° + \frac{1}{2}\angle A$$

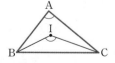

201 직선 l을 회전축으로 하여 1회전 시킬 때 생기는 입체도형은 오른쪽 그림과 같다.
점 C에서 $\overline{AB}$에 내린 수선의 발을 O라 하면
$\triangle AOC$에서
$$\overline{AO} = 6\sqrt{2}\cos 45° = 6\sqrt{2} \times \frac{\sqrt{2}}{2} = 6$$

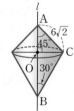

$$\overline{OC} = 6\sqrt{2}\sin 45° = 6\sqrt{2} \times \frac{\sqrt{2}}{2} = 6$$
$\triangle OBC$에서 $\overline{OB} = \dfrac{6}{\tan 30°} = 6 \times \dfrac{3}{\sqrt{3}} = 6\sqrt{3}$
따라서 구하는 입체도형의 부피는
$$\frac{1}{3} \times \pi \times 6^2 \times 6 + \frac{1}{3} \times \pi \times 6^2 \times 6\sqrt{3}$$
$$= 72\pi + 72\sqrt{3}\pi$$

🔘 ④

202 $\overline{AB} = 2a$ cm, $\overline{BC} = 3a$ cm $(a > 0)$라 하면
$$\square ABCD = 2a \times 3a \times \sin 60°$$
$$= 2a \times 3a \times \frac{\sqrt{3}}{2} = 3\sqrt{3}a^2(\text{cm}^2)$$
이때 $\square ABCD$의 넓이가 $12\sqrt{3}$ cm²이므로
$$3\sqrt{3}a^2 = 12\sqrt{3}, \ a^2 = 4 \quad \therefore a = 2 \ (\because a > 0)$$
따라서 $\square ABCD$의 둘레의 길이는
$$2(4 + 6) = 20(\text{cm})$$

🔘 ⑤

203 $\angle DAB' = 90° - 30° = 60°$
오른쪽 그림과 같이 $\overline{CD}$와 $\overline{C'B'}$의 교점을 E라 하고 $\overline{AE}$를 그으면
$$\triangle DAE \equiv \triangle B'AE \text{ (RHS 합동)}$$
이므로

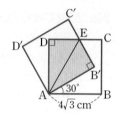

$$\angle EAD = \angle EAB' = \frac{1}{2} \times 60° = 30°$$
$\triangle AB'E$에서 $\overline{EB'} = 4\sqrt{3}\tan 30° = 4\sqrt{3} \times \dfrac{\sqrt{3}}{3} = 4(\text{cm})$
따라서 두 정사각형이 겹쳐지는 부분의 넓이는
$$2\triangle AB'E = 2 \times \left(\frac{1}{2} \times 4\sqrt{3} \times 4\right)$$
$$= 16\sqrt{3}(\text{cm}^2)$$

🔘 $16\sqrt{3}$ cm²

참고 두 직각삼각형에서 빗변의 길이와 다른 한 변의 길이가 각각 같을 때 RHS 합동이다. ⇨ $\triangle DAE \equiv \triangle B'AE$

204 $\triangle DBH$에서
$$\overline{BH} = 5\sqrt{3}\cos 30° = 5\sqrt{3} \times \frac{\sqrt{3}}{2} = \frac{15}{2}(\text{m})$$
$$\overline{DH} = 5\sqrt{3}\sin 30° = 5\sqrt{3} \times \frac{1}{2} = \frac{5\sqrt{3}}{2}(\text{m})$$
$$\overline{AH} = \overline{AB} + \overline{BH} = 10 + \frac{15}{2} = \frac{35}{2}(\text{m})$$이므로
$\triangle CAH$에서
$$\overline{CH} = \overline{AH}\tan 60° = \frac{35}{2} \times \sqrt{3} = \frac{35\sqrt{3}}{2}(\text{m})$$
$$\therefore \overline{CD} = \overline{CH} - \overline{DH} = \frac{35\sqrt{3}}{2} - \frac{5\sqrt{3}}{2} = 15\sqrt{3}(\text{m})$$

🔘 $15\sqrt{3}$ m

205 오른쪽 그림과 같이 점 F에서 $\overline{BC}$에 내린 수선의 발을 H라 하면
$\triangle FCH$에서 $\angle C = 60°$이므로

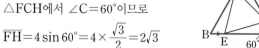

$$\overline{FH} = 4\sin 60° = 4 \times \frac{\sqrt{3}}{2} = 2\sqrt{3}$$
$$\overline{CH} = 4\cos 60° = 4 \times \frac{1}{2} = 2$$
$$\overline{EH} = \overline{BC} - \overline{BE} - \overline{CH} = 12 - 4 - 2 = 6$$이므로

△FEH에서
$\overline{\text{EF}}=\sqrt{6^2+(2\sqrt{3})^2}=\sqrt{48}=4\sqrt{3}$

이때 △DEF는 정삼각형이므로 그 둘레의 길이는

$4\sqrt{3}\times3=12\sqrt{3}$　　　　　　　답 $12\sqrt{3}$

참고 △ADF≡△BED≡△CFE (SAS 합동)이므로

　　$\overline{\text{DF}}=\overline{\text{ED}}=\overline{\text{FE}}$

다른 풀이 △DEF는 정삼각형이므로 $\overline{\text{DF}}=x$라 하면

△ABC=△ADF+△BED+△CFE+△DEF에서

$\dfrac{1}{2}\times12\times12\times\sin60°$

$=3\times\left(\dfrac{1}{2}\times4\times8\times\sin60°\right)+\dfrac{1}{2}\times x\times x\times\sin60°$

$36\sqrt{3}=24\sqrt{3}+\dfrac{\sqrt{3}}{4}x^2$

$x^2=48$　　∴ $x=4\sqrt{3}$ (∵ $x>0$)

따라서 △DEF의 둘레의 길이는

$4\sqrt{3}\times3=12\sqrt{3}$

206 △DBC에서 $\overline{\text{BC}}=8\tan60°=8\times\sqrt{3}=8\sqrt{3}$

오른쪽 그림과 같이 점 E에서 $\overline{\text{BC}}$
에 내린 수선의 발을 H라 하고
$\overline{\text{EH}}=x$라 하면

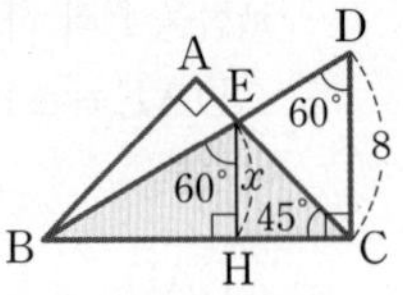

∠BEH=∠BDC=60° (동위각)

이므로

△EBH에서 $\overline{\text{BH}}=\overline{\text{EH}}\tan60°=\sqrt{3}x$

△EHC에서 $\overline{\text{CH}}=\dfrac{\overline{\text{EH}}}{\tan45°}=x$

$\overline{\text{BC}}=\overline{\text{BH}}+\overline{\text{CH}}$이므로

$8\sqrt{3}=\sqrt{3}x+x$, $(\sqrt{3}+1)x=8\sqrt{3}$

∴ $x=\dfrac{8\sqrt{3}}{\sqrt{3}+1}=4\sqrt{3}(\sqrt{3}-1)$

∴ △EBC$=\dfrac{1}{2}\times8\sqrt{3}\times4\sqrt{3}(\sqrt{3}-1)=48(\sqrt{3}-1)$

답 $48(\sqrt{3}-1)$

207 $\overline{\text{FG}}=a$라 하면 △CFG에서 $\overline{\text{CG}}=a\tan60°=\sqrt{3}a$

△AEF에서

$\overline{\text{EF}}=\dfrac{\overline{\text{AE}}}{\tan45°}=\overline{\text{AE}}=\overline{\text{CG}}=\sqrt{3}a$

$\overline{\text{AF}}=\sqrt{(\sqrt{3}a)^2+(\sqrt{3}a)^2}=\sqrt{6}a$

△ABC에서 $\overline{\text{AC}}=\sqrt{(\sqrt{3}a)^2+a^2}=2a$

△CFG에서 $\overline{\text{CF}}=\sqrt{(\sqrt{3}a)^2+a^2}=2a$

즉, △AFC는 $\overline{\text{AC}}=\overline{\text{CF}}$인 이등변삼각형이다.

오른쪽 그림과 같이 점 C에서 $\overline{\text{AF}}$에
내린 수선의 발을 P라 하면

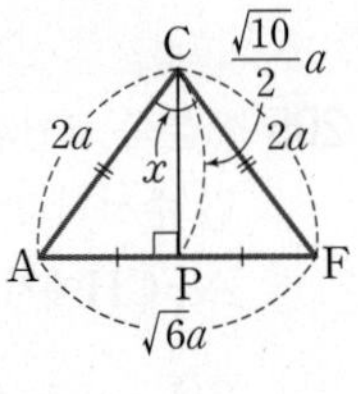

∠ACP$=\dfrac{1}{2}x$, $\overline{\text{AP}}=\dfrac{\sqrt{6}}{2}a$

△CAP에서

$\overline{\text{CP}}=\sqrt{(2a)^2-\left(\dfrac{\sqrt{6}}{2}a\right)^2}=\dfrac{\sqrt{10}}{2}a$이므로

$\sin\dfrac{x}{2}=\dfrac{\overline{\text{AP}}}{\overline{\text{AC}}}=\dfrac{\sqrt{6}}{2}a\times\dfrac{1}{2a}=\dfrac{\sqrt{6}}{4}$

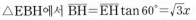

$\cos\dfrac{x}{2}=\dfrac{\overline{\text{CP}}}{\overline{\text{AC}}}=\dfrac{\sqrt{10}}{2}a\times\dfrac{1}{2a}=\dfrac{\sqrt{10}}{4}$

∴ $\sin\dfrac{x}{2}+\cos\dfrac{x}{2}=\dfrac{\sqrt{6}+\sqrt{10}}{4}$　　답 $\dfrac{\sqrt{6}+\sqrt{10}}{4}$

208 $\overline{\text{AB}}=c$, $\overline{\text{BC}}=a$라 하면

△ABC$=\dfrac{1}{2}\times c\times a\times\sin B=\dfrac{1}{2}ac\sin B$

$\overline{\text{AB}}$의 길이를 20 % 줄이면 $\overline{\text{A'B}}=c-\dfrac{20}{100}c=\dfrac{4}{5}c$

$\overline{\text{BC}}$의 길이를 10 % 늘이면 $\overline{\text{BC'}}=a+\dfrac{10}{100}a=\dfrac{11}{10}a$

이므로 △A'BC'$=\dfrac{1}{2}\times\dfrac{4}{5}c\times\dfrac{11}{10}a\times\sin B=\dfrac{11}{25}ac\sin B$

∴ △A'BC'$=\dfrac{22}{25}$△ABC

즉, △A'BC'$=0.88$△ABC이므로 △A'BC'의 넓이는
△ABC의 넓이에서 12 % 줄어든다.　　답 ④

209 오른쪽 그림과 같이 $\overline{\text{MN}}$을 긋고 정
사각형 ABCD의 한 변의 길이를
$2a$라 하면

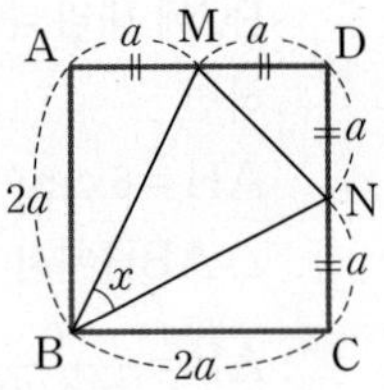

$\overline{\text{AM}}=\overline{\text{MD}}=\overline{\text{CN}}=\overline{\text{DN}}=a$이므로

△MBN
$=\square$ABCD-2△ABM$-$△DMN
$=(2a)^2-2\times\left(\dfrac{1}{2}\times2a\times a\right)-\dfrac{1}{2}\times a\times a$
$=4a^2-2a^2-\dfrac{1}{2}a^2=\dfrac{3}{2}a^2$　　　　……㉠

또, $\overline{\text{BM}}=\overline{\text{BN}}=\sqrt{(2a)^2+a^2}=\sqrt{5}a$이므로

△MBN$=\dfrac{1}{2}\times\sqrt{5}a\times\sqrt{5}a\times\sin x$
　　　　$=\dfrac{5}{2}a^2\sin x$　　　　……㉡

㉠, ㉡이 서로 같아야 하므로

$\dfrac{3}{2}a^2=\dfrac{5}{2}a^2\sin x$　　∴ $\sin x=\dfrac{3}{5}$　　답 $\dfrac{3}{5}$

210 △ABC$=\dfrac{1}{2}\times4\sqrt{3}\times6\times\sin(180°-150°)$
　　　　$=\dfrac{1}{2}\times4\sqrt{3}\times6\times\dfrac{1}{2}=6\sqrt{3}(\text{cm}^2)$

$\overline{\text{CD}}=x$ cm라 하면

△ADC$=\dfrac{1}{2}\times6\times x\times\sin(180°-120°)$
　　　　$=\dfrac{1}{2}\times6\times x\times\dfrac{\sqrt{3}}{2}=\dfrac{3\sqrt{3}}{2}x(\text{cm}^2)$

△BCD$=\dfrac{1}{2}\times4\sqrt{3}\times x\times\sin30°$
　　　　$=\dfrac{1}{2}\times4\sqrt{3}\times x\times\dfrac{1}{2}=\sqrt{3}x(\text{cm}^2)$

△ABC=△ADC+△BCD이므로

$6\sqrt{3}=\dfrac{3\sqrt{3}}{2}x+\sqrt{3}x$, $\dfrac{5\sqrt{3}}{2}x=6\sqrt{3}$　　∴ $x=\dfrac{12}{5}$

∴ △ADC$=\dfrac{3\sqrt{3}}{2}x=\dfrac{3\sqrt{3}}{2}\times\dfrac{12}{5}$
　　　　$=\dfrac{18\sqrt{3}}{5}(\text{cm}^2)$　　답 $\dfrac{18\sqrt{3}}{5}$ cm²

211 오른쪽 그림과 같이 $\overline{OC}$, $\overline{OD}$를 그으면 $\overline{OB}=\overline{OC}$이므로

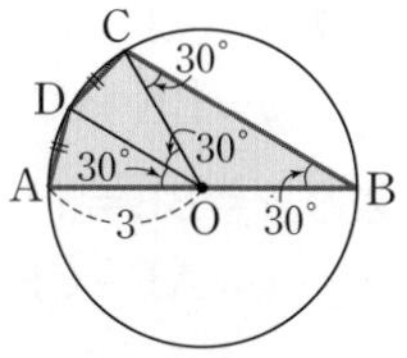

$\angle OCB=\angle OBC=30°$

$\therefore \angle COA=\angle OBC+\angle OCB$

$\qquad =30°+30°=60°$

이때 $\overparen{AD}=\overparen{DC}$이므로

$\angle COD=\angle DOA=\dfrac{1}{2}\times 60°=30°$

또, $\angle COB=180°-60°=120°$이므로

$\triangle BCO=\dfrac{1}{2}\times 3\times 3\times \sin(180°-120°)$

$\qquad =\dfrac{1}{2}\times 3\times 3\times \dfrac{\sqrt{3}}{2}=\dfrac{9\sqrt{3}}{4}$

$\triangle CDO=\triangle DAO=\dfrac{1}{2}\times 3\times 3\times \sin 30°$

$\qquad =\dfrac{1}{2}\times 3\times 3\times \dfrac{1}{2}=\dfrac{9}{4}$

$\therefore \square ABCD=\triangle BCO+\triangle CDO+\triangle DAO$

$\qquad =\dfrac{9\sqrt{3}}{4}+2\times \dfrac{9}{4}=\dfrac{18+9\sqrt{3}}{4}$

답 ②

🔵 교과서 속 창의력 UP!   42쪽

212 부채꼴의 반지름의 길이를 r cm라 하면

$2\pi r\times \dfrac{30}{360}=2\pi$ $\therefore r=12$

$\overline{OA}=\overline{OB}=12$ cm이므로 $\triangle AOH$에서

$\overline{AH}=12\sin 30°=12\times \dfrac{1}{2}=6$(cm)

$\overline{OH}=12\cos 30°=12\times \dfrac{\sqrt{3}}{2}=6\sqrt{3}$(cm)

$\therefore$ (색칠한 부분의 넓이)

$\quad =$(부채꼴 OAB의 넓이)$-\triangle AOH$

$\quad =\pi\times 12^2\times \dfrac{30}{360}-\dfrac{1}{2}\times 6\sqrt{3}\times 6$

$\quad =12\pi-18\sqrt{3}$(cm^2)   답 $(12\pi-18\sqrt{3})$ cm^2

213 달린 시간을 $t(t>0)$시간이라 하면

$\overline{OP}=20t$ km, $\overline{OQ}=24t$ km

오른쪽 그림과 같이 점 P에서 $\overline{OQ}$에 내린 수선의 발을 H라 하면 $\angle POQ=20°+40°=60°$이므로 $\triangle POH$에서

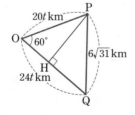

$\overline{OH}=20t\cos 60°=20t\times \dfrac{1}{2}$

$\qquad =10t$(km)

$\overline{PH}=20t\sin 60°=20t\times \dfrac{\sqrt{3}}{2}=10\sqrt{3}t$(km)

$\overline{HQ}=\overline{OQ}-\overline{OH}=24t-10t=14t$(km)

$\triangle PHQ$에서

$\overline{PQ}=\sqrt{(10\sqrt{3}t)^2+(14t)^2}=4\sqrt{31}t$(km)

즉, $4\sqrt{31}t=6\sqrt{31}$이므로 $t=\dfrac{3}{2}$

따라서 달린 시간은 1시간 30분이므로 두 사람이 P, Q에 도착한 시각은 오후 3시 30분이다.   답 오후 3시 30분

214 $\triangle ABC=\dfrac{1}{2}\times \overline{AB}\times \overline{BC}\times \sin B=36$이므로

$\overline{AB}\times \overline{BC}\times \sin B=72$

$\therefore \triangle LBM=\dfrac{1}{2}\times \dfrac{1}{3}\overline{AB}\times \dfrac{1}{2}\overline{BC}\times \sin B$

$\qquad =\dfrac{1}{12}\times \overline{AB}\times \overline{BC}\times \sin B=\dfrac{1}{12}\times 72=6$

또, $\triangle ABC=\dfrac{1}{2}\times \overline{AC}\times \overline{BC}\times \sin C=36$이므로

$\overline{AC}\times \overline{BC}\times \sin C=72$

$\therefore \triangle NMC=\dfrac{1}{2}\times \dfrac{2}{3}\overline{AC}\times \dfrac{1}{2}\overline{BC}\times \sin C$

$\qquad =\dfrac{1}{6}\times \overline{AC}\times \overline{BC}\times \sin C=\dfrac{1}{6}\times 72=12$

같은 방법으로 $\triangle ABC=\dfrac{1}{2}\times \overline{AB}\times \overline{AC}\times \sin A=36$이므로 $\overline{AB}\times \overline{AC}\times \sin A=72$

$\therefore \triangle ALN=\dfrac{1}{2}\times \dfrac{2}{3}\overline{AB}\times \dfrac{1}{3}\overline{AC}\times \sin A$

$\qquad =\dfrac{1}{9}\times \overline{AB}\times \overline{AC}\times \sin A=\dfrac{1}{9}\times 72=8$

$\therefore \triangle LMN$

$\quad =\triangle ABC-(\triangle LBM+\triangle NMC+\triangle ALN)$

$\quad =36-(6+12+8)=10$ 답 10

215 (A의 넓이)$=\dfrac{1}{2}ab\sin 30°=\dfrac{ab}{4}$

(B의 넓이)$=bc\sin(180°-120°)=\dfrac{\sqrt{3}bc}{2}$

(C의 넓이)$=\dfrac{1}{2}ac\sin(180°-135°)=\dfrac{\sqrt{2}ac}{4}$

세 도형의 넓이가 모두 같으므로

$\dfrac{ab}{4}=\dfrac{\sqrt{3}bc}{2}$에서 $a=2\sqrt{3}c$

$\dfrac{ab}{4}=\dfrac{\sqrt{2}ac}{4}$에서 $b=\sqrt{2}c$

$\therefore a:b:c=2\sqrt{3}c:\sqrt{2}c:c=2\sqrt{3}:\sqrt{2}:1$ 답 ③

🐦 쉬어가기   44쪽

03. 원과 직선

Step 1 핵심 개념 47, 49쪽

216 답 ○

217 현의 길이는 중심각의 크기에 정비례하지 않는다. 답 ×

218 답 ○

219 답 ㈎ : $\overline{OB}$, ㈏ : $\overline{OM}$, ㈐ : RHS, ㈑ : $\overline{BM}$

220 $x = \dfrac{1}{2} \times 8 = 4$ 답 4

221 $x = 6 \times 2 = 12$ 답 12

222 $x = \sqrt{2^2 + 2^2} = \sqrt{8} = 2\sqrt{2}$ 답 $2\sqrt{2}$

223 $x = 2\sqrt{5^2 - 3^2} = 2\sqrt{16} = 2 \times 4 = 8$ 답 8

224 $x = 2\sqrt{8^2 - 6^2} = 2\sqrt{28} = 2 \times 2\sqrt{7} = 4\sqrt{7}$ 답 $4\sqrt{7}$

225 $x = \sqrt{10^2 - 8^2} = \sqrt{36} = 6$ 답 6

226 답 6

227 $x = \dfrac{1}{2} \times 10 = 5$ 답 5

228 $x = 6 \times 2 = 12$ 답 12

229 답 7

230 답 9

231 답 8

232 $\overline{PA} = \overline{PB}$이므로 △PAB는 이등변삼각형이다.
∴ $\angle x = \dfrac{1}{2} \times (180° - 50°) = 65°$ 답 65°

233 $\angle PAO = \angle PBO = 90°$이므로
□APBO에서
$\angle x = 360° - (90° + 125° + 90°) = 55°$ 답 55°

234 $\angle PAB = \angle PBA = \dfrac{1}{2} \times (180° - 60°) = 60°$
따라서 △PAB는 정삼각형이므로
$\overline{AB} = \overline{PA} = 5$ cm
∴ $x = 5$ 답 5

235 $\overline{PA} = \overline{PB} = 5$ cm
△OPA에서 $\angle PAO = 90°$이므로
$\overline{PO} = \sqrt{5^2 + 3^2} = \sqrt{34}$(cm)
∴ $x = \sqrt{34}$ 답 $\sqrt{34}$

236 $\overline{OB} = 2$ cm, $\overline{PO} = 3 + 2 = 5$(cm)
△PBO에서 $\angle PBO = 90°$이므로
$\overline{PB} = \sqrt{5^2 - 2^2} = \sqrt{21}$(cm)
∴ $x = \sqrt{21}$ 답 $\sqrt{21}$

237 $x = \overline{AD} = 4$
$y = \overline{BE} + \overline{CE} = \overline{BD} + \overline{CF} = 3 + 8 = 11$ 답 $x = 4$, $y = 11$

238 $x = \overline{BE} = 5$
$y = \overline{AF} + \overline{CF} = \overline{AD} + \overline{CE} = 4 + 6 = 10$ 답 $x = 5$, $y = 10$

239 $\overline{AD} = \overline{AF} = 2$이고 $\overline{CE} = \overline{CF} = 3$이므로
$\overline{BD} = \overline{BE} = \overline{BC} - \overline{CE} = 6 - 3 = 3$
∴ $x = \overline{AD} + \overline{BD} = 2 + 3 = 5$ 답 5

240 $\overline{AD} = \overline{AF} = 5$이고
$\overline{BE} = \overline{BD} = \overline{AB} - \overline{AD} = 12 - 5 = 7$이므로
$x = \overline{CE} = \overline{BC} - \overline{BE} = 13 - 7 = 6$ 답 6

241 $x = \overline{DS} = 2$
$y = \overline{AP} + \overline{BP} = \overline{AS} + \overline{BQ} = 7 + 6 = 13$ 답 $x = 2$, $y = 13$

242 $x = \overline{AS} + \overline{DS} = \overline{AP} + \overline{DR} = 2 + 5 = 7$
$\overline{BQ} = \overline{BP} = 5$이므로
$y = \overline{CQ} = \overline{BC} - \overline{BQ} = 9 - 5 = 4$ 답 $x = 7$, $y = 4$

243 $\overline{AB} + \overline{DC} = \overline{AD} + \overline{BC}$이므로
$x + 14 = 8 + 16$ ∴ $x = 10$ 답 10

244 $\overline{AB} + \overline{DC} = \overline{AD} + \overline{BC}$이므로
$6 + 8 = x + 10$ ∴ $x = 4$ 답 4

Step 2 핵심 유형 50~59쪽

Theme 06 원의 현 50~53쪽

245 $\overline{AM} = \dfrac{1}{2}\overline{AB} = \dfrac{1}{2} \times 8 = 4$(cm)
직각삼각형 OAM에서
$\overline{OA} = \sqrt{4^2 + 3^2} = \sqrt{25} = 5$(cm)
따라서 원 O의 반지름의 길이는 5 cm이다. 답 ①

246 오른쪽 그림과 같이 원의 중심 O에서
$\overline{AB}$에 내린 수선의 발을 H라 하면
$\overline{AH} = \overline{BH}$
직각삼각형 OAH에서
$\overline{AH} = \sqrt{7^2 - 3^2} = \sqrt{40} = 2\sqrt{10}$(cm)
∴ $\overline{AB} = 2\overline{AH} = 2 \times 2\sqrt{10} = 4\sqrt{10}$(cm) 답 $4\sqrt{10}$ cm

247 $\overline{OM} = \dfrac{1}{2}\overline{OC} = \dfrac{1}{2} \times 10 = 5$(cm)
직각삼각형 OBM에서
$\overline{BM} = \sqrt{10^2 - 5^2} = \sqrt{75} = 5\sqrt{3}$(cm)
∴ $\overline{AB} = 2\overline{BM} = 2 \times 5\sqrt{3} = 10\sqrt{3}$(cm) 답 ④

248 $\overline{AM} = \dfrac{1}{2}\overline{AB} = \dfrac{1}{2} \times 8 = 4$(cm)
직각삼각형 OAM에서
$\overline{OM} = \sqrt{5^2 - 4^2} = \sqrt{9} = 3$(cm)
∴ $\overline{MP} = \overline{OP} - \overline{OM} = 5 - 3 = 2$(cm) 답 ③

249 △ABC가 정삼각형이므로 $\overline{BC}=\overline{AB}=6\,cm$

$\overline{BM}=\dfrac{1}{2}\overline{BC}=\dfrac{1}{2}\times6=3(cm)$

오른쪽 그림과 같이 $\overline{OB}$를 그으
면 직각삼각형 OBM에서
$\overline{OB}=\sqrt{3^2+(\sqrt{3})^2}=\sqrt{12}$
$\qquad=2\sqrt{3}(cm)$

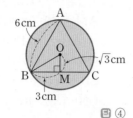

따라서 원 O의 넓이는
$\pi\times(2\sqrt{3})^2=12\pi(cm^2)$　　　　　🖹 ④

250 $\overline{BM}=\overline{AM}=4\,cm$

$\overline{OB}=x\,cm$라 하면
$\overline{OC}=\overline{OB}=x\,cm$이므로
$\overline{OM}=(x-2)\,cm$　　…❶

직각삼각형 OBM에서
$4^2+(x-2)^2=x^2$, $4x=20$
$\therefore x=5$　　…❷

따라서 원 O의 둘레의 길이는
$2\pi\times5=10\pi(cm)$　　…❸

🖹 $10\pi\,cm$

채점 기준	배점
❶ $\overline{OB}$의 길이를 이용하여 $\overline{OM}$의 길이 나타내기	40 %
❷ 원 O의 반지름의 길이 구하기	40 %
❸ 원 O의 둘레의 길이 구하기	20 %

251 $\overline{CM}$은 $\overline{AB}$의 수직이등분선이므로 $\overline{CM}$의 연장선은 원의
중심을 지난다.

오른쪽 그림과 같이 $\overline{CM}$의 연장선과
$\overline{OA}$를 긋고 원의 중심을 O, 반지
름의 길이를 $r\,cm$라 하면

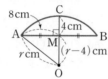

$\overline{AM}=\dfrac{1}{2}\overline{AB}=\dfrac{1}{2}\times16=8(cm)$,

$\overline{OM}=(r-4)\,cm$

직각삼각형 OAM에서
$8^2+(r-4)^2=r^2$, $8r=80$
$\therefore r=10$

따라서 원의 반지름의 길이는 10 cm이다.　　🖹 10 cm

252 $\overline{CD}$는 $\overline{AB}$의 수직이등분선이므로 $\overline{CD}$의 연장선은 원의 중
심을 지난다.

오른쪽 그림과 같이 $\overline{CD}$의 연장선과
$\overline{OA}$를 긋고 원의 중심을 O라 하면

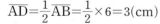
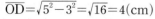

$\overline{AD}=\dfrac{1}{2}\overline{AB}=\dfrac{1}{2}\times6=3(cm)$

이므로 직각삼각형 OAD에서
$\overline{OD}=\sqrt{5^2-3^2}=\sqrt{16}=4(cm)$

이때 $\overline{OC}=5\,cm$이므로
$\overline{CD}=\overline{OC}-\overline{OD}=5-4=1(cm)$　　🖹 1 cm

253 오른쪽 그림과 같이 점 A에서
$\overline{BC}$에 내린 수선의 발을 H라 하면
$\overline{CH}=\dfrac{1}{2}\overline{BC}=\dfrac{1}{2}\times8=4(cm)$

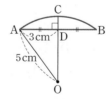
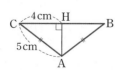

직각삼각형 ACH에서
$\overline{AH}=\sqrt{5^2-4^2}=\sqrt{9}=3(cm)$

이때 $\overline{AH}$는 $\overline{BC}$의 수직이등분선이므로 $\overline{AH}$의 연장선은
원의 중심을 지난다.

오른쪽 그림과 같이 $\overline{AH}$의 연장
선과 $\overline{OC}$를 긋고 원의 중심을 O,
반지름의 길이를 $r\,cm$라 하면
$\overline{OH}=(r-3)\,cm$이므로

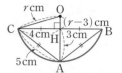

직각삼각형 OCH에서
$4^2+(r-3)^2=r^2$, $6r=25$　　$\therefore r=\dfrac{25}{6}$

따라서 원래 접시의 둘레의 길이는
$2\pi\times\dfrac{25}{6}=\dfrac{25}{3}\pi(cm)$　　🖹 $\dfrac{25}{3}\pi\,cm$

254 오른쪽 그림과 같이 $\overline{OA}$를 긋고 원의
중심 O에서 $\overline{AB}$에 내린 수선의 발을
M이라 하면
$\overline{OA}=4\,cm$

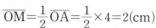

$\overline{OM}=\dfrac{1}{2}\overline{OA}=\dfrac{1}{2}\times4=2(cm)$

직각삼각형 OAM에서
$\overline{AM}=\sqrt{4^2-2^2}=\sqrt{12}=2\sqrt{3}(cm)$
$\therefore \overline{AB}=2\overline{AM}=2\times2\sqrt{3}=4\sqrt{3}(cm)$　　🖹 $4\sqrt{3}\,cm$

255 오른쪽 그림과 같이 원의 중심 O에
서 $\overline{AB}$에 내린 수선의 발을 M이라
하면

$\overline{AM}=\dfrac{1}{2}\overline{AB}=\dfrac{1}{2}\times9=\dfrac{9}{2}(cm)$

$\overline{OA}$를 긋고 원 O의 반지름의 길이를 $r\,cm$라 하면
$\overline{OM}=\dfrac{r}{2}\,cm$이므로

직각삼각형 OAM에서
$\left(\dfrac{9}{2}\right)^2+\left(\dfrac{r}{2}\right)^2=r^2$, $\dfrac{3}{4}r^2=\dfrac{81}{4}$, $r^2=27$
$\therefore r=3\sqrt{3}\,(\because r>0)$

따라서 원 O의 반지름의 길이는 $3\sqrt{3}\,cm$이다.

🖹 $3\sqrt{3}\,cm$

256 오른쪽 그림과 같이 원의 중심 O에
서 $\overline{AB}$에 내린 수선의 발을 M이
라 하면

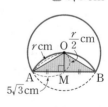

$\overline{AM}=\dfrac{1}{2}\overline{AB}=\dfrac{1}{2}\times10\sqrt{3}$
$\qquad=5\sqrt{3}(cm)$

원 O의 반지름의 길이를 $r\,cm$라 하면 $\overline{OM}=\dfrac{r}{2}\,cm$이므로

직각삼각형 OAM에서
$(5\sqrt{3})^2+\left(\dfrac{r}{2}\right)^2=r^2$, $\dfrac{3}{4}r^2=75$, $r^2=100$
$\therefore r=10\,(\because r>0)$

따라서 $\overline{OM}=5\,cm$이므로
$\triangle OAB=\dfrac{1}{2}\times10\sqrt{3}\times5=25\sqrt{3}(cm^2)$　　🖹 $25\sqrt{3}\,cm^2$

257 오른쪽 그림과 같이 $\overline{OA}$를 그으면
$\overline{OA}=\overline{OD}=5+2=7(\text{cm})$
$\overline{OC}\perp\overline{AB}$이므로
직각삼각형 OAC에서
$\overline{AC}=\sqrt{7^2-5^2}=\sqrt{24}=2\sqrt{6}(\text{cm})$
$\therefore \overline{AB}=2\overline{AC}=2\times2\sqrt{6}=4\sqrt{6}(\text{cm})$ 답 ⑤

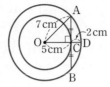

258 $\overline{BC}=\frac{1}{2}\overline{AB}=\frac{1}{2}\times12=6(\text{cm})$
오른쪽 그림과 같이 $\overline{OB}$, $\overline{OC}$를 긋
고 큰 원의 반지름의 길이를 R cm,
작은 원의 반지름의 길이를 r cm
라 하면
$\overline{OB}=R$ cm, $\overline{OC}=r$ cm이고
$\overline{OC}\perp\overline{AB}$이므로 직각삼각형 OBC에서
$R^2-r^2=6^2=36$
따라서 색칠한 부분의 넓이는
$\pi R^2-\pi r^2=\pi(R^2-r^2)=36\pi(\text{cm}^2)$ 답 36π cm²

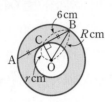

259 $\overline{AC}=\overline{CD}=\frac{1}{3}\overline{AB}=\frac{1}{3}\times12\sqrt{3}=4\sqrt{3}$
오른쪽 그림과 같이 $\overline{OA}$를
긋고 큰 원의 반지름의 길이
를 r, 원의 중심 O에서 $\overline{AB}$
에 내린 수선의 발을 M이
라 하면
$\overline{CM}=\frac{1}{2}\overline{CD}=\frac{1}{2}\times4\sqrt{3}=2\sqrt{3}$
$\therefore \overline{AM}=\overline{AC}+\overline{CM}=4\sqrt{3}+2\sqrt{3}=6\sqrt{3}$
직각삼각형 OCM에서
$\overline{OM}=\sqrt{4^2-(2\sqrt{3})^2}=\sqrt{4}=2$
직각삼각형 OAM에서
$(6\sqrt{3})^2+2^2=r^2$, $r^2=112$
$\therefore r=4\sqrt{7}$ (∵ $r>0$)
따라서 큰 원의 반지름의 길이는 $4\sqrt{7}$이다. 답 $4\sqrt{7}$

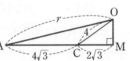

260 직각삼각형 OAM에서
$\overline{AM}=\sqrt{4^2-(\sqrt{7})^2}=\sqrt{9}=3(\text{cm})$
이때 $\overline{OM}=\overline{ON}$이므로 $\overline{AB}=\overline{CD}$
$\therefore \overline{CD}=\overline{AB}=2\overline{AM}=2\times3=6(\text{cm})$ 답 6 cm

261 $\overline{AM}=\frac{1}{2}\overline{AB}=\frac{1}{2}\times4\sqrt{5}=2\sqrt{5}(\text{cm})$
오른쪽 그림과 같이 $\overline{OA}$를 그으면
$\overline{OA}=6$ cm
직각삼각형 OAM에서
$\overline{OM}=\sqrt{6^2-(2\sqrt{5})^2}=\sqrt{16}=4(\text{cm})$
이때 $\overline{AB}=\overline{CD}$이므로
$\overline{ON}=\overline{OM}=4$ cm
$\therefore \overline{OM}+\overline{ON}=4+4=8(\text{cm})$ 답 ②

262 오른쪽 그림과 같이 $\overline{OA}$, $\overline{OB}$를 그으
면 $\overline{OA}=\overline{OD}=10$ cm이므로
직각삼각형 OAM에서
$\overline{AM}=\sqrt{10^2-8^2}=\sqrt{36}=6(\text{cm})$
$\therefore \overline{AB}=2\overline{AM}=2\times6=12(\text{cm})$
이때 $\overline{AB}=\overline{CD}$이므로 $\overline{CD}=12$ cm이고 원의 중심 O에서
$\overline{CD}$에 내린 수선의 발을 N이라 하면
$\overline{ON}=\overline{OM}=8$ cm
$\therefore \triangle OCD=\frac{1}{2}\times12\times8=48(\text{cm}^2)$ 답 48 cm²

263 $\overline{OM}=\overline{ON}$이므로 $\overline{AB}=\overline{AC}$
즉, $\triangle ABC$는 $\overline{AB}=\overline{AC}$인 이등변삼각형이므로
$\angle ABC=\frac{1}{2}\times(180°-40°)=70°$ 답 70°

264 □OHCN에서
$\angle NCH=360°-(90°+115°+90°)=65°$
$\overline{OM}=\overline{ON}$이므로 $\overline{AB}=\overline{AC}$
즉, $\triangle ABC$는 $\overline{AB}=\overline{AC}$인 이등변삼각형이므로
$\angle BAC=180°-2\times65°=50°$ 답 ②

265 □AMON에서
$\angle MAN=360°-(90°+120°+90°)=60°$
$\overline{OM}=\overline{ON}$이므로 $\overline{AB}=\overline{AC}$
즉, $\triangle ABC$는 $\overline{AB}=\overline{AC}$인 이등변삼각형이므로
$\angle ABC=\angle ACB=\frac{1}{2}\times(180°-60°)=60°$
따라서 $\triangle ABC$는 정삼각형이므로
$\overline{BC}=\overline{AB}=2\overline{AM}=2\times4=8(\text{cm})$ 답 ③

266 $\overline{OM}=\overline{ON}$이므로 $\overline{AB}=\overline{AC}$
$\triangle ABC$에서 $\overline{AM}=\overline{MB}$, $\overline{AN}=\overline{NC}$이므로
$\overline{AN}=\overline{AM}=\frac{1}{2}\overline{AB}=\frac{1}{2}\times10=5(\text{cm})$
$\overline{MN}=\frac{1}{2}\overline{BC}=\frac{1}{2}\times8=4(\text{cm})$
따라서 $\triangle AMN$의 둘레의 길이는
$\overline{AM}+\overline{MN}+\overline{AN}=5+4+5=14(\text{cm})$ 답 14 cm
참고 $\triangle ABC$에서 $\overline{AM}=\overline{MB}$, $\overline{AN}=\overline{NC}$이면
$\overline{MN}=\frac{1}{2}\overline{BC}$

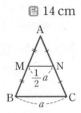

267 $\overline{OD}=\overline{OE}=\overline{OF}$이므로 $\overline{AB}=\overline{BC}=\overline{CA}$
즉, $\triangle ABC$는 정삼각형이다. (⑤)
직각삼각형 OBE에서
$\angle OBE=\frac{1}{2}\times60°=30°$이므로 (④)
$\overline{BO}=\dfrac{\overline{OE}}{\sin30°}=4\times\dfrac{2}{1}=8(\text{cm})$ (②)
$\overline{BE}=\dfrac{\overline{OE}}{\tan30°}=4\times\dfrac{3}{\sqrt{3}}=4\sqrt{3}(\text{cm})$
$\therefore \overline{AF}=\overline{BE}=4\sqrt{3}$ cm (①),

$\overline{AB}=2\overline{BE}=2\times4\sqrt{3}=8\sqrt{3}(cm)$ (③)

따라서 옳지 않은 것은 ②이다. **탑 ②**

참고 정삼각형의 외심과 내심은 일치한다.

268 $\overline{OD}=\overline{OE}=\overline{OF}$이므로 $\overline{AB}=\overline{BC}=\overline{CA}$

즉, $\triangle ABC$는 정삼각형이다. ···❶

오른쪽 그림과 같이 $\overline{OA}$를 그으면

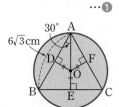

직각삼각형 OAD에서

$\angle DAO=\dfrac{1}{2}\angle BAC=\dfrac{1}{2}\times60°$
$=30°$

이고

$\overline{AD}=\dfrac{1}{2}\overline{AB}=\dfrac{1}{2}\times6\sqrt{3}$
$=3\sqrt{3}(cm)$

이므로

$\overline{AO}=\dfrac{\overline{AD}}{\cos30°}=3\sqrt{3}\times\dfrac{2}{\sqrt{3}}=6(cm)$ ···❷

따라서 원 O의 넓이는 $\pi\times6^2=36\pi(cm^2)$ ···❸

탑 36π cm²

채점 기준	배점
❶ $\triangle ABC$가 정삼각형임을 알기	30 %
❷ 원 O의 반지름의 길이 구하기	50 %
❸ 원 O의 넓이 구하기	20 %

Theme 07 원의 접선 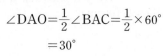 54~59쪽

269 $\overline{PA}=\overline{PB}$이므로 $\triangle PAB$는 이등변삼각형이다.

$\therefore \angle x=\dfrac{1}{2}\times(180°-52°)=64°$ **탑 ③**

270 $\overline{PA}=\overline{PB}$이므로 $\triangle PAB$는 이등변삼각형이다.

$\therefore \angle x=180°-2\times68°=44°$ **탑 44°**

271 $\overline{PA}=\overline{PB}$이므로 $\triangle PAB$는 이등변삼각형이다.

$\therefore \angle PAB=\dfrac{1}{2}\times(180°-50°)=65°$

이때 $\angle OAP=90°$이므로

$\angle x=90°-65°=25°$ **탑 ②**

272 $\angle PAC=90°$이므로 $\angle PAB=90°-20°=70°$

이때 $\triangle PAB$는 $\overline{PA}=\overline{PB}$인 이등변삼각형이므로

$\angle P=180°-2\times70°=40°$ **탑 40°**

273 원 O에서 $\overline{PA}=\overline{PB}$이고 원 O'에서 $\overline{PB}=\overline{PC}$이므로

$\overline{PA}=\overline{PC}$

즉, $3x-5=x+9$이므로

$2x=14$ $\therefore x=7$ **탑 7**

274 $\overline{PB}=\overline{PA}=8$ cm이므로

$\triangle PAB=\dfrac{1}{2}\times8\times8\times\sin60°$
$=\dfrac{1}{2}\times8\times8\times\dfrac{\sqrt{3}}{2}$
$=16\sqrt{3}(cm^2)$ **탑 $16\sqrt{3}$ cm²**

275 오른쪽 그림과 같이 $\overline{AB}$를 그으면 $\triangle CAB$는 $\overline{CA}=\overline{CB}$인 이등변삼각형이므로

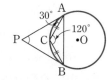

$\angle CAB=\dfrac{1}{2}\times(180°-120°)=30°$

$\therefore \angle PAB=30°+30°=60°$

이때 $\triangle PAB$는 $\overline{PA}=\overline{PB}$인 이등변삼각형이므로

$\angle P=180°-2\times60°=60°$ **탑 60°**

276 $\angle OAP=90°$이므로 직각삼각형 PAO에서

$\overline{PA}=\sqrt{12^2-4^2}=\sqrt{128}=8\sqrt{2}(cm)$

$\therefore \overline{PB}=\overline{PA}=8\sqrt{2}$ cm **탑 $8\sqrt{2}$ cm**

277 오른쪽 그림과 같이 $\overline{OT}$를 그으면 $\overline{OT}=6$ cm, $\angle OTP=90°$이므로

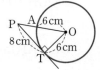

직각삼각형 PTO에서

$\overline{PO}=\sqrt{8^2+6^2}$
$=\sqrt{100}=10(cm)$

$\therefore \overline{PA}=\overline{PO}-\overline{OA}=10-6=4(cm)$ **탑 ⑤**

278 원 O의 반지름의 길이를 r cm라 하면

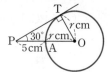

$\angle OTP=90°$, $\angle P=30°$이므로

직각삼각형 PTO에서

$\sin30°=\dfrac{\overline{TO}}{\overline{PO}}=\dfrac{r}{5+r}$

즉, $\dfrac{r}{5+r}=\dfrac{1}{2}$이므로 $2r=5+r$

$\therefore r=5$ ···❶

따라서 $\overline{PO}=5+5=10(cm)$, $\overline{TO}=5$ cm이므로

$\overline{PT}=\sqrt{10^2-5^2}=\sqrt{75}=5\sqrt{3}(cm)$ ···❷

탑 $5\sqrt{3}$ cm

채점 기준	배점
❶ 원 O의 반지름의 길이 구하기	60 %
❷ $\overline{PT}$의 길이 구하기	40 %

279 □AOBP에서 $\angle OAP=\angle OBP=90°$이므로

$\angle AOB+\angle P=180°$

$\therefore \angle AOB=180°-45°=135°$

따라서 색칠한 부채꼴의 넓이는

$\pi\times10^2\times\dfrac{135}{360}=\dfrac{75}{2}\pi(cm^2)$ **탑 $\dfrac{75}{2}\pi$ cm²**

280 ① $\overline{PA}=\overline{PB}=3\sqrt{3}$ cm

② $\triangle PAO\equiv\triangle PBO$ (RHS 합동)이므로

$\angle POA=\dfrac{1}{2}\angle AOB=\dfrac{1}{2}\times120°=60°$

직각삼각형 PAO에서

$\overline{OA}=\dfrac{\overline{PA}}{\tan60°}=3\sqrt{3}\times\dfrac{1}{\sqrt{3}}=3(cm)$

③ $\widehat{AB}=2\pi\times3\times\dfrac{120}{360}=2\pi(cm)$

④ 직각삼각형 PAO에서

$\overline{OP}=\sqrt{(3\sqrt{3})^2+3^2}=\sqrt{36}=6(cm)$

⑤ $\square PAOB = 2\triangle PAO = 2\times\left(\dfrac{1}{2}\times 3\times 3\sqrt{3}\right)$
$= 9\sqrt{3}(cm^2)$

따라서 옳은 것은 ⑤이다. **답 ⑤**

281 $\overline{PB}=\overline{PA}$이므로 $\triangle PAB$에서

$\angle PAB = \angle PBA = \dfrac{1}{2}\times(180°-60°)=60°$

즉, $\triangle PAB$는 정삼각형이므로 $\overline{AB}=\overline{PA}=18\,cm$

$\overline{AB}\perp\overline{OH}$이므로 $\overline{AH}=\dfrac{1}{2}\overline{AB}=\dfrac{1}{2}\times 18=9(cm)$

오른쪽 그림과 같이 $\overline{OA}$를 그으면

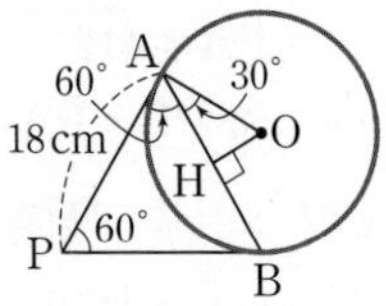

$\angle PAO=90°$이므로

$\angle OAH=90°-60°=30°$

따라서 직각삼각형 OAH에서

$\overline{OH}=\overline{AH}\tan 30°=9\times\dfrac{\sqrt{3}}{3}=3\sqrt{3}(cm)$ **답 ⑤**

282 $\angle ODA=90°$이므로 직각삼각형 ADO에서

$\overline{AD}=\sqrt{17^2-8^2}=\sqrt{225}=15(cm)$

$\overline{AF}=\overline{AD}=15\,cm$, $\overline{BE}=\overline{BD}$, $\overline{CE}=\overline{CF}$이므로

$(\triangle ABC$의 둘레의 길이$)=\overline{AB}+\overline{BC}+\overline{CA}$
$=\overline{AB}+(\overline{BE}+\overline{EC})+\overline{CA}$
$=(\overline{AB}+\overline{BD})+(\overline{CF}+\overline{CA})$
$=\overline{AD}+\overline{AF}$
$=15+15$
$=30(cm)$ **답 ④**

283 $\overline{BD}=\overline{BE}$, $\overline{CF}=\overline{CE}$이므로

$\overline{AD}+\overline{AF}=(\overline{AB}+\overline{BD})+(\overline{AC}+\overline{CF})$
$=\overline{AB}+(\overline{BE}+\overline{CE})+\overline{AC}$
$=\overline{AB}+\overline{BC}+\overline{CA}$
$=10+7+8=25(cm)$

이때 $\overline{AD}=\overline{AF}$이므로

$\overline{AF}=\dfrac{25}{2}\,cm$

$\therefore \overline{CF}=\overline{AF}-\overline{AC}=\dfrac{25}{2}-8=\dfrac{9}{2}(cm)$ **답 $\dfrac{9}{2}\,cm$**

284 오른쪽 그림과 같이 $\overline{OP}$를 그으면

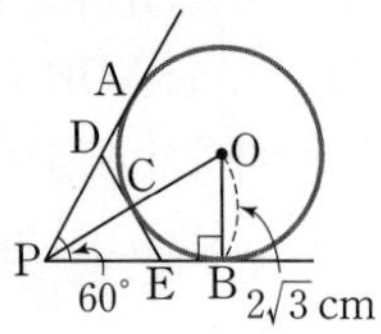

$\angle OBP=90°$이고

$\angle OPB=\dfrac{1}{2}\angle APB=\dfrac{1}{2}\times 60°$
$=30°$

이므로 직각삼각형 PBO에서

$\overline{PB}=\dfrac{\overline{OB}}{\tan 30°}=2\sqrt{3}\times\dfrac{3}{\sqrt{3}}=6(cm)$

이때 $\overline{PA}=\overline{PB}=6\,cm$, $\overline{DC}=\overline{DA}$, $\overline{EC}=\overline{EB}$이므로

$(\triangle PDE$의 둘레의 길이$)=\overline{PD}+\overline{DE}+\overline{EP}$
$=\overline{PD}+(\overline{DC}+\overline{CE})+\overline{EP}$
$=(\overline{PD}+\overline{DA})+(\overline{EB}+\overline{EP})$
$=\overline{PA}+\overline{PB}$
$=6+6$
$=12(cm)$ **답 12 cm**

285 $\overline{DP}=\overline{DA}=5\,cm$, $\overline{CP}=\overline{CB}=8\,cm$이므로

$\overline{DC}=\overline{DP}+\overline{CP}=5+8=13(cm)$

오른쪽 그림과 같이 점 D에서 $\overline{BC}$에 내린 수선의 발을 H라 하면

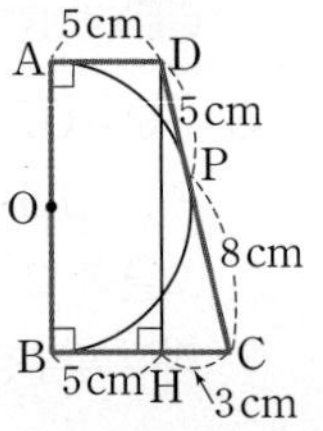

$\overline{BH}=\overline{AD}=5\,cm$이므로

$\overline{HC}=\overline{BC}-\overline{BH}=8-5=3(cm)$

직각삼각형 DHC에서

$\overline{DH}=\sqrt{13^2-3^2}=\sqrt{160}=4\sqrt{10}(cm)$

$\therefore \overline{AB}=\overline{DH}=4\sqrt{10}\,cm$

따라서 반원 O의 반지름의 길이는

$\dfrac{1}{2}\overline{AB}=\dfrac{1}{2}\times 4\sqrt{10}=2\sqrt{10}(cm)$ **답 ⑤**

286 $\overline{DA}=\overline{DP}$, $\overline{CB}=\overline{CP}$이므로

$\overline{AD}+\overline{BC}=\overline{DP}+\overline{CP}=\overline{CD}=9(cm)$

이때 $\overline{AB}=2\overline{AO}=2\times 4=8(cm)$이므로

$\square ABCD$의 둘레의 길이는

$\overline{AB}+\overline{BC}+\overline{CD}+\overline{DA}=\overline{AB}+(\overline{BC}+\overline{DA})+\overline{CD}$
$=8+9+9=26(cm)$ **답 26 cm**

287 $\overline{CE}=\overline{CB}=4\,cm$, $\overline{DE}=\overline{DA}=8\,cm$이므로

$\overline{CD}=\overline{CE}+\overline{DE}=4+8=12(cm)$

오른쪽 그림과 같이 점 C에서 $\overline{AD}$에 내린 수선의 발을 H라 하면

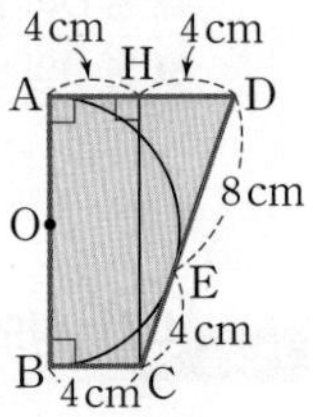

$\overline{AH}=\overline{BC}=4\,cm$이므로

$\overline{HD}=\overline{AD}-\overline{AH}=8-4=4(cm)$ ···❶

직각삼각형 CHD에서

$\overline{CH}=\sqrt{12^2-4^2}=\sqrt{128}$
$=8\sqrt{2}(cm)$

이므로 $\overline{AB}=\overline{HC}=8\sqrt{2}\,cm$ ···❷

$\therefore \square ABCD=\dfrac{1}{2}\times(8+4)\times 8\sqrt{2}$
$=48\sqrt{2}(cm^2)$ ···❸

답 $48\sqrt{2}\,cm^2$

채점 기준	배점
❶ $\overline{CD}$, $\overline{HD}$의 길이 각각 구하기	40%
❷ $\overline{AB}$의 길이 구하기	40%
❸ $\square ABCD$의 넓이 구하기	20%

288 $\overline{BD}=\overline{BE}=x\,cm$라 하면

$\overline{AF}=\overline{AD}=(5-x)\,cm$, $\overline{CF}=\overline{CE}=(8-x)\,cm$

이때 $\overline{AC}=\overline{AF}+\overline{CF}$이므로

$7=(5-x)+(8-x)$, $2x=6$ $\therefore x=3$

따라서 $\overline{BD}$의 길이는 3 cm이다. **답 3 cm**

289 $\overline{AD}=\overline{AF}$, $\overline{BD}=\overline{BE}$, $\overline{CE}=\overline{CF}$이므로

$\overline{AB}+\overline{BC}+\overline{CA}=2(\overline{AD}+\overline{BE}+\overline{CF})$

$\therefore \overline{AD}+\overline{BE}+\overline{CF}=\dfrac{1}{2}(\overline{AB}+\overline{BC}+\overline{CA})$
$=\dfrac{1}{2}\times(10+11+9)$
$=15(cm)$ **답 15 cm**

290 $\overline{BD}=\overline{BE}=6\,cm$, $\overline{AD}=\overline{AF}=8\,cm$

$\overline{CE}=\overline{CF}=x\,cm$라 하면

$\triangle ABC$의 둘레의 길이가 $50\,cm$이므로

$2\times(8+6+x)=50$, $x+14=25$ $\quad\therefore x=11$

$\therefore \overline{AC}=\overline{AF}+\overline{CF}=8+11=19(cm)$ 📋 **19 cm**

291 직각삼각형 ABC에서 $\overline{BC}=\sqrt{13^2-5^2}=\sqrt{144}=12(cm)$

오른쪽 그림과 같이 원 O의 반지름의 길이를 $r\,cm$라 하면 $\overline{BD}=\overline{BE}=r\,cm$이므로

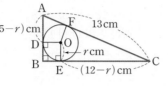

$\overline{AF}=\overline{AD}=(5-r)\,cm$, $\overline{CF}=\overline{CE}=(12-r)\,cm$

이때 $\overline{AC}=\overline{AF}+\overline{CF}$이므로

$13=(5-r)+(12-r)$, $2r=4$ $\quad\therefore r=2$

따라서 원 O의 반지름의 길이는 $2\,cm$이다. 📋 ③

292 오른쪽 그림에서

$\overline{AD}=\overline{AF}=x\,cm$라 하면

$\overline{BD}=\overline{BE}=4\,cm$,

$\overline{CE}=\overline{CF}=2\,cm$이므로

$\overline{AB}=(x+4)\,cm$,

$\overline{AC}=(x+2)\,cm$

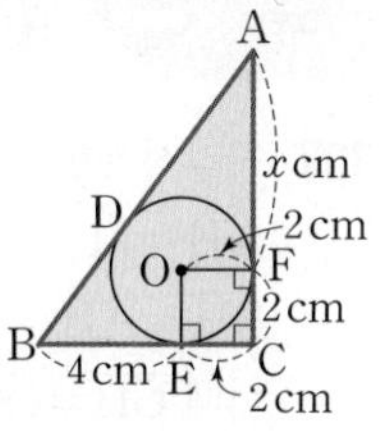

직각삼각형 ABC에서

$6^2+(x+2)^2=(x+4)^2$, $4x=24$ $\quad\therefore x=6$

$\therefore \triangle ABC=\dfrac{1}{2}\times(4+2)\times(6+2)=24(cm^2)$

📋 **24 cm²**

293 오른쪽 그림과 같이 원 O의 반지름의 길이를 $r\,cm$라 하면

$\overline{AD}=\overline{AF}=r\,cm$이고

$\overline{BD}=\overline{BE}=6\,cm$,

$\overline{CF}=\overline{CE}=9\,cm$이므로

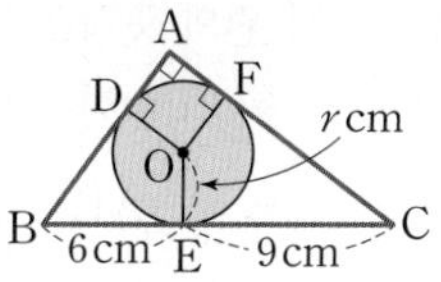

$\overline{AB}=(r+6)\,cm$, $\overline{AC}=(r+9)\,cm$

직각삼각형 ABC에서

$(r+6)^2+(r+9)^2=15^2$, $r^2+15r-54=0$

$(r+18)(r-3)=0$ $\quad\therefore r=3\ (\because r>0)$

따라서 원 O의 넓이는 $\pi\times3^2=9\pi(cm^2)$ 📋 ②

294 $\overline{DG}=\overline{DH}=3\,cm$이므로

$\overline{DC}=\overline{DG}+\overline{CG}=3+4=7(cm)$

$\therefore \overline{AB}+\overline{DC}=8+7=15(cm)$

이때 $\overline{AB}+\overline{DC}=\overline{AD}+\overline{BC}$이므로

$\square ABCD$의 둘레의 길이는

$\overline{AB}+\overline{BC}+\overline{CD}+\overline{DA}=2(\overline{AB}+\overline{DC})$

$=2\times15=30(cm)$ 📋 **30 cm**

295 $\overline{AB}+\overline{DC}=\overline{AD}+\overline{BC}$이므로

$(4+\overline{BP})+(\overline{DR}+7)=7+16$

$\therefore \overline{BP}+\overline{DR}=12(cm)$ 📋 ④

296 $\square ABCD$의 둘레의 길이가 $28\,cm$이고

$\overline{AB}+\overline{DC}=\overline{AD}+\overline{BC}$이므로

$\overline{AD}+\overline{BC}=\dfrac{1}{2}\times28=14(cm)$

$4+\overline{BC}=14$ $\quad\therefore \overline{BC}=10(cm)$ 📋 ③

297 직각삼각형 ABC에서

$\overline{BC}=\sqrt{(2\sqrt{34})^2-6^2}=\sqrt{100}=10(cm)$

이때 $\overline{AB}+\overline{DC}=\overline{AD}+\overline{BC}$이므로

$6+\overline{DC}=4+10$ $\quad\therefore \overline{DC}=8(cm)$ 📋 ②

298 $\overline{AB}+\overline{DC}=\overline{AD}+\overline{BC}$이므로

$\overline{AD}+\overline{BC}=7+8=15(cm)$

$\overline{AD}=2k\,cm$, $\overline{BC}=3k\,cm\ (k>0)$라 하면

$2k+3k=15$, $5k=15$ $\quad\therefore k=3$

$\therefore \overline{AD}=2\times3=6(cm)$ 📋 **6 cm**

299 원 O의 반지름의 길이가 $3\,cm$이므로

$\overline{DC}=2\times3=6(cm)$

$\overline{AB}+\overline{DC}=\overline{AD}+\overline{BC}$이므로

$\overline{AD}+\overline{BC}=8+6=14(cm)$

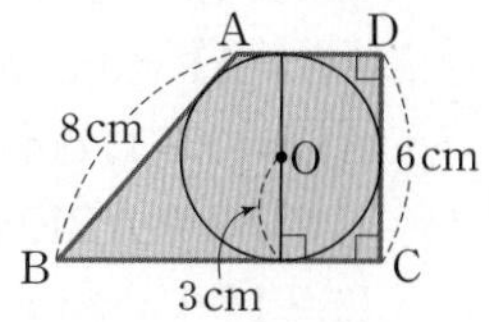

$\therefore \square ABCD=\dfrac{1}{2}\times(\overline{AD}+\overline{BC})\times\overline{DC}$

$=\dfrac{1}{2}\times14\times6=42(cm^2)$ 📋 **42 cm²**

300 $\overline{AB}=x\,cm$라 하면

$\overline{AB}+\overline{DC}=\overline{AD}+\overline{BC}$이므로

$x+\overline{DC}=3+6$ $\quad\therefore \overline{DC}=9-x(cm)$ …❶

오른쪽 그림과 같이 점 D에서 $\overline{BC}$에 내린 수선의 발을 H라 하면

$\overline{CH}=\overline{BC}-\overline{BH}$

$=6-3=3(cm)$

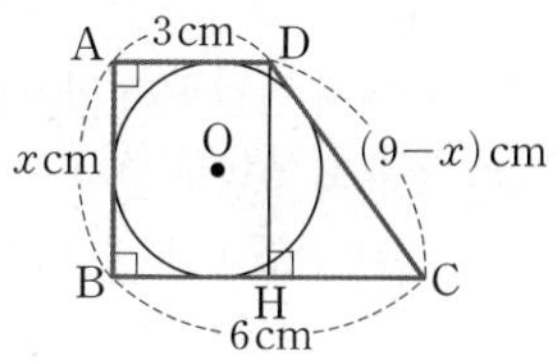

직각삼각형 DHC에서

$3^2+x^2=(9-x)^2$, $18x=72$ $\quad\therefore x=4$ …❷

따라서 원 O의 반지름의 길이는

$\dfrac{1}{2}\overline{AB}=\dfrac{1}{2}\times4=2(cm)$이므로

둘레의 길이는 $2\pi\times2=4\pi(cm)$ …❸

📋 **4π cm**

채점 기준	배점
❶ $\overline{AB}$의 길이를 이용하여 $\overline{DC}$의 길이 나타내기	30 %
❷ $\overline{AB}$의 길이 구하기	40 %
❸ 원 O의 둘레의 길이 구하기	30 %

301 오른쪽 그림과 같이 원 O가 $\overline{BC}$, $\overline{CD}$와 접하는 접점을 각각 G, H라 하면

$\overline{DC}=\overline{AB}=6\,cm$이므로

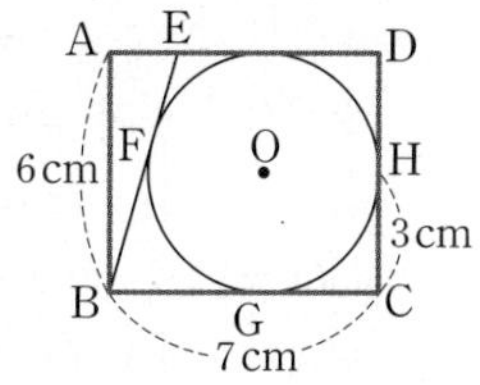

$\overline{CG}=\overline{CH}=\dfrac{1}{2}\times6=3(cm)$

$\therefore \overline{BF}=\overline{BG}=7-3=4(cm)$ 📋 **4 cm**

302 $\overline{AS}=\overline{AP}=\overline{BP}=\overline{BQ}=\dfrac{1}{2}\times 8=4(cm)$이므로

$$\begin{aligned}(\triangle DEC의 둘레의 길이)&=\overline{DE}+\overline{EC}+\overline{CD}\\&=(\overline{DR}+\overline{ER})+\overline{EC}+\overline{CD}\\&=(\overline{DS}+\overline{EQ})+\overline{EC}+\overline{CD}\\&=\overline{DS}+(\overline{EQ}+\overline{EC})+\overline{CD}\\&=\overline{DS}+\overline{CQ}+\overline{CD}\\&=(12-4)+(12-4)+8\\&=24(cm)\end{aligned}$$

답 ⑤

303 오른쪽 그림과 같이 원 O의
네 접점을 각각 F, G, H, I
라 하면 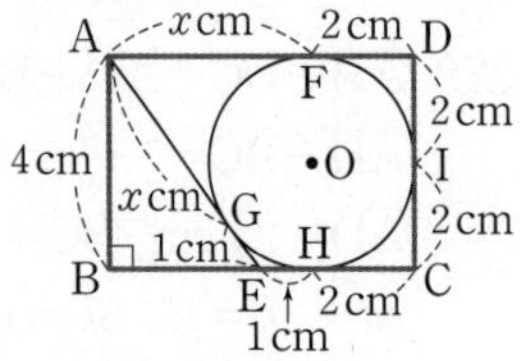
$\overline{DF}=\overline{DI}=\overline{CI}=\overline{CH}$

$\qquad =\dfrac{1}{2}\times 4=2(cm)$

이므로 $\overline{EG}=\overline{EH}=3-2=1(cm)$

$\overline{AG}=\overline{AF}=x$ cm라 하면

$\overline{AE}=(x+1)$ cm, $\overline{BE}=(x+2)-3=x-1(cm)$이므로

직각삼각형 ABE에서

$(x-1)^2+4^2=(x+1)^2$, $4x=16$ $\quad \therefore x=4$

$\therefore \overline{AD}=4+2=6(cm)$

답 6 cm

304 반원 P의 반지름의 길이를 r cm라
하면 원 Q의 반지름의 길이가

$\dfrac{1}{2}\times 6=3(cm)$이므로

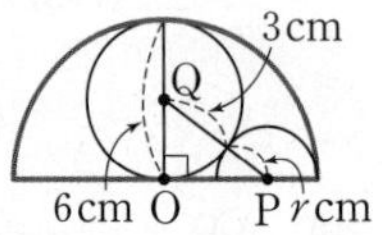

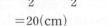

$\overline{PQ}=(3+r)$ cm, $\overline{OP}=(6-r)$ cm

$\angle QOP=90°$이므로 직각삼각형 QOP에서

$(6-r)^2+3^2=(3+r)^2$, $18r=36$ $\quad \therefore r=2$

따라서 반원 P의 반지름의 길이는 2 cm이다.

답 2 cm

305 오른쪽 그림과 같이 점 O
에서 $\overline{BC}$에 내린 수선과
점 O′에서 $\overline{AB}$에 내린
수선의 교점을 H라 하자.
원 O′의 반지름의 길이를

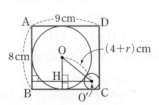

r cm라 하면 원 O의 반지름의 길이가 $\dfrac{1}{2}\times 8=4(cm)$이므로

$\overline{OO'}=(4+r)$ cm, $\overline{OH}=(4-r)$ cm,

$\overline{HO'}=9-4-r=5-r(cm)$

직각삼각형 OHO′에서 $(5-r)^2+(4-r)^2=(4+r)^2$

$r^2-26r+25=0$, $(r-1)(r-25)=0$

$\therefore r=1\ (\because\ 0<r<4)$

따라서 원 O′의 반지름의 길이는 1 cm이다.

답 ③

306 $\angle AOB$의 크기를 $x°$라 하면

$\pi\times 18^2\times\dfrac{x}{360}=54\pi$ $\quad \therefore x=60$

오른쪽 그림과 같이 원 O′의 반지
름의 길이를 r cm라 하면
$\overline{OO'}=(18-r)$ cm

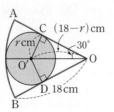

원 O′과 $\overline{OA}$, $\overline{OB}$의 접점을 각각
C, D라 하면

$\triangle O'CO\equiv\triangle O'DO$ (RHS 합동)이므로

$\angle O'OC=\dfrac{1}{2}\times 60°=30°$

직각삼각형 O′CO에서

$\sin 30°=\dfrac{\overline{O'C}}{\overline{OO'}}=\dfrac{r}{18-r}$

즉, $\dfrac{r}{18-r}=\dfrac{1}{2}$이므로

$2r=18-r$, $3r=18$ $\quad \therefore r=6$

따라서 원 O′의 넓이는

$\pi\times 6^2=36\pi(cm^2)$

답 36π cm²

Step 3 발전 문제   60~62쪽

307 직각삼각형 OAH에서

$\overline{AH}=\sqrt{10^2-2^2}=\sqrt{96}=4\sqrt{6}(cm)$이므로

$\overline{BH}=\overline{AH}=4\sqrt{6}$ cm

이때 $\overline{CH}=\overline{OC}-\overline{OH}=10-2=8(cm)$이므로

직각삼각형 HBC에서

$\overline{BC}=\sqrt{(4\sqrt{6})^2+8^2}=\sqrt{160}=4\sqrt{10}(cm)$

답 ⑤

308 $\overline{CH}$는 $\overline{AB}$의 수직이등분선이므로 $\overline{CH}$는 원의 중심을 지
난다.

오른쪽 그림과 같이 타이어 안
쪽 원의 중심을 O, 반지름의 길
이를 r cm라 하면

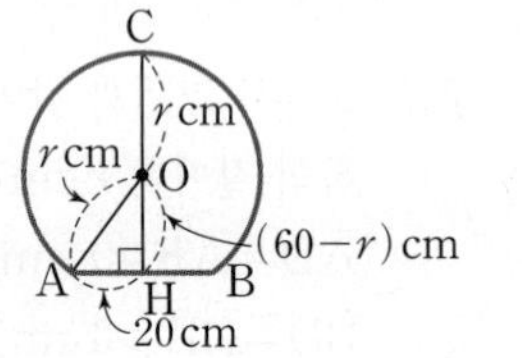

$\overline{AH}=\dfrac{1}{2}\overline{AB}=\dfrac{1}{2}\times 40$

$\qquad =20(cm)$

$\overline{OH}=(60-r)$ cm이므로

직각삼각형 OAH에서

$20^2+(60-r)^2=r^2$, $120r=4000$ $\quad \therefore r=\dfrac{100}{3}$

따라서 구하는 반지름의 길이는 $\dfrac{100}{3}$ cm이다.

답 $\dfrac{100}{3}$ cm

309 $\overline{CD}=\overline{AB}=6$ cm

오른쪽 그림과 같이 점 O에서 $\overline{CD}$에
내린 수선의 발을 H라 하면

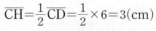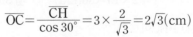

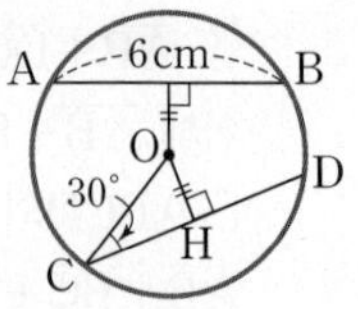

$\overline{CH}=\dfrac{1}{2}\overline{CD}=\dfrac{1}{2}\times 6=3(cm)$

직각삼각형 OCH에서

$\overline{OC}=\dfrac{\overline{CH}}{\cos 30°}=3\times\dfrac{2}{\sqrt{3}}=2\sqrt{3}(cm)$

따라서 원 O의 둘레의 길이는

$2\pi\times 2\sqrt{3}=4\sqrt{3}\pi(cm)$

답 ②

310 오른쪽 그림과 같이 $\overline{OA}$, $\overline{OC}$를 긋고, 점 O에서 $\overline{AB}$에 내린 수선의 발을 M이라 하면

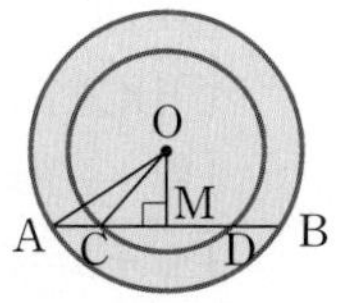

$\overline{CM}=\dfrac{1}{2}\overline{CD}=\dfrac{1}{2}\times 8=4(\text{cm})$,

$\overline{OC}=6\,\text{cm}$이므로 직각삼각형 OCM에서

$\overline{OM}=\sqrt{6^2-4^2}=\sqrt{20}=2\sqrt{5}(\text{cm})$

또, 직각삼각형 OAM에서

$\overline{AM}=\dfrac{1}{2}\overline{AB}=\dfrac{1}{2}\times 14=7(\text{cm})$이므로

$\overline{OA}=\sqrt{7^2+(2\sqrt{5})^2}=\sqrt{69}(\text{cm})$

따라서 큰 원의 넓이는

$\pi\times(\sqrt{69})^2=69\pi(\text{cm}^2)$ 　　　目 ④

311 두 원 O, O'이 서로 다른 원의 중심을 지나므로 두 원의 반지름의 길이는 $\overline{OO'}$이다.

오른쪽 그림과 같이 $\overline{AB}$와 $\overline{OO'}$의 교점을 C라 하고, 두 원의 반지름의 길이를 $x\,\text{cm}$라 하면

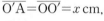
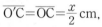

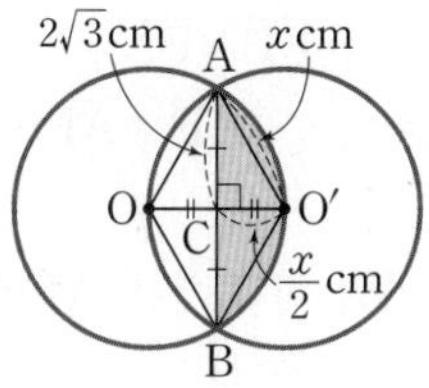

$\overline{O'A}=\overline{OO'}=x\,\text{cm}$,

$\overline{O'C}=\overline{OC}=\dfrac{x}{2}\,\text{cm}$,

$\overline{AC}=\dfrac{1}{2}\overline{AB}=\dfrac{1}{2}\times 4\sqrt{3}=2\sqrt{3}(\text{cm})$이므로

직각삼각형 O'AC에서

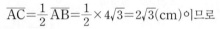

$(2\sqrt{3})^2+\left(\dfrac{x}{2}\right)^2=x^2$, $12+\dfrac{x^2}{4}=x^2$

$x^2=16$ 　$\therefore x=4$ $(\because x>0)$

$\triangle AOO'$, $\triangle BOO'$은 정삼각형이므로

$\angle AOB=2\times 60°=120°$

따라서 색칠한 부분의 넓이는

(부채꼴 AOB의 넓이)$-\triangle AOB$

$=\pi\times 4^2\times\dfrac{120}{360}-\dfrac{1}{2}\times 4\sqrt{3}\times 2$

$=\dfrac{16}{3}\pi-4\sqrt{3}(\text{cm}^2)$ 　目 $\left(\dfrac{16}{3}\pi-4\sqrt{3}\right)\text{cm}^2$

312 오른쪽 그림과 같이 $\overline{OA}$, $\overline{OC}$를 그으면 직각삼각형 OCH에서

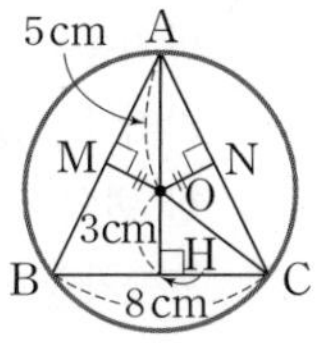

$\overline{HC}=\dfrac{1}{2}\overline{BC}=\dfrac{1}{2}\times 8=4(\text{cm})$이므로

$\overline{OC}=\sqrt{4^2+3^2}=\sqrt{25}=5(\text{cm})$

$\therefore \overline{OA}=\overline{OC}=5\,\text{cm}$

이때 $\overline{OM}=\overline{ON}$이므로 $\triangle ABC$는 $\overline{AB}=\overline{AC}$인 이등변삼각형이다.

즉, 세 점 A, O, H는 한 직선 위에 있으므로

직각삼각형 AHC에서

$\overline{AC}=\sqrt{4^2+8^2}=\sqrt{80}=4\sqrt{5}(\text{cm})$

$\therefore \overline{AN}=\dfrac{1}{2}\overline{AC}=\dfrac{1}{2}\times 4\sqrt{5}=2\sqrt{5}(\text{cm})$

따라서 직각삼각형 OAN에서

$\overline{ON}=\sqrt{5^2-(2\sqrt{5})^2}=\sqrt{5}(\text{cm})$ 　目 $\sqrt{5}\,\text{cm}$

313 오른쪽 그림과 같이 $\overline{OC}$를 그으면 $\triangle OAC$는 $\overline{OA}=\overline{OC}$인 이등변삼각형이므로

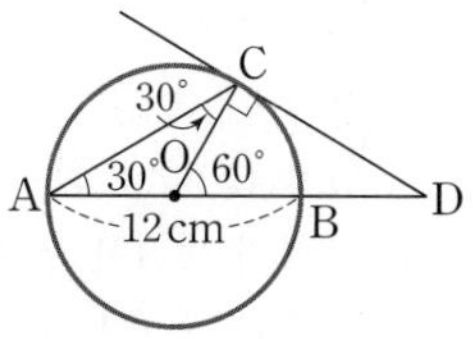

$\angle OCA=\angle OAC=30°$

$\therefore \angle COD=30°+30°=60°$

이때 $\overline{OC}=\dfrac{1}{2}\overline{AB}=\dfrac{1}{2}\times 12=6(\text{cm})$이므로

직각삼각형 DCO에서

$\overline{OD}=\dfrac{\overline{OC}}{\cos 60°}=6\times\dfrac{2}{1}=12(\text{cm})$

$\therefore \overline{BD}=\overline{OD}-\overline{OB}=12-6=6(\text{cm})$ 　目 6 cm

314 $\angle PAO=90°$이므로 직각삼각형 PAO에서

$\overline{PO}=\sqrt{10^2+5^2}=\sqrt{125}=5\sqrt{5}(\text{cm})$

$\overline{PO}\perp\overline{AH}$이므로 $\triangle PAO$에서

$\overline{PA}\times\overline{AO}=\overline{PO}\times\overline{AH}$

$10\times 5=5\sqrt{5}\times\overline{AH}$ 　$\therefore \overline{AH}=2\sqrt{5}(\text{cm})$

$\therefore \overline{AB}=2\overline{AH}=2\times 2\sqrt{5}=4\sqrt{5}(\text{cm})$ 　目 ④

315 $\overline{PA}=\overline{PB}$이므로 $\triangle PAB$에서

$\angle PAB=\angle PBA=\dfrac{1}{2}\times(180°-60°)=60°$

즉, $\triangle PAB$는 정삼각형이므로

$\overline{AB}=\overline{PA}=9\,\text{cm}$ 　$\therefore x=9$

오른쪽 그림과 같이 $\overline{OP}$를 그으면

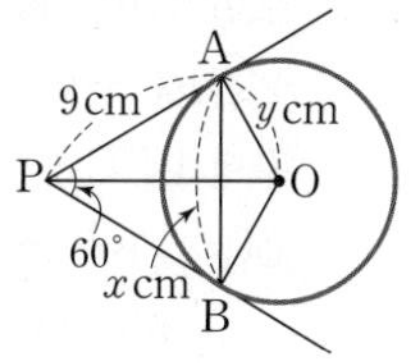

$\triangle PAO\equiv\triangle PBO$ (RHS 합동)

이므로

$\angle APO=\dfrac{1}{2}\angle P=\dfrac{1}{2}\times 60°=30°$

직각삼각형 PAO에서

$\overline{AO}=\overline{PA}\tan 30°=9\times\dfrac{\sqrt{3}}{3}=3\sqrt{3}(\text{cm})$

$\therefore y=3\sqrt{3}$ 　目 $x=9$, $y=3\sqrt{3}$

316 $\overline{AD}:\overline{DB}=3:2$, $\overline{AF}:\overline{FC}=2:3$이고, $\overline{AD}=\overline{AF}$이므로 $\overline{AD}=\overline{AF}=6k$ $(k>0)$라 하면

$\overline{BE}=\overline{DB}=4k$, $\overline{EC}=\overline{FC}=9k$

$\therefore \overline{BE}:\overline{EC}=4k:9k=4:9$ 　目 4:9

317 $\overline{BG}=x\,\text{cm}$라 하면 $\overline{BH}=\overline{BG}=x\,\text{cm}$이므로

$\overline{CI}=\overline{CH}=(34-x)\,\text{cm}$

같은 방법으로

$\overline{DJ}=\overline{DI}=30-(34-x)=x-4(\text{cm})$

$\overline{EK}=\overline{EJ}=21-(x-4)=25-x(\text{cm})$

$\overline{FL}=\overline{FK}=30-(25-x)=x+5(\text{cm})$

$\overline{AG}=\overline{AL}=36-(x+5)=31-x(\text{cm})$

$\therefore \overline{AB}=\overline{AG}+\overline{BG}=(31-x)+x=31(\text{cm})$

目 31 cm

318 오른쪽 그림과 같이 원 O의 반지름의 길이를 $r\,\text{cm}$라 하면

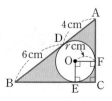

$\overline{EC}=\overline{FC}=r\,\text{cm}$이므로

$\overline{BC}=(6+r)\,\text{cm}$,

$\overline{AC}=(4+r)\,\text{cm}$

직각삼각형 ABC에서

$(6+r)^2+(4+r)^2=10^2$, $r^2+10r-24=0$

$(r+12)(r-2)=0$ ∴ $r=2$ (∵ $r>0$)

따라서 색칠한 부분의 넓이는

△ABC−(원 O의 넓이)

$=\dfrac{1}{2}\times8\times6-\pi\times2^2$

$=24-4\pi(\text{cm}^2)$ 📄 $(24-4\pi)\,\text{cm}^2$

319 $\overline{AB}+\overline{DC}=\overline{AD}+\overline{BC}$이고, $\overline{AB}=\overline{DC}$이므로

$2\overline{AB}=4+6$ ∴ $\overline{AB}=5(\text{cm})$

오른쪽 그림과 같이 점 A에서 $\overline{BC}$
에 내린 수선의 발을 H라 하면

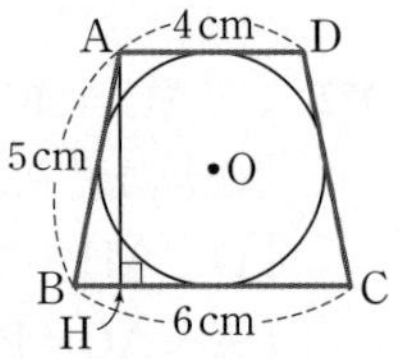

$\overline{BH}=\dfrac{1}{2}\times(6-4)=1(\text{cm})$

직각삼각형 ABH에서

$\overline{AH}=\sqrt{5^2-1^2}=\sqrt{24}=2\sqrt{6}(\text{cm})$

따라서 원 O의 반지름의 길이는

$\dfrac{1}{2}\overline{AH}=\dfrac{1}{2}\times2\sqrt{6}=\sqrt{6}(\text{cm})$ 📄 ②

320 $\overline{AF}=\overline{EF}=x$ cm라 하면 $\overline{AD}=\overline{BC}=10$ cm이므로

$\overline{FD}=(10-x)$ cm

오른쪽 그림과 같이 $\overline{BE}$를 그
으면 $\overline{BE}=\overline{BA}=8$ cm이고
$\angle BEC=90°$이므로 직각삼
각형 BEC에서

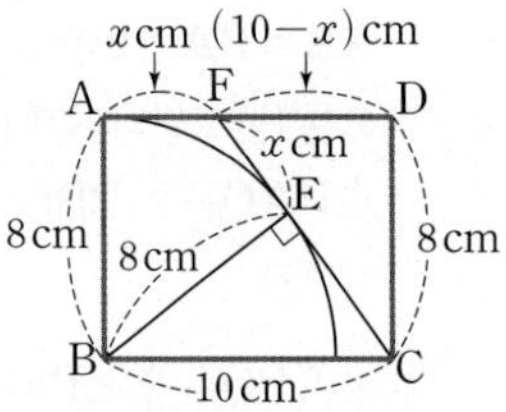

$\overline{EC}=\sqrt{10^2-8^2}=\sqrt{36}$
$=6(\text{cm})$

즉, $\overline{FC}=(x+6)$ cm이므로 직각삼각형 FDC에서

$(10-x)^2+8^2=(x+6)^2$, $32x=128$

∴ $x=4$

따라서 $\overline{AF}$의 길이는 4 cm이다.   📄 4 cm

321 $\overline{AB}=60$이므로 세 원의 반지름의 길이는 모두 10이다.

오른쪽 그림과 같이 원의
중심 N에서 $\overrightarrow{AT}$에 내린 수
선의 발을 H라 하고 $\overline{TP}$를
그으면

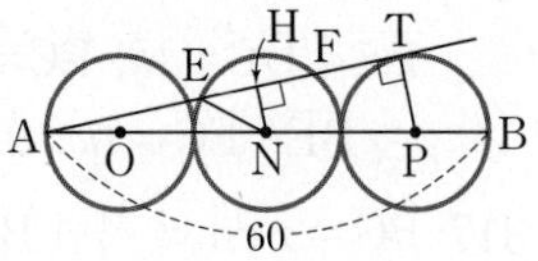

$\angle AHN=\angle ATP=90°$이므로

△AHN∽△ATP (AA 닮음)

따라서 $\overline{AN}:\overline{AP}=\overline{HN}:\overline{TP}$에서

$30:50=\overline{HN}:10$ ∴ $\overline{HN}=6$

$\overline{EN}$을 그으면 직각삼각형 EHN에서

$\overline{EH}=\sqrt{10^2-6^2}=\sqrt{64}=8$

∴ $\overline{EF}=2\overline{EH}=2\times8=16$ 📄 ④

322 □ABCD가 원 O_1에 외접하므로

$\overline{AB}+\overline{DC}=\overline{AD}+\overline{BC}$에서

63쪽

$a+\overline{DC}=9+7=16$ ······ ㉠

□DCEF가 원 O_2에 외접하므로

$\overline{DC}+\overline{FE}=\overline{DF}+\overline{CE}$에서

$\overline{DC}+b=5+13=18$ ······ ㉡

㉡−㉠을 하면 $b-a=18-16=2$ 📄 ②

323 오른쪽 그림과 같이 접점을
차례로 G, H, I, J, K,
L, M, N, P라 하고 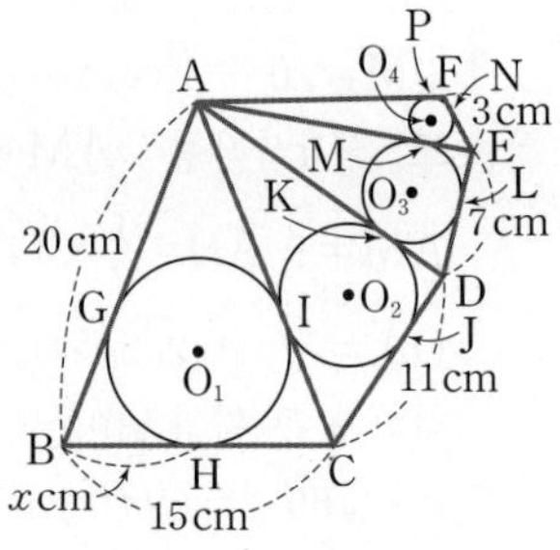
$\overline{BH}=\overline{BG}=x$ cm라 하면

$\overline{AP}=\overline{AM}=\overline{AK}$
$=\overline{AI}=\overline{AG}$
$=(20-x)$ cm

$\overline{CJ}=\overline{CI}=\overline{CH}=(15-x)$ cm

$\overline{DL}=\overline{DK}=\overline{DJ}=11-(15-x)=x-4(\text{cm})$

$\overline{EN}=\overline{EM}=\overline{EL}=7-(x-4)=11-x(\text{cm})$

$\overline{FP}=\overline{FN}=3-(11-x)=x-8(\text{cm})$

∴ $\overline{AF}=\overline{AP}+\overline{FP}=(20-x)+(x-8)=12(\text{cm})$

📄 12 cm

324 점 P에서 $\overline{AB}$에 내린 수선의 발
을 H라 하면 △ABP의 밑변의
길이는 $\overline{AB}=6\sqrt{2}$ cm로 일정하
므로 $\overline{PH}$의 길이가 최대일 때,
△ABP의 넓이가 최대가 된다.

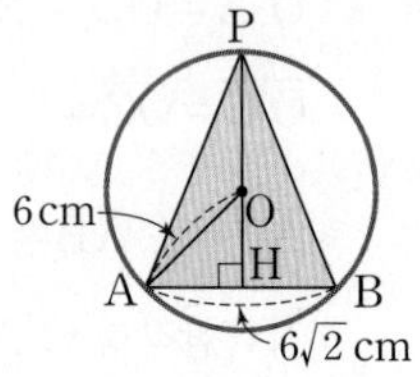

즉, △ABP의 넓이가 최대가 되려면 위의 그림과 같이
$\overline{PH}$가 원의 중심 O를 지나야 하므로

$\overline{AH}=\dfrac{1}{2}\overline{AB}=\dfrac{1}{2}\times6\sqrt{2}=3\sqrt{2}(\text{cm})$

$\overline{OA}=6$ cm이므로 직각삼각형 OAH에서

$\overline{OH}=\sqrt{6^2-(3\sqrt{2})^2}=\sqrt{18}=3\sqrt{2}(\text{cm})$

∴ $\overline{PH}=\overline{PO}+\overline{OH}=6+3\sqrt{2}(\text{cm})$

따라서 △ABP의 넓이의 최댓값은

$\dfrac{1}{2}\times\overline{AB}\times\overline{PH}=\dfrac{1}{2}\times6\sqrt{2}\times(6+3\sqrt{2})=18\sqrt{2}+18(\text{cm}^2)$

📄 $(18\sqrt{2}+18)\,\text{cm}^2$

325 오른쪽 그림과 같이 중간 크기의 원의
반지름의 길이를 r라 하고 그 중심을
각각 P, Q, R, S라 하면 □PQRS는
한 변의 길이가 $2r$인 정사각형이다.

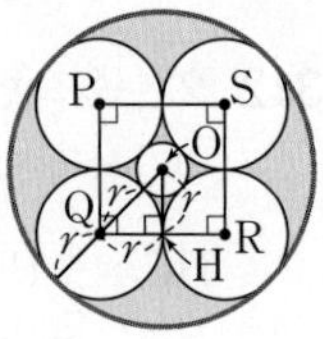

또, 가장 작은 원의 중심을 O라 하고
원의 중심 O에서 $\overline{QR}$에 내린 수선의 발을 H라 하면

$\overline{OQ}=r+1$이므로 직각삼각형 OQH에서

$(r+1)^2=r^2+r^2$, $r^2-2r-1=0$

∴ $r=1+\sqrt{2}$ (∵ $r>1$)

이때 가장 큰 원의 반지름의 길이는

$2r+1=2(1+\sqrt{2})+1=3+2\sqrt{2}$이므로

(색칠한 부분의 넓이)

$=\pi\times(3+2\sqrt{2})^2-4\times\{\pi\times(1+\sqrt{2})^2\}-\pi\times1^2$

$=\pi\times\{(17+12\sqrt{2})-4\times(3+2\sqrt{2})-1\}$

$=\pi\times(4+4\sqrt{2})=4\pi(\sqrt{2}+1)$ 📄 ④

04. 원주각

Step 1 핵심 개념 65, 67쪽

326 $\angle x=\frac{1}{2}\times 120°=60°$ 답 $60°$

327 $\angle x=2\times 105°=210°$ 답 $210°$

328 $\angle x=\frac{1}{2}\times(360°-220°)=70°$ 답 $70°$

329 $\angle OPB=\angle OBP=35°$이므로 $\angle AOB=2\times 35°=70°$
$\therefore\ \angle x=\frac{1}{2}\times 70°=35°$ 답 $35°$

330 답 (가) : $\angle OAP$, (나) : $\angle OBP$, (다) : $\angle AOB$

331 $\angle PBQ=\angle PAQ=25°$
$\therefore\ \angle x=25°+40°=65°$ 답 $65°$

332 $\angle APB=90°$
$\therefore\ \angle x=180°-(55°+90°)=35°$ 답 $35°$

333 답 $32°$

334 $\angle x : 60°=4 : 8$ $\therefore\ \angle x=30°$ 답 $30°$

335 $20° : \angle x=6 : 9$ $\therefore\ \angle x=30°$ 답 $30°$

336 $24° : \angle x=9 : 15$ $\therefore\ \angle x=40°$ 답 $40°$

337 답 7

338 $25° : 75°=x : 9$ $\therefore\ x=3$ 답 3

339 답 $35°$

340 네 점 A, B, C, D가 한 원 위에 있으려면
$\angle ACB=\angle ADB=50°$ $\therefore\ \angle x=50°$ 답 $50°$

341 $\angle x+112°=180°$ $\therefore\ \angle x=68°$ 답 $68°$

342 답 $87°$

343 $\angle x=180°-60°=120°$, $\angle y=180°-110°=70°$
답 $\angle x=120°$, $\angle y=70°$

344 $\triangle BCD$에서 $\angle y=180°-(30°+35°)=115°$
$\therefore\ \angle x=180°-115°=65°$ 답 $\angle x=65°$, $\angle y=115°$

345 $\angle x=85°$, $\angle y=180°-105°=75°$
답 $\angle x=85°$, $\angle y=75°$

346 $\angle x=\frac{1}{2}\times 160°=80°$, $\angle y=\angle x=80°$
답 $\angle x=80°$, $\angle y=80°$

347 $\angle B+\angle D=80°+80°\neq 180°$이므로 □ABCD는 원에 내접하지 않는다. 답 원에 내접하지 않는다.

348 $\angle A+\angle C=120°+60°=180°$이므로 □ABCD는 원에 내접한다. 답 원에 내접한다.

349 $\angle BAD=180°-80°=100°$이므로
$\angle BAD\neq\angle DCE$
따라서 □ABCD는 원에 내접하지 않는다.
답 원에 내접하지 않는다.

350 $\angle BAD=\angle BCE$이므로 □ABCD는 원에 내접한다.
답 원에 내접한다.

351 답 $65°$

352 답 $70°$

353 답 $50°$

354 $\angle BAT=50°$이므로
$\angle x=180°-50°=130°$ 답 $130°$

355 $\angle BAT=\angle BTP=100°$
$\triangle BAT$에서
$\angle x=180°-(100°+45°)=35°$ 답 $35°$

356 $\angle BAT=\angle BTP=65°$
$\triangle ATB$에서
$\angle ABT=\angle BAT=65°$이므로
$\angle x=180°-2\times 65°=50°$ 답 $50°$

357 답 (가) : 90, (나) : $\angle PAB$

Step 2 핵심 유형 68~82쪽

Theme 08 원주각과 중심각 68~74쪽

358 오른쪽 그림과 같이 $\overline{OB}$를 그으면

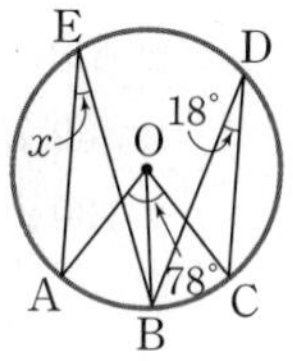

$\angle BOC=2\angle BDC=2\times 18°=36°$
이므로
$\angle AOB=78°-36°=42°$
$\therefore\ \angle x=\frac{1}{2}\angle AOB$
$=\frac{1}{2}\times 42°=21°$ 답 ②

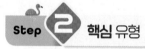

359 $\overline{OB}=\overline{OC}$이므로
$\angle OCB=\angle OBC=50°$
$\therefore\ \angle BOC=180°-2\times 50°=80°$
$\therefore\ \angle BAC=\frac{1}{2}\angle BOC$
$=\frac{1}{2}\times 80°=40°$ 답 $40°$

360 $\angle BOC=2\angle BAC=2\times 45°=90°$
따라서 색칠한 부분, 즉 부채꼴 OBC의 넓이는
$\pi\times 6^2\times\frac{90}{360}=9\pi(\text{cm}^2)$ 답 $9\pi\ \text{cm}^2$

361 오른쪽 그림과 같이 $\overline{OP}$를 그으면

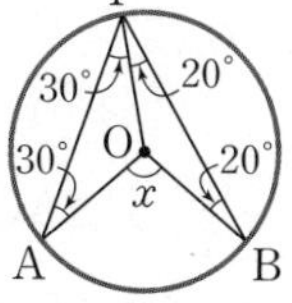

$\triangle OPA$에서
$\angle OPA=\angle OAP=30°$
$\triangle OPB$에서
$\angle OPB=\angle OBP=20°$

$\angle APB = 30° + 20° = 50°$이므로

$\angle x = 2\angle APB = 2 \times 50° = 100°$ 답 100°

362 $\angle AOB = 2\angle APB = 2 \times 30° = 60°$

원 O의 반지름의 길이를 r cm라 하면

$2\pi r \times \dfrac{60}{360} = 6\pi$ ∴ $r = 18$

따라서 원 O의 넓이는 $\pi \times 18^2 = 324\pi(\text{cm}^2)$ 답 ⑤

363 $\angle AOB = 2\angle ADB = 2 \times 25° = 50°$

$\angle COD = 2\angle CAD = 2 \times 30° = 60°$

∴ $\angle x = 180° - (50° + 60°) = 70°$ 답 ①

364 $\angle y = 360° - 2\angle BCD$

$= 360° - 2 \times 100° = 160°$

$\angle x = \dfrac{1}{2}\angle y = \dfrac{1}{2} \times 160° = 80°$

∴ $\angle x + \angle y = 80° + 160° = 240°$ 답 240°

365 $\angle x = 2 \times 110° = 220°$

$\angle y = \dfrac{1}{2} \times (360° - 220°) = 70°$

∴ $\angle x - \angle y = 220° - 70° = 150°$ 답 ⑤

366 $\angle ABC = \dfrac{1}{2} \times (360° - 110°) = 125°$

□ABCO에서

$\angle x = 360° - (125° + 55° + 110°) = 70°$ 답 ②

367 오른쪽 그림과 같이 $\overline{OA}$, $\overline{OB}$ 를 그으면

$\angle PAO = \angle PBO = 90°$이므로

$\angle AOB$

$= 360° - (90° + 50° + 90°)$

$= 130°$

∴ $\angle x = \dfrac{1}{2}\angle AOB$

$= \dfrac{1}{2} \times 130° = 65°$ 답 65°

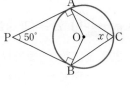

368 오른쪽 그림과 같이 $\overline{OA}$, $\overline{OB}$ 를 그으면

$\angle PAO = \angle PBO = 90°$이므로

□APBO에서

$\angle AOB = 360° - (90° + 30° + 90°) = 150°$ …❶

∴ $\angle ACB = \dfrac{1}{2} \times (360° - 150°) = 105°$ …❷

답 105°

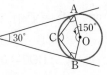

채점 기준	배점
❶ $\angle AOB$의 크기 구하기	50 %
❷ $\angle ACB$의 크기 구하기	50 %

369 ① $\angle PAO = \angle PBO = 90°$

② $\angle AOB = 360° - (90° + 58° + 90°) = 122°$

③ $\angle ACB = \dfrac{1}{2}\angle AOB = \dfrac{1}{2} \times 122° = 61°$

④ △OAB는 $\overline{OA} = \overline{OB}$인 이등변삼각형이므로

$\angle ABO = \dfrac{1}{2} \times (180° - 122°) = 29°$

⑤ $\angle BAO = \angle ABO = 29°$이므로

$\angle PAB = 90° - 29° = 61°$

따라서 옳지 않은 것은 ⑤이다. 답 ⑤

370 오른쪽 그림과 같이 $\overline{EB}$를 그으면

$\angle AEB = \angle AFB = 22°$

$\angle BEC = \angle BDC = 26°$

∴ $\angle x = \angle AEB + \angle BEC$

$= 22° + 26°$

$= 48°$ 답 ③

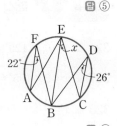

371 $\angle x = \angle ACB$

$= 180° - (55° + 65° + 15°) = 45°$

$\angle y = \angle BAC = 55°$ 답 ③

372 $\angle BDC = \angle BAC = 30°$

오른쪽 그림과 같이 $\overline{AC}$와 $\overline{BD}$의 교점 을 P라 하면

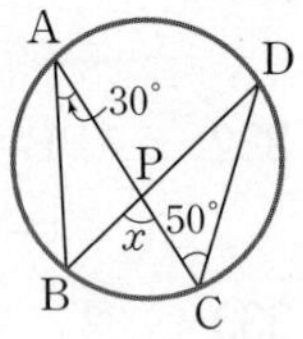

△PCD에서

$\angle x = \angle PDC + \angle PCD$

$= 30° + 50° = 80°$ 답 ④

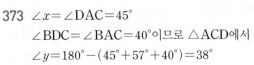

373 $\angle x = \angle DAC = 45°$

$\angle BDC = \angle BAC = 40°$이므로 △ACD에서

$\angle y = 180° - (45° + 57° + 40°) = 38°$

∴ $\angle x + \angle y = 45° + 38° = 83°$ 답 ②

374 $\angle ACD = \angle ABD = 60°$

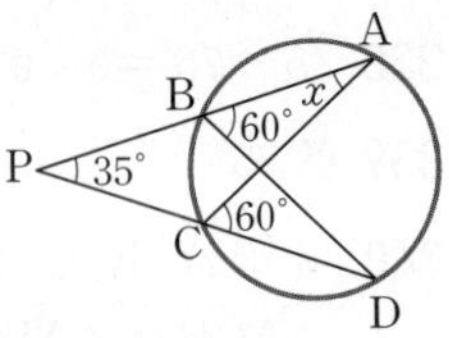

△APC에서

$\angle x = \angle ACD - \angle APC$

$= 60° - 35°$

$= 25°$ 답 ②

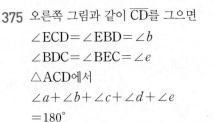

375 오른쪽 그림과 같이 $\overline{CD}$를 그으면

$\angle ECD = \angle EBD = \angle b$

$\angle BDC = \angle BEC = \angle e$

△ACD에서

$\angle a + \angle b + \angle c + \angle d + \angle e$

$= 180°$ 답 180°

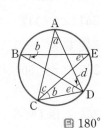

376 $\overline{AB}$가 원 O의 지름이므로 $\angle ACB = 90°$

$\angle CAB = \angle CDB = 65°$이므로

△ACB에서

$\angle x = 180° - (65° + 90°) = 25°$ 답 25°

377 $\overline{AB}$가 원 O의 지름이므로 $\angle ACB = 90°$ …❶

$\angle ABC = \angle ADC = 30°$이므로 …❷

△ABC에서 $\angle x = 180° - (90° + 30°) = 60°$ …❸

답 60°

채점 기준	배점
❶ $\angle ACB$의 크기 구하기	30 %
❷ $\angle ABC$의 크기 구하기	40 %
❸ $\angle x$의 크기 구하기	30 %

378 오른쪽 그림과 같이 $\overline{AD}$를 그으면 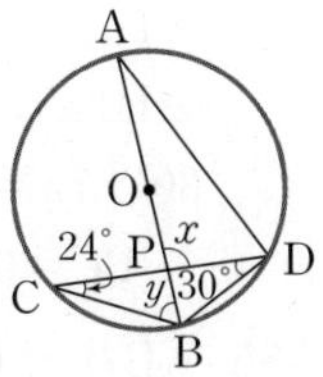
$\overline{AB}$가 원 O의 지름이므로
$\angle ADB=90°$
$\therefore \angle y=\angle ADC$
$\qquad =\angle ADB-\angle CDB$
$\qquad =90°-30°=60°$
$\overline{AB}$와 $\overline{CD}$의 교점을 P라 하면
$\angle x=\angle CPB=180°-(24°+60°)=96°$
$\therefore \angle x-\angle y=96°-60°=36°$

目 $36°$

379 오른쪽 그림과 같이 $\overline{AD}$를 그으면
$\overline{AB}$가 원 O의 지름이므로
$\angle ADB=90°$
$\angle CAD=\dfrac{1}{2}\angle COD$
$\qquad =\dfrac{1}{2}\times40°=20°$
$\triangle PAD$에서
$\angle P=180°-(90°+20°)=70°$

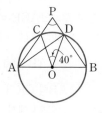

目 ②

380 오른쪽 그림과 같이 $\overline{BO}$의 연장선과 원
O가 만나는 점을 A′이라 하고 $\overline{A'C}$를
그으면 $\angle BAC=\angle BA'C$ 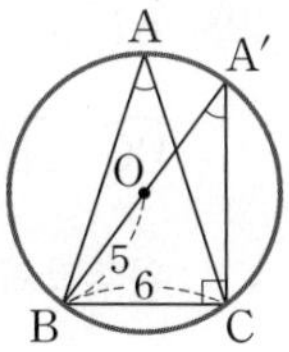
$\overline{A'B}$가 원 O의 지름이므로
$\angle BCA'=90°$
직각삼각형 A′C에서 $\overline{A'B}=2\times5=10$이므로
$\overline{A'C}=\sqrt{10^2-6^2}=\sqrt{64}=8$
$\therefore \tan A=\tan A'=\dfrac{\overline{BC}}{\overline{A'C}}=\dfrac{6}{8}=\dfrac{3}{4}$

目 ④

381 $\overline{AB}$가 원 O의 지름이므로 $\angle ACB=90°$
직각삼각형 ABC에서 $\overline{AB}=2\times3=6(\text{cm})$이므로
$\overline{AC}=\overline{AB}\sin30°=6\times\dfrac{1}{2}=3(\text{cm})$
$\overline{BC}=\overline{AB}\cos30°=6\times\dfrac{\sqrt{3}}{2}=3\sqrt{3}(\text{cm})$
따라서 △ABC의 넓이는
$\dfrac{1}{2}\times\overline{AC}\times\overline{BC}=\dfrac{1}{2}\times3\times3\sqrt{3}=\dfrac{9\sqrt{3}}{2}(\text{cm}^2)$

目 $\dfrac{9\sqrt{3}}{2}\,\text{cm}^2$

382 오른쪽 그림과 같이 $\overline{BO}$의 연장선과
원 O가 만나는 점을 A′이라 하고
$\overline{A'C}$를 그으면 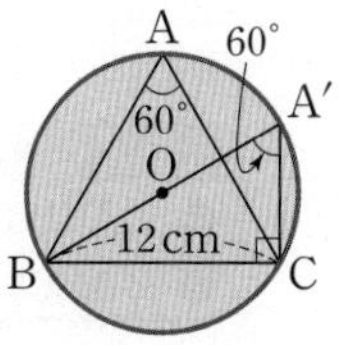
$\angle BA'C=\angle BAC=60°$
$\overline{A'B}$가 원 O의 지름이므로
$\angle BCA'=90°$
직각삼각형 A′BC에서
$\overline{A'B}=\dfrac{\overline{BC}}{\sin60°}=12\div\dfrac{\sqrt{3}}{2}$
$\qquad =12\times\dfrac{2}{\sqrt{3}}=8\sqrt{3}(\text{cm})$

따라서 원 O의 넓이는
$\pi\times(4\sqrt{3})^2=48\pi(\text{cm}^2)$

目 $48\pi\,\text{cm}^2$

383 $\overset{\frown}{AB}=\overset{\frown}{CD}$이므로
$\angle DBC=\angle ACB=25°$
$\triangle PBC$에서
$\angle APB=\angle PCB+\angle PBC$
$\qquad =25°+25°=50°$

目 $50°$

384 $\overline{AD}$는 원 O의 지름이므로
$\angle ACD=90°$
$\overset{\frown}{BC}=\overset{\frown}{CD}$이므로
$\angle CAD=\angle BAC=32°$
$\triangle ACD$에서
$\angle x=180°-(32°+90°)=58°$

目 $58°$

385 $\overset{\frown}{BC}=\overset{\frown}{CD}$이므로
$\angle y=\angle BAC=28°$
오른쪽 그림과 같이 $\overline{OC}$를 그으면 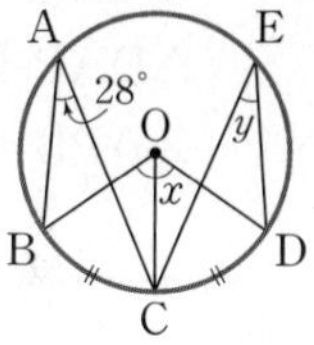
$\angle BOC=2\angle BAC$
$\qquad =2\times28°=56°$
$\angle COD=2\angle CED$
$\qquad =2\times28°=56°$
$\therefore \angle x=\angle BOC+\angle COD$
$\qquad =56°+56°$
$\qquad =112°$
$\therefore \angle x-\angle y=112°-28°=84°$

目 ⑤

386 오른쪽 그림과 같이 $\overline{AC}$를 그으면 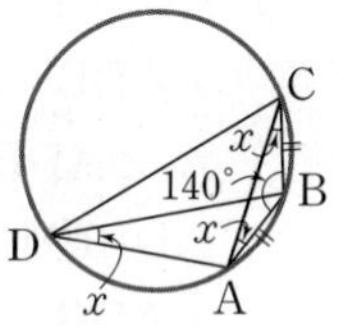
$\overset{\frown}{AB}=\overset{\frown}{BC}$이므로
$\angle CAB=\angle ACB=\angle ADB$
$\qquad =\angle x$
$\triangle ABC$에서 세 내각의 크기의 합은 $180°$이므로
$140°+\angle x+\angle x=180°,\ 2\angle x=40°$
$\therefore \angle x=20°$

目 ⑤

387 $\overset{\frown}{AB}=\overset{\frown}{BC}$이므로
$\angle ADB=\angle BDC=35°$
또, $\angle DCA=\angle DBA=55°$이므로
$\triangle ACD$에서
$\angle CAD=180°-(55°+35°+35°)$
$\qquad =55°$

目 ⑤

388 오른쪽 그림과 같이 $\overline{BD}$를 그으면 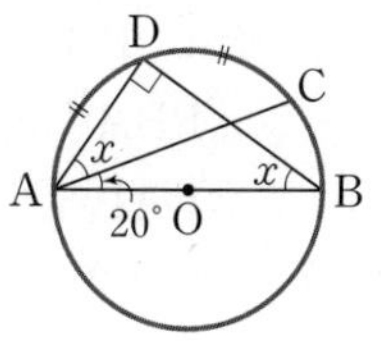
$\overset{\frown}{AD}=\overset{\frown}{CD}$이므로
$\angle ABD=\angle DAC=\angle x$
이때 $\overline{AB}$는 원 O의 지름이므로
$\angle ADB=90°$
$\triangle DAB$에서
$(\angle x+20°)+\angle x+90°=180°,\ 2\angle x=70°$
$\therefore \angle x=35°$

目 ④

389 $\overarc{BC}=\overarc{CD}$이므로

$\angle BEC=\angle CAD=23°$

오른쪽 그림과 같이 $\overline{OC}$를 그으면

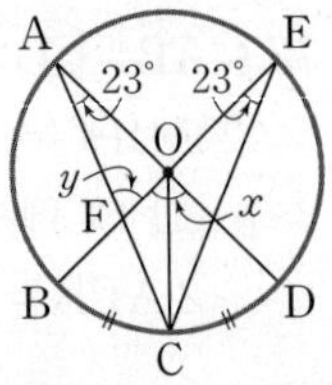

$\angle BOC=2\angle BEC$

$\qquad=2\times23°=46°$

$\angle COD=2\angle CAD$

$\qquad=2\times23°=46°$

$\therefore \angle x=\angle BOC+\angle COD$

$\qquad=46°+46°=92°$

$\overline{AC}$와 $\overline{BE}$의 교점을 F라 하면

$\triangle AFO$에서

$\angle y=\angle x-23°=92°-23°=69°$

$\therefore \angle x+\angle y=92°+69°=161°$ 📋 ①

390 $\overarc{AB}:\overarc{CD}=\angle ADB:\angle DAC$이므로

$9:3=\angle ADB:20°$

$\therefore \angle ADB=60°$

$\triangle DAP$에서

$\angle APB=\angle DAP+\angle PDA$

$\qquad=20°+60°=80°$ 📋 80°

391 $\overarc{AB}:\overarc{CD}=\angle AEB:\dfrac{1}{2}\angle x$이므로

$4:8=30°:\dfrac{1}{2}\angle x$, $2\angle x=240°$

$\therefore \angle x=120°$ 📋 ③

392 $\overarc{AB}:\overarc{CD}=3:1$이므로

$\angle ADB:\angle DBC=3:1$ ···❶

$\therefore \angle ADB=3\angle x$

$\triangle DBP$에서

$\angle ADB=\angle DBP+\angle P$이므로

$3\angle x=\angle x+48°$, $2\angle x=48°$

$\therefore \angle x=24°$ ···❷

📋 24°

채점 기준	배점
❶ $\angle ADB:\angle DBC$ 구하기	50%
❷ $\angle x$의 크기 구하기	50%

393 $\angle APB=\dfrac{1}{2}\times216°=108°$

$\angle PBA=\angle x$라 하면

$\overarc{PA}:\overarc{PB}=1:2$이므로

$\angle PBA:\angle PAB=1:2$ $\therefore \angle PAB=2\angle x$

$\triangle PAB$에서

$108°+2\angle x+\angle x=180°$, $3\angle x=72°$ $\therefore \angle x=24°$

$\therefore \angle PBA=24°$ 📋 24°

394 원 O의 중심에서 두 현 AB, AC까지의 거리가 서로 같으므로 $\overline{AB}=\overline{AC}$이다. 즉, $\triangle ABC$는 이등변삼각형이므로

$\angle BAC=180°-2\times75°=30°$

$\angle BAC:\angle ABC=\overarc{BC}:\overarc{AC}$이므로

$30°:75°=\overarc{BC}:15\pi$

$\therefore \overarc{BC}=6\pi\,(\text{cm})$ 📋 6π cm

395 $\overline{AB}$가 원 O의 지름이므로

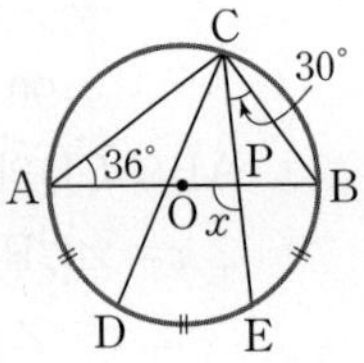

$\angle ACB=90°$

이때 $\overarc{AD}=\overarc{DE}=\overarc{EB}$이므로

$\angle ACD=\angle DCE=\angle ECB$

$\qquad=\dfrac{1}{3}\angle ACB=\dfrac{1}{3}\times90°=30°$

$\therefore \angle ACE=30°+30°=60°$

한편, $\overarc{AC}:\overarc{CB}=3:2$이므로

$\angle CAB=90°\times\dfrac{2}{3+2}=36°$

$\overline{AB}$와 $\overline{CE}$의 교점을 P라 하면

$\triangle CAP$에서

$\angle x=\angle ACP+\angle CAP$

$\qquad=60°+36°=96°$ 📋 96°

396 $\overarc{AB}$ 중 큰 호의 중심각의 크기는 $360°\times\dfrac{2}{2+1}=240°$

$\overarc{BC}, \overarc{CD}, \overarc{AD}$의 중심각의 크기는 각각 $240°\times\dfrac{1}{3}=80°$

원주각의 크기는 중심각의 크기의 $\dfrac{1}{2}$이므로

$\angle CDB=\angle ACD=\dfrac{1}{2}\times80°=40°$

$\triangle DCE$에서 $\angle x=40°+40°=80°$ 📋 ③

397 오른쪽 그림과 같이 $\overline{BC}$를 그으면

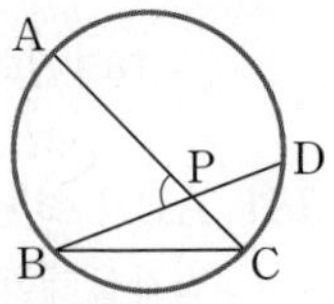

$\angle ACB=\dfrac{1}{4}\times180°=45°$

$\angle DBC=\dfrac{1}{9}\times180°=20°$

$\triangle PBC$에서

$\angle APB=\angle PBC+\angle PCB=20°+45°=65°$ 📋 ②

398 $\angle ACB:\angle BAC:\angle ABC$

$=\overarc{AB}:\overarc{BC}:\overarc{CA}$

$=2:3:4$ ···❶

$\therefore \angle ABC=\dfrac{4}{2+3+4}\times180°$

$\qquad=\dfrac{4}{9}\times180°=80°$ ···❷

📋 80°

채점 기준	배점
❶ $\angle ACB:\angle BAC:\angle ABC$ 구하기	50%
❷ $\angle ABC$의 크기 구하기	50%

399 $\triangle DAP$에서

$\angle ADP=\angle APB-\angle DAP$

$\qquad=80°-35°=45°$

원의 둘레의 길이를 $l\,\text{cm}$라 하면

$\overarc{AB}:l=45°:180°$, $5\pi:l=1:4$

$\therefore l=20\pi$

따라서 원의 둘레의 길이는 20π cm이다.   🖹 20π cm

400 ① $\angle BAC=\angle BDC=30°$이므로 네 점 A, B, C, D는
한 원 위에 있다.

② $\angle ACB=60°-35°=25°$

즉, $\angle ACB=\angle ADB=25°$이므로 네 점 A, B, C, D
는 한 원 위에 있다.

③ $\angle ACB=180°-(80°+60°)=40°$

즉, $\angle ACB=\angle ADB=40°$이므로 네 점 A, B, C, D
는 한 원 위에 있다.

④ $\angle BDC=90°-40°=50°$

즉, $\angle BAC\neq\angle BDC$이므로 네 점 A, B, C, D는 한
원 위에 있지 않다.

⑤ $\angle CBD=180°-(75°+75°)=30°$

즉, $\angle CBD=\angle CAD=30°$이므로 네 점 A, B, C, D
는 한 원 위에 있다.

따라서 네 점 A, B, C, D가 한 원 위에 있지 않은 것은 ④
이다.   🖹 ④

401 네 점 A, B, C, D가 한 원 위에 있으려면

$\angle ADB=\angle ACB=25°$

△QBC에서 $\angle QBC=80°-25°=55°$

△PBD에서

$\angle x=\angle DBC-\angle PDB$

$\qquad=55°-25°=30°$ 🖹 $30°$

402 $\angle BAC=\angle BDC$이므로 네 점 A, B, C, D는 한 원 위
에 있다.

즉, $\angle ADB=\angle ACB=40°$이므로

△AED에서

$\angle x=\angle DEC-\angle ADE$

$\qquad=75°-40°=35°$ 🖹 $35°$

Theme 09 원에 내접하는 사각형   75~78쪽

403 $\overline{AB}$가 원 O의 지름이므로 $\angle ACB=90°$

△CAB에서

$\angle y=180°-(90°+25°)=65°$

□ABCD가 원 O에 내접하므로

$\angle x=180°-\angle y$

$\qquad=180°-65°=115°$

$\therefore \angle x-\angle y=115°-65°=50°$ 🖹 $50°$

404 □ABCD가 원 O에 내접하므로

$\angle y=180°-110°=70°$

$\angle x=2\angle y=2\times70°=140°$

$\therefore \angle x+\angle y=140°+70°=210°$ 🖹 ③

405 △ABC가 $\overline{AB}=\overline{AC}$인 이등변삼각형이므로

$\angle ABC=\dfrac{1}{2}\times(180°-40°)=70°$

□ABCD가 원에 내접하므로

$\angle x=180°-70°=110°$ 🖹 ⑤

406 □ABDE가 원에 내접하므로

$\angle x+100°=180°$ $\therefore \angle x=80°$

또, $\angle BAC=\angle BDC=20°$

△ABP에서 $\angle y=\angle x+20°=80°+20°=100°$

$\therefore \angle x+\angle y=80°+100°=180°$ 🖹 $180°$

407 $\overline{BC}$가 원 O의 지름이므로 $\angle BAC=90°$

□ABCD가 원 O에 내접하므로

$\angle ABC=180°-120°=60°$

직각삼각형 ABC에서

$\overline{BC}=\dfrac{\overline{AC}}{\sin 60°}=3\div\dfrac{\sqrt{3}}{2}=3\times\dfrac{2}{\sqrt{3}}=2\sqrt{3}$

따라서 원 O의 넓이는

$\pi\times(\sqrt{3})^2=3\pi$ 🖹 3π

408 오른쪽 그림과 같이 원 O 위에 임의의
한 점을 Q라 하면 □QAPB는 원 O
에 내접하므로

$\angle AQB=180°-130°=50°$

따라서 $\angle AOB=2\angle AQB$이므로

$\angle x=2\times50°=100°$ 🖹 ②

409 □ABCD가 원에 내접하므로

$\angle BAD=180°-82°=98°$

오른쪽 그림과 같이 $\overline{BD}$를 그으면

△ABD는 $\overline{AB}=\overline{AD}$인 이등변삼각형
이므로

$\angle ABD=\dfrac{1}{2}\times(180°-98°)=41°$

이때 □ABDE가 원에 내접하므로

$\angle AED=180°-41°=139°$ 🖹 $139°$

410 □ABCD가 원에 내접하므로

$\angle x=180°-(40°+105°)=35°$

$\angle BDC=\angle BAC=35°$이므로

$\angle y=\angle ADC=30°+35°=65°$

$\therefore \angle x+\angle y=35°+65°=100°$ 🖹 $100°$

411 △ABD에서

$\angle BAD=180°-(50°+45°)=85°$

$\therefore \angle x=\angle BAD=85°$ 🖹 $85°$

412 $\angle CAD=\angle CBD=35°$

□ABCD가 원에 내접하므로 $\angle BAD=\angle DCE=80°$

$\therefore \angle BAC=\angle BAD-\angle CAD=80°-35°=45°$

  🖹 ③

413 △APB에서

$\angle PAB+48°=121°$ $\therefore \angle PAB=73°$

□ABCD가 원에 내접하므로

$\angle x=\angle PAB=73°$ 🖹 $73°$

다른 풀이 □ABCD가 원에 내접하므로

∠D=180°−121°=59°

△DPC에서 ∠x=180°−(59°+48°)=73°

414 □EBCD가 원에 내접하므로

∠EDC=180°−75°=105°

∠ADC=∠EDC−∠EDA=105°−35°=70°

이때 □ABCD가 원에 내접하므로

∠x=∠ADC=70°　　　　📄 ②

415 원 O에서 ∠AQP=∠ABP=53°

□PQCD가 원 O′에 내접하므로

∠PDC=∠AQP=53°　　　　📄 ②

416 오른쪽 그림과 같이 $\overline{BD}$를 그으면

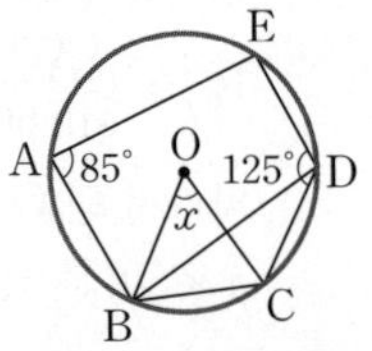

□ABDE가 원 O에 내접하므로

∠BDE=180°−85°=95°

따라서 ∠BDC=125°−95°=30°

이므로

∠x=2∠BDC=2×30°=60°　　　　📄 60°

417 오른쪽 그림과 같이 $\overline{CF}$를 그으면

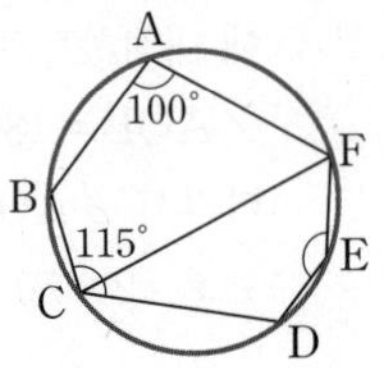

□ABCF가 원에 내접하므로

∠BCF=180°−100°=80°

∴ ∠DCF=115°−80°=35°

이때 □CDEF가 원에 내접하므로

35°+∠DEF=180°　∴ ∠DEF=145°　　　　📄 ④

418 오른쪽 그림과 같이 $\overline{BE}$를 그으면

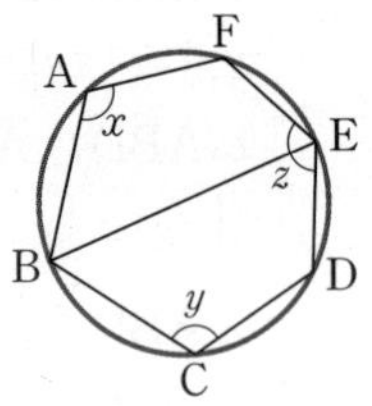

□ABEF가 원에 내접하므로

∠BAF+∠BEF=180° ……㉠

또, □BCDE가 원에 내접하므로

∠BED+∠BCD=180° ……㉡

따라서 ㉠, ㉡에서

∠x+∠y+∠z

=∠BAF+∠BCD+(∠BEF+∠BED)

=(∠BAF+∠BEF)+(∠BED+∠BCD)

=180°+180°=360°　　　　📄 360°

419 ∠ABC=∠x라 하면

□ABCD가 원에 내접하므로

∠CDF=∠ABC=∠x

△EBC에서 ∠ECF=∠EBC+∠BEC=∠x+26°

△DCF에서 ∠x+(∠x+26°)+34°=180°

2∠x=120°　　∴ ∠x=60°

∴ ∠ABC=60°　　　　📄 ①

420 □ABCD가 원에 내접하므로

∠CDF=∠ABC=60°　　　　…❶

△EBC에서

∠ECF=∠EBC+∠BEC=60°+25°=85°　　　…❷

△DCF에서

∠F=180°−(60°+85°)=35°　　　…❸

📄 35°

채점 기준	배점
❶ ∠CDF의 크기 구하기	40 %
❷ ∠ECF의 크기 구하기	40 %
❸ ∠F의 크기 구하기	20 %

421 ∠BCD=∠x라 하면 □ABCD가 원에 내접하므로

∠PAB=∠BCD=∠x

△QBC에서 ∠QBP=∠BCQ+∠BQC=∠x+35°

△APB에서 ∠x+45°+(∠x+35°)=180°

2∠x=100°　　∴ ∠x=50°

이때 ∠BAD+∠BCD=180°이므로

∠BAD=180°−50°=130°　　　　📄 ⑤

422 ① ∠BAP=∠PQC

③ ∠ABQ=∠DPQ

④ ∠QCD=∠APQ=∠ABE

즉, 동위각의 크기가 같으므로 $\overline{AB}$∥$\overline{DC}$

따라서 옳은 것은 ②, ④이다.　　　　📄 ②, ④

423 □ABQP가 원 O에 내접하므로

∠PQC=∠BAP=98°

□PQCD가 원 O′에 내접하므로

98°+∠x=180°　　∴ ∠x=82°　　　　📄 ②

424 □PQCD가 원 O′에 내접하므로

∠PQB=∠PDC=96°　　　　…❶

□ABQP가 원 O에 내접하므로

∠PAB+∠PQB=180°에서

∠PAB+96°=180°　　∴ ∠PAB=84°　　　…❷

∴ ∠x=2∠PAB=2×84°=168°　　　…❸

📄 168°

채점 기준	배점
❶ ∠PQB의 크기 구하기	40 %
❷ ∠PAB의 크기 구하기	40 %
❸ ∠x의 크기 구하기	20 %

425 ① ∠B+∠D=95°+85°=180°이므로 □ABCD는 원에 내접한다.

② ∠A=∠DCE=120°이므로 □ABCD는 원에 내접한다.

③ △ABC에서 ∠B=180°−(30°+40°)=110°

즉, ∠B+∠D=110°+70°=180°이므로 □ABCD는 원에 내접한다.

④ ∠BAD=180°−60°=120°

즉, ∠BAD≠∠DCF이므로 □ABCD는 원에 내접하지 않는다.

⑤ ∠BAD=180°−63°=117°

즉, ∠BAD=∠DCE이므로 □ABCD는 원에 내접한다.

따라서 □ABCD가 원에 내접하지 않는 것은 ④이다.

📄 ④

426 □ABCD가 원에 내접하므로

∠BCD=180°−100°=80°

△PDC에서

∠PDC$=$∠BCD$-$∠P$=80°-35°=45°$ 답 45°

다른 풀이 △ABP에서 ∠B$=180°-(100°+35°)=45°$

□ABCD가 원에 내접하므로 ∠PDC$=$∠B$=45°$

427 □ABCD가 원에 내접하므로

∠BAC$=$∠BDC$=60°$

또, ∠BAD$=$∠DCE$=110°$이므로

∠$x=$∠BAD$-$∠BAC$=110°-60°=50°$

∴ ∠DBC$=$∠$x=50°$

△FBC에서 ∠$y=180°-(50°+45°)=85°$

∴ ∠$y-$∠$x=85°-50°=35°$ 답 ①

Theme **10** 접선과 현이 이루는 각   79~82쪽

428 ∠CAB$=$∠CBD$=55°$

∠BOC$=2$∠CAB$=2×55°=110°$

△OBC는 $\overline{OB}=\overline{OC}$인 이등변삼각형이므로

∠OCB$=\dfrac{1}{2}×(180°-110°)=35°$ 답 35°

429 △BAT에서

∠BAT$=$∠CBA$-$∠T$=75°-35°=40°$

∴ ∠ACB$=$∠BAT$=40°$ 답 40°

430 ∠ACB$=$∠BAT$=50°$

$\overparen{AB}=\overparen{BC}$이므로 ∠BAC$=$∠ACB$=50°$

따라서 △ABC에서

∠$x=180°-2×50°=80°$ 답 80°

431 △CTA는 $\overline{CT}=\overline{CA}$인 이등변삼각형이므로

∠CAT$=$∠T$=32°$

따라서 ∠CBA$=$∠CAT$=32°$이므로

△TAB에서

∠CAB$=180°-(32°+32°+32°)=84°$ 답 84°

432 $\overparen{AB}:\overparen{BC}:\overparen{CA}=$∠ACB$:$∠BAC$:$∠CBA이고

∠ACB$+$∠BAC$+$∠CBA$=180°$이므로

∠CBA$=\dfrac{5}{3+4+5}×180°=75°$ …❶

∴ ∠CAT$=$∠CBA$=75°$ …❷

답 75°

채점 기준	배점
❶ ∠CBA의 크기 구하기	60%
❷ ∠CAT의 크기 구하기	40%

433 $\overline{BD}$가 원 O의 지름이므로

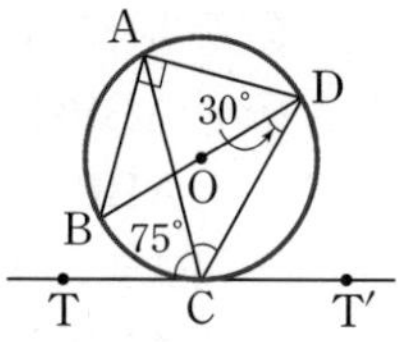

∠BAD$=90°$

∠ADC$=$∠ACT$=75°$이므로

∠ADB$=75°-30°=45°$

△ABD에서

∠ABD$=180°-(45°+90°)=45°$

∴ ∠ACD$=$∠ABD$=45°$ 답 ②

434 ∠BTP$=$∠BAT$=40°$

△BPT에서

∠ABT$=$∠BPT$+$∠BTP$=45°+40°=85°$

□ABTC가 원 O에 내접하므로

∠ACT$=180°-85°=95°$ 답 95°

435 □ABCD가 원에 내접하므로

∠ABC$=180°-125°=55°$

△BPC에서

∠BCP$=$∠ABC$-$∠P$=55°-20°=35°$

∴ ∠$x=$∠BCP$=35°$ 답 ②

436 오른쪽 그림과 같이 $\overline{AC}$를 그으면

∠BAC$=$∠x, ∠DAC$=$∠y이므로

∠BAD$=$∠$x+$∠y

□ABCD가 원에 내접하므로

∠$x+$∠$y=180°-79°=101°$

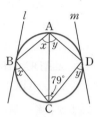

답 ②

437 오른쪽 그림과 같이 $\overline{DB}$를 그으면

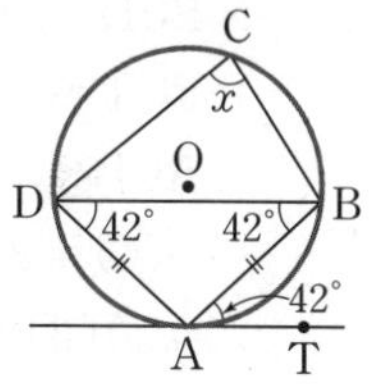

∠ADB$=$∠BAT$=42°$

△ABD는 $\overline{AB}=\overline{AD}$인 이등변삼각형이므로

∠ABD$=$∠ADB$=42°$

∴ ∠DAB$=180°-2×42°=96°$

□ABCD가 원 O에 내접하므로

∠$x=180°-96°=84°$ 답 ④

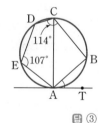

438 오른쪽 그림과 같이 $\overline{AC}$를 그으면

□ACDE는 원에 내접하므로

∠ACD$=180°-107°=73°$이고

∠ACB$=114°-73°=41°$

∴ ∠BAT$=$∠ACB$=41°$ 답 ③

439 ∠ATP$=$∠ABT$=$∠y라 하면

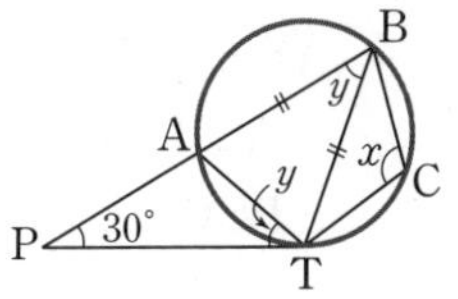

△APT에서

∠BAT$=30°+$∠y

또, $\overline{BA}=\overline{BT}$이므로

∠BTA$=$∠BAT$=30°+$∠y

△ATB에서 ∠$y+(30°+$∠$y)+(30°+$∠$y)=180°$

3∠$y=120°$ ∴ ∠$y=40°$

즉, ∠BAT$=30°+40°=70°$이고 □ATCB가 원에 내접

하므로 ∠$x=180°-70°=110°$ 답 110°

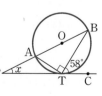

440 오른쪽 그림과 같이 $\overline{AT}$를 그으면

$\overline{AB}$가 원 O의 지름이므로

∠ATB$=90°$

∴ ∠ATP$=180°-(90°+58°)$

$=32°$

∠BAT$=$∠BTC$=58°$이므로

△APT에서

$\angle x=\angle BAT-\angle ATP=58°-32°=26°$ **目 26°**

441 오른쪽 그림과 같이 $\overline{AC}$를 그으면 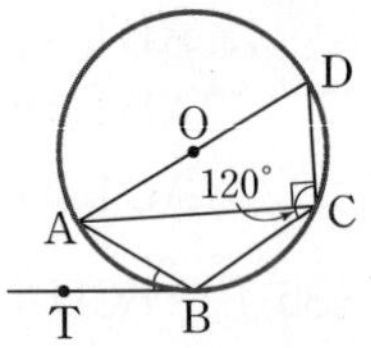
$\overline{AD}$는 원 O의 지름이므로
$\angle ACD=90°$
$\angle ACB=\angle BCD-\angle ACD$
$\qquad=120°-90°=30°$
$\therefore \angle ABT=\angle ACB=30°$ **目 30°**

442 오른쪽 그림과 같이 $\overline{AC}$를 그으면 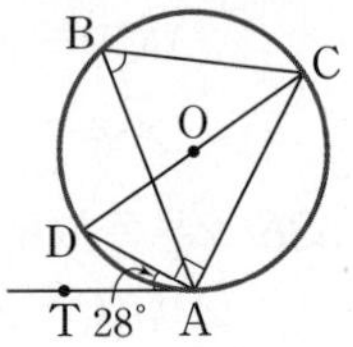
$\overline{CD}$는 원 O의 지름이므로
$\angle DAC=90°$
$\angle DCA=\angle DAT=28°$이므로
△DAC에서
$\angle ADC=180°-(90°+28°)=62°$
$\therefore \angle ABC=\angle ADC=62°$ **目 62°**

443 오른쪽 그림과 같이 $\overline{BC}$를 그으면 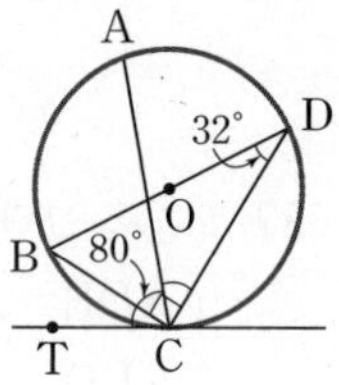
$\overline{BD}$가 원 O의 지름이므로
$\angle BCD=90°$
$\angle BCT=\angle BDC=32°$이므로
$\angle ACB=\angle ACT-\angle BCT$
$\qquad=80°-32°=48°$
$\therefore \angle ACD=\angle BCD-\angle ACB$
$\qquad=90°-48°=42°$ **目 ③**

444 오른쪽 그림과 같이 $\overline{PB}$를 그으면 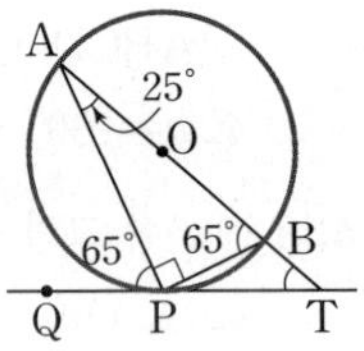
$\overline{AB}$가 원 O의 지름이므로
$\angle APB=90°$
$\angle ABP=\angle APQ=65°$이므로
△APB에서
$\angle BAP=180°-(90°+65°)=25°$
△APT에서 $25°+\angle ATP=65°$
$\therefore \angle ATP=40°$ **目 ③**

445 오른쪽 그림과 같이 $\overline{BC}$를 그으면 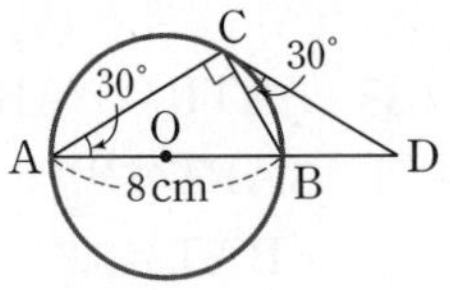
$\overline{AB}$가 원 O의 지름이므로
$\angle ACB=90°$
$\angle BCD=\angle BAC=30°$이므로
△ADC에서
$30°+(90°+30°)+\angle ADC=180°$
$\therefore \angle ADC=30°$ **…❶**
따라서 △BCD는 $\overline{BC}=\overline{BD}$인 이등변삼각형이고
△ABC에서
$\overline{BC}=\overline{AB}\sin 30°=8\times\frac{1}{2}=4(cm)$이므로 **…❷**
$\overline{BD}=\overline{BC}=4\ cm$ **…❸**

目 4 cm

채점 기준	배점
❶ $\angle ADC$의 크기 구하기	40 %
❷ $\overline{BC}$의 길이 구하기	40 %
❸ $\overline{BD}$의 길이 구하기	20 %

446 △BDE는 $\overline{BD}=\overline{BE}$인 이등변삼각형이므로
$\angle BDE=\angle BED=\frac{1}{2}\times(180°-40°)=70°$
$\angle DFE=\angle BED=70°$이므로
△DEF에서
$\angle EDF=180°-(70°+50°)=60°$ **目 ③**

447 △PAB는 $\overline{PA}=\overline{PB}$인 이등변삼각형이므로
$\angle PAB=\angle PBA=\frac{1}{2}\times(180°-30°)=75°$ **…❶**
$\angle ACB=\angle PBA=75°$이므로
△ABC에서
$\angle CAB+\angle ABC=180°-75°=105°$ **…❷**
이때 $\overparen{AC}:\overparen{CB}=\angle ABC:\angle CAB=4:3$이므로
$\angle ABC=105°\times\frac{4}{4+3}=60°$ **…❸**

目 60°

채점 기준	배점
❶ $\angle PAB$의 크기 구하기	30 %
❷ $\angle CAB+\angle ABC$의 크기 구하기	30 %
❸ $\angle ABC$의 크기 구하기	40 %

448 △BDE는 $\overline{BD}=\overline{BE}$인 이등변삼각형이므로
$\angle BDE=\angle BED=\frac{1}{2}\times(180°-34°)=73°$
$\angle DFE=\angle BED=73°$이므로
△DEF에서
$\angle DEF=180°-(46°+73°)=61°$
또, △ADF는 $\overline{AD}=\overline{AF}$인 이등변삼각형이므로
$\angle AFD=\angle ADF=\angle DEF=61°$
따라서 △ADF에서
$\angle A=180°-2\times61°=58°$ **目 58°**

449 $\angle BTQ=\angle BAT=50°$
$\angle CTQ=\angle CDT=70°$
$\therefore \angle ATB=180°-(50°+70°)=60°$ **目 60°**

450 $\angle A=\angle BPT'=\angle DPT$
$\qquad=\angle DCP$
$\qquad=180°-(50°+55°)$
$\qquad=75°$ **目 75°**

451 ① $\angle ABP=\angle APT=\angle DCP=65°$
② $\angle CDP=\angle BPT'=\angle BAP=50°$
③ 동위각의 크기가 같으므로 $\overline{AB} /\!/ \overline{DC}$
④ △ABP와 △DCP에서
$\angle ABP=\angle DCP$, $\angle BAP=\angle CDP$
이므로 △ABP∽△DCP (AA 닮음)
⑤ △ABP∽△DCP이므로
$\overline{AB}:\overline{DC}=\overline{AP}:\overline{DP}$
따라서 옳지 않은 것은 ⑤이다. **目 ⑤**

452 $\angle BOC = 2\angle BAC = 2 \times 30° = 60°$이므로

(부채꼴 BOC의 넓이) $= \pi \times 8^2 \times \dfrac{60}{360} = \dfrac{32}{3}\pi \,(\text{cm}^2)$

이때 $\triangle BOC$의 넓이는

$\dfrac{1}{2} \times 8 \times 8 \times \sin 60° = \dfrac{1}{2} \times 8 \times 8 \times \dfrac{\sqrt{3}}{2} = 16\sqrt{3}\,(\text{cm}^2)$

이므로 색칠한 부분의 넓이는 $\left(\dfrac{32}{3}\pi - 16\sqrt{3}\right)\text{cm}^2$이다.

           目 $\left(\dfrac{32}{3}\pi - 16\sqrt{3}\right)\text{cm}^2$

453 $\angle DBQ = \angle DCQ = 19°$이므로

$\angle DBA = \angle DBQ + \angle ABQ = 19° + 45° = 64°$

오른쪽 그림에서

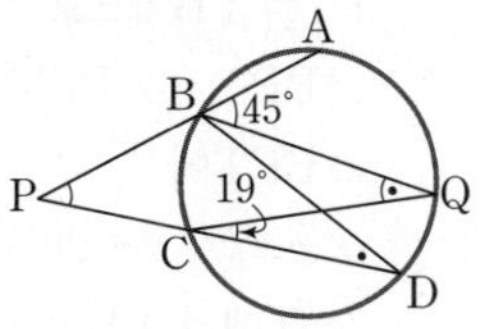

$\angle BQC = \angle BDC$이므로

$\triangle BPD$에서

$\angle BPD + \angle PDB = 64°$

$\therefore \angle P + \angle BQC$

$\quad = \angle P + \angle BDC = 64°$

           目 $64°$

454 오른쪽 그림과 같이 $\overline{BC}$를 그으면

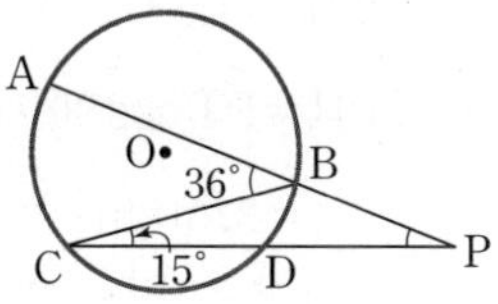

$\overarc{AC}$의 길이가 원주의 $\dfrac{1}{5}$이므로

$\angle ABC = \dfrac{1}{5} \times 180° = 36°$

$\overarc{BD}$의 길이가 원주의 $\dfrac{1}{12}$이므로

$\angle BCD = \dfrac{1}{12} \times 180° = 15°$

$\triangle BCP$에서

$\angle P = \angle ABC - \angle BCP$

$\quad = 36° - 15° = 21°$

           目 ①

455 $\overarc{TC} = \overarc{CB}$이므로

$\angle CBT = \angle CTB = 28°$

$\triangle TBC$에서

$\angle TCB = 180° - 2 \times 28° = 124°$

오른쪽 그림과 같이 $\overline{AT}$를 그으면

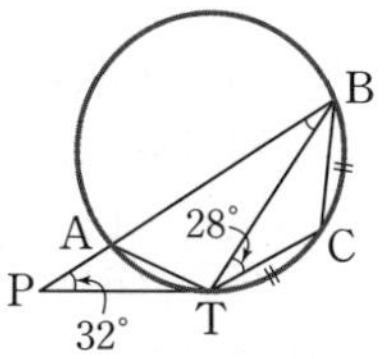

$\square ATCB$가 원에 내접하므로

$\angle BAT = 180° - \angle TCB$

$\quad\quad\quad\quad = 180° - 124° = 56°$

$\triangle APT$에서

$\angle ATP = \angle BAT - \angle APT$

$\quad\quad\quad\quad = 56° - 32° = 24°$

$\therefore \angle ABT = \angle ATP = 24°$

           目 ②

456 $\square ABCD$가 원 O에 내접하므로

$\angle DCT = \angle DAB = 62°$

원 O'에서 $\angle CDT = \angle CTP = 57°$

$\triangle DCT$에서

$\angle CTD = 180° - (62° + 57°) = 61°$

           目 ⑤

457 오른쪽 그림과 같이 $\overline{AC}$를 그으면

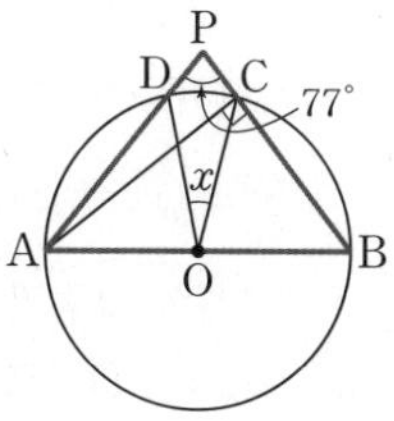

$\overline{AB}$는 원 O의 지름이므로

$\angle ACB = 90°$

$\triangle PAC$에서

$\angle PAC = 90° - 77°$

$\quad\quad\quad = 13°$

$\angle CAD$는 $\overarc{CD}$에 대한 원주각이므로

$\angle x = 2 \times 13° = 26°$

           目 ②

458 오른쪽 그림과 같이 $\overline{BC}$를 그으면

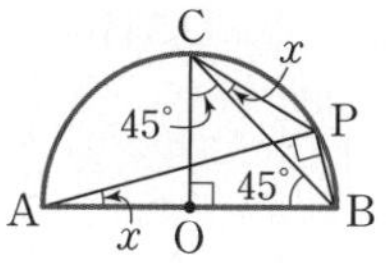

$\triangle OBC$는 직각이등변삼각형이므로

$\angle OCB = \angle OBC = 45°$

$\angle PAB = \angle x$라 하면

$\angle PCB = \angle PAB = \angle x$이므로

$\angle PCO = \angle OCB + \angle PCB$

$\quad\quad\quad = 45° + \angle x \quad\quad \cdots\cdots ㉠$

$\overline{AB}$는 반원 O의 지름이므로 $\angle APB = 90°$

$\triangle PAB$에서

$\angle PBO = 180° - (\angle PAB + 90°)$

$\quad\quad\quad = 180° - (\angle x + 90°)$

$\quad\quad\quad = 90° - \angle x \quad\quad \cdots\cdots ㉡$

이때 $\angle PBO : \angle PCO = 5 : 4$이므로 ㉠, ㉡에서

$(90° - \angle x) : (45° + \angle x) = 5 : 4$

$5(45° + \angle x) = 4(90° - \angle x)$

$225° + 5\angle x = 360° - 4\angle x$

$9\angle x = 135° \quad\quad \therefore \angle x = 15°$

따라서 $\angle PAB$의 크기는 $15°$이다.   目 $15°$

459 오른쪽 그림과 같이 $\overline{BC}$, $\overline{BE}$를 그으면

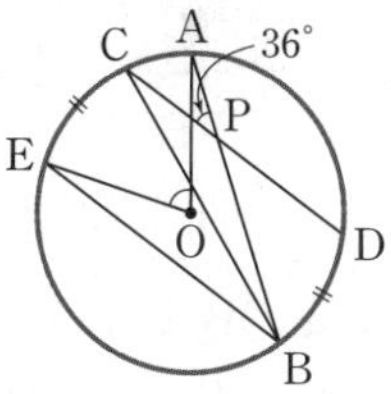

$\overarc{BD} = \overarc{CE}$이므로 $\angle BCD = \angle CBE$

$\therefore \angle ABE = \angle ABC + \angle CBE$

$\quad\quad\quad = \angle ABC + \angle BCD$

$\quad\quad\quad = \angle APC$

$\quad\quad\quad = 36°$

$\therefore \angle AOE = 2\angle ABE = 2 \times 36° = 72°$

           目 ②

460 $\angle ACD = \angle x$라 하면

$\triangle ACE$에서

$\angle BAC = \angle x + 36°$

오른쪽 그림과 같이 $\overline{BC}$, $\overline{BD}$를 그으면

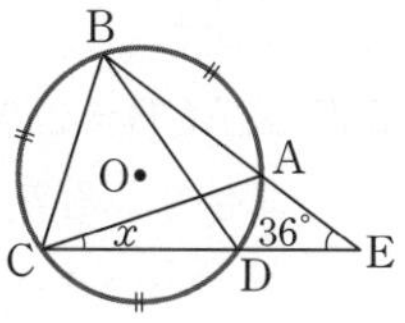

$\angle BDC = \angle BAC = \angle x + 36°$

$\overarc{AB} = \overarc{BC} = \overarc{CD}$이므로

$\angle ACB = \angle CBD = \angle BDC = \angle x + 36°$

$\triangle BCD$에서 $\angle x + 3(\angle x + 36°) = 180°$이므로

$4\angle x = 72° \quad\quad \therefore \angle x = 18°$

따라서 $\angle ACD$의 크기는 $18°$이다.   目 $18°$

461 원 O의 반지름의 길이를 r라 하면
△OBE에서
$r^2=(r-3)^2+6^2$, $6r=45$ ∴ $r=\dfrac{15}{2}$

오른쪽 그림과 같이 $\overline{DO}$를 그으면
$\overparen{BC}=\overparen{CD}$이므로
∠BOC=∠COD
$\overline{BD}$를 그으면
△ABD와 △OBE에서

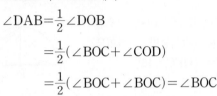

∠DAB$=\dfrac{1}{2}$∠DOB
$=\dfrac{1}{2}$(∠BOC+∠COD)
$=\dfrac{1}{2}$(∠BOC+∠BOC)=∠BOC
∠ADB=∠OEB=90°이므로
△ABD∽△OBE (AA 닮음)
즉, $\overline{AD}:\overline{OE}=\overline{AB}:\overline{OB}$이고 $\overline{OE}=\dfrac{15}{2}-3=\dfrac{9}{2}$이므로
$\overline{AD}:\dfrac{9}{2}=2:1$ ∴ $\overline{AD}=9$ 冒 9

462 오른쪽 그림과 같이 원의 중심을 O라
하고 $\overline{OB}$, $\overline{OC}$, $\overline{OP}$, $\overline{OR}$를 그으면
∠BOC=2∠BAC=2×70°=140°
$\overparen{AP}=\overparen{PB}$, $\overparen{AR}=\overparen{RC}$이므로
∠POR$=\dfrac{1}{2}×(360°-140°)=110°$

∴ ∠PQR$=\dfrac{1}{2}$∠POR$=\dfrac{1}{2}×110°=55°$ 冒 55°

463 한 쌍의 대각의 크기의 합이 180°인 사각형은 원에 내접하
므로 □AFGE, □FBDG, □GDCE는 원에 내접한다.
또, 원주각의 크기가 같으면 네 점이 한 원 위에 있으므로
□FBCE, □DCAF, □EABD는 원에 내접한다.
따라서 원에 내접하는 사각형은 모두 6개이다. 冒 ⑤

464 $\overline{DB}$가 원 O의 지름이므로 ∠DAB=90°
∠DAC=120°-90°=30°이므로
∠DBA=∠DAC=30°
△ABC에서 ∠DCA=180°-(120°+30°)=30°
따라서 ∠DAC=∠DCA=30°이므로 △DCA는
$\overline{CD}=\overline{AD}$인 이등변삼각형이다.
직각삼각형 ADB에서
∠ADB=30°+30°=60°이므로 $\overline{AD}:\overline{DB}=1:2$
∴ $\overline{CD}:\overline{DB}=\overline{AD}:\overline{DB}=1:2$ 冒 1:2

465 ∠ACB=∠ABP=60°
오른쪽 그림과 같이 $\overline{OA}$, $\overline{OB}$를 긋
고 원의 중심 O에서 $\overline{AB}$에 내린 수
선의 발을 H라 하면
∠AOB=2∠ACB=2×60°
=120°
△OAH≡△OBH (RHS 합동)이므로

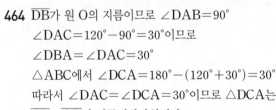

∠AOH$=\dfrac{1}{2}×120°=60°$
$\overline{AH}=\dfrac{1}{2}\overline{AB}=\dfrac{1}{2}×12=6$(cm)
△OAH에서
$\overline{OA}=\dfrac{\overline{AH}}{\sin 60°}=6÷\dfrac{\sqrt{3}}{2}=6×\dfrac{2}{\sqrt{3}}=4\sqrt{3}$(cm)
따라서 원 O의 넓이는
$\pi×(4\sqrt{3})^2=48\pi$(cm²) 冒 ③

466 오른쪽 그림과 같이 $\overline{AT}$를 그으면
$\overline{AB}$가 원 O의 지름이므로
∠ATB=90°
∠ABT=$\angle x$라 하면
∠ATP=∠ABT=$\angle x$
$\overline{PT}=\overline{TB}$이므로
∠BPT=∠PBT=$\angle x$

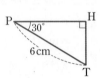

△BPT에서
$\angle x+(\angle x+90°)+\angle x=180°$ ∴ $\angle x=30°$
점 T에서 $\overline{PB}$에 내린 수선의 발을 H라 하면 △BPT는
이등변삼각형이므로 $\overline{PH}=\overline{BH}$
이때 △PTH에서
$\overline{PH}=\overline{PT}\cos 30°=6×\dfrac{\sqrt{3}}{2}$
$=3\sqrt{3}$(cm)

∴ $\overline{PB}=2\overline{PH}=2×3\sqrt{3}=6\sqrt{3}$(cm) 冒 $6\sqrt{3}$ cm

교과서 속 창의력 UP! 86쪽

467 오른쪽 그림과 같이 점 O에서 $\overline{AB}$에
내린 수선의 발을 M, $\overline{OM}$의 연장선
이 원 O와 만나는 점을 D라 하자.
△AOM≡△ADM (RHS 합동)
이므로 $\overline{AO}=\overline{AD}$
같은 방법으로 $\overline{BO}=\overline{BD}$

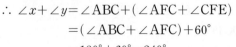

그런데 $\overline{OA}=\overline{OD}=\overline{OB}$이므로 △AOD, △BOD는 모두
정삼각형이다.
따라서 ∠AOB=2×60°=120°이므로
$\angle x=\dfrac{1}{2}$∠AOB$=\dfrac{1}{2}×120°=60°$ 冒 60°

468 오른쪽 그림과 같이 $\overline{CF}$를 그으면
□ABCF가 원에 내접하므로
∠ABC+∠AFC=180°
또, □FCDE가 원에 내접하므로
∠CFE+120°=180°

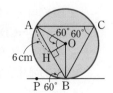

∴ ∠CFE=60°
∴ $\angle x+\angle y=$∠ABC+(∠AFC+∠CFE)
$=($∠ABC+∠AFC$)+60°$
$=180°+60°=240°$ 冒 240°

469 오른쪽 그림과 같이 $\overline{AD}$의 연장
선과 $\overline{BC}$의 연장선의 교점을 P'
이라 하면

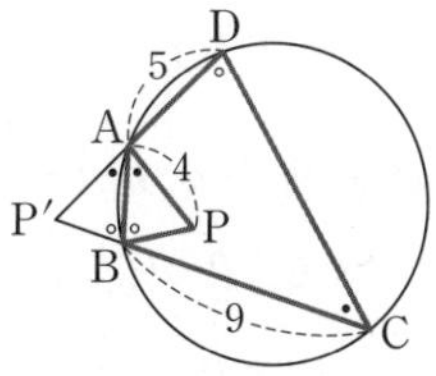

$\triangle P'AB$와 $\triangle PAB$에서

$\angle P'AB=\angle DCB=\angle PAB,$

$\angle P'BA=\angle ADC=\angle PBA,$

$\overline{AB}$는 공통이므로

$\triangle P'AB\equiv\triangle PAB$ (ASA 합동)

$\overline{PB}=x$라 하면 $\overline{BP}=\overline{BP'}=x$

$\overline{AP'}=\overline{AP}=4$

$\triangle P'AB\infty\triangle P'CD$ (AA 닮음)이므로

$\overline{P'B}\times\overline{P'C}=\overline{P'A}\times\overline{P'D}$

즉, $x\times(x+9)=4\times(4+5)$이므로

$x^2+9x-36=0,\ (x+12)(x-3)=0$

$\therefore x=3\ (\because x>0)$

따라서 $\overline{BP}$의 길이는 3이다. **3**

470 오른쪽 그림과 같이 $\overline{BC}$를 그으면

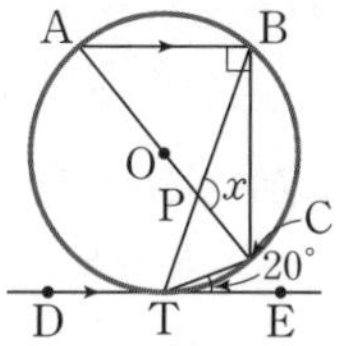

$\overline{AC}$는 원 O의 지름이므로

$\angle ABC=90°$

$\angle CBT=\angle CTE=20°$이므로

$\angle ABT=90°-20°=70°$

$\overline{AB}/\!/\overline{DE}$이므로 $\angle BTE=\angle ABT=70°$

$\therefore\ \angle BTC=70°-20°=50°$

$\angle BAC=\angle BTC=50°$이므로

$\triangle APB$에서

$\angle x=\angle PAB+\angle PBA=50°+70°=120°$  **②**

쉬어가기 88쪽

연필, 식칼, 삼각자, 바나나, 장화, 두더지, 뱀, 책, 손전등, 반바지

---

05. 대푯값과 산포도

Step 1 핵심 개념 91쪽

471 답 ○

472 평균은 변량의 총합과 변량의 개수에 따라 커지고 작아진
다. 답 ×

473 최빈값은 자료에 따라 두 개 이상일 수도 있다. 답 ×

474 답 ○

475 대푯값으로 평균이 가장 많이 사용되지만 극단적으로 크거
나 작은 값이 포함된 자료에서는 중앙값이 자료의 특징을
더 잘 나타낸다. 답 ×

476 $(평균)=\dfrac{1+2+3+4+5}{5}$

$=\dfrac{15}{5}=3$ 답 3

477 $(평균)=\dfrac{6+7+7+8+8+12}{6}$

$=\dfrac{48}{6}=8$ 답 8

478 자료가 2, 3, 5, 7, 9의 5개이므로 중앙값은 3번째 자료의
값인 5이다. 답 5

479 자료가 1, 3, 6, 6, 8, 9의 6개이므로 중앙값은 3번째 자료
와 4번째 자료의 값의 평균인 $\dfrac{6+6}{2}=\dfrac{12}{2}=6$ 답 6

480 자료를 작은 값부터 크기순으로 나열하면

1, 2, 2, 4, 6, 6, 7

따라서 7개 자료의 중앙값은 4번째 자료의 값인 4이다.

답 4

481 자료를 작은 값부터 크기순으로 나열하면

5, 6, 7, 7, 8, 8, 10, 12

따라서 8개 자료의 중앙값은 4번째 자료와 5번째 자료의 값
의 평균인 $\dfrac{7+8}{2}=\dfrac{15}{2}=7.5$ 답 7.5

482 최빈값은 4번 나타난 5이다. 답 5

483 최빈값은 2번씩 나타난 2, 6이다. 답 2, 6

484 최빈값은 2번 나타난 11이다. 답 11

485 편차의 총합은 항상 0이다. 답 ×

486 답 ○

487 답 ○

488 평균보다 큰 변량의 편차는 양수이다. 답 ×

489 $(평균)=\dfrac{2+4+6+8}{4}$

$=\dfrac{20}{4}=5$

$$(\text{분산}) = \frac{(2-5)^2 + (4-5)^2 + (6-5)^2 + (8-5)^2}{4}$$
$$= \frac{(-3)^2 + (-1)^2 + 1^2 + 3^2}{4}$$
$$= \frac{20}{4} = 5$$
$$(\text{표준편차}) = \sqrt{5}$$ 🖭 평균 : 5, 분산 : 5, 표준편차 : $\sqrt{5}$

490 $(\text{평균}) = \dfrac{3+4+5+7+11}{5} = \dfrac{30}{5} = 6$

(분산)
$$= \frac{(3-6)^2 + (4-6)^2 + (5-6)^2 + (7-6)^2 + (11-6)^2}{5}$$
$$= \frac{(-3)^2 + (-2)^2 + (-1)^2 + 1^2 + 5^2}{5}$$
$$= \frac{40}{5} = 8$$
$(\text{표준편차}) = \sqrt{8} = 2\sqrt{2}$

🖭 평균 : 6, 분산 : 8, 표준편차 : $2\sqrt{2}$

491 $(\text{평균}) = \dfrac{7+9+13+10+11}{5} = \dfrac{50}{5} = 10$

(분산)
$$= \frac{(7-10)^2 + (9-10)^2 + (13-10)^2 + (10-10)^2 + (11-10)^2}{5}$$
$$= \frac{(-3)^2 + (-1)^2 + 3^2 + 0^2 + 1^2}{5}$$
$$= \frac{20}{5} = 4$$
$(\text{표준편차}) = \sqrt{4} = 2$ 🖭 평균 : 10, 분산 : 4, 표준편차 : 2

Step **2** 핵심 유형 92~99쪽

Theme **11** 대푯값 92~94쪽

492 $(\text{평균}) = \dfrac{5+8+2+9+6}{5} = \dfrac{30}{5} = 6(\text{권})$ 🖭 6권

493 5회에 걸친 음악 실기 점수의 평균이 73점이므로
3회의 음악 실기 점수를 x점이라 하면
$$\frac{72+70+x+78+75}{5} = 73$$
$$\frac{295+x}{5} = 73, \ 295+x = 365 \qquad \therefore x = 70$$
따라서 3회의 음악 실기 점수는 70점이다. 🖭 70점

494 세 수 a, b, 5의 평균이 7이므로
$$\frac{a+b+5}{3} = 7, \ a+b+5 = 21$$
$$\therefore a+b = 16$$
세 수 c, d, 9의 평균이 15이므로
$$\frac{c+d+9}{3} = 15, \ c+d+9 = 45$$
$$\therefore c+d = 36$$
따라서 네 수 a, b, c, d의 평균은

$$\frac{a+b+c+d}{4} = \frac{16+36}{4} = \frac{52}{4} = 13$$ 🖭 13

495 세 수 a, b, c의 평균이 10이므로
$$\frac{a+b+c}{3} = 10 \qquad \therefore a+b+c = 30$$
따라서 네 수 $3a-3$, $3b+1$, $3c$, 8의 평균은
$$\frac{(3a-3)+(3b+1)+3c+8}{4}$$
$$= \frac{3(a+b+c)+6}{4}$$
$$= \frac{3 \times 30 + 6}{4} = \frac{96}{4} = 24$$ 🖭 24

496 자료를 작은 값부터 크기순으로 나열하면
1, 3, 3, 4, 4, 4, 5, 5, 5, 6, 8, 9
따라서 12개 자료의 중앙값은 6번째 자료와 7번째 자료의
값의 평균인 $\dfrac{4+5}{2} = 4.5(\text{통})$ 🖭 4.5통

497 줄기와 잎 그림에서 자료가 13개이므로 중앙값은 7번째 자
료의 값인 15시간이다. 🖭 ④

498 자료를 작은 값부터 크기순으로 나열하면
[A 모둠] 20, 23, 25, 32, 47
[B 모둠] 8, 9, 11, 15, 20, 24
A 모둠 학생들의 중앙값은 3번째 자료의 값인 25시간이다.
$$\therefore a = 25$$
B 모둠 학생들의 중앙값은 3번째 자료와 4번째 자료의 값의
평균인 $\dfrac{11+15}{2} = 13(\text{시간})$ $\qquad \therefore b = 13$
$$\therefore a+b = 25+13 = 38$$ 🖭 38

499 주어진 표에서 도수가 가장 큰 것은 영화 감상이므로 최빈
값은 영화 감상이다. 🖭 ①

500 최빈값이 15가 되기 위해서는 a의 값이 15이어야 한다.

🖭 ④

501 ① 중앙값 : 2, 최빈값 : 1, 2
② 중앙값 : 4, 최빈값 : 6
③ 중앙값 : 1, 최빈값 : 1
④ 중앙값 : $\dfrac{3+3}{2} = 3$, 최빈값 : 2
⑤ 중앙값 : $\dfrac{0+1}{2} = \dfrac{1}{2} = 0.5$, 최빈값 : -1, 2
따라서 중앙값과 최빈값이 서로 같은 것은 ③이다. 🖭 ③

502 자료를 작은 값부터 크기순으로 나열하면
3, 4, 7, 8, 8, 8, 9, 9
따라서 최빈값은 8급이므로 바둑 급수가 최빈값인 학생은
명인, 진수, 태희이다. 🖭 명인, 진수, 태희

503 자료를 작은 값부터 크기순으로 나열하면
6, 6, 14, 14, 14, 16, 20, 22, 24, 34
$(\text{평균}) = \dfrac{6+6+14+14+14+16+20+22+24+34}{10}$

$$=\frac{170}{10}=17(회)$$

10개 자료의 중앙값은 5번째 자료와 6번째 자료의 값의

평균인 $\frac{14+16}{2}=15(회)$

제기차기 횟수가 14회인 학생이 3명으로 가장 많으므로 최빈값은 14회이다.

따라서 그 값이 가장 큰 것은 평균이다.　　　　🖹 평균

504 $(평균)=\dfrac{1\times2+2\times5+3\times3+4\times4+5\times1}{15}$

$\qquad\quad=\dfrac{42}{15}=2.8(회)$　　　　…❶

15개 자료의 중앙값은 8번째 자료의 값인 3회이다. …❷

턱걸이 횟수가 2회인 학생이 5명으로 가장 많으므로 최빈값은 2회이다.　　　　…❸

따라서 그 값이 가장 작은 것은 최빈값이다. …❹

🖹 최빈값

채점 기준	배점
❶ 평균 구하기	30 %
❷ 중앙값 구하기	30 %
❸ 최빈값 구하기	30 %
❹ 평균, 중앙값, 최빈값 중 그 값이 가장 작은 것 말하기	10 %

505 1반 학생들은 모두 $2+3+4+2+1=12(명)$이므로

$(평균)=\dfrac{1\times2+2\times3+3\times4+4\times2+5\times1}{12}$

$\qquad\quad=\dfrac{33}{12}=\dfrac{11}{4}=2.75(점)$

1반 학생들의 중앙값은 6번째 자료와 7번째 자료의 값의 평균인

$\dfrac{3+3}{2}=3(점)$

2반 학생들은 모두 $2+3+4+3=12(명)$이므로

$(평균)=\dfrac{1\times2+3\times3+4\times4+5\times3}{12}$

$\qquad\quad=\dfrac{42}{12}=\dfrac{7}{2}=3.5(점)$

2반 학생들의 중앙값은 6번째 자료와 7번째 자료의 값의 평균인

$\dfrac{4+4}{2}=4(점)$

3반 학생들은 모두 $2+2+1+5+3=13(명)$이므로

$(평균)=\dfrac{1\times2+2\times2+3\times1+4\times5+5\times3}{13}$

$\qquad\quad=\dfrac{44}{13}(점)$

3반 학생들의 중앙값은 7번째 자료의 값인 4점이다.

ㄱ. 1반 학생들의 중앙값이 3점으로 가장 작다.

ㄴ. 2반 학생들의 평균이 3.5점으로 가장 크다.

ㄷ. 3반 학생들 중 수행평가 점수가 4점인 학생이 5명으로 가장 많으므로 최빈값은 4점이다.

따라서 옳은 것은 ㄱ, ㄷ이다.　　　　🖹 ㄱ, ㄷ

506 5명의 발표 횟수의 평균이 8회이므로

$$\frac{8+5+9+x+10}{5}=8$$

$\dfrac{x+32}{5}=8,\ x+32=40$　　∴ $x=8$

자료를 작은 값부터 크기순으로 나열하면 5, 8, 8, 9, 10

따라서 5개 자료의 중앙값은 3번째 자료의 값인 8회이다.

🖹 ③

507 최빈값이 6시간이므로 운동 시간의 평균도 6시간이다.

$$\frac{6+8+1+x+7+6+6}{7}=6$$

$\dfrac{x+34}{7}=6,\ x+34=42$　　∴ $x=8$　　🖹 ③

508 ㈎ 중앙값이 15가 되려면 $a\geq15$

㈏ 중앙값이 38이 되기 위해서 변량을 작은 값부터 크기순으로 나열하면 다음과 같다.

(i) 11, 35, a, 41, 48, 52일 때

중앙값은 3번째 자료와 4번째 자료의 값의 평균인

$\dfrac{a+41}{2}$이므로 $\dfrac{a+41}{2}=38,\ a+41=76$

∴ $a=35$

(ii) 11, a, 35, 41, 48, 52일 때

중앙값은 3번째 자료와 4번째 자료의 값의 평균인

$\dfrac{35+41}{2}=38$

∴ $a\leq35$

(i), (ii)에서 $a\leq35$

㈎, ㈏에서 $15\leq a\leq35$이므로 조건을 만족시키는 자연수 a는 15, 16, 17, $\cdots$, 35의 21개이다.　　🖹 21개

509 ④ 4개의 변량 1, 2, 3, 4의 중앙값은 $\dfrac{2+3}{2}=2.5$이므로

중앙값이 항상 주어진 자료 중에 존재하는 것은 아니다.

따라서 옳지 않은 것은 ④이다.　　　　🖹 ④

510 자료 중에서 매우 크거나 매우 작은 값이 있는 경우에는 평균을 대푯값으로 하기에 적절하지 않다.

따라서 평균을 대푯값으로 하기에 가장 적절하지 않은 것은 ④이다.　　　　🖹 ④

511 ①, ②, ③, ⑤ 자료의 값 중 24분이라는 극단적으로 큰 값이 존재하므로 대푯값으로는 평균, 중앙값, 최빈값 중 중앙값이 가장 적절하다.

④ 자료를 작은 값부터 크기순으로 나열하면

1, 2, 4, 5, 6, 7, 7, 24

$(평균)=\dfrac{1+2+4+5+6+7+7+24}{8}$

$\qquad\quad=\dfrac{56}{8}=7(분)$

$(중앙값)=\dfrac{5+6}{2}=\dfrac{11}{2}=5.5(분)$

즉, 평균이 중앙값보다 크다.

따라서 옳은 것은 ②, ⑤이다.　　　　🖹 ②, ⑤

Theme 12 분산과 표준편차 95~99쪽

512 학생 A의 미술 실기 점수에 대한 편차를 x점이라 하면 편차의 합은 0이므로

$x+3+(-2)+1+(-1)=0$

$x+1=0$ ∴ $x=-1$

따라서 학생 A의 미술 실기 점수는 $-1+25=24$(점)

目 24점

513 (평균)$=\dfrac{8+1+6+9+5+7}{6}$

$=\dfrac{36}{6}=6$(점)

각 변량의 편차를 차례로 구하면

2점, -5점, 0점, 3점, -1점, 1점이다.

따라서 이 자료의 편차가 아닌 것은 ①이다. **目 ①**

514 편차의 합은 0이므로

$x+7+(-5)+2+5=0$

$x+9=0$ ∴ $x=-9$

따라서 준우와 다영이의 국어 점수의 차는

$7-(-9)=16$(점) **目 16점**

515 (평균)$=\dfrac{37+31+38+29+35}{5}$

$=\dfrac{170}{5}=34$(점)

각 학생의 과학 탐구 보고서 점수에 대한 편차를 표로 나타내면 다음과 같다.

학생	나연	자윤	예나	우진	은아
편차(점)	3	-3	4	-5	1

따라서 편차의 절댓값이 가장 큰 학생은 우진이다. **目 우진**

516 ① 편차의 합은 0이므로

$(-5)+0+4+x+1+(-3)=0$ ∴ $x=3$

② 학생 A의 편차가 -5점으로 가장 작으므로 학생 A의 영어 점수가 가장 낮다.

③ 학생 B의 편차가 0점이므로 학생 B의 영어 점수는 평균과 같다.

④ 학생 C와 학생 F의 편차의 차가 7점이므로 영어 점수의 차도 7점이다.

⑤ 평균보다 영어 점수가 높은 학생은 편차가 양수인 C, D, E의 3명이다.

따라서 옳지 않은 것은 ⑤이다. **目 ⑤**

517 지홍이의 편차가 -5점이므로

$55-$(평균)$=-5$

∴ (평균)$=55+5=60$(점) ⋯❶

편차의 합은 0이므로

$(-5)+(-2)+4+c+7=0$, $c+4=0$

∴ $c=-4$ ⋯❷

$a=4+60=64$, $b=-4+60=56$ ⋯❸

∴ $a+b+c=64+56+(-4)=116$ ⋯❹

目 116

채점 기준	배점
❶ 평균 구하기	30 %
❷ c의 값 구하기	30 %
❸ a, b의 값 각각 구하기	30 %
❹ $a+b+c$의 값 구하기	10 %

518 편차의 합은 0이므로

$(-4)+x+(-2)+2+(-2x+1)=0$ ∴ $x=-3$

(학생 B의 체육 점수)$=-3+72=69$(점)

(학생 E의 체육 점수)$=7+72=79$(점)

따라서 학생 B와 학생 E의 체육 점수의 평균은

$\dfrac{69+79}{2}=74$(점) **目 ④**

519 편차의 합은 0이므로

$(-6)+x+1+(-3)+5=0$ ∴ $x=3$

(분산)$=\dfrac{(-6)^2+3^2+1^2+(-3)^2+5^2}{5}$

$=\dfrac{80}{5}=16$

∴ (표준편차)$=\sqrt{16}=4$(kg) **目 4 kg**

520 (평균)$=\dfrac{11+6+9+10}{4}$

$=\dfrac{36}{4}=9$(시간)

각 학생의 게임 시간에 대한 편차를 차례로 구하면

2시간, -3시간, 0시간, 1시간이므로

(분산)$=\dfrac{2^2+(-3)^2+0^2+1^2}{4}$

$=\dfrac{14}{4}=3.5$ **目 ①**

521 (평균)$=\dfrac{26+29+27+30+28}{5}$

$=\dfrac{140}{5}=28$(점)

각 다이빙 점수에 대한 편차를 차례로 구하면

-2점, 1점, -1점, 2점, 0점이므로

(분산)$=\dfrac{(-2)^2+1^2+(-1)^2+2^2+0^2}{5}$

$=\dfrac{10}{5}=2$

따라서 시현이의 다이빙 점수의 표준편차는 $\sqrt{2}$점이다.

目 ②

522 ㄱ. 학생 A와 학생 D의 사회 점수의 차는

$6-(-4)=10$(점)

ㄴ. 편차의 합은 0이므로

$6+3+x+(-4)+(-2)=0$ ∴ $x=-3$

ㄷ. (분산)$=\dfrac{6^2+3^2+(-3)^2+(-4)^2+(-2)^2}{5}$

$=\dfrac{74}{5}=14.8$

ㄹ. 학생 D의 편차가 -4점으로 가장 작으므로 학생 D의
사회 점수가 가장 낮다.
따라서 옳은 것은 ㄴ, ㄹ이다.　　　　　　　　답 ③

523 5개의 변량 7, 10, x, $x+3$, $x+10$의 평균이 9이므로

$$\frac{7+10+x+(x+3)+(x+10)}{5}=9, \frac{3x+30}{5}=9$$

$3x+30=45$, $3x=15$

$\therefore x=5$　　　　　　　　　　　　　　　…❶

각 변량에 대한 편차를 차례로 구하면

-2, 1, -4, -1, 6이므로

$$(\text{분산})=\frac{(-2)^2+1^2+(-4)^2+(-1)^2+6^2}{5}$$

$$=\frac{58}{5}=11.6　　　　　　　…❷$$

$\therefore (\text{표준편차})=\sqrt{11.6}$　　　　　　　…❸

답 $\sqrt{11.6}$

채점 기준	배점
❶ x의 값 구하기	40 %
❷ 분산 구하기	40 %
❸ 표준편차 구하기	20 %

524 편차의 합은 0이므로

$(-3)\times1+(-2)\times x+(-1)\times1+0\times1+1\times2+2\times3=0$

$-2x+4=0$　　$\therefore x=2$

이때 전체 학생 수는 $1+2+1+1+2+3=10$(명)이므로

(분산)

$$=\frac{(-3)^2\times1+(-2)^2\times2+(-1)^2\times1+0^2\times1+1^2\times2+2^2\times3}{10}$$

$$=\frac{32}{10}=3.2　　　　　　　　　　답 3.2$$

525 5개의 변량 4, x, 8, y, 5의 평균이 6이므로

$$\frac{4+x+8+y+5}{5}=6, x+y+17=30$$

$\therefore x+y=13$　　　　……㉠

5개의 변량 4, x, 8, y, 5의 분산이 3이므로

$$\frac{(4-6)^2+(x-6)^2+(8-6)^2+(y-6)^2+(5-6)^2}{5}=3$$

$4+(x-6)^2+4+(y-6)^2+1=15$

$x^2-12x+y^2-12y+81=15$

$x^2+y^2-12(x+y)+66=0$

$x^2+y^2-12\times13+66=0$ $(\because$ ㉠$)$

$\therefore x^2+y^2=90$　　　　　　　　　　답 ③

526 표준편차가 $2\sqrt{2}$이므로 분산은 $(2\sqrt{2})^2=8$이다. 즉,

$$\frac{(a-5)^2+(b-5)^2+(c-5)^2+(d-5)^2}{4}=8$$

$\therefore (a-5)^2+(b-5)^2+(c-5)^2+(d-5)^2=32$ 답 ⑤

527 편차의 합은 0이므로

$x+(-3)+(-2)+1+y=0$

$\therefore x+y=4$　　　……㉠　　　　　　…❶

분산이 16이므로

$$\frac{x^2+(-3)^2+(-2)^2+1^2+y^2}{5}=16$$

$$\frac{x^2+y^2+14}{5}=16, x^2+y^2+14=80$$

$\therefore x^2+y^2=66$　　　……㉡　　　　　…❷

$(x+y)^2=x^2+y^2+2xy$에 ㉠, ㉡을 대입하면

$4^2=66+2xy, 2xy=-50$

$\therefore xy=-25$　　　　　　　　　　　…❸

답 -25

채점 기준	배점
❶ $x+y$의 값 구하기	20 %
❷ x^2+y^2의 값 구하기	40 %
❸ xy의 값 구하기	40 %

528 편차의 합은 0이므로

$-4+a+(-1)+3+b=0$

$\therefore a+b=2$　　　……㉠

표준편차가 $\sqrt{7.2}$ cm이므로 분산은 7.2이다. 즉,

$$\frac{(-4)^2+a^2+(-1)^2+3^2+b^2}{5}=7.2$$

$\therefore a^2+b^2=10$　　　……㉡

$(a+b)^2=a^2+b^2+2ab$에 ㉠, ㉡을 대입하면

$2^2=10+2ab, 2ab=-6$

$\therefore ab=-3$　　　　　　　　　　　答 ③

529 세 수 x_1, x_2, x_3의 평균이 8이므로

$$\frac{x_1+x_2+x_3}{3}=8$$

$\therefore x_1+x_2+x_3=24$　　　……㉠

표준편차가 $\sqrt{6}$이므로 분산은 6이다. 즉,

$$\frac{(x_1-8)^2+(x_2-8)^2+(x_3-8)^2}{3}=6$$

$$\frac{x_1^2+x_2^2+x_3^2-16(x_1+x_2+x_3)+64\times3}{3}=6$$

$$\frac{x_1^2+x_2^2+x_3^2-16\times24+64\times3}{3}=6 (\because ㉠)$$

$$\frac{x_1^2+x_2^2+x_3^2-192}{3}=6$$

$x_1^2+x_2^2+x_3^2-192=18$

$\therefore x_1^2+x_2^2+x_3^2=210$

따라서 세 수 x_1^2, x_2^2, x_3^2의 평균은

$$\frac{x_1^2+x_2^2+x_3^2}{3}=\frac{210}{3}=70$$　　　　答 70

530 모서리 12개의 길이의 평균이 4이므로

$$\frac{4(4+a+b)}{12}=4, 4+a+b=12$$

$\therefore a+b=8$　　　……㉠

분산이 $\dfrac{4}{3}$이므로

$$\frac{4\{(4-4)^2+(a-4)^2+(b-4)^2\}}{12}=\frac{4}{3}$$

$(a-4)^2+(b-4)^2=4$

$a^2-8a+b^2-8b+32=4$

$a^2+b^2-8(a+b)+28=0$

$a^2+b^2-8\times8+28=0 (\because ㉠)$

$\therefore a^2+b^2=36$ ...... ㉡

$(a+b)^2=a^2+b^2+2ab$에 ㉠, ㉡을 대입하면

$8^2=36+2ab$, $2ab=28$

$\therefore ab=14$

$\therefore$ (직육면체의 겉넓이)$=2(4a+4b+ab)$

$=8(a+b)+2ab$

$=8\times8+2\times14=92$　　🔎 **92**

531 10개의 변량을 각각 x_1, x_2, $\cdots$, x_{10}이라 하고 평균을 m, 분산을 s^2이라 하면

$m=\dfrac{x_1+x_2+\cdots+x_{10}}{10}$

$s^2=\dfrac{(x_1-m)^2+(x_2-m)^2+\cdots+(x_{10}-m)^2}{10}$

이때 각 변량을 2배씩 하면 $2x_1$, $2x_2$, $\cdots$, $2x_{10}$이므로

(평균)$=\dfrac{2x_1+2x_2+\cdots+2x_{10}}{10}$

$=\dfrac{2(x_1+x_2+\cdots+x_{10})}{10}=2m$

(분산)

$=\dfrac{(2x_1-2m)^2+(2x_2-2m)^2+\cdots+(2x_{10}-2m)^2}{10}$

$=\dfrac{4\{(x_1-m)^2+(x_2-m)^2+\cdots+(x_{10}-m)^2\}}{10}=4s^2$

따라서 평균은 2배가 되고 분산은 4배가 된다.　🔎 **⑤**

532 3개의 변량 a, b, c의 평균이 m이므로

$\dfrac{a+b+c}{3}=m$

$\therefore a+b+c=3m$ ...... ㉠

따라서 3개의 변량 $4a-1$, $4b-1$, $4c-1$의 평균은

$\dfrac{(4a-1)+(4b-1)+(4c-1)}{3}$

$=\dfrac{4(a+b+c)-3}{3}$

$=\dfrac{4\times3m-3}{3}$ $(\because$ ㉠$)$

$=4m-1$　　🔎 **③**

533 3개의 변량 a, b, c의 평균이 10이므로

$\dfrac{a+b+c}{3}=10$ ...... ㉠

3개의 변량 a, b, c의 분산이 9이므로

$\dfrac{(a-10)^2+(b-10)^2+(c-10)^2}{3}=9$ ...... ㉡

3개의 변량 $2a$, $2b$, $2c$의 평균이 m이므로

$m=\dfrac{2a+2b+2c}{3}=\dfrac{2(a+b+c)}{3}$

$=2\times10=20$ $(\because$ ㉠$)$　　...❶

3개의 변량 $2a$, $2b$, $2c$의 분산이 n이므로

$n=\dfrac{(2a-20)^2+(2b-20)^2+(2c-20)^2}{3}$

$=\dfrac{4\{(a-10)^2+(b-10)^2+(c-10)^2\}}{3}$

$=4\times9=36$ $(\because$ ㉡$)$　　...❷

$\therefore n-m=36-20=16$　　...❸

🔎 **16**

채점 기준	배점
❶ m의 값 구하기	40%
❷ n의 값 구하기	40%
❸ $n-m$의 값 구하기	20%

참고 a, b, c의 평균이 10, 분산이 9이므로

$2a$, $2b$, $2c$의 평균은 $2\times10=20$, 분산은 $2^2\times9=36$

534 현수네 반의 (편차)^{2}의 총합은 $20\times20=400$

유진이네 반의 (편차)^{2}의 총합은 $20\times12=240$

따라서 두 반 전체 40명의 과학 점수의 분산은

$\dfrac{400+240}{20+20}=\dfrac{640}{40}=16$

$\therefore$ (표준편차)$=\sqrt{16}=4$(점)　　🔎 **4점**

535 A 모둠의 (편차)^{2}의 총합은 $14\times(\sqrt{6})^2=84$

B 모둠의 (편차)^{2}의 총합은 $16\times a^2=16a^2$

두 모둠 전체 30명의 수면 시간의 분산이 7.6이므로

$\dfrac{84+16a^2}{14+16}=7.6$에서 $\dfrac{84+16a^2}{30}=7.6$

$84+16a^2=228$, $16a^2=144$

$a^2=9$ $\therefore a=3$ $(\because a\geq0)$　　🔎 **3**

536 학생 6명의 몸무게의 평균이 68 kg이고 6명 중에서 몸무게가 68 kg인 학생이 한 명 빠졌으므로 나머지 학생 5명의 몸무게의 평균도 68 kg이다.

학생 6명의 몸무게의 분산이 10이므로

학생 6명의 (편차)^{2}의 총합은 $6\times10=60$

이때 평균이 68 kg이므로 몸무게가 68 kg인 학생의 편차는 0 kg이다.

즉, 6명 중에서 몸무게가 68 kg인 학생이 한 명 빠졌을 때, 나머지 학생 5명의 (편차)^{2}의 총합은 60이다.

따라서 나머지 학생 5명의 몸무게의 분산은 $\dfrac{60}{5}=12$

🔎 **③**

537 ①, ⑤ 각 반의 학생 수를 알 수 없으므로 편차의 제곱의 총합도 비교할 수 없다.

② 수학 성적이 가장 우수한 반은 평균이 가장 높은 5반이다.

③ 80점 이상인 학생이 어느 반에 더 많은지는 알 수 없다.

④ 5반의 표준편차가 1반의 표준편차보다 작으므로 5반의 수학 성적이 1반의 수학 성적보다 고르다.

따라서 옳은 것은 ④이다.　　🔎 **④**

538 표준편차가 작을수록 변량이 평균 주위에 더 모여 있으므로 도덕 점수가 더 고르다.

따라서 도덕 점수가 가장 고른 반은 5반이다.

🔎 **⑤**

539 학생 A의 줄넘기 기록의 평균은

$\dfrac{67+67+67+67}{4}=67$(회)

학생 B의 줄넘기 기록의 평균은

$$\frac{69+64+65+70}{4}=67(회)$$

학생 C의 줄넘기 기록의 평균은

$$\frac{68+66+66+68}{4}=67(회)$$

A, B, C 세 학생의 줄넘기 기록의 평균은 67회로 같지만 변량이 평균 주위에 모여 있으면 산포도가 작으므로 $a<c<b$이다.　　　　　　　　　　　　目 ②

참고 $a=\sqrt{\dfrac{(67-67)^2+(67-67)^2+(67-67)^2+(67-67)^2}{4}}=0(회)$

$b=\sqrt{\dfrac{(69-67)^2+(64-67)^2+(65-67)^2+(70-67)^2}{4}}=\sqrt{6.5}(회)$

$c=\sqrt{\dfrac{(68-67)^2+(66-67)^2+(66-67)^2+(68-67)^2}{4}}=1(회)$

540 태환이의 자유투 성공 횟수의 평균은

$$\frac{7+5+6+6}{4}=\frac{24}{4}=6(회)$$

이므로 분산은

$$\frac{(7-6)^2+(5-6)^2+(6-6)^2+(6-6)^2}{4}=\frac{2}{4}=0.5$$

이고 표준편차는 $\sqrt{0.5}$회이다.

지원이의 자유투 성공 횟수의 평균은

$$\frac{10+2+9+3}{4}=\frac{24}{4}=6(회)$$

이므로 분산은

$$\frac{(10-6)^2+(2-6)^2+(9-6)^2+(3-6)^2}{4}=\frac{50}{4}=12.5$$

이고 표준편차는 $\sqrt{12.5}$회이다.

ㄱ. 태환이와 지원이의 평균은 6회로 같다.

ㄴ. 태환이와 지원이의 표준편차는 같지 않다.

ㄷ. 태환이의 표준편차가 지원이의 표준편차보다 더 작으므로 태환이의 자유투 성공 횟수가 더 고르다.

따라서 옳은 것은 ㄱ, ㄷ이다.　　　　　　　目 ㄱ, ㄷ

541 A가 맞힌 과녁의 점수는 4점, 4점, 6점, 8점, 8점이므로 A가 맞힌 과녁 점수의 평균은

$$\frac{4+4+6+8+8}{5}=\frac{30}{5}=6(점)$$

이고 분산은

$$\frac{(-2)^2+(-2)^2+0^2+2^2+2^2}{5}=\frac{16}{5}=3.2$$

B가 맞힌 과녁의 점수는 4점, 4점, 6점, 6점, 10점이므로 B가 맞힌 과녁 점수의 평균은

$$\frac{4+4+6+6+10}{5}=\frac{30}{5}=6(점)$$

이고 분산은

$$\frac{(-2)^2+(-2)^2+0^2+0^2+4^2}{5}=\frac{24}{5}=4.8$$

C가 맞힌 과녁의 점수는 4점, 6점, 6점, 6점, 8점이므로 C가 맞힌 과녁 점수의 평균은

$$\frac{4+6+6+6+8}{5}=\frac{30}{5}=6(점)$$

이고 분산은

$$\frac{(-2)^2+0^2+0^2+0^2+2^2}{5}=\frac{8}{5}=1.6$$

이때 분산이 작을수록 점수가 고르므로 점수가 고른 사람부터 차례로 나열하면 C, A, B이다.　　目 C, A, B

542 은지, 영지, 유진이의 TV 시청 시간을 각각 a시간, b시간, c시간이라 하면

$$\frac{a+b}{2}=6 \quad \therefore a+b=12 \quad \cdots\cdots ㉠$$

$$\frac{b+c}{2}=8 \quad \therefore b+c=16 \quad \cdots\cdots ㉡$$

$$\frac{a+c}{2}=10 \quad \therefore a+c=20 \quad \cdots\cdots ㉢$$

㉠+㉡+㉢을 하면

$$2(a+b+c)=48 \quad \therefore a+b+c=24$$

따라서 세 사람의 TV 시청 시간의 평균은

$$\frac{a+b+c}{3}=\frac{24}{3}=8(시간)$$　　目 ③

543 3학년 학생들의 성적의 평균을 x점이라 하면 1학년과 2학년 학생들의 성적의 평균은 각각 $(x-6)$점이다.

3개 학년 전체 학생들의 성적의 평균이 50점이므로

$$\frac{(x-6)\times 15+(x-6)\times 35+x\times 50}{100}=50$$

$$15x-90+35x-210+50x=5000$$

$$100x=5300 \quad \therefore x=53$$

따라서 3학년 학생들의 성적의 평균은 53점이다.　目 ⑤

544 민혁이네 반의 남학생 수를 x명, 여학생 수를 y명이라 하면 남학생의 역사 점수의 총합은 $82x$점, 여학생의 역사 점수의 총합은 $74.8y$점이므로 남학생과 여학생 전체의 역사 점수의 평균은

$$\frac{82x+74.8y}{x+y}=78(점)$$

$$82x+74.8y=78(x+y),\ 4x=3.2y \quad \therefore 5x=4y$$

따라서 남학생 수와 여학생 수의 비는 4 : 5이다.　目 4 : 5

545 $p\le q\le r$라 할 때 중앙값이 가장 큰 경우 9개의 정수를 작은 값부터 크기순으로 나열하면 2, 2, 3, 6, 7, 9, p, q, r

따라서 중앙값이 될 수 있는 가장 큰 수는 5번째 자료의 값인 7이다.　　　　　　　　　　　　　目 7

546 최빈값이 9초이려면 a 또는 b가 9가 되어야 한다.

이때 $a+b=17$이고 $a<b$이므로 $a=8$, $b=9$이다.

따라서 주어진 자료를 작은 값부터 크기순으로 나열하면 6, 7, 8, 9, 9, 12이므로 중앙값은 3번째 자료와 4번째 자료의 평균인 $\dfrac{8+9}{2}=8.5(초)$　　目 8.5초

547 올해 넣은 골의 수의 평균이 6골이므로

$$\frac{1+2+3+8+14+a+b}{7}=6$$

$28+a+b=42$ ∴ $a+b=14$

변량의 개수가 홀수이므로 중앙값은 주어진 변량 중에 있다. 그런데 주어진 변량 중에 값이 4인 변량이 없으므로 a 또는 b가 4가 되어야 한다.

즉, $a=4$, $b=10$ 또는 $a=10$, $b=4$

이때 $a<b$이므로 $a=4$, $b=10$

∴ $b-a=10-4=6$ 답 6

548 중앙값이 9이고 변량의 개수가 홀수이므로 x, y, z 중 적어도 하나가 9가 되어야 한다.

이때 최빈값이 10이고 변량 7이 2개이므로 나머지 두 변량이 모두 10이 되어야 한다.

따라서 $x=9$, $y=10$, $z=10$이므로

$x+y+z=9+10+10=29$ 답 ③

549 중앙값이 15이므로 세 자연수 중 하나는 15이다.

세 자연수를 a, 15, $b(a<15<b)$라 하면 평균이 12이므로

$$\frac{a+15+b}{3}=12, \quad a+b+15=36$$

∴ $a+b=21$

즉, $a+b=21$이고 $a<15<b$인 두 자연수 a, b 중 $b-a$의 가장 큰 값은 $a=1$, $b=20$일 때이므로

$b-a=20-1=19$

$b-a$의 가장 작은 값은 $a=5$, $b=16$일 때이므로

$b-a=16-5=11$

따라서 $b-a$의 가장 큰 값과 가장 작은 값의 차는

$19-11=8$ 답 8

550 자료 A의 각 변량에 4를 곱한 값이 자료 B의 변량이다. 변량에 일정한 수를 곱하면 곱하는 수의 제곱배만큼 분산이 변하므로 $16a=b$이다.   답 ④

551 4개의 끈의 길이의 평균이 10 cm이므로

$$\frac{a+b+4+16}{4}=10, \quad a+b+20=40$$

∴ $a+b=20$ ······ ㉠

4개의 정사각형의 넓이의 평균이 6 cm²이므로

$$\frac{\left(\dfrac{a}{4}\right)^2+\left(\dfrac{b}{4}\right)^2+1^2+4^2}{4}=6, \quad \frac{a^2}{16}+\frac{b^2}{16}+17=24$$

$\dfrac{a^2}{16}+\dfrac{b^2}{16}=7$ ∴ $a^2+b^2=112$ ······ ㉡

$(a+b)^2=a^2+b^2+2ab$에 ㉠, ㉡을 대입하면

$20^2=112+2ab$

$2ab=288$ ∴ $ab=144$ 답 144

552 중앙값은 10번째 자료의 값인 $(10+y)$회이고 중앙값이 최빈값보다 4만큼 크므로 최빈값은

$10+y-4=y+6(회)$

이때 최빈값이 될 수 있는 것은 12회 또는 16회이다.

(i) 최빈값이 12회일 때

$10+x=12$, $y+6=12$

∴ $x=2$, $y=6$

(ii) 최빈값이 16회일 때

$10+x=16$, $y+6=16$

∴ $x=6$, $y=10$

(i), (ii)에 의하여 $x=2$, $y=6$이므로

$x+y=2+6=8$ 답 ③

참고 x, y의 값은 한 자리의 자연수이어야 한다.

553 자료 A의 중앙값이 8이므로 $a=8$ 또는 $b=8$

이때 $a<b$이므로 b가 8이면 3, 7, a, 8, 12에서 중앙값이 8이 될 수 없다.

∴ $a=8$

두 자료 A, B를 섞은 전체 자료에서 b가 8과 11 사이에 있을 때 중앙값이 9가 될 수 있으므로 전체 변량을 작은 값부터 크기순으로 나열하면

3, 6, 7, 7, 8, b, $b+1$, 11, 12, 15

즉, $\dfrac{8+b}{2}=9$에서

$8+b=18$ ∴ $b=10$

$$(자료\ A의\ 평균)=\frac{8+7+12+10+3}{5}$$
$$=\frac{40}{5}=8$$

∴ (자료 A의 분산)

$$=\frac{(8-8)^2+(7-8)^2+(12-8)^2+(10-8)^2+(3-8)^2}{5}$$
$$=\frac{46}{5}=9.2$$ 답 ④

554 추가한 2개의 변량을 x, y라 하면 5개의 변량의 평균이 9 이므로

$$\frac{8+10+12+x+y}{5}=9$$

$30+x+y=45$ ∴ $x+y=15$ ······ ㉠

5개의 변량의 분산이 4이므로

$$\frac{(8-9)^2+(10-9)^2+(12-9)^2+(x-9)^2+(y-9)^2}{5}=4$$

$(x-9)^2+(y-9)^2=9$

$x^2-18x+81+y^2-18y+81=9$

$x^2+y^2-18(x+y)+153=0$

$(x+y)^2-2xy-18(x+y)+153=0$

$15^2-2xy-18\times15+153=0$ $(∵ ㉠)$

∴ $xy=54$

따라서 추가한 2개의 변량의 곱은 54이다.   답 54

555 5개의 수 a, b, c, d, e의 평균이 5이므로

$$\frac{a+b+c+d+e}{5}=5$$

∴ $a+b+c+d+e=25$ ······ ㉠

5개의 수 a, b, c, d, e의 표준편차가 3이므로 분산이 9이다. 즉,

$$\frac{(a-5)^2+(b-5)^2+(c-5)^2+(d-5)^2+(e-5)^2}{5}=9$$

$a^2+b^2+c^2+d^2+e^2-10(a+b+c+d+e)+125=45$

$a^2+b^2+c^2+d^2+e^2-10\times25+125=45\ (\because \text{㉠})$

$\therefore a^2+b^2+c^2+d^2+e^2=170$

따라서 5개의 수 a^2, b^2, c^2, d^2, e^2의 평균은

$$\frac{a^2+b^2+c^2+d^2+e^2}{5}=\frac{170}{5}=34$$　　　📋 ①

556 a, b의 평균이 5이므로

$$\frac{a+b}{2}=5 \qquad \therefore a+b=10 \quad \cdots\cdots \text{㉠}$$

a, b의 분산이 2이므로

$$\frac{(a-5)^2+(b-5)^2}{2}=2$$

$\therefore a^2+b^2-10(a+b)+50=4$

위의 식에 ㉠을 대입하면

$a^2+b^2-10\times10+50=4$

$\therefore a^2+b^2=54 \qquad\qquad \cdots\cdots \text{㉡}$

c, d의 평균이 3이므로

$$\frac{c+d}{2}=3 \qquad \therefore c+d=6 \quad \cdots\cdots \text{㉢}$$

c, d의 분산이 6이므로

$$\frac{(c-3)^2+(d-3)^2}{2}=6$$

$\therefore c^2+d^2-6(c+d)+18=12$

위의 식에 ㉢을 대입하면

$c^2+d^2-6\times6+18=12$

$\therefore c^2+d^2=30 \qquad\qquad \cdots\cdots \text{㉣}$

따라서 a, b, c, d의 평균은

$$\frac{a+b+c+d}{4}=\frac{10+6}{4}=4\ (\because \text{㉠, ㉢})$$

이므로 분산은

$$\frac{(a-4)^2+(b-4)^2+(c-4)^2+(d-4)^2}{4}$$

$$=\frac{a^2+b^2+c^2+d^2-8(a+b+c+d)+64}{4}$$

$$=\frac{54+30-8(10+6)+64}{4}\ (\because \text{㉠~㉣})$$

$$=\frac{20}{4}=5$$　　　📋 5

🔶 **교과서 속 창의력UP!** 　　　103쪽

557 ㄱ. 한 개의 변량을 추가하기 전 이 자료의 중앙값은 4번째 자료와 5번째 자료의 값의 평균인 $\dfrac{5+5}{2}=5$

　추가한 변량을 a라 하면

　(i) 5보다 작은 변량을 추가한 경우

　　2, 4, a, 5, 5, 5, 7, 8, 9이므로 중앙값은 5이다.

　(ii) 5를 추가한 경우

　　2, 4, 5, 5, 5, 5, 7, 8, 9이므로 중앙값은 5이다.

　(iii) 5보다 큰 변량을 추가한 경우

　　2, 4, 5, 5, 5, a, 7, 8, 9이므로 중앙값은 5이다.

　즉, 이 자료의 중앙값은 변하지 않는다.

ㄴ. 2, 4, 7, 8, 9 중 하나의 수와 같은 변량 한 개를 추가하여도 자료의 최빈값은 5이다.

　즉, 이 자료의 최빈값은 변하지 않는다.

ㄷ. (평균)$=\dfrac{2+4+5+5+5+7+8+9}{8}=\dfrac{45}{8}$

이때 변량 a를 추가하면 평균은 $\dfrac{45+a}{9}$이다.

즉, 이 자료의 평균은 a의 값에 따라 변할 수도 있다.

따라서 옳은 것은 ㄱ, ㄴ이다.　　　📋 ③

558 ㈎에서 자료 A의 중앙값이 22이므로 $a=22$ 또는 $b=22$

이때 a, b가 모두 22이면 두 자료 A, B를 섞은 전체 자료의 중앙값은 22이므로 ㈏를 만족시키지 않는다.

　(i) $a=22$일 때, 두 자료 A, B를 섞은 전체 자료의 중앙값이 23이므로

$$\frac{22+(b-1)}{2}=23 \qquad \therefore b=25$$

　(ii) $b=22$일 때, 두 자료 A, B를 섞은 전체 자료의 중앙값이 23이므로

$$\frac{22+a}{2}=23 \qquad \therefore a=24$$

(i), (ii)에서 $a=22$, $b=25$ 또는 $a=24$, $b=22$

　　　📋 $a=22$, $b=25$ 또는 $a=24$, $b=22$

559 주어진 조건에 의하여 회원 5명 중 4명의 나이는 15살, 9살, 18살, 18살이다.

나머지 한 회원의 나이를 x살이라 하면

5명의 나이의 평균이 14살이므로

$$\frac{15+9+18+18+x}{5}=14$$

$$\frac{x+60}{5}=14,\ x+60=70$$

$\therefore x=10$

따라서 나머지 한 회원의 나이는 10살이다.　　　📋 10살

560 잘못 채점했을 때와 제대로 채점했을 때의 수행평가 점수의 총합은 변화가 없다.

즉, 수행평가를 제대로 채점했을 때의 점수의 평균도 8점이다.

잘못 채점했을 때의 점수를 a점, b점, c점, 8점, 7점이라 하면 분산이 6이므로

$$\frac{(a-8)^2+(b-8)^2+(c-8)^2+(8-8)^2+(7-8)^2}{5}=6$$

$(a-8)^2+(b-8)^2+(c-8)^2+1=30$

$(a-8)^2+(b-8)^2+(c-8)^2=29 \quad \cdots\cdots \text{㉠}$

따라서 수행평가를 제대로 채점했을 때의 점수의 분산은

$$\frac{(a-8)^2+(b-8)^2+(c-8)^2+(9-8)^2+(6-8)^2}{5}$$

$$=\frac{29+1+4}{5}\ (\because \text{㉠})$$

$$=\frac{34}{5}=6.8$$　　　📋 ⑤

06. 산점도와 상관관계

561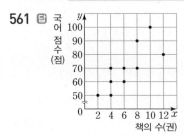

국어 점수(점) / 책의 수(권)

562 TV 시청 시간 : 2시간, 수면 시간 : 8시간

563 수면 시간이 가장 긴 학생의 수면 시간은 9시간이고, 이 학생의 TV 시청 시간은 0.5시간이다. 📄 0.5시간

564 듣기 점수와 말하기 점수가 같은 학생 수는 오른쪽 그림의 대각선 위에 있는 점의 개수와 같으므로 구하는 학생은 2명이다.

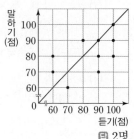

📄 2명

> **참고** 두 변량의 비교에 관한 문제는 대각선을 그어 조건에 맞는 부분을 찾는다.
> ① x와 y가 같다. ⇨ 직선 $y=x$ 위의 점
> ② x가 y보다 크다. ⇨ 직선 $y=x$의 아래쪽에 있는 점
> ③ x가 y보다 작다. ⇨ 직선 $y=x$의 위쪽에 있는 점

565 듣기 점수가 90점 이상인 학생 수는 오른쪽 그림의 색칠한 부분(경계선 포함)에 속하는 점의 개수와 같으므로 구하는 학생은 6명이다.

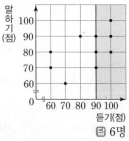

📄 6명

> **참고** 이상, 이하에 관한 문제는 x축 또는 y축에 평행한 선을 그어 조건에 맞는 부분을 찾는다.
>

566 📄 ㄴ, ㄹ

567 📄 ㄷ, ㅂ

568 📄 ㄱ, ㅁ

569 가장 강한 양의 상관관계가 있는 것은 ㄹ이다. 📄 ㄹ

570 여름철 기온이 높을수록 대체로 냉방비가 올라가므로 양의 상관관계가 있다. 📄 양

571 키와 청력 사이에는 상관관계가 없다. 📄 없다.

572 고구마의 생산량이 많을수록 대체로 고구마의 가격이 내려가므로 음의 상관관계가 있다. 📄 음

573 ② 학생 B의 쓰기 점수는 1점, 읽기 점수는 10점이므로 읽기 점수가 쓰기 점수보다 9점 더 높다.
③ 학생 C의 쓰기 점수는 8점이므로 학생 C보다 쓰기 점수가 높은 학생은 2명이다.
④ 학생 D와 읽기 점수가 같은 학생은 2명이다.
⑤ 오른쪽 그림에서 대각선 위에 있는 점의 개수가 0이므로 쓰기 점수와 읽기 점수가 같은 학생은 없다.
따라서 옳지 않은 것은 ④이다.

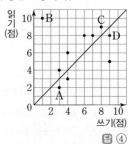

📄 ④

574 실기 점수가 준희보다 높은 학생 수는 오른쪽 그림의 색칠한 부분(경계선 제외)에 속하는 점의 개수와 같으므로 구하는 학생은 5명이다.

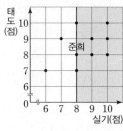

📄 5명

575 배송 평점이 4점 미만인 고객 수는 오른쪽 그림의 색칠한 부분(경계선 제외)에 속하는 점의 개수와 같으므로 $a=5$
가격 평점이 4점 이상인 고객 수는 오른쪽 그림의 빗금 친 부분(경계선 포함)에 속하는 점의 개수와 같으므로 $b=7$
∴ $a+b=5+7=12$

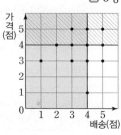

📄 12

576 수학 점수와 과학 점수가 같은 학생 수는 오른쪽 그림의 대각선 위에 있는 점의 개수와 같으므로 구하는 학생은 5명이다.

📄 5명

577 수학 점수가 과학 점수보다 높은 학생 수는 오른쪽 그림의 색칠한 부분(경계선 제외)에 속하는 점의 개수와 같으므로 구하는 학생은 8명이다.

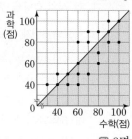

📄 8명

578 수학 점수가 과학 점수보다 낮은 학생 수는 오른쪽 그림의 색칠한 부분(경계선 제외)에 속하는 점의 개수와 같으므로 구하는 학생은 7명이다. 따라서 구하는 학생은 전체의 $\dfrac{7}{20}\times100=35(\%)$

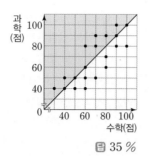

🅐 35 %

579 1차 기록이 가장 낮은 학생의 1차 기록은 30 m이고, 이 학생의 2차 기록은 40 m이다.

🅐 40 m

580 2차 기록이 1차 기록보다 높은 학생 수는 오른쪽 그림의 색칠한 부분(경계선 제외)에 속하는 점의 개수와 같으므로 구하는 학생은 6명이다.

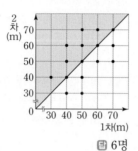

🅐 6명

581 1차 기록과 2차 기록이 모두 40 m 이하인 학생 수는 오른쪽 그림의 색칠한 부분(경계선 포함)에 속하는 점의 개수와 같으므로 구하는 학생은 3명이다.

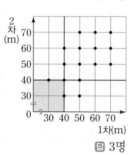

🅐 3명

582 두 번의 경기에서 모두 8점 이상을 얻은 선수의 수는 오른쪽 그림의 색칠한 부분(경계선 포함)에 속하는 점의 개수와 같으므로 상을 받는 선수는 3명이다. ⋯❶
따라서 상을 받는 선수는 전체의 $\dfrac{3}{15}\times100=20(\%)$ ⋯❷

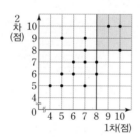

🅐 20 %

채점 기준	배점
❶ 두 번의 경기에서 모두 8점 이상을 얻은 선수는 몇 명인지 구하기	60 %
❷ 상을 받는 선수는 전체의 몇 %인지 구하기	40 %

583 왼쪽 눈의 시력이 오른쪽 눈의 시력보다 좋은 학생 수는 오른쪽 그림의 색칠한 부분(경계선 제외)에 속하는 점의 개수와 같으므로 구하는 학생은 6명이다. 따라서 구하는 학생은 전체의 $\dfrac{6}{15}\times100=40(\%)$

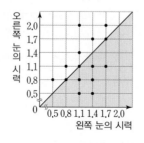

🅐 40 %

584 좌우 시력이 같은 학생을 나타내는 점은 오른쪽 그림의 대각선 위에 있고, 이 중에서 좌우 시력의 합이 가장 큰 학생을 나타내는 점은 ○ 표시한 것이다.
따라서 구하는 학생의 한쪽 눈의 시력은 1.7이다.

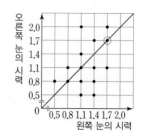

🅐 1.7

585 ㄱ. 만들기 점수는 5점, 6점, 6점, 6점, 6점, 7점, 7점, 7점, 7점, 8점, 8점, 9점, 9점, 9점, 10점, 10점이므로 최빈값은 도수가 4명인 6점과 7점이다.
ㄴ. 그리기 점수가 9점 이상인 학생 수는 오른쪽 그림의 색칠한 부분(경계선 포함)에 속하는 점의 개수와 같으므로 구하는 학생은 5명이다.

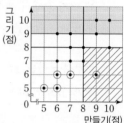

ㄷ. 만들기 점수가 8점 이상이고 그리기 점수가 8점 이하인 학생 수는 위의 그림의 빗금 친 부분(경계선 포함)에 속하는 점의 개수와 같으므로 구하는 학생은 4명이다.
즉, 구하는 학생은 전체의 $\dfrac{4}{16}\times100=25(\%)$
ㄹ. 그리기 점수가 6점 이하인 학생들을 나타내는 점은 위의 그림에서 ○ 표시한 5개이므로 이 학생들의 만들기 점수는 5점, 6점, 6점, 7점, 9점이다.
∴ (평균)$=\dfrac{5+6+6+7+9}{5}$
$=\dfrac{33}{5}=6.6(점)$
따라서 옳은 것은 ㄱ, ㄷ이다.

🅐 ②

586 국어 점수와 영어 점수의 평균이 70점, 즉 두 점수의 합이 140점인 학생 수는 오른쪽 그림에서 두 점 (70, 70), (80, 60)을 지나는 직선 위의 점의 개수와 같으므로 구하는 학생은 2명이다.

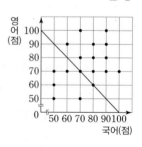

🅐 2명

587 1차 점수와 2차 점수의 평균이 정민이보다 높은 학생은 1차 점수와 2차 점수의 합이 정민이보다 높은 학생과 같다. 즉, 두 점수의 합이 $8+7=15(점)$ 초과인 학생 수는 오른쪽 그림에서 색칠한 부분(경계선 제외)에 속하는 점의 개수와 같으므로 구하는 학생은 6명이다.

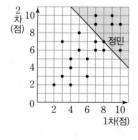

🅐 ④

588 1차 점수와 2차 점수의 합이 5점 이하인 학생들을 나타내는 점은 오른쪽 그림의 색칠한 부분(경계선 포함)에 속하므로 이 학생들의 2차 점수는 1점, 2점, 2점, 2점, 3점이다.

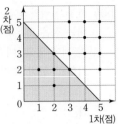

∴ (평균)$=\dfrac{1+2+2+2+3}{5}=\dfrac{10}{5}=2$(점) **답** 2점

589 1차 점수와 2차 점수의 차가 2점 이상인 학생 수는 오른쪽 그림의 색칠한 부분(경계선 포함)에 속하는 점의 개수와 같으므로 구하는 학생은 3명이다. …❶

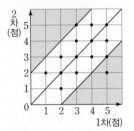

따라서 구하는 학생은 전체의

$\dfrac{3}{15}\times100=20$(%) …❷ **답** 20 %

채점 기준	배점
❶ 1차 점수와 2차 점수의 차가 2점 이상인 학생은 몇 명인지 구하기	60 %
❷ 1차 점수와 2차 점수의 차가 2점 이상인 학생은 전체의 몇 %인지 구하기	40 %

590 ① 가창 점수와 댄스 점수가 같은 지원자 수는 오른쪽 그림에서 대각선 위에 있는 점의 개수와 같으므로 구하는 지원자는 4명이다.

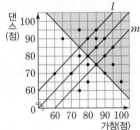

② 가창 점수가 댄스 점수보다 높은 지원자 수는 위의 그림에서 대각선보다 아래쪽에 있는 점의 개수와 같으므로 구하는 지원자는 9명이다.

③ 가창 점수와 댄스 점수의 차가 10점인 지원자 수는 위의 그림에서 두 직선 l, m 위에 있는 점의 개수와 같으므로 구하는 지원자는 6명이다.

즉, 구하는 지원자는 전체의 $\dfrac{6}{20}\times100=30$(%)

④ 가창 점수와 댄스 점수의 합이 160점 이상인 지원자 수는 위의 그림에서 색칠한 부분(경계선 포함)에 속하는 점의 개수와 같으므로 구하는 지원자는 13명이다.

⑤ 위의 그림에서 대각선으로부터 멀리 떨어져 있을수록 가창 점수와 댄스 점수의 차가 크므로 그 차가 가장 큰 지원자는 가창 점수가 100점, 댄스 점수가 65점이다.

∴ 100−65=35(점)

따라서 옳은 것은 ③이다. **답** ③

591 주어진 산점도는 x의 값이 증가함에 따라 y의 값도 대체로 증가하므로 양의 상관관계를 나타낸다.

①, ② 상관관계가 없다.

③, ⑤ 음의 상관관계

④ 양의 상관관계

따라서 두 변량 x, y에 대한 산점도가 주어진 그림과 같이 나타나는 것은 ④이다. **답** ④

592 ㄱ, ㄷ. 양의 상관관계

ㄴ, ㅁ. 상관관계가 없다.

ㄹ, ㅂ. 음의 상관관계

따라서 두 변량 사이에 음의 상관관계가 있는 것은 ㄹ, ㅂ이다. **답** ㄹ, ㅂ

593 ①, ②, ④, ⑤ 양의 상관관계

③ 상관관계가 없다.

따라서 두 변량 사이의 상관관계가 나머지 넷과 다른 것은 ③이다. **답** ③

594 겨울철 기온이 높을수록 어묵 판매량이 적어지는 경향이 있으므로 두 변량 사이에는 음의 상관관계가 있다.

이때 가장 강한 음의 상관관계를 나타내는 산점도는 ②이다. **답** ②

595 미디어 시청 시간과 공부 시간에 대한 산점도를 그리면 오른쪽 그림과 같다. …❶

미디어 시청 시간이 늘어날수록 공부 시간은 대체로 줄어들므로 두 변량 사이에는 음의 상관관계가 있다. …❷

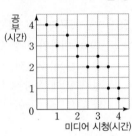

답 풀이 참조

채점 기준	배점
❶ 산점도 그리기	50 %
❷ 상관관계 말하기	50 %

596 ② 상관관계가 없을 수도 있다.

④ 음의 상관관계가 있으면 산점도에서 점들이 오른쪽 아래로 향하는 경향이 있다.

⑤ 음의 상관관계를 나타내는 산점도는 점들이 기울기가 음인 직선 주위에 모여 있다.

따라서 옳은 것은 ①, ③이다. **답** ①, ③

597 ①, ③, ④ 두 집단 모두 어휘량이 증가할수록 독해력도 대체로 높아지므로 두 변량 사이에는 양의 상관관계가 있다.

② 어느 집단이 독해력이 더 높은지 알 수 없다.

⑤ A 집단보다 B 집단의 산점도의 점들이 한 직선 주위에 더 가까이 모여 있으므로 B 집단이 더 강한 상관관계를 보인다.

따라서 옳은 것은 ④이다. **답** ④

598 ㉠, ㉢, ㉣, ㉤, ㉥은 지구의 온도와 양의 상관관계가 있다.

㉡, ㉦, ㉧은 지구의 온도와 음의 상관관계가 있다.

답 ㉡, ㉦, ㉧

599 5명의 학생 중 수학 점수에 비해 영어 점수가 좋은 학생은 수연이다. **답** 수연

600 ② A, B, C, D, E 5명의 학생 중 기말고사 성적이 가장 우수한 학생은 학생 A이다. 답 ②

601 오른쪽 그림과 같이 주어진 산점도에 그은 대각선으로부터 멀리 떨어져 있을수록 중간고사 성적과 기말고사 성적의 차가 크다.

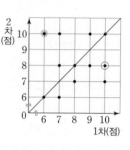

따라서 성적의 차가 가장 큰 학생은 학생 E이다. 답 ⑤

602 ㄱ. 공부 시간이 길수록 대체로 학업 성적이 높으므로 두 변량 사이에는 양의 상관관계가 있다.

ㄹ. 학생 C가 학생 D보다 학업 성적이 우수하다.

따라서 옳은 것은 ㄴ, ㄷ, ㅁ이다. 답 ④

603 ⑤ 학생 A는 용돈에 비해 저축액이 많은 편이다. 답 ⑤

Step ③ 발전 문제 112~113쪽

604 적어도 한 과목의 점수가 50점 이하인 학생 수는 오른쪽 그림의 색칠한 부분(경계선 포함)에 속하는 점의 개수와 같으므로 구하는 학생은 6명이다.

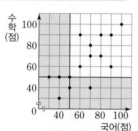

따라서 추가 과제를 받는 학생은 전체의 $\dfrac{6}{15} \times 100 = 40\,(\%)$

답 40 %

605 $|a-b| \leq 20$을 만족시키는 학생 수는 국어 점수와 수학 점수의 차가 20점 이하인 학생 수, 즉 오른쪽 그림의 색칠한 부분(경계선 포함)에 속하는 점의 개수와 같으므로 구하는 학생은 12명이다.

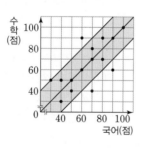

답 ③

606 미세 먼지 상태가 '나쁨', 즉 미세 먼지 농도가 80 μg/m³ 이상 150 μg/m³ 미만인 지역을 나타내는 점은 다음 그림의 색칠한 부분(경계선 ㉠은 포함, 경계선 ㉡은 제외)에 속한다.

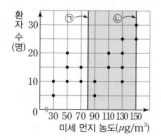

따라서 미세 먼지 상태가 '나쁨'인 8개 지역에 있는 호흡기 질환 환자는 5명, 10명, 10명, 15명, 15명, 20명, 20명, 25명이므로

$$(평균) = \dfrac{5+10+10+15+15+20+20+25}{8}$$
$$= \dfrac{120}{8} = 15(명)$$

답 ⑤

607 오른쪽 그림에서 대각선으로부터 멀리 떨어져 있을수록 1차 점수와 2차 점수의 차가 크므로 그 차가 가장 큰 선수를 나타내는 점은 ⦿ 표시한 것이다. 즉, 1차 점수와 2차 점수의 차가 가장 큰 선수의 1차 점수는 6점이다.

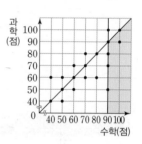

∴ $a = 6$

또, 1차 점수와 2차 점수의 합이 세 번째로 높은 선수를 나타내는 점은 ◯ 표시한 것이므로 이 선수의 2차 점수는 8점이다.

∴ $b = 8$

∴ $a+b = 6+8 = 14$

답 14

608 수학 점수가 과학 점수보다 높거나 같으면서 수학 점수가 90점 이상인 학생들을 나타내는 점은 오른쪽 그림의 색칠한 부분(경계선 포함)에 속하므로 이 학생들의 과학 점수는 50점, 70점, 80점, 90점, 90점, 100점이다.

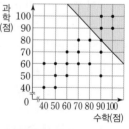

∴ $(평균) = \dfrac{50+70+80+90+90+100}{6}$
$$= \dfrac{480}{6} = 80(점)$$

답 ⑤

609 전체 학생이 20명이므로 상위 25 % 이내에 드는 학생은 $20 \times \dfrac{25}{100} = 5(명)$이다.

수학 점수와 과학 점수의 합이 상위 25 % 이내에 드는 5명을 나타내는 점은 오른쪽 그림의 색칠한 부분(경계선 포함)에 속한다.

이 학생들은 순서쌍 (수학 점수, 과학 점수)가 (100, 100), (100, 90), (90, 100), (90, 90), (90, 80)이므로 상위 25 % 이내에 드는 학생들의 수학 점수와 과학 점수의 합은 200점, 190점, 190점, 180점, 170점이다.

∴ $(평균) = \dfrac{200+190+190+180+170}{5}$
$$= \dfrac{930}{5} = 186(점)$$

답 ④

610 ㈎ 1회와 2회 점수의 차가 2점 이상인 학생을 나타내는 점은 오른쪽 그림의 색칠한 부분(경계선 포함)에 속한다.

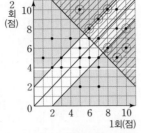

㈏ 1회와 2회 점수의 합이 13점 이상인 학생을 나타내는 점은 위의 그림의 빗금 친 부분(경계선 포함)에 속한다.

따라서 ㈎, ㈏를 만족시키는 학생을 나타내는 점은 ○ 표시한 것이므로 구하는 학생은 8명이다. **冒** 8명

611 ㄷ. 학생 C는 팔 굽혀 펴기 횟수와 턱걸이 횟수가 모두 적은 편이다.

따라서 옳은 것은 ㄱ, ㄴ, ㄹ이다. **冒** ⑤

교과서 속 창의력 UP!   114쪽

612 학생 15명의 하루 동안의 스마트폰 사용 시간과 수면 시간에 대한 산점도를 완성하면 오른쪽 그림과 같다.

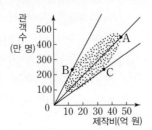

따라서 스마트폰 사용 시간이 증가함에 따라 수면 시간은 대체로 감소하므로 두 변량 사이에는 음의 상관관계가 있다. **冒** 음의 상관관계

613 ㄱ. 산점도에서 점 C는 점 B보다 오른쪽에 있으므로 영화 C는 영화 B보다 제작비가 많다.

ㄴ. 제작비가 많을수록 대체로 관객 수도 많으므로 제작비와 관객 수 사이에는 양의 상관관계가 있다.

ㄷ. $\dfrac{(\text{관객 수})}{(\text{제작비})}$의 값은 세 점 A, B, C와 원점 O를 각각 연결한 직선의 기울기이므로 그 값이 가장 큰 영화는 영화 B이다.

따라서 옳은 것은 ㄱ, ㄴ이다. **冒** ㄱ, ㄴ

614 오른쪽 그림에서

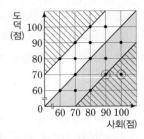

㈎ 사회 점수가 도덕 점수보다 높은 학생을 나타내는 점은 색칠한 부분(경계선 제외)에 속한다.

㈏ 사회 점수와 도덕 점수의 차가 20점 이상인 학생을 나타내는 점은 빗금 친 부분(경계선 포함)에 속한다.

㈐ ㈎, ㈏를 만족시키는 학생 중 사회 점수와 도덕 점수의 평균이 80점, 즉 총점이 160점 이상인 학생을 나타내는 점은 ○ 표시한 것이다.

따라서 ㈎, ㈏, ㈐를 만족시키는 학생은 2명이다. **冒** 2명

615

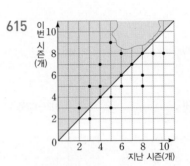

산점도에서 보이는 부분에 있는 자료는 18개이므로 2개의 자료를 구해야 한다.

(i) 보이지 않는 두 선수의 지난 시즌 홈런 수를 각각 a개, b개 ($6 \le a \le b \le 9$)라 하면 지난 시즌보다 이번 시즌 홈런 수가 많은 선수들의 지난 시즌 홈런 수의 평균이 5개이므로

$$\frac{2+3+4+4+5+6+a+b}{8}=5$$

$a+b=16$이므로 가능한 a, b의 값은 $a=7$, $b=9$ 또는 $a=8$, $b=8$

(ii) 보이지 않는 두 선수의 이번 시즌 홈런 수를 각각 x개, y개 ($9 \le x \le y \le 11$)라 하면 지난 시즌보다 이번 시즌 홈런 수가 많은 선수들의 이번 시즌 홈런 수의 평균이 7개이므로

$$\frac{3+5+5+7+8+9+x+y}{8}=7$$

$x+y=19$이므로 가능한 x, y의 값은 $x=9$, $y=10$

(i), (ii)에서 찢어진 부분의 자료로 가능한 순서쌍 (지난 시즌 홈런 수, 이번 시즌 홈런 수)는 $(7, 9)$, $(9, 10)$ 또는 $(8, 9)$, $(8, 10)$의 2가지이다.

冒 2가지

주의 (i), (ii)에서 구할 수 있는 순서쌍은 $(7, 9)$, $(9, 10)$ 또는 $(7, 10)$, $(9, 9)$ 또는 $(8, 9)$, $(8, 10)$이나 $(9, 9)$는 지난 시즌보다 이번 시즌 홈런 수가 많다는 조건을 만족시키는 자료가 아니므로 찢어진 부분의 자료로 가능한 것은 $(7, 9)$, $(9, 10)$ 또는 $(8, 9)$, $(8, 10)$의 2가지이다.

01. 삼각비

 Theme **01** 삼각비의 뜻   4~7쪽

001 $\overline{AB}=\sqrt{(\sqrt{5})^2+(\sqrt{11})^2}=\sqrt{16}=4$

④ $\sin B=\dfrac{\sqrt{11}}{4}$ 답 ④

002 △ABC에서

$\overline{AB}=\sqrt{5^2+(\sqrt{11})^2}=\sqrt{36}=6$

따라서 △DBA에서

$\cos x=\dfrac{\overline{BA}}{\overline{DB}}=\dfrac{6}{10}=\dfrac{3}{5}$ 답 $\dfrac{3}{5}$

003 △ABC에서

$\overline{AC}=\sqrt{7^2-3^2}=\sqrt{40}=2\sqrt{10}$

$\overline{DC}=\dfrac{1}{2}\overline{AC}=\dfrac{1}{2}\times2\sqrt{10}=\sqrt{10}$

따라서 △DBC에서

$\tan x=\dfrac{\sqrt{10}}{3}$ 답 $\dfrac{\sqrt{10}}{3}$

004 $\tan B=\dfrac{\overline{AC}}{\overline{BC}}$에서 $\dfrac{3}{4}=\dfrac{6}{\overline{BC}}$이므로

$3\overline{BC}=24$ $\therefore \overline{BC}=8$ 답 ①

005 $\sin A=\dfrac{\overline{BC}}{\overline{AB}}$에서 $\dfrac{1}{3}=\dfrac{\overline{BC}}{9}$이므로

$3\overline{BC}=9$ $\therefore \overline{BC}=3$

$\therefore \overline{AC}=\sqrt{9^2-3^2}=\sqrt{72}=6\sqrt{2}$ 답 $\overline{AC}=6\sqrt{2}$, $\overline{BC}=3$

006 $\cos B=\dfrac{\overline{BC}}{\overline{AB}}$에서 $\dfrac{2}{3}=\dfrac{4}{\overline{AB}}$이므로

$2\overline{AB}=12$ $\therefore \overline{AB}=6$

$\overline{AC}=\sqrt{6^2-4^2}=\sqrt{20}=2\sqrt{5}$

$\therefore \cos A=\dfrac{\overline{AC}}{\overline{AB}}=\dfrac{2\sqrt{5}}{6}=\dfrac{\sqrt{5}}{3}$ 답 $\dfrac{\sqrt{5}}{3}$

007 $\sin A=\dfrac{\overline{BC}}{\overline{AC}}$에서 $\dfrac{1}{4}=\dfrac{\overline{BC}}{8}$이므로

$4\overline{BC}=8$ $\therefore \overline{BC}=2$

$\overline{AB}=\sqrt{8^2-2^2}=\sqrt{60}=2\sqrt{15}$

$\therefore \triangle ABC=\dfrac{1}{2}\times2\sqrt{15}\times2=2\sqrt{15}$ 답 ②

008 $\cos A=\dfrac{\overline{AB}}{\overline{AC}}$에서 $\dfrac{\sqrt{5}}{4}=\dfrac{\overline{AB}}{8}$이므로

$4\overline{AB}=8\sqrt{5}$ $\therefore \overline{AB}=2\sqrt{5}$

$\overline{BC}=\sqrt{8^2-(2\sqrt{5})^2}=\sqrt{44}=2\sqrt{11}$이므로

$\sin A=\dfrac{2\sqrt{11}}{8}=\dfrac{\sqrt{11}}{4}$, $\tan C=\dfrac{2\sqrt{5}}{2\sqrt{11}}=\dfrac{\sqrt{55}}{11}$

$\therefore \sin A+\tan C=\dfrac{\sqrt{11}}{4}+\dfrac{\sqrt{55}}{11}=\dfrac{11\sqrt{11}+4\sqrt{55}}{44}$

답 $\dfrac{11\sqrt{11}+4\sqrt{55}}{44}$

009 $\sin A=\dfrac{\overline{BC}}{6}$, $\sin C=\dfrac{\overline{AB}}{6}$에서

$\dfrac{\overline{BC}}{6}=\dfrac{\overline{AB}}{6}$ $\therefore \overline{AB}=\overline{BC}$

$\overline{AB}=\overline{BC}=k\,(k>0)$라 하면

$k^2+k^2=6^2$, $2k^2=36$, $k^2=18$

$\therefore k=3\sqrt{2}\ (\because k>0)$

$\therefore \overline{AB}=3\sqrt{2}$ 답 ⑤

010 오른쪽 그림과 같이 꼭짓점 A에서 $\overline{BC}$에 내린 수선의 발을 H라 하면 △ABH에서

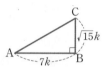

$\sin B=\dfrac{\overline{AH}}{12}=\dfrac{\sqrt{5}}{3}$

$\therefore \overline{AH}=4\sqrt{5}$

$\therefore \overline{CH}=\sqrt{10^2-(4\sqrt{5})^2}=\sqrt{20}=2\sqrt{5}$

따라서 △AHC에서

$\cos C=\dfrac{\overline{CH}}{\overline{AC}}=\dfrac{2\sqrt{5}}{10}=\dfrac{\sqrt{5}}{5}$ 답 $\dfrac{\sqrt{5}}{5}$

011 $\tan A=\dfrac{\sqrt{15}}{7}$이므로 오른쪽 그림과 같은 직각삼각형 ABC에서 $\overline{AB}=7k$, $\overline{BC}=\sqrt{15}k\,(k>0)$라 하면

$\overline{AC}=\sqrt{(7k)^2+(\sqrt{15}k)^2}=\sqrt{64k^2}=8k$

$\therefore \cos A=\dfrac{7k}{8k}=\dfrac{7}{8}$ 답 ③

012 $\sin A=\dfrac{\sqrt{5}}{3}$이므로 오른쪽 그림과 같은 직각삼각형 ABC에서 $\overline{AC}=3k$, $\overline{BC}=\sqrt{5}k\,(k>0)$라 하면

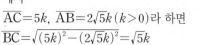

$\overline{AB}=\sqrt{(3k)^2-(\sqrt{5}k)^2}=\sqrt{4k^2}=2k$

$\therefore \sin C=\dfrac{2k}{3k}=\dfrac{2}{3}$, $\cos C=\dfrac{\sqrt{5}k}{3k}=\dfrac{\sqrt{5}}{3}$

$\therefore \sin C-\cos C=\dfrac{2}{3}-\dfrac{\sqrt{5}}{3}=\dfrac{2-\sqrt{5}}{3}$ 답 $\dfrac{2-\sqrt{5}}{3}$

013 $5\cos A-2\sqrt{5}=0$에서 $5\cos A=2\sqrt{5}$

$\therefore \cos A=\dfrac{2\sqrt{5}}{5}$

오른쪽 그림과 같은 직각삼각형 ABC에서 $\overline{AC}=5k$, $\overline{AB}=2\sqrt{5}k\,(k>0)$라 하면

$\overline{BC}=\sqrt{(5k)^2-(2\sqrt{5}k)^2}=\sqrt{5}k$

$\sin A=\dfrac{\sqrt{5}k}{5k}=\dfrac{\sqrt{5}}{5}$, $\tan A=\dfrac{\sqrt{5}k}{2\sqrt{5}k}=\dfrac{1}{2}$

$\therefore \sin A\times\tan A=\dfrac{\sqrt{5}}{5}\times\dfrac{1}{2}=\dfrac{\sqrt{5}}{10}$ 답 $\dfrac{\sqrt{5}}{10}$

014 도로의 경사도가 20 %이므로

$\tan A \times 100 = 20$ $\therefore \tan A = \dfrac{1}{5}$

오른쪽 그림과 같은 직각삼각형
ABC에서 $\overline{AB} = 5k$,
$\overline{BC} = k\,(k > 0)$라 하면

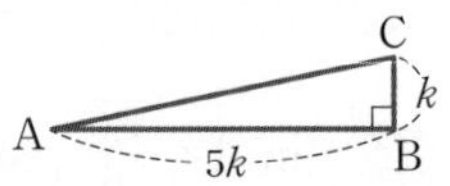

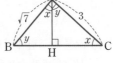

$\overline{AC} = \sqrt{(5k)^2 + k^2} = \sqrt{26}\,k$

$\therefore \sin A = \dfrac{k}{\sqrt{26}\,k} = \dfrac{\sqrt{26}}{26}$ 답 $\dfrac{\sqrt{26}}{26}$

015 $\triangle ABC \backsim \triangle HBA \backsim \triangle HAC$
(AA 닮음)이므로

$\angle BCA = \angle BAH = x$

$\angle CBA = \angle CAH = y$

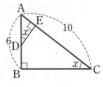

$\triangle ABC$에서 $\overline{BC} = \sqrt{(\sqrt{7})^2 + 3^2} = \sqrt{16} = 4$이므로

$\sin x = \dfrac{\overline{AB}}{\overline{BC}} = \dfrac{\sqrt{7}}{4}$, $\cos y = \dfrac{\overline{AB}}{\overline{BC}} = \dfrac{\sqrt{7}}{4}$

$\therefore \sin x + \cos y = \dfrac{\sqrt{7}}{4} + \dfrac{\sqrt{7}}{4} = \dfrac{\sqrt{7}}{2}$ 답 $\dfrac{\sqrt{7}}{2}$

016 $\triangle ABC \backsim \triangle AED$ (AA 닮음)
이므로

$\angle ACB = \angle ADE = x$

$\therefore \sin x = \dfrac{\overline{AB}}{\overline{AC}} = \dfrac{6}{10} = \dfrac{3}{5}$ 답 $\dfrac{3}{5}$

017 $\triangle ABC \backsim \triangle EBD$ (AA 닮음)이므로

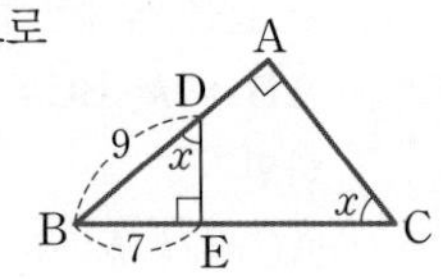

$\angle BDE = \angle BCA = x$

$\triangle DBE$에서

$\overline{DE} = \sqrt{9^2 - 7^2} = \sqrt{32} = 4\sqrt{2}$

$\therefore \cos x = \dfrac{\overline{DE}}{\overline{BD}} = \dfrac{4\sqrt{2}}{9}$ 답 $\dfrac{4\sqrt{2}}{9}$

018 $\triangle ABC \backsim \triangle ACH$ (AA 닮음)이므로

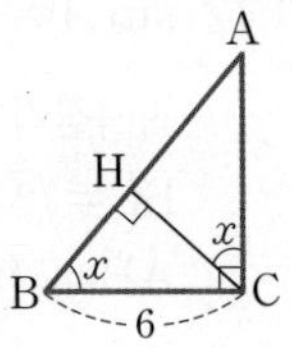

$\angle ABC = \angle ACH = x$

$\triangle ABC$에서 $\tan x = \dfrac{\overline{AC}}{\overline{BC}}$이므로

$\dfrac{2\sqrt{3}}{3} = \dfrac{\overline{AC}}{6}$, $3\overline{AC} = 12\sqrt{3}$

$\therefore \overline{AC} = 4\sqrt{3}$

$\therefore \overline{AB} = \sqrt{6^2 + (4\sqrt{3})^2} = \sqrt{84} = 2\sqrt{21}$ 답 ⑤

019 (1) $\triangle DBC \backsim \triangle BAH$ (AA 닮음)
이므로

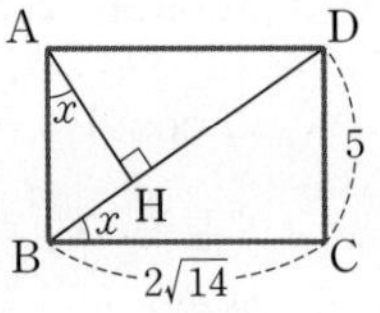

$\angle DBC = \angle BAH = x$

$\triangle DBC$에서

$\overline{BD} = \sqrt{(2\sqrt{14})^2 + 5^2} = \sqrt{81} = 9$

$\therefore \sin x = \dfrac{\overline{DC}}{\overline{BD}} = \dfrac{5}{9}$

(2) $\triangle BAH$에서 $\sin x = \dfrac{\overline{BH}}{\overline{AB}}$이므로 $\dfrac{5}{9} = \dfrac{\overline{BH}}{5}$

$9\overline{BH} = 25$ $\therefore \overline{BH} = \dfrac{25}{9}$ 답 (1) $\dfrac{5}{9}$ (2) $\dfrac{25}{9}$

020 $\triangle ABC \backsim \triangle CBD \backsim \triangle CDE$ (AA 닮음)이므로

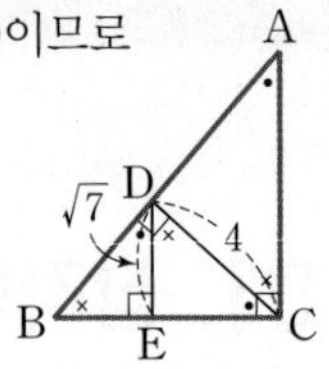

$\angle A = \angle DCE$, $\angle B = \angle CDE$

$\triangle DEC$에서

$\overline{EC} = \sqrt{4^2 - (\sqrt{7})^2} = \sqrt{9} = 3$

$\sin A = \sin(\angle DCE) = \dfrac{\sqrt{7}}{4}$

$\sin B = \sin(\angle CDE) = \dfrac{3}{4}$

$\therefore \sin A + \sin B = \dfrac{\sqrt{7}}{4} + \dfrac{3}{4} = \dfrac{\sqrt{7} + 3}{4}$ 답 $\dfrac{\sqrt{7} + 3}{4}$

021 오른쪽 그림과 같이 직선
$y = \dfrac{4}{17}x + 4$가 x축, y축과 만나는
점을 각각 A, B라 하자.

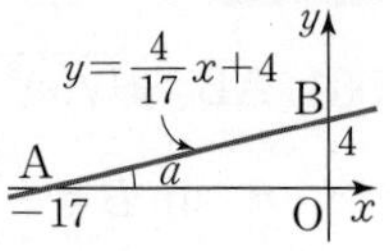

$y = \dfrac{4}{17}x + 4$에 $y = 0$을 대입하면

$0 = \dfrac{4}{17}x + 4$이므로 $x = -17$

$\therefore A(-17, 0)$

$x = 0$을 대입하면 $y = 4$

$\therefore B(0, 4)$

따라서 직각삼각형 AOB에서 $\overline{AO} = 17$, $\overline{BO} = 4$이므로

$\tan a = \dfrac{\overline{BO}}{\overline{AO}} = \dfrac{4}{17}$ 답 $\dfrac{4}{17}$

022 일차방정식 $x - 2y + 4 = 0$에

$y = 0$을 대입하면 $x + 4 = 0$이므로 $x = -4$

$\therefore A(-4, 0)$

$x = 0$을 대입하면 $-2y + 4 = 0$이므로 $y = 2$

$\therefore B(0, 2)$

직각삼각형 AOB에서

$\overline{AO} = 4$, $\overline{BO} = 2$이므로

$\overline{AB} = \sqrt{4^2 + 2^2} = \sqrt{20} = 2\sqrt{5}$

$\sin a = \dfrac{2}{2\sqrt{5}} = \dfrac{\sqrt{5}}{5}$, $\cos a = \dfrac{4}{2\sqrt{5}} = \dfrac{2\sqrt{5}}{5}$

$\therefore \sin a + \cos a = \dfrac{\sqrt{5}}{5} + \dfrac{2\sqrt{5}}{5} = \dfrac{3\sqrt{5}}{5}$ 답 ③

023 오른쪽 그림과 같이 일차방정식
$3x + y - 3 = 0$의 그래프가 x축, y축과
만나는 점을 각각 A, B라 하자.

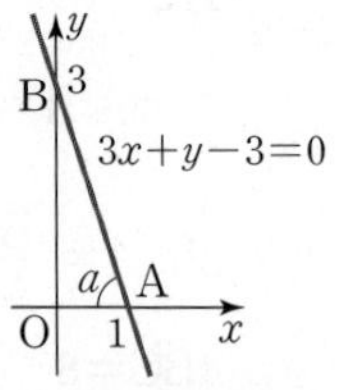

$3x + y - 3 = 0$에

$y = 0$을 대입하면 $3x - 3 = 0$이므로

$x = 1$ $\therefore A(1, 0)$

$x = 0$을 대입하면 $y - 3 = 0$이므로 $y = 3$ $\therefore B(0, 3)$

직각삼각형 AOB에서

$\overline{OA} = 1$, $\overline{BO} = 3$이므로

$\overline{AB} = \sqrt{1^2 + 3^2} = \sqrt{10}$

$\sin a = \dfrac{3}{\sqrt{10}} = \dfrac{3\sqrt{10}}{10}$, $\cos a = \dfrac{1}{\sqrt{10}} = \dfrac{\sqrt{10}}{10}$

$\therefore \sin a - \cos a = \dfrac{3\sqrt{10}}{10} - \dfrac{\sqrt{10}}{10} = \dfrac{\sqrt{10}}{5}$ 답 $\dfrac{\sqrt{10}}{5}$

024 △FGH에서

$\overline{FH}=\sqrt{6^2+6^2}=6\sqrt{2}\,(\text{cm})$

△BFH에서

$\overline{BH}=\sqrt{(6\sqrt{2})^2+6^2}=\sqrt{108}=6\sqrt{3}\,(\text{cm})$

$\therefore \sin x=\dfrac{\overline{BF}}{\overline{BH}}=\dfrac{6}{6\sqrt{3}}=\dfrac{\sqrt{3}}{3}$ 　　🅐 $\dfrac{\sqrt{3}}{3}$

025 △EFG에서

$\overline{EG}=\sqrt{3^2+4^2}=\sqrt{25}=5\,(\text{cm})$

△AEG에서

$\overline{AG}=\sqrt{5^2+(\sqrt{11})^2}=\sqrt{36}=6\,(\text{cm})$

$\therefore \cos x=\dfrac{\overline{EG}}{\overline{AG}}=\dfrac{5}{6}$ 　　🅐 ⑤

026 $\overline{BM}=4\,\text{cm}$이므로

△ABM에서

$\overline{AM}=\overline{DM}=\sqrt{8^2-4^2}=\sqrt{48}=4\sqrt{3}\,(\text{cm})$

오른쪽 그림과 같이 점 A에서 $\overline{DM}$
에 내린 수선의 발을 H라 하면 점 H
는 삼각형 BCD의 무게중심이다.

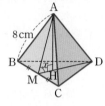

$\therefore \overline{MH}=\dfrac{1}{3}\overline{DM}$

$\qquad =\dfrac{1}{3}\times 4\sqrt{3}$

$\qquad =\dfrac{4\sqrt{3}}{3}\,(\text{cm})$

△AMH에서

$\overline{AH}=\sqrt{(4\sqrt{3})^2-\left(\dfrac{4\sqrt{3}}{3}\right)^2}=\dfrac{8\sqrt{6}}{3}\,(\text{cm})$

$\therefore \tan x=\dfrac{\overline{AH}}{\overline{MH}}=\dfrac{8\sqrt{6}}{3}\div\dfrac{4\sqrt{3}}{3}$

$\qquad =\dfrac{8\sqrt{6}}{3}\times\dfrac{3}{4\sqrt{3}}=2\sqrt{2}$ 　🅐 $2\sqrt{2}$

Theme 02 30°, 45°, 60°의 삼각비의 값　　8~10쪽

027 ① $\sin 60°+\cos 30°=\dfrac{\sqrt{3}}{2}+\dfrac{\sqrt{3}}{2}=\sqrt{3}$

② $\tan 45°-\sin 30°=1-\dfrac{1}{2}=\dfrac{1}{2}$

③ $\cos 60°\times\tan 30°=\dfrac{1}{2}\times\dfrac{\sqrt{3}}{3}=\dfrac{\sqrt{3}}{6}$

④ $\sin 45°\times\cos 45°=\dfrac{\sqrt{2}}{2}\times\dfrac{\sqrt{2}}{2}=\dfrac{1}{2}$

⑤ $\tan 60°\div\cos 30°=\sqrt{3}\div\dfrac{\sqrt{3}}{2}=\sqrt{3}\times\dfrac{2}{\sqrt{3}}=2$

🅐 ②, ③

028 $\sqrt{3}\tan 30°+\dfrac{\sin 45°}{\sqrt{2}\cos 60°}=\sqrt{3}\times\dfrac{\sqrt{3}}{3}+\dfrac{\dfrac{\sqrt{2}}{2}}{\sqrt{2}\times\dfrac{1}{2}}$

$\qquad\qquad\qquad\qquad\qquad =1+1=2$ 　🅐 2

029 점 M이 빗변 BC의 중점이므로
점 M은 직각삼각형 ABC의 외
심이다.

따라서 $\overline{MA}=\overline{MB}=\overline{MC}$이므로

$\angle C=\dfrac{1}{2}\times(180°-60°)=60°$

$\therefore \dfrac{\overline{AC}}{\overline{BC}}=\cos C=\cos 60°=\dfrac{1}{2}$ 　🅐 $\dfrac{1}{2}$

030 $A=180°\times\dfrac{4}{3+4+5}=60°$

$\therefore (\sin A+\cos A)\times\tan A$

$=(\sin 60°+\cos 60°)\times\tan 60°$

$=\left(\dfrac{\sqrt{3}}{2}+\dfrac{1}{2}\right)\times\sqrt{3}=\dfrac{3+\sqrt{3}}{2}$ 　🅐 $\dfrac{3+\sqrt{3}}{2}$

031 $0°<x<25°$에서 $0°<3x<75°$

$\therefore 15°<3x+15°<90°$

$\cos 60°=\dfrac{1}{2}$이므로 $3x+15°=60°$

$3x=45°$ 　$\therefore x=15°$ 　🅐 15°

032 $\tan B=\dfrac{3}{3\sqrt{3}}=\dfrac{\sqrt{3}}{3}$ 　$\therefore \angle B=30°$ 　🅐 30°

033 $0°<x<40°$에서 $0°<2x<80°$

$\therefore 10°<2x+10°<90°$

$\sin 30°=\dfrac{1}{2}$이므로 $2x+10°=30°$

$2x=20°$ 　$\therefore x=10°$

$\therefore \tan 3x=\tan 30°=\dfrac{\sqrt{3}}{3}$ 　🅐 $\dfrac{\sqrt{3}}{3}$

034 $\cos 60°=\dfrac{1}{2}$이므로 $\sin 3x=\dfrac{1}{2}$

$0°<x<30°$에서 $0°<3x<90°$

$\sin 30°=\dfrac{1}{2}$이므로 $3x=30°$ 　$\therefore x=10°$ 　🅐 10°

035 △ABH에서

$\cos 60°=\dfrac{\overline{BH}}{\overline{AB}}$, $\dfrac{1}{2}=\dfrac{3\sqrt{2}}{x}$ 　$\therefore x=6\sqrt{2}$

$\sin 60°=\dfrac{\overline{AH}}{\overline{AB}}$, $\dfrac{\sqrt{3}}{2}=\dfrac{\overline{AH}}{6\sqrt{2}}$ 　$\therefore \overline{AH}=3\sqrt{6}$

△AHC에서

$\sin 45°=\dfrac{\overline{AH}}{\overline{AC}}$, $\dfrac{\sqrt{2}}{2}=\dfrac{3\sqrt{6}}{y}$ 　$\therefore y=6\sqrt{3}$ 　🅐 ③

036 △ABC에서

$\tan 45°=\dfrac{\overline{BC}}{\overline{AB}}$, $1=\dfrac{\overline{BC}}{5\sqrt{3}}$ 　$\therefore \overline{BC}=5\sqrt{3}$

△BCD에서

$\sin 60°=\dfrac{\overline{BC}}{\overline{BD}}$, $\dfrac{\sqrt{3}}{2}=\dfrac{5\sqrt{3}}{\overline{BD}}$ 　$\therefore \overline{BD}=10$ 　🅐 10

037 △ABC에서

$\cos 30°=\dfrac{\overline{AC}}{\overline{BC}}$, $\dfrac{\sqrt{3}}{2}=\dfrac{\overline{AC}}{6}$ 　$\therefore \overline{AC}=3\sqrt{3}$

△ACD에서

$\sin 45°=\dfrac{\overline{CD}}{\overline{AC}}$, $\dfrac{\sqrt{2}}{2}=\dfrac{\overline{CD}}{3\sqrt{3}}$ 　$\therefore \overline{CD}=\dfrac{3\sqrt{6}}{2}$ 　🅐 ②

038 △ADE에서

$\sin 45° = \dfrac{\overline{AD}}{\overline{AE}}$, $\dfrac{\sqrt{2}}{2} = \dfrac{\overline{AD}}{12}$ ∴ $\overline{AD} = 6\sqrt{2}$ (cm)

△ADF에서 ∠AFD=∠ACB=60° (동위각)이므로

$\tan 60° = \dfrac{\overline{AD}}{\overline{DF}}$, $\sqrt{3} = \dfrac{6\sqrt{2}}{\overline{DF}}$ ∴ $\overline{DF} = 2\sqrt{6}$ (cm)

∴ △ADF $= \dfrac{1}{2} \times 2\sqrt{6} \times 6\sqrt{2} = 12\sqrt{3}$ (cm²) 🔲 $12\sqrt{3}$ cm²

039 △ADC에서 ∠CAD=60°이므로

$\cos 60° = \dfrac{\overline{AD}}{\overline{AC}}$, $\dfrac{1}{2} = \dfrac{\overline{AD}}{4\sqrt{3}}$

∴ $\overline{AD} = 2\sqrt{3}$

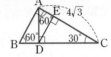

△ADE에서

$\sin 60° = \dfrac{\overline{DE}}{\overline{AD}}$, $\dfrac{\sqrt{3}}{2} = \dfrac{\overline{DE}}{2\sqrt{3}}$ ∴ $\overline{DE} = 3$ 🔲 3

040 $\overline{BD} = \overline{AD}$이므로 △BDA는 이등

변삼각형이다.

즉, ∠BAD=∠ABD=30°

∴ ∠ADC=∠ABD+∠BAD
= 30°+30°=60°

△ADC에서

$\sin 60° = \dfrac{\overline{AC}}{\overline{AD}}$, $\dfrac{\sqrt{3}}{2} = \dfrac{\overline{AC}}{3\sqrt{3}}$ ∴ $\overline{AC} = \dfrac{9}{2}$

△ABC에서

$\sin 30° = \dfrac{\overline{AC}}{\overline{AB}}$, $\dfrac{1}{2} = \dfrac{\frac{9}{2}}{\overline{AB}}$ ∴ $\overline{AB} = 9$ 🔲 9

041 △COP에서 ∠OCP=180°−(90°+30°)=60°이고

$\overline{AO} = \overline{CO}$이므로

$\dfrac{\overline{PO}}{\overline{AO}} = \dfrac{\overline{PO}}{\overline{CO}} = \tan 60° = \sqrt{3}$ 🔲 $\sqrt{3}$

042 △ABD에서

∠BAD=45°−22.5°=22.5°

이므로

$\overline{AD} = \overline{BD} = 4$

△ADC에서

$\cos 45° = \dfrac{\overline{DC}}{\overline{AD}}$, $\dfrac{\sqrt{2}}{2} = \dfrac{\overline{DC}}{4}$ ∴ $\overline{DC} = 2\sqrt{2}$

$\sin 45° = \dfrac{\overline{AC}}{\overline{AD}}$, $\dfrac{\sqrt{2}}{2} = \dfrac{\overline{AC}}{4}$ ∴ $\overline{AC} = 2\sqrt{2}$

따라서 △ABC에서

$\tan 22.5° = \dfrac{\overline{AC}}{\overline{BC}} = \dfrac{2\sqrt{2}}{4+2\sqrt{2}} = \dfrac{\sqrt{2}}{2+\sqrt{2}} = \sqrt{2}-1$ 🔲 ②

043 △ADC에서

$\cos 30° = \dfrac{\overline{AD}}{\overline{AC}}$, $\dfrac{\sqrt{3}}{2} = \dfrac{\overline{AD}}{4}$ ∴ $\overline{AD} = 2\sqrt{3}$

△ABD에서

$\overline{BD} = \sqrt{(2\sqrt{7})^2 - (2\sqrt{3})^2} = \sqrt{16} = 4$

∴ $\tan x = \dfrac{\overline{BD}}{\overline{AD}} = \dfrac{4}{2\sqrt{3}} = \dfrac{2\sqrt{3}}{3}$ 🔲 ③

044 △ABD에서

$\tan 60° = \dfrac{\overline{BD}}{\overline{AB}}$, $\sqrt{3} = \dfrac{\overline{BD}}{3}$

∴ $\overline{BD} = 3\sqrt{3}$

$\cos 60° = \dfrac{\overline{AB}}{\overline{AD}}$, $\dfrac{1}{2} = \dfrac{3}{\overline{AD}}$

∴ $\overline{AD} = 6$

$\overline{CD} = \overline{AD} = 6$이고

∠DAC=∠DCA$= \dfrac{1}{2}$∠ADB=15°이므로

∠CAB=15°+60°=75°

따라서 △ABC에서

$\tan 75° = \dfrac{\overline{BC}}{\overline{AB}} = \dfrac{3\sqrt{3}+6}{3} = 2+\sqrt{3}$ 🔲 $2+\sqrt{3}$

045 구하는 직선의 방정식을 $y=ax+b$라 하면

$a = $(직선의 기울기)$= \tan 30° = \dfrac{\sqrt{3}}{3}$

직선 $y = \dfrac{\sqrt{3}}{3}x+b$가 점 $(-\sqrt{3}, 0)$을 지나므로

$0 = -1+b$ ∴ $b=1$

따라서 구하는 직선의 방정식은 $y = \dfrac{\sqrt{3}}{3}x+1$이다. 🔲 ①

046 구하는 예각의 크기를 a라 하면

$\tan a = $(직선의 기울기)$= \sqrt{3}$

$\tan 60° = \sqrt{3}$이므로 $a=60°$ 🔲 ④

047 구하는 직선의 방정식을 $y=ax+b$라 하면

$a = $(직선의 기울기)$= \tan 45° = 1$

직선 $y=x+b$가 점 $(4, 0)$을 지나므로

$0 = 4+b$ ∴ $b=-4$

따라서 직선 $y=x-4$의 y절편은 -4이다. 🔲 ②

Theme 03 **예각의 삼각비의 값** 11~13쪽

048 $\overline{BC} // \overline{DE}$이므로 $y=z$ (동위각)

① $\sin x = \dfrac{\overline{BC}}{\overline{AC}} = \dfrac{\overline{BC}}{1} = \overline{BC}$

② $\sin z = \sin y = \dfrac{\overline{AB}}{\overline{AC}} = \dfrac{\overline{AB}}{1} = \overline{AB}$

③ $\cos y = \dfrac{\overline{BC}}{\overline{AC}} = \dfrac{\overline{BC}}{1} = \overline{BC}$

④, ⑤ $\tan y = \tan z = \dfrac{\overline{AD}}{\overline{DE}} = \dfrac{1}{\overline{DE}}$

따라서 옳은 것은 ③이다. 🔲 ③

049 $\cos 43° = \dfrac{\overline{OB}}{\overline{OA}} = \dfrac{0.73}{1} = 0.73$ 🔲 ②

050 $\overline{AF} // \overline{BC}$이므로 ∠ACB$=x$ (엇각)

∴ $\cos x = \dfrac{\overline{BC}}{\overline{AC}} = \dfrac{\overline{BC}}{1} = \overline{BC}$ 🔲 ③

051 $\angle OAB = 180° - (38° + 90°) = 52°$

① $\sin 38° = \dfrac{\overline{AB}}{\overline{OA}} = \dfrac{\overline{AB}}{1} = 0.62$

② $\cos 38° = \dfrac{\overline{OB}}{\overline{OA}} = \dfrac{0.79}{1} = 0.79$

③ $\sin 52° = \dfrac{\overline{OB}}{\overline{OA}} = \dfrac{0.79}{1} = 0.79$

④ $\cos 52° = \dfrac{\overline{AB}}{\overline{OA}} = \dfrac{\overline{AB}}{1} = 0.62$

⑤ $\tan 38° = \dfrac{\overline{CD}}{\overline{OD}} = \dfrac{0.78}{1} = 0.78$

따라서 옳은 것은 ④이다.　　　　　　답 ④

052 $\overline{CD} /\!/ \overline{EF}$에서

$\angle OCD = \angle OEF = x$ (동위각)이므로

$\tan x = \dfrac{\overline{OD}}{\overline{CD}} = \dfrac{1}{\overline{CD}}$

$\therefore \dfrac{1}{\tan x} = \overline{CD}$　　　　　　답 ④

053 ① $\sin 30° + \cos 0° = \dfrac{1}{2} + 1 = \dfrac{3}{2}$

② $\tan 60° - \sin 90° = \sqrt{3} - 1$

③ $\sin 60° - \cos 90° \times \sin 30° = \dfrac{\sqrt{3}}{2} - 0 \times \dfrac{1}{2} = \dfrac{\sqrt{3}}{2}$

④ $\sin 0° \times \cos 90° + \tan 0° \times \sin 90° = 0 \times 0 + 0 \times 1 = 0$

⑤ $\sin 60° \times \cos 30° + \tan 60° \times \cos 90°$

$\quad = \dfrac{\sqrt{3}}{2} \times \dfrac{\sqrt{3}}{2} + \sqrt{3} \times 0 = \dfrac{3}{4}$

따라서 계산 결과가 가장 큰 것은 ①이다.　　답 ①

054 ① $\sin 0° = 0$, $\cos 0° = 1$, $\tan 90°$의 값은 정할 수 없다.

② $\sin 90° = 1$, $\cos 90° = 0$, $\tan 0° = 0$

③ $\sin 90° = 1$, $\cos 60° = \dfrac{1}{2}$, $\tan 90°$의 값은 정할 수 없다.

④ $\sin 60° = \dfrac{1}{2}$, $\cos 0° = 1$, $\tan 0° = 0$

⑤ $\sin 0° = \cos 90° = \tan 0° = 0$

따라서 옳은 것은 ⑤이다.　　　　　　답 ⑤

055 $\dfrac{\tan 60° \times \sin 0° + \cos 60° \times \tan 0°}{\cos 0° \times \tan 45°}$

$= \dfrac{\sqrt{3} \times 0 + \dfrac{1}{2} \times 0}{1 \times 1} = 0$　　　　답 0

056 $0° \le x \le 60°$에서 $30° \le x + 30° \le 90°$

$\cos(x + 30°) = 0$이므로

$x + 30° = 90°$　　$\therefore x = 60°$

$\therefore \sin x + \tan \dfrac{x}{2} = \sin 60° + \tan 30°$

$\quad = \dfrac{\sqrt{3}}{2} + \dfrac{\sqrt{3}}{3} = \dfrac{5\sqrt{3}}{6}$　　답 $\dfrac{5\sqrt{3}}{6}$

057 ① $0° \le x < 45°$일 때, $\sin x < \cos x$이므로

$\sin 25° < \cos 25°$

② $45° < x < 90°$일 때, $\sin x > \cos x$이므로

$\sin 66° > \cos 66°$

③, ④ $0° < x < 90°$일 때, x의 크기가 증가하면

$\sin x$, $\tan x$의 값은 각각 증가하므로

$\sin 40° < \sin 55°$, $\tan 25° < \tan 56°$

⑤ $\tan 46° > 1$, $\cos 0° = 1$이므로 $\tan 46° > \cos 0°$

따라서 옳은 것은 ③이다.　　　　　　답 ③

058 $\sin 0° = 0$, $\tan 45° = 1$이고

$\sin 0° < \sin 45° = \cos 45°$,

$0 < \cos 75° < \cos 45° < \cos 25° < \cos 1° < 1$이므로

$\sin 0° < \cos 75° < \sin 45° < \cos 25° < \cos 1° < \tan 45°$

따라서 크기가 작은 것부터 차례로 나열하면

ㄱ, ㅂ, ㄹ, ㄷ, ㄴ, ㅁ이다.　　답 ㄱ, ㅂ, ㄹ, ㄷ, ㄴ, ㅁ

059 ① $0° < A < 45°$일 때, $\cos 30° = \dfrac{\sqrt{3}}{2}$, $\tan 30° = \dfrac{\sqrt{3}}{3}$에서

$\cos 30° > \tan 30°$이므로 $\cos A < \tan A$가 항상 성립하지는 않는다.

② $A = 45°$일 때, $\sin 45° = \dfrac{\sqrt{2}}{2}$, $\tan 45° = 1$이므로

$\sin A \ne \tan A$

⑤ $0° \le A \le 90°$일 때, $\tan A \ge 0$

따라서 옳은 것은 ③, ④이다.　　답 ③, ④

060 $0° < A < 45°$일 때, $0 < \sin A < \cos A$이므로

$\sin A - \cos A < 0$, $\sin A + \cos A > 0$

$\therefore \sqrt{(\sin A - \cos A)^2} - \sqrt{(\sin A + \cos A)^2}$

$= -(\sin A - \cos A) - (\sin A + \cos A)$

$= -2\sin A$　　　　　　答 ①

061 $45° < A < 90°$일 때, $\tan A > 1$이므로

$1 - \tan A < 0$, $\tan A - \tan 45° = \tan A - 1 > 0$

$\therefore \sqrt{(1 - \tan A)^2} - \sqrt{(\tan A - \tan 45°)^2}$

$= -(1 - \tan A) - (\tan A - 1) = 0$　　答 ③

062 $45° < x < 90°$일 때, $0 < \sin x < 1 < \tan x$이므로

$\sin x + 1 > 0$, $\sin x - \tan x < 0$

$\sqrt{(\sin x + 1)^2} + \sqrt{(\sin x - \tan x)^2}$

$= (\sin x + 1) - (\sin x - \tan x)$

$= 1 + \tan x = 3$

$\therefore \tan x = 2$　　　　　　答 2

063 (주어진 식) $= 3.0777 - 0.9613 - 0.2924$

$= 1.824$　　　　　　答 1.824

064 $\sin 33° = 0.5446$이므로 $x = 33°$

$\cos 32° = 0.8480$이므로 $y = 32°$

$\tan 31° = 0.6009$이므로 $z = 31°$

$\therefore x + y - z = 33° + 32° - 31° = 34°$　　答 34°

065 $\angle A = 180° - (40° + 90°) = 50°$이므로

$\sin 50° = \dfrac{\overline{BC}}{\overline{AB}} = \dfrac{x}{10} = 0.7660$

$\therefore x = 10 \times 0.7660 = 7.66$　　答 7.66

066 $\overline{AB}=\sqrt{7^2-3^2}=\sqrt{40}=2\sqrt{10}$

② $\cos A=\dfrac{\overline{AB}}{\overline{AC}}=\dfrac{2\sqrt{10}}{7}$ 답 ②

067 △ABC에서

$\overline{AB}=2\overline{AO}=2\times13=26$

$\overline{AC}=\sqrt{26^2-10^2}=\sqrt{576}=24$

$\therefore \tan A=\dfrac{\overline{BC}}{\overline{AC}}=\dfrac{10}{24}=\dfrac{5}{12}$ 답 ⑤

068 $\sin B=\dfrac{\overline{AC}}{\overline{AB}}$에서 $\dfrac{4}{5}=\dfrac{8}{\overline{AB}}$이므로

$4\overline{AB}=40$ $\therefore \overline{AB}=10$

$\therefore \overline{BC}=\sqrt{10^2-8^2}=\sqrt{36}=6$ 답 6

069 $\sin B=\dfrac{\overline{AC}}{\overline{AB}}$에서 $\dfrac{\sqrt3}{6}=\dfrac{\overline{AC}}{12}$이므로

$6\overline{AC}=12\sqrt3$ $\therefore \overline{AC}=2\sqrt3$

$\overline{BC}=\sqrt{12^2-(2\sqrt3)^2}=\sqrt{132}=2\sqrt{33}$

$\therefore \tan A=\dfrac{\overline{BC}}{\overline{AC}}=\dfrac{2\sqrt{33}}{2\sqrt3}=\sqrt{11}$ 답 $\sqrt{11}$

070 $\cos A=\dfrac13$이므로 오른쪽 그림과 같은

직각삼각형 ABC에서 $\overline{AC}=3k$,

$\overline{AB}=k\,(k>0)$라 하면

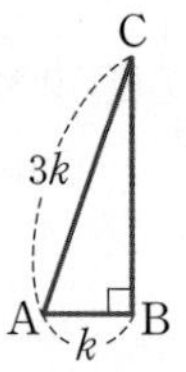

$\overline{BC}=\sqrt{(3k)^2-k^2}=\sqrt8k=2\sqrt2k$

$\sin A=\dfrac{2\sqrt2k}{3k}=\dfrac{2\sqrt2}{3}$,

$\tan A=\dfrac{2\sqrt2k}{k}=2\sqrt2$

$\therefore 6\sin A\times\tan A=6\times\dfrac{2\sqrt2}{3}\times2\sqrt2=16$ 답 ⑤

071 $c=3a$이므로 △ABC에서

$b=\sqrt{a^2+c^2}=\sqrt{a^2+(3a)^2}=\sqrt{10}a$

$\sin A=\dfrac{a}{b}=\dfrac{a}{\sqrt{10}a}=\dfrac{\sqrt{10}}{10}$, $\cos A=\dfrac{c}{b}=\dfrac{3a}{\sqrt{10}a}=\dfrac{3\sqrt{10}}{10}$

$\therefore \sin A+\cos A=\dfrac{\sqrt{10}}{10}+\dfrac{3\sqrt{10}}{10}=\dfrac{2\sqrt{10}}{5}$ 답 $\dfrac{2\sqrt{10}}{5}$

072 △BCD∽△BEC (AA 닮음)

이므로

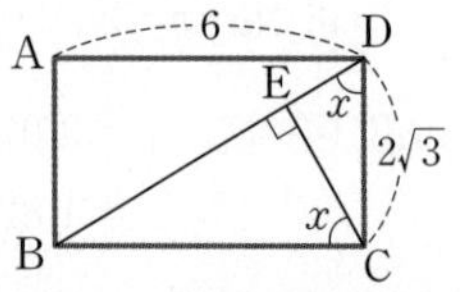

$\angle BDC=\angle BCE=x$

△BCD에서

$\overline{BD}=\sqrt{6^2+(2\sqrt3)^2}=\sqrt{48}=4\sqrt3$

$\therefore \cos x=\dfrac{\overline{DC}}{\overline{BD}}=\dfrac{2\sqrt3}{4\sqrt3}=\dfrac12$ 답 $\dfrac12$

073 $\angle ADP=\angle DPC$ (엇각)이므로

△ADP∽△DPC (AA 닮음)

$\therefore \angle PDC=\angle DAP=x$

△DPC에서

$\overline{DP}=\sqrt{(2\sqrt6)^2+5^2}=\sqrt{49}=7$

$\sin x=\dfrac{\overline{PC}}{\overline{DP}}=\dfrac{2\sqrt6}{7}$, $\tan x=\dfrac{\overline{PC}}{\overline{DC}}=\dfrac{2\sqrt6}{5}$

$\therefore \sin x\times\tan x=\dfrac{2\sqrt6}{7}\times\dfrac{2\sqrt6}{5}=\dfrac{24}{35}$ 답 $\dfrac{24}{35}$

074 오른쪽 그림과 같이 점 $(0, 2)$를 지나고 기울기가 양수인 직선이 x축, y축과 만나는 점을 각각 A, B라 하자.

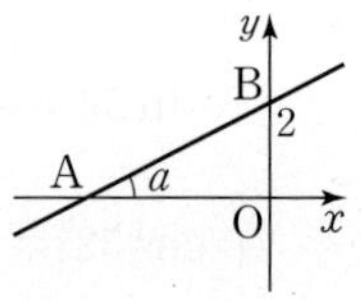

△ABO에서

$\sin a=\dfrac{\overline{BO}}{\overline{AB}}$, $\dfrac{\sqrt5}{5}=\dfrac{2}{\overline{AB}}$이므로

$\sqrt5\overline{AB}=10$ $\therefore \overline{AB}=2\sqrt5$

$\overline{AO}=\sqrt{(2\sqrt5)^2-2^2}=\sqrt{16}=4$

$\therefore A(-4, 0)$

따라서 주어진 직선의 x절편은 -4이다. 답 -4

075 △EFG에서

$\overline{EG}=\sqrt{3^2+3^2}=\sqrt{18}=3\sqrt2\,(cm)$

△CEG에서

$\overline{CE}=\sqrt{(3\sqrt2)^2+3^2}=\sqrt{27}=3\sqrt3\,(cm)$

$\therefore \cos x=\dfrac{\overline{EG}}{\overline{CE}}=\dfrac{3\sqrt2}{3\sqrt3}=\dfrac{\sqrt6}{3}$ 답 ③

076 $\overline{CM}=1\,cm$이므로 △DMC에서

$\overline{DM}=\sqrt{2^2-1^2}=\sqrt3\,(cm)$

오른쪽 그림과 같이 점 A에서 $\overline{DM}$에 내린 수선의 발을 H라 하면 점 H는 △BCD의 무게중심이다.

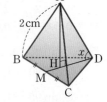

$\therefore \overline{DH}=\dfrac23\overline{DM}=\dfrac23\times\sqrt3$

$=\dfrac{2\sqrt3}{3}\,(cm)$

△AHD에서

$\overline{AH}=\sqrt{2^2-\left(\dfrac{2\sqrt3}{3}\right)^2}=\sqrt{\dfrac83}=\dfrac{2\sqrt6}{3}\,(cm)$

$\therefore \sin x=\dfrac{\overline{AH}}{\overline{AD}}=\dfrac{2\sqrt6}{3}\times\dfrac12=\dfrac{\sqrt6}{3}$ 답 $\dfrac{\sqrt6}{3}$

077 △ABD에서

$\tan x=\dfrac{\overline{BD}}{\overline{AD}}$, $\dfrac{\sqrt2}{2}=\dfrac{\overline{BD}}{6}$ $\therefore \overline{BD}=3\sqrt2$

$\overline{AB}=\sqrt{(3\sqrt2)^2+6^2}=\sqrt{54}=3\sqrt6$

$\therefore \sin x=\dfrac{\overline{BD}}{\overline{AB}}=\dfrac{3\sqrt2}{3\sqrt6}=\dfrac{\sqrt3}{3}$

△ABC∽△FEC (AA 닮음)

이므로 $\angle B=\angle CEF=y$

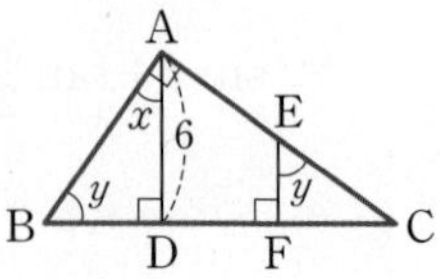

△ABD에서

$\tan y=\dfrac{\overline{AD}}{\overline{BD}}=\dfrac{6}{3\sqrt2}=\sqrt2$

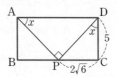

$\therefore 3\sin x+\sqrt6\tan y=3\times\dfrac{\sqrt3}{3}+\sqrt6\times\sqrt2$

$=\sqrt3+2\sqrt3=3\sqrt3$ 답 $3\sqrt3$

유형 모아 Theme 01 삼각비의 뜻 2회 16~17쪽

078 $\overline{BC}=\sqrt{6^2-4^2}=\sqrt{20}=2\sqrt{5}$이므로

$\sin B=\dfrac{\overline{AC}}{\overline{AB}}=\dfrac{4}{6}=\dfrac{2}{3}$

$\cos B=\dfrac{\overline{BC}}{\overline{AB}}=\dfrac{2\sqrt{5}}{6}=\dfrac{\sqrt{5}}{3}$

$\tan B=\dfrac{\overline{AC}}{\overline{BC}}=\dfrac{4}{2\sqrt{5}}=\dfrac{2\sqrt{5}}{5}$

따라서 $\angle$B의 삼각비의 값으로 옳은 것은 ②이다. 답 ②

079 △ABH에서 $\tan B=\dfrac{\overline{AH}}{7}$

△AHC에서 $\tan C=\dfrac{\overline{AH}}{3}$

$\therefore \dfrac{\tan C}{\tan B}=\dfrac{\overline{AH}}{3}\div\dfrac{\overline{AH}}{7}$

$=\dfrac{\overline{AH}}{3}\times\dfrac{7}{\overline{AH}}=\dfrac{7}{3}$ 답 $\dfrac{7}{3}$

080 $\cos A=\dfrac{\overline{AB}}{\overline{AC}}$에서 $\dfrac{3}{4}=\dfrac{\overline{AB}}{8}$이므로

$4\overline{AB}=24$ $\therefore \overline{AB}=6$

$\overline{BC}=\sqrt{8^2-6^2}=\sqrt{28}=2\sqrt{7}$

$\therefore \triangle ABC=\dfrac{1}{2}\times6\times2\sqrt{7}=6\sqrt{7}$ 답 ④

081 $\sin A=\dfrac{2}{5}$이므로 오른쪽 그림과 같은 직각삼각형 ABC에서 $\overline{AC}=5k$, $\overline{BC}=2k\,(k>0)$라 하면

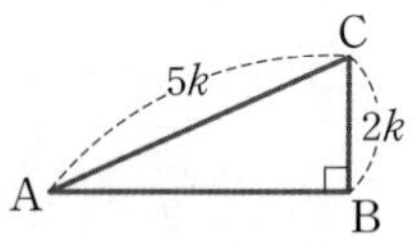

$\overline{AB}=\sqrt{(5k)^2-(2k)^2}=\sqrt{21}k$

$\therefore \tan A=\dfrac{2k}{\sqrt{21}k}=\dfrac{2\sqrt{21}}{21}$ 답 ②

082 오른쪽 그림과 같이 직선 $y=3x+9$가 x축, y축과 만나는 점을 각각 A, B라 하자.

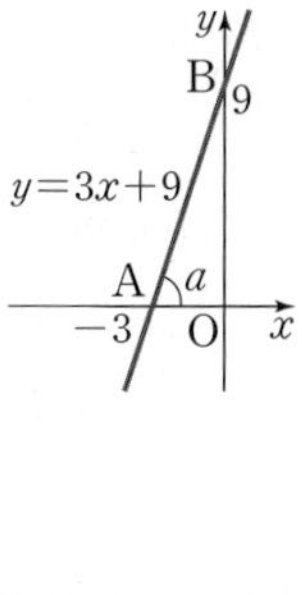

$y=3x+9$에 $y=0$을 대입하면

$0=3x+9$이므로 $x=-3$

$\therefore$ A$(-3,\ 0)$

$x=0$을 대입하면 $y=9$

$\therefore$ B$(0,\ 9)$

직각삼각형 AOB에서

$\overline{AO}=3$, $\overline{BO}=9$이므로

$\overline{AB}=\sqrt{3^2+9^2}=\sqrt{90}=3\sqrt{10}$

$\sin a=\dfrac{\overline{BO}}{\overline{AB}}=\dfrac{9}{3\sqrt{10}}=\dfrac{3\sqrt{10}}{10}$

$\cos a=\dfrac{\overline{AO}}{\overline{AB}}=\dfrac{3}{3\sqrt{10}}=\dfrac{\sqrt{10}}{10}$

$\therefore \sin a\times\cos a=\dfrac{3\sqrt{10}}{10}\times\dfrac{\sqrt{10}}{10}=\dfrac{3}{10}$ 답 $\dfrac{3}{10}$

083 △ABC에서

$\overline{BC}=\sqrt{3^2-1^2}=\sqrt{8}=2\sqrt{2}$이므로

$\overline{BD}=\dfrac{1}{2}\overline{BC}=\dfrac{1}{2}\times2\sqrt{2}=\sqrt{2}$

△DAB에서

$\overline{AD}=\sqrt{1^2+(\sqrt{2})^2}=\sqrt{3}$

$\therefore \cos x=\dfrac{\overline{AB}}{\overline{AD}}=\dfrac{1}{\sqrt{3}}=\dfrac{\sqrt{3}}{3}$ 답 $\dfrac{\sqrt{3}}{3}$

084 △ADC에서

$\overline{CD}=\sqrt{9^2-6^2}=\sqrt{45}=3\sqrt{5}$

△ABC에서

$\overline{BC}=\overline{BD}+\overline{CD}=9+3\sqrt{5}$

$\therefore \tan B=\dfrac{\overline{AC}}{\overline{BC}}=\dfrac{6}{9+3\sqrt{5}}=\dfrac{2}{3+\sqrt{5}}=\dfrac{3-\sqrt{5}}{2}$

답 $\dfrac{3-\sqrt{5}}{2}$

085 △AEC에서

$\tan y=\dfrac{\overline{CE}}{\overline{AC}}$, $\dfrac{2}{3}=\dfrac{2}{\overline{AC}}$

$2\overline{AC}=6$ $\therefore \overline{AC}=3$

△ABC에서

$\overline{AB}=\sqrt{6^2+3^2}=\sqrt{45}=3\sqrt{5}$

$\therefore \sin(x+y)=\dfrac{\overline{BC}}{\overline{AB}}=\dfrac{6}{3\sqrt{5}}=\dfrac{2\sqrt{5}}{5}$ 답 $\dfrac{2\sqrt{5}}{5}$

086 $13\cos B-12=0$에서 $13\cos B=12$

$\therefore \cos B=\dfrac{12}{13}$

오른쪽 그림과 같은 직각삼각형 ABC에서 $\overline{BC}=13k$, $\overline{BA}=12k\,(k>0)$라 하면

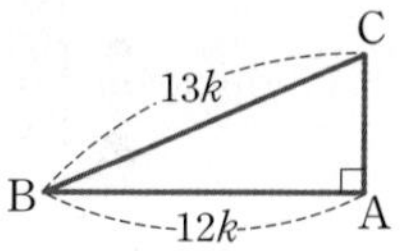

$\overline{AC}=\sqrt{(13k)^2-(12k)^2}=5k$

$\sin B=\dfrac{5k}{13k}=\dfrac{5}{13}$, $\tan B=\dfrac{5k}{12k}=\dfrac{5}{12}$

$\therefore \dfrac{\sin B}{\tan B}=\dfrac{5}{13}\div\dfrac{5}{12}=\dfrac{5}{13}\times\dfrac{12}{5}=\dfrac{12}{13}$ 답 $\dfrac{12}{13}$

087 △ABC∽△HBA (AA 닮음) 이므로

$\angle BCA=\angle BAH=x$

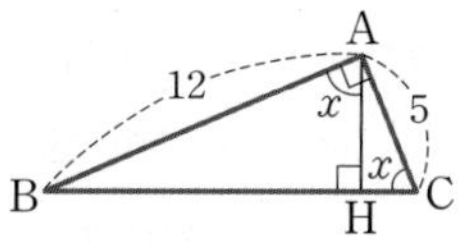

△ABC에서

$\overline{BC}=\sqrt{12^2+5^2}=\sqrt{169}=13$

$\therefore \cos x=\dfrac{\overline{AC}}{\overline{BC}}=\dfrac{5}{13}$ 답 $\dfrac{5}{13}$

088 △ABC∽△AED (AA 닮음) 이므로 $\angle B=\angle AED$

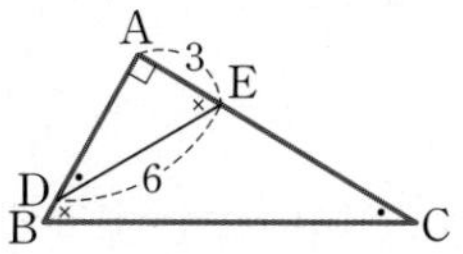

△ADE에서

$\overline{AD}=\sqrt{6^2-3^2}=\sqrt{27}=3\sqrt{3}$

$\therefore \sin B=\sin(\angle AED)=\dfrac{\overline{AD}}{\overline{DE}}=\dfrac{3\sqrt{3}}{6}=\dfrac{\sqrt{3}}{2}$ 답 ④

089 정육면체의 한 모서리의 길이를 a cm라 하면

$\triangle$EFG에서 $\overline{EG}=\sqrt{a^2+a^2}=\sqrt{2}a$ (cm),

$\triangle$CEG에서 $\overline{CE}=\sqrt{(\sqrt{2}a)^2+a^2}=\sqrt{3}a$ (cm)이므로

$\sqrt{3}a=2\sqrt{3}$ $\therefore a=2$

즉, $\overline{EG}=2\sqrt{2}$ cm이고 $\overline{CG}=2$ cm이므로

$\triangle$CEG에서

$\sin x=\dfrac{\overline{CG}}{\overline{CE}}=\dfrac{2}{2\sqrt{3}}=\dfrac{\sqrt{3}}{3}$, $\tan x=\dfrac{\overline{CG}}{\overline{EG}}=\dfrac{2}{2\sqrt{2}}=\dfrac{\sqrt{2}}{2}$

$\therefore 3\sin x-2\tan x=3\times\dfrac{\sqrt{3}}{3}-2\times\dfrac{\sqrt{2}}{2}$

$=\sqrt{3}-\sqrt{2}$ **답** $\sqrt{3}-\sqrt{2}$

유형모아 Theme 02 **30°, 45°, 60°의 삼각비의 값** **1차** 18쪽

090 ① $\sin 30°+\sin 60°=\dfrac{1}{2}+\dfrac{\sqrt{3}}{2}=\dfrac{1+\sqrt{3}}{2}$

② $\cos 45°+\sin 45°=\dfrac{\sqrt{2}}{2}+\dfrac{\sqrt{2}}{2}=\sqrt{2}$

③ $\tan 30°\times\cos 30°=\dfrac{\sqrt{3}}{3}\times\dfrac{\sqrt{3}}{2}=\dfrac{1}{2}$

④ $\cos 60°+\tan 45°=\dfrac{1}{2}+1=\dfrac{3}{2}$

⑤ $\tan 60°\times\dfrac{1}{\tan 30°}=\sqrt{3}\times\dfrac{3}{\sqrt{3}}=3$

따라서 계산 결과가 가장 큰 것은 ⑤이다.   **답** ⑤

091 $\cos 30°=\dfrac{\overline{AB}}{\overline{AC}}$, $\dfrac{\sqrt{3}}{2}=\dfrac{\overline{AB}}{8}$ $\therefore \overline{AB}=4\sqrt{3}$

$\sin 30°=\dfrac{\overline{BC}}{\overline{AC}}$, $\dfrac{1}{2}=\dfrac{\overline{BC}}{8}$ $\therefore \overline{BC}=4$

답 $\overline{AB}=4\sqrt{3}$, $\overline{BC}=4$

092 이차방정식의 한 근이 $\cos 60°=\dfrac{1}{2}$이므로

$x=\dfrac{1}{2}$ 을 $8x^2+ax-5=0$에 대입하면

$8\times\left(\dfrac{1}{2}\right)^2+\dfrac{1}{2}a-5=0$, $\dfrac{1}{2}a=3$ $\therefore a=6$ **답** 6

093 $0°<A<90°$에서

$\tan A=1$이므로 $A=45°$

$\therefore (1-\sin A)(1+\cos A)=(1-\sin 45°)(1+\cos 45°)$

$=\left(1-\dfrac{\sqrt{2}}{2}\right)\left(1+\dfrac{\sqrt{2}}{2}\right)$

$=\dfrac{1}{2}$ **답** $\dfrac{1}{2}$

094 $3x-\sqrt{3}y+4=0$에서 $\sqrt{3}y=3x+4$

$\therefore y=\sqrt{3}x+\dfrac{4\sqrt{3}}{3}$

$\tan a=$(직선의 기울기)$=\sqrt{3}$이므로 $a=60°$

$\therefore \dfrac{1}{3\cos a}=\dfrac{1}{3\cos 60°}=\dfrac{1}{3\times\dfrac{1}{2}}=\dfrac{2}{3}$ **답** $\dfrac{2}{3}$

---

095 $(\cos 45°)x-(\sin 30°)y+2=0$에서

$\dfrac{\sqrt{2}}{2}x-\dfrac{1}{2}y+2=0$, $\sqrt{2}x-y+4=0$

$\therefore y=\sqrt{2}x+4$

$\therefore \tan a=$(직선의 기울기)$=\sqrt{2}$ **답** ④

096 ① $\triangle$ABD에서

$\sin 60°=\dfrac{\overline{AD}}{\overline{AB}}$, $\dfrac{\sqrt{3}}{2}=\dfrac{\overline{AD}}{8}$ $\therefore \overline{AD}=4\sqrt{3}$

② $\triangle$ABD에서

$\cos 60°=\dfrac{\overline{BD}}{\overline{AB}}$, $\dfrac{1}{2}=\dfrac{\overline{BD}}{8}$ $\therefore \overline{BD}=4$

$\therefore \overline{CD}=\overline{BC}-\overline{BD}=12-4=8$

③ $\triangle$ADC에서 $\overline{AC}=\sqrt{(4\sqrt{3})^2+8^2}=\sqrt{112}=4\sqrt{7}$

④ $\triangle$ADC에서 $\sin C=\dfrac{\overline{AD}}{\overline{AC}}=\dfrac{4\sqrt{3}}{4\sqrt{7}}=\dfrac{\sqrt{21}}{7}$

⑤ $\triangle$ABC$=\dfrac{1}{2}\times12\times4\sqrt{3}=24\sqrt{3}$

따라서 옳지 않은 것은 ③이다.   **답** ③

유형모아 Theme 02 **30°, 45°, 60°의 삼각비의 값** **2차** 19쪽

097 (1) $\cos 30°\times\tan 60°-\sin 45°=\dfrac{\sqrt{3}}{2}\times\sqrt{3}-\dfrac{\sqrt{2}}{2}$

$=\dfrac{3-\sqrt{2}}{2}$

(2) $\cos 45°\times\sin 45°+\sin 30°\times\cos 60°$

$=\dfrac{\sqrt{2}}{2}\times\dfrac{\sqrt{2}}{2}+\dfrac{1}{2}\times\dfrac{1}{2}=\dfrac{3}{4}$

답 (1) $\dfrac{3-\sqrt{2}}{2}$ (2) $\dfrac{3}{4}$

098 $\cos A=\dfrac{3\sqrt{5}}{2\sqrt{15}}=\dfrac{\sqrt{3}}{2}$ $\therefore \angle A=30°$ **답** 30°

099 $0°<x<25°$에서 $0°<3x<75°$

$\therefore 15°<3x+15°<90°$

$\cos 60°=\dfrac{1}{2}$이므로 $3x+15°=60°$

$3x=45°$ $\therefore x=15°$

$\therefore \sin 2x+\tan 3x=\sin 30°+\tan 45°$

$=\dfrac{1}{2}+1=\dfrac{3}{2}$ **답** ④

100 $\triangle$ABC에서

$\tan 30°=\dfrac{\overline{BC}}{\overline{AB}}$, $\dfrac{\sqrt{3}}{3}=\dfrac{\overline{BC}}{3}$ $\therefore \overline{BC}=\sqrt{3}$

$\triangle$BDC에서

$\sin 45°=\dfrac{\overline{BC}}{\overline{BD}}$, $\dfrac{\sqrt{2}}{2}=\dfrac{\sqrt{3}}{\overline{BD}}$ $\therefore \overline{BD}=\sqrt{6}$ **답** ⑤

101 $\sqrt{3}x-y+2=0$에서 $y=\sqrt{3}x+2$

$\therefore \tan a=$(직선의 기울기)$=\sqrt{3}$

$\therefore a=60°$ **답** 60°

102 △ABC에서

$\cos 45° = \dfrac{\overline{BC}}{\overline{AC}}, \dfrac{\sqrt{2}}{2} = \dfrac{\overline{BC}}{4\sqrt{2}} \qquad \therefore \overline{BC} = 4$

△DBC에서

$\sin 30° = \dfrac{\overline{CD}}{\overline{BC}}, \dfrac{1}{2} = \dfrac{\overline{CD}}{4} \qquad \therefore \overline{CD} = 2$

$\cos 30° = \dfrac{\overline{BD}}{\overline{BC}}, \dfrac{\sqrt{3}}{2} = \dfrac{\overline{BD}}{4} \qquad \therefore \overline{BD} = 2\sqrt{3}$

$\therefore △DBC = \dfrac{1}{2} \times 2 \times 2\sqrt{3} = 2\sqrt{3}$ 　　🔲 ①

103 △ADC에서

$\sin 30° = \dfrac{\overline{AC}}{\overline{AD}}, \dfrac{1}{2} = \dfrac{4}{\overline{AD}}$

$\therefore \overline{AD} = 8$

$\overline{DC} = \sqrt{8^2 - 4^2} = \sqrt{48} = 4\sqrt{3}$

△ABD에서 ∠BAD = 30° − 15° = 15°이므로

△ABD는 이등변삼각형이다. 즉, $\overline{BD} = \overline{AD} = 8$

$\therefore \tan 15° = \dfrac{\overline{AC}}{\overline{BC}} = \dfrac{4}{8 + 4\sqrt{3}} = \dfrac{1}{2 + \sqrt{3}} = 2 - \sqrt{3}$

🔲 $2 - \sqrt{3}$

유형모아 Theme **03** 예각의 삼각비의 값　1제　20쪽

104 ① $\sin a = \dfrac{\overline{AB}}{\overline{OA}} = \overline{AB}$

② $\cos b = \dfrac{\overline{AB}}{\overline{OA}} = \overline{AB}$

③ $\tan c = \dfrac{\overline{OD}}{\overline{CD}} = \dfrac{1}{\overline{CD}}$

④ $\cos c = \cos b = \dfrac{\overline{AB}}{\overline{OA}} = \overline{AB}$

⑤ $\tan a = \dfrac{\overline{CD}}{\overline{OD}} = \overline{CD}$

따라서 옳지 않은 것은 ③이다. 　　🔲 ③

105 ① $\sin 0° = 0$ 　② $\cos 0° = 1$ 　③ $\tan 0° = 0$

④ $\sin 90° = 1$ 　⑤ $\cos 90° = 0$

따라서 삼각비의 값이 1인 것은 ②, ④이다. 　🔲 ②, ④

106 $4 \sin 30° \times \cos 0° + \dfrac{1}{2} \tan 45° \times \sin 90°$

$= 4 \times \dfrac{1}{2} \times 1 + \dfrac{1}{2} \times 1 \times 1$

$= 2 + \dfrac{1}{2}$

$= \dfrac{5}{2}$ 　　🔲 $\dfrac{5}{2}$

107 45° < A < 90°일 때,

$\dfrac{\sqrt{2}}{2} < \sin A < 1, 0 < \cos A < \dfrac{\sqrt{2}}{2}, \tan A > 1$이므로

$\cos A < \sin A < \tan A$

따라서 옳은 것은 ③이다. 　🔲 ③

---

108 $\cos 48° = \dfrac{\overline{OA}}{\overline{OD}} = \dfrac{1}{\overline{OD}}$이므로

$\overline{OD} = \dfrac{1}{\cos 48°}$

$\therefore \overline{BD} = \overline{OD} - \overline{OB} = \dfrac{1}{\cos 48°} - 1 = \dfrac{1 - \cos 48°}{\cos 48°}$ 🔲 ④

109 ∠A = 180° − (51° + 90°) = 39°이므로

$\tan 39° = \dfrac{\overline{BC}}{\overline{AC}} = \dfrac{\overline{BC}}{20} = 0.8098$

$\therefore \overline{BC} = 20 \times 0.8098 = 16.196$ 　🔲 16.196

110 0° < x < 45°일 때, 0 < sin x < cos x이므로

$\sin x - \cos x < 0, \sin x + \cos x > 0$

$\therefore \sqrt{(\sin x - \cos x)^2} - \sqrt{(\sin x + \cos x)^2}$

$= -(\sin x - \cos x) - (\sin x + \cos x)$

$= -2 \sin x$

즉, $-2 \sin x = -\dfrac{6}{5} \qquad \therefore \sin x = \dfrac{3}{5}$

$\sin x = \dfrac{3}{5}$이므로 오른쪽 그림과 같은

직각삼각형 ABC에서 $\overline{AB} = 5k$,

$\overline{AC} = 3k \ (k > 0)$라 하면

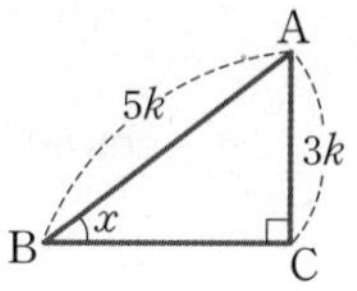

$\overline{BC} = \sqrt{(5k)^2 - (3k)^2} = 4k$

$\therefore \tan x = \dfrac{3k}{4k} = \dfrac{3}{4}$ 　🔲 ②

유형모아 Theme **03** 예각의 삼각비의 값　2제　21쪽

111 $\overline{OB} = \cos a = \sin b, \overline{AB} = \sin a = \cos b$

이때 점 A의 좌표는 $(\overline{OB}, \overline{AB})$이므로 점 A의 좌표는 ②

이다. 　🔲 ②

112 $\cos 0° \times \tan 60° - \sin 0° \times \tan 45°$

$= 1 \times \sqrt{3} - 0 \times 1 = \sqrt{3}$ 　🔲 $\sqrt{3}$

113 ∠OAH = 180° − (40° + 90°) = 50°

①, ③ $\overline{AH} = \sin 40° = \cos 50°$

②, ④ $\overline{OH} = \cos 40° = \sin 50°$

⑤ $\overline{BH} = \overline{OB} - \overline{OH} = 1 - \cos 40° = 1 - \sin 50°$

따라서 옳지 않은 것은 ③이다. 　🔲 ③

114 ⑤ tan A의 가장 작은 값은 0이고, 가장 큰 값은 정할 수

없다. 　🔲 ⑤

115 0° ≤ x ≤ 30°에서 0° ≤ 2x ≤ 60°

$\therefore 30° ≤ 2x + 30° ≤ 90°$

$\cos(2x + 30°) = 0$이므로 2x + 30° = 90°

$2x = 60° \qquad \therefore x = 30°$

$\therefore \sin 3x = \sin 90° = 1$ 　🔲 1

116 $\sin x = \dfrac{\overline{BC}}{\overline{AC}} = \dfrac{5.736}{10} = 0.5736$

따라서 sin 35° = 0.5736이므로 x = 35° 　🔲 35°

117 $45°<x<90°$일 때, $0<\sin x<1<\tan x$이므로
$\sin x-\tan x<0$, $\sin x+\tan x>0$
$\therefore \sqrt{(\sin x-\tan x)^2}+\sqrt{(\sin x+\tan x)^2}$
  $=-(\sin x-\tan x)+(\sin x+\tan x)$
  $=2\tan x$
즉, $2\tan x=2\sqrt{3}$이므로 $\tan x=\sqrt{3}$ $\therefore x=60°$
$\therefore \tan\left(\dfrac{x}{2}+15°\right)=\tan 45°=1$ **답** 1

중단원 마무리 22~23쪽

118 ㄱ. $\sin 30°+2\cos 60°=\dfrac{1}{2}+2\times\dfrac{1}{2}=\dfrac{3}{2}$

ㄴ. $\sin 0°-\sqrt{2}\cos 45°=0-\sqrt{2}\times\dfrac{\sqrt{2}}{2}=-1$

ㄷ. $\cos 60°-\sin 90°\times\tan 45°=\dfrac{1}{2}-1\times 1=-\dfrac{1}{2}$

ㄹ. $2\sin 60°-\sqrt{3}\tan 0°\times\tan 60°$
  $=2\times\dfrac{\sqrt{3}}{2}-\sqrt{3}\times 0\times\sqrt{3}=\sqrt{3}$

ㅁ. $\sqrt{2}\sin 45°+\sin 0°\times\cos 90°+\cos 0°$
  $=\sqrt{2}\times\dfrac{\sqrt{2}}{2}+0\times 0+1$
  $=2$
따라서 계산 결과가 옳은 것은 ㄱ, ㄹ, ㅁ이다.
답 ㄱ, ㄹ, ㅁ

119 $\sin A=\dfrac{2}{7}$이므로 오른쪽 그림과 같
은 직각삼각형 ABC에서
$\overline{AC}=7k$, $\overline{BC}=2k(k>0)$라 하면
$\overline{AB}=\sqrt{(7k)^2-(2k)^2}=\sqrt{45}k=3\sqrt{5}k$
$\therefore \tan A=\dfrac{\overline{BC}}{\overline{AB}}=\dfrac{2k}{3\sqrt{5}k}=\dfrac{2\sqrt{5}}{15}$ **답** $\dfrac{2\sqrt{5}}{15}$

120 $\triangle$BCD에서
$\tan 45°=\dfrac{\overline{BC}}{\overline{DC}}$, $1=\dfrac{\overline{BC}}{\sqrt{2}}$ $\therefore \overline{BC}=\sqrt{2}(\text{cm})$
$\triangle$ABC에서
$\tan 60°=\dfrac{\overline{BC}}{\overline{AB}}$, $\sqrt{3}=\dfrac{\sqrt{2}}{\overline{AB}}$
$\therefore \overline{AB}=\dfrac{\sqrt{2}}{\sqrt{3}}=\dfrac{\sqrt{6}}{3}(\text{cm})$ **답** $\dfrac{\sqrt{6}}{3}$ cm

121 구하는 직선의 방정식을 $y=ax+b$라 하면
$a=(\text{직선의 기울기})=\tan 60°=\sqrt{3}$
직선 $y=\sqrt{3}x+b$가 점 $(0, 3\sqrt{3})$을 지나므로
$b=3\sqrt{3}$
따라서 구하는 직선의 방정식은 $y=\sqrt{3}x+3\sqrt{3}$이다.
즉, $\sqrt{3}x-y+3\sqrt{3}=0$이다.   **답** ③

122 $A=180°\times\dfrac{3}{3+5+10}=30°$
$\therefore \cos A:\tan A=\cos 30°:\tan 30°$
  $=\dfrac{\sqrt{3}}{2}:\dfrac{\sqrt{3}}{3}$
  $=3:2$ **답** 3:2

123 $2x^2-5x+3=0$에서
$(x-1)(2x-3)=0$ $\therefore x=1$ 또는 $x=\dfrac{3}{2}$
즉, $\tan A=1$ 또는 $\tan A=\dfrac{3}{2}$
그런데 $0°<A\leq 45°$이므로
$\tan A=1$ $\therefore A=45°$
$\therefore \cos A\times\sin A=\cos 45°\times\sin 45°$
  $=\dfrac{\sqrt{2}}{2}\times\dfrac{\sqrt{2}}{2}$
  $=\dfrac{1}{2}$ **답** $\dfrac{1}{2}$

124 직선 $y=\dfrac{\sqrt{3}}{3}x$가 x축과 이루는 예각의 크기를 a라 하면
$\tan a=\dfrac{\sqrt{3}}{3}$ $\therefore a=30°$
$\tan 2a=\tan 60°=\sqrt{3}$이므로 직선 $y=mx$의 기울기는 $\sqrt{3}$이다.
$\therefore m=\sqrt{3}$ **답** $\sqrt{3}$

125 $\angle$ACB$=\angle$E$=x$ (동위각)
(1) $\sin x=\dfrac{\overline{AB}}{\overline{AC}}=\dfrac{\overline{AB}}{1}=\overline{AB}$
  $\therefore$ ㄱ
(2) $\cos x=\dfrac{\overline{BC}}{\overline{AC}}=\dfrac{\overline{BC}}{1}=\overline{BC}$
  $\therefore$ ㄹ
(3) $\tan x=\dfrac{\overline{AD}}{\overline{DE}}=\dfrac{1}{\overline{DE}}$이므로 $\dfrac{1}{\tan x}=\overline{DE}$
  $\therefore$ ㅁ   **답** (1) ㄱ (2) ㄹ (3) ㅁ

126 ⑤ $0°\leq A\leq 90°$일 때, $\tan A$의 가장 작은 값은 $\tan 0°=0$이다.
따라서 옳지 않은 것은 ⑤이다.   **답** ⑤

127 $45°<x<90°$일 때, $\tan x>1$이므로
$1-\tan x<0$, $1+\tan x>0$
$\therefore \sqrt{(1-\tan x)^2}+\sqrt{(1+\tan x)^2}$
  $=-(1-\tan x)+(1+\tan x)$
  $=2\tan x$ **답** ⑤

128 $\triangle$ABC$\infty\triangle$HBA $\infty\triangle$HAC
(AA 닮음)이므로
$\angle$ACB$=\angle$HAB$=x$
$\angle$ABC$=\angle$HAC$=y$
$\triangle$ABC에서
$\overline{BC}=\sqrt{5^2+7^2}=\sqrt{74}$이므로

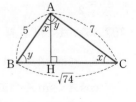

$$\sin x = \frac{\overline{AB}}{\overline{BC}} = \frac{5}{\sqrt{74}} = \frac{5\sqrt{74}}{74}$$

$$\cos y = \frac{\overline{AB}}{\overline{BC}} = \frac{5}{\sqrt{74}} = \frac{5\sqrt{74}}{74}$$

$$\therefore \sin x \times \cos y = \frac{5\sqrt{74}}{74} \times \frac{5\sqrt{74}}{74}$$

$$= \frac{25}{74}$$

답 $\dfrac{25}{74}$

129 △ABD에서

∠BAD $=30°-15°=15°$이므로

$\overline{AD}=\overline{BD}=4$

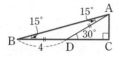

△ADC에서

$$\cos 30° = \frac{\overline{DC}}{\overline{AD}}, \ \frac{\sqrt{3}}{2} = \frac{\overline{DC}}{4}$$

$$\therefore \overline{DC}=2\sqrt{3}$$

$$\sin 30° = \frac{\overline{AC}}{\overline{AD}}, \ \frac{1}{2} = \frac{\overline{AC}}{4}$$

$$\therefore \overline{AC}=2$$

따라서 △ABC에서

$$\tan 15° = \frac{\overline{AC}}{\overline{BC}} = \frac{2}{4+2\sqrt{3}} = \frac{1}{2+\sqrt{3}} = 2-\sqrt{3}$$

답 ①

130 오른쪽 그림과 같이 두 점 A, D
에서 $\overline{BC}$에 내린 수선의 발을 각
각 E, F라 하면

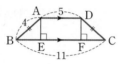

$\overline{EF}=\overline{AD}=5$이므로

$$\overline{BE}=\overline{CF}=\frac{1}{2}\times(11-5)=3 \quad \cdots❶$$

△ABE에서

$$\overline{AE}=\sqrt{4^2-3^2}=\sqrt{7} \quad \cdots❷$$

$$\therefore \sin B = \frac{\overline{AE}}{\overline{AB}} = \frac{\sqrt{7}}{4} \quad \cdots❸$$

답 $\dfrac{\sqrt{7}}{4}$

채점 기준	배점
❶ 두 점 A, D에서 $\overline{BC}$에 내린 수선의 발을 각각 E, F라 할 때, $\overline{BE}$의 길이 구하기	40%
❷ $\overline{AE}$의 길이 구하기	30%
❸ $\sin B$의 값 구하기	30%

131 2시 정각일 때, 시침과 분침이 이루는 예각의 크기가

$$\frac{360°}{12}\times 2 = 60° \quad \cdots❶$$

오른쪽 그림과 같은 △ABC에서

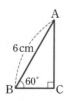

$$\cos 60° = \frac{\overline{BC}}{\overline{AB}}, \ \frac{1}{2}=\frac{\overline{BC}}{6}$$

$$2\overline{BC}=6 \quad \therefore \overline{BC}=3\,(\text{cm})$$

따라서 시침의 길이는 3 cm이다. $\quad \cdots❷$

답 3 cm

채점 기준	배점
❶ 시침과 분침이 이루는 예각의 크기 구하기	40%
❷ 시침의 길이 구하기	60%

02. 삼각비의 활용

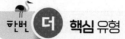 핵심 유형   24~32쪽

Theme **04** 삼각형의 변의 길이   24~27쪽

132 $x = 5\sin 40° = 5\times 0.64 = 3.2$

$y = 5\cos 40° = 5\times 0.77 = 3.85$

$\therefore x+y = 3.2+3.85 = 7.05$

답 7.05

133 ∠B $=90°-42°=48°$

$$\tan 48° = \frac{\overline{AC}}{10} \text{에서 } \overline{AC}=10\tan 48°$$

$$\tan 42° = \frac{10}{\overline{AC}} \text{에서 } \overline{AC}=\frac{10}{\tan 42°}$$

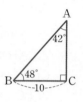

따라서 $\overline{AC}$의 길이를 나타내는 것은
③, ⑤이다.

답 ③, ⑤

134 ∠A $=90°-35°=55°$이므로

$\overline{BC}=20\tan 55° = 20\times 1.43 = 28.6$

답 28.6

135 △BCD에서

$$\overline{BC}=4\sqrt{2}\cos 45° = 4\sqrt{2}\times\frac{\sqrt{2}}{2} = 4\,(\text{cm})$$

$$\overline{CD}=4\sqrt{2}\sin 45° = 4\sqrt{2}\times\frac{\sqrt{2}}{2} = 4\,(\text{cm})$$

따라서 직육면체의 부피는

$4\times 4\times 5 = 80\,(\text{cm}^3)$

답 ④

136 △ABC에서

$\overline{AC}=4\tan 45° = 4\times 1 = 4$

따라서 삼각기둥의 부피는

$\left(\dfrac{1}{2}\times 4\times 4\right)\times 2 = 16$

답 16

137 △ABH에서

$$\overline{AH}=8\cos 30° = 8\times\frac{\sqrt{3}}{2} = 4\sqrt{3}\,(\text{cm})$$

$$\overline{BH}=8\sin 30° = 8\times\frac{1}{2} = 4\,(\text{cm})$$

따라서 원뿔의 부피는

$$\frac{1}{3}\times\pi\times 4^2\times 4\sqrt{3} = \frac{64\sqrt{3}}{3}\pi\,(\text{cm}^3)$$

답 ⑤

138 $\overline{BC}=50\sin 50°$

$$=50\times 0.77 = 38.5\,(\text{m})$$

따라서 지면에서 드론까지의 높이는

$\overline{BD}=\overline{BC}+\overline{CD}=38.5+1.7$

$$=40.2\,(\text{m})$$

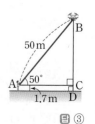

답 ③

139 $\overline{BC}=30\sin 57°=30\times 0.84$
$\quad\quad=25.2(m)$
따라서 절벽의 높이는 25.2 m이다.

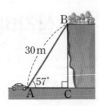

🖹 25.2 m

140 오른쪽 그림과 같이 점 A에서 $\overline{BC}$에
내린 수선의 발을 H라 하면
$\overline{BH}=15\sqrt{3}$ m이므로
△ABH에서
$\overline{AH}=\dfrac{15\sqrt{3}}{\tan 30°}=15\sqrt{3}\times\dfrac{3}{\sqrt{3}}$
$\quad\quad=45(m)$

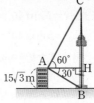

△CAH에서
$\overline{CH}=45\tan 60°=45\times\sqrt{3}=45\sqrt{3}(m)$
$\therefore \overline{BC}=\overline{BH}+\overline{CH}=15\sqrt{3}+45\sqrt{3}=60\sqrt{3}(m)$

🖹 $60\sqrt{3}$ m

141 △ABC에서
$\overline{AC}=150\tan 60°=150\times\sqrt{3}=150\sqrt{3}(m)$
△DBC에서
$\overline{CD}=150\tan 45°=150\times 1=150(m)$
$\therefore \overline{AD}=\overline{AC}-\overline{CD}=150\sqrt{3}-150(m)$

🖹 $(150\sqrt{3}-150)$ m

142 △DAC에서 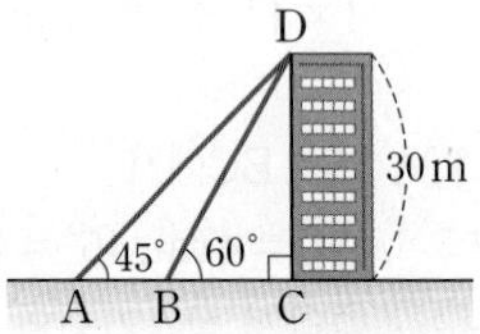
$\overline{AC}=\dfrac{30}{\tan 45°}=30\times 1$
$\quad\quad=30(m)$
△DBC에서
$\overline{BC}=\dfrac{30}{\tan 60°}=30\times\dfrac{1}{\sqrt{3}}$
$\quad\quad=10\sqrt{3}(m)$

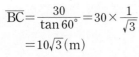

따라서 두 지점 A, B 사이의 거리는
$\overline{AB}=\overline{AC}-\overline{BC}=30-10\sqrt{3}(m)$

🖹 $(30-10\sqrt{3})$ m

143 △QCB에서
$\overline{CQ}=\dfrac{10}{\sin 30°}=10\times\dfrac{2}{1}=20(m)$
$\overline{CB}=\dfrac{10}{\tan 30°}=10\times\dfrac{3}{\sqrt{3}}=10\sqrt{3}(m)$
$\overline{AC}=\overline{AB}-\overline{CB}=12\sqrt{3}-10\sqrt{3}=2\sqrt{3}(m)$이므로
△PAC에서
$\overline{PC}=\dfrac{2\sqrt{3}}{\cos 45°}=2\sqrt{3}\times\dfrac{2}{\sqrt{2}}=2\sqrt{6}(m)$
따라서 구하는 거리는
$\overline{PC}+\overline{CQ}=2\sqrt{6}+20(m)$

🖹 $(2\sqrt{6}+20)$ m

144 $\angle BPQ=90°-45°=45°$, $\angle APQ=90°-60°=30°$이므로
△PQB에서
$\overline{QB}=30\tan 45°=30\times 1=30(m)$
△PQA에서
$\overline{QA}=30\tan 30°=30\times\dfrac{\sqrt{3}}{3}=10\sqrt{3}(m)$
따라서 두 지점 A, B 사이의 거리는
$\overline{AB}=\overline{QB}-\overline{QA}=30-10\sqrt{3}(m)$

🖹 ③

145 오른쪽 그림과 같이 점 C에서 $\overline{OB}$
에 내린 수선의 발을 H라 하면
△OHC에서
$\overline{OH}=30\cos 45°=30\times\dfrac{\sqrt{2}}{2}$
$\quad\quad=15\sqrt{2}(cm)$

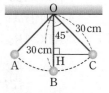

$\therefore \overline{BH}=\overline{OB}-\overline{OH}=30-15\sqrt{2}(cm)$
따라서 추는 B 지점을 기준으로 $(30-15\sqrt{2})$ cm 더 높은
곳에 있다.

🖹 $(30-15\sqrt{2})$ cm

146 오른쪽 그림에서
$\overline{AD}\,/\!/\,\overline{BC}$이므로 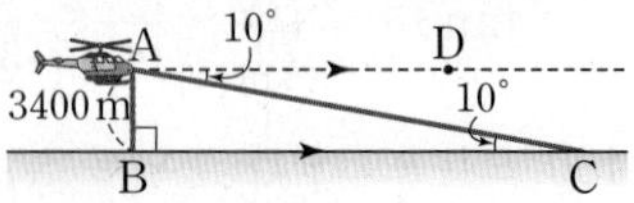
$\angle ACB=\angle DAC$
$\quad\quad\quad=10°$ (엇각)

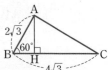

△ABC에서
$\overline{AC}=\dfrac{3400}{\sin 10°}=\dfrac{3400}{0.17}=20000(m)$
따라서 이 헬리콥터는 $\dfrac{20000}{100}=200$(초) 후에 지면에 닿게
된다.

🖹 ③

147 오른쪽 그림과 같이 점 A에서 $\overline{BC}$
에 내린 수선의 발을 H라 하면
△ABH에서
$\overline{AH}=2\sqrt{3}\sin 60°$
$\quad\quad=2\sqrt{3}\times\dfrac{\sqrt{3}}{2}=3$
$\overline{BH}=2\sqrt{3}\cos 60°=2\sqrt{3}\times\dfrac{1}{2}=\sqrt{3}$
$\overline{CH}=\overline{BC}-\overline{BH}=4\sqrt{3}-\sqrt{3}=3\sqrt{3}$이므로
△AHC에서
$\overline{AC}=\sqrt{(3\sqrt{3})^2+3^2}=\sqrt{36}=6$

🖹 ④

148 오른쪽 그림과 같이 점 A에서 $\overline{BC}$
에 내린 수선의 발을 H라 하면 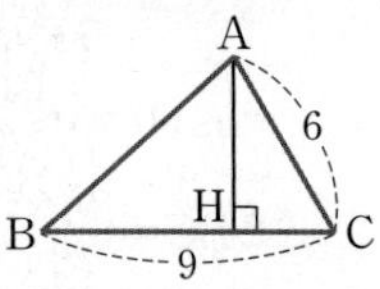
△AHC에서
$\overline{CH}=6\cos C=6\times\dfrac{1}{2}=3$

$\therefore \overline{AH}=\sqrt{6^2-3^2}=\sqrt{27}=3\sqrt{3}$
$\overline{BH}=\overline{BC}-\overline{CH}=9-3=6$이므로
△ABH에서
$\overline{AB}=\sqrt{6^2+(3\sqrt{3})^2}=\sqrt{63}=3\sqrt{7}$

🖹 $3\sqrt{7}$

149 오른쪽 그림과 같이 점 A에서 $\overline{BC}$의 연장선에 내린 수선의 발을 H라 하면

$\angle ACH = 180° - 120° = 60°$
이므로 $\triangle ACH$에서

$\overline{AH} = 60 \sin 60° = 60 \times \dfrac{\sqrt{3}}{2}$

$\qquad = 30\sqrt{3}\,(\text{m})$

$\overline{CH} = 60 \cos 60° = 60 \times \dfrac{1}{2} = 30\,(\text{m})$

$\overline{BH} = \overline{BC} + \overline{CH} = 50 + 30 = 80\,(\text{m})$이므로
$\triangle ABH$에서

$\overline{AB} = \sqrt{80^2 + (30\sqrt{3})^2} = \sqrt{9100} = 10\sqrt{91}\,(\text{m})$

따라서 두 음식점 A, B 사이의 거리는 $10\sqrt{91}$ m이다.

🔲 $10\sqrt{91}$ m

150 오른쪽 그림과 같이 점 C에서 $\overline{AB}$에 내린 수선의 발을 H라 하면 $\triangle HBC$에서

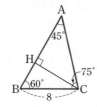

$\overline{BH} = 8 \cos 60° = 8 \times \dfrac{1}{2} = 4$

$\overline{CH} = 8 \sin 60° = 8 \times \dfrac{\sqrt{3}}{2} = 4\sqrt{3}$

$\angle A = 180° - (60° + 75°) = 45°$이므로
$\triangle AHC$에서

$\overline{AH} = \dfrac{4\sqrt{3}}{\tan 45°} = 4\sqrt{3} \times 1 = 4\sqrt{3}$

$\therefore \overline{AB} = \overline{BH} + \overline{AH} = 4 + 4\sqrt{3}$

🔲 ②

151 오른쪽 그림과 같이 점 C에서 $\overline{AB}$에 내린 수선의 발을 H라 하면 $\triangle HBC$에서

$\overline{CH} = 6 \sin 45° = 6 \times \dfrac{\sqrt{2}}{2} = 3\sqrt{2}$

$\angle A = 180° - (105° + 45°) = 30°$
이므로 $\triangle AHC$에서

$\overline{AC} = \dfrac{3\sqrt{2}}{\sin 30°} = 3\sqrt{2} \times \dfrac{2}{1} = 6\sqrt{2}$

🔲 ⑤

152 오른쪽 그림과 같이 점 C에서 $\overline{AB}$에 내린 수선의 발을 H라 하면 $\angle A = 180° - (45° + 75°) = 60°$ 이므로 $\triangle AHC$에서

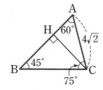

$\overline{CH} = 4\sqrt{2} \sin 60° = 4\sqrt{2} \times \dfrac{\sqrt{3}}{2}$

$\qquad = 2\sqrt{6}$

따라서 $\triangle HBC$에서

$\overline{BC} = \dfrac{2\sqrt{6}}{\sin 45°} = 2\sqrt{6} \times \dfrac{2}{\sqrt{2}} = 4\sqrt{3}$

🔲 $4\sqrt{3}$

153 오른쪽 그림과 같이 점 B에서 $\overline{AC}$에 내린 수선의 발을 H라 하면 $\angle A = 180° - (105° + 30°) = 45°$ 이므로

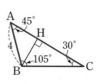

$\triangle ABH$에서

$\overline{AH} = 4 \cos 45° = 4 \times \dfrac{\sqrt{2}}{2} = 2\sqrt{2}$

$\overline{BH} = 4 \sin 45° = 4 \times \dfrac{\sqrt{2}}{2} = 2\sqrt{2}$

$\triangle HBC$에서 $\overline{CH} = \dfrac{2\sqrt{2}}{\tan 30°} = 2\sqrt{2} \times \dfrac{3}{\sqrt{3}} = 2\sqrt{6}$

$\therefore \overline{AC} = \overline{AH} + \overline{CH} = 2\sqrt{2} + 2\sqrt{6}$

🔲 $2\sqrt{2} + 2\sqrt{6}$

154 오른쪽 그림과 같이 점 A에서 $\overline{BC}$에 내린 수선의 발을 H라 하면 $\angle BAH = 90° - 48° = 42°$이므로 $\triangle HAB$에서

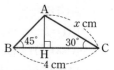

$\overline{AH} = 120 \cos 42° = 120 \times 0.7 = 84\,(\text{m})$

$\angle CAH = 62° - 42° = 20°$이므로
$\triangle CAH$에서

$\overline{AC} = \dfrac{84}{\cos 20°} = \dfrac{84}{0.9} = \dfrac{280}{3}\,(\text{m})$

따라서 두 지점 A, C 사이의 거리는 $\dfrac{280}{3}$ m이다. 🔲 ①

155 오른쪽 그림과 같이 점 A에서 $\overline{BC}$에 내린 수선의 발을 H라 하고 $\overline{AC} = x$ cm라 하면 $\triangle AHC$에서

$\overline{AH} = x \sin 30° = x \times \dfrac{1}{2} = \dfrac{1}{2}x\,(\text{cm})$

$\overline{CH} = x \cos 30° = x \times \dfrac{\sqrt{3}}{2} = \dfrac{\sqrt{3}}{2}x\,(\text{cm})$

$\triangle ABH$에서 $\overline{BH} = \dfrac{\overline{AH}}{\tan 45°} = \dfrac{1}{2}x\,(\text{cm})$

$\overline{BC} = \overline{BH} + \overline{CH}$이므로

$4 = \dfrac{1}{2}x + \dfrac{\sqrt{3}}{2}x,\ (\sqrt{3} + 1)x = 8$

$\therefore x = \dfrac{8}{\sqrt{3} + 1} = 4(\sqrt{3} - 1)$

따라서 $\overline{AC}$의 길이는 $4(\sqrt{3} - 1)$ cm이다. 🔲 ④

Theme 05 삼각형과 사각형의 넓이 28~32쪽

156 오른쪽 그림과 같이 $\overline{AH} = h$라 하면 $\angle BAH = 90° - 30° = 60°$, $\angle CAH = 90° - 60° = 30°$이므로 $\triangle ABH$에서

$\overline{BH} = h \tan 60° = \sqrt{3}h$

$\triangle AHC$에서

$\overline{CH} = h \tan 30° = \dfrac{\sqrt{3}}{3}h$

$\overline{BC} = \overline{BH} + \overline{CH}$이므로

$6 = \sqrt{3}h + \dfrac{\sqrt{3}}{3}h,\ \dfrac{4\sqrt{3}}{3}h = 6$ $\qquad \therefore h = \dfrac{18}{4\sqrt{3}} = \dfrac{3\sqrt{3}}{2}$

따라서 $\overline{AH}$의 길이는 $\dfrac{3\sqrt{3}}{2}$이다. 🔲 ③

157 오른쪽 그림과 같이 $\overline{AH}=h$라 하면 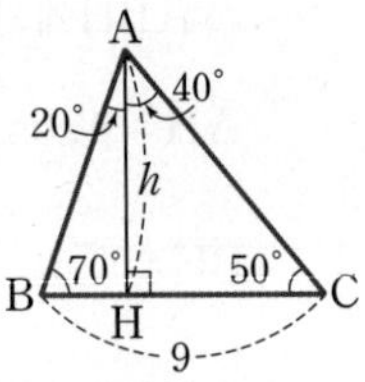
$\angle BAH=90°-70°=20°$,
$\angle CAH=90°-50°=40°$이므로
$\triangle ABH$에서 $\overline{BH}=h\tan 20°$
$\triangle AHC$에서 $\overline{CH}=h\tan 40°$
$\overline{BC}=\overline{BH}+\overline{CH}$이므로
$9=h\tan 20°+h\tan 40°$
$(\tan 20°+\tan 40°)h=9$
$\therefore h=\dfrac{9}{\tan 20°+\tan 40°}$
따라서 $\overline{AH}$의 길이를 나타내는 것은 ④이다. **冒** ④

158 오른쪽 그림과 같이 점 C에서
$\overline{AB}$에 내린 수선의 발을 H라 하
고 $\overline{CH}=h$ m라 하면 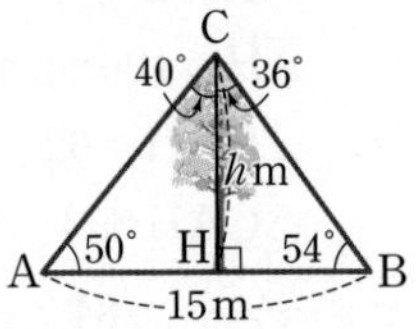
$\angle ACH=90°-50°=40°$,
$\angle BCH=90°-54°=36°$이므로
$\triangle CAH$에서
$\overline{AH}=h\tan 40°=0.8h(\text{m})$
$\triangle CHB$에서
$\overline{BH}=h\tan 36°=0.7h(\text{m})$
$\overline{AB}=\overline{AH}+\overline{BH}$이므로
$15=0.8h+0.7h,\ 1.5h=15$
$\therefore h=\dfrac{15}{1.5}=10$
따라서 나무의 높이는 10 m이다. **冒** 10 m

159 오른쪽 그림과 같이 $\overline{AH}=h$라 하면 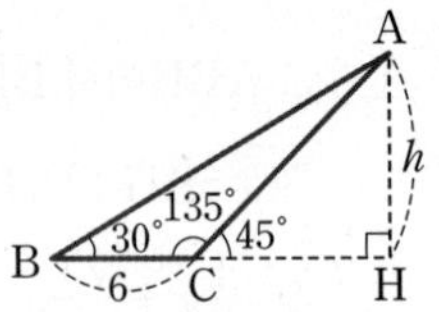
$\triangle ABH$에서
$\overline{BH}=\dfrac{h}{\tan 30°}=\sqrt{3}\,h$
$\angle ACH=180°-135°=45°$이므로
$\triangle ACH$에서
$\overline{CH}=\dfrac{h}{\tan 45°}=h$
$\overline{BC}=\overline{BH}-\overline{CH}$이므로
$6=\sqrt{3}\,h-h,\ (\sqrt{3}-1)h=6$
$\therefore h=\dfrac{6}{\sqrt{3}-1}=3(\sqrt{3}+1)$
따라서 $\overline{AH}$의 길이는 $3(\sqrt{3}+1)$이다. **冒** $3(\sqrt{3}+1)$

160 $\overline{AB}=h$ cm라 하면
$\angle BAD=120°-90°=30°$이므로
$\triangle ABD$에서 $\overline{BD}=h\tan 30°=\dfrac{\sqrt{3}}{3}h(\text{cm})$
$\triangle ABC$에서 $\overline{AB}=\overline{BC}\tan C$이므로
$h=\left(\dfrac{\sqrt{3}}{3}h+3\right)\times\dfrac{1}{2},\ 2h=\dfrac{\sqrt{3}}{3}h+3$
$\dfrac{6-\sqrt{3}}{3}h=3\qquad\therefore h=\dfrac{3}{11}(6+\sqrt{3})$
따라서 $\overline{AB}$의 길이는 $\dfrac{3}{11}(6+\sqrt{3})$ cm이다.
冒 $\dfrac{3}{11}(6+\sqrt{3})$ cm

161 오른쪽 그림과 같이
$\overline{CH}=h$ km라 하면 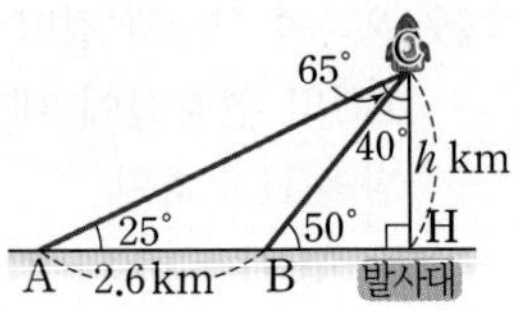
$\angle ACH=90°-25°=65°$,
$\angle BCH=90°-50°=40°$
이므로
$\triangle CAH$에서
$\overline{AH}=h\tan 65°=2.1h(\text{km})$
$\triangle CBH$에서
$\overline{BH}=h\tan 40°=0.8h(\text{km})$
$\overline{AB}=\overline{AH}-\overline{BH}$이므로
$2.6=2.1h-0.8h,\ 1.3h=2.6\qquad\therefore h=2$
따라서 이 로켓이 C 지점에 도달하는 데 걸린 시간은
$\dfrac{2000}{500}=4(초)$ **冒** ②

162 $\triangle ABC=\dfrac{1}{2}\times 4\times 9\times\sin 30°$
$=\dfrac{1}{2}\times 4\times 9\times\dfrac{1}{2}$
$=9$ **冒** ①

163 $\overline{AB}=\overline{AC}=x$ cm라 하면
$\angle A=180°-2\times 60°=60°$이므로
$\triangle ABC=\dfrac{1}{2}\times x\times x\times\sin 60°$
$=\dfrac{1}{2}\times x\times x\times\dfrac{\sqrt{3}}{2}=\dfrac{\sqrt{3}}{4}x^2$
이때 $\triangle ABC$의 넓이가 $16\sqrt{3}$ cm²이므로
$\dfrac{\sqrt{3}}{4}x^2=16\sqrt{3},\ x^2=64\qquad\therefore x=8\ (\because x>0)$
따라서 $\overline{AB}$의 길이는 8 cm이다. **冒** ②

164 $\cos B=\dfrac{\sqrt{2}}{2}$이므로 $\angle B=45°\ (\because 0°<\angle B<90°)$
$\therefore\triangle ABC=\dfrac{1}{2}\times 4\times 6\times\sin 45°$
$=\dfrac{1}{2}\times 4\times 6\times\dfrac{\sqrt{2}}{2}=6\sqrt{2}$ **冒** ②

165 $\triangle ABC=\dfrac{1}{2}\times 8\times 10\times\sin 60°$
$=\dfrac{1}{2}\times 8\times 10\times\dfrac{\sqrt{3}}{2}=20\sqrt{3}(\text{cm}^2)$
$\therefore\triangle AGC=\dfrac{1}{3}\triangle ABC=\dfrac{1}{3}\times 20\sqrt{3}$
$=\dfrac{20\sqrt{3}}{3}(\text{cm}^2)$ **冒** $\dfrac{20\sqrt{3}}{3}$ cm²

166 $\overline{AC}\,/\!/\,\overline{DE}$이므로 $\triangle ACD=\triangle ACE$
$\therefore\square ABCD=\triangle ABC+\triangle ACD$
$=\triangle ABC+\triangle ACE$
$=\triangle ABE$
$=\dfrac{1}{2}\times 6\times(4+4)\times\sin 45°$
$=\dfrac{1}{2}\times 6\times 8\times\dfrac{\sqrt{2}}{2}$
$=12\sqrt{2}(\text{cm}^2)$ **冒** ③

167 오른쪽 그림과 같이 $\overline{AC}$를 그으면
점 P는 $\triangle ABC$의 무게중심이므
로 $\overline{PM}=\dfrac{1}{2}\overline{AP}=\dfrac{1}{2}\times2\sqrt{3}=\sqrt{3}$
점 Q는 $\triangle ACD$의 무게중심이므
로 $\overline{QN}=\dfrac{1}{2}\overline{AQ}=\dfrac{1}{2}\times4=2$

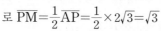

$\therefore \triangle AMN=\dfrac{1}{2}\times(2\sqrt{3}+\sqrt{3})\times(4+2)\times\sin30°$
$=\dfrac{1}{2}\times3\sqrt{3}\times6\times\dfrac{1}{2}$
$=\dfrac{9\sqrt{3}}{2}$
目 ③

168 $\triangle ABC=\dfrac{1}{2}\times5\times4\times\sin(180°-135°)$
$=\dfrac{1}{2}\times5\times4\times\dfrac{\sqrt{2}}{2}$
$=5\sqrt{2}\,(\text{cm}^2)$
目 ④

169 $\triangle ABC=\dfrac{1}{2}\times8\times\overline{AC}\times\sin(180°-150°)$
$=\dfrac{1}{2}\times8\times\overline{AC}\times\dfrac{1}{2}=2\overline{AC}$

이때 $\triangle ABC$의 넓이가 $11\,\text{cm}^2$이므로
$2\overline{AC}=11$ $\therefore \overline{AC}=\dfrac{11}{2}\,(\text{cm})$
目 $\dfrac{11}{2}$ cm

170 $\angle B>90°$이므로
$\triangle ABC=\dfrac{1}{2}\times12\times7\times\sin(180°-B)$
$=42\sin(180°-B)$

이때 $\triangle ABC$의 넓이가 $21\sqrt{2}\,\text{cm}^2$이므로
$42\sin(180°-B)=21\sqrt{2}$ $\therefore \sin(180°-B)=\dfrac{\sqrt{2}}{2}$
따라서 $180°-\angle B=45°$이므로 $\angle B=135°$
目 $135°$

171 $\angle BAC=\angle ACB$이므로 $\overline{BD}=\overline{BC}=\overline{AB}=2$
$\angle ABC=180°-2\times60°=60°$이므로
$\angle ABD=60°+90°=150°$
$\therefore \triangle ABD=\dfrac{1}{2}\times2\times2\times\sin(180°-150°)$
$=\dfrac{1}{2}\times2\times2\times\dfrac{1}{2}=1$
目 1

172 오른쪽 그림과 같이 $\overline{OP}$를 그으면
$\triangle AOP$에서 $\overline{OA}=\overline{OP}$이므로
$\angle OPA=\angle OAP=30°$
$\therefore \angle AOP=180°-2\times30°$
$=120°$

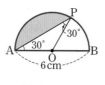

이때 $\overline{OA}=\overline{OP}=\dfrac{1}{2}\times6=3\,(\text{cm})$이므로
(색칠한 부분의 넓이)
$=$(부채꼴 AOP의 넓이)$-\triangle AOP$
$=\pi\times3^2\times\dfrac{120}{360}-\dfrac{1}{2}\times3\times3\times\sin(180°-120°)$
$=3\pi-\dfrac{1}{2}\times3\times3\times\dfrac{\sqrt{3}}{2}$
$=3\pi-\dfrac{9\sqrt{3}}{4}\,(\text{cm}^2)$
目 ②

173 오른쪽 그림과 같이 $\overline{OA}, \overline{OC}$를 그으면
$\angle AOB=\dfrac{3}{3+2+3}\times360°=135°$
$\angle BOC=\dfrac{2}{3+2+3}\times360°=90°$
$\angle COA=\dfrac{3}{3+2+3}\times360°=135°$

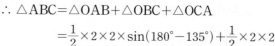

$\therefore \triangle ABC=\triangle OAB+\triangle OBC+\triangle OCA$
$=\dfrac{1}{2}\times2\times2\times\sin(180°-135°)+\dfrac{1}{2}\times2\times2$
$+\dfrac{1}{2}\times2\times2\times\sin(180°-135°)$
$=\dfrac{1}{2}\times2\times2\times\dfrac{\sqrt{2}}{2}+2+\dfrac{1}{2}\times2\times2\times\dfrac{\sqrt{2}}{2}$
$=\sqrt{2}+2+\sqrt{2}=2+2\sqrt{2}\,(\text{cm}^2)$
目 $(2+2\sqrt{2})$ cm²

174 오른쪽 그림과 같이 $\overline{BD}$를 그
으면
$\triangle ABD$
$=\dfrac{1}{2}\times2\times2\sqrt{3}$
$\times\sin(180°-150°)$
$=\dfrac{1}{2}\times2\times2\sqrt{3}\times\dfrac{1}{2}=\sqrt{3}\,(\text{cm}^2)$

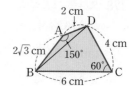

$\triangle BCD=\dfrac{1}{2}\times4\times6\times\sin60°=\dfrac{1}{2}\times4\times6\times\dfrac{\sqrt{3}}{2}$
$=6\sqrt{3}\,(\text{cm}^2)$
$\therefore \square ABCD=\triangle ABD+\triangle BCD$
$=\sqrt{3}+6\sqrt{3}=7\sqrt{3}\,(\text{cm}^2)$
目 $7\sqrt{3}$ cm²

175 오른쪽 그림과 같이 $\overline{AC}$를 긋고
$\overline{AD}=x$ cm라 하면
$\square ABCD$
$=\triangle ABC+\triangle ACD$
$=\dfrac{1}{2}\times4\sqrt{3}\times4\sqrt{3}\times\sin(180°-120°)$

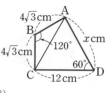

$+\dfrac{1}{2}\times12\times x\times\sin60°$
$=\dfrac{1}{2}\times4\sqrt{3}\times4\sqrt{3}\times\dfrac{\sqrt{3}}{2}+\dfrac{1}{2}\times12\times x\times\dfrac{\sqrt{3}}{2}$
$=12\sqrt{3}+3\sqrt{3}x$

이때 $\square ABCD$의 넓이가 $48\sqrt{3}\,\text{cm}^2$이므로
$12\sqrt{3}+3\sqrt{3}x=48\sqrt{3},\ 3\sqrt{3}x=36\sqrt{3}$ $\therefore x=12$
따라서 $\overline{AD}$의 길이는 12 cm이다.
目 ③

176 $\triangle ABC$에서
$\overline{AC}=10\sin60°=10\times\dfrac{\sqrt{3}}{2}=5\sqrt{3}\,(\text{cm})$
$\therefore \triangle ABC=\dfrac{1}{2}\times5\times5\sqrt{3}=\dfrac{25\sqrt{3}}{2}\,(\text{cm}^2)$
이때 $\angle ACB=90°-60°=30°$이므로
$\angle ACD=90°-30°=60°$
$\therefore \triangle ACD=\dfrac{1}{2}\times5\sqrt{3}\times5\sqrt{3}\times\sin60°$
$=\dfrac{1}{2}\times5\sqrt{3}\times5\sqrt{3}\times\dfrac{\sqrt{3}}{2}=\dfrac{75\sqrt{3}}{4}\,(\text{cm}^2)$

$$\therefore \square ABCD = \triangle ABC + \triangle ACD$$
$$= \frac{25\sqrt{3}}{2} + \frac{75\sqrt{3}}{4}$$
$$= \frac{125\sqrt{3}}{4} \, (cm^2)$$

🖹 $\dfrac{125\sqrt{3}}{4}$ cm²

177 $\overset{\frown}{AD} = \overset{\frown}{BC}$이므로

$$\angle AOD = \angle BOC = \frac{1}{2} \times (180° - 90°) = 45°$$

$$\therefore \square ABCD$$
$$= 2\triangle OAD + \triangle OCD$$
$$= 2 \times \left(\frac{1}{2} \times 4 \times 4 \times \sin 45°\right) + \frac{1}{2} \times 4 \times 4$$
$$= 2 \times \left(\frac{1}{2} \times 4 \times 4 \times \frac{\sqrt{2}}{2}\right) + 8$$
$$= 8 + 8\sqrt{2} \, (cm^2)$$

🖹 $(8 + 8\sqrt{2})$ cm²

178 오른쪽 그림과 같이 $\overline{AC}$를 그으면 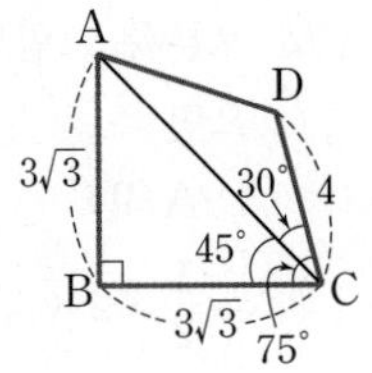
$\triangle ABC$에서

$\tan(\angle ACB) = \dfrac{3\sqrt{3}}{3\sqrt{3}} = 1$이므로

$\angle ACB = 45°$
$(\because 0° < \angle ACB < 75°)$

$\therefore \angle ACD = 75° - 45° = 30°$

이때 $\overline{AC} = \dfrac{3\sqrt{3}}{\sin 45°} = 3\sqrt{3} \times \dfrac{2}{\sqrt{2}} = 3\sqrt{6}$이므로

$$\square ABCD = \triangle ABC + \triangle ACD$$
$$= \frac{1}{2} \times 3\sqrt{3} \times 3\sqrt{3} + \frac{1}{2} \times 3\sqrt{6} \times 4 \times \sin 30°$$
$$= \frac{27}{2} + \frac{1}{2} \times 3\sqrt{6} \times 4 \times \frac{1}{2} = \frac{27}{2} + 3\sqrt{6}$$

따라서 $a = \dfrac{27}{2}$, $b = 3$이므로

$2a - 3b = 2 \times \dfrac{27}{2} - 3 \times 3 = 18$

🖹 ④

179 오른쪽 그림과 같이 점 A에서
$\overline{BC}$에 내린 수선의 발을 H라
하면
$\triangle ABH$에서

$\overline{AH} = 4\sqrt{2} \sin 45° = 4\sqrt{2} \times \dfrac{\sqrt{2}}{2} = 4 \, (cm)$

$\overline{BH} = 4\sqrt{2} \cos 45° = 4\sqrt{2} \times \dfrac{\sqrt{2}}{2} = 4 \, (cm)$

$\overline{CH} = \overline{BC} - \overline{BH} = 7 - 4 = 3 \, (cm)$이므로

$\triangle AHC$에서 $\overline{AC} = \sqrt{4^2 + 3^2} = \sqrt{25} = 5 \, (cm)$

$$\therefore \square ABCD = \triangle ABC + \triangle ACD$$
$$= \frac{1}{2} \times 7 \times 4 + \frac{1}{2} \times 5 \times 4 \times \sin 30°$$
$$= 14 + \frac{1}{2} \times 5 \times 4 \times \frac{1}{2}$$
$$= 14 + 5 = 19 \, (cm^2)$$

🖹 ③

180 $\overline{AD} = \overline{AB} = 6 \, cm$이므로

$$\square ABCD = 6 \times 6 \times \sin(180° - 120°)$$
$$= 6 \times 6 \times \frac{\sqrt{3}}{2} = 18\sqrt{3} \, (cm^2)$$

🖹 $18\sqrt{3}$ cm²

181 $\overline{BC} = x$라 하면

$\square ABCD = 2\sqrt{2} \times x \times \sin 45° = 2\sqrt{2} \times x \times \dfrac{\sqrt{2}}{2} = 2x$

이때 $\square ABCD$의 넓이가 8이므로

$2x = 8$ $\therefore x = 4$

따라서 $\overline{BC}$의 길이는 4이다.

🖹 4

182 $\overline{DC} = \overline{AB} = 5 \, cm$이므로

$$\square ABCD = 5 \times 6 \times \sin 60°$$
$$= 5 \times 6 \times \frac{\sqrt{3}}{2} = 15\sqrt{3} \, (cm^2)$$

$\overline{BM} = \overline{CM}$이므로 $\triangle ABM = \triangle AMC$

$$\triangle AMC = \frac{1}{2}\triangle ABC$$
$$= \frac{1}{2} \times \frac{1}{2}\square ABCD$$
$$= \frac{1}{4}\square ABCD$$
$$= \frac{1}{4} \times 15\sqrt{3}$$
$$= \frac{15\sqrt{3}}{4} \, (cm^2)$$

🖹 $\dfrac{15\sqrt{3}}{4}$ cm²

183 합동인 마름모의 한 예각 8개가 모여 360°를 이루고 있으
므로 마름모의 내각 중 한 예각의 크기는

$$\frac{360°}{8} = 45°$$

따라서 구하는 도형의 넓이는

$$8 \times (\sqrt{2} \times \sqrt{2} \times \sin 45°) = 8 \times \left(\sqrt{2} \times \sqrt{2} \times \frac{\sqrt{2}}{2}\right)$$
$$= 8\sqrt{2} \, (cm^2)$$

🖹 $8\sqrt{2}$ cm²

184 $\square ABCD = \dfrac{1}{2} \times 6 \times 8 \times \sin 45°$

$$= \frac{1}{2} \times 6 \times 8 \times \frac{\sqrt{2}}{2}$$
$$= 12\sqrt{2} \, (cm^2)$$

🖹 ③

185 등변사다리꼴의 두 대각선의 길이는 서로 같으므로

$\overline{AC} = \overline{DB} = 4$, $\angle ACB = \angle DBC = 30°$

오른쪽 그림과 같이 $\overline{AC}$와 $\overline{BD}$의
교점을 E라 하면

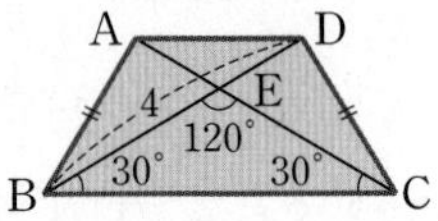

$\angle BEC = 180° - 2 \times 30° = 120°$

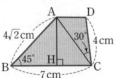

$$\therefore \square ABCD = \frac{1}{2} \times 4 \times 4 \times \sin(180° - 120°)$$
$$= \frac{1}{2} \times 4 \times 4 \times \frac{\sqrt{3}}{2} = 4\sqrt{3}$$

🖹 ①

186 $\square ABCD$의 두 대각선이 이루는 각의 크기를
$x \, (0° < x \leq 90°)$라 하면

$$\square ABCD = \frac{1}{2} \times \overline{AC} \times \overline{BD} \times \sin x$$

두 대각선 $\overline{AC}$, $\overline{BD}$는 각각 원 O의 지름일 때 그 길이가
최대이고 $\sin x$는 $x = 90°$일 때 최대이므로 $\overline{AC} = \overline{BD} = 8$,
$x = 90°$일 때 $\square ABCD$의 넓이가 최대가 된다.

$$\therefore \square ABCD = \frac{1}{2} \times \overline{AC} \times \overline{BD} \times \sin 90°$$
$$= \frac{1}{2} \times 8 \times 8 \times 1 = 32$$

🖹 32

유형 모아 Theme 04 삼각형의 변의 길이 1회 33~34쪽

187 $\sin B=\dfrac{b}{c}$에서 $c=\dfrac{b}{\sin B}$

$\cos B=\dfrac{a}{c}$에서 $c=\dfrac{a}{\cos B}$

따라서 바르게 나타낸 것은 ②이다. 답 ②

188 $\angle A=90°-62°=28°$

$\cos 62°=\dfrac{\overline{BC}}{8}$에서 $\overline{BC}=8\cos 62°$

$\sin 28°=\dfrac{\overline{BC}}{8}$에서 $\overline{BC}=8\sin 28°$

따라서 $\overline{BC}$의 길이를 나타내는 것은 ①, ④이다. 답 ①, ④

189 △ABH에서

$\overline{AH}=200\sin 60°=200\times\dfrac{\sqrt{3}}{2}=100\sqrt{3}$

△CAH에서

$\overline{CH}=100\sqrt{3}\tan 45°=100\sqrt{3}\times 1=100\sqrt{3}$ 답 ④

190 $\overline{BC}=20\tan 35°=20\times 0.7=14(\text{m})$

$\therefore \overline{BD}=\overline{BC}+\overline{CD}=14+1.6=15.6(\text{m})$ 답 15.6 m

191 △ABH에서

$\overline{AH}=6\sin 60°=6\times\dfrac{\sqrt{3}}{2}=3\sqrt{3}(\text{cm})$

△AHC에서

$\overline{AC}=\dfrac{3\sqrt{3}}{\cos 45°}=3\sqrt{3}\times\dfrac{2}{\sqrt{2}}=3\sqrt{6}(\text{cm})$ 답 $3\sqrt{6}$ cm

192 △CFG에서

$\overline{FG}=4\cos 30°=4\times\dfrac{\sqrt{3}}{2}=2\sqrt{3}(\text{cm})$

$\overline{CG}=4\sin 30°=4\times\dfrac{1}{2}=2(\text{cm})$

따라서 구하는 직육면체의 겉넓이는

$2\times(3\times 2+3\times 2\sqrt{3}+2\times 2\sqrt{3})$

$=2(6+10\sqrt{3})=12+20\sqrt{3}(\text{cm}^2)$ 답 $(12+20\sqrt{3})$ cm²

193 오른쪽 그림과 같이 점 A에서 $\overline{BC}$에 내린 수선의 발을 H라 하면 △ABH에서

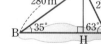

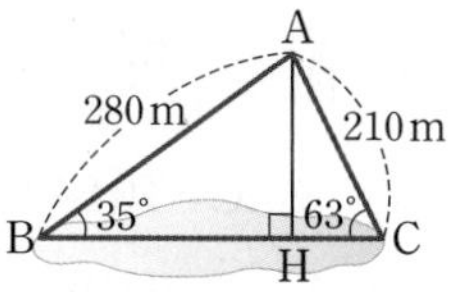

$\overline{BH}=280\cos 35°(\text{m})$

△AHC에서 $\overline{CH}=210\cos 63°(\text{m})$

따라서 두 지점 B, C 사이의 거리는

$\overline{BC}=\overline{BH}+\overline{CH}$

$=280\cos 35°+210\cos 63°(\text{m})$ 답 ②

194 △ABH에서

$\overline{AH}=500\tan 60°=500\times\sqrt{3}=500\sqrt{3}(\text{m})$

△AHC에서

$\overline{AC}=\dfrac{500\sqrt{3}}{\sin 45°}=500\sqrt{3}\times\dfrac{2}{\sqrt{2}}=500\sqrt{6}(\text{m})$

△AHD에서

$\overline{AD}=\dfrac{500\sqrt{3}}{\sin 30°}=500\sqrt{3}\times\dfrac{2}{1}=1000\sqrt{3}(\text{m})$

답 $\overline{AC}=500\sqrt{6}$ m, $\overline{AD}=1000\sqrt{3}$ m

195 오른쪽 그림과 같이 점 A에서 $\overline{BC}$의 연장선에 내린 수선의 발을 H라 하면

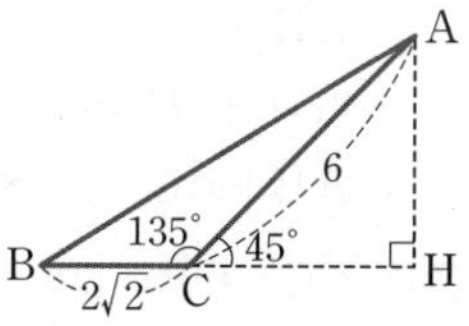

$\angle ACH=180°-135°=45°$

이므로 △ACH에서

$\overline{AH}=6\sin 45°=6\times\dfrac{\sqrt{2}}{2}=3\sqrt{2}$

$\overline{CH}=6\cos 45°=6\times\dfrac{\sqrt{2}}{2}=3\sqrt{2}$

$\overline{BH}=\overline{BC}+\overline{CH}=2\sqrt{2}+3\sqrt{2}=5\sqrt{2}$이므로

△ABH에서

$\overline{AB}=\sqrt{(5\sqrt{2})^2+(3\sqrt{2})^2}=\sqrt{68}=2\sqrt{17}$ 답 $2\sqrt{17}$

196 오른쪽 그림과 같이 점 B에서 $\overline{AC}$에 내린 수선의 발을 H라 하면

△HBC에서

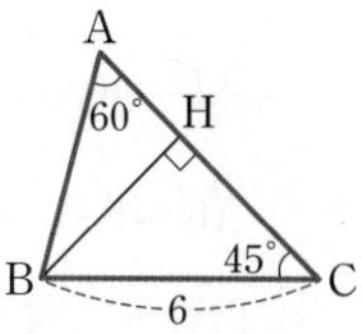

$\overline{BH}=6\sin 45°=6\times\dfrac{\sqrt{2}}{2}=3\sqrt{2}$

△ABH에서

$\overline{AB}=\dfrac{3\sqrt{2}}{\sin 60°}=3\sqrt{2}\times\dfrac{2}{\sqrt{3}}=2\sqrt{6}$ 답 ③

197 △DBC에서

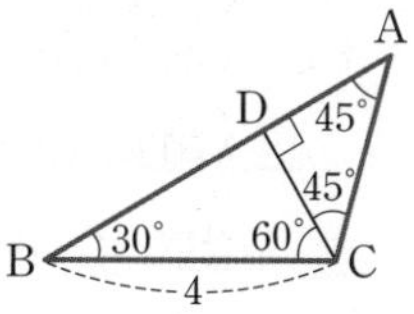

$\overline{CD}=4\sin 30°=4\times\dfrac{1}{2}=2$

$\angle A=180°-(30°+105°)=45°$

이므로 △ADC에서

$\overline{AC}=\dfrac{2}{\sin 45°}=2\times\dfrac{2}{\sqrt{2}}=2\sqrt{2}$

$\therefore \overline{AC}+\overline{CD}=2\sqrt{2}+2$ 답 ⑤

198 △ABC에서 $\angle ABC=90°-30°=60°$이므로

$\angle ABE=\angle CBE=\dfrac{1}{2}\angle ABC=\dfrac{1}{2}\times 60°=30°$

즉, △EAB는 $\overline{EA}=\overline{EB}$인 이등변삼각형이므로

$\overline{BE}=\overline{AE}=8$

△EBC에서 $\overline{CE}=8\sin 30°=8\times\dfrac{1}{2}=4$

△ECD에서 $\angle DEC=90°-40°=50°$이므로

$\overline{CD}=4\tan 50°=4\times 1.2=4.8$ 답 4.8

유형 모아 Theme 04 삼각형의 변의 길이 2회 35~36쪽

199 $\angle A=180°-(40°+90°)=50°$

$\sin 50°=\dfrac{6}{\overline{AB}}$에서 $\overline{AB}=\dfrac{6}{\sin 50°}$

$\cos 40°=\dfrac{6}{\overline{AB}}$에서 $\overline{AB}=\dfrac{6}{\cos 40°}$ 답 ④

200 오른쪽 그림의 △ABC에서

$\overline{AC}=10\sin 57°$

$=10\times 0.8=8(\text{m})$

이므로

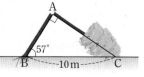

$\overline{AB}=\sqrt{10^2-8^2}=\sqrt{36}=6(m)$
따라서 나무의 원래 높이는
$\overline{AB}+\overline{AC}=6+8=14(m)$ 🖪 ①

201 $\overline{OC}=\overline{OB}=6$이므로
△COD에서
$\overline{OD}=6\cos45°=6\times\dfrac{\sqrt{2}}{2}=3\sqrt{2}$
△GOD에서
$\overline{GD}=3\sqrt{2}\tan30°=3\sqrt{2}\times\dfrac{\sqrt{3}}{3}=\sqrt{6}$
∴ $△ODG=\dfrac{1}{2}\times3\sqrt{2}\times\sqrt{6}=3\sqrt{3}$ 🖪 $3\sqrt{3}$

202 △ABC에서
$\overline{AB}=8\cos45°=8\times\dfrac{\sqrt{2}}{2}=4\sqrt{2}(cm)$
$\overline{AC}=8\sin45°=8\times\dfrac{\sqrt{2}}{2}=4\sqrt{2}(cm)$
따라서 삼각기둥의 부피는
$\left(\dfrac{1}{2}\times4\sqrt{2}\times4\sqrt{2}\right)\times8=128(cm^3)$ 🖪 $128\ cm^3$

203 오른쪽 그림과 같이 점 A에서 $\overline{CB}$의
연장선에 내린 수선의 발을 D라 하면
△ABD에서
$\angle ABD=180°-120°=60°$
∴ $\overline{BD}=1\times\cos60°=1\times\dfrac{1}{2}$
$=\dfrac{1}{2}(m)$
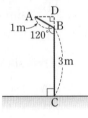
따라서 지면에서 A 지점까지의 거리는 $\overline{CD}$의 길이와 같으
므로 구하는 가로등의 높이는
$\overline{CB}+\overline{BD}=3+\dfrac{1}{2}=\dfrac{7}{2}(m)$ 🖪 $\dfrac{7}{2}\ m$

204 오른쪽 그림에서
$\overline{CH}=\overline{AB}=30\ m$이므로
△CBH에서
$\overline{BH}=30\tan45°=30\times1$
$=30(m)$
△DCH에서
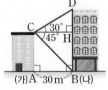
$\overline{DH}=30\tan30°=30\times\dfrac{\sqrt{3}}{3}=10\sqrt{3}(m)$
따라서 (나) 건물의 높이는
$\overline{DB}=\overline{BH}+\overline{DH}=30+10\sqrt{3}(m)$ 🖪 $(30+10\sqrt{3})\ m$

205 오른쪽 그림과 같이 점 B에서 $\overline{AC}$
에 내린 수선의 발을 H라 하면
△BHC에서
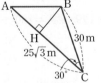
$\overline{BH}=30\sin30°=30\times\dfrac{1}{2}=15(m)$
$\overline{CH}=30\cos30°=30\times\dfrac{\sqrt{3}}{2}=15\sqrt{3}(m)$
$\overline{AH}=\overline{AC}-\overline{CH}=25\sqrt{3}-15\sqrt{3}=10\sqrt{3}(m)$이므로
△BAH에서
$\overline{AB}=\sqrt{(10\sqrt{3})^2+15^2}=\sqrt{525}=5\sqrt{21}(m)$ 🖪 ⑤

206 오른쪽 그림과 같이 점 D에서
$\overline{BC}$의 연장선에 내린 수선의 발
을 H라 하면
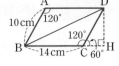
△DCH에서
$\overline{DH}=10\sin60°=10\times\dfrac{\sqrt{3}}{2}=5\sqrt{3}(cm)$
$\overline{CH}=10\cos60°=10\times\dfrac{1}{2}=5(cm)$
$\overline{BH}=\overline{BC}+\overline{CH}=14+5=19(cm)$이므로
△DBH에서
$\overline{BD}=\sqrt{19^2+(5\sqrt{3})^2}=\sqrt{436}=2\sqrt{109}(cm)$
🖪 $2\sqrt{109}\ cm$

207 오른쪽 그림과 같이 점 B에서 $\overline{AC}$
에 내린 수선의 발을 H라 하면 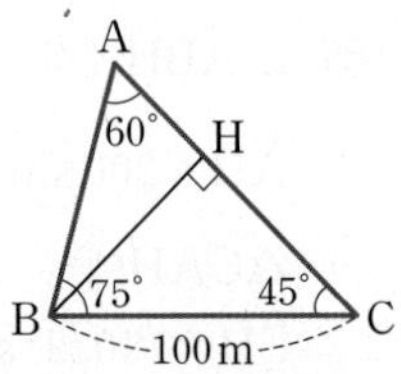
△HBC에서
$\overline{BH}=100\sin45°$
$=100\times\dfrac{\sqrt{2}}{2}=50\sqrt{2}(m)$
$\angle A=180°-(75°+45°)=60°$이므로
△ABH에서
$\overline{AB}=\dfrac{50\sqrt{2}}{\sin60°}=50\sqrt{2}\times\dfrac{2}{\sqrt{3}}=\dfrac{100\sqrt{6}}{3}(m)$
🖪 $\dfrac{100\sqrt{6}}{3}\ m$

208 오른쪽 그림과 같이 점 A에서 $\overline{BC}$
에 내린 수선의 발을 H라 하면 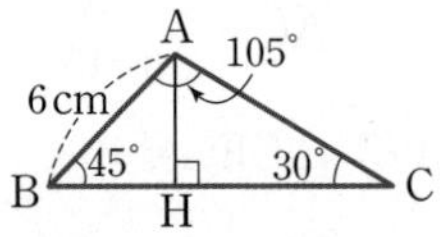
△ABH에서
$\overline{AH}=6\sin45°=6\times\dfrac{\sqrt{2}}{2}$
$=3\sqrt{2}(cm)$
$\overline{BH}=6\cos45°=6\times\dfrac{\sqrt{2}}{2}=3\sqrt{2}(cm)$
$\angle C=180°-(45°+105°)=30°$이므로
△AHC에서
$\overline{HC}=\dfrac{3\sqrt{2}}{\tan30°}=3\sqrt{2}\times\dfrac{3}{\sqrt{3}}=3\sqrt{6}(cm)$
∴ $\overline{BC}=\overline{BH}+\overline{HC}=3\sqrt{2}+3\sqrt{6}(cm)$ 🖪 ④

209 주어진 전개도로 만들어지는
입체도형은 오른쪽 그림과 같
은 정사각뿔이다. 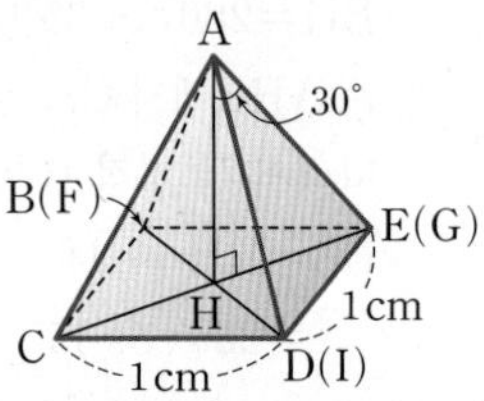
△CDE에서

$\overline{CE}=\sqrt{1^2+1^2}=\sqrt{2}(cm)$
∴ $\overline{HE}=\dfrac{1}{2}\overline{CE}=\dfrac{\sqrt{2}}{2}(cm)$
△AHE에서 $\overline{AE}=\dfrac{\overline{HE}}{\sin30°}=\dfrac{\sqrt{2}}{2}\times2=\sqrt{2}(cm)$
오른쪽 그림과 같이 점 A에서 $\overline{DE}$에
내린 수선의 발을 H′이라 하면 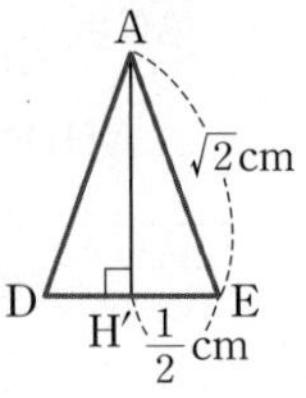
△AH′E에서

$\overline{AH'}=\sqrt{(\sqrt{2})^2-\left(\dfrac{1}{2}\right)^2}=\dfrac{\sqrt{7}}{2}(cm)$

따라서 구하는 겉넓이는

$$4 \times \left(\frac{1}{2} \times 1 \times \frac{\sqrt{7}}{2} \right) + 1 \times 1 = \sqrt{7} + 1 \, (\text{cm}^2)$$

🔲 $(\sqrt{7} + 1) \, \text{cm}^2$

210 $\angle B = \angle C = \frac{1}{2} \times (180° - 30°) = 75°$

오른쪽 그림과 같이 $\overline{AC}$ 위에

$\angle CBD = 30°$가 되도록 점 D를 잡으면

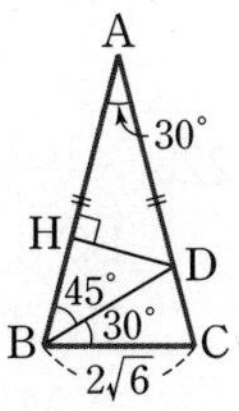

$\angle BDC = 180° - (30° + 75°) = 75°$이므로

$\triangle BCD$는 $\overline{BC} = \overline{BD}$인 이등변삼각형이다.

$\therefore \overline{BD} = \overline{BC} = 2\sqrt{6}$

점 D에서 $\overline{AB}$에 내린 수선의 발을 H라 하

면 $\angle HBD = 75° - 30° = 45°$이므로

$\triangle BDH$에서

$\overline{BH} = 2\sqrt{6} \cos 45° = 2\sqrt{6} \times \frac{\sqrt{2}}{2} = 2\sqrt{3}$

$\overline{DH} = 2\sqrt{6} \sin 45° = 2\sqrt{6} \times \frac{\sqrt{2}}{2} = 2\sqrt{3}$

$\triangle AHD$에서

$\overline{AH} = \frac{2\sqrt{3}}{\tan 30°} = 2\sqrt{3} \times \frac{3}{\sqrt{3}} = 6$

$\therefore \overline{AB} = \overline{AH} + \overline{BH} = 6 + 2\sqrt{3}$

🔲 $6 + 2\sqrt{3}$

유형모아 **Theme 05 삼각형과 사각형의 넓이** ① 37쪽

211 $\angle B > 90°$이므로

$\triangle ABC = \frac{1}{2} \times 10 \times 6 \times \sin(180° - B)$

$\qquad = 30 \sin(180° - B)$

이때 $\triangle ABC$의 넓이가 $15\sqrt{2} \, \text{cm}^2$이므로

$30 \sin(180° - B) = 15\sqrt{2}$

$\therefore \sin(180° - B) = \frac{\sqrt{2}}{2}$

따라서 $180° - \angle B = 45°$이므로

$\angle B = 135°$

🔲 $135°$

212 $\overline{BC} = \overline{AD} = 16 \, \text{cm}$이므로

$\square ABCD = 12 \times 16 \times \sin 45°$

$\qquad\qquad = 12 \times 16 \times \frac{\sqrt{2}}{2}$

$\qquad\qquad = 96\sqrt{2} \, (\text{cm}^2)$

$\overline{BM} = \overline{CM}$이므로 $\triangle ABM = \triangle AMC$

$\therefore \triangle AMC = \frac{1}{2} \triangle ABC$

$\qquad\qquad = \frac{1}{2} \times \frac{1}{2} \square ABCD$

$\qquad\qquad = \frac{1}{4} \square ABCD$

$\qquad\qquad = \frac{1}{4} \times 96\sqrt{2}$

$\qquad\qquad = 24\sqrt{2} \, (\text{cm}^2)$

🔲 ②

---

213 오른쪽 그림과 같이 $\overline{CH} = h \, \text{m}$라

하면

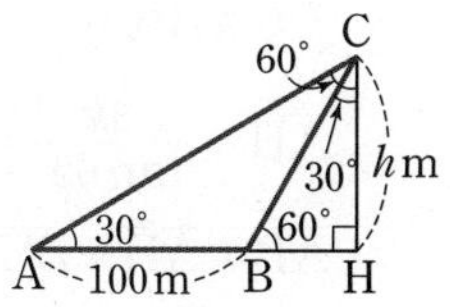

$\angle ACH = 90° - 30° = 60°$,

$\angle BCH = 90° - 60° = 30°$

이므로 $\triangle CAH$에서

$\overline{AH} = h \tan 60° = \sqrt{3} h \, (\text{m})$

$\triangle CBH$에서

$\overline{BH} = h \tan 30° = \frac{\sqrt{3}}{3} h \, (\text{m})$

$\overline{AB} = \overline{AH} - \overline{BH}$이므로

$100 = \sqrt{3} h - \frac{\sqrt{3}}{3} h, \ \frac{2\sqrt{3}}{3} h = 100$

$\therefore h = 100 \times \frac{3}{2\sqrt{3}} = 50\sqrt{3}$

따라서 전망대의 높이 $\overline{CH}$의 길이는 $50\sqrt{3} \, \text{m}$이다. 🔲 ⑤

214 $\overline{AC} \, /\!/ \, \overline{DE}$이므로 $\triangle ACD = \triangle ACE$

$\therefore \square ABCD = \triangle ABC + \triangle ACD$

$\qquad\qquad = \triangle ABC + \triangle ACE$

$\qquad\qquad = \triangle ABE$

$\qquad\qquad = \frac{1}{2} \times 3 \times 8 \times \sin 60°$

$\qquad\qquad = \frac{1}{2} \times 3 \times 8 \times \frac{\sqrt{3}}{2}$

$\qquad\qquad = 6\sqrt{3} \, (\text{cm}^2)$

🔲 $6\sqrt{3} \, \text{cm}^2$

215 $\overline{AC} = a \, \text{cm}$라 하면

$\triangle ABC = \frac{1}{2} \times 15 \times a \times \sin(\angle BAC)$

이때 $\triangle ABC$의 넓이가 $90 \, \text{cm}^2$이므로

$\frac{15}{2} a \sin(\angle BAC) = 90 \qquad \therefore a \sin(\angle BAC) = 12$

$\angle BAC = \angle CAD$이므로

$\triangle ACD = \frac{1}{2} \times 5 \times a \times \sin(\angle CAD)$

$\qquad\qquad = \frac{1}{2} \times 5 \times a \times \sin(\angle BAC)$

$\qquad\qquad = \frac{5}{2} \times 12 = 30 \, (\text{cm}^2)$

🔲 $30 \, \text{cm}^2$

216 등변사다리꼴의 두 대각선의 길이는 서로 같으므로

$\overline{BD} = \overline{AC} = x$

$\square ABCD = \frac{1}{2} \times x \times x \times \sin(180° - 120°)$

$\qquad\qquad = \frac{1}{2} \times x \times x \times \frac{\sqrt{3}}{2} = \frac{\sqrt{3}}{4} x^2$

이때 $\square ABCD$의 넓이가 $6\sqrt{3}$이므로

$\frac{\sqrt{3}}{4} x^2 = 6\sqrt{3}, \ x^2 = 24 \qquad \therefore x = 2\sqrt{6} \ (\because x > 0)$

🔲 $2\sqrt{6}$

217 $\cos B = \frac{4}{5}$이므로 오른쪽 그림

과 같이 $\triangle CHB$에서

$\overline{BC} = 5k, \ \overline{BH} = 4k \ (k > 0)$라

하면

$\overline{CH} = \sqrt{(5k)^2 - (4k)^2} = 3k$

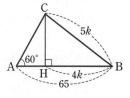

△CAH에서

$$\overline{AH}=\frac{3k}{\tan 60°}=3k\times\frac{1}{\sqrt 3}=\sqrt 3\,k$$

$\overline{AB}=\overline{AH}+\overline{BH}$이므로

$$65=\sqrt 3\,k+4k,\ (4+\sqrt 3)k=65$$

$$\therefore k=\frac{65}{4+\sqrt 3}=5(4-\sqrt 3)$$

$$\therefore \overline{CH}=3k=3\times 5(4-\sqrt 3)=15(4-\sqrt 3)$$ 달 ④

Theme 05 삼각형과 사각형의 넓이 2차 38쪽

218 $\square ABCD=\frac{1}{2}\times 4\times 6\times \sin 45°$

$$=\frac{1}{2}\times 4\times 6\times \frac{\sqrt 2}{2}$$

$$=6\sqrt 2\,(cm^2)$$ 달 $6\sqrt 2$ cm²

219 $\triangle ABC=\frac{1}{2}\times 6\times \overline{BC}\times \sin 45°$

$$=\frac{1}{2}\times 6\times \overline{BC}\times \frac{\sqrt 2}{2}=\frac{3\sqrt 2}{2}\overline{BC}(cm^2)$$

이때 △ABC의 넓이가 $6\sqrt 6$ cm²이므로

$$\frac{3\sqrt 2}{2}\overline{BC}=6\sqrt 6 \qquad \therefore \overline{BC}=6\sqrt 6\times\frac{2}{3\sqrt 2}=4\sqrt 3\,(cm)$$ 달 ③

220 $\overline{BC}=\overline{AD}=16$ cm이므로

$$\square ABCD=13\times 16\times \sin 60°$$

$$=13\times 16\times \frac{\sqrt 3}{2}=104\sqrt 3\,(cm^2)$$

$$\therefore \triangle APD=\frac{1}{4}\square ABCD$$

$$=\frac{1}{4}\times 104\sqrt 3=26\sqrt 3\,(cm^2)$$ 달 ④

221 △ABD에서

$$\overline{BD}=\frac{8}{\sin 45°}=8\times\frac{2}{\sqrt 2}=8\sqrt 2$$

$$\overline{AD}=\frac{8}{\tan 45°}=8\times 1=8$$

$$\therefore \square ABCD=\triangle ABD+\triangle BCD$$

$$=\frac{1}{2}\times 8\times 8+\frac{1}{2}\times 8\sqrt 2\times 6\sqrt 2\times \sin 30°$$

$$=32+\frac{1}{2}\times 8\sqrt 2\times 6\sqrt 2\times \frac{1}{2}$$

$$=32+24=56$$ 달 56

222 오른쪽 그림과 같이 점 A에서 $\overline{BC}$에 내린 수선의 발을 H라 하고 $\overline{AH}=h$ m라 하면

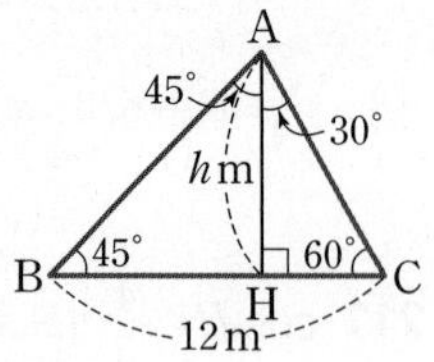

∠BAH=90°-45°=45°,

∠CAH=90°-60°=30°

이므로

△ABH에서 $\overline{BH}=h\tan 45°=h(m)$

△AHC에서 $\overline{CH}=h\tan 30°=\frac{\sqrt 3}{3}h(m)$

$\overline{BC}=\overline{BH}+\overline{CH}$이므로

$$12=h+\frac{\sqrt 3}{3}h,\ (3+\sqrt 3)h=36$$

$$\therefore h=\frac{36}{3+\sqrt 3}=6(3-\sqrt 3)$$

따라서 나무의 높이는 $6(3-\sqrt 3)$ m이다.

달 $6(3-\sqrt 3)$ m

223 오른쪽 그림과 같이 점 A에서 $\overline{BC}$의 연장선에 내린 수선의 발을 H라 하고 $\overline{AH}=h$라 하면

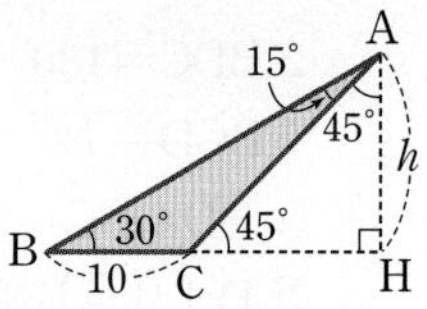

△ABC에서

∠ACH=30°+15°=45°이므로

∠CAH=90°-45°=45°, ∠BAH=90°-30°=60°

△ACH에서 $\overline{CH}=h\tan 45°=h$

△ABH에서 $\overline{BH}=h\tan 60°=\sqrt 3\,h$

$\overline{BC}=\overline{BH}-\overline{CH}$이므로

$$10=\sqrt 3\,h-h \qquad \therefore h=\frac{10}{\sqrt 3-1}=5(\sqrt 3+1)$$

$$\therefore \triangle ABC=\frac{1}{2}\times 10\times 5(\sqrt 3+1)$$

$$=25(\sqrt 3+1)$$ 달 $25(\sqrt 3+1)$

224 $\square ABCD=\overline{AB}\times\overline{BC}\times \sin B$

$\square AB'C'D'=\overline{AB'}\times\overline{B'C'}\times \sin B$

$$=1.2\overline{AB}\times 0.9\overline{BC}\times \sin B$$

$$=1.08\times(\overline{AB}\times\overline{BC}\times \sin B)$$

$$=1.08\times\square ABCD$$

따라서 평행사변형의 넓이는 8 % 증가한다. 달 ④

Theme 중단원 마무리 39~40쪽

225 △BFG에서 $\overline{BF}=2\tan 60°=2\times\sqrt 3=2\sqrt 3\,(cm)$

따라서 직육면체의 부피는

$$2\times 3\times 2\sqrt 3=12\sqrt 3\,(cm^3)$$ 달 $12\sqrt 3$ cm³

226 ∠BAH=90°-42°=48°,

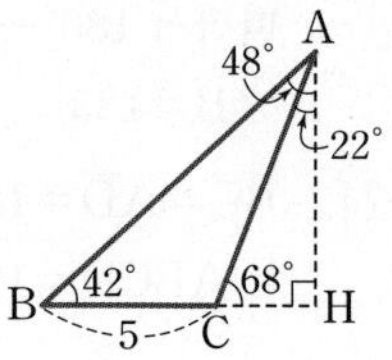

∠CAH=90°-68°=22°이므로

△ABH에서

$\overline{BH}=\overline{AH}\tan 48°$

$\overline{CH}=\overline{AH}\tan 22°$

$\overline{BC}=\overline{BH}-\overline{CH}$이므로

$$5=\overline{AH}\tan 48°-\overline{AH}\tan 22°$$

$$\therefore \overline{AH}=\frac{5}{\tan 48°-\tan 22°}$$ 달 ③

227 $\overline{AC}=\overline{BD}=x$ cm라 하면

$$\square ABCD=\frac{1}{2}\times x\times x\times \sin 30°=\frac{1}{2}\times x\times x\times\frac{1}{2}=\frac{1}{4}x^2$$

이때 $\square ABCD$의 넓이가 16 cm²이므로

$$\frac{1}{4}x^2=16,\ x^2=64 \qquad \therefore x=8\ (\because x>0)$$

따라서 $\overline{AC}$의 길이는 8 cm이다. 달 8 cm

228 △ABC에서

$\angle BAC = \angle ABD = \angle DBC = \dfrac{1}{3} \times (180° - 90°) = 30°$

이므로 $\overline{BD} = \overline{AD} = 4\,\text{cm}$

△BCD에서

$\overline{BC} = 4\cos 30° = 4 \times \dfrac{\sqrt{3}}{2} = 2\sqrt{3}\,(\text{cm})$

$\overline{CD} = 4\sin 30° = 4 \times \dfrac{1}{2} = 2\,(\text{cm})$

$\therefore \triangle ABC = \dfrac{1}{2} \times 2\sqrt{3} \times (4 + 2) = 6\sqrt{3}\,(\text{cm}^2)$ 目 ②

229 오른쪽 그림과 같이 점 B에서 $\overline{AC}$
에 내린 수선의 발을 H라 하면
△BHA에서

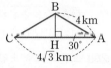

$\overline{BH} = 4\sin 30° = 4 \times \dfrac{1}{2} = 2\,(\text{km})$

$\overline{AH} = 4\cos 30° = 4 \times \dfrac{\sqrt{3}}{2} = 2\sqrt{3}\,(\text{km})$

$\therefore \overline{CH} = \overline{AC} - \overline{AH} = 4\sqrt{3} - 2\sqrt{3} = 2\sqrt{3}\,(\text{km})$

따라서 △BCH에서

$\overline{BC} = \sqrt{2^2 + (2\sqrt{3})^2} = \sqrt{16} = 4\,(\text{km})$ 目 ③

230 오른쪽 그림과 같이 점 B에서 $\overline{AC}$에
내린 수선의 발을 H라 하면
$\angle A = 180° - (75° + 60°) = 45°$
이므로
△ABH에서

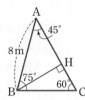

$\overline{BH} = 8\sin 45° = 8 \times \dfrac{\sqrt{2}}{2} = 4\sqrt{2}\,(\text{m})$

△BCH에서

$\overline{BC} = \dfrac{4\sqrt{2}}{\sin 60°} = 4\sqrt{2} \times \dfrac{2}{\sqrt{3}} = \dfrac{8\sqrt{6}}{3}\,(\text{m})$ 目 $\dfrac{8\sqrt{6}}{3}$ m

231 오른쪽 그림과 같이
$\overline{AH} = h\,\text{cm}$라 하면
$\angle BAH = 90° - 30° = 60°$,

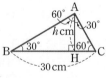

$\angle CAH = 90° - 60° = 30°$이므로

△ABH에서 $\overline{BH} = h\tan 60° = \sqrt{3}\,h\,(\text{cm})$

△ACH에서 $\overline{CH} = h\tan 30° = \dfrac{\sqrt{3}}{3}\,h\,(\text{cm})$

$\overline{BC} = \overline{BH} + \overline{CH}$이므로

$30 = \sqrt{3}\,h + \dfrac{\sqrt{3}}{3}\,h,\ \dfrac{4\sqrt{3}}{3}\,h = 30 \quad \therefore h = \dfrac{90}{4\sqrt{3}} = \dfrac{15\sqrt{3}}{2}$

따라서 $\overline{AH}$의 길이는 $\dfrac{15\sqrt{3}}{2}$ cm이다. 目 $\dfrac{15\sqrt{3}}{2}$ cm

232 △EAD에서

$\overline{DE} = 8\sin 60° = 8 \times \dfrac{\sqrt{3}}{2} = 4\sqrt{3}$

$\angle ADE = 90° - 60° = 30°$이므로

$\angle CDE = 90° + 30° = 120°$

$\therefore \triangle CDE = \dfrac{1}{2} \times 8 \times 4\sqrt{3} \times \sin(180° - 120°)$

$= \dfrac{1}{2} \times 8 \times 4\sqrt{3} \times \dfrac{\sqrt{3}}{2} = 24$ 目 24

233 점 O가 △ABC의 외심이므로

$\angle AOB = 2\angle C = 2 \times 60° = 120°$

$\therefore \triangle ABO = \dfrac{1}{2} \times 8 \times 8 \times \sin(180° - 120°)$

$= \dfrac{1}{2} \times 8 \times 8 \times \dfrac{\sqrt{3}}{2}$

$= 16\sqrt{3}\,(\text{cm}^2)$ 目 ②

234 오른쪽 그림과 같이 원 O의 반지름의 길
이를 $r\,\text{cm}$라 하면 정육각형을 합동인 삼
각형 6개로 나눌 때 삼각형의 내각 중 한
예각의 크기는 $\dfrac{360°}{6} = 60°$이므로 정육

각형의 넓이는

$6 \times \left(\dfrac{1}{2} \times r \times r \times \sin 60° \right)$

$= 6 \times \left(\dfrac{1}{2} \times r \times r \times \dfrac{\sqrt{3}}{2} \right)$

$= \dfrac{3\sqrt{3}}{2}\,r^2$

이때 정육각형의 넓이가 $54\sqrt{3}\,\text{cm}^2$이므로

$\dfrac{3\sqrt{3}}{2}\,r^2 = 54\sqrt{3},\ r^2 = 36 \quad \therefore r = 6\ (\because r > 0)$

따라서 원 O의 반지름의 길이는 6 cm이다. 目 6 cm

235 오른쪽 그림과 같이 점 B에서
$\overline{AC}$에 내린 수선의 발을 H라 하면
△HBC에서

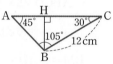

$\overline{BH} = 12\sin 30° = 12 \times \dfrac{1}{2} = 6\,(\text{cm})$

$\angle A = 180° - (105° + 30°) = 45°$이므로

△HAB에서

$\overline{AB} = \dfrac{6}{\sin 45°} = 6 \times \dfrac{2}{\sqrt{2}} = 6\sqrt{2}\,(\text{cm})$

따라서 △DAB에서

$\overline{DA} = 6\sqrt{2}\tan a = 6\sqrt{2} \times \sqrt{2} = 12\,(\text{cm})$ 目 12 cm

236 $\overline{PC} = \overline{BC} = \overline{CD} = 4$

$\angle PCB = 60°$이므로

$\angle PCD = 90° - 60° = 30°$

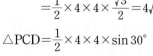

$\triangle PBC = \dfrac{1}{2} \times 4 \times 4 \times \sin 60°$

$= \dfrac{1}{2} \times 4 \times 4 \times \dfrac{\sqrt{3}}{2} = 4\sqrt{3}$

$\triangle PCD = \dfrac{1}{2} \times 4 \times 4 \times \sin 30°$

$= \dfrac{1}{2} \times 4 \times 4 \times \dfrac{1}{2} = 4$

$\triangle DBC = \dfrac{1}{2} \times 4 \times 4 = 8$

$\therefore \triangle PBD = \triangle PBC + \triangle PCD - \triangle DBC$

$= 4\sqrt{3} + 4 - 8$

$= 4\sqrt{3} - 4$ 目 $4\sqrt{3} - 4$

237 오른쪽 그림과 같이 원뿔대의 밑면인 원의 중심을 지나고 밑면에 수직인 단면을 □ABCD라 하고 점 D에서 $\overline{BC}$에 내린 수선의 발을 H라 하면 △DHC에서

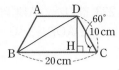

$\overline{DH}=10\sin 60°=10\times\dfrac{\sqrt{3}}{2}=5\sqrt{3}\,(\text{cm})$ ···❶

$\overline{CH}=10\cos 60°=10\times\dfrac{1}{2}=5\,(\text{cm})$ ···❷

$\overline{BH}=\overline{BC}-\overline{CH}=20-5=15\,(\text{cm})$이므로 ···❸

△DBH에서

$\overline{BD}=\sqrt{15^2+(5\sqrt{3})^2}=\sqrt{300}=10\sqrt{3}\,(\text{cm})$

따라서 빨대에서 물에 잠긴 부분의 길이는 $10\sqrt{3}$ cm이다.

···❹

🔺 $10\sqrt{3}$ cm

채점 기준	배점
❶ $\overline{DH}$의 길이 구하기	30 %
❷ $\overline{CH}$의 길이 구하기	30 %
❸ $\overline{BH}$의 길이 구하기	10 %
❹ 빨대에서 물에 잠긴 부분의 길이 구하기	30 %

238 $\overline{BC}=\overline{AD}=8$ cm이므로

$\begin{aligned}\square ABCD&=6\times 8\times\sin 45°\\&=6\times 8\times\dfrac{\sqrt{2}}{2}=24\sqrt{2}\,(\text{cm}^2)\end{aligned}$ ···❶

$\overline{BM}=\dfrac{1}{2}\overline{AD}=\dfrac{1}{2}\times 8=4\,(\text{cm})$이므로

$\begin{aligned}\triangle ABM&=\dfrac{1}{2}\times 6\times 4\times\sin 45°\\&=\dfrac{1}{2}\times 6\times 4\times\dfrac{\sqrt{2}}{2}=6\sqrt{2}\,(\text{cm}^2)\end{aligned}$

$\angle BCD=180°-45°=135°$이고 $\overline{MC}=\overline{BM}=4$ cm,

$\overline{NC}=\dfrac{1}{2}\overline{DC}=\dfrac{1}{2}\overline{AB}=\dfrac{1}{2}\times 6=3\,(\text{cm})$이므로

$\begin{aligned}\triangle MCN&=\dfrac{1}{2}\times 4\times 3\times\sin(180°-135°)\\&=\dfrac{1}{2}\times 4\times 3\times\dfrac{\sqrt{2}}{2}=3\sqrt{2}\,(\text{cm}^2)\end{aligned}$

$\overline{DN}=\overline{NC}=3$ cm이므로

$\begin{aligned}\triangle AND&=\dfrac{1}{2}\times 8\times 3\times\sin 45°\\&=\dfrac{1}{2}\times 8\times 3\times\dfrac{\sqrt{2}}{2}=6\sqrt{2}\,(\text{cm}^2)\end{aligned}$ ···❷

$\begin{aligned}\therefore \triangle AMN&=\square ABCD-\triangle ABM-\triangle MCN-\triangle AND\\&=24\sqrt{2}-6\sqrt{2}-3\sqrt{2}-6\sqrt{2}\\&=9\sqrt{2}\,(\text{cm}^2)\end{aligned}$ ···❸

🔺 $9\sqrt{2}$ cm²

채점 기준	배점
❶ 평행사변형 ABCD의 넓이 구하기	20 %
❷ △ABM, △MCN, △AND의 넓이 각각 구하기	60 %
❸ △AMN의 넓이 구하기	20 %

03. 원과 직선

더 **핵심** 유형   42~51쪽

Theme **06** 원의 현   42~45쪽

239 $\overline{AM}=\dfrac{1}{2}\overline{AB}=\dfrac{1}{2}\times 6=3\,(\text{cm})$

직각삼각형 OAM에서

$\overline{OA}=\sqrt{3^2+4^2}=\sqrt{25}=5\,(\text{cm})$

따라서 원 O의 반지름의 길이는 5 cm이다.   🔲 ②

240 오른쪽 그림과 같이 원의 중심 O에서 $\overline{AB}$에 내린 수선의 발을 H라 하면

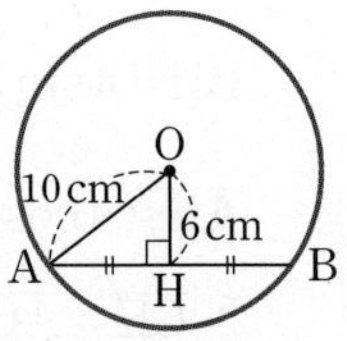

$\overline{AH}=\overline{BH}$

직각삼각형 OAH에서

$\overline{AH}=\sqrt{10^2-6^2}=\sqrt{64}=8\,(\text{cm})$

$\therefore \overline{AB}=2\overline{AH}=2\times 8=16\,(\text{cm})$ 🔲 16 cm

241 $\overline{OM}=\dfrac{1}{2}\overline{OC}=\dfrac{1}{2}\times 8=4\,(\text{cm})$

직각삼각형 OAM에서

$\overline{AM}=\sqrt{8^2-4^2}=\sqrt{48}=4\sqrt{3}\,(\text{cm})$

$\therefore \overline{AB}=2\overline{AM}=2\times 4\sqrt{3}=8\sqrt{3}\,(\text{cm})$ 🔲 ③

242 $\overline{AM}=\dfrac{1}{2}\overline{AB}=\dfrac{1}{2}\times 2\sqrt{7}=\sqrt{7}\,(\text{cm})$

직각삼각형 OAM에서

$\overline{OM}=\sqrt{4^2-(\sqrt{7})^2}=\sqrt{9}=3\,(\text{cm})$

$\therefore \overline{MP}=\overline{OP}-\overline{OM}=4-3=1\,(\text{cm})$ 🔲 ④

243 △ABC가 정삼각형이므로 $\overline{BC}=\overline{AB}=4\sqrt{3}$ cm

$\therefore \overline{BM}=\dfrac{1}{2}\overline{BC}=\dfrac{1}{2}\times 4\sqrt{3}=2\sqrt{3}\,(\text{cm})$

오른쪽 그림과 같이 $\overline{OB}$를 그으면

직각삼각형 OBM에서

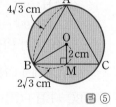

$\begin{aligned}\overline{OB}&=\sqrt{(2\sqrt{3})^2+2^2}=\sqrt{16}\\&=4\,(\text{cm})\end{aligned}$

따라서 원 O의 넓이는

$\pi\times 4^2=16\pi\,(\text{cm}^2)$ 🔲 ⑤

244 $\overline{BM}=\overline{AM}=6$ cm

$\overline{OB}=x$ cm라 하면

$\overline{OC}=\overline{OB}=x$ cm이므로

$\overline{OM}=(x-4)$ cm

직각삼각형 OBM에서

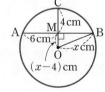

$6^2+(x-4)^2=x^2$, $8x=52$ $\therefore x=\dfrac{13}{2}$

따라서 원 O의 둘레의 길이는 $2\pi\times\dfrac{13}{2}=13\pi\,(\text{cm})$

🔲 13π cm

245 $\overline{CM}$은 $\overline{AB}$의 수직이등분선이므로 $\overline{CM}$의 연장선은 원의 중심을 지난다.

오른쪽 그림과 같이 $\overline{CM}$의 연장
선과 $\overline{OA}$를 긋고 원의 중심을 O,
반지름의 길이를 r cm라 하면

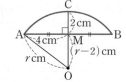

$$\overline{AM}=\frac{1}{2}\overline{AB}=\frac{1}{2}\times 8=4(cm),$$

$\overline{OM}=(r-2)$ cm

직각삼각형 OAM에서

$4^2+(r-2)^2=r^2$, $4r=20$

$\therefore r=5$

따라서 원의 반지름의 길이는 5 cm이다. 답 ③

246 $\overline{CD}$는 $\overline{AB}$의 수직이등분선이므로 $\overline{CD}$의 연장선은 원의 중
심을 지난다.

오른쪽 그림과 같이 $\overline{CD}$의 연장
선과 $\overline{OA}$를 긋고 원의 중심을 O
라 하면

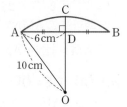

$$\overline{AD}=\frac{1}{2}\overline{AB}=\frac{1}{2}\times 12$$
$$=6(cm)$$

이므로 △OAD에서

$\overline{OD}=\sqrt{10^2-6^2}=\sqrt{64}=8(cm)$

이때 $\overline{OC}=10$ cm이므로

$\overline{CD}=\overline{OC}-\overline{OD}=10-8=2(cm)$ 답 ③

247 오른쪽 그림과 같이 점 A에서 $\overline{BC}$
에 내린 수선의 발을 H라 하면

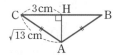

$$\overline{CH}=\frac{1}{2}\overline{BC}=\frac{1}{2}\times 6=3(cm)$$

직각삼각형 ACH에서

$\overline{AH}=\sqrt{(\sqrt{13})^2-3^2}=\sqrt{4}=2(cm)$

이때 $\overline{AH}$는 $\overline{BC}$의 수직이등분선이므로 $\overline{AH}$의 연장선은
원의 중심을 지난다.

오른쪽 그림과 같이 $\overline{AH}$의 연장
선과 $\overline{OC}$를 긋고 원의 중심을 O,
반지름의 길이를 r cm라 하면

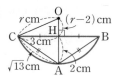

$\overline{OH}=(r-2)$ cm이므로

직각삼각형 OCH에서

$3^2+(r-2)^2=r^2$, $4r=13$ $\quad\therefore r=\dfrac{13}{4}$

따라서 원래 접시의 둘레의 길이는

$$2\pi\times\frac{13}{4}=\frac{13}{2}\pi(cm)$$ 답 $\frac{13}{2}\pi$ cm

248 오른쪽 그림과 같이 $\overline{OA}$를 긋고 원의
중심 O에서 $\overline{AB}$에 내린 수선의 발을
M이라 하면 $\overline{OA}=2\sqrt{3}$ cm,

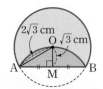

$$\overline{OM}=\frac{1}{2}\overline{OA}=\frac{1}{2}\times 2\sqrt{3}=\sqrt{3}(cm)$$

직각삼각형 OAM에서

$\overline{AM}=\sqrt{(2\sqrt{3})^2-(\sqrt{3})^2}=\sqrt{9}=3(cm)$

$\therefore \overline{AB}=2\overline{AM}=2\times 3=6(cm)$ 답 ①

249 오른쪽 그림과 같이 원의 중심 O에서
$\overline{AB}$에 내린 수선의 발을 M이라 하면

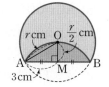

$$\overline{AM}=\frac{1}{2}\overline{AB}=\frac{1}{2}\times 6=3(cm)$$

$\overline{OA}$를 긋고 원 O의 반지름의 길이
를 r cm라 하면

$\overline{OM}=\dfrac{r}{2}$ cm이므로

직각삼각형 OAM에서

$3^2+\left(\dfrac{r}{2}\right)^2=r^2$, $\dfrac{3}{4}r^2=9$, $r^2=12$

$\therefore r=2\sqrt{3}$ ($\because r>0$)

따라서 원 O의 반지름의 길이는 $2\sqrt{3}$ cm이다. 답 ②

250 오른쪽 그림과 같이 원의 중심 O에
서 $\overline{AB}$에 내린 수선의 발을 M이라
하면

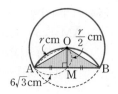

$$\overline{AM}=\frac{1}{2}\overline{AB}=\frac{1}{2}\times 12\sqrt{3}$$
$$=6\sqrt{3}(cm)$$

원 O의 반지름의 길이를 r cm라 하면

$\overline{OM}=\dfrac{r}{2}$ cm이므로

직각삼각형 OAM에서

$(6\sqrt{3})^2+\left(\dfrac{r}{2}\right)^2=r^2$, $\dfrac{3}{4}r^2=108$, $r^2=144$

$\therefore r=12$ ($\because r>0$)

따라서 $\overline{OM}=6$ cm이므로

$\triangle OAB=\dfrac{1}{2}\times 12\sqrt{3}\times 6=36\sqrt{3}(cm^2)$ 답 $36\sqrt{3}$ cm²

251 오른쪽 그림과 같이 $\overline{OA}$를 그으면

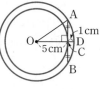

$\overline{OA}=\overline{OD}=5+1=6(cm)$

$\overline{OC}\perp\overline{AB}$이므로

직각삼각형 OAC에서

$\overline{AC}=\sqrt{6^2-5^2}=\sqrt{11}(cm)$

$\therefore \overline{AB}=2\overline{AC}=2\times\sqrt{11}=2\sqrt{11}(cm)$ 답 ⑤

252 $\overline{BC}=\dfrac{1}{2}\overline{AB}=\dfrac{1}{2}\times 14=7(cm)$

오른쪽 그림과 같이 $\overline{OB}$, $\overline{OC}$를 긋
고 큰 원의 반지름의 길이를 R cm,
작은 원의 반지름의 길이를 r cm라
하면

$\overline{OB}=R$ cm, $\overline{OC}=r$ cm이고

$\overline{OC}\perp\overline{AB}$이므로 직각삼각형 OBC에서

$R^2-r^2=7^2=49$

따라서 색칠한 부분의 넓이는

$\pi R^2-\pi r^2=\pi(R^2-r^2)=49\pi(cm^2)$ 답 49π cm²

253 $\overline{AC}=\overline{CD}=\dfrac{1}{3}\overline{AB}=\dfrac{1}{3}\times6\sqrt{2}=2\sqrt{2}$

오른쪽 그림과 같이 $\overline{OA}$를 긋고
큰 원의 반지름의 길이를 r, 원의
중심 O에서 $\overline{AB}$에 내린 수선의
발을 M이라 하면

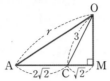

$\overline{CM}=\dfrac{1}{2}\overline{CD}=\dfrac{1}{2}\times2\sqrt{2}=\sqrt{2}$

$\therefore \overline{AM}=\overline{AC}+\overline{CM}=2\sqrt{2}+\sqrt{2}=3\sqrt{2}$

직각삼각형 OCM에서

$\overline{OM}=\sqrt{3^2-(\sqrt{2})^2}=\sqrt{7}$

직각삼각형 OAM에서

$(3\sqrt{2})^2+(\sqrt{7})^2=r^2,\ r^2=25 \qquad \therefore r=5\ (\because r>0)$

따라서 큰 원의 반지름의 길이는 5이다.   🖺 5

254 직각삼각형 OAM에서

$\overline{AM}=\sqrt{5^2-(\sqrt{5})^2}=\sqrt{20}=2\sqrt{5}\,(cm)$

이때 $\overline{OM}=\overline{ON}$이므로 $\overline{AB}=\overline{CD}$

$\therefore \overline{CD}=\overline{AB}=2\overline{AM}=2\times2\sqrt{5}=4\sqrt{5}\,(cm)$ 🖺 $4\sqrt{5}\,cm$

255 $\overline{AM}=\dfrac{1}{2}\overline{AB}=\dfrac{1}{2}\times10=5\,(cm)$

오른쪽 그림과 같이 $\overline{OA}$를 그으면 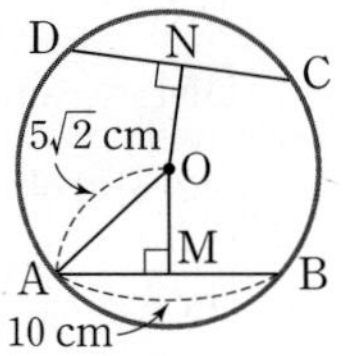
$\overline{OA}=5\sqrt{2}\,cm$

직각삼각형 OAM에서

$\overline{OM}=\sqrt{(5\sqrt{2})^2-5^2}=\sqrt{25}=5\,(cm)$

이때 $\overline{AB}=\overline{CD}$이므로

$\overline{ON}=\overline{OM}=5\,cm$

$\therefore \overline{OM}+\overline{ON}=5+5=10\,(cm)$ 🖺 ③

256 오른쪽 그림과 같이 $\overline{OC}$, $\overline{OD}$를 그
으면

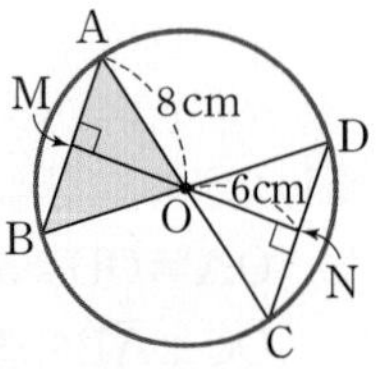

$\overline{OC}=\overline{OA}=8\,cm$이므로

직각삼각형 OCN에서

$\overline{CN}=\sqrt{8^2-6^2}=\sqrt{28}=2\sqrt{7}\,(cm)$

$\therefore \overline{CD}=2\overline{CN}=2\times2\sqrt{7}=4\sqrt{7}\,(cm)$

이때 $\overline{AB}=\overline{CD}$이므로 $\overline{AB}=4\sqrt{7}\,cm$이고 원의 중심 O에
서 $\overline{AB}$에 내린 수선의 발을 M이라 하면

$\overline{OM}=\overline{ON}=6\,cm$

$\therefore \triangle OAB=\dfrac{1}{2}\times4\sqrt{7}\times6=12\sqrt{7}\,(cm^2)$ 🖺 $12\sqrt{7}\,cm^2$

257 $\overline{OM}=\overline{ON}$이므로 $\overline{AB}=\overline{AC}$

즉, $\triangle ABC$는 $\overline{AB}=\overline{AC}$인 이등변삼각형이므로

$\angle ABC=\dfrac{1}{2}\times(180^\circ-50^\circ)=65^\circ$ 🖺 65°

258 $\square OMBH$에서

$\angle MBH=360^\circ-(110^\circ+90^\circ+90^\circ)=70^\circ$

$\overline{OM}=\overline{ON}$이므로 $\overline{AB}=\overline{AC}$

즉, $\triangle ABC$는 $\overline{AB}=\overline{AC}$인 이등변삼각형이므로

$\angle BAC=180^\circ-2\times70^\circ=40^\circ$ 🖺 ①

259 $\square AMON$에서

$\angle MAN=360^\circ-(90^\circ+120^\circ+90^\circ)=60^\circ$

$\overline{OM}=\overline{ON}$이므로 $\overline{AB}=\overline{AC}$

즉, $\triangle ABC$는 $\overline{AB}=\overline{AC}$인 이등변삼각형이므로

$\angle ABC=\angle ACB=\dfrac{1}{2}\times(180^\circ-60^\circ)=60^\circ$

따라서 $\triangle ABC$는 정삼각형이므로

$\overline{BC}=\overline{AB}=2\overline{AM}=2\times3=6\,(cm)$ 🖺 ②

260 $\overline{OM}=\overline{ON}$이므로 $\overline{AB}=\overline{AC}$

$\triangle ABC$에서 $\overline{AM}=\overline{MB}$, $\overline{AN}=\overline{NC}$이므로

$\overline{AN}=\overline{AM}=\dfrac{1}{2}\overline{AB}=\dfrac{1}{2}\times9=\dfrac{9}{2}\,(cm)$

$\overline{MN}=\dfrac{1}{2}\overline{BC}=\dfrac{1}{2}\times6=3\,(cm)$

따라서 $\triangle AMN$의 둘레의 길이는

$\overline{AM}+\overline{MN}+\overline{AN}=\dfrac{9}{2}+3+\dfrac{9}{2}=12\,(cm)$ 🖺 ④

261 $\overline{OD}=\overline{OE}=\overline{OF}$이므로 $\overline{AB}=\overline{BC}=\overline{CA}$

즉, $\triangle ABC$는 정삼각형이다. (⑤)

직각삼각형 OCE에서

$\angle OCE=\dfrac{1}{2}\times60^\circ=30^\circ$이므로 (④)

$\overline{CO}=\dfrac{\overline{OE}}{\sin 30^\circ}=\sqrt{3}\times\dfrac{2}{1}=2\sqrt{3}\,(cm)$ (②)

$\overline{CE}=\dfrac{\overline{OE}}{\tan 30^\circ}=\sqrt{3}\times\dfrac{3}{\sqrt{3}}=3\,(cm)$

$\therefore \overline{AD}=\overline{CE}=3\,cm$ (①),

$\overline{AC}=2\overline{CE}=2\times3=6\,(cm)$ (③)

따라서 옳지 않은 것은 ③이다.   🖺 ③

262 $\overline{OD}=\overline{OE}=\overline{OF}$이므로 $\overline{AB}=\overline{BC}=\overline{CA}$

즉, $\triangle ABC$는 정삼각형이다.

오른쪽 그림과 같이 $\overline{OA}$를 그으면

직각삼각형 OAD에서

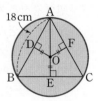

$\angle DAO=\dfrac{1}{2}\angle BAC=\dfrac{1}{2}\times60^\circ$
$=30^\circ$

이고

$\overline{AD}=\dfrac{1}{2}\overline{AB}=\dfrac{1}{2}\times18=9\,(cm)$

이므로

$\overline{AO}=\dfrac{\overline{AD}}{\cos 30^\circ}=9\times\dfrac{2}{\sqrt{3}}=6\sqrt{3}\,(cm)$

따라서 원 O의 넓이는 $\pi\times(6\sqrt{3})^2=108\pi\,(cm^2)$

   🖺 $108\pi\,cm^2$

Theme 07 원의 접선   46~51쪽

263 $\overline{PA}=\overline{PB}$이므로 $\triangle PAB$는 이등변삼각형이다.

$\therefore \angle x=\dfrac{1}{2}\times(180^\circ-68^\circ)=56^\circ$ 🖺 ②

264 $\overline{PA}=\overline{PB}$이므로 $\triangle PAB$는 이등변삼각형이다.

$\therefore \angle x=180°-2\times54°=72°$ ☑ 72°

265 $\overline{PA}=\overline{PB}$이므로 $\triangle PAB$는 이등변삼각형이다.

$\therefore \angle PAB=\dfrac{1}{2}\times(180°-70°)=55°$

이때 $\angle OAP=90°$이므로

$\angle x=90°-55°=35°$ ☑ ④

266 $\angle PAC=90°$이므로 $\angle PAB=90°-24°=66°$

이때 $\triangle PAB$는 $\overline{PA}=\overline{PB}$인 이등변삼각형이므로

$\angle P=180°-2\times66°=48°$ ☑ 48°

267 원 O에서 $\overline{PA}=\overline{PB}$이고, 원 O'에서 $\overline{PB}=\overline{PC}$이므로

$\overline{PA}=\overline{PC}$

즉, $x+5=11-2x$이므로

$3x=6$ $\therefore x=2$ ☑ 2

268 $\overline{PB}=\overline{PA}=6$ cm이므로

$\triangle PAB=\dfrac{1}{2}\times6\times6\times\sin60°$

$=\dfrac{1}{2}\times6\times6\times\dfrac{\sqrt3}{2}$

$=9\sqrt3(\text{cm}^2)$ ☑ $9\sqrt3$ cm²

269 오른쪽 그림과 같이 $\overline{AB}$를 그으면 $\triangle CAB$는 $\overline{CA}=\overline{CB}$인 이등변삼각형이므로

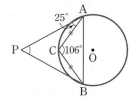

$\angle CAB=\dfrac{1}{2}\times(180°-106°)$

$=37°$

$\therefore \angle PAB=25°+37°=62°$

이때 $\triangle PAB$는 $\overline{PA}=\overline{PB}$인 이등변삼각형이므로

$\angle P=180°-2\times62°=56°$ ☑ 56°

270 $\angle OAP=90°$이므로 직각삼각형 PAO에서

$\overline{PA}=\sqrt{13^2-5^2}=\sqrt{144}=12(\text{cm})$

$\therefore \overline{PB}=\overline{PA}=12$ cm ☑ 12 cm

271 오른쪽 그림과 같이 $\overline{OT}$를 그으면 $\overline{OT}=5$ cm, $\angle OTP=90°$ 이므로

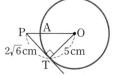

직각삼각형 PTO에서

$\overline{PO}=\sqrt{(2\sqrt6)^2+5^2}=\sqrt{49}=7(\text{cm})$

$\therefore \overline{PA}=\overline{PO}-\overline{OA}=7-5=2(\text{cm})$ ☑ ①

272 오른쪽 그림과 같이 원 O의 반지름의 길이를 r cm라 하면 $\angle OTP=90°$, $\angle P=30°$이므로

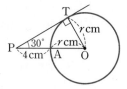

직각삼각형 PTO에서

$\sin30°=\dfrac{\overline{TO}}{\overline{PO}}=\dfrac{r}{4+r}$

즉, $\dfrac{r}{4+r}=\dfrac{1}{2}$이므로 $2r=4+r$ $\therefore r=4$

따라서 $\overline{PO}=4+4=8(\text{cm})$, $\overline{TO}=4$ cm이므로

$\overline{PT}=\sqrt{8^2-4^2}=\sqrt{48}=4\sqrt3(\text{cm})$ ☑ $4\sqrt3$ cm

273 $\square AOBP$에서 $\angle OAP=\angle OBP=90°$이므로

$\angle AOB+\angle P=180°$

$\therefore \angle AOB=180°-72°=108°$

따라서 색칠한 부채꼴의 넓이는

$\pi\times5^2\times\dfrac{108}{360}=\dfrac{15}{2}\pi(\text{cm}^2)$ ☑ $\dfrac{15}{2}\pi$ cm²

274 ① $\overline{PB}=\overline{PA}=12$ cm

② $\triangle PAO\equiv\triangle PBO$ (RHS 합동)이므로

$\angle POB=\dfrac{1}{2}\angle AOB=\dfrac{1}{2}\times120°=60°$

직각삼각형 PBO에서

$\overline{OB}=\dfrac{\overline{PB}}{\tan60°}=12\times\dfrac{1}{\sqrt3}=4\sqrt3(\text{cm})$

③ $\widehat{AB}=2\pi\times4\sqrt3\times\dfrac{120}{360}=\dfrac{8\sqrt3}{3}\pi(\text{cm})$

④ 직각삼각형 PBO에서

$\overline{OP}=\sqrt{12^2+(4\sqrt3)^2}=\sqrt{192}=8\sqrt3(\text{cm})$

⑤ $\square PAOB=2\triangle PBO=2\times\left(\dfrac{1}{2}\times4\sqrt3\times12\right)$

$=48\sqrt3(\text{cm}^2)$

따라서 옳은 것은 ④이다. ☑ ④

275 $\overline{PB}=\overline{PA}$이므로 $\triangle PAB$에서

$\angle PAB=\angle PBA=\dfrac{1}{2}\times(180°-60°)=60°$

즉, $\triangle PAB$는 정삼각형이므로 $\overline{AB}=\overline{PA}=4\sqrt3$ cm

$\overline{AB}\perp\overline{OH}$이므로

$\overline{AH}=\dfrac{1}{2}\overline{AB}=\dfrac{1}{2}\times4\sqrt3=2\sqrt3(\text{cm})$

오른쪽 그림과 같이 $\overline{OA}$를 그으면 $\angle PAO=90°$이므로

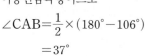

$\angle OAH=90°-60°=30°$

따라서 직각삼각형 OAH에서

$\overline{OH}=\overline{AH}\tan30°$

$=2\sqrt3\times\dfrac{\sqrt3}{3}=2(\text{cm})$ ☑ ③

276 $\angle ODA=90°$이므로 직각삼각형 ADO에서

$\overline{AD}=\sqrt{11^2-(2\sqrt{10})^2}=\sqrt{81}=9(\text{cm})$

$\overline{AF}=\overline{AD}=9$ cm, $\overline{BE}=\overline{BD}$, $\overline{CE}=\overline{CF}$이므로

$(\triangle ABC$의 둘레의 길이$)=\overline{AB}+\overline{BC}+\overline{CA}$

$=\overline{AB}+(\overline{BE}+\overline{EC})+\overline{CA}$

$=(\overline{AB}+\overline{BD})+(\overline{CF}+\overline{CA})$

$=\overline{AD}+\overline{AF}$

$=9+9=18(\text{cm})$ ☑ ①

277 $\overline{BD}=\overline{BE}$, $\overline{CF}=\overline{CE}$이므로

$\overline{AD}+\overline{AF}=(\overline{AB}+\overline{BD})+(\overline{AC}+\overline{CF})$

$=\overline{AB}+(\overline{BE}+\overline{CE})+\overline{AC}$

$=\overline{AB}+\overline{BC}+\overline{CA}=10+5+8=23(\text{cm})$

이때 $\overline{AD}=\overline{AF}$이므로 $\overline{AD}=\dfrac{23}{2}$ cm

$\therefore \overline{BD}=\overline{AD}-\overline{AB}=\dfrac{23}{2}-10=\dfrac{3}{2}(\text{cm})$ ☑ $\dfrac{3}{2}$ cm

278 오른쪽 그림과 같이 $\overline{OP}$를 그으면
$\angle OBP=90°$이고

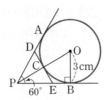

$\angle OPB=\dfrac{1}{2}\angle APB=\dfrac{1}{2}\times 60°$
$\qquad =30°$

이므로 직각삼각형 PBO에서

$\overline{PB}=\dfrac{\overline{OB}}{\tan 30°}=3\times\dfrac{3}{\sqrt{3}}=3\sqrt{3}\,(\text{cm})$

이때 $\overline{PA}=\overline{PB}=3\sqrt{3}$ cm, $\overline{DC}=\overline{DA}$, $\overline{EC}=\overline{EB}$이므로

$(\triangle PDE$의 둘레의 길이$)=\overline{PD}+\overline{DE}+\overline{EP}$
$\qquad =\overline{PD}+(\overline{DC}+\overline{CE})+\overline{EP}$
$\qquad =(\overline{PD}+\overline{DA})+(\overline{EB}+\overline{EP})$
$\qquad =\overline{PA}+\overline{PB}$
$\qquad =3\sqrt{3}+3\sqrt{3}=6\sqrt{3}\,(\text{cm})$

답 $6\sqrt{3}$ cm

279 $\overline{DP}=\overline{DA}=6$ cm, $\overline{CP}=\overline{CB}=9$ cm이므로
$\overline{DC}=\overline{DP}+\overline{CP}=6+9=15\,(\text{cm})$

오른쪽 그림과 같이 점 D에서 $\overline{BC}$에 내린 수선의 발을 H라 하면 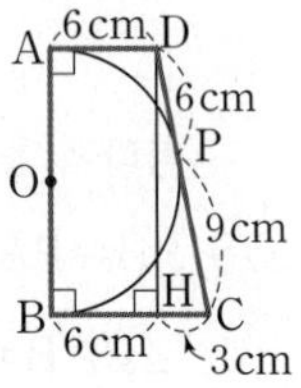
$\overline{BH}=\overline{AD}=6$ cm이므로
$\overline{HC}=\overline{BC}-\overline{BH}=9-6=3\,(\text{cm})$

직각삼각형 DHC에서
$\overline{DH}=\sqrt{15^2-3^2}=\sqrt{216}=6\sqrt{6}\,(\text{cm})$
$\therefore \overline{AB}=\overline{DH}=6\sqrt{6}$ cm

따라서 반원 O의 반지름의 길이는

$\dfrac{1}{2}\overline{AB}=\dfrac{1}{2}\times 6\sqrt{6}=3\sqrt{6}\,(\text{cm})$

답 ⑤

280 $\overline{DA}=\overline{DP}$, $\overline{CB}=\overline{CP}$이므로
$\overline{AD}+\overline{BC}=\overline{DP}+\overline{CP}=\overline{CD}=12\,(\text{cm})$

이때 $\overline{AB}=2\overline{AO}=2\times 5=10\,(\text{cm})$이므로

□ABCD의 둘레의 길이는

$\overline{AB}+\overline{BC}+\overline{CD}+\overline{DA}=\overline{AB}+(\overline{BC}+\overline{DA})+\overline{CD}$
$\qquad\qquad =10+12+12=34\,(\text{cm})$

답 34 cm

281 $\overline{CE}=\overline{CB}=3$ cm, $\overline{DE}=\overline{DA}=5$ cm이므로
$\overline{CD}=\overline{CE}+\overline{DE}=3+5=8\,(\text{cm})$

오른쪽 그림과 같이 점 C에서 $\overline{AD}$에 내린 수선의 발을 H라 하면 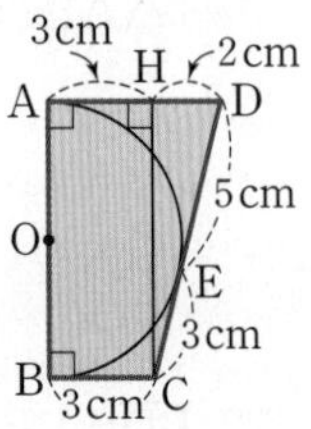
$\overline{AH}=\overline{BC}=3$ cm이므로
$\overline{HD}=\overline{AD}-\overline{AH}=5-3=2\,(\text{cm})$

직각삼각형 CHD에서
$\overline{CH}=\sqrt{8^2-2^2}=\sqrt{60}=2\sqrt{15}\,(\text{cm})$

이므로 $\overline{AB}=\overline{HC}=2\sqrt{15}$ cm

$\therefore \square ABCD=\dfrac{1}{2}\times(5+3)\times 2\sqrt{15}=8\sqrt{15}\,(\text{cm}^2)$ 답 ③

282 $\overline{BD}=\overline{BE}=x$ cm라 하면
$\overline{AF}=\overline{AD}=(15-x)$ cm, $\overline{CF}=\overline{CE}=(16-x)$ cm
이때 $\overline{AC}=\overline{AF}+\overline{CF}$이므로

$19=(15-x)+(16-x)$, $2x=12$ $\quad \therefore x=6$
따라서 $\overline{BD}$의 길이는 6 cm이다. 답 6 cm

283 $\overline{AD}=\overline{AF}$, $\overline{BD}=\overline{BE}$, $\overline{CE}=\overline{CF}$이므로
$\overline{AB}+\overline{BC}+\overline{CA}=2(\overline{AF}+\overline{BD}+\overline{CE})$

$\therefore \overline{AF}+\overline{BD}+\overline{CE}=\dfrac{1}{2}(\overline{AB}+\overline{BC}+\overline{CA})$
$\qquad\qquad =\dfrac{1}{2}\times(11+15+8)$
$\qquad\qquad =17\,(\text{cm})$ 답 17 cm

284 $\overline{BE}=\overline{BD}=7$ cm, $\overline{AD}=\overline{AF}=4$ cm
$\overline{CE}=\overline{CF}=x$ cm라 하면
$\triangle ABC$의 둘레의 길이가 32 cm이므로
$2\times(4+7+x)=32$, $x+11=16$ $\quad \therefore x=5$
$\therefore \overline{AC}=\overline{AF}+\overline{CF}=4+5=9\,(\text{cm})$ 답 9 cm

285 직각삼각형 ABC에서 $\overline{BC}=\sqrt{17^2-8^2}=\sqrt{225}=15\,(\text{cm})$

오른쪽 그림과 같이 원 O의 반지름의 길이를 r cm라 하면 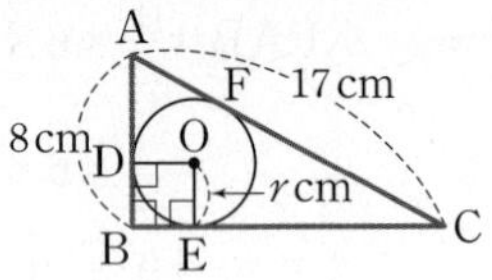
$\overline{BD}=\overline{BE}=r$ cm이므로
$\overline{AF}=\overline{AD}=(8-r)$ cm,
$\overline{CF}=\overline{CE}=(15-r)$ cm
이때 $\overline{AC}=\overline{AF}+\overline{CF}$이므로
$17=(8-r)+(15-r)$, $2r=6$ $\quad \therefore r=3$
따라서 원 O의 반지름의 길이는 3 cm이다. 답 ⑤

286 오른쪽 그림에서 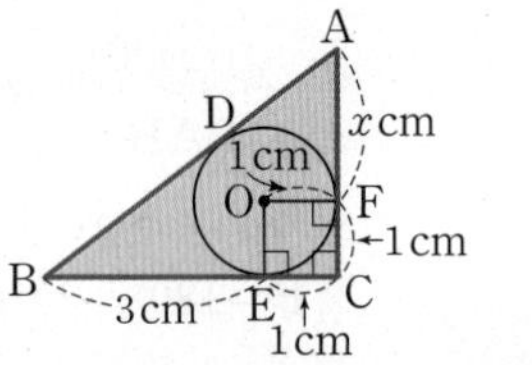
$\overline{AD}=\overline{AF}=x$ cm라 하면
$\overline{BD}=\overline{BE}=3$ cm,
$\overline{CE}=\overline{CF}=1$ cm이므로
$\overline{AB}=(x+3)$ cm,
$\overline{AC}=(x+1)$ cm
직각삼각형 ABC에서
$(3+1)^2+(x+1)^2=(x+3)^2$, $4x=8$ $\quad \therefore x=2$
$\therefore \triangle ABC=\dfrac{1}{2}\times(3+1)\times(2+1)=6\,(\text{cm}^2)$

답 6 cm²

287 오른쪽 그림과 같이 원 O의 반지름의 길이를 r cm라 하면 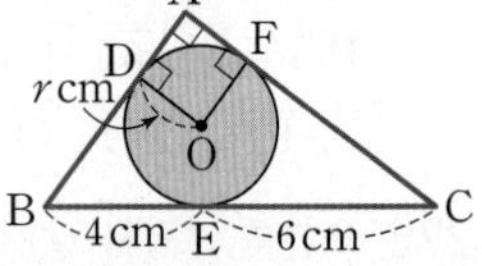
$\overline{AD}=\overline{AF}=r$ cm이고
$\overline{BD}=\overline{BE}=4$ cm,
$\overline{CF}=\overline{CE}=6$ cm이므로
$\overline{AB}=(r+4)$ cm, $\overline{AC}=(r+6)$ cm
직각삼각형 ABC에서
$(r+4)^2+(r+6)^2=10^2$, $r^2+10r-24=0$
$(r+12)(r-2)=0$ $\quad \therefore r=2 \ (\because r>0)$
따라서 원 O의 넓이는 $\pi\times 2^2=4\pi\,(\text{cm}^2)$ 답 ①

288 $\overline{DG}=\overline{DH}=1$ cm이므로
$\overline{DC}=\overline{DG}+\overline{CG}=1+2=3\,(\text{cm})$

$$\therefore \overline{AB}+\overline{DC}=4+3=7(cm)$$

이때 $\overline{AB}+\overline{DC}=\overline{AD}+\overline{BC}$이므로

□ABCD의 둘레의 길이는

$$\overline{AB}+\overline{BC}+\overline{CD}+\overline{DA}=2(\overline{AB}+\overline{DC})$$
$$=2\times7=14(cm)$$
　　　　　　　답 14 cm

289 $\overline{AB}+\overline{DC}=\overline{AD}+\overline{BC}$이므로
$$(\overline{AP}+8)+(3+\overline{CR})=7+15$$
$$\therefore \overline{AP}+\overline{CR}=11(cm)$$
　　　　　　　답 ③

290 □ABCD의 둘레의 길이가 40 cm이고
$$\overline{AB}+\overline{DC}=\overline{AD}+\overline{BC}$$이므로
$$\overline{AD}+\overline{BC}=\frac{1}{2}\times40=20(cm)$$
$$6+\overline{BC}=20 \quad \therefore \overline{BC}=14(cm)$$
　　　　　　　답 ⑤

291 직각삼각형 ABC에서
$$\overline{BC}=\sqrt{(2\sqrt{13})^2-4^2}=\sqrt{36}=6(cm)$$
이때 $\overline{AB}+\overline{DC}=\overline{AD}+\overline{BC}$이므로
$$4+\overline{DC}=3+6 \quad \therefore \overline{DC}=5(cm)$$
　　　　　　　답 ②

292 $\overline{AB}+\overline{DC}=\overline{AD}+\overline{BC}$이므로
$$\overline{AD}+\overline{BC}=5+9=14(cm)$$
$\overline{AD}=3k$ cm, $\overline{BC}=4k$ cm $(k>0)$라 하면
$$3k+4k=14, 7k=14 \quad \therefore k=2$$
$$\therefore \overline{BC}=4\times2=8(cm)$$
　　　　　　　답 8 cm

293 원 O의 반지름의 길이가 4 cm
이므로

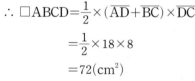

$$\overline{DC}=2\times4=8(cm)$$
$$\overline{AB}+\overline{DC}=\overline{AD}+\overline{BC}$$
$$\overline{AD}+\overline{BC}=10+8=18(cm)$$
$$\therefore □ABCD=\frac{1}{2}\times(\overline{AD}+\overline{BC})\times\overline{DC}$$
$$=\frac{1}{2}\times18\times8$$
$$=72(cm^2)$$
　　　　　　　답 72 cm²

294 $\overline{AB}=x$ cm라 하면 $\overline{AB}+\overline{DC}=\overline{AD}+\overline{BC}$이므로
$$x+\overline{DC}=12+20 \quad \therefore \overline{DC}=32-x(cm)$$
오른쪽 그림과 같이 점 D에서 $\overline{BC}$에
내린 수선의 발을 H라 하면
$$\overline{BH}=\overline{AD}=12 cm이므로$$
$$\overline{CH}=\overline{BC}-\overline{BH}$$
$$=20-12=8(cm)$$
직각삼각형 DHC에서
$$8^2+x^2=(32-x)^2, 64x=960 \quad \therefore x=15$$
따라서 원 O의 반지름의 길이는
$$\frac{1}{2}\overline{AB}=\frac{1}{2}\times15=\frac{15}{2}(cm)이므로 둘레의 길이는$$
$$2\pi\times\frac{15}{2}=15\pi(cm)$$
　　　　　　　답 15π cm

295 오른쪽 그림과 같이 원 O가
$\overline{BC}$, $\overline{CD}$와 접하는 접점을
각각 G, H라 하면

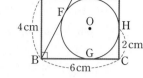

$$\overline{DC}=\overline{AB}=4 cm이므로$$
$$\overline{CG}=\overline{CH}=\frac{1}{2}\times4=2(cm)$$
$$\therefore \overline{BF}=\overline{BG}=6-2=4(cm)$$
　　　　　　　답 4 cm

296 $\overline{AS}=\overline{AP}=\overline{BP}=\overline{BQ}=\frac{1}{2}\times10=5(cm)$이므로
$$(\triangle DEC의 둘레의 길이)=\overline{DE}+\overline{EC}+\overline{CD}$$
$$=(\overline{DR}+\overline{ER})+\overline{EC}+\overline{CD}$$
$$=(\overline{DS}+\overline{EQ})+\overline{EC}+\overline{CD}$$
$$=\overline{DS}+(\overline{EQ}+\overline{EC})+\overline{CD}$$
$$=\overline{DS}+\overline{CQ}+\overline{CD}$$
$$=(15-5)+(15-5)+10$$
$$=30(cm)$$
　　　　　　　답 ②

297 오른쪽 그림과 같이 원 O
의 네 접점을 각각 F, G,
H, I라 하면

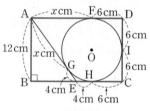

$$\overline{DF}=\overline{DI}=\overline{CI}=\overline{CH}$$
$$=\frac{1}{2}\times12=6(cm)$$
이므로
$$\overline{EG}=\overline{EH}=10-6=4(cm)$$
$\overline{AG}=\overline{AF}=x$ cm라 하면
$$\overline{AE}=(x+4) cm, \overline{BE}=(x+6)-10=x-4(cm)$$
이므로
직각삼각형 ABE에서
$$(x-4)^2+12^2=(x+4)^2, 16x=144 \quad \therefore x=9$$
$$\therefore \overline{AD}=9+6=15(cm)$$
　　　　　　　답 15 cm

298 반원 P의 반지름의 길이를
r cm라 하면 원 Q의 반지름의
길이가 $\frac{1}{2}\times4=2(cm)$

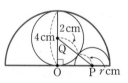

이므로
$$\overline{PQ}=(2+r) cm, \overline{OP}=(4-r) cm$$
$\angle QOP=90°$이므로 직각삼각형 QOP에서
$$(4-r)^2+2^2=(2+r)^2, 12r=16 \quad \therefore r=\frac{4}{3}$$
따라서 반원 P의 반지름의 길이는 $\frac{4}{3}$ cm이다. 　　답 $\frac{4}{3}$ cm

299 오른쪽 그림과 같이 점 O에서
$\overline{BC}$에 내린 수선과 점 O′에서
$\overline{AB}$에 내린 수선의 교점을 H
라 하자. 원 O′의 반지름의 길
이를 r cm라 하면

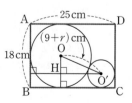

원 O의 반지름의 길이가 $\frac{1}{2}\times18=9(cm)$이므로
$$\overline{OO'}=(9+r) cm, \overline{OH}=(9-r) cm,$$
$$\overline{HO'}=25-(9+r)=16-r(cm)$$

직각삼각형 OHO′에서
$(16-r)^2+(9-r)^2=(9+r)^2$
$r^2-68r+256=0$, $(r-64)(r-4)=0$
$\therefore r=4$ $(\because 0<r<9)$
따라서 원 O′의 반지름의 길이는 4 cm이다. 🖺 ④

300 $\angle$AOB의 크기를 $x°$라 하면
$\pi \times 15^2 \times \dfrac{x}{360}=\dfrac{75}{2}\pi$ $\therefore x=60$
오른쪽 그림과 같이 원 O′의 반지름의
길이를 r cm라 하면
$\overline{OO′}=(15-r)$ cm
원 O′과 $\overline{OA}$, $\overline{OB}$의 접점을 각각 C,
D라 하면
$\triangle$O′CO≡$\triangle$O′DO (RHS 합동)
이므로
$\angle$O′OC=$\dfrac{1}{2}\times 60°=30°$
직각삼각형 O′CO에서
$\sin 30°=\dfrac{\overline{O′C}}{\overline{OO′}}=\dfrac{r}{15-r}$
즉, $\dfrac{r}{15-r}=\dfrac{1}{2}$이므로 $2r=15-r$, $3r=15$ $\therefore r=5$
따라서 원 O′의 넓이는 $\pi \times 5^2=25\pi$(cm^2) 🖺 25π cm^2

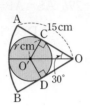

무형모이 Theme 06 원의 현 🔒 52쪽

301 오른쪽 그림과 같이 $\overline{OC}$를 그으면
$\overline{OC}=\overline{OB}=\dfrac{1}{2}\overline{AB}$
$=\dfrac{1}{2}\times 30=15$(cm)
$\overline{OH}=\overline{OB}-\overline{HB}=15-6=9$(cm)
직각삼각형 OCH에서
$\overline{CH}=\sqrt{15^2-9^2}=\sqrt{144}=12$(cm)
$\therefore \overline{CD}=2\overline{CH}=2\times 12=24$(cm) 🖺 ④

302 $\overline{CH}$는 $\overline{AB}$의 수직이등분선이므로 $\overline{CH}$의 연장선은 원의 중심을 지난다.
오른쪽 그림과 같이 $\overline{CH}$의 연장
선과 $\overline{OA}$를 긋고 원의 중심을 O,
원의 반지름의 길이를 r cm라 하
면

$\overline{OH}=(r-9)$ cm
직각삼각형 OAH에서
$15^2+(r-9)^2=r^2$, $18r=306$ $\therefore r=17$
따라서 원의 반지름의 길이는 17 cm이다. 🖺 17 cm

303 오른쪽 그림과 같이 $\overline{OA}$를 긋고 원의
중심 O에서 $\overline{AB}$에 내린 수선의 발을
H라 하면
$\overline{OA}=10$ cm,
$\overline{OH}=\dfrac{1}{2}\overline{OA}=\dfrac{1}{2}\times 10=5$(cm)
직각삼각형 OAH에서
$\overline{AH}=\sqrt{10^2-5^2}=\sqrt{75}=5\sqrt{3}$(cm)
$\therefore \overline{AB}=2\overline{AH}=2\times 5\sqrt{3}=10\sqrt{3}$(cm) 🖺 ③

304 오른쪽 그림과 같이 원의
중심 O에서 $\overline{AB}$, $\overline{CD}$에
내린 수선의 발을 각각
M, N이라 하면
$\overline{AB}=\overline{CD}$이므로
$\overline{OM}=\overline{ON}$
$\overline{BM}=\dfrac{1}{2}\overline{AB}=\dfrac{1}{2}\times 2\sqrt{5}=\sqrt{5}$(cm)이고
$\overline{OB}=\dfrac{1}{2}\overline{BD}=\dfrac{1}{2}\times 6=3$(cm)이므로
직각삼각형 OBM에서
$\overline{OM}=\sqrt{3^2-(\sqrt{5})^2}=\sqrt{4}=2$(cm)
$\therefore \overline{MN}=2\overline{OM}=2\times 2=4$(cm)
따라서 두 현 AB와 CD 사이의 거리는 4 cm이다.
🖺 4 cm

305 $\overline{OM}=\overline{ON}$이므로 $\overline{AB}=\overline{AC}$
즉, $\triangle$ABC는 $\overline{AB}=\overline{AC}$인 이등변삼각형이므로
$\angle$ABC=$\angle$ACB=$\dfrac{1}{2}\times(180°-60°)=60°$ (②, ③)
따라서 $\triangle$ABC는 정삼각형이므로
$\overline{AC}=\overline{BC}=\overline{AB}=10$ cm (①, ④)
$\therefore \triangle$ABC=$\dfrac{1}{2}\times 10\times 10\times \sin 60°$
$=\dfrac{1}{2}\times 10\times 10\times \dfrac{\sqrt{3}}{2}$
$=25\sqrt{3}$(cm^2) (⑤)
따라서 옳지 않은 것은 ④이다. 🖺 ④

306 점 P에서 $\overline{AB}$에 내린 수선의 발을 H라 하면 $\triangle$ABP의
밑변의 길이는 $\overline{AB}=6$ cm로 일정하므로 $\overline{PH}$의 길이가 최
대일 때, $\triangle$ABP의 넓이가 최대가 된다.
즉, $\overline{PH}$의 길이가 최대가 되려면 오
른쪽 그림과 같이 $\overline{PH}$가 원의 중심
O를 지나야 하므로
$\overline{AH}=\dfrac{1}{2}\overline{AB}=\dfrac{1}{2}\times 6=3$(cm)
직각삼각형 OAH에서
$\overline{OH}=\sqrt{5^2-3^2}=\sqrt{16}=4$(cm)
$\therefore \overline{PH}=\overline{PO}+\overline{OH}=5+4=9$(cm)
따라서 $\triangle$ABP의 넓이의 최댓값은
$\dfrac{1}{2}\times \overline{AB}\times \overline{PH}=\dfrac{1}{2}\times 6\times 9=27$($cm^2$) 🖺 27 cm^2

307 $\overline{OH}=8-3=5(cm)$이므로

직각삼각형 OAH에서 $\overline{AH}=\sqrt{8^2-5^2}=\sqrt{39}(cm)$

따라서 $\overline{AB}=2\overline{AH}=2\times\sqrt{39}=2\sqrt{39}(cm)$이므로

$\triangle APB=\dfrac{1}{2}\times\overline{AB}\times\overline{HP}$

$\qquad=\dfrac{1}{2}\times2\sqrt{39}\times3=3\sqrt{39}(cm^2)$ 🔘 ①

308 오른쪽 그림과 같이 $\overline{OT}$를 그으면

$\overline{OT}=\overline{OM}=6cm$이고,

$\overline{OT}\perp\overline{PQ}$이므로

직각삼각형 OPT에서

$\overline{PT}=\sqrt{8^2-6^2}=\sqrt{28}=2\sqrt{7}(cm)$

$\therefore \overline{PQ}=2\overline{PT}=2\times2\sqrt{7}=4\sqrt{7}(cm)$ 🔘 $4\sqrt{7}$ cm

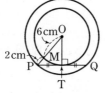

309 직각삼각형 OAM에서

$\overline{AM}=\sqrt{8^2-4^2}=\sqrt{48}=4\sqrt{3}(cm)$

이때 $\overline{OM}=\overline{ON}$이므로 $\overline{AB}=\overline{CD}$

$\therefore \overline{CD}=\overline{AB}=2\overline{AM}=2\times4\sqrt{3}=8\sqrt{3}(cm)$ 🔘 ⑤

310 ① $\overline{AB}=\overline{CD}$이므로 $\overline{OM}=\overline{ON}$

② $\overline{ON}\perp\overline{CD}$이므로 $\overline{AB}=\overline{CD}=2\overline{DN}$

④, ⑤ $\triangle OAM\equiv\triangle OBM\equiv\triangle OCN$ (RHS 합동)이므로

$\qquad\angle AOM=\angle CON$

따라서 옳지 않은 것은 ③이다. 🔘 ③

311 $\overline{OD}=\overline{OE}=\overline{OF}$이므로 $\overline{AB}=\overline{BC}=\overline{CA}$

즉, $\triangle ABC$는 정삼각형이다.

오른쪽 그림과 같이 $\overline{OA}$를 그으면

직각삼각형 OAD에서

$\angle DAO=\dfrac{1}{2}\angle BAC=\dfrac{1}{2}\times60\degree$

$\qquad=30\degree$이고

$\overline{AD}=\dfrac{1}{2}\overline{AB}=\dfrac{1}{2}\times12=6(cm)$이므로

$\overline{AO}=\dfrac{\overline{AD}}{\cos30\degree}=6\times\dfrac{2}{\sqrt{3}}=4\sqrt{3}(cm)$

따라서 원 O의 넓이는 $\pi\times(4\sqrt{3})^2=48\pi(cm^2)$

🔘 48π cm²

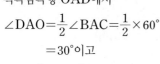

312 오른쪽 그림과 같이 원의 중심 O에서 $\overline{AB}$에 내린 수선의 발을 H라 하면

직각삼각형 OAH에서

$\overline{OA}=6cm$,

$\overline{OH}=\dfrac{1}{2}\overline{OA}=\dfrac{1}{2}\times6=3(cm)$이므로

$\overline{AH}=\sqrt{6^2-3^2}=\sqrt{27}=3\sqrt{3}(cm)$

$\therefore \overline{AB}=2\overline{AH}=2\times3\sqrt{3}=6\sqrt{3}(cm)$

또, 직각삼각형 OAH에서

$\cos(\angle AOH)=\dfrac{\overline{OH}}{\overline{OA}}=\dfrac{3}{6}=\dfrac{1}{2}$이므로 $\angle AOH=60\degree$

$\therefore \angle AOB=2\times60\degree=120\degree$

$\therefore$ (빗금 친 활꼴의 넓이)

$\quad=$(부채꼴 OAB의 넓이)$-\triangle OAB$

$\quad=\pi\times6^2\times\dfrac{120}{360}-\dfrac{1}{2}\times6\sqrt{3}\times3$

$\quad=12\pi-9\sqrt{3}(cm^2)$

따라서 색칠한 부분의 넓이는

(원 O의 넓이)$-2\times$(빗금 친 활꼴의 넓이)

$=\pi\times6^2-2\times(12\pi-9\sqrt{3})$

$=12\pi+18\sqrt{3}(cm^2)$ 🔘 $(12\pi+18\sqrt{3})$ cm²

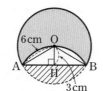
313 $\overline{PB}=\overline{PA}=4cm$이므로

$\triangle PAB=\dfrac{1}{2}\times4\times4\times\sin60\degree$

$\qquad=\dfrac{1}{2}\times4\times4\times\dfrac{\sqrt{3}}{2}$

$\qquad=4\sqrt{3}(cm^2)$ 🔘 $4\sqrt{3}$ cm²

314 $\overline{OP}=\overline{OC}+\overline{CP}=3+6=9(cm)$

$\angle OAP=90\degree$이고 $\overline{OA}=\overline{OB}=3cm$이므로 직각삼각형 PBO에서

$\overline{PB}=\sqrt{9^2-3^2}=\sqrt{72}=6\sqrt{2}(cm)$ 🔘 $6\sqrt{2}$ cm

315 오른쪽 그림과 같이 $\overline{OP}$를 그으면

$\triangle PAO\equiv\triangle PBO$ (RHS 합동)

이므로

$\angle AOP=\dfrac{1}{2}\times120\degree=60\degree$

직각삼각형 PAO에서

$\overline{PA}=\overline{OA}\tan60\degree=8\times\sqrt{3}=8\sqrt{3}(cm)$ 🔘 ④

316 $\overline{AQ}=\overline{AR}$, $\overline{BP}=\overline{BR}$이므로

$\overline{CA}+\overline{AB}+\overline{BC}=\overline{CQ}+\overline{CP}$

$\qquad=(\overline{CA}+\overline{AQ})+(\overline{CB}+\overline{BP})$

$\qquad=\overline{CA}+(\overline{AR}+\overline{BR})+\overline{BC}$

$\qquad=7+5+6=18(cm)$

이때 $\overline{CP}=\overline{CQ}$이므로 $\overline{CP}=\dfrac{1}{2}\times18=9(cm)$

$\therefore \overline{BP}=\overline{CP}-\overline{CB}=9-6=3(cm)$ 🔘 3 cm

317 $\overline{BE}=\overline{BD}=4$ cm, $\overline{CF}=\overline{CE}=6$ cm이므로

$\overline{AF}=\overline{AD}=x$ cm라 하면

$2\times(x+4+6)=30$, $x+10=15$ $\therefore x=5$

따라서 $\overline{AF}$의 길이는 5 cm이다. 🔘 ⑤

318 $\overline{AB}+\overline{DC}=\overline{AD}+\overline{BC}$이므로

$(x+6)+(x+3)=x+(2x+2)$

$2x+9=3x+2$ $\therefore x=7$ 🔘 ②

319 $\angle OTC=90\degree$이므로 직각삼각형 CTO에서

$\overline{CT}=\sqrt{(5\sqrt{5})^2-5^2}=\sqrt{100}=10(cm)$

$\overline{CT'}=\overline{CT}=10$ cm, $\overline{AD}=\overline{AT}$, $\overline{BD}=\overline{BT'}$이므로

(△ABC의 둘레의 길이)$= \overline{AB} + \overline{BC} + \overline{CA}$
$= (\overline{AD} + \overline{DB}) + \overline{BC} + \overline{CA}$
$= (\overline{CA} + \overline{AT}) + (\overline{CB} + \overline{BT'})$
$= \overline{CT} + \overline{CT'}$
$= 10 + 10 = 20 (cm)$ 답 ③

320 $\overline{DP} = \overline{DA} = 7 cm$, $\overline{CP} = \overline{CB} = 3 cm$이므로
$\overline{DC} = \overline{DP} + \overline{CP} = 7 + 3 = 10 (cm)$
오른쪽 그림과 같이 점 C에서
$\overline{AD}$에 내린 수선의 발을 H라
하면 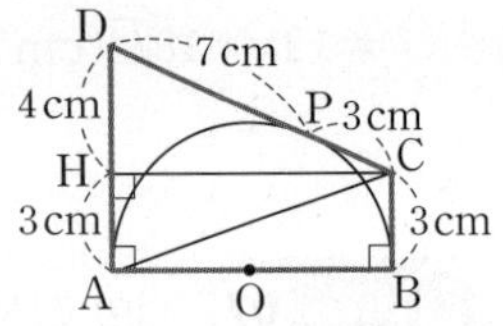
$\overline{HA} = \overline{CB} = 3 cm$이므로
$\overline{DH} = \overline{DA} - \overline{HA}$
$= 7 - 3 = 4 (cm)$
직각삼각형 CDH에서
$\overline{CH} = \sqrt{10^2 - 4^2} = \sqrt{84} = 2\sqrt{21} (cm)$
따라서 직각삼각형 CHA에서
$\overline{AC} = \sqrt{(2\sqrt{21})^2 + 3^2} = \sqrt{93} (cm)$ 답 $\sqrt{93}$ cm

321 오른쪽 그림과 같이 반원 O와 $\overline{CD}$의 접
점을 E라 하면 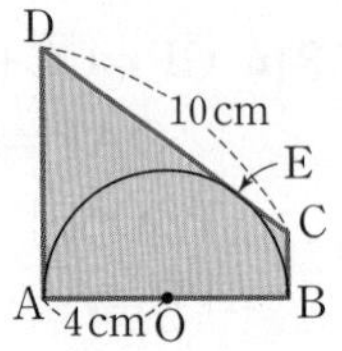
$\overline{DA} = \overline{DE}$, $\overline{CB} = \overline{CE}$이므로
$\overline{AD} + \overline{BC} = \overline{DE} + \overline{CE}$
$= \overline{DC} = 10 cm$
이때 $\angle DAB = \angle CBA = 90°$이므로 □ABCD는 사다리
꼴이다.
$\therefore$ □ABCD $= \frac{1}{2} \times (\overline{AD} + \overline{BC}) \times \overline{AB}$
$= \frac{1}{2} \times 10 \times 8$
$= 40 (cm^2)$ 답 ③

322 직각삼각형 ABC에서
$\overline{AB} = \sqrt{5^2 - 4^2} = \sqrt{9} = 3 (cm)$
오른쪽 그림과 같이 원 O의 반지름
의 길이를 r cm라 하면 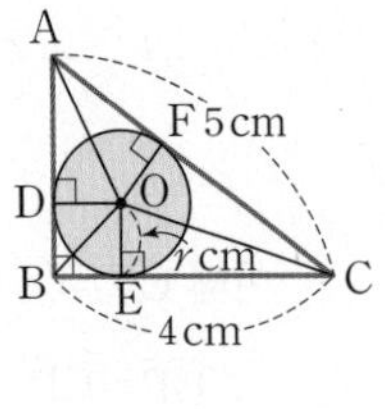
$\overline{BD} = \overline{BE} = r cm$이므로
$\overline{AF} = \overline{AD} = (3 - r) cm$,
$\overline{CF} = \overline{CE} = (4 - r) cm$
이때 $\overline{AC} = \overline{AF} + \overline{CF}$이므로
$5 = (3 - r) + (4 - r)$, $2r = 2$ $\therefore r = 1$
따라서 원 O의 넓이는 $\pi \times 1^2 = \pi (cm^2)$ 답 π cm²

323 오른쪽 그림과 같이 원 O가
$\overline{AD}$, $\overline{AB}$, $\overline{BE}$와 접하는 접점
을 각각 G, H, I라 하면 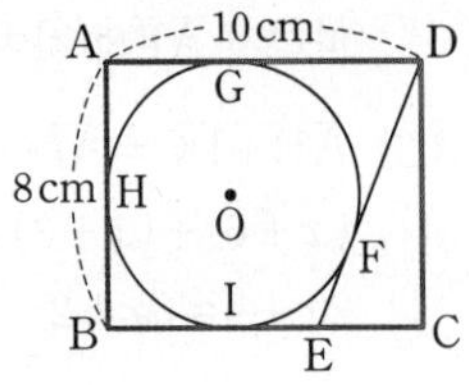
$\overline{AG} = \overline{AH} = \overline{BH} = \overline{BI} = 4 cm$
이므로
$\overline{DF} = \overline{DG} = 10 - 4 = 6 (cm)$
$\overline{EF} = \overline{EI} = x cm$라 하면
$\overline{DE} = (6 + x) cm$, $\overline{EC} = 10 - (4 + x) = 6 - x (cm)$

직각삼각형 DEC에서
$(6 - x)^2 + 8^2 = (6 + x)^2$, $24x = 64$ $\therefore x = \frac{8}{3}$
따라서 $\overline{FE}$의 길이는 $\frac{8}{3}$ cm이다. 답 ①

324 △PAO ≡ △QAO (RHS 합동)이므로
$\angle OAP = \frac{1}{2} \angle QAP = \frac{1}{2} \times 60° = 30°$
직각삼각형 PAO에서
$\overline{AP} = \overline{OA} \cos 30° = 10 \times \frac{\sqrt{3}}{2} = 5\sqrt{3} (cm)$
이때 $\overline{AQ} = \overline{AP} = 5\sqrt{3}$ cm이고 $\overline{BP} = \overline{BR}$, $\overline{CR} = \overline{CQ}$이므로
(△ABC의 둘레의 길이)$= \overline{AB} + \overline{BC} + \overline{CA}$
$= \overline{AB} + (\overline{BR} + \overline{CR}) + \overline{CA}$
$= (\overline{AB} + \overline{BP}) + (\overline{CQ} + \overline{CA})$
$= \overline{AP} + \overline{AQ}$
$= 5\sqrt{3} + 5\sqrt{3}$
$= 10\sqrt{3} (cm)$ 답 ④

유형 모아 Theme 07 원의 접선 2 56~57쪽

325 $\overline{PA} = \overline{PB}$이므로 △PAB는 이등변삼각형이다.
$\therefore \angle PAB = \frac{1}{2} \times (180° - 70°) = 55°$ 답 55°

326 □AOBP에서 $\angle OAP = \angle OBP = 90°$이므로
$\angle P + \angle AOB = 180°$
$\therefore \angle P = 180° - 150° = 30°$ 답 30°

327 $\overline{PA} = \overline{PB} = 10 cm$이므로
$\overline{CA} = \overline{PA} - \overline{PC} = 10 - 6 = 4 (cm)$
$\therefore \overline{CE} = \overline{CA} = 4 cm$
$\overline{DE} = \overline{DB} = \overline{PB} - \overline{PD} = 10 - 8 = 2 (cm)$이므로
$\overline{CD} = \overline{CE} + \overline{DE} = 4 + 2 = 6 (cm)$ 답 6 cm

328 오른쪽 그림과 같이 반원 O와
$\overline{CD}$의 접점을 P라 하면 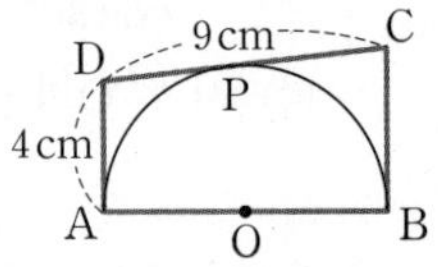
$\overline{DA} = \overline{DP}$, $\overline{CB} = \overline{CP}$이므로
$\overline{CD} = \overline{AD} + \overline{BC}$에서
$9 = 4 + \overline{BC}$ $\therefore \overline{BC} = 5 (cm)$ 답 5 cm

329 $\overline{AR} = \overline{AP} = 5 cm$이므로
$\overline{BQ} = \overline{BP} = 12 - 5 = 7 (cm)$, $\overline{CQ} = \overline{CR} = 8 - 5 = 3 (cm)$
$\therefore \overline{BC} = \overline{BQ} + \overline{CQ} = 7 + 3 = 10 (cm)$ 답 ②

330 오른쪽 그림과 같이 $\overline{OT}$를 긋고 원 O의
반지름의 길이를 r라 하면
$\angle OTP = 90°$이고
$\angle P = 30°$이므로 직각삼각형 PTO에서
$\sin 30° = \frac{\overline{OT}}{\overline{PO}} = \frac{r}{6 + r}$

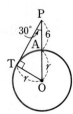

즉, $\dfrac{r}{6+r}=\dfrac{1}{2}$이므로 $2r=6+r$ $\quad\therefore r=6$

$\therefore \overline{PT}=\dfrac{\overline{OT}}{\tan 30°}=6\times\dfrac{3}{\sqrt{3}}=6\sqrt{3}$ 🗒 ④

331 $\angle OPC=90°$이므로 $\triangle CPO$에서
$\overline{CP}=\sqrt{12^2-6^2}=\sqrt{108}=6\sqrt{3}$ (cm)
이때 $\overline{CQ}=\overline{CP}=6\sqrt{3}$ cm이고 $\overline{AP}=\overline{AR}$, $\overline{BR}=\overline{BQ}$이므로
$(\triangle ABC$의 둘레의 길이$)=\overline{AB}+\overline{BC}+\overline{CA}$
$=(\overline{AR}+\overline{RB})+\overline{BC}+\overline{CA}$
$=(\overline{AP}+\overline{BQ})+\overline{BC}+\overline{CA}$
$=(\overline{PA}+\overline{CA})+(\overline{QB}+\overline{BC})$
$=\overline{CP}+\overline{CQ}$
$=6\sqrt{3}+6\sqrt{3}$
$=12\sqrt{3}$ (cm) 🗒 ②

332 오른쪽 그림과 같이 원 O의 반지름
의 길이를 r cm라 하면 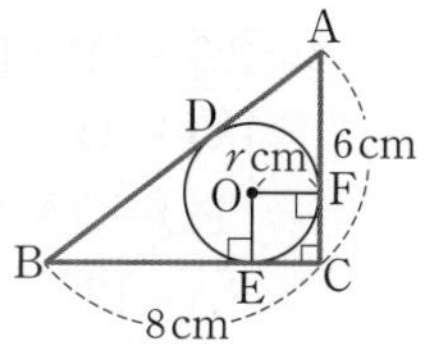
$\overline{CE}=\overline{CF}=r$ cm이므로
$\overline{BD}=\overline{BE}=(8-r)$ cm,
$\overline{AD}=\overline{AF}=(6-r)$ cm
이때 직각삼각형 ABC에서
$\overline{AB}=\sqrt{8^2+6^2}=\sqrt{100}=10$ (cm)이므로
$(8-r)+(6-r)=10$, $2r=4$ $\quad\therefore r=2$
따라서 원 O의 둘레의 길이는
$2\pi\times 2=4\pi$ (cm) 🗒 ④

333 ①, ② $\angle OAP=\angle OBP=90°$이므로
$\angle AOB+\angle P=180°$
$\therefore \angle APB=180°-120°=60°$
$\overline{PA}=\overline{PB}=4\sqrt{6}$이고 $\angle APO=\dfrac{1}{2}\angle P=\dfrac{1}{2}\times 60°=30°$
이므로 직각삼각형 PAO에서
$\overline{OP}=\dfrac{\overline{PA}}{\cos 30°}=4\sqrt{6}\times\dfrac{2}{\sqrt{3}}=8\sqrt{2}$
$\overline{OA}=\overline{PA}\tan 30°=4\sqrt{6}\times\dfrac{\sqrt{3}}{3}=4\sqrt{2}$

③ $\triangle APB=\dfrac{1}{2}\times 4\sqrt{6}\times 4\sqrt{6}\times\sin 60°$
$=\dfrac{1}{2}\times 4\sqrt{6}\times 4\sqrt{6}\times\dfrac{\sqrt{3}}{2}=24\sqrt{3}$

④ $\overset{\frown}{AB}=2\pi\times 4\sqrt{2}\times\dfrac{120}{360}=\dfrac{8\sqrt{2}}{3}\pi$

⑤ $\square OAPB=2\triangle PAO$
$=2\times\left(\dfrac{1}{2}\times 4\sqrt{6}\times 4\sqrt{2}\right)=32\sqrt{3}$

따라서 옳지 않은 것은 ⑤이다. 🗒 ⑤

334 오른쪽 그림과 같이 육각형과 원
O의 접점을 각각 G, H, I, J, K,
L이라 하면 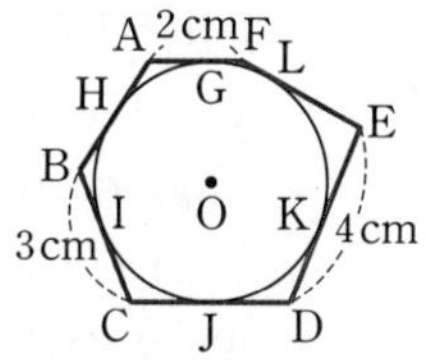
$\overline{AG}=\overline{AH}$, $\overline{BH}=\overline{BI}$, $\overline{CI}=\overline{CJ}$,
$\overline{DJ}=\overline{DK}$, $\overline{EK}=\overline{EL}$, $\overline{FG}=\overline{FL}$

이므로
$\overline{AB}+\overline{CD}+\overline{EF}$
$=(\overline{AH}+\overline{HB})+(\overline{CJ}+\overline{JD})+(\overline{EL}+\overline{LF})$
$=(\overline{AG}+\overline{BI})+(\overline{CI}+\overline{DK})+(\overline{EK}+\overline{FG})$
$=(\overline{BI}+\overline{CI})+(\overline{DK}+\overline{EK})+(\overline{AG}+\overline{FG})$
$=\overline{BC}+\overline{DE}+\overline{AF}$
$=3+4+2=9$ (cm)
따라서 육각형 ABCDEF의 둘레의 길이는
$9+9=18$ (cm) 🗒 18 cm

335 $\overline{DC}=x$ cm라 하면 $\overline{AB}+\overline{DC}=\overline{AD}+\overline{BC}$이므로
$\overline{AB}+x=2+3$ $\quad\therefore \overline{AB}=5-x$ (cm)
오른쪽 그림과 같이 점 A에서 $\overline{BC}$에
내린 수선의 발을 H라 하면 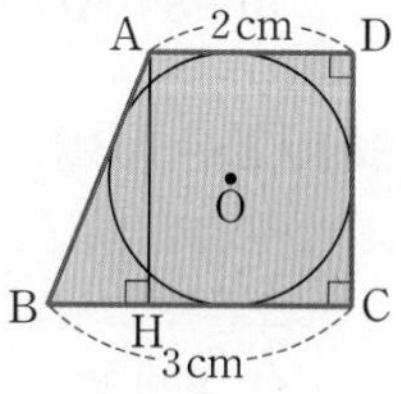
$\overline{HC}=\overline{AD}=2$ cm이므로
$\overline{BH}=\overline{BC}-\overline{HC}$
$=3-2=1$ (cm)
직각삼각형 ABH에서
$1^2+x^2=(5-x)^2$, $10x=24$ $\quad\therefore x=\dfrac{12}{5}$
$\therefore \square ABCD=\dfrac{1}{2}\times(\overline{AD}+\overline{BC})\times\overline{DC}$
$=\dfrac{1}{2}\times(2+3)\times\dfrac{12}{5}=6$ (cm²) 🗒 6 cm²

336 오른쪽 그림과 같이 $\overline{PQ}$, $\overline{OQ}$를
긋고 점 Q에서 $\overline{OP}$에 내린 수
선의 발을 H라 하자. 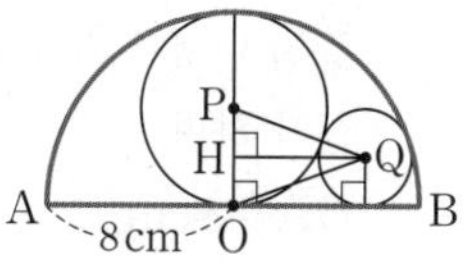
$\overline{OP}=\dfrac{1}{2}\overline{OA}=\dfrac{1}{2}\times 8=4$ (cm)
이므로 원 Q의 반지름의 길이를 r cm라 하면
$\overline{PQ}=(4+r)$ cm, $\overline{PH}=(4-r)$ cm, $\overline{OQ}=(8-r)$ cm
두 직각삼각형 PHQ와 OHQ에서
$(4+r)^2-(4-r)^2=(8-r)^2-r^2$
$32r=64$ $\quad\therefore r=2$
따라서 원 Q의 반지름의 길이는 2 cm이다. 🗒 2 cm

중단원마무리 58~59쪽

337 직각삼각형 OAM에서
$\overline{AM}=\sqrt{4^2-2^2}=\sqrt{12}=2\sqrt{3}$ (cm)
$\therefore \overline{AB}=2\overline{AM}=2\times 2\sqrt{3}=4\sqrt{3}$ (cm) 🗒 ⑤

338 원 O에서 $\overline{PA}=\overline{PB}$이고
원 O′에서 $\overline{PB}=\overline{PC}$이므로
$\overline{PA}=\overline{PC}$
즉, $3x-5=20-2x$이므로
$5x=25$ $\quad\therefore x=5$ 🗒 5

339 $\overline{AP}=\overline{AR}=z$ cm, $\overline{BQ}=\overline{BP}=x$ cm, $\overline{CR}=\overline{CQ}=y$ cm

이므로

$$\overline{AB}+\overline{BC}+\overline{CA}=2(\overline{BP}+\overline{CQ}+\overline{AR})$$
$$=2(x+y+z)$$

$$\therefore x+y+z=\frac{1}{2}(\overline{AB}+\overline{BC}+\overline{CA})$$
$$=\frac{1}{2}\times(11+9+10)=15$$

답 15

340 $\overline{DC}$의 길이는 원 O의 지름의 길이와 같으므로

$\overline{DC}=2\times4=8$(cm)

이때 $\overline{AB}+\overline{DC}=\overline{AD}+\overline{BC}$이므로

$10+8=\overline{AD}+12$ $\therefore \overline{AD}=6$(cm)

답 6 cm

341 $\overline{CD}$는 $\overline{AB}$를 수직이등분하므로 $\overline{CD}$의 연장선은 원의 중심을 지난다.

오른쪽 그림과 같이 원의 중심을 O, 원의 반지름의 길이를 r cm라 하면 직각삼각형 OAD에서

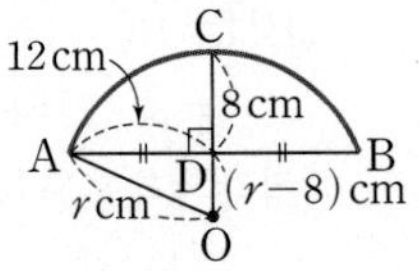

$12^2+(r-8)^2=r^2$, $16r=208$ $\therefore r=13$

따라서 원래 접시의 반지름의 길이는 13 cm이다.

답 13 cm

342 오른쪽 그림과 같이 $\overline{OA}$를 긋고 원의 중심 O에서 $\overline{AB}$에 내린 수선의 발을 H라 하면

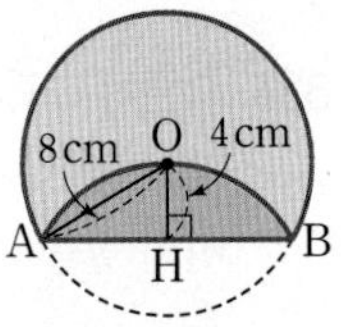

$\overline{OA}=8$ cm,

$\overline{OH}=\frac{1}{2}\overline{OA}=\frac{1}{2}\times8=4$(cm)

직각삼각형 OAH에서

$\overline{AH}=\sqrt{8^2-4^2}=\sqrt{48}=4\sqrt{3}$(cm)

$\therefore \overline{AB}=2\overline{AH}=2\times4\sqrt{3}=8\sqrt{3}$(cm)

답 $8\sqrt{3}$ cm

343 오른쪽 그림과 같이 원의 중심 O에서 $\overline{AB}$, $\overline{CD}$에 내린 수선의 발을 각각 M, N이라 하면

$\overline{AB}=\overline{CD}$이므로 $\overline{OM}=\overline{ON}$

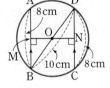

$\overline{BM}=\frac{1}{2}\overline{AB}=\frac{1}{2}\times8=4$(cm)

이고

$\overline{OB}=\frac{1}{2}\overline{BD}=\frac{1}{2}\times10=5$(cm)이므로

직각삼각형 OBM에서

$\overline{OM}=\sqrt{5^2-4^2}=\sqrt{9}=3$(cm)

$\therefore \overline{MN}=2\overline{OM}=2\times3=6$(cm)

따라서 두 현 AB와 CD 사이의 거리는 6 cm이다.

답 ②

344 원 O의 반지름의 길이를 r cm라 하면 둘레의 길이가 8π cm이므로

$2\pi r=8\pi$ $\therefore r=4$

오른쪽 그림과 같이 $\overline{OB}$를 그으면 직각삼각형 PBO에서

$\overline{PB}=\sqrt{(4\sqrt{5})^2-4^2}=\sqrt{64}$
$\quad=8$(cm)

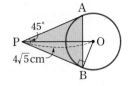

이때 $\overline{PA}=\overline{PB}=8$ cm이므로

$\triangle PAB=\frac{1}{2}\times\overline{PA}\times\overline{PB}\times\sin45°$

$\quad=\frac{1}{2}\times8\times8\times\frac{\sqrt{2}}{2}=16\sqrt{2}$(cm²)

답 ①

345 오른쪽 그림과 같이 $\overline{OA}$를 그으면 직각삼각형 PAO에서

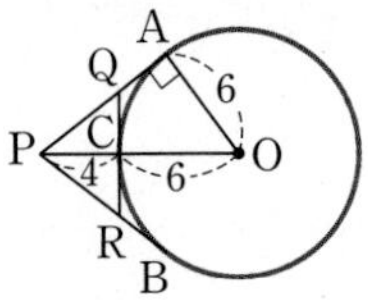

$\overline{PA}=\sqrt{10^2-6^2}=\sqrt{64}=8$

이때 $\overline{PB}=\overline{PA}=8$이고

$\overline{QA}=\overline{QC}$, $\overline{RC}=\overline{RB}$이므로

(△PQR의 둘레의 길이)

$=\overline{PQ}+\overline{QR}+\overline{RP}$

$=\overline{PQ}+(\overline{QC}+\overline{CR})+\overline{RP}$

$=(\overline{PQ}+\overline{QA})+(\overline{BR}+\overline{PR})$

$=\overline{PA}+\overline{PB}$

$=8+8=16$

답 16

346 ① $\triangle OBD\equiv\triangle OPD$ (RHS 합동)

이므로 $\angle ODB=\angle ODP$

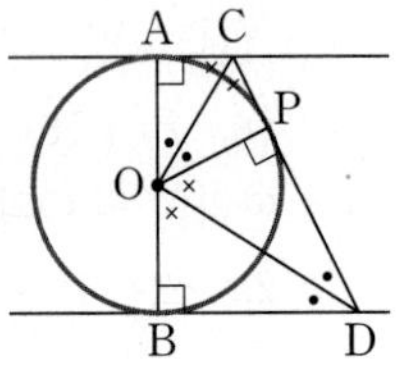

② $\triangle AOC\equiv\triangle POC$ (RHS 합동)

③ $\overline{CA}=\overline{CP}$, $\overline{DB}=\overline{DP}$이므로

$\overline{AC}+\overline{BD}=\overline{CP}+\overline{PD}=\overline{CD}$

④ $\triangle OCP$와 $\triangle DOP$에서

$\angle OPC=\angle DPO=90°$이고

$\angle POC=\angle PDO$이므로

$\triangle OCP\sim\triangle DOP$ (AA 닮음)

$\therefore \overline{OC}:\overline{DO}=\overline{CP}:\overline{OP}$

⑤ $\angle AOC=\angle POC$, $\angle POD=\angle BOD$이므로

$\angle COD=\angle COP+\angle POD$

$\quad=\frac{1}{2}\angle AOP+\frac{1}{2}\angle POB$

$\quad=\frac{1}{2}(\angle AOP+\angle POB)$

$\quad=\frac{1}{2}\times180°=90°$

따라서 옳지 않은 것은 ④이다.

답 ④

347 $\overline{AR}=\overline{AP}=2$ cm, $\overline{BQ}=\overline{BP}=3$ cm

오른쪽 그림과 같이 원 O의 반지름의 길이를 r cm라 하면

$\overline{AC}=(2+r)$ cm, $\overline{BC}=(3+r)$ cm

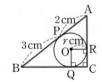

이므로

직각삼각형 ABC에서

$(3+r)^2+(2+r)^2=5^2$

$r^2+5r-6=0$, $(r+6)(r-1)=0$

$\therefore r=1$ ($\because r>0$)

따라서 원 O의 반지름의 길이는 1 cm이다.

답 1 cm

348 오른쪽 그림과 같이 원 O의 네 접점을 각각 P, Q, R, S라 하면

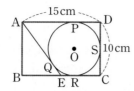

$\overline{DS}=\overline{DP}=\overline{CS}=\overline{CR}=5\text{cm}$
이므로
$\overline{AQ}=\overline{AP}=15-5=10\text{(cm)}$
$\overline{EQ}=\overline{ER}=x\text{cm라 하면}$
$\overline{AE}=(10+x)\text{cm},\ \overline{BE}=15-(x+5)=10-x\text{(cm)}$이
므로 직각삼각형 ABE에서
$(10-x)^2+10^2=(10+x)^2,\ 40x=100$ $\therefore x=\dfrac{5}{2}$
$\therefore \overline{AE}=\overline{AQ}+\overline{QE}=10+\dfrac{5}{2}=\dfrac{25}{2}\text{(cm)}$ 🖩 $\dfrac{25}{2}$ cm

349 오른쪽 그림과 같이 현의 양 끝 점을 각각 A, B라 하고 원의 중심 O에서 $\overline{AB}$에 내린 수선의 발을 H라 하면

$\overline{AH}=\dfrac{1}{2}\overline{AB}=\dfrac{1}{2}\times2\sqrt{3}=\sqrt{3}$ …❶
직각삼각형 AHO에서
$\overline{OH}=\sqrt{r^2-(\sqrt{3})^2}=\sqrt{r^2-3}$ …❷
따라서 색칠한 부분의 넓이는
$\pi r^2-\pi(\sqrt{r^2-3})^2=\pi r^2-(\pi r^2-3\pi)$
$=3\pi$ …❸

🖩 3π

채점 기준	배점
❶ $\overline{AH}$의 길이 구하기	30 %
❷ $\overline{OH}$의 길이를 r에 대한 식으로 나타내기	40 %
❸ 색칠한 부분의 넓이 구하기	30 %

350 다음 그림과 같이 $\overline{OO'}$을 긋고, 점 O에서 $\overline{O'B}$에 내린 수선의 발을 H라 하면

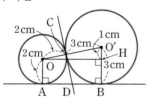

$\overline{OO'}=2+3=5\text{(cm)},\ \overline{O'H}=3-2=1\text{(cm)}$
직각삼각형 OHO'에서
$\overline{OH}=\sqrt{5^2-1^2}=\sqrt{24}=2\sqrt{6}\text{(cm)}$
$\therefore \overline{AB}=\overline{OH}=2\sqrt{6}\text{cm}$ …❶
원 O에서 $\overline{AD}=\overline{CD}$이고 원 O'에서 $\overline{CD}=\overline{BD}$이므로
$\overline{AD}=\overline{BD}=\overline{CD}$ …❷
$\therefore \overline{CD}=\dfrac{1}{2}\overline{AB}=\dfrac{1}{2}\times2\sqrt{6}=\sqrt{6}\text{(cm)}$ …❸

🖩 $\sqrt{6}$ cm

채점 기준	배점
❶ $\overline{AB}$의 길이 구하기	60 %
❷ $\overline{AD}=\overline{BD}=\overline{CD}$임을 알기	30 %
❸ $\overline{CD}$의 길이 구하기	10 %

04. 원주각

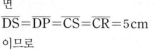

한번 더 핵심 유형   60~74쪽

Theme 08 원주각과 중심각   60~66쪽

351 오른쪽 그림과 같이 $\overline{OB}$를 그으면

$\angle AOB=2\angle AEB=2\times16°=32°$
이므로
$\angle BOC=76°-32°=44°$
$\therefore \angle x=\dfrac{1}{2}\angle BOC$
$=\dfrac{1}{2}\times44°=22°$ 🖩 ③

352 $\overline{OB}=\overline{OC}$이므로
$\angle OCB=\angle OBC=25°$
$\therefore \angle BOC=180°-2\times25°=130°$
$\therefore \angle BAC=\dfrac{1}{2}\angle BOC=\dfrac{1}{2}\times130°=65°$ 🖩 $65°$

353 $\angle BOC=2\angle BAC=2\times60°=120°$
따라서 색칠한 부분, 즉 부채꼴 OBC의 넓이는
$\pi\times9^2\times\dfrac{120}{360}=27\pi\text{(cm}^2)$ 🖩 27π cm²

354 오른쪽 그림과 같이 $\overline{OP}$를 그으면

△OPA에서
$\angle OPA=\angle OAP=40°$
△OPB에서
$\angle OPB=\angle OBP=25°$
$\angle APB=40°+25°=65°$이므로
$\angle x=2\angle APB=2\times65°=130°$ 🖩 $130°$

355 $\angle AOB=2\angle APB=2\times45°=90°$
원 O의 반지름의 길이를 r cm라 하면
$2\pi r\times\dfrac{90}{360}=7\pi$ $\therefore r=14$
따라서 원 O의 넓이는
$\pi\times14^2=196\pi\text{(cm}^2)$ 🖩 ⑤

356 $\angle AOB=2\angle ADB=2\times33°=66°$
$\angle COD=2\angle CAD=2\times22°=44°$
$\therefore \angle x=180°-(66°+44°)=70°$ 🖩 ①

357 $\angle y=360°-2\angle BCD$
$=360°-2\times110°=140°$
$\angle x=\dfrac{1}{2}\angle y=\dfrac{1}{2}\times140°=70°$
$\therefore \angle x+\angle y=70°+140°=210°$ 🖩 $210°$

358 $\angle x=2\times120°=240°$
$\angle y=\dfrac{1}{2}\times(360°-240°)=60°$
$\therefore \angle x+\angle y=240°+60°=300°$ 🖩 ⑤

359 $\angle ABC = \frac{1}{2} \times (360° - 120°) = 120°$

□ABCO에서

$\angle x = 360° - (120° + 45° + 120°) = 75°$ 답 ③

360 오른쪽 그림과 같이 $\overline{OA}$, $\overline{OB}$를 그으면

$\angle PAO = \angle PBO = 90°$

이므로

$\angle AOB = 360° - (90° + 40° + 90°) = 140°$

$\therefore \angle x = \frac{1}{2}\angle AOB$

$= \frac{1}{2} \times 140° = 70°$ 답 ①

361 오른쪽 그림과 같이 $\overline{OA}$, $\overline{OB}$를 그으면

$\angle PAO = \angle PBO = 90°$이므로

□APBO에서

$\angle AOB = 360° - (90° + 50° + 90°) = 130°$

$\therefore \angle ACB = \frac{1}{2} \times (360° - 130°) = 115°$ 답 ④

362 ① $\angle PBO = \angle PAO = 90°$

② $\angle AOB = 360° - (90° + 62° + 90°) = 118°$

③ $\angle ACB = \frac{1}{2}\angle AOB = \frac{1}{2} \times 118° = 59°$

④ △OAB는 $\overline{OA} = \overline{OB}$인 이등변삼각형이므로

$\angle ABO = \frac{1}{2} \times (180° - 118°) = 31°$

⑤ $\angle BAO = \angle ABO = 31°$이므로

$\angle PAB = 90° - 31° = 59°$

따라서 옳지 않은 것은 ④이다. 답 ④

363 오른쪽 그림과 같이 $\overline{EB}$를 그으면

$\angle AEB = \angle AFB = 20°$

$\angle BEC = \angle BDC = 26°$

$\therefore \angle x = \angle AEB + \angle BEC$

$= 20° + 26° = 46°$ 답 ②

364 $\angle x = \angle ACB$

$= 180° - (58° + 62° + 16°) = 44°$

$\angle y = \angle BAC = 58°$ 답 ⑤

365 $\angle ACD = \angle ABD = 45°$

오른쪽 그림과 같이 $\overline{AC}$와 $\overline{BD}$의 교점을 P라 하면

△PCD에서

$\angle x = \angle PDC + \angle PCD$

$= 40° + 45° = 85°$ 답 ⑤

366 $\angle x = \angle DAC = 50°$

$\angle BDC = \angle BAC = 35°$이므로 △ACD에서

$\angle y = 180° - (50° + 55° + 35°) = 40°$

$\therefore \angle x + \angle y = 50° + 40° = 90°$ 답 ⑤

367 $\angle ABD = \angle ACD = 55°$

△BPD에서

$\angle x = \angle ABD - \angle APC$

$= 55° - 40° = 15°$ 답 ①

368 오른쪽 그림과 같이 $\overline{DE}$를 그으면

$\angle ADE = \angle ACE = \angle c$

$\angle CED = \angle CAD = \angle a$

△BDE에서

$\angle a + \angle b + \angle c + \angle d + \angle e$

$= 180°$ 답 180°

369 $\overline{AB}$가 원 O의 지름이므로 $\angle ACB = 90°$

$\angle CAB = \angle CDB = 60°$이므로

△ACB에서 $\angle x = 180° - (60° + 90°) = 30°$ 답 30°

370 $\overline{AB}$가 원 O의 지름이므로 $\angle ACB = 90°$

$\angle ABC = \angle ADC = 35°$이므로

△ACB에서 $\angle x = 180° - (90° + 35°) = 55°$ 답 55°

371 오른쪽 그림과 같이 $\overline{AD}$를 그으면

$\overline{AB}$가 원 O의 지름이므로

$\angle ADB = 90°$

$\therefore \angle y = \angle ADC$

$= \angle ADB - \angle CDB$

$= 90° - 32° = 58°$

$\overline{AB}$와 $\overline{CD}$의 교점을 P라 하면

$\angle x = \angle CPB = 180° - (22° + 58°) = 100°$

$\therefore \angle x - \angle y = 100° - 58° = 42°$ 답 42°

372 오른쪽 그림과 같이 $\overline{AD}$를 그으면

$\overline{AB}$가 원 O의 지름이므로

$\angle ADB = 90°$

$\angle CAD = \frac{1}{2}\angle COD$

$= \frac{1}{2} \times 50° = 25°$

△PAD에서 $\angle P = 180° - (90° + 25°) = 65°$ 답 ①

373 오른쪽 그림과 같이 $\overline{BO}$의 연장선과 원 O가 만나는 점을 A′이라 하고 $\overline{A'C}$를 그으면

$\angle BAC = \angle BA'C$

$\overline{A'B}$가 원 O의 지름이므로

$\angle BCA' = 90°$

직각삼각형 A′BC에서 $\overline{A'B} = 2 \times 5 = 10$이므로

$\overline{A'C} = \sqrt{10^2 - 8^2} = \sqrt{36} = 6$

$\therefore \cos A = \cos A' = \frac{\overline{A'C}}{\overline{A'B}} = \frac{6}{10} = \frac{3}{5}$ 답 ③

374 $\overline{AB}$가 원 O의 지름이므로 $\angle ACB = 90°$

직각삼각형 ABC에서 $\overline{AB} = 2 \times 4 = 8(cm)$이므로

$\overline{AC} = \overline{AB}\sin 60° = 8 \times \frac{\sqrt{3}}{2} = 4\sqrt{3}(cm)$

$\overline{BC} = \overline{AB} \cos 60° = 8 \times \dfrac{1}{2} = 4 \text{(cm)}$

따라서 △ABC의 넓이는

$\dfrac{1}{2} \times \overline{AC} \times \overline{BC} = \dfrac{1}{2} \times 4\sqrt{3} \times 4 = 8\sqrt{3} \text{(cm}^2)$　　目 $8\sqrt{3}$ cm²

375 오른쪽 그림과 같이 $\overline{BO}$의 연장선과 원

O가 만나는 점을 A'이라 하고 $\overline{A'C}$

를 그으면

$\angle BA'C = \angle BAC = 45°$

$\overline{A'B}$가 원 O의 지름이므로

$\angle BCA' = 90°$

직각삼각형 A'BC에서

$\therefore \overline{A'B} = \dfrac{\overline{BC}}{\sin 45°} = 8 \div \dfrac{\sqrt{2}}{2} = 8 \times \dfrac{2}{\sqrt{2}} = 8\sqrt{2} \text{(cm)}$

따라서 원 O의 넓이는

$\pi \times (4\sqrt{2})^2 = 32\pi \text{(cm}^2)$　　目 32π cm²

376 $\overset{\frown}{AB} = \overset{\frown}{CD}$이므로

$\angle ACB = \angle DBC = 30°$

△PBC에서

$\angle APB = \angle PBC + \angle PCB = 30° + 30° = 60°$　　目 ⑤

377 $\overline{AD}$는 원 O의 지름이므로

$\angle ACD = 90°$

$\overset{\frown}{BC} = \overset{\frown}{CD}$이므로

$\angle CAD = \angle BAC = 35°$

△ACD에서 $\angle x = 180° - (35° + 90°) = 55°$　　目 $55°$

378 $\overset{\frown}{BC} = \overset{\frown}{CD}$이므로

$\angle y = \angle BAC = 32°$

오른쪽 그림과 같이 $\overline{OC}$를 그으면

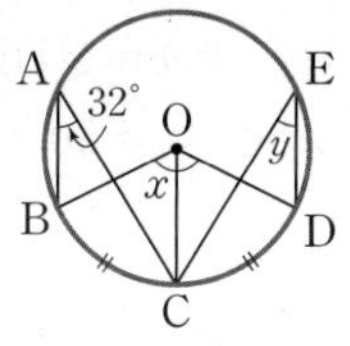

$\angle BOC = 2\angle BAC$
$= 2 \times 32° = 64°$

$\angle COD = 2\angle CED$
$= 2 \times 32° = 64°$

$\therefore \angle x = \angle BOC + \angle COD = 64° + 64° = 128°$

$\therefore \angle x - \angle y = 128° - 32° = 96°$　　目 ⑤

379 오른쪽 그림과 같이 $\overline{AC}$를 그으면

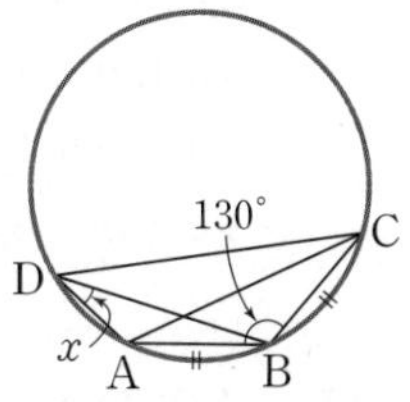

$\overset{\frown}{AB} = \overset{\frown}{BC}$이므로

$\angle CAB = \angle ACB = \angle ADB$
$= \angle x$

△ABC에서 세 내각의 크기의 합은 180°이므로

$130° + \angle x + \angle x = 180°$, $2\angle x = 50°$

$\therefore \angle x = 25°$　　目 ①

380 $\overset{\frown}{AB} = \overset{\frown}{BC}$이므로

$\angle ADB = \angle BDC = 30°$

$\angle DCA = \angle DBA = 45°$이므로

△ACD에서

$\angle CAD = 180° - (45° + 30° + 30°) = 75°$　　目 ⑤

381 오른쪽 그림과 같이 $\overline{BD}$를 그으면

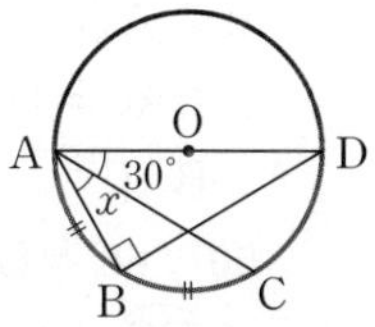

$\overset{\frown}{AB} = \overset{\frown}{BC}$이므로

$\angle ADB = \angle BAC = \angle x$

이때 $\overline{AD}$는 원 O의 지름이므로

$\angle ABD = 90°$

△DAB에서

$(\angle x + 30°) + \angle x + 90° = 180°$, $2\angle x = 60°$

$\therefore \angle x = 30°$　　目 ③

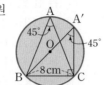

382 $\overset{\frown}{BC} = \overset{\frown}{CD}$이므로

$\angle BEC = \angle CAD = 25°$

오른쪽 그림과 같이 $\overline{OC}$를 그으면

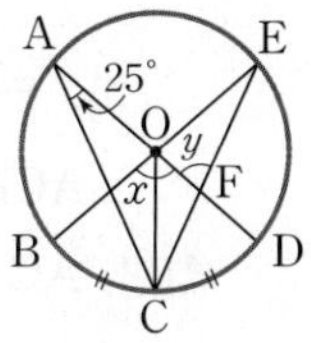

$\angle BOC = 2\angle BEC$
$= 2 \times 25° = 50°$

$\angle COD = 2\angle CAD$
$= 2 \times 25° = 50°$

$\therefore \angle x = \angle BOC + \angle COD$
$= 50° + 50° = 100°$

$\overline{AD}$와 $\overline{CE}$의 교점을 F라 하면

△EOF에서

$\angle y = \angle x - 25°$
$= 100° - 25° = 75°$

$\therefore \angle x + \angle y = 100° + 75° = 175°$　　目 ④

383 $\overset{\frown}{AB} : \overset{\frown}{CD} = \angle ADB : \angle DAC$이므로

$6 : 2 = \angle ADB : 15°$

$\therefore \angle ADB = 45°$

△DAP에서

$\angle APB = \angle DAP + \angle PDA$
$= 15° + 45° = 60°$　　目 $60°$

384 $\overset{\frown}{AB} : \overset{\frown}{CD} = \angle AEB : \dfrac{1}{2}\angle x$이므로

$3 : 9 = 20° : \dfrac{1}{2}\angle x$, $\dfrac{3}{2}\angle x = 180°$

$\therefore \angle x = 120°$　　目 ③

385 $\overset{\frown}{AB} : \overset{\frown}{CD} = 2 : 1$이므로

$\angle ADB : \angle DBC = 2 : 1$

$\therefore \angle ADB = 2\angle x$

△DBP에서

$\angle ADB = \angle DBP + \angle P$이므로

$2\angle x = \angle x + 50°$　　$\therefore \angle x = 50°$　　目 ②

386 $\angle APB = \dfrac{1}{2} \times 208° = 104°$

$\angle PBA = \angle x$라 하면 $\overset{\frown}{PA} : \overset{\frown}{PB} = 1 : 3$이므로

$\angle PBA : \angle PAB = 1 : 3$　　$\therefore \angle PAB = 3\angle x$

△PAB에서

$104° + 3\angle x + \angle x = 180°$

$4\angle x = 76°$　　$\therefore \angle x = 19°$

$\therefore \angle PBA = 19°$　　目 $19°$

387 원 O의 중심에서 두 현 AB, AC까지의 거리는 서로 같으

므로 $\overline{AB}=\overline{AC}$이다. 즉, $\triangle ABC$는 이등변삼각형이므로

$\angle BAC=180°-2\times65°=50°$

$\angle BAC : \angle ABC=\overset{\frown}{BC} : \overset{\frown}{AC}$이므로

$50° : 65°=\overset{\frown}{BC} : 26\pi$

$\therefore \overset{\frown}{BC}=20\pi(cm)$ 🔲 20π cm

388 $\overline{AB}$가 원 O의 지름이므로

$\angle ACB=90°$

이때 $\overset{\frown}{AD}=\overset{\frown}{DE}=\overset{\frown}{EB}$이므로

$\angle ACD=\angle DCE=\angle ECB$

$=\dfrac{1}{3}\angle ACB$

$=\dfrac{1}{3}\times90°=30°$

$\therefore \angle ACE=30°+30°=60°$

한편, $\overset{\frown}{AC} : \overset{\frown}{CB}=4 : 5$이므로

$\angle CAB=90°\times\dfrac{5}{4+5}=50°$

$\overline{AB}$와 $\overline{CE}$의 교점을 P라 하면

$\triangle CAP$에서

$\angle x=\angle ACP+\angle CAP$

$=60°+50°=110°$ 🔲 $110°$

389 $\overset{\frown}{AB}$ 중 큰 호의 중심각의 크기는 $360°\times\dfrac{3}{3+2}=216°$

$\overset{\frown}{BC}, \overset{\frown}{CD}, \overset{\frown}{AD}$의 중심각의 크기는 $216°\times\dfrac{1}{3}=72°$

원주각의 크기는 중심각의 크기의 $\dfrac{1}{2}$이므로

$\angle CDB=\angle ACD=\dfrac{1}{2}\times72°=36°$

$\triangle DCE$에서

$\angle x=\angle CDE+\angle ECD=36°+36°=72°$ 🔲 $72°$

390 오른쪽 그림과 같이 $\overline{BC}$를 그으면

$\angle ACB=\dfrac{1}{5}\times180°=36°$

$\angle DBC=\dfrac{1}{9}\times180°=20°$

$\triangle PBC$에서

$\angle CPD=\angle PBC+\angle PCB=20°+36°=56°$ 🔲 ②

391 $\angle ACB : \angle BAC : \angle ABC$

$=\overset{\frown}{AB} : \overset{\frown}{BC} : \overset{\frown}{CA}$

$=1 : 3 : 5$

$\therefore \angle BAC=\dfrac{3}{1+3+5}\times180°$

$=\dfrac{3}{9}\times180°=60°$ 🔲 $60°$

392 $\triangle DAP$에서

$\angle ADP=\angle APB-\angle DAP=75°-45°=30°$

원의 둘레의 길이를 l cm라 하면

$\overset{\frown}{AB} : l=30° : 180°, 6\pi : l=1 : 6$

$\therefore l=36\pi$

따라서 원의 둘레의 길이는 36π cm이다. 🔲 ④

393 ① $\angle BAC=\angle BDC=40°$이므로 네 점 A, B, C, D는 한 원 위에 있다.

② $\angle ACB=54°-30°=24°$

즉, $\angle ACB=\angle ADB=24°$이므로 네 점 A, B, C, D는 한 원 위에 있다.

③ $\angle ACB=180°-(80°+55°)=45°$

즉, $\angle ACB=\angle ADB=45°$이므로 네 점 A, B, C, D는 한 원 위에 있다.

④ $\angle BDC=90°-40°=50°$

즉, $\angle BAC=\angle BDC=50°$이므로 네 점 A, B, C, D는 한 원 위에 있다.

⑤ $\angle CBD=180°-(75°+75°)=30°$

즉, $\angle CBD\neq\angle CAD$이므로 네 점 A, B, C, D는 한 원 위에 있지 않다.

따라서 네 점 A, B, C, D가 한 원 위에 있지 않은 것은 ⑤이다. 🔲 ⑤

394 네 점 A, B, C, D가 한 원 위에 있으려면

$\angle ACB=\angle ADB=20°$

$\triangle AQD$에서

$\angle QAD=70°-20°=50°$

$\triangle APC$에서

$\angle x=\angle CAD-\angle ACP$

$=50°-20°=30°$ 🔲 $30°$

395 $\angle BAC=\angle BDC$이므로 네 점 A, B, C, D는 한 원 위에 있다.

즉, $\angle ADB=\angle ACB=35°$이므로

$\triangle AED$에서

$\angle x=\angle DEC-\angle ADE$

$=80°-35°=45°$ 🔲 $45°$

Theme 09 원에 내접하는 사각형 67~70쪽

396 $\overline{AB}$가 원 O의 지름이므로 $\angle ACB=90°$

$\triangle CAB$에서

$\angle y=180°-(90°+60°)=30°$

▱ABCD가 원 O에 내접하므로

$\angle x=180°-60°=120°$

$\therefore \angle x-\angle y=120°-30°=90°$ 🔲 $90°$

397 ▱ABCD가 원 O에 내접하므로

$\angle y=180°-100°=80°$

$\angle x=2\angle y=2\times80°=160°$

$\therefore \angle x+\angle y=160°+80°=240°$ 🔲 ③

398 $\triangle ABC$가 $\overline{AB}=\overline{AC}$인 이등변삼각형이므로

$\angle ABC=\dfrac{1}{2}\times(180°-50°)=65°$

▱ABCD가 원에 내접하므로

$\angle x=180°-65°=115°$ 🔲 ④

399 □ACDE가 원에 내접하므로

$\angle x+110°=180°$ $\quad\therefore \angle x=70°$

또, $\angle BDC=\angle BAC=25°$

$\triangle PCD$에서 $\angle y=\angle x+25°=70°+25°=95°$

$\therefore \angle x+\angle y=70°+95°=165°$ 　　　　🖪 165°

400 $\overline{BC}$가 원 O의 지름이므로 $\angle BAC=90°$

□ABCD가 원 O에 내접하므로

$\angle ABC=180°-135°=45°$

직각삼각형 ABC에서

$\overline{BC}=\dfrac{\overline{AC}}{\sin 45°}=6\div\dfrac{\sqrt{2}}{2}=6\times\dfrac{2}{\sqrt{2}}=6\sqrt{2}$

따라서 원 O의 넓이는 $\pi\times(3\sqrt{2})^2=18\pi$ 　🖪 ④

401 오른쪽 그림과 같이 원 O 위에 임의의
한 점을 Q라 하면 □QAPB는 원 O
에 내접하므로

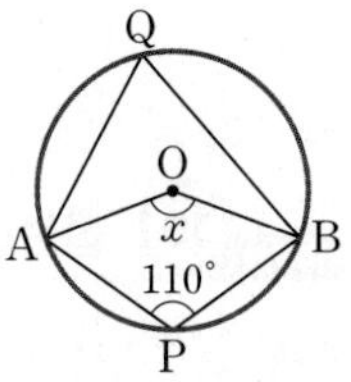

$\angle AQB=180°-110°=70°$

따라서 $\angle AOB=2\angle AQB$이므로

$\angle x=2\times70°=140°$ 　　　　🖪 ⑤

402 □ABCD가 원에 내접하므로

$\angle BAD=180°-70°=110°$

오른쪽 그림과 같이 $\overline{BD}$를 그으면

$\triangle ABD$는 $\overline{AB}=\overline{AD}$인 이등변삼각형
이므로

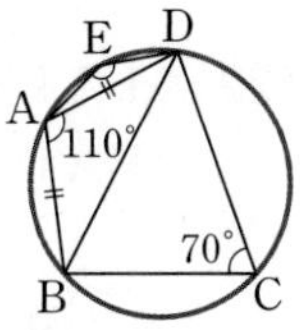

$\angle ABD=\dfrac{1}{2}\times(180°-110°)=35°$

이때 □ABDE가 원에 내접하므로

$\angle AED=180°-35°=145°$ 　　🖪 145°

403 □ABCD가 원에 내접하므로

$\angle x=180°-(30°+110°)=40°$

$\angle BDC=\angle BAC=40°$이므로

$\angle y=\angle ADC=20°+40°=60°$

$\therefore \angle x+\angle y=40°+60°=100°$ 　🖪 100°

404 $\triangle ABD$에서

$\angle BAD=180°-(60°+55°)=65°$

$\therefore \angle x=\angle BAD=65°$ 　　　🖪 65°

405 $\angle CAD=\angle CBD=40°$

□ABCD가 원에 내접하므로

$\angle BAD=\angle DCE=75°$

$\therefore \angle BAC=\angle BAD-\angle CAD$

$\qquad=75°-40°=35°$ 　　　🖪 ①

406 $\triangle APB$에서

$\angle PAB+70°=120°$ $\quad\therefore \angle PAB=50°$

□ABCD가 원에 내접하므로

$\angle x=\angle PAB=50°$ 　　　　🖪 50°

다른 풀이 □ABCD가 원에 내접하므로

$\angle D=180°-120°=60°$

$\triangle DPC$에서 $\angle x=180°-(60°+70°)=50°$

407 □EBCD가 원에 내접하므로

$\angle EDC=180°-75°=105°$

$\angle ADC=\angle EDC-\angle EDA$

$\qquad=105°-40°=65°$

이때 □ABCD가 원에 내접하므로

$\angle x=\angle ADC=65°$ 　　　　🖪 ①

408 원 O에서 $\angle BPQ=\angle BAQ=55°$

□PQCD가 원 O′에 내접하므로

$\angle QCD=\angle BPQ=55°$ 　　　🖪 ③

409 오른쪽 그림과 같이 $\overline{BD}$를 그으면
□ABDE가 원 O에 내접하므로

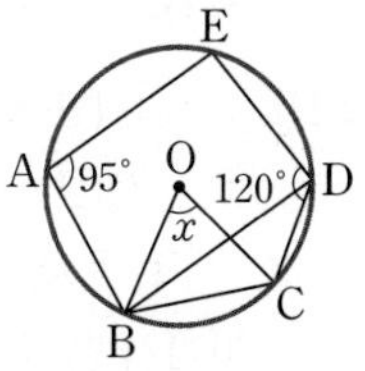

$\angle BDE=180°-95°=85°$

따라서 $\angle BDC=120°-85°=35°$
이므로

$\angle x=2\angle BDC$

$\qquad=2\times35°=70°$ 　　　　🖪 70°

410 오른쪽 그림과 같이 $\overline{AD}$를 그으면
□ABCD가 원에 내접하므로

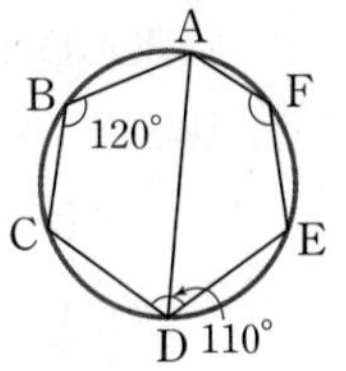

$\angle CDA=180°-120°=60°$

$\therefore \angle EDA=110°-60°=50°$

이때 □DEFA가 원에 내접하므로

$50°+\angle EFA=180°$

$\therefore \angle EFA=130°$ 　　　　🖪 ①

411 오른쪽 그림과 같이 $\overline{BE}$를 그으면
□ABEF가 원에 내접하므로

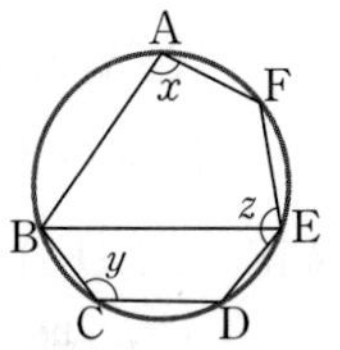

$\angle BAF+\angle BEF=180°$ ……㉠

또, □BCDE가 원에 내접하므로

$\angle BED+\angle BCD=180°$ ……㉡

따라서 ㉠, ㉡에서

$\angle x+\angle y+\angle z$

$=\angle BAF+\angle BCD+(\angle BEF+\angle BED)$

$=(\angle BAF+\angle BEF)+(\angle BED+\angle BCD)$

$=180°+180°=360°$ 　　　　🖪 360°

412 $\angle ABC=\angle x$라 하면

□ABCD가 원에 내접하므로

$\angle CDF=\angle ABC=\angle x$

$\triangle EBC$에서

$\angle ECF=\angle EBC+\angle BEC=\angle x+22°$

$\triangle DCF$에서

$\angle x+(\angle x+22°)+30°=180°$

$2\angle x=128°$ $\quad\therefore \angle x=64°$

$\therefore \angle ABC=64°$ 　　　　🖪 ⑤

413 □ABCD가 원에 내접하므로

$\angle CDF=\angle ABC=65°$

$\triangle EBC$에서

$\angle ECF=\angle EBC+\angle BEC=65°+20°=85°$

$\triangle DCF$에서 $\angle F=180°-(65°+85°)=30°$ 　🖪 30°

414 $\angle BCD = \angle x$라 하면

$\square ABCD$가 원에 내접하므로

$\angle PAB = \angle BCD = \angle x$

$\triangle QBC$에서

$\angle QBP = \angle BCQ + \angle BQC = \angle x + 40°$

$\triangle APB$에서

$\angle x + 30° + (\angle x + 40°) = 180°$

$2\angle x = 110°$ ∴ $\angle x = 55°$

이때 $\angle BAD + \angle BCD = 180°$이므로

$\angle BAD = 180° - 55° = 125°$ 🖺 ③

415 ③ $\angle CDP = \angle PQB$

⑤ $\angle QCD = \angle APQ = \angle ABE$

즉, 동위각의 크기가 같으므로 $\overline{AB} /\!/ \overline{DC}$

따라서 옳지 않은 것은 ③이다. 🖺 ③

416 $\square ABQP$가 원 O에 내접하므로

$\angle PQC = \angle BAP = 105°$

$\square PQCD$가 원 O′에 내접하므로

$105° + \angle x = 180°$

∴ $\angle x = 75°$ 🖺 ①

417 $\square PQCD$가 원 O′에 내접하므로

$\angle PQB = \angle PDC = 100°$

$\square ABQP$가 원 O에 내접하므로

$\angle PAB + \angle PQB = 180°$에서

$\angle PAB + 100° = 180°$ ∴ $\angle PAB = 80°$

∴ $\angle x = 2\angle PAB = 2 \times 80° = 160°$ 🖺 160°

418 ① $\angle DAB \neq \angle DCE$이므로 $\square ABCD$는 원에 내접하지 않는다.

② $\triangle ACD$에서 $\angle D = 180° - (45° + 40°) = 95°$

즉, $\angle B + \angle D = 85° + 95° = 180°$이므로 $\square ABCD$는 원에 내접한다.

③ $\angle CBD = 180° - (70° + 80°) = 30°$

즉, $\angle CAD = \angle CBD = 30°$이므로 $\square ABCD$는 원에 내접한다.

④ $\angle BAD = 180° - 90° = 90°$

즉, $\angle BAD = \angle DCE$이므로 $\square ABCD$는 원에 내접한다.

⑤ $\angle ADC = 180° - 70° = 110°$

즉, $\angle ADC = \angle CBF$이므로 $\square ABCD$는 원에 내접한다.

따라서 $\square ABCD$가 원에 내접하지 않는 것은 ①이다.

🖺 ①

419 $\square ABCD$가 원에 내접하므로

$\angle BCD = 180° - 110° = 70°$

$\triangle PDC$에서

$\angle PDC = \angle BCD - \angle P$

$= 70° - 30° = 40°$ 🖺 40°

다른 풀이 $\triangle ABP$에서 $\angle B = 180° - (110° + 30°) = 40°$

$\square ABCD$가 원에 내접하므로 $\angle PDC = \angle B = 40°$

420 $\square ABCD$가 원에 내접하므로

$\angle BAC = \angle BDC = 50°$

또, $\angle BAD = \angle DCE = 100°$이므로

$\angle x = \angle BAD - \angle BAC$

$= 100° - 50° = 50°$

∴ $\angle DBC = \angle x = 50°$

$\triangle FBC$에서

$\angle y = 180° - (50° + 55°) = 75°$

∴ $\angle y - \angle x = 75° - 50° = 25°$ 🖺 ④

Theme 10 접선과 현이 이루는 각 71~74쪽

421 $\angle CAB = \angle CBD = 50°$이므로

$\angle BOC = 2\angle CAB = 2 \times 50° = 100°$

$\triangle OBC$는 $\overline{OB} = \overline{OC}$인 이등변삼각형이므로

$\angle OCB = \frac{1}{2} \times (180° - 100°) = 40°$ 🖺 40°

422 $\triangle BAT$에서

$\angle BAT = \angle CBA - \angle T$

$= 65° - 30° = 35°$

∴ $\angle ACB = \angle BAT = 35°$ 🖺 35°

423 $\angle ACB = \angle BAT = 40°$

$\overparen{AB} = \overparen{BC}$이므로 $\angle BAC = \angle ACB = 40°$

따라서 $\triangle ABC$에서

$\angle x = 180° - 2 \times 40° = 100°$ 🖺 100°

424 $\triangle CTA$는 $\overline{CT} = \overline{CA}$인 이등변삼각형이므로

$\angle CAT = \angle T = 35°$

따라서 $\angle CBA = \angle CAT = 35°$이므로

$\triangle TAB$에서

$\angle CAB = 180° - (35° + 35° + 35°) = 75°$ 🖺 75°

425 $\overparen{AB} : \overparen{BC} : \overparen{CA} = \angle ACB : \angle BAC : \angle CBA$이고

$\angle ACB + \angle BAC + \angle CBA = 180°$이므로

$\angle ACB = \frac{2}{2+3+4} \times 180° = 40°$

∴ $\angle BAT = \angle ACB = 40°$ 🖺 40°

426 $\overline{BD}$가 원 O의 지름이므로

$\angle BAD = 90°$

$\angle ADC = \angle ACT = 72°$이므로

$\angle ADB = 72° - 28° = 44°$

$\triangle ABD$에서

$\angle ABD = 180° - (44° + 90°) = 46°$ 🖺 ②

427 $\angle BTP = \angle BAT = 35°$

$\triangle BPT$에서

∠ABT=∠BPT+∠BTP=50°+35°=85°

□ABTC가 원 O에 내접하므로

∠ACT=180°−85°=95° 답 95°

428 □ABCD가 원에 내접하므로

∠ABC=180°−120°=60°

△BPC에서

∠BCP=∠ABC−∠P

=60°−25°=35°

∴ ∠x=∠BCP=35° 답 ②

429 오른쪽 그림과 같이 $\overline{AC}$를 그으면

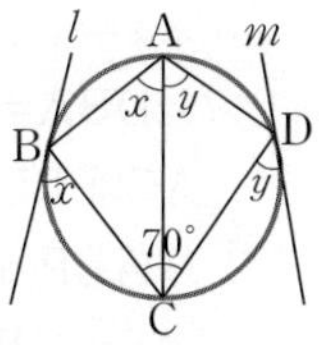

∠BAC=∠x, ∠DAC=∠y

이므로

∠BAD=∠x+∠y

□ABCD가 원에 내접하므로

∠x+∠y=180°−70°=110° 답 ③

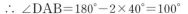

430 오른쪽 그림과 같이 $\overline{DB}$를 그으면

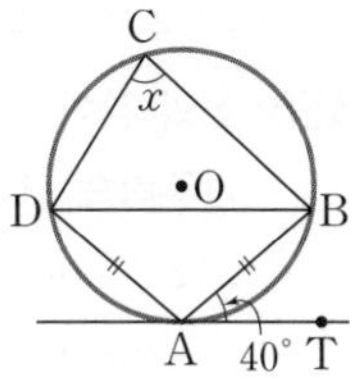

∠ADB=∠BAT=40°

△ABD는 $\overline{AB}=\overline{AD}$인 이등변삼각

형이므로

∠ABD=∠ADB=40°

∴ ∠DAB=180°−2×40°=100°

□ABCD가 원 O에 내접하므로

∠x=180°−100°=80° 답 ②

431 오른쪽 그림과 같이 $\overline{AC}$를 그으면

□ACDE는 원에 내접하므로

∠ACD=180°−108°=72°이고

∠ACB=116°−72°=44°

∴ ∠BAT=∠ACB=44° 답 ⑤

432 ∠ATP=∠ABT=∠y라 하면

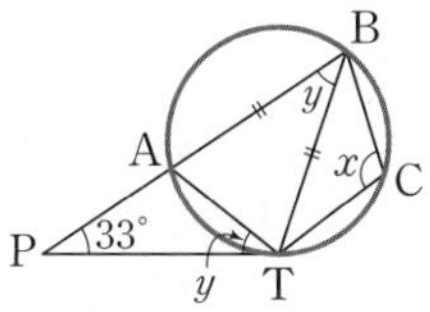

△APT에서

∠BAT=33°+∠y

또, $\overline{BA}=\overline{BT}$이므로

∠BTA=∠BAT=33°+∠y

△ATB에서

∠y+(33°+∠y)+(33°+∠y)=180°

3∠y=114° ∴ ∠y=38°

즉, ∠BAT=33°+38°=71°이고 □ATCB가 원에 내

접하므로 ∠x=180°−71°=109° 답 109°

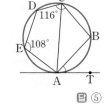

433 오른쪽 그림과 같이 $\overline{AT}$를 그으면

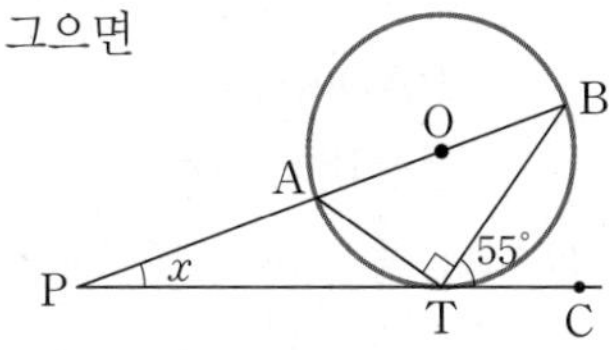

$\overline{AB}$가 원 O의 지름이므로

∠ATB=90°

∴ ∠ATP

=180°−(90°+55°)

=35°

∠BAT=∠BTC=55°이므로

△APT에서

∠x=∠BAT−∠ATP=55°−35°=20° 답 20°

434 오른쪽 그림과 같이 $\overline{AC}$를 그으면

$\overline{AD}$는 원 O의 지름이므로

∠ACD=90°

∠ACB=∠BCD−∠ACD

=110°−90°=20°

∴ ∠ABT=∠ACB=20° 답 20°

435 오른쪽 그림과 같이 $\overline{AC}$를 그으면

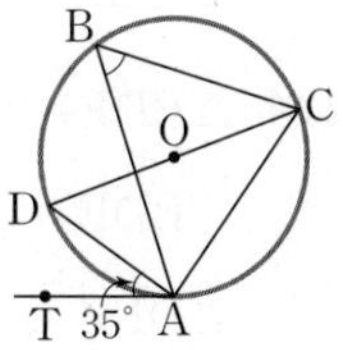

$\overline{CD}$는 원 O의 지름이므로

∠DAC=90°

∠DCA=∠DAT=35°이므로

△DAC에서

∠ADC=180°−(90°+35°)=55°

∴ ∠ABC=∠ADC=55° 답 55°

436 오른쪽 그림과 같이 $\overline{BC}$를 그으면

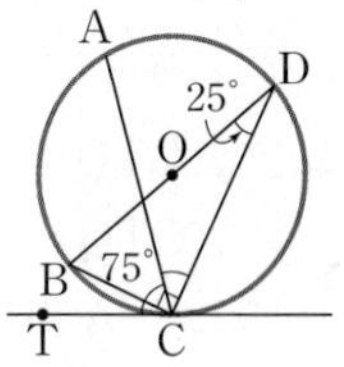

$\overline{BD}$가 원 O의 지름이므로

∠BCD=90°

∠BCT=∠BDC=25°이므로

∠ACB=∠ACT−∠BCT

=75°−25°=50°

∴ ∠ACD=∠BCD−∠ACB

=90°−50°=40° 답 ①

437 오른쪽 그림과 같이 $\overline{PB}$를

그으면

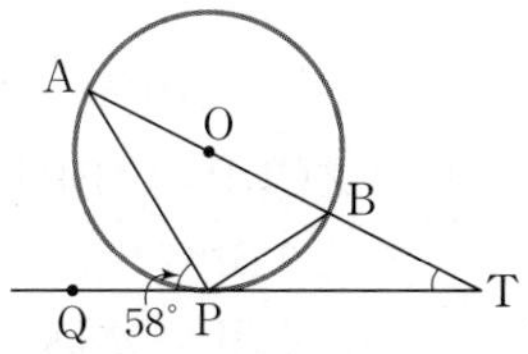

$\overline{AB}$가 원 O의 지름이므로

∠APB=90°

∠ABP=∠APQ=58°이

므로

△APB에서 ∠BAP=180°−(90°+58°)=32°

△APT에서 32°+∠ATP=58°

∴ ∠ATP=26° 답 ②

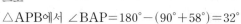

438 오른쪽 그림과 같이 $\overline{BC}$를 그으

면 $\overline{AB}$가 원 O의 지름이므로

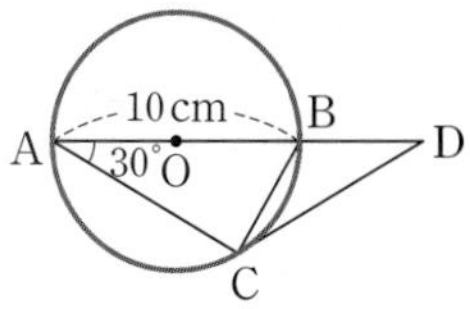

∠ACB=90°

∠BCD=∠BAC=30°이므로

△ADC에서

30°+(90°+30°)+∠ADC=180°

∴ ∠ADC=30°

따라서 △BCD는 $\overline{BC}=\overline{BD}$인 이등변삼각형이고

△ABC에서

$\overline{BC}=\overline{AB}\sin 30°=10×\dfrac{1}{2}=5(cm)$이므로

$\overline{BD}=\overline{BC}=5$ cm 답 5 cm

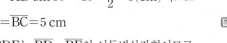

439 △BDE는 $\overline{BD}=\overline{BE}$인 이등변삼각형이므로

∠BDE=∠BED=$\dfrac{1}{2}$(180°−50°)=65°

∠DFE=∠BED=65°이므로

△DEF에서 ∠EDF=180°−(65°+60°)=55° 답 ②

440 $\triangle PAB$는 $\overline{PA}=\overline{PB}$인 이등변삼각형이므로

$$\angle PAB=\angle PBA=\frac{1}{2}\times(180°-40°)=70°$$

$\angle ACB=\angle PBA=70°$이므로

$\triangle ABC$에서

$$\angle CAB+\angle ABC=180°-70°=110°$$

이때 $\widehat{AC}:\widehat{CB}=\angle ABC:\angle CAB=3:2$이므로

$$\angle ABC=110°\times\frac{3}{3+2}=66°$$ 目 $66°$

441 $\triangle BDE$는 $\overline{BD}=\overline{BE}$인 이등변삼각형이므로

$$\angle BDE=\angle BED=\frac{1}{2}\times(180°-30°)=75°$$

$\angle DFE=\angle BED=75°$이므로

$\triangle DEF$에서 $\angle DEF=180°-(55°+75°)=50°$

$\angle AFD=\angle ADF=\angle DEF=50°$

따라서 $\triangle ADF$에서

$$\angle A=180°-2\times50°=80°$$ 目 $80°$

442 $\angle BTQ=\angle BAT=80°$

$\angle CTQ=\angle CDT=45°$

$$\therefore \angle ATB=180°-(80°+45°)=55°$$ 目 ①

443 $\angle A=\angle BPT'=\angle DPT$

$=\angle DCP$

$=180°-(56°+54°)$

$=70°$ 目 ④

444 ①, ④ $\angle ABP=\angle APT=\angle DCP=60°$

② $\angle CDP=\angle BPT'=\angle BAP=66°$

③ $\triangle ABP$에서 $\angle APB=180°-(66°+60°)=54°$

⑤ $\triangle ABP$와 $\triangle DCP$에서

$\angle ABP=\angle DCP$, $\angle BAP=\angle CDP$

즉, $\triangle ABP\varnothing\triangle DCP$ (AA 닮음)이므로

$\overline{AB}:\overline{DC}=\overline{AP}:\overline{DP}$

따라서 옳은 것은 ①, ⑤이다. 目 ①, ⑤

유형모아 **Theme 08** **원주각과 중심각** 1회 75~76쪽

445 $\angle x=\frac{1}{2}\times(360°-160°)=\frac{1}{2}\times200°=100°$ 目 ②

446 $\angle DBC=\angle DAC=20°$이므로

$\triangle PBC$에서

$$\angle APB=\angle PBC+\angle PCB=20°+25°=45°$$ 目 ④

447 $\overline{AB}$는 원 O의 지름이므로

$\angle ADB=90°$

$\angle DAB=\angle DCB=55°$이므로

$\triangle DAB$에서

$$\angle DBA=180°-(90°+55°)=35°$$ 目 $35°$

448 오른쪽 그림과 같이 $\overline{AO}$를 그으면

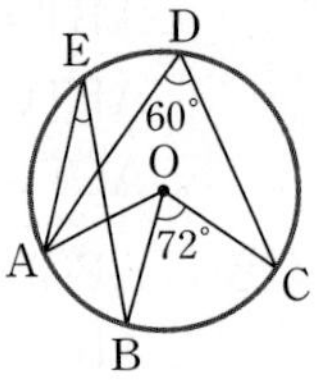

$\angle AOC=2\angle ADC$

$=2\times60°=120°$

$\angle AOB=\angle AOC-\angle BOC$

$=120°-72°=48°$

$\therefore \angle AEB=\frac{1}{2}\angle AOB$

$=\frac{1}{2}\times48°=24°$ 目 ②

449 $\widehat{AB}=\widehat{BC}$이므로

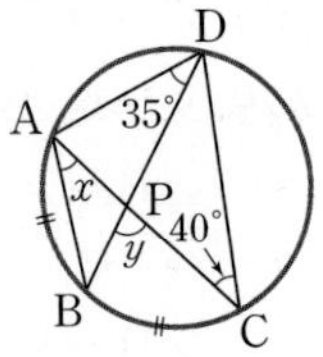

$\angle x=\angle ADB=35°$

$\angle DBA=\angle DCA=40°$

$\overline{AC}$와 $\overline{BD}$의 교점을 P라 하면

$\triangle ABP$에서

$\angle y=\angle PAB+\angle PBA$

$=35°+40°=75°$

$\therefore \angle x+\angle y=35°+75°=110°$ 目 ③

450 호의 길이가 6 cm로 서로 같으므로 $\angle x=30°$

원주각의 크기는 호의 길이에 정비례하므로

$\angle x:\angle y=6:9$, $30°:\angle y=2:3$

$\therefore \angle y=45°$ 目 $\angle x=30°$, $\angle y=45°$

451 $\widehat{AB}$의 길이가 원주의 $\frac{1}{5}$이므로

$$\angle ADB=\frac{1}{5}\times180°=36°$$

$\widehat{CD}$의 길이가 원주의 $\frac{1}{12}$이므로

$$\angle DAC=\frac{1}{12}\times180°=15°$$

$\triangle APD$에서

$\angle APB=\angle ADP+\angle DAP$

$=36°+15°=51°$ 目 $51°$

452 네 점 A, B, C, D가 한 원 위에 있으므로

$\angle DAC=\angle DBC=50°$

$\triangle DAC$에서

$$\angle ACD=180°-(50°+70°)=60°$$ 目 ⑤

453 오른쪽 그림과 같이 $\overline{AD}$를 그으면

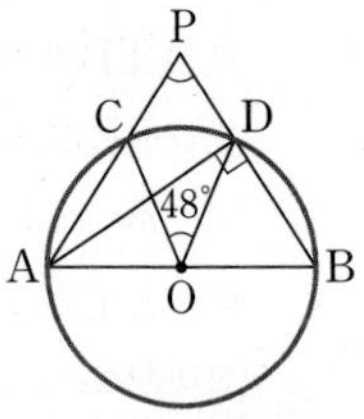

$\overline{AB}$는 원 O의 지름이므로

$\angle ADB=90°$

$\angle CAD=\frac{1}{2}\angle COD$

$=\frac{1}{2}\times48°=24°$

$\triangle PAD$에서

$$\angle P=180°-(90°+24°)=66°$$ 目 ⑤

454 오른쪽 그림과 같이 $\overline{BO}$의 연장선과

원 O가 만나는 점을 A'이라 하고

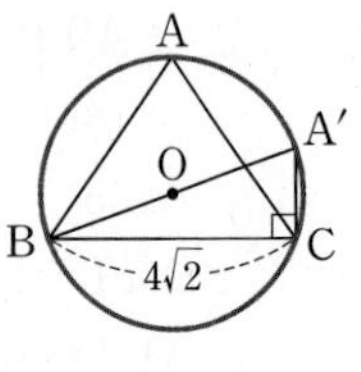

$\overline{A'C}$를 그으면 $\angle BAC=\angle BA'C$

$\overline{A'B}$가 원 O의 지름이므로

$\angle BCA'=90°$

직각삼각형 A'BC에서

$\tan A = \tan A' = \dfrac{4\sqrt{2}}{\overline{A'C}} = 2\sqrt{2}$ ∴ $\overline{A'C} = 2$

따라서 직각삼각형 A'BC에서 피타고라스 정리에 의하여

$\overline{A'B} = \sqrt{(4\sqrt{2})^2 + 2^2} = 6$이므로

원 O의 반지름의 길이는 $\dfrac{1}{2}\overline{A'B} = \dfrac{1}{2} \times 6 = 3$ 🔑 3

455 오른쪽 그림과 같이 $\overline{BC}$를 그으면

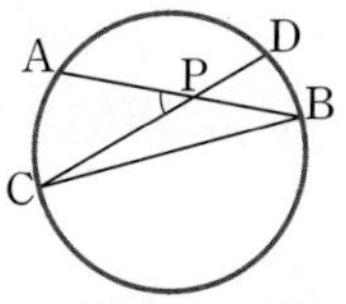

$\overset{\frown}{BD}$의 길이가 원주의 $\dfrac{1}{12}$이므로

$\angle BCD = \dfrac{1}{12} \times 180° = 15°$

$\overset{\frown}{AC} : \overset{\frown}{BD} = 5 : 3$이므로

$\angle ABC : \angle BCD = 5 : 3$

$\angle ABC : 15° = 5 : 3$ ∴ $\angle ABC = 25°$

△BCP에서

$\angle APC = \angle PCB + \angle PBC = 15° + 25° = 40°$ 🔑 40°

456 $\overline{AB} /\!/ \overline{DC}$이므로

$\angle DCA = \angle CAB = 15°$ (엇각)

오른쪽 그림과 같이 $\overline{DO}, \overline{CO}$를 그으면

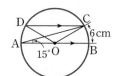

$\angle AOD = \angle COB$

$\qquad = 2\angle CAB$

$\qquad = 2 \times 15° = 30°$

$\angle DOC = 180° - (\angle AOD + \angle COB)$

$\qquad = 180° - (30° + 30°)$

$\qquad = 120°$

호의 길이는 중심각의 크기에 정비례하므로

$\overset{\frown}{BC} : \overset{\frown}{CD} = 30° : 120°$

$6 : \overset{\frown}{CD} = 1 : 4$ ∴ $\overset{\frown}{CD} = 24$(cm) 🔑 ③

유형모아 Theme 08 원주각과 중심각 **2회** 77~78쪽

457 $\angle PAO = \angle PBO = 90°$이므로

□PBOA에서

$\angle AOB = 360° - (90° + 38° + 90°) = 142°$

∴ $\angle x = \dfrac{1}{2}\angle AOB$

$\qquad = \dfrac{1}{2} \times 142° = 71°$ 🔑 ④

458 $\angle BOC = 2\angle BAC = 2 \times 67.5° = 135°$이므로

$\triangle OBC = \dfrac{1}{2} \times \overline{OB} \times \overline{OC} \times \sin(180° - 135°)$

$\qquad = \dfrac{1}{2} \times 8 \times 8 \times \sin 45°$

$\qquad = \dfrac{1}{2} \times 8 \times 8 \times \dfrac{\sqrt{2}}{2}$

$\qquad = 16\sqrt{2}$(cm²) 🔑 $16\sqrt{2}$ cm²

459 $\angle x = 2\angle ACB$

$\qquad = 2 \times 28° = 56°$

$\angle y = \angle ACB = 28°$

∴ $\angle x + \angle y = 56° + 28° = 84°$ 🔑 ③

460 오른쪽 그림과 같이 $\overline{AE}$를 그으면

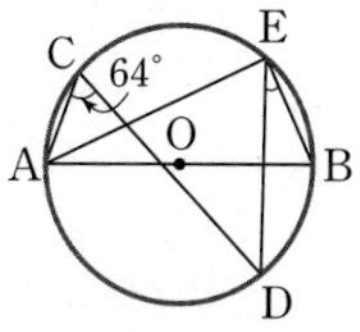

$\overline{AB}$가 원 O의 지름이므로

$\angle AEB = 90°$

$\angle AED = \angle ACD = 64°$이므로

$\angle DEB = \angle AEB - \angle AED$

$\qquad = 90° - 64° = 26°$ 🔑 ①

461 오른쪽 그림과 같이 $\overline{BO}$의 연장선과 원 O가 만나는 점을 A'이라 하고 $\overline{A'C}$를 그으면 $\angle BA'C = \angle BAC = 30°$

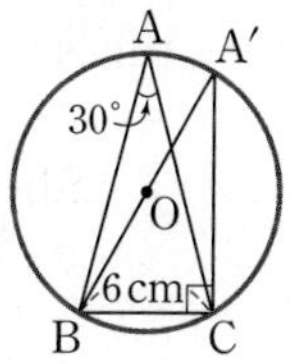

$\overline{A'B}$가 원 O의 지름이므로

$\angle A'CB = 90°$

직각삼각형 BCA'에서

$\overline{A'B} = \dfrac{\overline{BC}}{\sin 30°} = 6 \div \dfrac{1}{2}$

$\qquad = 6 \times 2 = 12$(cm)

따라서 원 O의 반지름의 길이는 6 cm이므로 둘레의 길이는 $2\pi \times 6 = 12\pi$(cm) 🔑 12π cm

462 오른쪽 그림과 같이 $\overline{BQ}$를 그으면

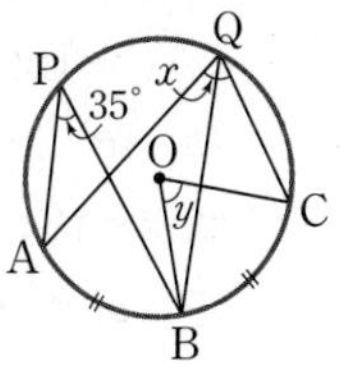

$\angle AQB = \angle APB = 35°$이고

$\overset{\frown}{AB} = \overset{\frown}{BC}$이므로

$\angle BQC = \angle APB = 35°$

∴ $\angle x = \angle AQB + \angle BQC$

$\qquad = 35° + 35° = 70°$

$\angle y = 2\angle BQC$

$\qquad = 2 \times 35° = 70°$

∴ $\angle x + \angle y = 70° + 70° = 140°$ 🔑 ⑤

463 △CPB에서

$\angle BCP = \angle BPD - \angle CBP$

$\qquad = 70° - 40° = 30°$

$\overset{\frown}{AC} : \overset{\frown}{BD} = \angle CBA : \angle BCD$이므로

$8 : \overset{\frown}{BD} = 40° : 30°, \ 8 : \overset{\frown}{BD} = 4 : 3$

∴ $\overset{\frown}{BD} = 6$(cm) 🔑 6 cm

464 $\angle ACB : \angle BAC : \angle ABC = \overset{\frown}{AB} : \overset{\frown}{BC} : \overset{\frown}{CA}$

$\qquad\qquad\qquad\qquad\qquad = 5 : 3 : 2$

∴ $\angle BAC = \dfrac{3}{5+3+2} \times 180°$

$\qquad = \dfrac{3}{10} \times 180° = 54°$ 🔑 54°

465 △PBD에서

$\angle PBD = 180° - (34° + 111°) = 35°$

네 점 A, B, C, D가 한 원 위에 있으므로

$\angle x = \angle ABD = 35°$ 🔑 ③

466 오른쪽 그림과 같이 $\overline{BO}$의 연장선과 원 O가 만나는 점을 A′이라 하고 $\overline{A'C}$를 그으면 $\angle BAC = \angle BA'C$ $\overline{A'B}$가 원 O의 지름이므로

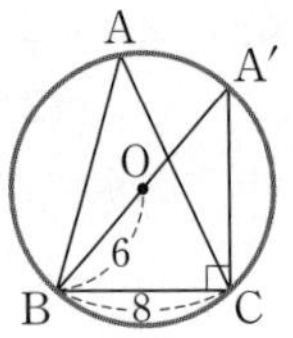

$\angle BCA' = 90°$

직각삼각형 A′BC에서 $\overline{A'B} = 12$이므로

$\overline{A'C} = \sqrt{12^2 - 8^2} = 4\sqrt{5}$

$\sin A = \sin A' = \dfrac{\overline{BC}}{\overline{A'B}} = \dfrac{8}{12} = \dfrac{2}{3}$

$\cos A = \cos A' = \dfrac{\overline{A'C}}{\overline{A'B}} = \dfrac{4\sqrt{5}}{12} = \dfrac{\sqrt{5}}{3}$

$\tan A = \tan A' = \dfrac{\overline{BC}}{\overline{A'C}} = \dfrac{8}{4\sqrt{5}} = \dfrac{2\sqrt{5}}{5}$

$\therefore \dfrac{\sin A \times \cos A}{\tan A} = \dfrac{2}{3} \times \dfrac{\sqrt{5}}{3} \div \dfrac{2\sqrt{5}}{5}$

$= \dfrac{2}{3} \times \dfrac{\sqrt{5}}{3} \times \dfrac{5}{2\sqrt{5}} = \dfrac{5}{9}$ 답 ②

467 오른쪽 그림과 같이 $\overline{BC}$를 그으면 △PCB에서 $\angle ABC + \angle DCB = 60°$ 따라서 $\overset{\frown}{AC}$, $\overset{\frown}{BD}$에 대한 원주각의 크기의 합이 60°이므로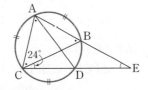

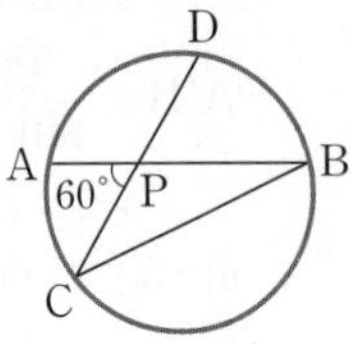

원의 반지름의 길이를 r cm라 하면

$(\overset{\frown}{AC} + \overset{\frown}{BD}) : 2\pi r = 60° : 180°$

즉, $4\pi : 2\pi r = 1 : 3$

$2\pi r = 12\pi$ $\therefore r = 6$

따라서 이 원의 반지름의 길이는 6 cm이다. 답 6 cm

468 $\angle E = \angle x$라 하면

△BCE에서 $\angle ABC = \angle x + 24°$

$\overset{\frown}{AB} = \overset{\frown}{AC} = \overset{\frown}{CD}$이므로

오른쪽 그림과 같이 $\overline{AC}$, $\overline{AD}$를 그으면

$\angle ACB = \angle CAD$
$\qquad = \angle ABC$
$\qquad = \angle x + 24°$

또, $\angle DAB = \angle DCB = 24°$이므로

△ACB에서

$24° + 3(\angle x + 24°) = 180°$, $3\angle x + 96° = 180°$

$3\angle x = 84°$ $\therefore \angle x = 28°$

따라서 $\angle E$의 크기는 28°이다. 답 28°

유형모아 Theme **09** 원에 내접하는 사각형 1코 79쪽

469 $\angle BOD = 2\angle BAD = 2 \times 65° = 130°$

$\square ABCD$가 원 O에 내접하므로

$\angle BCD = 180° - 65° = 115°$

$\therefore \angle ODC = 360° - (130° + 50° + 115°) = 65°$ 답 65°

470 $\square ABCD$가 원에 내접하므로

$\angle x = 180° - 80° = 100°$

$\angle y = \angle BAD = 70°$

$\therefore \angle x - \angle y = 100° - 70° = 30°$ 답 ③

471 $\square ABCD$가 원에 내접하므로

$\angle PAB = \angle BCD = 75°$

△APB에서

$\angle PBA = 180° - (45° + 75°)$
$\qquad = 60°$ 답 ③

472 $\square ABQP$가 원에 내접하므로

$\angle DPQ = \angle ABQ = 100°$

$\square PQCD$가 원에 내접하므로

$\angle DPQ + \angle x = 180°$

$100° + \angle x = 180°$

$\therefore \angle x = 80°$ 답 ③

473 $\square ABCD$가 원에 내접하므로

$\angle DAB = \angle DCF = 105°$

$\therefore \angle BAC = \angle DAB - \angle DAC$
$\qquad = 105° - 55° = 50°$

△ABE에서

$\angle x = \angle EAB + \angle ABE$
$\qquad = 50° + 35° = 85°$ 답 85°

474 $\overset{\frown}{ABC}$의 길이는 원주의 $\dfrac{4}{9}$이므로

$\angle ADC = \dfrac{4}{9} \times 180° = 80°$

$\square ABCD$가 원에 내접하므로

$\angle x + \angle ADC = 180°$

$\therefore \angle x = 180° - 80° = 100°$

$\overset{\frown}{BCD}$의 길이는 원주의 $\dfrac{7}{12}$이므로

$\angle BAD = \dfrac{7}{12} \times 180° = 105°$

$\square ABCD$가 원에 내접하므로

$\angle y = \angle BAD = 105°$

$\therefore \angle x + \angle y = 100° + 105°$
$\qquad = 205°$ 답 205°

475 $\angle ABC = \angle x$라 하면

$\square ABCD$가 원에 내접하므로

$\angle EDC = \angle x$

△FBC에서

$\angle FCE = 32° + \angle x$

△DCE에서

$\angle x + (32° + \angle x) + 20° = 180°$

$2\angle x = 128°$

$\therefore \angle x = 64°$

따라서 $\angle ABC$의 크기는 64°이다. 답 64°

Theme 09 원에 내접하는 사각형 **2회** 80쪽

476 △ACD에서
$\angle x=180°-(50°+70°)=60°$
□ABCD가 원에 내접하므로
$\angle y=180°-60°=120°$ 🖹 $\angle x=60°$, $\angle y=120°$

477 $\angle BAD=\dfrac{1}{2}\angle BOD$
$=\dfrac{1}{2}\times150°=75°$
□ABCD가 원 O에 내접하므로
$\angle x=\angle BAD=75°$ 🖹 $75°$

478 ① $\angle BAC=\angle BDC=65°$이므로 □ABCD는 원에 내접한다.
② $\angle ABC=180°-130°=50°$에서
$\angle ABC=\angle CDE=50°$이므로 □ABCD는 원에 내접한다.
③ $\angle BAD+\angle BCD=180°$이므로 □ABCD는 원에 내접한다.
④ △EBC에서
$\angle ECB=180°-(100°+30°)=50°$
즉, $\angle ADB\neq\angle ACB$이므로 □ABCD는 원에 내접하지 않는다.
⑤ 등변사다리꼴은 대각의 크기의 합이 180°이므로 □ABCD는 원에 내접한다.
따라서 □ABCD가 원에 내접하지 않는 것은 ④이다. 🖹 ④

479 $\overline{BC}$가 원 O의 지름이므로
$\angle BDC=90°$
$\overparen{AD}=\overparen{CD}$이므로
$\angle ABD=\angle CBD=26°$
□ABCD가 원 O에 내접하므로
$\angle ABC+\angle ADC=180°$
$(26°+26°)+(\angle ADB+90°)=180°$
$\angle ADB+142°=180°$
$\therefore \angle ADB=180°-142°=38°$ 🖹 ②

480 $\overparen{BAD}$의 길이는 원주의 $\dfrac{3}{5}$이므로
$\angle BCD=\dfrac{3}{5}\times180°=108°$
□ABCD가 원에 내접하므로
$\angle x=180°-108°=72°$
$\overparen{CDA}$의 길이는 원주의 $\dfrac{7}{10}$이므로
$\angle ABC=\dfrac{7}{10}\times180°=126°$
□ABCD가 원에 내접하므로
$\angle y=\angle ABC=126°$
$\therefore \angle x+\angle y=72°+126°=198°$ 🖹 ⑤

481 오른쪽 그림과 같이 $\overline{CF}$를 그으면
□ABCF가 원에 내접하므로
$105°+\angle AFC=180°$
$\therefore \angle AFC=75°$
$\therefore \angle CFE=125°-75°=50°$
이때 □CDEF가 원에 내접하므로
$50°+\angle CDE=180°$
$\therefore \angle CDE=130°$ 🖹 130°

482 □PQDB가 원 O′에 내접하므로
$\angle y=\angle PBD=100°$
□ACQP가 원 O에 내접하므로
$\angle A=180°-\angle y$
$=180°-100°=80°$
$\angle x=2\angle A$
$=2\times80°=160°$
$\therefore \angle x+\angle y=160°+100°=260°$ 🖹 260°

Theme 10 접선과 현이 이루는 각 **1회** 81쪽

483 $\angle APT=\angle ATS=80°$이므로
$\angle TPQ=150°-80°=70°$
$\therefore \angle x=\angle TPQ=70°$ 🖹 70°

484 오른쪽 그림과 같이 $\overline{AC}$를 그으면
$\overparen{BC}=\overparen{CD}$이므로
$\angle BAC=\angle DAC$
$=\dfrac{1}{2}\times56°=28°$
$\therefore \angle DCT=\angle DAC=28°$ 🖹 28°

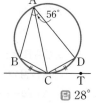

485 $\angle BTA=\angle BCT=32°$
□BTDC가 원 O에 내접하므로
$\angle CBT=180°-100°=80°$
△BAT에서
$\angle A=\angle CBT-\angle BTA$
$=80°-32°=48°$ 🖹 48°

486 △BED는 $\overline{BD}=\overline{BE}$인 이등변삼각형이므로
$\angle BDE=\angle BED=\dfrac{1}{2}\times(180°-52°)=64°$
$\angle DFE=\angle DEB=64°$이므로
△DEF에서
$\angle EDF=180°-(44°+64°)=72°$ 🖹 72°

487 작은 원에서
$\angle DPT'=\angle DBP=65°$
큰 원에서
$\angle CAP=\angle CPT'=65°$
△ACP에서
$\angle APC=180°-(65°+45°)=70°$ 🖹 ④

488 $\angle ACB : \angle BAC : \angle ABC = \overarc{AB} : \overarc{BC} : \overarc{CA}$
$= 6 : 5 : 4$

이므로

$\angle BAC = \dfrac{5}{6+5+4} \times 180°$

$= \dfrac{1}{3} \times 180° = 60°$

$\therefore \angle BCT = \angle BAC = 60°$ 답 ③

489 오른쪽 그림과 같이 $\overline{DB}$를 그으면

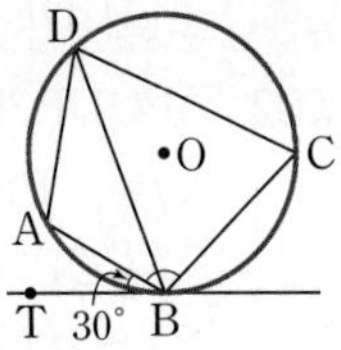

$\angle ADB = \angle ABT = 30°$

$\angle ADB : \angle CDB = \overarc{AB} : \overarc{BC}$
$= 2 : 3$

이므로

$30° : \angle CDB = 2 : 3$, $2\angle CDB = 90°$

$\therefore \angle CDB = 45°$

$\therefore \angle ADC = \angle ADB + \angle CDB$
$= 30° + 45° = 75°$

$\Box ABCD$가 원 O에 내접하므로

$\angle ABC = 180° - 75° = 105°$ 답 ⑤

Theme 10 접선과 현이 이루는 각 2강 82쪽

490 $\angle BCA = \angle BAT = 70°$이므로

$\triangle CAB$에서

$\angle x = 180° - (70° + 30°) = 80°$ 답 80°

491 $\angle CAB = \angle CBT = 75°$

$\Box ABCD$가 원 O에 내접하므로

$\angle ABC = 180° - 110° = 70°$

$\triangle ABC$에서

$\angle x = 180° - (75° + 70°) = 35°$ 답 ①

492 $\Box ABCD$가 원 O에 내접하므로

$\angle BAD = 180° - 126° = 54°$

$\overline{AD}$가 원 O의 지름이므로 $\angle ABD = 90°$

$\triangle ABD$에서

$\angle ADB = 180° - (54° + 90°) = 36°$

$\therefore \angle ABT = \angle ADB = 36°$ 답 36°

493 오른쪽 그림과 같이 $\overline{AC}$를 그으면

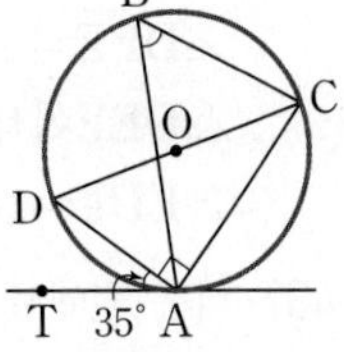

$\overline{CD}$가 원 O의 지름이므로

$\angle DAC = 90°$

$\angle DCA = \angle DAT = 35°$이므로

$\triangle DAC$에서

$\angle ADC = 180° - (90° + 35°) = 55°$

$\therefore \angle ABC = \angle ADC = 55°$ 답 ⑤

494 $\triangle CEF$는 $\overline{CE} = \overline{CF}$인 이등변삼각형이므로

$\angle CEF = \angle CFE = \dfrac{1}{2} \times (180° - 54°) = 63°$

$\angle FDE = \angle FEC = 63°$이므로

$\triangle DEF$에서

$\angle DFE = 180° - (46° + 63°) = 71°$ 답 71°

495 $\angle CAP = \angle CPT = \angle SPD = \angle PBD = 60°$이므로

$\triangle DPB$에서

$\angle DPB = 180° - (60° + 50°) = 70°$ 답 70°

다른 풀이 $\angle CPT = \angle CAP = 60°$,

$\angle BPT = \angle BDP = 50°$이므로

$\angle DPB = 180° - (\angle CPT + \angle BPT)$
$= 180° - (60° + 50°) = 70°$

496 $\angle ABT = \angle ATP = 30°$

$\overline{AB}$가 원 O의 지름이므로

$\angle ATB = 90°$

직각삼각형 ABT에서

$\overline{AT} = \overline{AB}\sin 30° = 12 \times \dfrac{1}{2} = 6\,(\text{cm})$

$\overline{BT} = \overline{AB}\cos 30° = 12 \times \dfrac{\sqrt{3}}{2} = 6\sqrt{3}\,(\text{cm})$

$\therefore \triangle ATB = \dfrac{1}{2} \times \overline{AT} \times \overline{BT}$

$= \dfrac{1}{2} \times 6 \times 6\sqrt{3} = 18\sqrt{3}\,(\text{cm}^2)$ 답 $18\sqrt{3}\,\text{cm}^2$

Theme 중단원 마무리 83~84쪽

497 $\angle AOB = 2\angle APB = 2 \times 40° = 80°$

$\triangle OAB$는 $\overline{OA} = \overline{OB}$인 이등변삼각형이므로

$\angle OAB = \dfrac{1}{2} \times (180° - 80°) = 50°$ 답 50°

498 $\triangle APB$에서

$\angle ABP = 180° - (25° + 85°) = 70°$

$\therefore \angle x = \angle ABC = 70°$ 답 ④

499 오른쪽 그림과 같이 $\overline{AE}$를 그으면

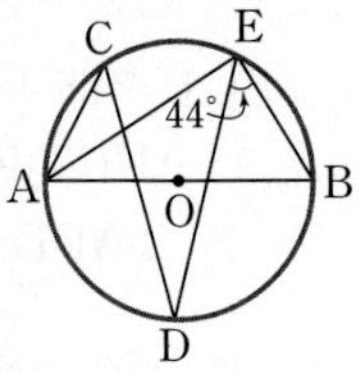

$\overline{AB}$가 원 O의 지름이므로

$\angle AEB = 90°$

$\angle AED = \angle AEB - \angle DEB$
$= 90° - 44° = 46°$

$\therefore \angle ACD = \angle AED = 46°$ 답 ②

500 오른쪽 그림과 같이 $\overline{CD}$를 그으면

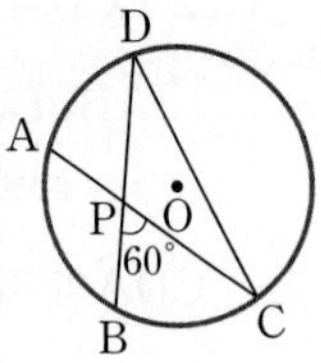

$\triangle DPC$에서

$\angle ACD + \angle BDC = 60°$

따라서 $\overarc{AD}$, $\overarc{BC}$에 대한 원주각의 크기의 합이 60°이므로

원 O의 반지름의 길이를 $r\,\text{cm}$라 하면

$(\overarc{AD} + \overarc{BC}) : 2\pi r = 60° : 180°$

즉, $6\pi : 2\pi r = 1 : 3$

$2\pi r = 18\pi$ $\therefore r = 9$

따라서 원 O의 반지름의 길이는 9 cm이다.   답 ②

501 네 점 A, B, C, D가 한 원 위에 있으므로

$\angle A = \angle B = 15°$

△ACP에서

$\angle ACB = \angle CAP + \angle CPA$

$= 15° + 30° = 45°$ 답 45°

502 오른쪽 그림과 같이 $\overline{CE}$를 그으면

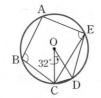

$\angle CED = \dfrac{1}{2}\angle COD$

$= \dfrac{1}{2} \times 32° = 16°$

□ABCE가 원 O에 내접하므로

$\angle ABC + \angle AEC = 180°$

$\therefore \angle ABC + \angle AED$

$= \angle ABC + (\angle AEC + \angle CED)$

$= (\angle ABC + \angle AEC) + \angle CED$

$= 180° + 16° = 196°$ 답 ①

503 □ABCD가 원에 내접하므로

$\angle ADC = \angle ABF = 110°$

$\angle x = 180° - \angle ADC$

$= 180° - 110° = 70°$

△ADE에서

$\angle y = 90° - 70° = 20°$

$\therefore \angle x - \angle y = 70° - 20° = 50°$ 답 ④

504 오른쪽 그림과 같이 $\overline{PQ}$를 그으면

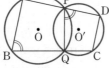

□ABQP가 원 O에 내접하므로

$\angle ABQ = \angle QPD$

이때 $\overparen{APQ}$에 대한 원주각이

$\angle ABQ$이고 $\overparen{QCD}$에 대한 원주각이 $\angle QPD$이다.

즉, $\overparen{APQ}$와 $\overparen{QCD}$의 원주각의 크기가 서로 같으므로 $\overparen{APQ}$, $\overparen{QCD}$의 길이는 각 원의 반지름의 길이에 정비례한다.

원 O′의 반지름의 길이를 r cm라 하면

$\overparen{APQ} : \overparen{QCD} = 4 : 3$이므로

$12 : r = 4 : 3$, $4r = 36$

$\therefore r = 9$

따라서 원 O′의 반지름의 길이는 9 cm이다.   답 9 cm

505 $\angle CAT = \angle CBA = 55°$

$\overline{AC}$는 $\angle BAT$의 이등분선이므로

$\angle CAB = \angle CAT = 55°$

$\therefore \angle BDA = \angle BAT$

$= \angle BAC + \angle CAT$

$= 55° + 55° = 110°$ 답 110°

506 오른쪽 그림과 같이 $\overline{CA}$를 그으면

$\angle DCA = \angle CBA = 30°$

$\overline{AB}$가 원 O의 지름이므로

$\angle ACB = 90°$

△CDB에서

$\angle CDB = 180° - (30° + 90° + 30°) = 30°$

즉, △CDB는 $\overline{CD} = \overline{CB}$인 이등변삼각형이다.

△ABC에서

$\overline{BC} = \overline{AB}\cos 30° = 6 \times \dfrac{\sqrt{3}}{2} = 3\sqrt{3}$ (cm)

$\therefore \overline{CD} = \overline{BC} = 3\sqrt{3}$ cm   답 $3\sqrt{3}$ cm

507 △DEF에서

$\angle DFE = 180° - (50° + 60°) = 70°$

$\therefore \angle BED = \angle DFE = 70°$

△BED는 $\overline{BD} = \overline{BE}$인 이등변삼각형이므로

$\angle BDE = \angle BED = 70°$

$\therefore \angle B = 180° - 2 \times 70° = 40°$ 답 ③

508 $\angle ABC = \angle ACP = \angle DCQ = \angle CED = 65°$

$\therefore \angle AOC = 2\angle ABC$

$= 2 \times 65° = 130°$ 답 130°

509 □ATCB는 원 O에 내접하므로

$\angle BAT = 180° - 102° = 78°$ …❶

△BAT는 $\overline{BA} = \overline{BT}$인 이등변삼각형이므로

$\angle BTA = \angle BAT = 78°$

$\angle ABT = 180° - 2 \times 78° = 24°$

$\therefore \angle ATP = \angle ABT = 24°$ …❷

△APT에서

$\angle x + 24° = 78°$

$\therefore \angle x = 54°$ …❸

답 54°

채점 기준	배점
❶ ∠BAT의 크기 구하기	30 %
❷ ∠ATP의 크기 구하기	50 %
❸ ∠x의 크기 구하기	20 %

510 오른쪽 그림과 같이 $\overline{AC}$, $\overline{BC}$를 그으면

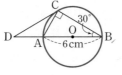

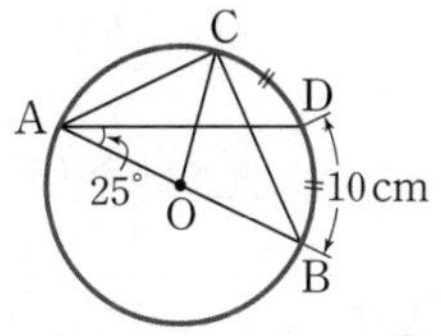

$\overparen{BD} = \overparen{CD}$이므로

$\angle CAD = \angle DAB = 25°$

$\therefore \angle CAB = 25° + 25° = 50°$ …❶

△AOC는 $\overline{AO} = \overline{CO}$인 이등변삼각형이므로

$\angle ACO = \angle CAO = 50°$

$\angle AOC = 180° - 2 \times 50° = 80°$

$\therefore \angle ABC = \dfrac{1}{2}\angle AOC = \dfrac{1}{2} \times 80° = 40°$ …❷

$\overparen{AC} : \overparen{DB} = \angle ABC : \angle DAB$이므로

$\overparen{AC} : 10 = 40° : 25°$, $25\overparen{AC} = 400$

$\therefore \overparen{AC} = 16$ (cm)   …❸

답 16 cm

채점 기준	배점
❶ ∠CAB의 크기 구하기	30 %
❷ ∠ABC의 크기 구하기	30 %
❸ $\overparen{AC}$의 길이 구하기	40 %

05. 대푯값과 산포도

86~93쪽

 **Theme 11 대푯값**
86~88쪽

511 (평균)$=\dfrac{82+76+80+84+78}{5}=\dfrac{400}{5}=80$(회)

🖪 80회

512 5회에 걸친 제자리멀리뛰기 기록의 평균이 178 cm이므로
5회의 제자리멀리뛰기 기록을 x cm라 하면
$$\dfrac{172+180+170+185+x}{5}=178$$
$707+x=890$ ∴ $x=183$
따라서 5회의 제자리멀리뛰기 기록은 183 cm이다.

🖪 183 cm

513 세 수 a, b, 2의 평균이 8이므로
$\dfrac{a+b+2}{3}=8$, $a+b+2=24$ ∴ $a+b=22$
세 수 c, d, 10의 평균이 12이므로
$\dfrac{c+d+10}{3}=12$, $c+d+10=36$ ∴ $c+d=26$
따라서 네 수 a, b, c, d의 평균은
$\dfrac{a+b+c+d}{4}=\dfrac{22+26}{4}=\dfrac{48}{4}=12$ 🖪 12

514 세 수 a, b, c의 평균이 20이므로
$\dfrac{a+b+c}{3}=20$ ∴ $a+b+c=60$
따라서 네 수 $4a+2$, $4b+6$, $4c-4$, 12의 평균은
$$\dfrac{(4a+2)+(4b+6)+(4c-4)+12}{4}$$
$$=\dfrac{4(a+b+c)+16}{4}$$
$$=\dfrac{4\times60+16}{4}=\dfrac{256}{4}=64$$ 🖪 ⑤

515 자료를 작은 값부터 크기순으로 나열하면
1, 5, 5, 5, 6, 7, 7, 11, 35, 35
따라서 10개 자료의 중앙값은 5번째 자료와 6번째 자료의
값의 평균인 $\dfrac{6+7}{2}=6.5$(개) 🖪 6.5개

516 줄기와 잎 그림에서 자료가 12개이므로 중앙값은 6번째 자료와 7번째 자료의 값의 평균인
$\dfrac{13+15}{2}=\dfrac{28}{2}=14$(회) 🖪 ③

517 자료를 작은 값부터 크기순으로 나열하면
[A 동아리] 15, 18, 22, 23, 26, 32, 45
[B 동아리] 17, 19, 20, 24, 34, 35, 42, 52
A 동아리 학생들의 중앙값은 4번째 자료의 값인 23시간이다. ∴ $a=23$

B 동아리 학생들의 중앙값은 4번째 자료와 5번째 자료의
값의 평균인 $\dfrac{24+34}{2}=29$(시간) ∴ $b=29$
∴ $a+b=23+29=52$ 🖪 52

518 주어진 표에서 도수가 가장 큰 것은 농구이므로 최빈값은
농구이다. 🖪 ③

519 최빈값이 13이 되기 위해서는 a의 값이 13이어야 한다.
🖪 ④

520 ① 중앙값 : 3, 최빈값 : 2, 4
② 중앙값 : 3, 최빈값 : 1
③ 중앙값 : $\dfrac{2+4}{2}=3$, 최빈값 : 2, 4
④ 중앙값 : $\dfrac{4+5}{2}=4.5$, 최빈값 : 3, 4, 5, 6
⑤ 중앙값 : -1, 최빈값 : -1
따라서 중앙값과 최빈값이 서로 같은 것은 ⑤이다. 🖪 ⑤

521 자료를 작은 값부터 크기순으로 나열하면
4, 5, 5, 5, 6, 7, 7, 8, 8
따라서 최빈값은 5편이므로 지난해 관람한 영화의 편수가
최빈값인 학생은 영일, 지민, 해주이다.

🖪 영일, 지민, 해주

522 자료를 작은 값부터 크기순으로 나열하면
26, 27, 30, 30, 30, 33, 37, 37, 40, 45
(평균)$=\dfrac{26+27+30+30+30+33+37+37+40+45}{10}$
$=\dfrac{335}{10}=33.5$(회)
10개 자료의 중앙값은 5번째 자료와 6번째 자료의 값의 평
균인 $\dfrac{30+33}{2}=31.5$(회)
훌라후프를 한 횟수가 30회인 경우가 3번으로 가장 많으므
로 최빈값은 30회이다.
따라서 그 값이 가장 작은 것은 최빈값이다. 🖪 최빈값

523 (평균)$=\dfrac{1\times2+2\times4+3\times3+4\times2+7\times1+8\times1}{13}$
$=\dfrac{42}{13}$(회)
13개 자료의 중앙값은 7번째 자료의 값인 3회이다.
매점 이용 횟수가 2회인 학생이 4명으로 가장 많으므로 최
빈값은 2회이다.
따라서 그 값이 가장 큰 것은 평균이다. 🖪 평균

524 1반 학생들은 모두 $4+3+3+2+3=15$(명)이므로
(평균)$=\dfrac{1\times4+2\times3+3\times3+4\times2+5\times3}{15}$
$=\dfrac{42}{15}=\dfrac{14}{5}=2.8$(점)
1반 학생들의 중앙값은 8번째 자료의 값인 3점이다.
2반 학생들은 모두 $5+2+3+2=12$(명)이므로
(평균)$=\dfrac{2\times5+3\times2+4\times3+5\times2}{12}$

$$=\frac{38}{12}=\frac{19}{6}(점)$$

2반 학생들의 중앙값은 6번째 자료와 7번째 자료의 값의 평균인

$$\frac{3+3}{2}=3(점)$$

3반 학생들은 모두 $1+2+5+4=12(명)$이므로

$$(평균)=\frac{2\times1+3\times2+4\times5+5\times4}{12}$$

$$=\frac{48}{12}=4(점)$$

3반 학생들의 중앙값은 6번째 자료와 7번째 자료의 값의 평균인

$$\frac{4+4}{2}=4(점)$$

ㄱ. 1반 학생들의 평균이 2.8점으로 가장 작다.

ㄴ. 3반 학생들의 중앙값이 4점으로 가장 크다.

ㄷ. 2반 학생들 중 수행평가 점수가 2점인 학생이 5명으로 가장 많으므로 최빈값은 2점이다.

따라서 옳은 것은 ㄱ, ㄴ이다. **답** ㄱ, ㄴ

525 일주일 동안의 운동 시간의 평균이 6시간이므로

$$\frac{4+1+12+4+3+7+8+10+2+x}{10}=6$$

$$\frac{51+x}{10}=6, \ 51+x=60 \quad \therefore x=9$$

자료를 작은 값부터 크기순으로 나열하면

1, 2, 3, 4, 4, 7, 8, 9, 10, 12

따라서 10개 자료의 중앙값은 5번째 자료와 6번째 자료의 값의 평균인 $\frac{4+7}{2}=5.5(시간)$ **답** ②

526 최빈값이 9회이므로 턱걸이 횟수의 평균도 9회이다.

$$\frac{12+9+x+9+7+9+8}{7}=9$$

$$\frac{54+x}{7}=9, \ 54+x=63 \quad \therefore x=9$$ **답** 9

527 (가) $\frac{46+52}{2}=49$이므로 변량을 작은 값부터 크기순으로 나열할 때 46과 52가 한가운데에 있어야 한다.

$$\therefore a\le46$$

(나) 중앙값이 40이 되려면 $a\ge40$

(가), (나)에서 $40\le a\le46$이므로 조건을 만족시키는 자연수 a는 40, 41, 42, …, 46의 7개이다. **답** 7개

528 ⑤ 최빈값은 자료의 값 중에서 가장 많이 나타나는 값이므로 극단적인 값의 영향을 받지 않는다. **답** ⑤

529 자료 중에서 매우 크거나 매우 작은 값이 있는 경우에는 평균을 대푯값으로 하기에 적절하지 않다.

따라서 평균을 대푯값으로 하기에 가장 적절하지 않은 것은 ⑤이다. **답** ⑤

530 ①, ②, ③, ⑤ 가장 많이 판매된 크기의 티셔츠를 가장 많이 주문해야 하므로 대푯값으로는 최빈값이 가장 적절하다.

④ 자료를 작은 값부터 크기순으로 나열하면

85, 85, 90, 90, 90, 90, 95, 95, 95, 100, 100, 105

$$(중앙값)=\frac{90+95}{2}=92.5(호)$$

$$(최빈값)=90(호)$$

즉, 중앙값이 최빈값보다 크다.

따라서 옳은 것은 ③이다. **답** ③

Theme 12 분산과 표준편차 89~93쪽

531 은별이의 국어 점수에 대한 편차를 x점이라 하면 편차의 합은 0이므로

$$6+(-5)+(-3)+x+2+(-3)=0 \quad \therefore x=3$$

따라서 은별이의 국어 점수는 $3+86=89(점)$ **답** 89점

532 $(평균)=\frac{10+4+8+5+6+3}{6}$

$$=\frac{36}{6}=6(개)$$

각 변량의 편차를 차례로 구하면

4개, -2개, 2개, -1개, 0개, -3개이다.

따라서 이 자료의 편차가 아닌 것은 ①이다. **답** ①

533 편차의 합은 0이므로

$$x+(-4)+6+(-2)+3=0$$

$$x+3=0 \quad \therefore x=-3$$

따라서 원지와 희영이의 영어 점수의 차는

$$-3-(-4)=1(점)$$ **답** 1점

534 $(평균)=\frac{52+48+51+45+44}{5}$

$$=\frac{240}{5}=48(kg)$$

각 학생의 몸무게에 대한 편차를 표로 나타내면 다음과 같다.

학생	윤선	은정	혜지	예서	연아
편차(kg)	4	0	3	-3	-4

따라서 편차의 절댓값이 가장 작은 학생은 은정이다.

답 은정

535 ① 편차의 합은 0이므로

$$2+(-1)+x+0+1=0 \quad \therefore x=-2$$

② 학생 D의 편차가 0점이므로 학생 D의 수학 점수는 평균과 같다.

③ 학생 C의 편차가 -2점으로 가장 작으므로 학생 C의 수학 점수가 가장 낮다.

④ 학생 A의 편차가 2점으로 가장 크므로 학생 A의 수학 점수가 가장 높다.

⑤ 학생 A와 학생 B의 편차의 차가 3점이므로 수학 점수의 차도 3점이다.

따라서 옳지 않은 것은 ⑤이다. **답** ⑤

536 현준이의 편차가 -3점이므로

$$67-(평균)=-3$$

∴ (평균)=67+3=70(점)
편차의 합은 0이므로
$(-3)+(-4)+5+c+6=0$, $c+4=0$
∴ $c=-4$
$a=-4+70=66$, $b=-4+70=66$
∴ $a-b-c=66-66-(-4)=4$　　　답 4

537 편차의 합은 0이므로
$5+(-3)+x+(3x-1)+3=0$　　∴ $x=-1$
(학생 C의 미술 실기 점수)=$-1+83=82$(점)
(학생 D의 미술 실기 점수)=$-4+83=79$(점)
따라서 학생 C와 학생 D의 미술 실기 점수의 평균은
$\dfrac{82+79}{2}=80.5$(점)　　답 ②

538 편차의 합은 0이므로
$4+(-5)+0+x+4=0$　　∴ $x=-3$
$$(분산)=\dfrac{4^2+(-5)^2+0^2+(-3)^2+4^2}{5}$$
$$=\dfrac{66}{5}=13.2$$
∴ (표준편차)=$\sqrt{13.2}$ 분　　답 $\sqrt{13.2}$ 분

539 (평균)=$\dfrac{6+4+4+7+4}{5}=\dfrac{25}{5}=5$(시간)
각 학생의 라디오 청취 시간에 대한 편차를 차례로 구하면
1시간, -1시간, -1시간, 2시간, 1시간이므로
$$(분산)=\dfrac{1^2+(-1)^2+(-1)^2+2^2+(-1)^2}{5}$$
$$=\dfrac{8}{5}=1.6$$　　답 ③

540 (평균)=$\dfrac{28+32+26+25+29}{5}$
$$=\dfrac{140}{5}=28$(점)$$
각 탁구 점수에 대한 편차를 차례로 구하면
0점, 4점, -2점, -3점, 1점이므로
$$(분산)=\dfrac{0^2+4^2+(-2)^2+(-3)^2+1^2}{5}$$
$$=\dfrac{30}{5}=6$$
따라서 유영이의 탁구 점수의 표준편차는 $\sqrt{6}$점이다.
　　답 ⑤

541 ㄱ. 학생 A와 학생 C의 과학 점수의 차는
$4-(-3)=7$(점)
ㄴ. 편차의 합은 0이므로
$4+6+(-3)+x+(-2)=0$　　∴ $x=-5$
ㄷ. (분산)=$\dfrac{4^2+6^2+(-3)^2+(-5)^2+(-2)^2}{5}$
$$=\dfrac{90}{5}=18$$
ㄹ. 학생 D의 편차가 -5점으로 가장 작으므로 학생 D의 과학 점수가 가장 낮다.
따라서 옳은 것은 ㄴ, ㄷ, ㄹ이다.　　답 ⑤

542 5개의 변량 2, 8, $x+1$, $x+3$, $x+6$의 평균이 10이므로
$$\dfrac{2+8+(x+1)+(x+3)+(x+6)}{5}=10$$
$3x+20=50$, $3x=30$
∴ $x=10$
각 변량에 대한 편차를 차례로 구하면
-8, -2, 1, 3, 6이므로
$$(분산)=\dfrac{(-8)^2+(-2)^2+1^2+3^2+6^2}{5}=\dfrac{114}{5}=22.8$$
∴ (표준편차)=$\sqrt{22.8}$　　답 $\sqrt{22.8}$

543 편차의 합은 0이므로
$(-3)\times2+a\times4+0\times16+1\times2+2\times2+8\times1=0$
$4a=-8$　　∴ $a=-2$
이때 전체 학생은 모두 $2+4+16+2+2+1=27$(명)이므로
(분산)
$$=\dfrac{(-3)^2\times2+(-2)^2\times4+1^2\times2+2^2\times2+8^2\times1}{27}$$
$$=\dfrac{108}{27}=4$$　　답 4

544 5개의 변량 x, y, 5, 6, 7의 평균이 5이므로
$$\dfrac{x+y+5+6+7}{5}=5$, $x+y+18=25$$
∴ $x+y=7$　　……㉠
5개의 변량 x, y, 5, 6, 7의 분산이 2.4이므로
$$\dfrac{(x-5)^2+(y-5)^2+(5-5)^2+(6-5)^2+(7-5)^2}{5}=2.4$$
$(x-5)^2+(y-5)^2=7$
$x^2+y^2-10(x+y)+43=0$
$x^2+y^2-10\times7+43=0$ ($\because$ ㉠)
∴ $x^2+y^2=27$　　답 ④

545 표준편차가 $\sqrt{11}$이므로 분산은 $(\sqrt{11})^2=11$이다. 즉,
$$\dfrac{(a-4)^2+(b-4)^2+(c-4)^2+(d-4)^2+(e-4)^2}{5}=11$$
∴ $(a-4)^2+(b-4)^2+(c-4)^2+(d-4)^2+(e-4)^2=55$
　　답 ⑤

546 편차의 합은 0이므로
$(-3)+(-5)+x+y+6=0$
∴ $x+y=2$　　……㉠
분산이 16이므로
$$\dfrac{(-3)^2+(-5)^2+x^2+y^2+6^2}{5}=16$$
$$\dfrac{x^2+y^2+70}{5}=16$, $x^2+y^2+70=80$$
∴ $x^2+y^2=10$　　……㉡
$(x+y)^2=x^2+y^2+2xy$에 ㉠, ㉡을 대입하면
$2^2=10+2xy$, $2xy=-6$
∴ $xy=-3$　　답 -3

547 편차의 합은 0이므로
$a+(-4)+(-3)+b+6=0$
∴ $a+b=1$　　……㉠

표준편차가 $\sqrt{12.8}$ cm이므로 분산은 12.8이다. 즉,

$$\frac{a^2+(-4)^2+(-3)^2+b^2+6^2}{5}=12.8$$

$$\therefore a^2+b^2=3 \quad \cdots\cdots \text{ⓒ}$$

$(a+b)^2=a^2+b^2+2ab$에 ㉠, ㉡을 대입하면

$1=3+2ab,\ 2ab=-2 \quad \therefore ab=-1$ ▤ ③

548 세 수 x_1, x_2, x_3의 평균이 10이므로 $\dfrac{x_1+x_2+x_3}{3}=10$

$$\therefore x_1+x_2+x_3=30 \quad \cdots\cdots \text{㉠}$$

표준편차가 $\sqrt{7}$이므로 분산은 7이다. 즉,

$$\frac{(x_1-10)^2+(x_2-10)^2+(x_3-10)^2}{3}=7$$

$$\frac{x_1^2+x_2^2+x_3^2-20(x_1+x_2+x_3)+100\times 3}{3}=7$$

$$\frac{x_1^2+x_2^2+x_3^2-20\times 30+100\times 3}{3}=7\ (\because \text{㉠})$$

$$x_1^2+x_2^2+x_3^2-300=21$$

$$\therefore x_1^2+x_2^2+x_3^2=321$$

따라서 세 수 x_1^2, x_2^2, x_3^2의 평균은

$$\frac{x_1^2+x_2^2+x_3^2}{3}=\frac{321}{3}=107$$ ▤ 107

549 모서리 12개의 길이의 평균이 6이므로

$$\frac{4(5+a+b)}{12}=6,\ 5+a+b=18$$

$$\therefore a+b=13 \quad \cdots\cdots \text{㉠}$$

분산이 $\dfrac{5}{3}$이므로

$$\frac{4\{(5-6)^2+(a-6)^2+(b-6)^2\}}{12}=\frac{5}{3}$$

$$1+(a-6)^2+(b-6)^2=5$$

$$1+a^2-12a+b^2-12b+72=5$$

$$a^2+b^2-12(a+b)+68=0$$

$$a^2+b^2-12\times 13+68=0\ (\because \text{㉠})$$

$$\therefore a^2+b^2=88 \quad \cdots\cdots \text{㉡}$$

$(a+b)^2=a^2+b^2+2ab$에 ㉠, ㉡을 대입하면

$$13^2=88+2ab,\ 81=2ab \quad \therefore ab=\frac{81}{2}$$

$\therefore$ (직육면체의 겉넓이)

$$=2(5a+5b+ab)$$

$$=10(a+b)+2ab$$

$$=10\times 13+2\times \frac{81}{2}=211$$ ▤ 211

550 10개의 변량을 각각 x_1, x_2, $\cdots$, x_{10}이라 하고 평균을 m, 분산을 s^2이라 하면

$$m=\frac{x_1+x_2+\cdots+x_{10}}{10}$$

$$s^2=\frac{(x_1-m)^2+(x_2-m)^2+\cdots+(x_{10}-m)^2}{10}$$

이때 각 변량을 3배씩 하면 $3x_1$, $3x_2$, $\cdots$, $3x_{10}$이므로

(평균)$=\dfrac{3x_1+3x_2+\cdots+3x_{10}}{10}$

$$=\frac{3(x_1+x_2+\cdots+x_{10})}{10}$$

$$=3m$$

(분산)

$$=\frac{(3x_1-3m)^2+(3x_2-3m)^2+\cdots+(3x_{10}-3m)^2}{10}$$

$$=\frac{9\{(x_1-m)^2+(x_2-m)^2+\cdots+(x_{10}-m)^2\}}{10}$$

$$=9s^2$$

따라서 평균은 3배가 되고 분산은 9배가 된다. ▤ ⑤

551 3개의 변량 a, b, c의 평균이 m이므로

$$\frac{a+b+c}{3}=m$$

$$\therefore a+b+c=3m \quad \cdots\cdots \text{㉠}$$

따라서 3개의 변량 $3a+1$, $3b+1$, $3c+1$의 평균은

$$\frac{(3a+1)+(3b+1)+(3c+1)}{3}$$

$$=\frac{3(a+b+c)+3}{3}$$

$$=\frac{3\times 3m+3}{3}\ (\because \text{㉠})$$

$$=3m+1$$ ▤ ④

552 4개의 변량 a, b, c, d의 평균이 6이므로

$$\frac{a+b+c+d}{4}=6 \quad \cdots\cdots \text{㉠}$$

4개의 변량 a, b, c, d의 분산이 4이므로

$$\frac{(a-6)^2+(b-6)^2+(c-6)^2+(d-6)^2}{4}=4 \quad \cdots\cdots \text{㉡}$$

4개의 변량 $2a-3$, $2b-3$, $2c-3$, $2d-3$의 평균이 m이므로

$$m=\frac{(2a-3)+(2b-3)+(2c-3)+(2d-3)}{4}$$

$$=\frac{2(a+b+c+d)-3\times 4}{4}$$

$$=2\times 6-3=9\ (\because \text{㉠})$$

4개의 변량 $2a-3$, $2b-3$, $2c-3$, $2d-3$의 분산이 n이므로

$$n=\frac{(2a-12)^2+(2b-12)^2+(2c-12)^2+(2d-12)^2}{4}$$

$$=\frac{4\{(a-6)^2+(b-6)^2+(c-6)^2+(d-6)^2\}}{4}$$

$$=4\times 4=16\ (\because \text{㉡})$$

$$\therefore n-m=16-9=7$$ ▤ 7

553 민지네 반의 (편차)^{2}의 총합은 $30\times 10=300$

세민이네 반의 (편차)^{2}의 총합은 $30\times 4=120$

따라서 두 반 전체 60명의 도덕 점수의 분산은

$$\frac{300+120}{30+30}=\frac{420}{60}=7$$

$\therefore$ (표준편차)$=\sqrt{7}$(점) ▤ $\sqrt{7}$점

554 바구니 A의 (편차)^{2}의 총합은 $12\times a^2=12a^2$

바구니 B의 (편차)^{2}의 총합은 $18\times(\sqrt{6})^2=108$

두 바구니에 들어 있는 귤 전체 30개의 무게의 분산이 5.6이므로

$$\frac{12a^2+108}{12+18}=5.6에서\ \frac{12a^2+108}{30}=5.6$$

$12a^2+108=168$, $12a^2=60$

$a^2=5$ $\quad \therefore a=\sqrt{5}$ $(\because a\geq0)$ 　　　답 $\sqrt{5}$

555 학생 8명의 몸무게의 평균이 72 kg이고 8명 중에서 몸무게가 72 kg인 학생이 한 명 빠졌으므로 나머지 학생 7명의 몸무게의 평균도 72 kg이다.

학생 8명의 몸무게의 분산이 6이므로

학생 8명의 (편차)²의 총합은 $8\times6=48$

이때 평균이 72 kg이므로 몸무게가 72 kg인 학생의 편차는 0 kg이다.

즉, 8명 중에서 몸무게가 72 kg인 학생이 한 명 빠졌을 때, 나머지 학생 7명의 (편차)²의 총합은 48이다.

따라서 나머지 학생 7명의 몸무게의 분산은 $\dfrac{48}{7}$이다.

　　　답 ①

556 ① 사회 성적이 가장 우수한 반은 평균이 가장 높은 E 반이다.
② 각 반의 학생 수는 알 수 없다.
③ 각 반의 편차의 총합은 항상 0이다.
④ E 반의 표준편차가 D 반의 표준편차보다 작으므로 E 반의 사회 성적이 D 반의 사회 성적보다 고르다.
⑤ A 반의 표준편차가 C 반의 표준편차보다 작으므로 A 반의 사회 성적이 C 반의 사회 성적보다 고르다.
따라서 옳은 것은 ⑤이다. 　　　답 ⑤

557 표준편차가 작을수록 변량이 평균 주위에 더 모여 있으므로 영어 듣기 평가 점수가 더 고르다.
따라서 점수가 가장 고른 반은 1반이다. 　　　답 ①

558 민석이가 받은 점수의 평균은

$\dfrac{5+7+7+7+9}{5}=\dfrac{35}{5}=7$(점)

예리가 받은 점수의 평균은

$\dfrac{5+6+7+8+9}{5}=\dfrac{35}{5}=7$(점)

태희가 받은 점수의 평균은

$\dfrac{5+5+7+9+9}{5}=\dfrac{35}{5}=7$(점)

민석, 예리, 태희가 받은 점수의 평균은 7점으로 같지만 변량이 평균 주위에 모여 있으면 산포도가 작으므로 $a<b<c$이다. 　　　답 ①

참고 $a=\sqrt{\dfrac{(5-7)^2+(7-7)^2+(7-7)^2+(7-7)^2+(9-7)^2}{5}}=\sqrt{1.6}$(점)

$b=\sqrt{\dfrac{(5-7)^2+(6-7)^2+(7-7)^2+(8-7)^2+(9-7)^2}{5}}=\sqrt{2}$(점)

$c=\sqrt{\dfrac{(5-7)^2+(5-7)^2+(7-7)^2+(9-7)^2+(9-7)^2}{5}}=\sqrt{3.2}$(점)

559 지현이의 점수의 평균은

$\dfrac{78+79+85+82}{4}=\dfrac{324}{4}=81$(점)

이므로 분산은

$\dfrac{(-3)^2+(-2)^2+4^2+1^2}{4}=\dfrac{30}{4}=7.5$

이고 표준편차는 $\sqrt{7.5}$점이다.

재홍이의 점수의 평균은

$\dfrac{71+76+80+73}{4}=\dfrac{300}{4}=75$(점)

이므로 분산은

$\dfrac{(-4)^2+1^2+5^2+(-2)^2}{4}=\dfrac{46}{4}=11.5$

이고 표준편차는 $\sqrt{11.5}$점이다.

ㄱ. 지현이와 재홍이의 평균은 같지 않다.
ㄴ. 지현이와 재홍이의 표준편차는 같지 않다.
ㄷ. 지현이의 표준편차가 재홍이의 표준편차보다 작으므로 지현이의 성적이 재홍이의 성적보다 더 고르다.
따라서 옳은 것은 ㄷ이다. 　　　답 ㄷ

560 A가 맞힌 과녁의 점수는 2점, 2점, 6점, 6점, 8점, 8점, 10점이므로

A가 맞힌 과녁 점수의 평균은

$\dfrac{2+2+6+6+8+8+10}{7}=\dfrac{42}{7}=6$(점)

이고 분산은

$\dfrac{(-4)^2+(-4)^2+0^2+0^2+2^2+2^2+4^2}{7}=\dfrac{56}{7}=8$

B가 맞힌 과녁의 점수는 4점, 4점, 6점, 6점, 6점, 8점, 8점이므로

B가 맞힌 과녁 점수의 평균은

$\dfrac{4+4+6+6+6+8+8}{7}=\dfrac{42}{7}=6$(점)

이고 분산은

$\dfrac{(-2)^2+(-2)^2+0^2+0^2+0^2+2^2+2^2}{7}=\dfrac{16}{7}$

이때 분산이 작을수록 점수가 고르므로 점수가 더 고른 사람은 B이다. 　　　답 B

유형모아 Theme **11** 대푯값　　　1차 　94쪽

561 3개의 변량 a, b, c의 평균이 9이므로

$\dfrac{a+b+c}{3}=9$ $\quad \therefore a+b+c=27$

따라서 5개의 변량 6, a, b, c, 12의 평균은

$\dfrac{6+a+b+c+12}{5}=\dfrac{18+a+b+c}{5}=\dfrac{18+27}{5}$

$=\dfrac{45}{5}=9$ 　　　답 9

562 변량을 작은 값부터 크기순으로 나열하면

4, 5, 7, 8, 9, 10, 10, 13

따라서 중앙값은 $\dfrac{8+9}{2}=8.5$(개), 최빈값은 10개이므로

$a=8.5$, $b=10$

$\therefore a+b=8.5+10=18.5$ 　　　답 ④

563 ③ 평균은 전체 변량의 총합을 변량의 개수로 나눈 값이므로 자료 전체를 이용하여 계산한다.
따라서 옳지 않은 것은 ③이다. 　　　답 ③

564 3, 8, a의 중앙값이 8이 되기 위해서는 $a \geq 8$

11, 17, a의 중앙값이 11이 되기 위해서는 $a \leq 11$

즉, a는 8 이상이면서 11 이하인 수이다.

따라서 a의 값이 될 수 없는 것은 ⑤이다.   📖 ⑤

565 ① 자료 A에는 200이라는 극단적으로 큰 값이 있으므로 평균은 대푯값으로 적절하지 않다.

② 자료 B의 평균은 $\dfrac{3+4+5+6+7+7+8}{7}=\dfrac{40}{7}$, 중앙값은 6이므로 평균이 중앙값보다 작다.

③ 자료 B의 중앙값은 6, 최빈값은 7이므로 중앙값이 최빈값보다 작다.

④ 자료 C의 평균은 $\dfrac{1+1+2+2+3+3+3+4}{8}=\dfrac{19}{8}$,

중앙값은 $\dfrac{2+3}{2}=2.5$이므로 평균이 중앙값보다 작다.

⑤ 자료 C의 중앙값은 2.5, 최빈값은 3이므로 서로 같지 않다.

따라서 옳은 것은 ④이다.   📖 ④

566 1반 학생들은 모두 $1+2+4+2+1=10$(명)이므로

(평균)$=\dfrac{1\times1+2\times2+3\times4+4\times2+5\times1}{10}$

$=\dfrac{30}{10}=3$(회)

1반 학생들의 중앙값은 5번째 자료와 6번째 자료의 값의 평균인 $\dfrac{3+3}{2}=3$(회)

2반 학생들은 모두 $2+3+4+1=10$(명)이므로

(평균)$=\dfrac{2\times2+3\times3+4\times4+5\times1}{10}$

$=\dfrac{34}{10}=3.4$(회)

2반 학생들의 중앙값은 5번째 자료와 6번째 자료의 값의 평균인 $\dfrac{3+4}{2}=3.5$(회)

3반 학생들은 모두 $2+1+2+3+2=10$(명)이므로

(평균)$=\dfrac{1\times2+2\times1+3\times2+4\times3+5\times2}{10}$

$=\dfrac{32}{10}=3.2$(회)

3반 학생들의 중앙값은 5번째 자료와 6번째 자료의 값의 평균인 $\dfrac{3+4}{2}=3.5$(회)

ㄱ. 1반 학생들의 중앙값이 3회로 가장 작다.

ㄴ. 2반 학생들의 평균이 3.5회로 가장 크다.

ㄷ. 3반 학생들 중 접속한 횟수가 4회인 학생이 3명으로 가장 많으므로 최빈값은 4회이다.

따라서 옳은 것은 ㄷ이다.   📖 ②

567 자료 A의 중앙값이 17이고 $a>b$이므로 $b=17$

또한, a가 17과 22 사이에 있을 때 전체 자료의 중앙값이 19가 될 수 있으므로 전체 자료를 작은 값부터 크기순으로 나열하면

11, 13, 16, 16, 17, a, a, 22, 22, 23

즉, $\dfrac{17+a}{2}=19$, $17+a=38$ $\therefore a=21$

$\therefore a-b=21-17=4$ 📖 4

🔷 **유형 모아** **Theme 11** 대푯값   **2+**   95쪽

568 (평균)$=\dfrac{7+8+3+6+8+4}{6}=\dfrac{36}{6}=6$

$\therefore a=6$

변량을 작은 값부터 크기순으로 나열하면

3, 4, 6, 7, 8, 8이므로

(중앙값)$=\dfrac{6+7}{2}=6.5$ $\therefore b=6.5$

(최빈값)$=8$ $\therefore c=8$

$\therefore a+b+c=6+6.5+8=20.5$ 📖 ⑤

569 ① (모둠 A의 평균)

$=\dfrac{25+30+40+40+50+65+70+80}{8}$

$=\dfrac{400}{8}=50$(점)

(모둠 B의 평균)

$=\dfrac{15+23+35+40+45+60+90}{7}$

$=\dfrac{308}{7}=44$(점)

즉, 모둠 A의 평균이 모둠 B의 평균보다 크다.

② 모둠 A의 최빈값은 40점인 학생이 2명으로 가장 많으므로 40점이다.

③ (모둠 A의 중앙값)$=\dfrac{40+50}{2}=45$(점)

즉, 모둠 A의 중앙값과 최빈값은 서로 다르다.

④ 모둠 B의 중앙값은 4번째 자료의 값인 40점이다.

⑤ 모둠 B의 중앙값인 40점은 평균인 44점보다 작다.

따라서 옳지 않은 것은 ③이다.   📖 ③

570 ⑤ 변량 중에 극단적으로 크거나 작은 값이 있는 자료의 대푯값으로 중앙값이 적절하다.

따라서 옳지 않은 것은 ⑤이다.   📖 ⑤

571 4개의 변량 a, b, c, d의 평균이 5이므로

$\dfrac{a+b+c+d}{4}=5$, $a+b+c+d=20$

따라서 4개의 변량 $2a-1$, $2b+2$, $2c+5$, $2d+6$의 평균은

$\dfrac{(2a-1)+(2b+2)+(2c+5)+(2d+6)}{4}$

$=\dfrac{2(a+b+c+d)+12}{4}$

$=\dfrac{2\times20+12}{4}=\dfrac{52}{4}=13$ 📖 ④

572 평균이 0이므로

$$\frac{(-2)+(-3)+a+b+5+3+2}{7}=0$$

$$\frac{a+b+5}{7}=0 \quad \therefore a+b=-5 \quad \cdots\cdots \text{㉠}$$

주어진 조건에서 $a-b=-7 \quad \cdots\cdots \text{㉡}$

㉠, ㉡을 연립하여 풀면 $a=-6$, $b=1$

7개의 변량을 작은 값부터 크기순으로 나열하면
$-6,\ -3,\ -2,\ 1,\ 2,\ 3,\ 5$이므로 중앙값은 1이다. **답** 1

573 학생 10명의 키를 작은 값부터 크기순으로 나열하였을 때
6번째 자료의 값을 $x\,\mathrm{cm}$라 하면

$$(중앙값)=\frac{160+x}{2}=162 \quad \therefore x=164$$

이 모둠에 키가 164 cm인 학생이 들어올 때, 11명의 학생의 키를 작은 값부터 크기순으로 나열하면 6번째 자료의 값은 그대로 164 cm이므로 학생 11명의 키의 중앙값은 164 cm이다. **답** 164 cm

574 최빈값이 10이 되기 위해서는 3개의 변량 a, b, c 중 적어도 2개의 변량이 10이 되어야 한다.

$b=10$, $c=10$이라 하고 변량을 작은 값부터 크기순으로 나열하면

$6,\ 6,\ 7,\ a,\ 10,\ 10,\ 10,\ 11$

$$(중앙값)=\frac{a+10}{2}=9 \quad \therefore a=8$$

$$\therefore a+b+c=8+10+10=28 \quad \text{**답** 28}$$

Theme 12 분산과 표준편차 1회 96~97쪽

575 편차의 합은 0이므로

$(-2)+0.3+x+0.7+y+4+(-6)=0$

$\therefore x+y=3$ **답** ⑤

576 편차의 합은 0이므로

$(-3)+(-1)+3+x=0 \quad \therefore x=1$

따라서 학생 4명의 발표 횟수의 분산은

$$\frac{(-3)^2+(-1)^2+3^2+1^2}{4}=\frac{20}{4}=5 \quad \text{**답** 5}$$

577 ④ 자료의 개수에 관계없이 변량들이 평균으로부터 멀리 흩어져 있을수록 표준편차가 크다. **답** ④

578 체육 실기 점수의 분포가 두 번째로 고른 반은 표준편차가 두 번째로 작은 반이다.

즉, A 반의 표준편차가 두 번째로 작으므로 A 반의 체육 실기 점수의 분포가 두 번째로 고르다. **답** ①

579 담긴 주스의 양이 164 mL인 컵의 편차가 -2 mL이므로

$164-(평균)=-2 \quad \therefore (평균)=166(\mathrm{mL})$

$A=166+(-3)=163$, $C=166+2=168$

$E=167-166=1$

편차의 합은 0이므로

$(-3)+D+(-2)+2+1=0 \quad \therefore D=2$

$B=166+2=168$

따라서 옳은 것은 ②이다. **답** ②

580 연속한 다섯 개의 자연수를
$x-2$, $x-1$, x, $x+1$, $x+2$ $(x>2)$라 하면

$$(평균)=\frac{(x-2)+(x-1)+x+(x+1)+(x+2)}{5}=x$$

$$(분산)=\frac{(-2)^2+(-1)^2+0^2+1^2+2^2}{5}=\frac{10}{5}=2$$

$$\therefore (표준편차)=\sqrt{2} \quad \text{**답** ②}$$

581 5개의 변량 x, 5, y, 9, 10의 평균이 8이므로

$$\frac{x+5+y+9+10}{5}=8,\ x+y+24=40$$

$$\therefore x+y=16 \quad \cdots\cdots \text{㉠}$$

5개의 변량 x, 5, y, 9, 10의 분산이 6.4이므로

$$\frac{(x-8)^2+(5-8)^2+(y-8)^2+(9-8)^2+(10-8)^2}{5}=6.4$$

$(x-8)^2+(y-8)^2+14=32$

$x^2+y^2-16(x+y)+110=0$

$x^2+y^2-16\times16+110=0\ (\because \text{㉠})$

$$\therefore x^2+y^2=146 \quad \text{**답** 146}$$

582 $a<b<c$이고 중앙값이 10이므로 $b=10$

평균이 9이므로

$$\frac{a+10+c}{3}=9,\ a+10+c=27 \quad \therefore c=17-a$$

이때 3개의 변량은 각각 a, 10, $17-a$이고
분산이 14이므로

$$\frac{(a-9)^2+1^2+(8-a)^2}{3}=14$$

$a^2-17a+52=0,\ (a-4)(a-13)=0$

$$\therefore a=4\ (\because a<10)$$

따라서 $c=17-4=13$이므로

$a+b-c=4+10-13=1$ **답** 1

583 3개의 변량 a, b, c의 평균이 1이므로

$$\frac{a+b+c}{3}=1 \quad \cdots\cdots \text{㉠}$$

3개의 변량 a, b, c의 분산이 2이므로

$$\frac{(a-1)^2+(b-1)^2+(c-1)^2}{3}=2 \quad \cdots\cdots \text{㉡}$$

이때 3개의 변량 $3a$, $3b$, $3c$의 평균은

$$\frac{3a+3b+3c}{3}=\frac{3(a+b+c)}{3}$$
$$=3\times1=3\ (\because \text{㉠})$$

따라서 3개의 변량 $3a$, $3b$, $3c$의 분산은

$$\frac{(3a-3)^2+(3b-3)^2+(3c-3)^2}{3}$$
$$=\frac{9\{(a-1)^2+(b-1)^2+(c-1)^2\}}{3}$$
$$=9\times2=18\ (\because \text{㉡}) \quad \text{**답** ⑤}$$

다른 풀이 변량에 일정한 수를 곱하면 곱하는 수의 제곱배만큼 분산이 변하므로 구하는 분산은 $3^2 \times 2 = 18$

584 $a \le b \le c$라 하면 중앙값과 최빈값이 모두 6이므로
$a = 6$, $b = 6$

이때 평균이 5이므로 $\dfrac{1 + 3 + 6 + 6 + c}{5} = 5$

$16 + c = 25$ $\therefore c = 9$

5개의 변량 1, 3, 6, 6, 9의 편차를 차례로 구하면
-4, -2, 1, 1, 4

$\therefore$ (분산) $= \dfrac{(-4)^2 + (-2)^2 + 1^2 + 1^2 + 4^2}{5} = \dfrac{38}{5} = 7.6$

달 7.6

585 5개의 변량 a, b, c, d, e의 평균이 7이므로
$\dfrac{a + b + c + d + e}{5} = 7$

$\therefore a + b + c + d + e = 35$ ······ ㉠

표준편차가 3이므로 분산은 9이다. 즉,
$\dfrac{(a-7)^2 + (b-7)^2 + (c-7)^2 + (d-7)^2 + (e-7)^2}{5} = 9$

$a^2 + b^2 + c^2 + d^2 + e^2 - 14(a+b+c+d+e) + 5 \times 49 = 45$

$a^2 + b^2 + c^2 + d^2 + e^2 - 14 \times 35 + 200 = 0$ ($\because$ ㉠)

$\therefore a^2 + b^2 + c^2 + d^2 + e^2 = 290$

따라서 구하는 평균은
$\dfrac{a^2 + b^2 + c^2 + d^2 + e^2}{5} = \dfrac{290}{5} = 58$

달 ④

586 A 반과 B 반의 평균이 6점으로 같으므로 전체 학생 30명의 평균도 6점이다.

A 반의 표준편차가 $\sqrt{3}$점이므로 A 반의 (편차)^{2}의 총합은
$20 \times (\sqrt{3})^2 = 60$

B 반의 표준편차가 $\sqrt{6}$점이므로 B 반의 (편차)^{2}의 총합은
$10 \times (\sqrt{6})^2 = 60$

따라서 전체 학생 30명의 국어 수행평가 점수의 분산은
$\dfrac{60 + 60}{20 + 10} = \dfrac{120}{30} = 4$

$\therefore$ (표준편차) $= \sqrt{4} = 2$(점)

달 ②

587 10개의 변량 x_1, x_2, x_3, $\cdots$, x_{10}의 평균이 4이므로
$\dfrac{x_1 + x_2 + x_3 + \cdots + x_{10}}{10} = 4$

$\therefore x_1 + x_2 + x_3 + \cdots + x_{10} = 40$ ······ ㉠

12개의 변량 x_1, x_2, x_3, $\cdots$, x_{12}의 평균은
$\dfrac{x_1 + x_2 + x_3 + \cdots + x_{10} + x_{11} + x_{12}}{12} = \dfrac{40 + 2 + 6}{12}$ ($\because$ ㉠)

$= \dfrac{48}{12} = 4$

즉, 10개의 변량의 평균과 12개의 변량의 평균이 같다.
10개의 변량의 (편차)^{2}의 총합은 $10 \times 3^2 = 90$
추가된 2개의 변량의 (편차)^{2}의 총합은
$(2-4)^2 + (6-4)^2 = 8$

따라서 12개의 변량 x_1, x_2, x_3, $\cdots$, x_{12}의 분산은
$\dfrac{90 + 8}{12} = \dfrac{98}{12} = \dfrac{49}{6}$

달 $\dfrac{49}{6}$

588 (자료 A의 분산) = (자료 B의 분산)
(자료 C의 분산) = (자료 D의 분산)

두 자료 A, B보다 두 자료 C, D의 변량이 평균을 중심으로 더 모여 있으므로 분산이 더 작다.

따라서 옳은 것은 ③이다.

달 ③

 Theme 12 분산과 표준편차 ❷ 98~99쪽

589 편차의 합은 0이므로
$2 + (-4) + x + (-2) + (1 - 2x) = 0$

$-x - 3 = 0$

$\therefore x = -3$

달 ⑤

590 서영이의 편차를 x점이라 하면 편차의 합은 0이므로
$x + (-5) + 3 + 7 + (-1) = 0$

$x + 4 = 0$ $\therefore x = -4$

$\therefore$ (서영이의 국어 점수) $= -4 + 62 = 58$(점)

달 ③

591 ㄱ. 학생 A와 학생 D의 편차의 차가 $4 - (-2) = 6$(점)이므로 영어 점수의 차도 6점이다.

ㄴ. 학생 A의 편차가 가장 크므로 영어 점수도 가장 높다.

ㄷ. 학생 C의 편차가 0점이므로 학생 C의 영어 점수가 5명의 영어 점수의 평균과 같다.

ㄹ. (학생 D의 편차) > (학생 B의 편차)이므로 학생 D는 학생 B보다 영어 점수가 더 높다.

따라서 옳은 것은 ㄴ, ㄷ이다.

달 ②

592 (평균) $= \dfrac{5 + 11 + 8 + 13 + 7 + 10}{6}$

$= \dfrac{54}{6} = 9$(회)

(분산) $= \dfrac{(-4)^2 + 2^2 + (-1)^2 + 4^2 + (-2)^2 + 1^2}{6}$

$= \dfrac{42}{6} = 7$

따라서 표준편차는 $\sqrt{7}$회이다.

달 $\sqrt{7}$ 회

593 5개의 변량 5, 7, x, $x+1$, $x+3$의 평균이 8이므로
$\dfrac{5 + 7 + x + (x+1) + (x+3)}{5} = 8$

$\dfrac{3x + 16}{5} = 8$, $3x + 16 = 40$

$3x = 24$ $\therefore x = 8$

따라서 5개의 변량은 5, 7, 8, 9, 11이므로
(분산) $= \dfrac{(-3)^2 + (-1)^2 + 0^2 + 1^2 + 3^2}{5} = \dfrac{20}{5} = 4$

(표준편차) $= \sqrt{4} = 2$ $\therefore y = 2$

$\therefore x + y = 8 + 2 = 10$

달 10

594 편차의 합은 0이므로
$$(-3)\times2+(-2)\times5+0\times6+a\times3+3\times3+4\times1=0$$
$$3a-3=0 \quad \therefore a=1$$
따라서 구하는 분산은
$$\frac{(-3)^2\times2+(-2)^2\times5+0^2\times6+1^2\times3+3^2\times3+4^2\times1}{20}$$
$$=\frac{84}{20}=4.2$$
답 ③

595 편차의 합은 0이므로
$$x+(-4)+3+y+(-1)=0,\ x+y-2=0$$
$$\therefore x+y=2$$
분산이 12이므로
$$\frac{x^2+(-4)^2+3^2+y^2+(-1)^2}{5}=12$$
$$x^2+y^2+26=60 \quad \therefore x^2+y^2=34$$
$$\therefore x^2+y^2-x-y=x^2+y^2-(x+y)$$
$$=34-2=32$$
답 32

596 체육 실기 점수를 2점씩 올려 주면 평균은 2점이 올라가고 표준편차는 그대로이다.
즉, 평균은 $65+2=67$(점), 표준편차는 6점이므로
$$m=67,\ s=6$$
답 ③

597 ㄱ. 1반의 표준편차가 가장 크므로 1반 학생들의 점수 분포가 2반, 3반보다 더 넓게 퍼져 있다.
ㄴ, ㄷ. 70점 이상인 학생 수나 점수가 가장 높은 학생이 속해 있는 반은 알 수 없다.
ㄹ. 점수가 가장 고른 반은 표준편차가 가장 작은 2반이다.
따라서 옳은 것은 ㄱ, ㄹ이다.
답 ㄱ, ㄹ

598 $60+58=56+62$로 몸무게의 총합은 변하지 않으므로 잘못 구한 몸무게의 평균과 실제 몸무게의 평균은 같다.
즉, 실제 몸무게의 평균은 60 kg이다.
나머지 6명의 몸무게를 각각 $a_1, a_2, a_3, a_4, a_5, a_6$(kg)이라 하면 잘못 구한 몸무게의 분산이 10이므로
$$\frac{(a_1-60)^2+\cdots+(a_6-60)^2+(56-60)^2+(62-60)^2}{8}=10$$
$$\therefore (a_1-60)^2+\cdots+(a_6-60)^2=60$$
따라서 실제 몸무게의 분산은
$$\frac{(a_1-60)^2+\cdots+(a_6-60)^2+(60-60)^2+(58-60)^2}{8}$$
$$=\frac{60+4}{8}=8$$
답 ②

599 ① 편차의 총합은 0으로 서로 같다.
②, ③ 알 수 없다.
④ A 편의점의 분산이 더 크다.
⑤ A 편의점의 표준편차가 더 크므로 A 편의점의 컵라면 판매량이 B 편의점의 컵라면 판매량보다 평균을 중심으로 더 많이 흩어져 있다.
따라서 옳은 것은 ⑤이다.
답 ⑤

600 ㄱ. (A 모둠의 평균)
$$=\frac{1\times2+2\times2+3\times2+4\times2+5\times2}{10}$$
$$=\frac{30}{10}=3(회)$$
(B 모둠의 평균)
$$=\frac{1\times3+2\times1+3\times2+4\times1+5\times3}{10}$$
$$=\frac{30}{10}=3(회)$$
(C 모둠의 평균)
$$=\frac{1\times1+2\times2+3\times4+4\times2+5\times1}{10}$$
$$=\frac{30}{10}=3(회)$$
즉, A, B, C 세 모둠의 평균은 같다.
ㄴ. A 모둠의 변량을 작은 값부터 크기순으로 나열하면
1, 1, 2, 2, 3, 3, 4, 4, 5, 5
$$\therefore (A 모둠의 중앙값)=\frac{3+3}{2}=3(회)$$
B 모둠의 변량을 작은 값부터 크기순으로 나열하면
1, 1, 1, 2, 3, 3, 4, 5, 5, 5
$$\therefore (B 모둠의 중앙값)=\frac{3+3}{2}=3(회)$$
C 모둠의 변량을 작은 값부터 크기순으로 나열하면
1, 2, 2, 3, 3, 3, 3, 4, 4, 5
$$\therefore (C 모둠의 중앙값)=\frac{3+3}{2}=3(회)$$
즉, A, B, C 세 모둠의 중앙값은 같다.
ㄷ. B 모둠의 최빈값은 1회, 5회이고, C 모둠의 최빈값은 3회이므로 B, C 두 모둠의 최빈값은 같지 않다.
ㄹ, ㅁ. C 모둠의 변량이 평균을 중심으로 가장 많이 모여 있으므로 C 모둠의 표준편차와 분산이 가장 작다.
따라서 옳은 것은 ㄱ, ㄴ이다.
답 ①

Theme 모아 중단원 마무리 100~101쪽

601 $x=-1$일 때, $f(-1)=(-1)^2-1=0$
$x=0$일 때, $f(0)=0^2-1=-1$
$x=1$일 때, $f(1)=1^2-1=0$
$x=2$일 때, $f(2)=2^2-1=3$
따라서 함숫값의 최빈값은 0이다.
답 0

602 표준편차가 작을수록 자료의 분포 상태가 고르므로 임금 격차가 가장 작은 회사는 표준편차가 가장 작은 D 회사이다.
답 ④

603 ㄱ. (편차)^{2}의 평균이 분산이다.
ㄴ. 표준편차는 산포도의 한 종류이다.

ㄹ. 편차의 절댓값이 클수록 그 변량은 평균으로부터 멀리 떨어져 있다.

따라서 옳은 것은 ㄷ, ㅁ이다.   **답** ②

604 7개의 변량 a, b, -4, 6, 2, -3, 1의 평균이 2이므로

$\dfrac{a+b+(-4)+6+2+(-3)+1}{7}=2$, $a+b+2=14$

$\therefore a+b=12$

최빈값이 2이므로 a 또는 b가 2가 되어야 한다.

즉, $a=2$, $b=10$ 또는 $a=10$, $b=2$

이때 $a>b$이므로 $a=10$, $b=2$

$\therefore a-b=10-2=8$ **답** 8

605 ㄱ. 학생 C의 편차가 0점이므로 학생 C의 수학 점수는 평균과 같다.

ㄴ. 학생 A와 학생 B의 편차의 차가 $2-1=1$(점)이므로 수학 점수의 차도 1점이다.

ㄷ. (분산)$=\dfrac{2^2+1^2+0^2+(-1)^2+(-2)^2}{5}=\dfrac{10}{5}=2$

$\therefore$ (표준편차)$=\sqrt{2}$(점)

ㄹ. 편차가 가장 큰 학생 A의 수학 점수가 가장 높다.

따라서 옳은 것은 ㄱ, ㄴ이다.   **답** ①

606 지수의 5개 과목의 성적은 63점, 71점, 65점, 69점, 72점이다.

(평균)$=\dfrac{63+71+65+69+72}{5}$

$=\dfrac{340}{5}=68$(점)

$\therefore$ (분산)$=\dfrac{(-5)^2+3^2+(-3)^2+1^2+4^2}{5}$

$=\dfrac{60}{5}=12$ **답** 12

607 ② B 학교의 그래프가 더 모여 있으므로 B 학교의 성적 분포가 더 고르다.

③, ⑤ A 학교의 평균이 B 학교의 평균보다 높으므로 A 학교 학생들의 성적이 대체로 더 좋다고 할 수 있다.

④ A 학교의 그래프가 더 넓게 퍼져 있으므로 A 학교의 성적 분포가 더 고르지 않다. 즉, 표준편차는 더 크다.

따라서 옳지 않은 것은 ④이다.   **답** ④

608 세 주사위의 겉넓이의 합이 126이므로

$6x_1^2+6x_2^2+6x_3^2=126$

$\therefore x_1^2+x_2^2+x_3^2=21$ …… ㉠

세 주사위의 모든 모서리의 길이의 합이 72이므로

$12x_1+12x_2+12x_3=72$

$\therefore x_1+x_2+x_3=6$ …… ㉡

따라서 x_1, x_2, x_3의 평균은

$\dfrac{x_1+x_2+x_3}{3}=\dfrac{6}{3}=2$

이고 분산은

$\dfrac{(x_1-2)^2+(x_2-2)^2+(x_3-2)^2}{3}$

$=\dfrac{x_1^2+x_2^2+x_3^2-4(x_1+x_2+x_3)+12}{3}$

$=\dfrac{21-4\times6+12}{3}=\dfrac{9}{3}=3$ ($\because$ ㉠, ㉡)

$\therefore$ (표준편차)$=\sqrt{3}$ **답** $\sqrt{3}$

609 5개의 변량 x, y, 1, 5, 4의 평균이 5이므로

$\dfrac{x+y+1+5+4}{5}=5$, $x+y+10=25$

$\therefore x+y=15$ …… ㉠

표준편차가 $\sqrt{6}$이므로 분산은 6이다. 즉,

$\dfrac{(x-5)^2+(y-5)^2+(1-5)^2+(5-5)^2+(4-5)^2}{5}=6$

$(x-5)^2+(y-5)^2=13$

$x^2+y^2-10(x+y)+50=13$

$x^2+y^2-10\times15+50=13$ ($\because$ ㉠)

$\therefore x^2+y^2=113$ …… ㉡

$x^2+y^2=(x+y)^2-2xy$에 ㉠, ㉡을 대입하면

$113=15^2-2xy$, $2xy=112$ $\therefore xy=56$

$\therefore x^2+xy+y^2=113+56=169$ **답** 169

610 a, b의 평균이 2이므로

$\dfrac{a+b}{2}=2$ $\therefore a+b=4$ …… ㉠

a, b의 표준편차가 1이므로 분산이 1이다. 즉,

$\dfrac{(a-2)^2+(b-2)^2}{2}=1$

$a^2+b^2-4(a+b)+8=2$

$a^2+b^2-4\times4+8=2$ ($\because$ ㉠)

$\therefore a^2+b^2=10$

c, d의 평균이 4이므로

$\dfrac{c+d}{2}=4$ $\therefore c+d=8$ …… ㉡

c, d의 표준편차가 $\sqrt{3}$이므로 분산이 3이다. 즉,

$\dfrac{(c-4)^2+(d-4)^2}{2}=3$

$c^2+d^2-8(c+d)+32=6$

$c^2+d^2-8\times8+32=6$ ($\because$ ㉡)

$\therefore c^2+d^2=38$

따라서 a, b, c, d의 평균은

$\dfrac{a+b+c+d}{4}=\dfrac{4+8}{4}=\dfrac{12}{4}=3$

이고 분산은

$\dfrac{(a-3)^2+(b-3)^2+(c-3)^2+(d-3)^2}{4}$

$=\dfrac{a^2+b^2+c^2+d^2-6(a+b+c+d)+36}{4}$

$=\dfrac{10+38-6\times(4+8)+36}{4}$

$=\dfrac{12}{4}=3$

$\therefore$ (표준편차)$=\sqrt{3}$ **답** 평균 : 3, 표준편차 : $\sqrt{3}$

611 남학생과 여학생의 평균이 60분으로 같으므로 전체 학생
10명의 평균도 60분이다.
남학생의 분산이 4이므로 (편차)^{2}의 총합은 $6\times4=24$
여학생의 분산이 8이므로 (편차)^{2}의 총합은 $4\times8=32$
따라서 전체 학생 10명의 분산은

$$\frac{24+32}{10}=\frac{56}{10}=5.6$$

답 ②

612 (학생 A의 평균)

$$=\frac{7\times2+8\times5+9\times2}{9}=\frac{72}{9}=8(점)$$

(학생 A의 분산)

$$=\frac{(7-8)^2\times2+(8-8)^2\times5+(9-8)^2\times2}{9}=\frac{4}{9}\quad\cdots\text{❶}$$

(학생 B의 평균)

$$=\frac{6\times2+7\times2+8\times1+9\times2+10\times2}{9}=\frac{72}{9}=8(점)$$

(학생 B의 분산)

$$=\frac{(6-8)^2\times2+(7-8)^2\times2+(8-8)^2\times1+(9-8)^2\times2+(10-8)^2\times2}{9}$$

$$=\frac{20}{9}\quad\cdots\text{❷}$$

따라서 학생 B의 분산이 학생 A의 분산보다 크므로 학생
B의 성적이 더 고르지 않다. $\quad\cdots\text{❸}$

답 학생 A의 분산 : $\frac{4}{9}$, 학생 B의 분산 : $\frac{20}{9}$, 학생 B

채점 기준	배점
❶ 학생 A의 평균과 분산 각각 구하기	40 %
❷ 학생 B의 평균과 분산 각각 구하기	40 %
❸ 누구의 성적이 더 고르지 않은지 말하기	20 %

613 (1) 6개의 상자에 들어 있는 모래의 양의 합은
$110+130+100+60+30+20=450(g)$
따라서 5개의 상자에 담긴 모래의 양의 평균은

$$\frac{450}{5}=90(g)\quad\cdots\text{❶}$$

(2) 각 상자에 들어 있는 모래의 양에서 5개의 상자에 담긴
모래의 양의 평균, 즉 90 g을 빼면

상자	A	B	C	D	E	F
편차(kg)	20	40	10	−30	−60	−70

각 상자에 들어 있는 모래의 양이 평균에 가까울수록 표
준편차는 작아지므로 표준편차를 가능한 한 작게 하려
면 편차의 절댓값이 큰 두 모래의 양을 합쳐 평균에 가
깝게 만들어 주어야 한다.
따라서 합쳐야 하는 두 상자는 상자 E, 상자 F이다.
$\quad\cdots\text{❷}$

답 (1) 90 g (2) 상자 E, 상자 F

채점 기준	배점
❶ 5개의 상자에 담긴 모래의 양의 평균 구하기	30 %
❷ 합쳐야 하는 두 상자를 말하기	70 %

06. 산점도와 상관관계

한번 **더** **핵심** 유형 102~107쪽

Theme **13** 산점도와 상관관계 102~107쪽

614 ② 학생 B의 영어 점수는 60점, 국어 점수는 50점이므로
영어 점수가 국어 점수보다 10점 더 높다.
③ 학생 C의 영어 점수는 50점이므로 학생 C보다 영어 점
수가 낮은 학생은 1명이다.
④ 학생 D의 국어 점수는 70점이므로 학생 D와 국어 점수
가 같은 학생은 4명이다.
⑤ 영어 점수와 국어 점수가
같은 학생 수는 오른쪽 그
림의 대각선 위에 있는 점
의 개수와 같으므로 구하는
학생은 3명이다.
따라서 옳지 않은 것은 ⑤이다.

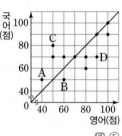

답 ⑤

615 실기 점수가 지석이보다 낮은
학생 수는 오른쪽 그림의 색칠
한 부분(경계선 제외)에 속하는
점의 개수와 같으므로 구하는
학생은 4명이다.

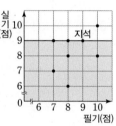

답 ③

616 맛 평점이 4점 이상인 손님 수
는 오른쪽 그림의 색칠한 부분
(경계선 포함)에 속하는 점의 개
수와 같으므로 $a=5$
가격 평점이 3점 이하인 손님
수는 오른쪽 그림의 빗금 친 부
분(경계선 포함)에 속하는 점의 개수와 같으므로 $b=6$
∴ $ab=5\times6=30$

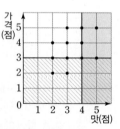

답 30

617 회화 점수와 독해 점수가 같은
학생 수는 오른쪽 그림의 대각
선 위에 있는 점의 개수와 같으
므로 구하는 학생은 4명이다.

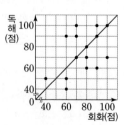

답 4명

618 독해 점수가 회화 점수보다 높
은 학생 수는 오른쪽 그림의 색
칠한 부분(경계선 제외)에 속하
는 점의 개수와 같으므로 구하는
학생은 5명이다.

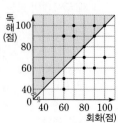

답 5명

619 독해 점수가 회화 점수보다 낮은 학생 수는 오른쪽 그림의 색칠한 부분(경계선 제외)에 속하는 점의 개수와 같으므로 구하는 학생은 6명이다.
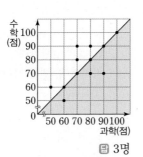
따라서 구하는 학생은 전체의
$$\frac{6}{15} \times 100 = 40(\%)$$
🖺 40 %

620 과학 점수가 가장 낮은 학생의 과학 점수는 50점이고, 이 학생의 수학 점수는 60점이다. 🖺 60점

621 과학 점수가 수학 점수보다 높은 학생 수는 오른쪽 그림의 색칠한 부분(경계선 제외)에 속하는 점의 개수와 같으므로 구하는 학생은 3명이다.
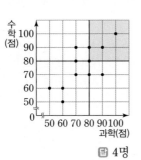
🖺 3명

622 과학 점수와 수학 점수가 모두 80점 이상인 학생 수는 오른쪽 그림의 색칠한 부분(경계선 포함)에 속하는 점의 개수와 같으므로 구하는 학생은 4명이다.

🖺 4명

623
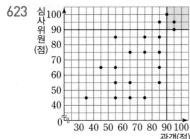
관객 점수와 심사위원 점수에서 모두 90점 이상을 받은 지원자 수는 색칠한 부분(경계선 포함)에 속하는 점의 개수와 같으므로 데뷔할 수 있는 지원자는 3명이다.
따라서 데뷔할 수 있는 지원자는 전체의
$$\frac{3}{20} \times 100 = 15(\%)$$
🖺 15 %

624 학교 도서관을 2학기에 방문한 횟수가 1학기에 방문한 횟수보다 많은 학생 수는 오른쪽 그림의 색칠한 부분(경계선 제외)에 속하는 점의 개수와 같으므로 구하는 학생은 7명이다.
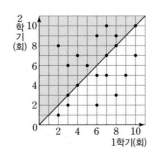

따라서 구하는 학생은 전체의
$$\frac{7}{20} \times 100 = 35(\%)$$
🖺 35 %

625 학교 도서관을 1학기에 방문한 횟수와 2학기에 방문한 횟수가 같은 학생을 나타내는 점은 오른쪽 그림의 대각선 위에 있고, 이 중에서 방문 횟수가 가장 적은 학생을 나타내는 점은 ○ 표시한 것이다.
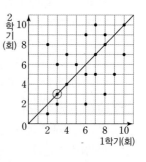
따라서 이 학생은 1학기에 3회, 2학기에 3회 방문하였으므로 이 학생이 지난해에 방문한 횟수는 6회이다.
🖺 6회

626
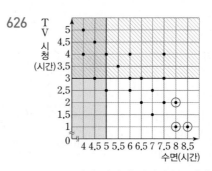
ㄱ. TV 시청 시간의 최빈값은 3시간과 4시간이다.
ㄴ. 수면 시간이 5시간 미만인 학생 수는 위의 그림의 색칠한 부분(경계선 제외)에 속하는 점의 개수와 같으므로 구하는 학생은 4명이다.
ㄷ. TV 시청 시간이 3시간 이상인 학생 수는 위의 그림의 빗금 친 부분(경계선 포함)에 속하는 점의 개수와 같으므로 구하는 학생은 11명이다.
즉, 구하는 학생은 전체의
$$\frac{11}{20} \times 100 = 55(\%)$$
ㄹ. TV 시청 시간이 1시간 30분 미만인 학생의 수면 시간은 각각 8시간, 8.5시간이므로
$$(평균) = \frac{8 + 8.5}{2}$$
$$= \frac{16.5}{2} = 8.25(시간)$$
따라서 옳은 것은 ㄴ, ㄹ이다. 🖺 ㄴ, ㄹ

627 1차 점수와 2차 점수의 평균이 8점, 즉 두 점수의 합이 16점인 학생 수는 오른쪽 그림에서 두 점 (8, 8), (9, 7)을 지나는 직선 위의 점의 개수와 같으므로 구하는 학생은 2명이다.
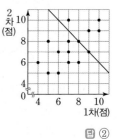
🖺 ②

워크북

628 1학기와 2학기의 봉사활동 횟수의 평균이 재민이보다 적은 학생은 1학기와 2학기의 봉사활동 횟수의 합이 재민이보다 적은 학생과 같다. 즉, 두 횟수의 합이 $2+4=6$(회) 미만인 학생은 오른쪽 그림에서 색칠한 부분(경계선 제외)에 속하므로 5명이다.

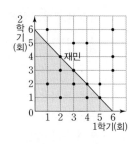

답 ①

629 사회 점수와 국어 점수의 합이 120점 이하인 학생들을 나타내는 점은 오른쪽 그림의 색칠한 부분(경계선 포함)에 속하므로 이 학생들의 사회 점수는 40점, 50점, 60점, 70점이다.

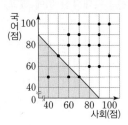

$$\therefore (평균)=\frac{40+50+60+70}{4}$$
$$=\frac{220}{4}=55(점)$$

답 55점

630 사회 점수와 국어 점수의 차가 10점 이하인 학생 수는 오른쪽 그림의 색칠한 부분(경계선 포함)에 속하는 점의 개수와 같으므로 구하는 학생은 9명이다.
따라서 구하는 학생은 전체의

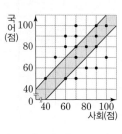

$$\frac{9}{18}\times100=50(\%)$$

답 50 %

631 ① 필기 점수와 실기 점수가 같은 응시자 수는 오른쪽 그림에서 대각선 위에 있는 점의 개수와 같으므로 구하는 응시자는 4명이다.

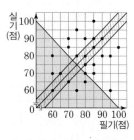

$$\therefore \frac{4}{25}\times100=16(\%)$$

② 실기 점수가 필기 점수보다 높은 응시자 수는 대각선보다 위쪽에 있는 점의 개수와 같으므로 구하는 응시자는 10명이다.

③ 필기 점수와 실기 점수의 차가 5점 이하인 응시자 수는 위의 그림에서 빗금 친 부분(경계선 포함)에 속하는 점의 개수와 같으므로 구하는 응시자는 9명이다.

④ 필기 점수와 실기 점수의 합이 150점 이하인 응시자 수는 위의 그림에서 색칠한 부분(경계선 포함)에 속하는 점의 개수와 같으므로 구하는 응시자는 8명이다.

$$\therefore \frac{8}{25}\times100=32(\%)$$

⑤ 위의 그림에서 대각선으로부터 멀리 떨어져 있을수록 필기 점수와 실기 점수의 차가 크므로 그 차가 가장 큰 응시자는 필기 점수가 95점, 실기 점수가 60점이다.

$$\therefore 95-60=35(점)$$

따라서 옳지 않은 것은 ④이다.

답 ④

632 주어진 산점도는 x의 값이 증가함에 따라 y의 값은 대체로 감소하므로 음의 상관관계를 나타낸다.

①, ③, ④, ⑤ 양의 상관관계

② 음의 상관관계

따라서 두 변량 x, y에 대한 산점도가 주어진 그림과 같이 나타나는 것은 ②이다.

답 ②

633 ㄱ, ㄹ, ㅁ. 상관관계가 없다.

ㄴ, ㅂ. 음의 상관관계

ㄷ. 양의 상관관계

따라서 두 변량 사이에 상관관계가 없는 것은 ㄱ, ㄹ, ㅁ이다.

답 ④

634 ①, ②, ③, ⑤ 양의 상관관계

④ 음의 상관관계

따라서 두 변량 사이의 상관관계가 나머지 넷과 다른 것은 ④이다.

답 ④

635 여름철 폭염 일수가 많을수록 아이스크림 판매량이 많아지는 경향이 있으므로 두 변량 사이에는 양의 상관관계가 있다. 이때 가장 강한 양의 상관관계를 나타내는 산점도는 ③이다.

답 ③

636 당류의 양과 열량 사이에 대한 산점도를 그리면 오른쪽 그림과 같다.
당류의 양이 증가할수록 열량은 대체로 증가하므로 두 변량 사이에는 양의 상관관계가 있다.

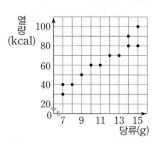

답 풀이 참조

637 ③ 산점도의 점들이 한 직선에 가까이 모여 있어도 두 변량 사이에 상관관계가 없을 수 있다. 두 변량에 대하여 한 변량의 값이 증가함에 따라 다른 변량의 값이 증가하거나 감소하는 경향이 있을 때 상관관계가 있다고 한다.

따라서 옳지 않은 것은 ③이다.

답 ③

638 ①, ②, ③ 두 집단 모두 운동량이 증가할수록 체지방률은 대체로 감소하므로 두 변량 사이에는 음의 상관관계가 있다.

④ A 집단의 산점도의 점들이 B 집단보다 한 직선 주위에 더 가까이 모여 있으므로 A 집단은 B 집단보다 강한 상관관계가 있다.

⑤ B 집단의 산점도의 점들이 A 집단보다 한 직선으로부터 멀리 흩어져 있으므로 B 집단은 A 집단보다 약한 음의 상관관계가 있다.

따라서 옳지 않은 것은 ③이다.

답 ③

639 ㉠ 자동차 배기가스, ㉢ 대기 오염 물질, ㉣ 난방 등 연료 사용량이 증가하면 미세 먼지의 농도가 높아진다.

즉, ㉠, ㉢, ㉣은 미세 먼지의 농도와 양의 상관관계가 있다.

한편, ㉡ 강수량이 많아지면 미세 먼지의 농도는 낮아지므

110 정답 및 풀이

로 ㉡은 미세 먼지의 농도와 음의 상관관계가 있다.

따라서 상관관계가 나머지 셋과 다른 하나는 ㉡이다. 冒 ㉡

640 5명의 학생 중 국어 점수에 비해 책을 비교적 많이 읽은 학생은 학생 A이다. 冒 ①

641 ③ 학생 A는 학생 C보다 소모된 열량이 적다. 冒 ③

642 오른쪽 그림과 같이 주어진 산점도에 그은 대각선으로부터 멀리 떨어져 있을수록 운동 시간과 소모된 열량의 차가 크다.

따라서 운동 시간과 소모된 열량의 차가 가장 큰 학생은 학생 A이다. 冒 ①

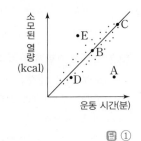

643 ㄱ. 통학 거리가 멀수록 대체로 통학 시간도 오래 걸리므로 양의 상관관계가 있다.

ㄴ. 통학 시간이 가장 짧은 학생은 학생 A이다.

ㄷ. 통학 거리가 가까운 학생부터 차례로 나타내면 학생 A, 학생 B, 학생 C, 학생 D이므로 통학 거리가 두 번째로 가까운 학생은 학생 B이다.

ㄹ. 통학 거리에 비해 통학 시간이 짧은 학생은 학생 C이다.

따라서 옳은 것은 ㄴ, ㄹ이다. 冒 ㄴ, ㄹ

644 ② 학생 A는 학생 C보다 학습 시간이 적다. 冒 ②

유형모아 Theme 13 산점도와 상관관계 **1일** 108~109쪽

645 冒 ⑤

646 중간고사 성적과 기말고사 성적이 모두 80점 이상인 학생 수는 오른쪽 그림의 색칠한 부분(경계선 포함)에 속하는 점의 개수와 같으므로 구하는 학생은 6명이다.

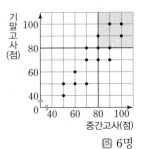

冒 6명

647 기말고사 성적이 중간고사 성적보다 향상된 학생 수는 오른쪽 그림의 색칠한 부분(경계선 제외)에 속하는 점의 개수와 같으므로 구하는 학생은 3명이다.

따라서 구하는 학생은 전체의

$\dfrac{3}{15} \times 100 = 20(\%)$

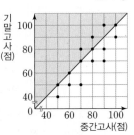

冒 20 %

648 영어 점수가 가장 낮은 학생의 영어 점수는 30점, 수학 점수는 80점이다.

따라서 두 점수의 차는 $80 - 30 = 50$(점) 冒 50점

---

649 영어 점수가 수학 점수보다 높은 학생 수는 오른쪽 그림의 색칠한 부분(경계선 제외)에 속하는 점의 개수와 같으므로 구하는 학생은 6명이다.

이 학생들의 수학 점수는 30점, 40점, 40점, 50점, 60점, 80점이므로

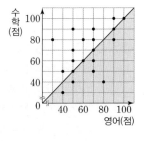

$(평균) = \dfrac{30+40+40+50+60+80}{6}$

$= \dfrac{300}{6} = 50$(점) 冒 ②

650 영어 점수와 수학 점수의 합이 120점 이하인 학생 수는 오른쪽 그림의 색칠한 부분(경계선 포함)에 속하는 점의 개수와 같으므로 구하는 학생은 10명이다.

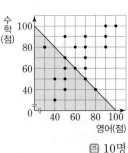

冒 10명

651 사과 생산량이 많을수록 대체로 사과 가격은 내려가므로 음의 상관관계가 있다.

①, ⑤ 양의 상관관계

②, ③ 상관관계가 없다.

④ 음의 상관관계

따라서 사과 생산량과 사과 가격 사이의 상관관계와 같은 상관관계가 있는 것은 ④이다. 冒 ④

652 冒 ②

653 열량이 40 kcal보다 높은 과일 주스를 나타내는 점은 오른쪽 그림의 색칠한 부분(경계선 제외)에 속하는 5개이다.

이 과일 주스의 당류의 양은 9g, 10g, 11g, 11g, 12g 이므로

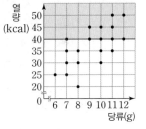

$(평균) = \dfrac{9+10+11+11+12}{5} = \dfrac{53}{5} = 10.6$(g) 冒 ④

654

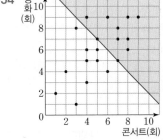

$x+y \geq 12$를 만족시키는 학생 수는 위의 그림의 색칠한 부분(경계선 포함)에 속하는 점의 개수와 같으므로 구하는 학생은 10명이다.

따라서 구하는 학생은 전체의 $\dfrac{10}{20}\times100=50(\%)$ 답 ④

655 ① 최고 기온이 34 ℃인 날의 일평균 습도는 70 %이다.

② 일평균 습도가 95 % 이상인 날수는 2일이다.

④ 일평균 습도가 60 % 이상 80 % 미만일 때, 일평균 습도와 최고 기온 사이에는 상관관계가 없다.

⑤ 7월 한 달 중 최고 기온이 30 ℃를 넘은 날수는 15일이다.

따라서 옳은 것은 ③이다.   답 ③

유형모아 Theme 13 산점도와 상관관계   2강 110~111쪽

656 올해 홈런의 개수가 두 번째로 많은 선수를 나타내는 점은 오른쪽 그림의 ○ 표시한 것 이므로 이 선수가 작년에 친 홈런은 20개이다.

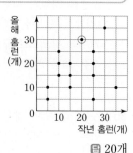

답 20개

657 작년에 홈런을 25개 친 선수들은 4명이고, 이 선수들이 올 해 친 홈런은 각각 5개, 15개, 20개, 25개이므로

$$(평균)=\dfrac{5+15+20+25}{4}$$
$$=\dfrac{65}{4}=16.25(개)$$ 답 ②

658 작년과 올해 친 홈런의 개수의 차가 10개 이상인 선수의 수 는 오른쪽 그림의 색칠한 부 분(경계선 포함)에 속하는 점 의 개수와 같으므로 구하는 선수는 6명이다.

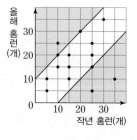

따라서 구하는 선수는 전체의

$\dfrac{6}{15}\times100=40(\%)$ 답 40 %

659 작년과 올해 친 홈런의 개수의 차가 가장 큰 선수를 나타내는 점은 오른쪽 그림에서 대각선 으로부터 가장 멀리 떨어진 점이므로 ○ 표시한 것이다.

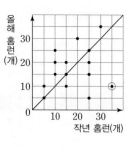

따라서 이 선수가 작년과 올 해 친 홈런의 개수의 합은

$35+10=45(개)$ 답 ④

660 주어진 산점도는 양의 상관관계를 나타낸다.

①, ③ 상관관계가 없다.

②, ⑤ 양의 상관관계

④ 음의 상관관계

따라서 두 변량에 대한 산점도가 주어진 그림과 같이 나타나는 것은 ②, ⑤이다.   답 ②, ⑤

661 ㄱ, ㅁ. 양의 상관관계

ㄴ, ㄹ. 음의 상관관계

ㄷ. 상관관계가 없다.

따라서 두 변량 사이에 양의 상관관계가 있는 것은 ㄱ, ㅁ이다.   답 ②

662 오른쪽 그림과 같이 주어진 산점도에 그은 대각선에 가까울수록 중간고사 성적과 기말고사 성적의 차가 작다.

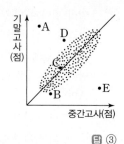

따라서 중간고사 성적과 기말고사 성적의 차가 가장 작은 학생은 학생 C이다.   답 ③

663 ㄱ. 학생 A는 학생 D보다 성적의 변화가 크다.

ㄷ. 학생 D는 기말고사 성적이 중간고사 성적보다 좋다.

따라서 옳은 것은 ㄴ, ㄹ이다.   답 ㄴ, ㄹ

664 스마트폰 사용 시간과 독서 시간 중 적어도 하나가 2시간 이하인 학생 수는 오른쪽 그림의 색칠한 부분(경계선 포함)에 속하는 점의 개수와 같으므로 구하는 학생은 8명이다.

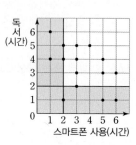

이 학생들의 독서 시간은

1시간, 1시간, 1시간, 2시간, 4시간, 4시간, 5시간, 6시간이므로

$$(평균)=\dfrac{1+1+1+2+4+4+5+6}{8}$$
$$=\dfrac{24}{8}=3(시간)$$ 답 3시간

665 ① 게임 시간이 9시간 초과인 학생은 3명이다.

② 학습 시간이 8시간 이상인 학생은 6명이므로 전체의

$\dfrac{6}{20}\times100=30(\%)$이다.

③ 게임 시간이 3시간 이하인 학생은 4명이고, 이 학생들의 학습 시간은 6시간, 8시간, 9시간, 10시간이므로

$$(평균)=\dfrac{6+8+9+10}{4}$$
$$=\dfrac{33}{4}=8.25(시간)$$

④ 학습 시간이 5시간 미만인 학생은 6명이고, 이 학생들의 게임 시간은

7시간, 8시간, 9시간, 10시간, 10시간, 10시간이므로

$$(평균)=\dfrac{7+8+9+10+10+10}{6}$$
$$=\dfrac{54}{6}=9(시간)$$

따라서 옳은 것은 ②, ⑤이다.   답 ②, ⑤

666 1학기와 2학기 수학 점수의 총점이 120점 이하인 학생을 나타내는 점은 오른쪽 그림의 색칠한 부분(경계선 포함)에 속한다.

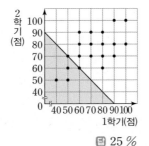

따라서 구하는 학생은 전체의

$\dfrac{5}{20} \times 100 = 25(\%)$

🖺 25 %

667 전체 학생이 20명이므로 총점이 높은 순으로 25 % 이내에 드는 학생은

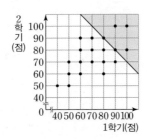

$20 \times \dfrac{25}{100} = 5$(명)

총점이 높은 순으로 25 % 이내에 드는 5명을 나타내는 점은 위의 그림의 색칠한 부분(경계선 포함)에 속한다.

따라서 이 학생들은 순서쌍 (1학기 점수, 2학기 점수)가 (100, 100), (90, 100), (100, 80), (90, 80), (80, 90)이다.

즉, 이 학생들의 총점은 200점, 190점, 180점, 170점, 170점이므로

$(평균) = \dfrac{200+190+180+170+170}{5}$

$\qquad = \dfrac{910}{5} = 182$(점)

🖺 182점

 중단원 마무리

112~113쪽

668 말하기 점수가 듣기 점수보다 높은 학생 수는 오른쪽 그림의 색칠한 부분(경계선 제외)에 속하는 점의 개수와 같으므로 구하는 학생은 6명이다.

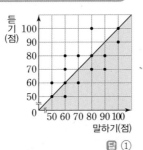

🖺 ①

669 말하기 점수가 70점 이상인 학생 수는 오른쪽 그림의 색칠한 부분(경계선 포함)에 속하는 점의 개수와 같으므로 구하는 학생은 9명이다.

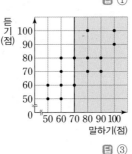

따라서 구하는 학생은 전체의

$\dfrac{9}{15} \times 100 = 60(\%)$

🖺 ③

670 듣기 점수가 60점 이하인 학생 수는 오른쪽 그림의 색칠한 부분(경계선 포함)에 속하는 점의 개수와 같으므로 구하는 학생은 5명이다.

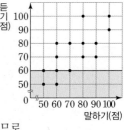

이 학생들의 말하기 점수는 50점, 50점, 60점, 60점, 70점이므로

$(평균) = \dfrac{50+50+60+60+70}{5}$

$\qquad = \dfrac{290}{5} = 58$(점)

🖺 58점

671 말하기 점수와 듣기 점수의 합이 4번째로 높은 학생의 말하기 점수는 90점, 듣기 점수는 80점이므로 두 점수의 차는

$90 - 80 = 10$(점)

🖺 10점

672 두 과목의 점수의 평균이 80점 이상, 즉 두 과목의 점수의 합이 160점 이상인 학생 수는 오른쪽 그림의 색칠한 부분(경계선 포함)에 속하는 점의 개수와 같으므로 구하는 학생은 6명이다.

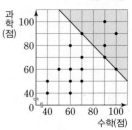

따라서 구하는 학생은 전체의

$\dfrac{6}{16} \times 100 = 37.5(\%)$

🖺 ④

673 왼쪽 눈의 시력과 오른쪽 눈의 시력에 대한 산점도를 그리면 다음 그림과 같다.

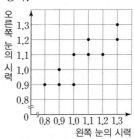

따라서 왼쪽 눈의 시력이 좋을수록 대체로 오른쪽 눈의 시력도 좋으므로 두 변량 사이에는 양의 상관관계가 있다.

🖺 풀이 참조

674 ㄱ, ㄷ. 상관관계가 없다.

ㄴ, ㄹ. 양의 상관관계

ㅁ. 음의 상관관계

따라서 두 변량 사이에 양의 상관관계가 있는 것은 ㄴ, ㄹ이다.

🖺 ㄴ, ㄹ

675 ① 산점도는 두 변량의 순서쌍을 좌표평면 위에 점으로 나타낸 그림이다.

④ 산점도에서 점들이 x축 또는 y축과 평행한 직선 주위에 가까이 모여 있으면 상관관계가 없다.

⑤ 두 변량 사이에 상관관계가 강할수록 산점도에서 점들이 기울기가 양 또는 음인 직선 주위에 모여 있는 경향이 뚜렷하다.

따라서 옳은 것은 ②, ③이다.

🖺 ②, ③

676 ⑤ 키가 클수록 대체로 앉은키도 크므로 키와 앉은키 사이 에는 양의 상관관계가 있다.

답 ⑤

677 1차 점수와 2차 점수가 모두 15점 이하인 학생 수는 오른 쪽 그림의 색칠한 부분(경계 선 포함)에 속하는 점의 개수 와 같으므로 $a=4$ ⋯❶

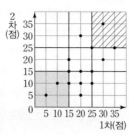

1차 점수와 2차 점수가 모두 25점 이상인 학생 수는 오른 쪽 그림의 빗금 친 부분(경계선 포함)에 속하는 점의 개수 와 같으므로 $b=3$ ⋯❷

∴ $a+b=4+3=7$ ⋯❸

답 7

채점 기준	배점
❶ a의 값 구하기	40 %
❷ b의 값 구하기	40 %
❸ $a+b$의 값 구하기	20 %

678 전체 학생이 20명이므로 두 점수의 총점이 하위 30 % 이 내에 드는 학생은 $20 \times \dfrac{30}{100}=6$(명)

즉, 총점이 낮은 순으로 6명의 학생은 보충 수업을 받아야 한다. ⋯❶

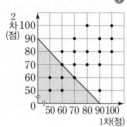

보충 수업을 받아야 하는 학생 6명을 나타내는 점은 오른쪽 그림의 색칠한 부분(경계선 포 함)에 속하므로 이 학생들의 총점은 130점 이하이다. ⋯❷

따라서 보충 수업을 받지 않으 려면 총점이 최소한 130점보다 높아야 한다. ⋯❸

답 130점

채점 기준	배점
❶ 보충 수업을 받아야 하는 학생 수 구하기	30 %
❷ 보충 수업을 받아야 하는 학생들의 총점은 몇 점 이하인지 구하기	50 %
❸ 보충 수업을 받지 않으려면 총점이 최소한 몇 점 보다 높아야 하는지 구하기	20 %

MEMO